WEM GEHÖRT DAS WASSER?

Herausgegeben von
Klaus Lanz
Lars Müller
Christian Rentsch
René Schwarzenbach

Mit Unterstützung der EAWAG, dem
Wasserforschungs-Institut des ETH-Bereichs

LARS MÜLLER PUBLISHERS

PHÄNOMEN WASSER

16 Wasser ist das Blut der Erde

24 Wasser ist überall – das Universum ist nass

41 Wasser bestimmt das Klima

55 Wasser ist in Bewegung – Wasserräder, Förderbänder und Achterbahnen

71 Wasser ist anders

88 Wasser geht fremd

MENSCH UND WASSER

114 Wasser für die Landwirtschaft

128 Wasser gegen den Hunger

149 Die Tempel der Moderne

170 Das Grundwasser versiegt

189 Versalzte Erde

205 Suche nach Auswegen

212 Wasser für die Menschen

226 Megacitys – die leise Katastrophe

246 Schmutz, Fäkalien und «flying toilets»

268 Wie viel Wasser braucht ein Mensch?

278 Das vergiftete Wasser

288 Die schleichende Vergiftung

302 Russisches Roulette

311 Chemikalienpolitik – eine nachhaltige Enttäuschung

320 Wasserkraft – Licht und Schatten

336 Wasserkraft hat ihren Preis

354 Small is beautiful

363	**NAHAUFNAHMEN**		**WASSER UND MACHT**
		426	Das Geschäft mit dem Wasser
414	**AM ANFANG WAR DAS WASSER**	430	Privatisierung – enttäuschte Hoffnungen
		441	Der Kampf um den Wassermarkt
		451	Teures Wasser aus der Flasche
		458	Auf dem Weg zu neuen Partnerschaften
		466	Wasser – ein brisantes Politikum
		472	Wasser ist ein Machtfaktor
		480	Der Nahostkonflikt ist auch ein Wasserkrieg
		488	Noch fehlt ein internationales Wasserrecht
		498	Das kommerzialisierte Menschenrecht
		510	**DAS WASSER GEHÖRT ALLEN – EIN PLÄDOYER**
		530	Verzeichnis der Länder und Gewässer
		532	Weiterführende Literatur und Links

PHÄNOM WASSER

EN

Wasser ist das Blut der Erde

Wasser ist nass, geruch-, geschmack- und farblos. Das klingt wenig spektakulär. Wasser ist banal. Solange man keine Fragen hat.

Stellt man Fragen, wird Wasser geheimnisvoll. Warum regnet es Wasser und nicht etwas anderes? Warum gibt es kein Leben ohne Wasser? Warum tropft Wasser statt wie andere Flüssigkeiten Fäden zu ziehen? Warum schwimmt Eis auf dem Wasser, wo es doch nach den gängigen Gesetzen sinken müsste? Warum gibt es, zumindest in unserem Sonnensystem, offenbar nur auf der Erde flüssiges Wasser? Stellt man Fragen, wird Wasser interessant.

Wasser ist anders. Es hat mehr als vierzig sonderbare Eigenschaften, die dafür sorgen, dass Wasser sich anders verhält als andere Stoffe. Kein anderer Stoff wechselt so leicht seinen Zustand, kein anderer Stoff kommt in der Natur zugleich als feste, flüssige und gasförmige Materie vor. Würde sich Wasser wie andere Stoffe verhalten, gäbe es die Erde nicht so, wie wir sie kennen.

Nur Wasser wird leichter, wenn es gefriert, während alle anderen Stoffe schwerer werden, wenn sie vom flüssigen in einen festen Zustand übergehen. Wäre Eis schwerer als Wasser, wäre die Erde ein wüster Planet, auf dem kein Leben möglich wäre. Kein anderer in der Natur vorkommender Stoff kann so viel Energie speichern, sie über Tausende von Kilometern verfrachten und sie Tage oder Wochen später irgendwo wieder abgeben. Wäre dies anders, gäbe es auf der Erde kein gemässigtes Klima, sondern bloss Eis- und Hitzewüsten. Wasser ist ein einzigartiges Lösungs- und Transportmittel für viele andere chemische Stoffe. Wäre dies anders, gäbe es weder Pflanzen noch Tiere und Menschen, weder Äcker und Fischgründe noch saubere Luft und ein Klima, in dem Menschen überleben können.

Wasser ist das Blut der Erde. Es versorgt die Natur mit allem, was sie zum Überleben braucht. Und es entsorgt vieles, was die Natur krank machen, vergiften könnte. Ohne Wasser gäbe es keine Natur wie wir sie kennen.

H_2O, die wohl geläufigste chemische Formel der Welt, birgt Rätsel um Rätsel. Für den Laien sowieso. Aber auch für die Wissenschaft. Über die meisten anderen Stoffe weiss man beträchtlich mehr als über Wasser, obwohl wir täglich mit Wasser zu tun haben.

S. 18 Martin Parr/Magnum Photos
S. 20 Okavango Delta, Botswana. Frans Lanting
S. 22 Fossiler Krebs. Hecker/Sauer/blickwinkel
S. 23 Fötus, 20 Wochen. Ultraschallaufnahme/Getty images

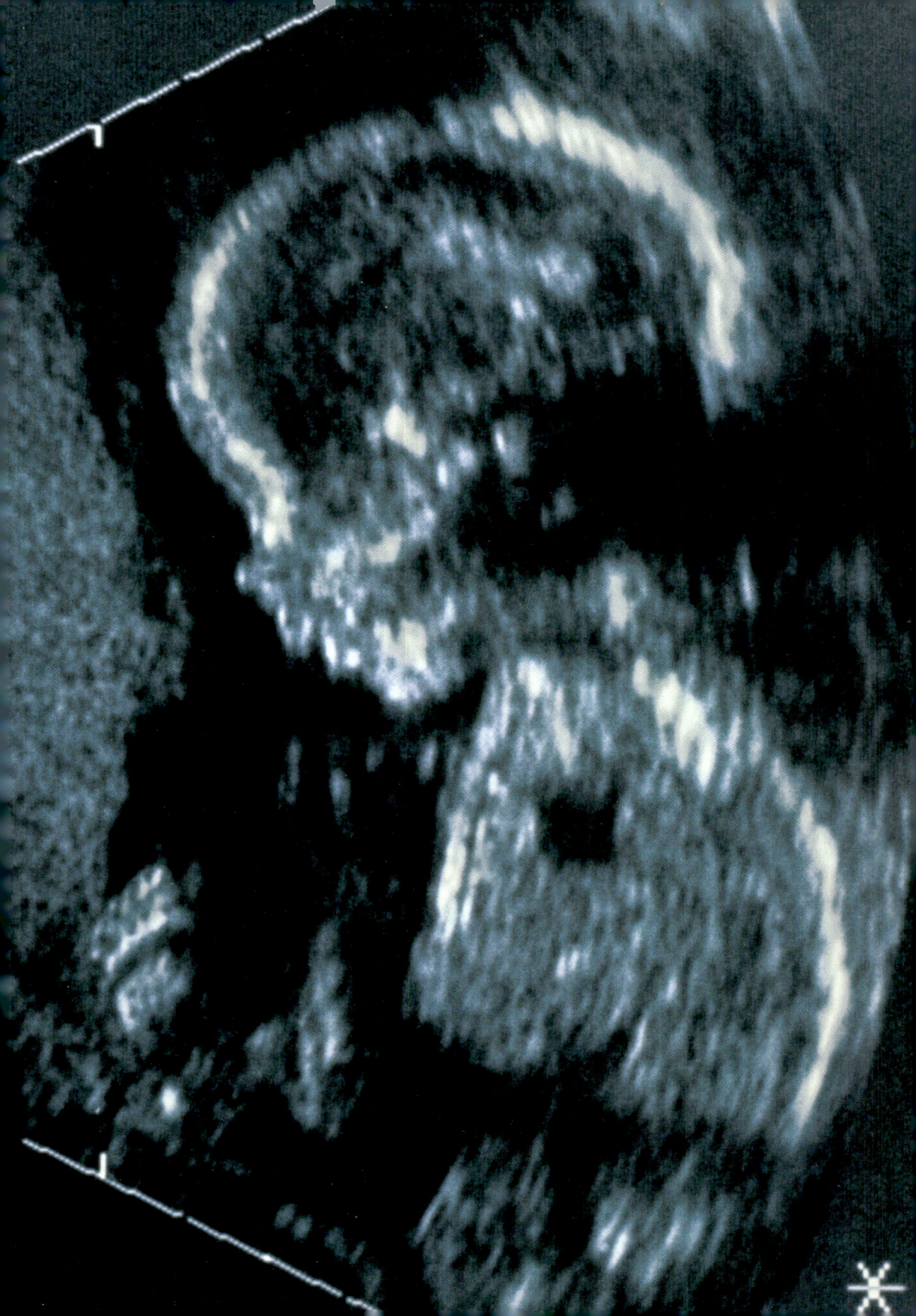

Wasser ist überall – das Universum ist nass

Woher kommt eigentlich das Wasser? Die lange Antwort auf die kurze Frage beginnt vor über 14 Milliarden Jahren, mit der Geburt des Weltalls. Nur wenige Sekunden oder Minuten nach dem so genannten Urknall, dem Anfang von Raum, Zeit und Materie, entstanden aus der amorphen «Urmasse» Protonen und Neutronen, die Grundbestandteile der Materie. Sie verschmolzen in einem Prozess, den die Astrophysiker «kosmogene Nukleosynthese» nennen, schnell zu leichten Atomkernen. Später, als die Temperatur von anfänglich rund 1 000 000 000 000 000 000 oder 10^{18} Grad Celsius auf etwas bescheidenere 4000 Grad gesunken war, vermochten diese Atomkerne dank ihrer elektrischen Anziehungskraft frei herumschwirrende Elektronen anzuziehen und an sich zu binden: es entstanden erste leichte chemische Elemente: aus einem Proton und einem Elektron das Gas Wasserstoff, aus je zwei Protonen, Neutronen und Elektronen das Gas Helium.

Diese beiden Elemente machten anfänglich 99 Prozent der gesamten Materie des Weltalls aus; es bestand zu vier Fünfteln aus Wasserstoff, zu einem Fünftel aus Helium. Die Materialwolken ballten sich allmählich zu Sternen zusammen. In diesen immer noch glühend heissen Nuklearöfen verschmolzen die einzelnen Wasserstoff- und Heliummoleküle zu grösseren «Gebilden»: es entstanden die ersten schwereren chemischen Elemente, vor allem Kohlenstoff und Sauerstoff. In ganzen Kaskaden von Kernreaktionen und Verwandlungsprozessen entfaltete sich so die ganze Vielfalt der Elemente, das Universum der flüchtigen, flüssigen und festen Stoffe: Gase, das brodelnde Magma, Metalle und Gesteine, kurz die gesamte sichtbare Materie. Und noch längst bevor die brodelnde «Ursuppe» zu den heutigen Gestirnen verklumpte, entstand so auch das Wasser, die Verbindung von Wasserstoff und Sauerstoff – oder: H_2O.

Durch diese Prozesse sind neue Mengenverhältnisse zwischen den verschiedenen chemischen Elementen entstanden. Aber auch heute macht Wasserstoff immer noch fast drei Viertel der gesamten Materie aus, Helium ein weiteres Viertel; alle übrigen Elemente kommen zusammen auf nicht viel mehr als auf ein einziges Prozent.

Dass Wasser zu den ersten und häufigsten Stoffen gehört, verdankt es der Tatsache, dass die Verbindung aus zwei Wasserstoffatomen und einem Sauerstoffatom im Vergleich zu anderen Verbindungen energetisch besonders günstig ist; das Wassermolekül ist deshalb ein stabiles Molekül. Für den Laien, der dies alles nicht verstehen muss: Wo Weltall ist, ist also auch Wasser, sei es in Form einzelner, in den Weiten des

Universums herumschwirrender Wassermoleküle, sei es als feste Eisklumpen, in Gesteine eingebunden, als Wasserdampf oder als flüssiges Wasser.

Etwas salopp ausgedrückt: Das ganze Universum ist nass. Wo immer auch Sterne, Sonnensysteme und Planeten entstanden sind, hat es immer irgendwann riesige Mengen von Wasser gegeben. Das ist heute offensichtlich nicht mehr so. Denn Wasser, zumindest in flüssiger Form, gibt es nur auf Planeten, die das richtige «Klima» haben, die weder zu warm noch zu kalt sind, deren Durchschnittstemperaturen sich also in einem schmalen Bereich zwischen dem Gefrier- und Siedepunkt des Wassers bewegen. Es mag sein, dass es im unendlich grossen Weltall Millionen oder Milliarden von Planeten mit flüssigem Wasser gibt; in jedem einzelnen Sonnensystem aber ist die statistische Wahrscheinlichkeit solcher genau richtig temperierter Planeten allerdings sehr gering.

Warum? Es sind im Wesentlichen zwei Faktoren, die das Klima eines Planeten bestimmen: die Entfernung zu seiner Sonne, zum Zentralgestirn im jeweiligen Sonnensystems, und seine Grösse. Kreist ein Planet in zu weitem Abstand um seine Sonne, ist die Sonneneinstrahlung zu schwach; der Planet kühlt aus, das Wasser erstarrt zu Eis. Es bilden sich Eiswüsten oder die Eiskristalle werden ins Gestein eingeschlossen.

Dies trifft offensichtlich für die grosse Mehrheit der Planeten in unserem Sonnensystem zu. Aber natürlich gibt es auch Ausnahmen: So zeigen Bilder der Marsoberfläche etwa ausgetrocknete Flussläufe und Täler, Umrisse von Seen und Meeren. Auf dem Mars muss es also einmal flüssiges Wasser gegeben haben, obwohl die Entfernung zur Sonne dafür eigentlich viel zu gross ist. Astronomen haben für diesen Sonderfall eine plausible Erklärung: Offensichtlich war es nicht die Sonnenenergie, die den Mars auf die richtige Temperatur aufgeheizt hat, sondern die Eigenwärme des Planetenkerns. Als dieser seine Energievorräte aufgebraucht hatte, wurde der Mars zum astronomischen Normalfall: er erstarrte zu einer Eiswüste.

Kreisen Planeten aber auf einer zu nahen Umlaufbahn um die Sonne, erwärmt sich ihre Oberfläche durch die Sonneneinstrahlung weit über den Siedepunkt von Wasser. So herrschen auf der Venus Temperaturen von rund 500 Grad Celsius. Das Wasser der Venus ist längst verdampft. Der Wasserdampf, einzeln herumschwebende Wassermoleküle, aber wurde von den Sonnenwinden ins Weltall «geblasen».

In unserem Sonnensystem ist die Erde der einzige Planet, der auf jener dünnen Kugelfläche kreist, auf der die Sonnenenergie für ein Klima sorgt, in dem Wasser als Gas, flüssiges Wasser und Eis vorkommt. Das gleichzeitige Nebeneinander dieser drei Aggregatzustände, vor allem aber die Existenz von flüssigem Wasser ist die Voraussetzung für alles Leben auf der Erde.

S. 26 Sternenbildung im Adlernebel. NASA
S. 27 Komet Halley. Detlev van Ravenswaay/Keystone
S. 28 Mangala Tal auf dem Mars. ESA/DLR/FU
S. 29 Aufnahme der Raumsonde Galileo 1992. NASA

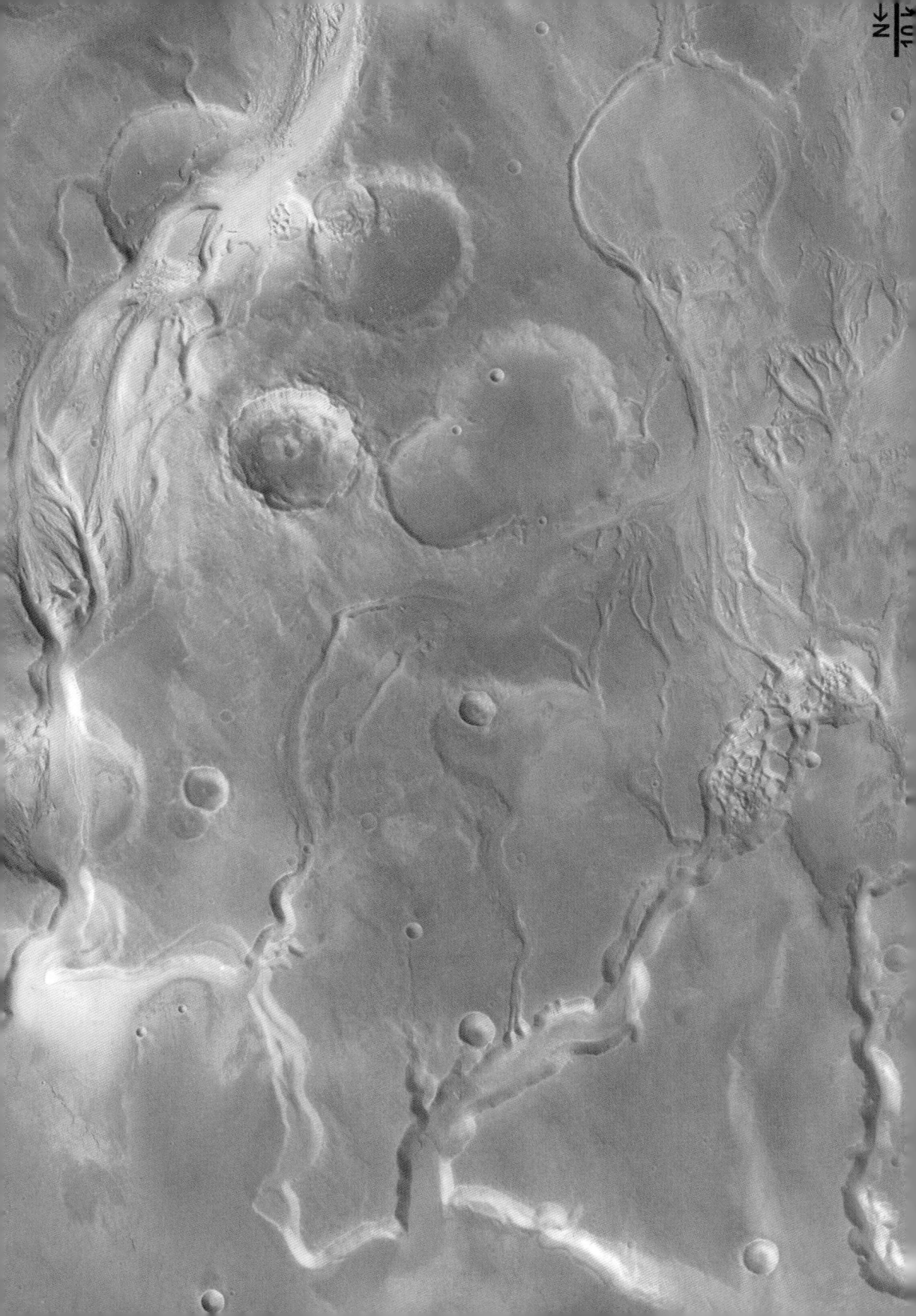

Matthäus Merian der Ältere: Schöpfung, 1625/27. AKG

Sandro Botticelli: Die Geburt der Venus, um 1482. AKG

Wasserverteilung auf der Erde
Drei Prozent der Masse der Erde sind Wasser

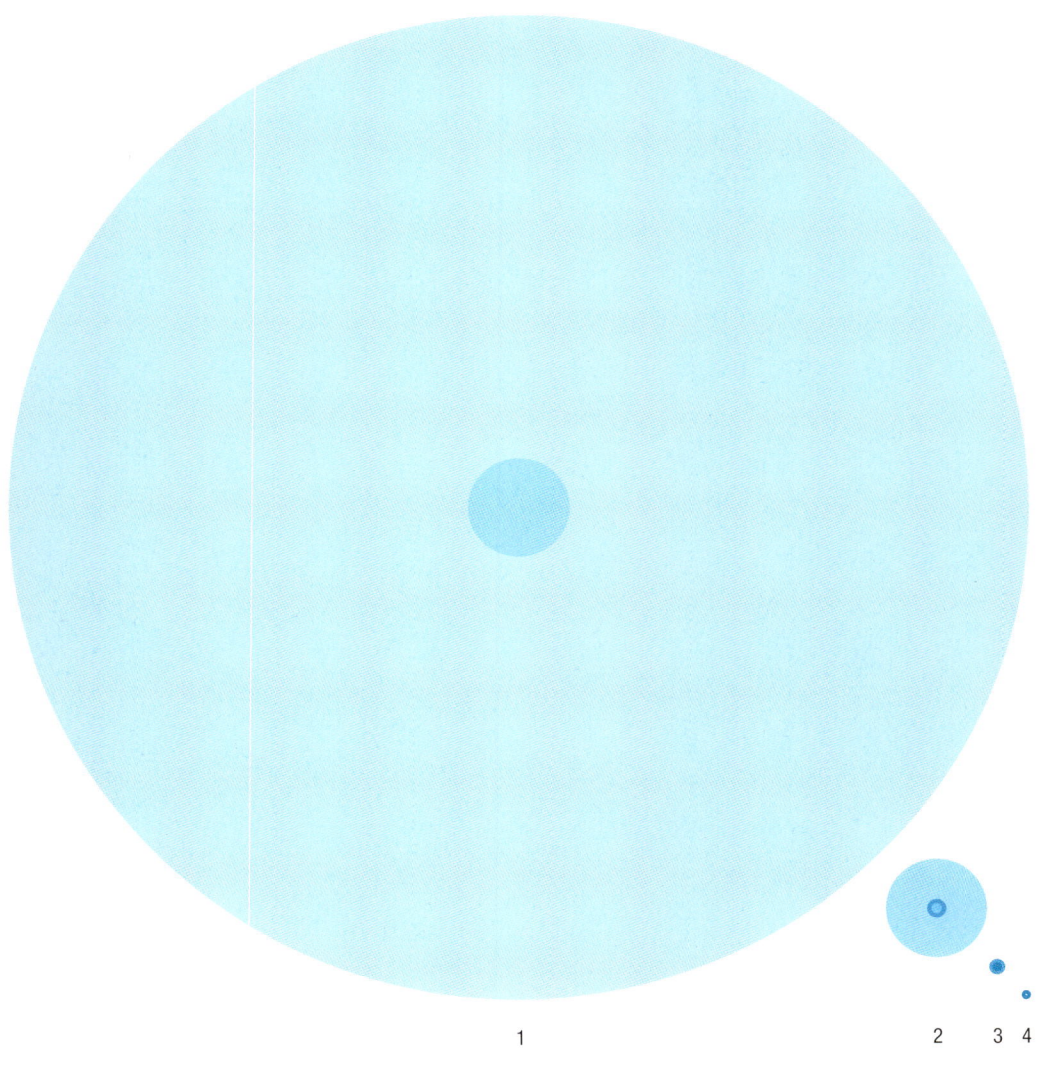

1   2   3   4

1	2	3	4
Wasser	Wasser an oder nahe der Oberfläche	Süsswasser	Flüssiges Süsswasser
99% in fester Erde	96.5% Ozeane	65% Eis	>99% Grundwasser
1% an oder nahe der Oberfläche	2.5% Süsswasser	35% Flüssiges Süsswasser	<1% Seen/Flüsse
	1% Salzwasser auf den Kontinenten		

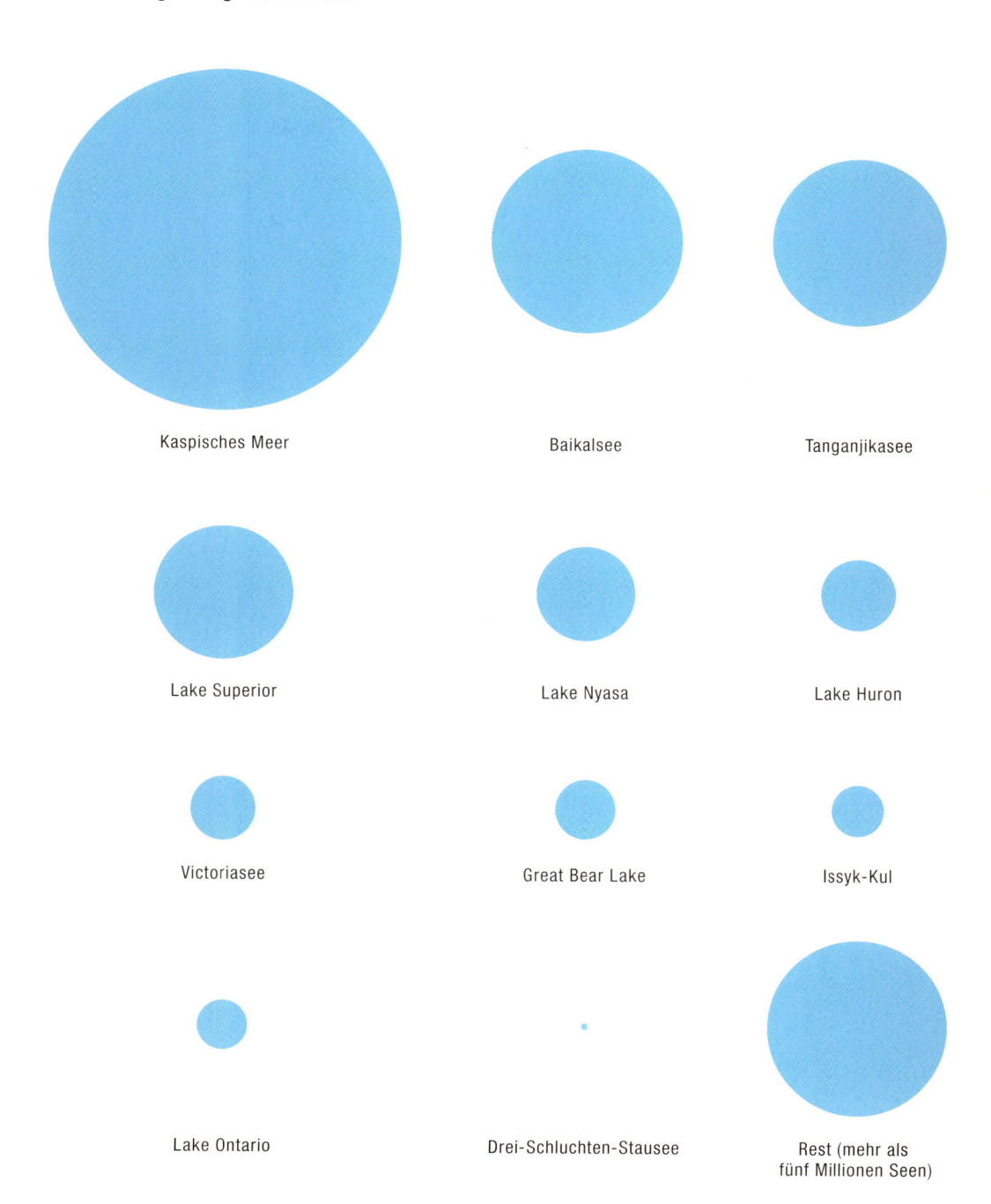

Wassermenge der grössten Seen

Kaspisches Meer

Baikalsee

Tanganjikasee

Lake Superior

Lake Nyasa

Lake Huron

Victoriasee

Great Bear Lake

Issyk-Kul

Lake Ontario

Drei-Schluchten-Stausee

Rest (mehr als fünf Millionen Seen)

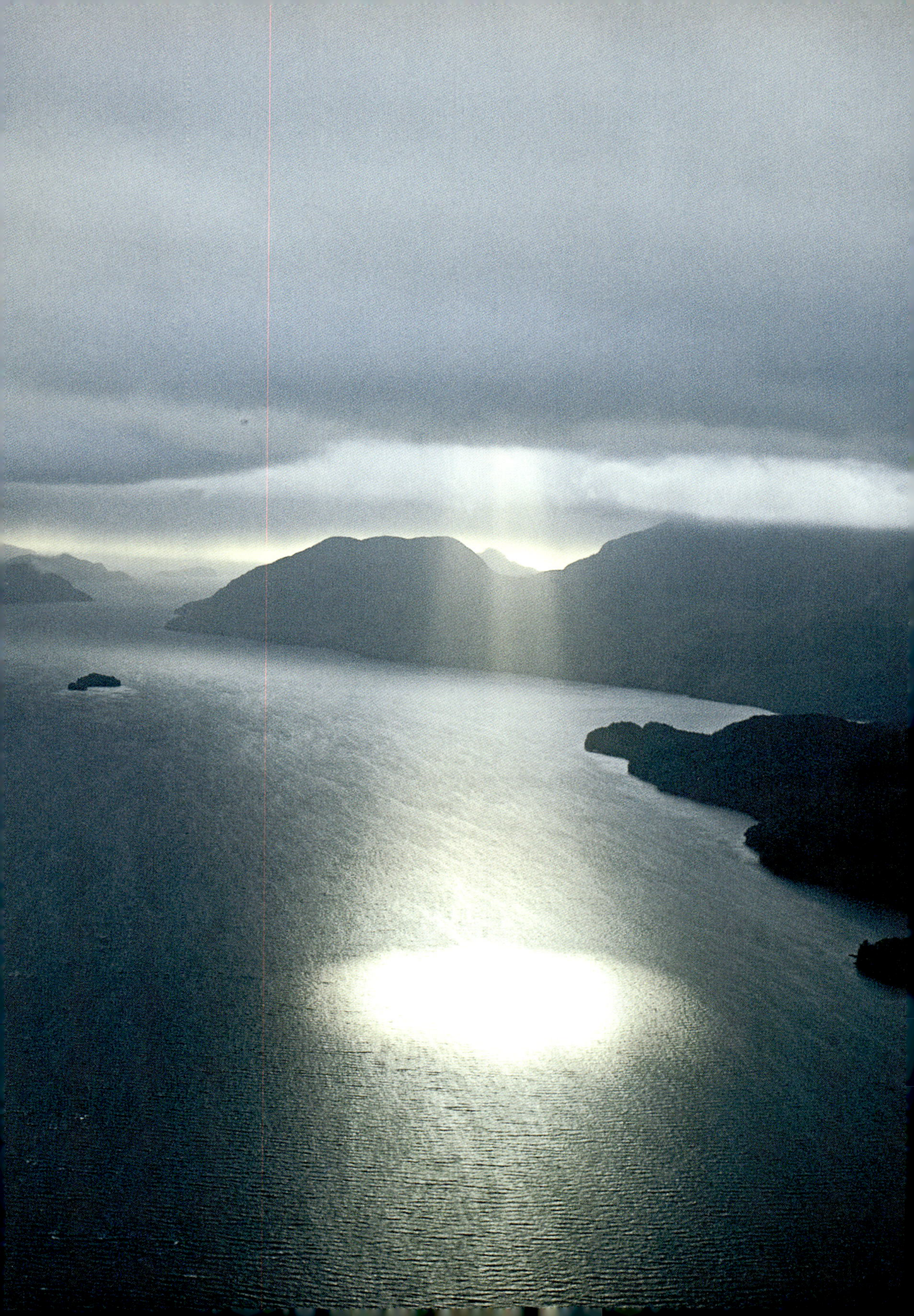

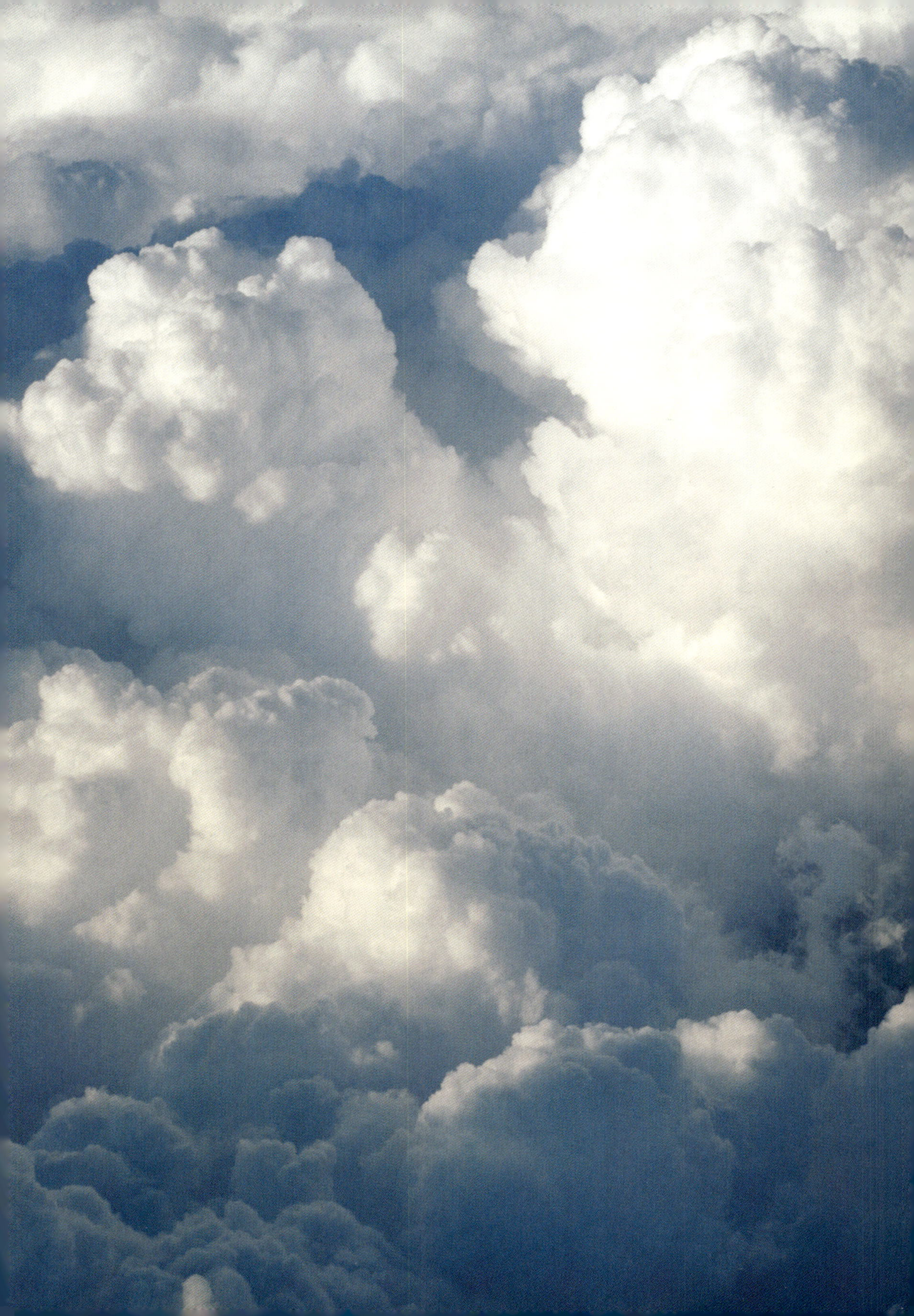

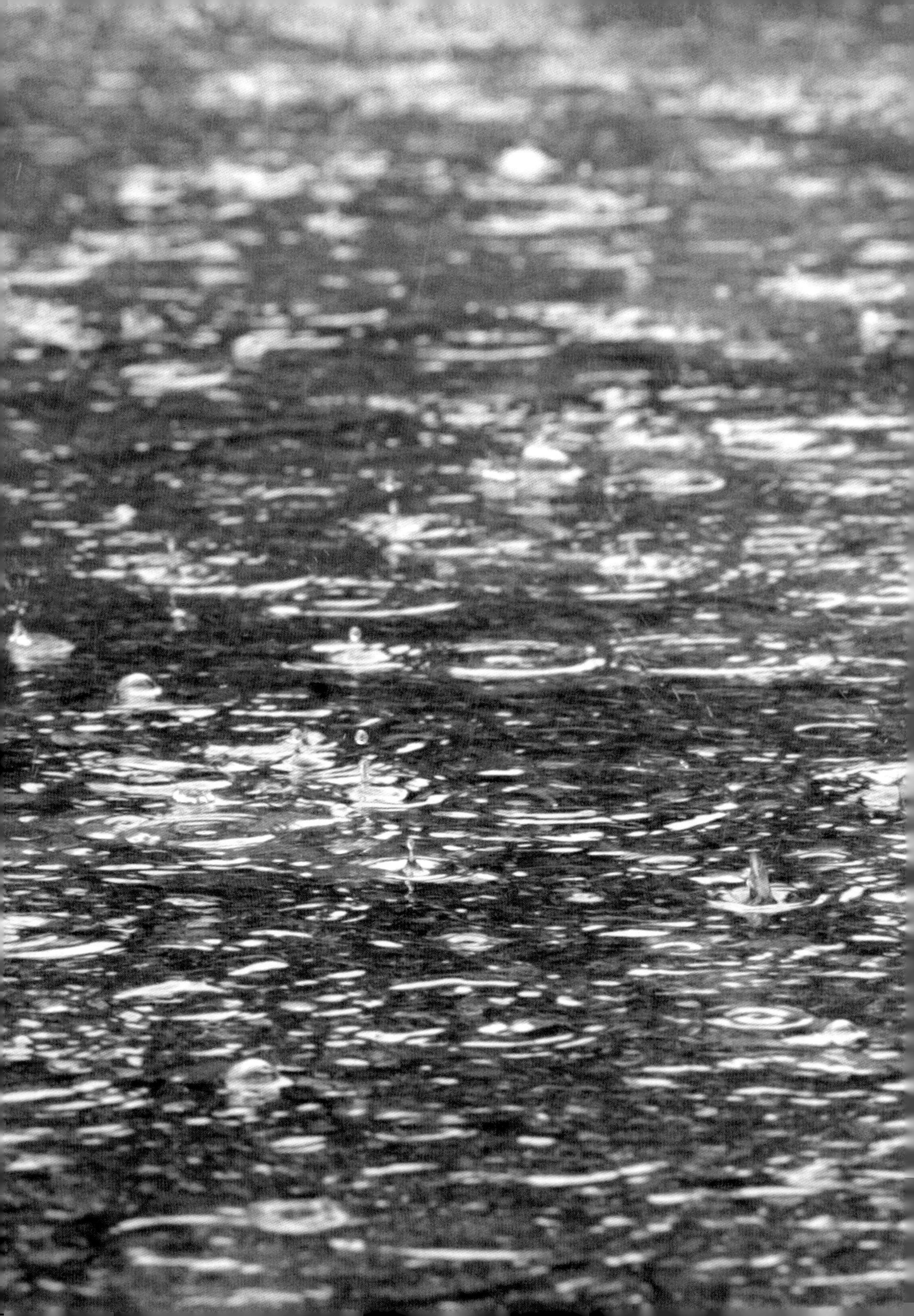

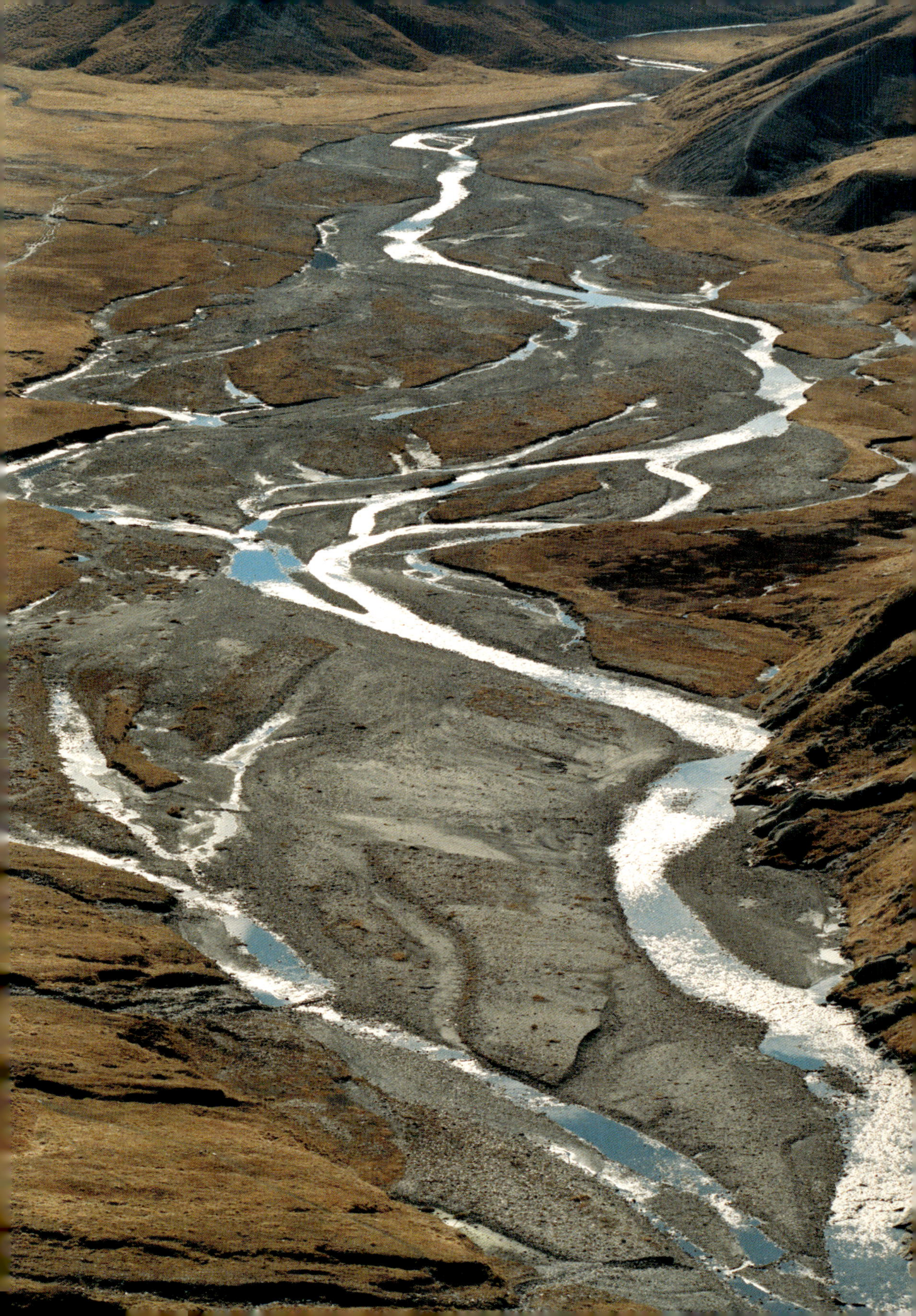

NOV 3 2003

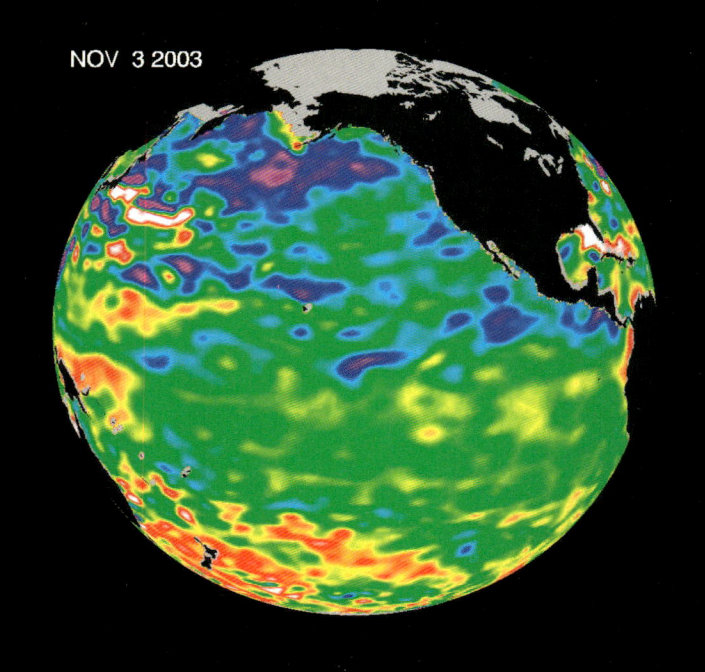

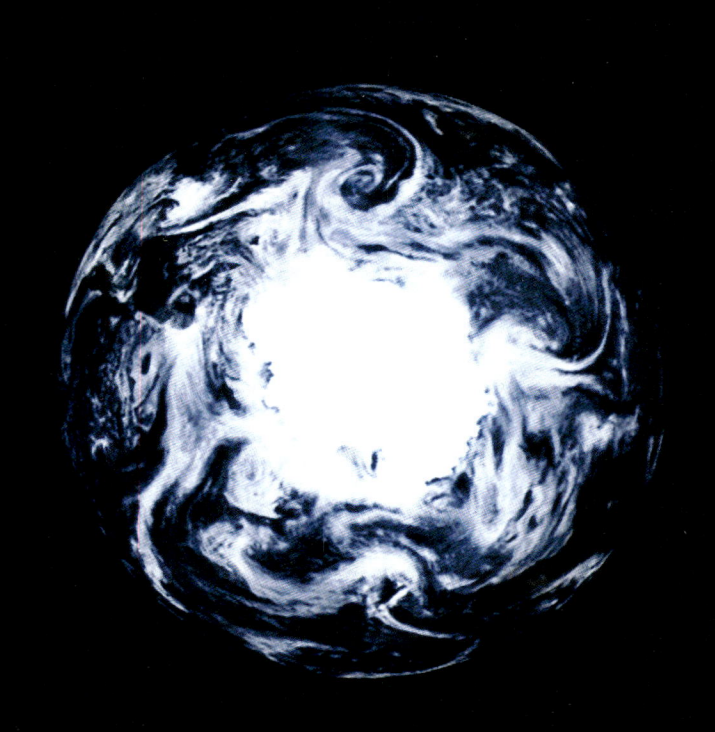

Wasser bestimmt das Klima

Ohne Wasser kein Leben, wie wir es kennen: Die organische Umwelt braucht Wasser vor allem in flüssiger Form, aber notwendigerweise auch als Gas, Eis und Schnee. Da trifft es sich gut, dass Wasser gegenüber den meisten anderen Stoffen eine aussergewöhnliche Eigenschaft hat: Es kommt im gemässigten Klima der Erde in grossen Mengen nicht nur in diesen drei Aggregatzuständen vor, es kann auch ganz ohne menschliches Zutun und gleichsam spielend leicht von einem Zustand in den anderen wechseln: es schmilzt, verdunstet, wird wieder flüssig oder erstarrt zu Eis. Ohne diesen permanenten Wechsel wäre die Erde ein ziemlich unwirtlicher Planet mit extrem starken Temperaturschwankungen und einer Durchschnittstemperatur von rund minus 15 Grad Celsius.

Dieser so genannte hydrologische Kreislauf ist die «Heizung» oder «Klimaanlage» der Erde. Er sorgt dafür, dass die Temperaturen im Jahresdurchschnitt fast überall auf der Erde deutlich über dem Gefrierpunkt liegen und sich nur innerhalb eines relativ schmalen Bandes von −40 bis +40 Grad Celsius bewegen. Der hydrologische Kreislauf reduziert die Temperaturunterschiede aber nicht bloss zwischen den wärmeren und kälteren Regionen, sondern auch zwischen den warmen und kalten Jahreszeiten.

Diesen Heizeffekt, der sich weitgehend selbst reguliert, verdankt die Erde vor allem der Eigenschaft des Wassers, grosse Mengen Sonnenenergie aufzunehmen, in Wärme umzuwandeln, sie in den Meeren und in der Atmosphäre zu speichern und dann langsam wieder an die Umgebung abzugeben. Dieser komplexe Prozess spielt sich an den so genannten Phasenübergängen ab, also dort, wo das Wasser seinen Zustand ändert, verdunstet, gefriert oder wieder flüssig wird. Ungewöhnlich an dem Prozess ist, dass das Wasser, wenn es verdunstet, zwar grosse Mengen von Energie aufnimmt, dass sich aber seine Temperatur dabei nicht fühlbar verändert. Die gespeicherte Energie – Wissenschaftler nennen sie latente Verdunstungswärme – verwandelt sich erst dann in «tatsächliche» Wärme, wenn der Wasserdampf wieder zu flüssigem Wasser kondensiert.

Hätte Wasser nicht diese ungewöhnliche Eigenschaft als Wärmespeicher, die es auch von den meisten anderen natürlich vorkommenden Stoffen unterscheidet, würde die Hälfte der auf die Erde einstrahlenden Sonnenenergie unmittelbar wieder ins Weltall zurückreflektiert, ginge also für die Erde gleichsam verloren. Die verbleibende Energie würde aber bei weitem nicht ausreichen, um die Erde über den Gefrierpunkt hinaus zu erwärmen. Diese Fähigkeit des Wassers, Energie aufzunehmen und latent zu speichern, sorgt dafür, dass nicht nur die Hälfte, sondern rund drei Viertel der Sonneneinstrahlung auf der Erde zurückgehalten wird. Es ist genau dieses zusätzliche Viertel, das dafür sorgt, dass die Durchschnittstemperatur der Erde über dem Gefrierpunkt liegt.

Zwar absorbieren auch andere Gase der Atmosphäre Sonnenenergie, so Kohlendioxid, Methan oder Stickoxid, ihr Wärmeeffekt ist aber sehr viel geringer. Wasser ist das bei weitem wichtigste «Treibhausgas». Es ist für rund 60 Prozent des natürlichen «Treibhauseffekts» der Erde verantwortlich.

Das ist überraschend, ist doch der prozentuale Anteil des Wassergases in der Luft, das diesen Effekt bewirkt, sehr klein: er beträgt je nach Temperatur und Feuchtigkeit bloss zwischen 0,1 und 4 Prozent. So geringfügig diese Prozentzahlen auch sind, so gigantisch sind die Wassermengen, die sich hinter diesen Zahlen verbergen: Allein aus den Meeren verdunsten jeden Tag über 1300 Kubikkilometer Wasser; das sind über 500 000 000 000 000 oder $5 \cdot 10^{14}$ Tonnen pro Jahr. Dazu kommen jährlich 74 000 000 000 000 oder $7,4 \cdot 10^{13}$ Tonnen, die von der Erdoberfläche und den Pflanzen «ausgeschwitzt» werden. Mit anderen Worten: innerhalb von drei Tagen verdunstet mehr Wasser, als die Menschheit während eines ganzen Jahres verbraucht.

Der hydrologische Wasserkreislauf ist aber auch eine äusserst effiziente «Kläranlage»: er sorgt dafür, dass das Wasser immer wieder von anderen Stoffen, die sich im Wasser befinden, gereinigt wird. Ohne den Verdunstungsprozess gäbe es auf der Erde kein Süsswasser; alles Wasser wäre so salzhaltig wie das Meer.

Ist das Wasser in den Meeren und in der Atmosphäre sozusagen der globale Wärmespeicher der Erde, so ist der hydrologische Kreislauf gleichsam das Heizsystem, das die gespeicherte Wärmeenergie über den ganzen Erdball verteilt: Die Luftströmungen, die meteorologischen Hoch- und Tiefdruckgebiete mit ihren Winden und Stürmen, transportieren die im Wassergas gespeicherte Wärmeenergie in die kühleren Regionen. Sinkt dort die Lufttemperatur, so nimmt die Fähigkeit der Luft, Wasser aufzunehmen, ab: das «überschüssige» Wasser regnet aus und gibt die gespeicherte Energie als Wärme an ihre Umgebung ab.

Die Energiemenge, die das Wasser rund um die Erde transportiert, ist immens. Sie ist jeden Tag um ein Siebenfaches grösser als die gesamte Energie, welche die Menschheit derzeit während eines ganzen Jahres produziert. Dabei erreicht allerdings bloss ein Viertel des verdunsteten Wassers die Kontinente, drei Viertel regnen bereits über den Meeren wieder aus.

Der Wasserkreislauf ist aber mehr als nur die Heizung der Erde, er ist eine nahezu perfekte vollständige Klimaanlage, welche die Erde nicht nur erwärmt, sondern auch dafür sorgt, dass diese sich umgekehrt nicht überhitzt. In diesem höchst diffizilen, sich selbst regulierenden Mechanismus spielen vor allem die Wolken eine wichtige Rolle: Sie bilden einen variablen Sonnenschirm, der die Erde vor allzu grosser Sonneneinstrahlung schützt, indem sie einen Grossteil der Sonnenenergie zurück ins Weltall reflektieren. So entsteht ein Regelkreis, wie ihn Kybernetiker nicht besser hätten erfinden können: Steigt die Temperatur auf der Erde an, verdunstet mehr Wasser, die Wolkendecke vergrössert sich und bremst so die weitere Erwärmung der Erdoberfläche. Sinkt dagegen die Temperatur, verkleinert sich der Hitzeschild, die direkte Sonneneinstrahlung wird grösser, die Erde erwärmt sich wieder.

Noch sind viele dieser Rückkoppelungseffekte nicht völlig geklärt. So streiten sich die Wissenschaftler, ob diese «Klimaanlage» wirklich so perfekt funktioniert, dass sie die Erde tatsächlich über Jahrtausende hinweg in einem Gleichgewicht hält. Oder ob dieses Gleichgewicht nur eine «Episode» in der Jahrmilliarden langen Geschichte der Erde ist. Immerhin ist inzwischen unstrittig, dass der durch die menschliche Zivilisation verursachte zusätzliche Treibhauseffekt den natürlichen Wärmehaushalt massiv beeinflusst. Direkt haben die zivilisationsbedingten Treibhausgase zwar bloss einen geringen Erwärmungseffekt, umso grösser ist aber die indirekte Wirkung: Bereits eine sehr geringe Erwärmung der Luft beeinflusst die Dynamik des globalen Wasserkreislaufs; dessen Effekt auf das Weltklima ist aber um ein Vielfaches grösser.

Wie flüssiges Wasser und Wasserdampf als Heizung und Wärmespeicher fungieren, so wirken Eis und Schnee als Kühlanlage und Kältespeicher. Schnee- und Eisschmelze verbrauchen jeden Frühling grosse Mengen von Wärme. Sie sorgen so dafür, dass sich die Erde im Sommerhalbjahr nicht allzu rasch erwärmt, dass die Temperaturschwankungen zumindest in den gemässigten Klimazonen im Jahresverlauf nicht allzu kräftig ausfallen. Ähnlich wie Wolken reflektieren auch Eis- und Schneeflächen rund vier Mal mehr Sonnenenergie ins Weltall zurück als schnee- und eisfreie Flächen.

Obwohl der Wasserkreislauf unser ganzes Leben beeinflusst und prägt, ist seine komplexe Wirkungsweise mit unseren blossen Sinnen nur zu einem sehr geringen Teil wahrnehmbar. Er überschreitet unser Vorstellungsvermögen und verführt uns dazu, die dramatischen Folgen selbst kleinster Veränderungen zu unterschätzen. Bislang ist kein Klimamodell in der Lage, die genauen Konsequenzen zu berechnen, die das teilweise Abschmelzen der Eiskappen am Nord- und Südpol, der Gletschern und des im Permafrost und ewigen Schnee gebundenen Wassers auf den Wasserkreislauf, das globale Klima oder nur schon auf den Wasserhaushalt der einzelnen Weltregionen hat. Die Verstärkungs-, Abschwächungs- und Rückkoppelungseffekte sind so komplex miteinander verzahnt, dass unterschiedlichste Entwicklungen denkbar sind.

Mit Sicherheit wissen wir bloss, dass bereits geringfügige Veränderungen der globalen Klimasituation den Süsswasserkreislauf massiv beeinträchtigen können. Allein die in Eis und Schnee gebundene Wassermenge ist 150 Mal grösser als die gesamten Süsswasservorkommen der Erde. Insgesamt machen die Süsswasservorkommen nur gerade 2,5 Prozent der globalen Wassermenge aus. Von diesen 2,5 Prozent aber sind es wiederum nur 0,4 Prozent, die den Süsswasserkreislauf in Bewegung halten. Die restlichen 99,6 Prozent sind dem Kreislauf entzogen. Sie sind gebunden, zu 30,1 Prozent in den riesigen Grundwasservorräten tief unter der Erdoberfläche, zu 69,5 Prozent in den Eiskappen, den Gletschern, dem ewigen Schnee und im Permafrost. Wie dieses einzige Zehntausendstel der Gesamtwassermenge über die verschiedenen Erdteile und Regionen verteilt ist, entscheidet über Dürre und Fruchtbarkeit, über extremste Wasserknappheit und gigantische Flutkatastrophen. Von der Menge und der Sauberkeit dieser «verschwindend kleinen» Wassermenge hängt es ab, ob die Weltbevölkerung ausreichend frisches Trinkwasser und die Landwirtschaft genügend Wasser zur Bewässerung ihrer Felder hat.

S. 36 Dusky Sound, Neuseeland. Gordon W. Gahan/National Geographic
S. 37 Larry Gatz/gettyimages
S. 38 Windeck/vario-press
S. 39 Greina-Hochebene, Schweiz. Arno Balzarini/Keystone
S. 40 Oberflächentemperaturen im Pazifik: rot zeigt wärmere, blau kühlere Temperaturen an als im langjährigen Durchschnitt. NASA/JPL Ocean Surface Topography Team
S. 40 Blick vom All auf den Südpol: Der nächtlich dunkle Bereich wurde durch Kombination mehrerer Aufnahmen der Raumsonde Galileo beseitigt. NASA
S. 45 Laurent Gillieron/Keystone
S. 45 Martin Parr/Magnum Photos
S. 46 Georgios Kefalas/Keystone
S. 47 Széchenyi Bad, Budapest. Martin Parr/Magnum Photos
S. 47 Robert Ghement/EPA Photo

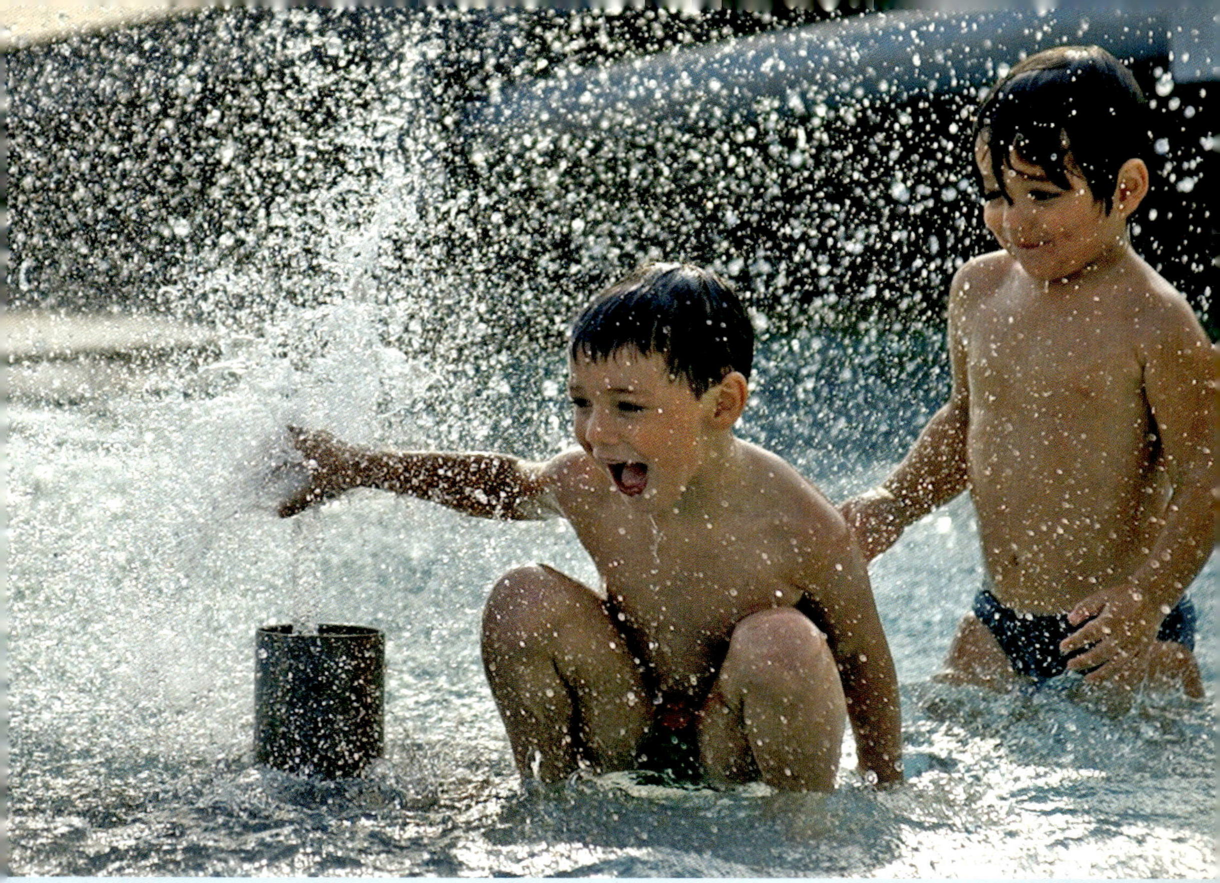

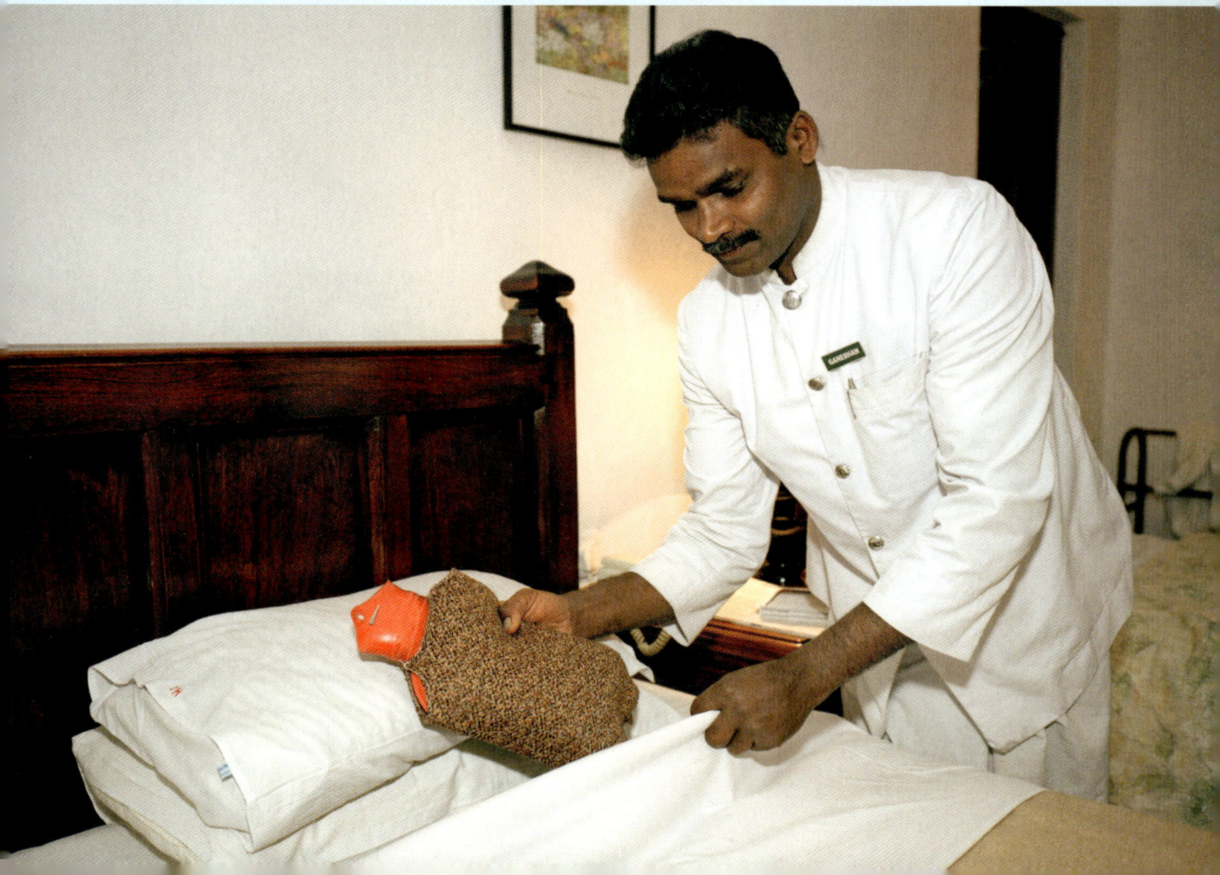

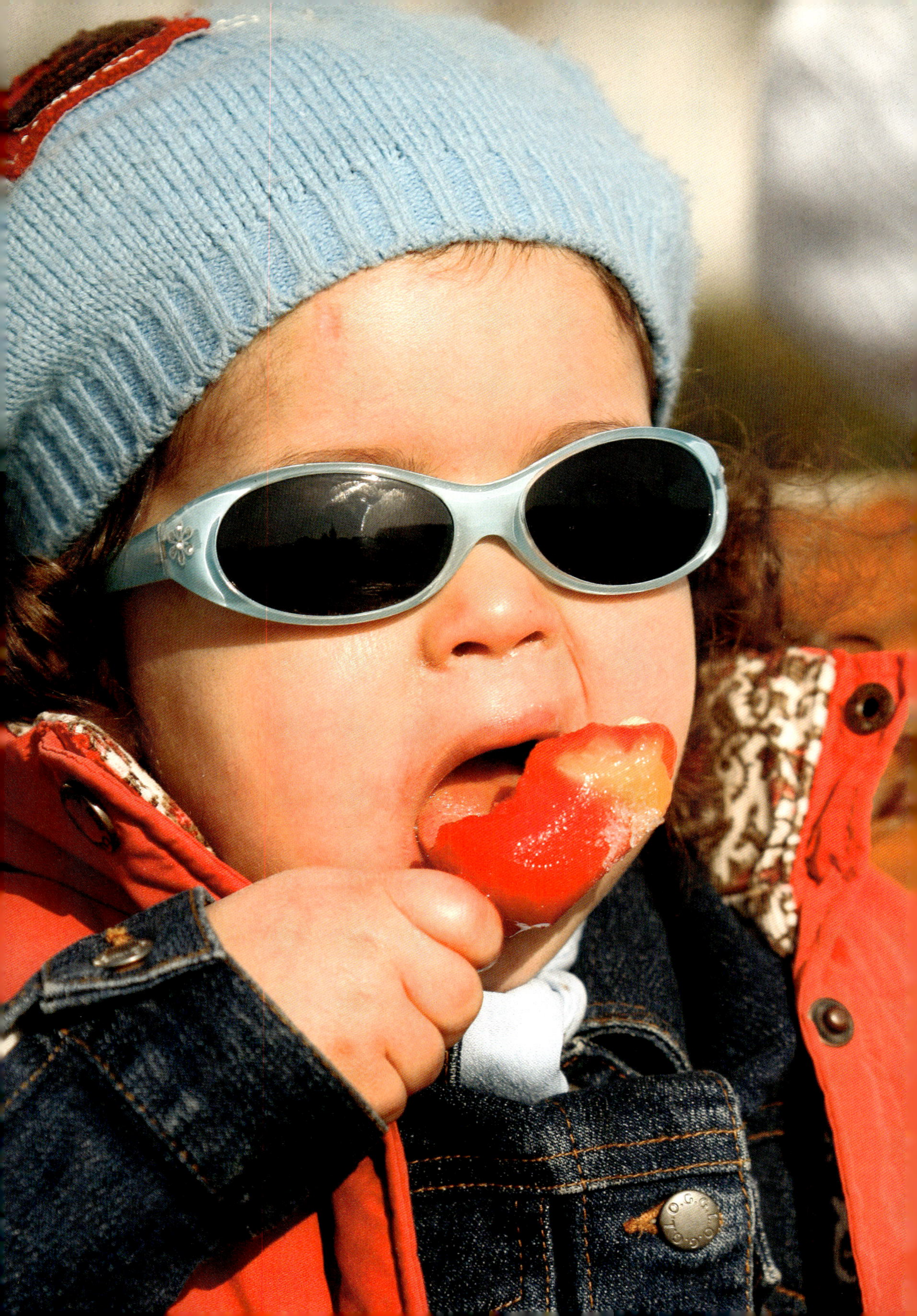

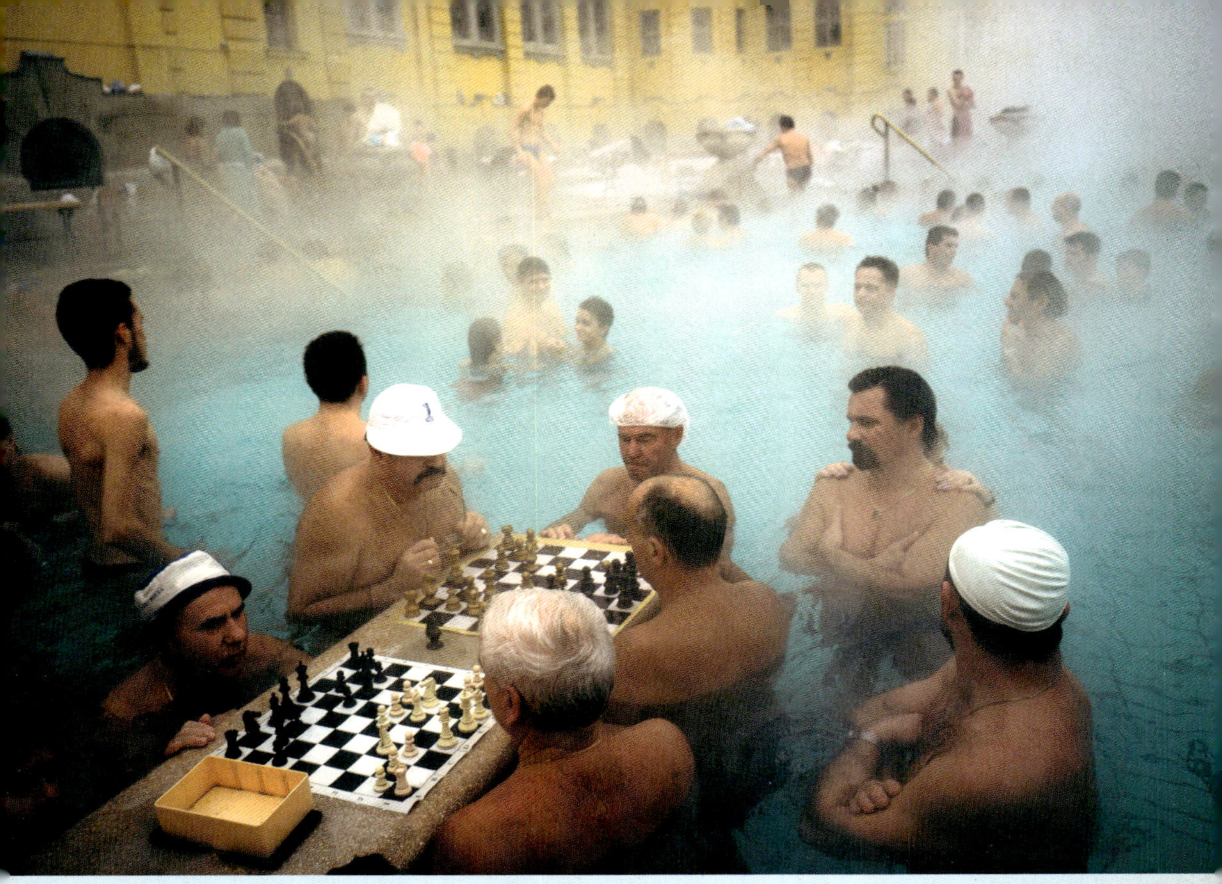

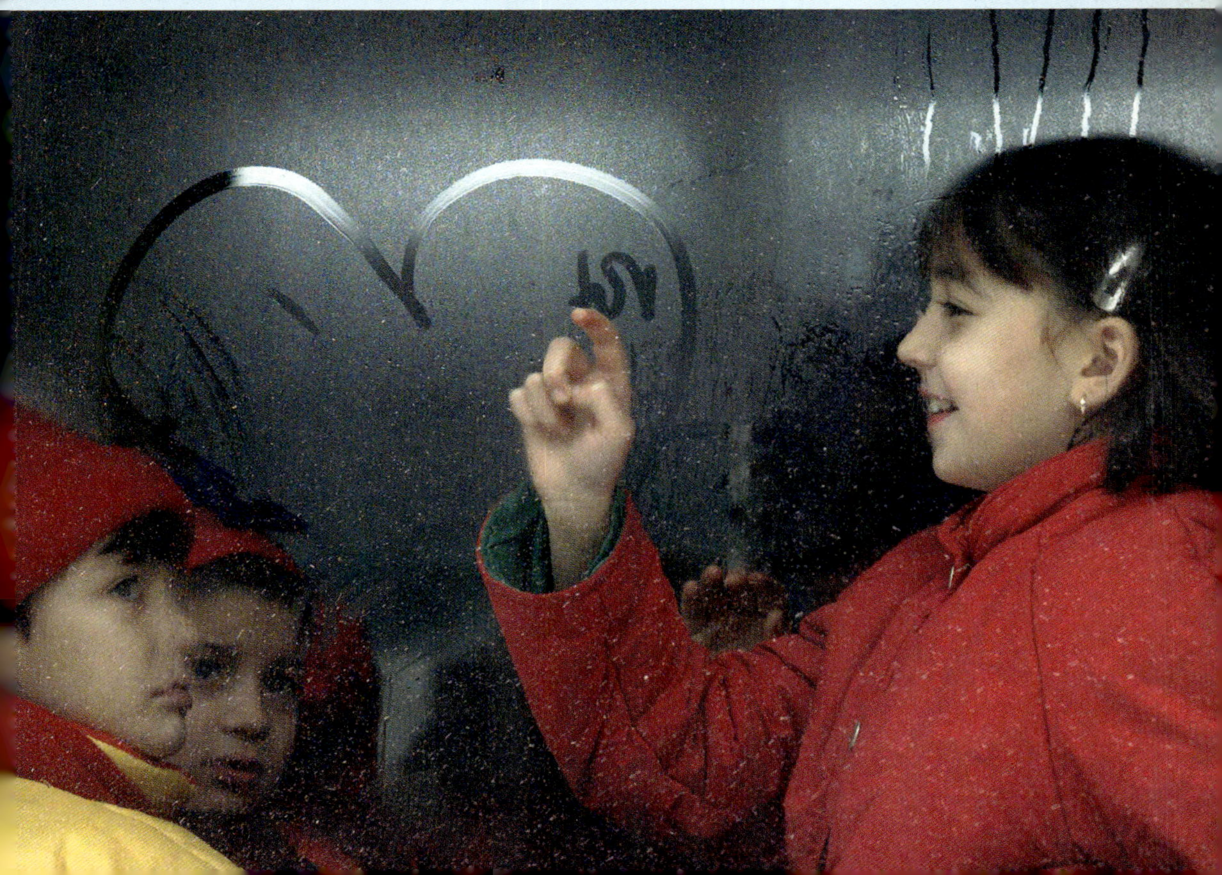

Niederschlag: weltweite Verteilung

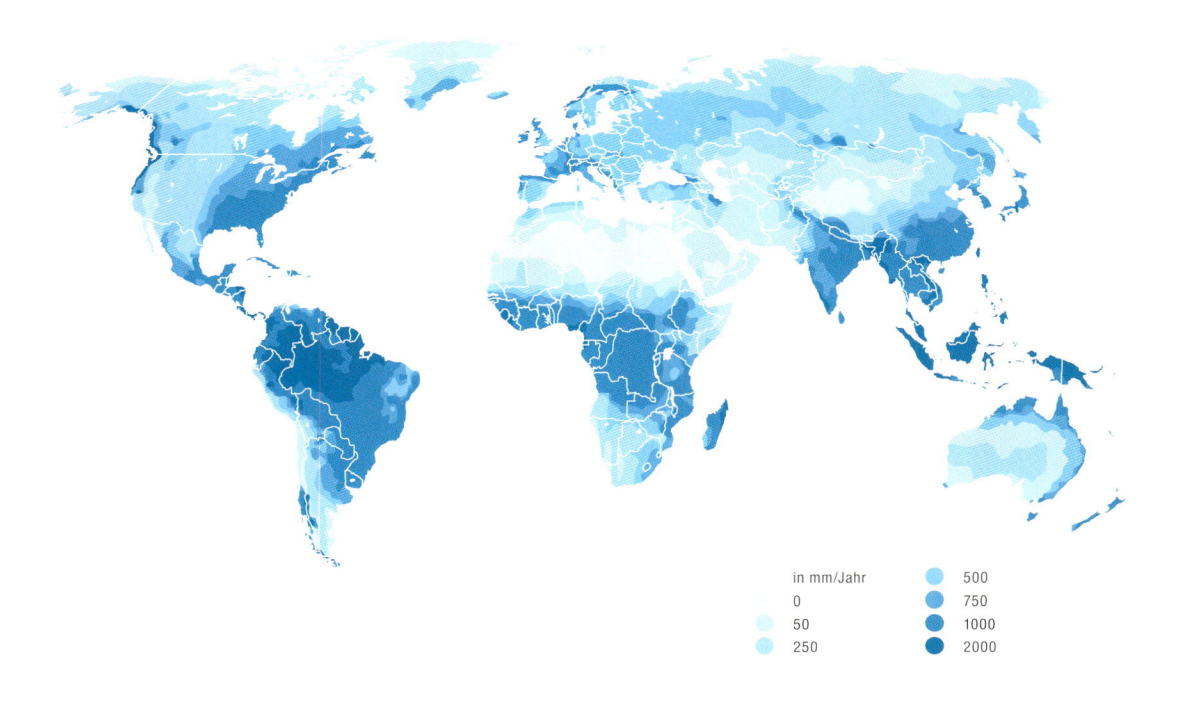

in mm/Jahr
- 0
- 50
- 250
- 500
- 750
- 1000
- 2000

Grundwasser: weltweite Verteilung

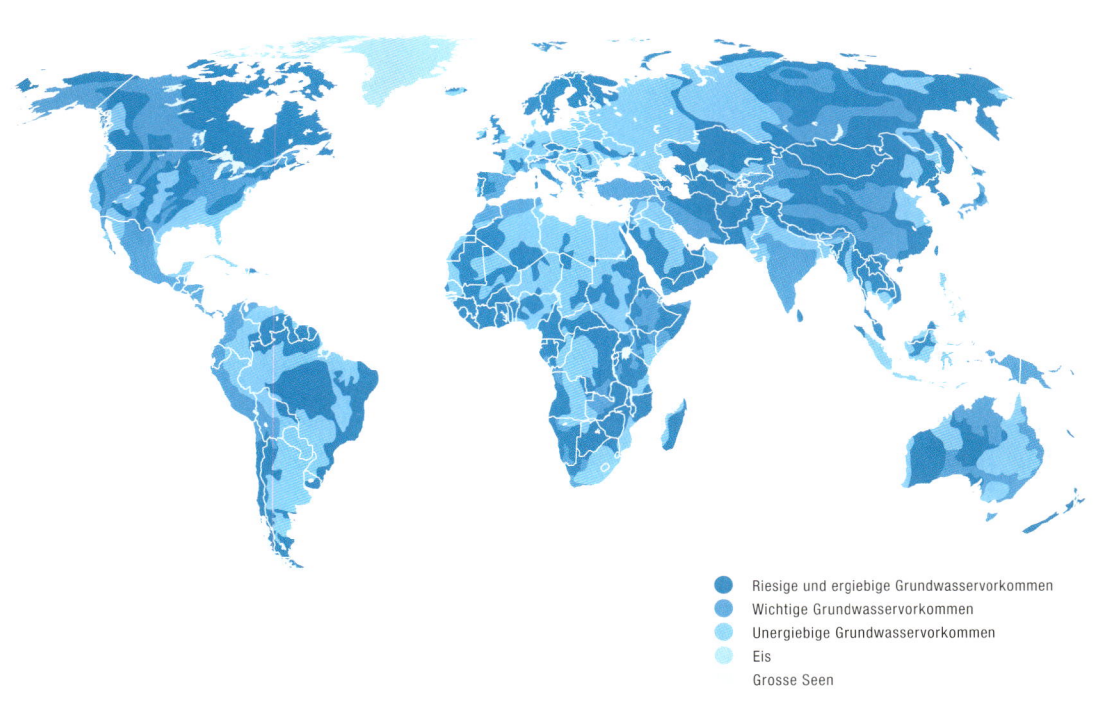

- Riesige und ergiebige Grundwasservorkommen
- Wichtige Grundwasservorkommen
- Unergiebige Grundwasservorkommen
- Eis
- Grosse Seen

Wasserknappheit: Vorhersage für das Jahr 2025

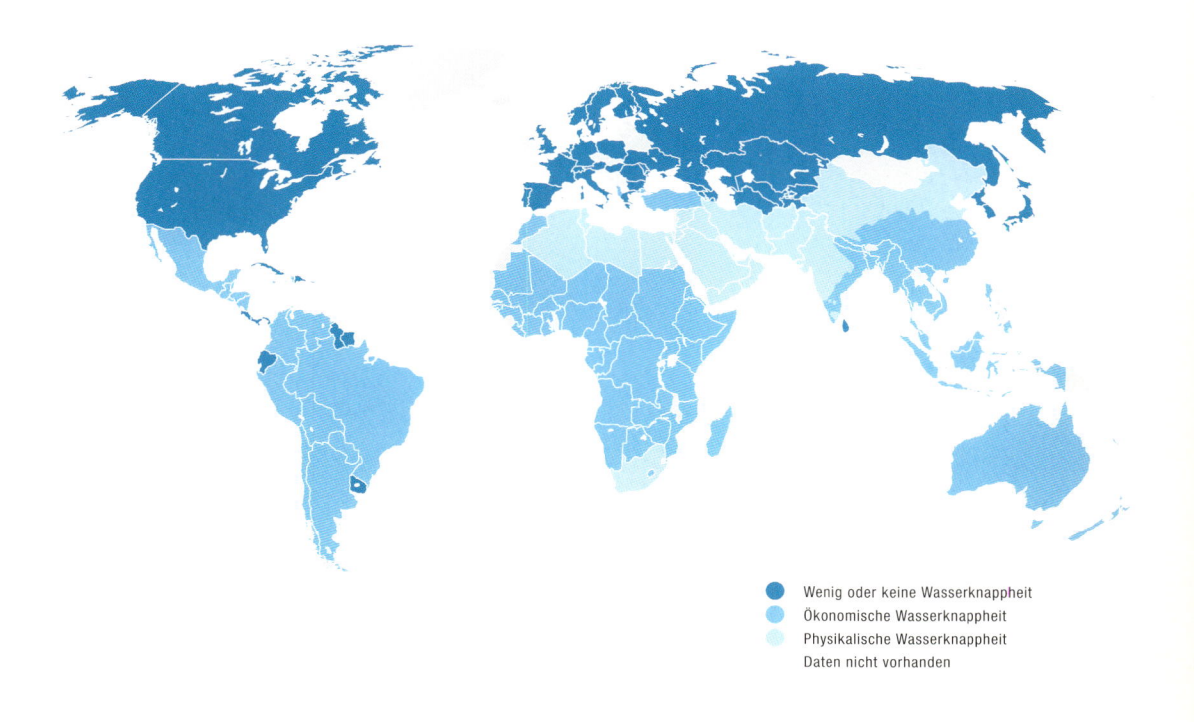

- Wenig oder keine Wasserknappheit
- Ökonomische Wasserknappheit
- Physikalische Wasserknappheit
- Daten nicht vorhanden

Was passiert mit dem Niederschlag?

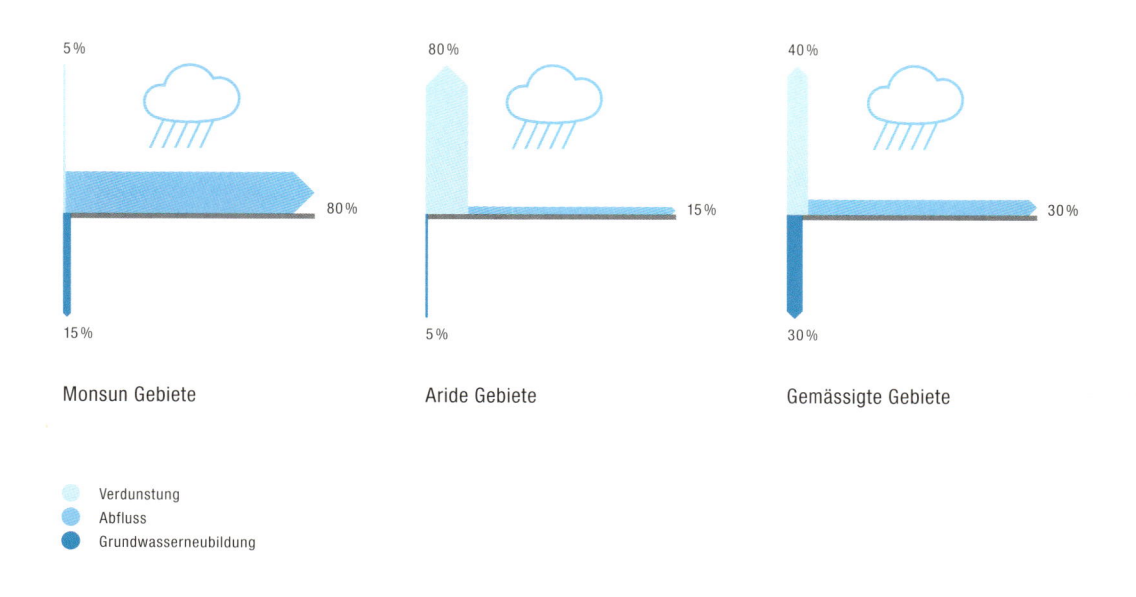

Monsun Gebiete
- 5 %
- 80 %
- 15 %

Aride Gebiete
- 80 %
- 15 %
- 5 %

Gemässigte Gebiete
- 40 %
- 30 %
- 30 %

- Verdunstung
- Abfluss
- Grundwasserneubildung

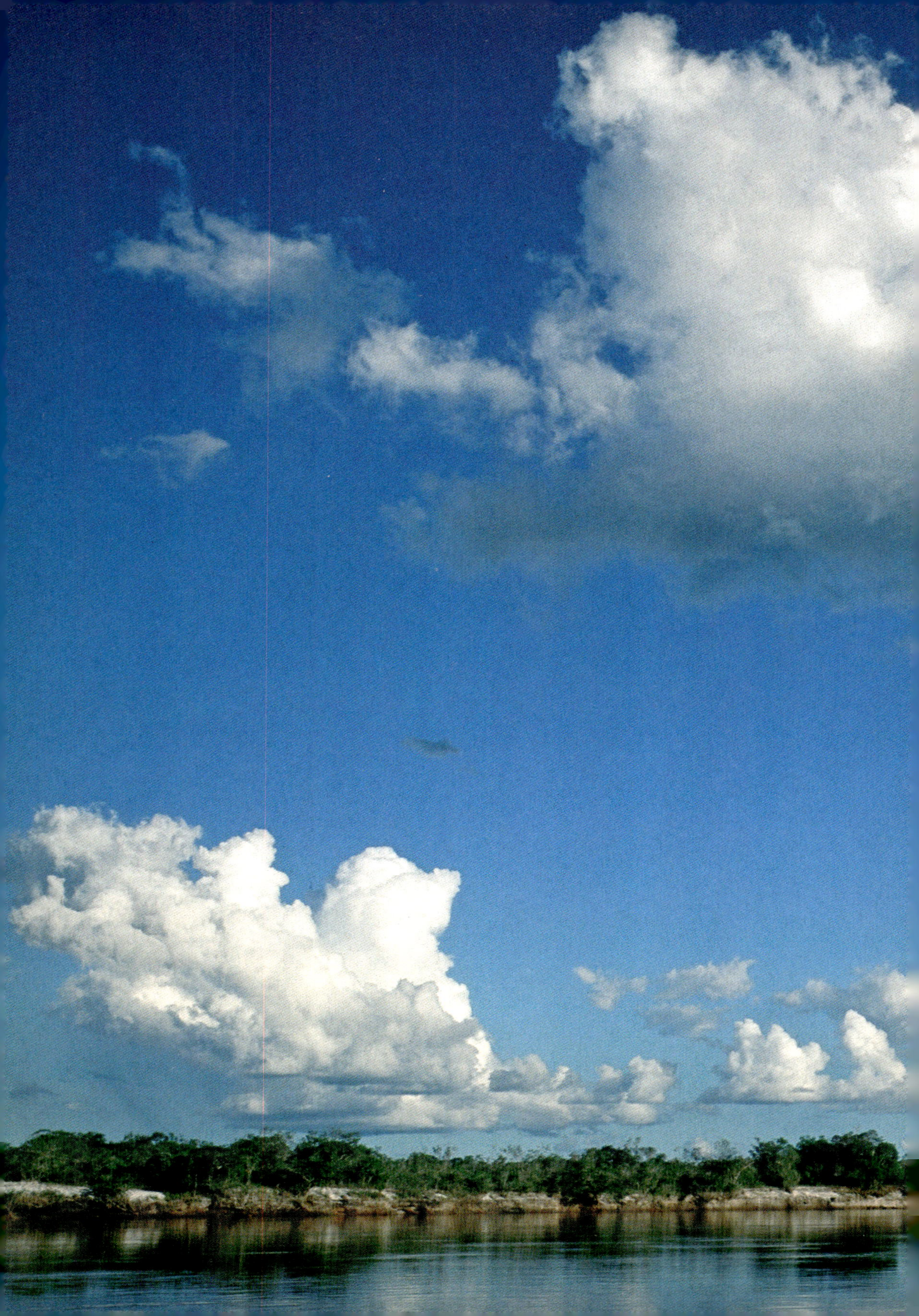

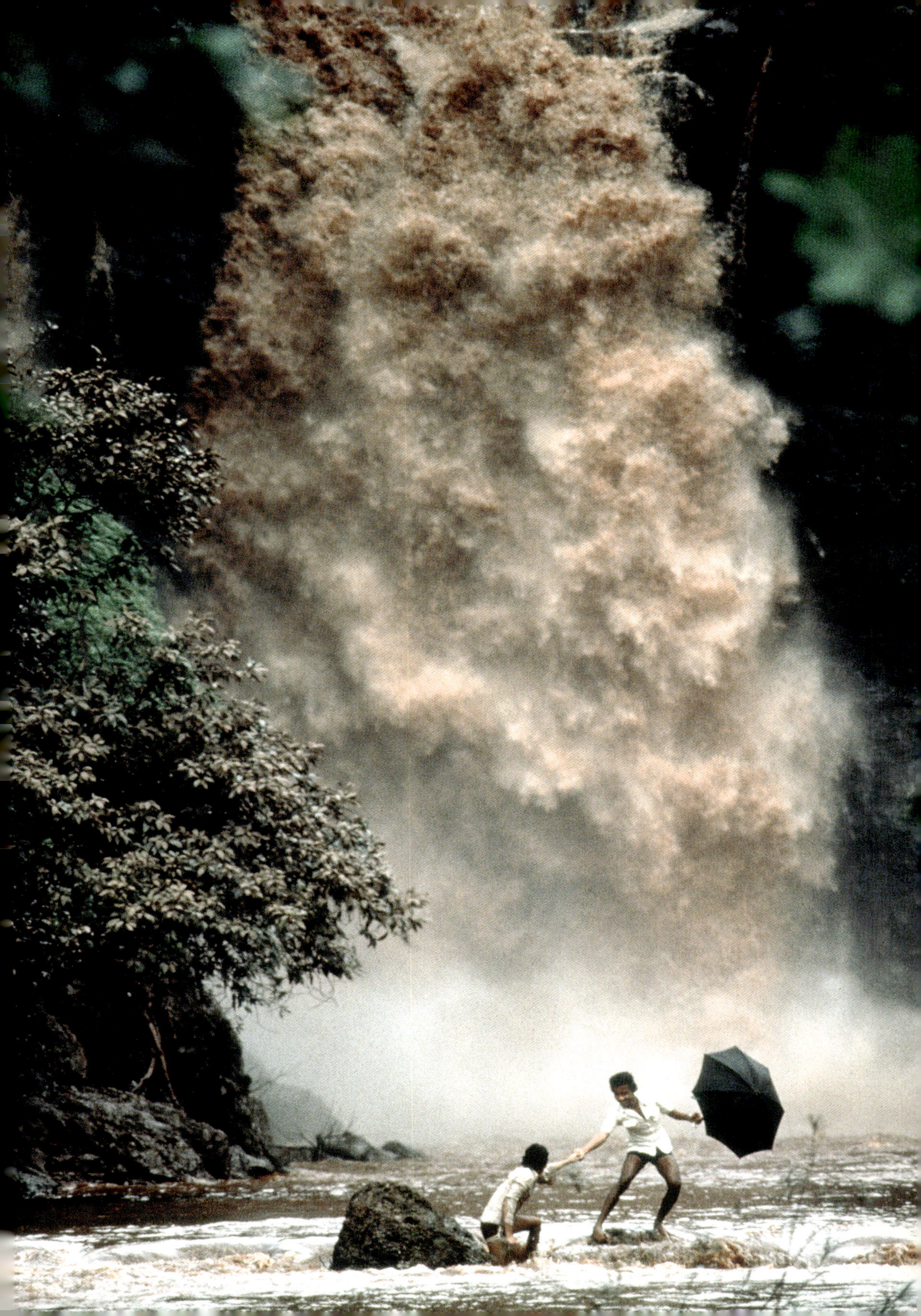

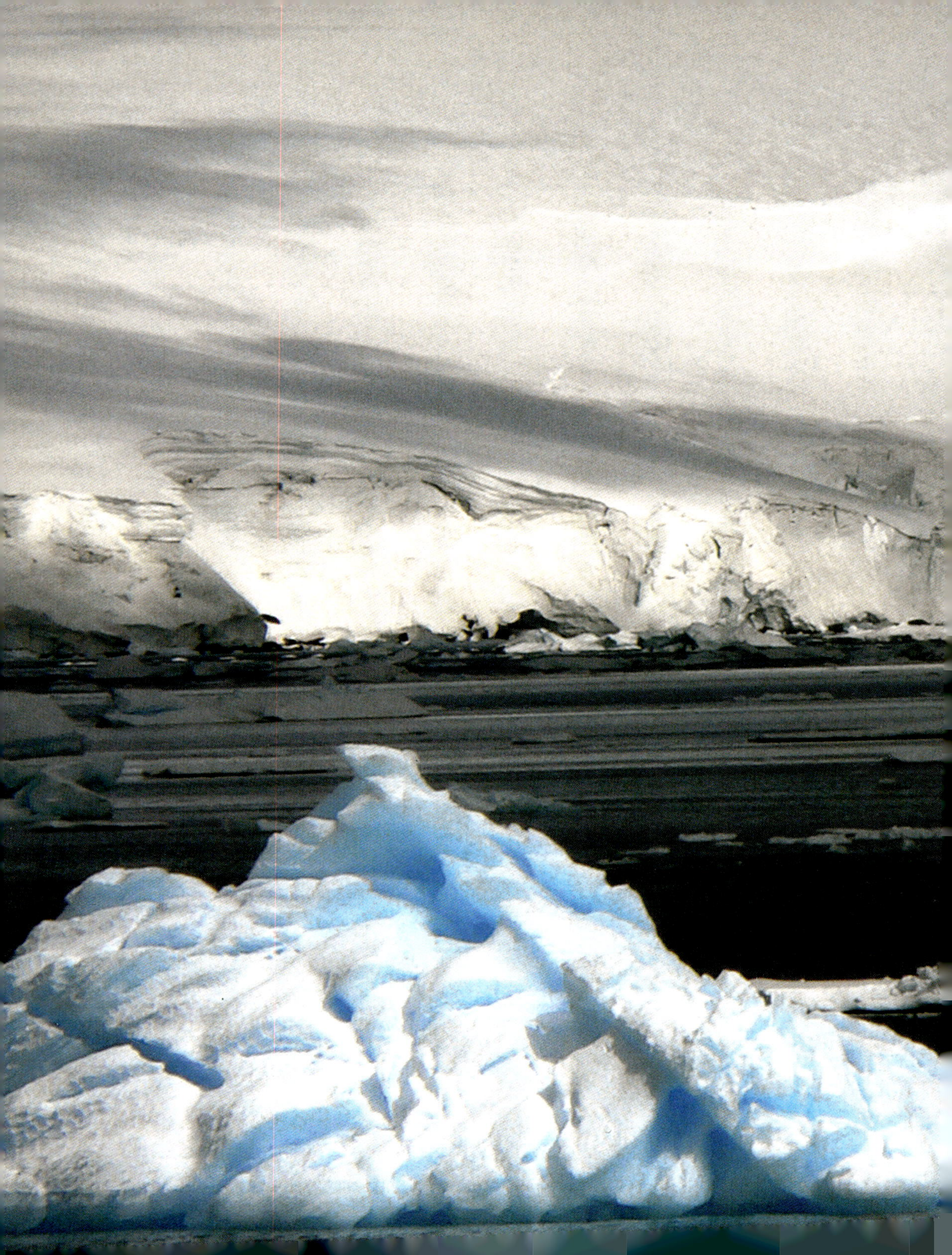

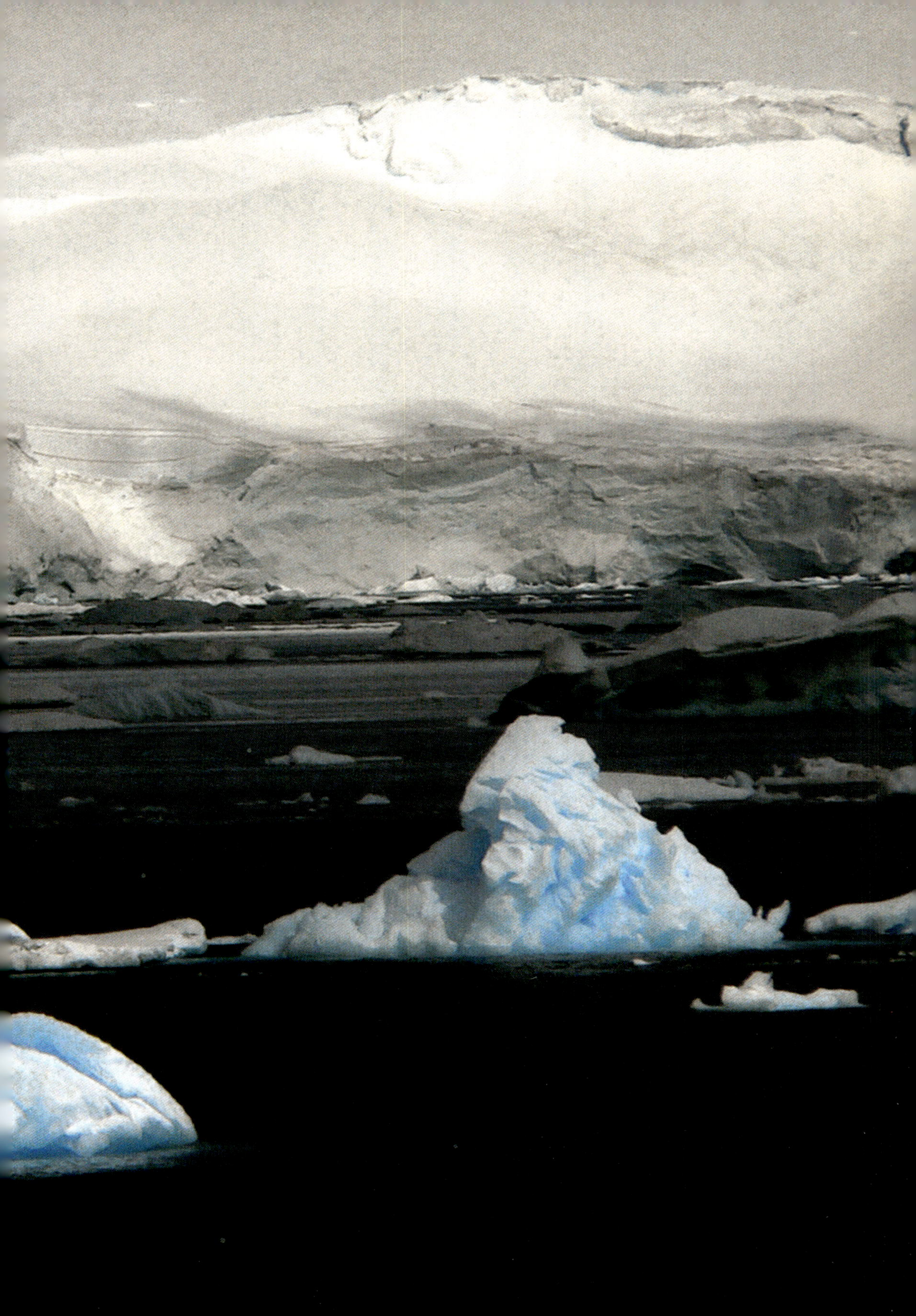

Wasser ist in Bewegung – Wasserräder, Förderbänder und Achterbahnen

Selbst die Rechenleistung aller Computer der Welt würde nicht ausreichen, um ein annähernd wirklichkeitsgetreues Abbild aller Wasserkreisläufe auch nur in einem einzigen kleinen Dorf zu liefern. Eine solche Darstellung ergäbe das Bild eines unendlich grossen Räderwerks, dessen einzelne Teile auf höchst komplizierte Weise miteinander verbunden sind, ineinander greifen, sich gegenseitig beeinflussen, antreiben und bremsen.

Die Wasserkreisläufe verknüpfen Vorgänge, die innerhalb von Stunden, Tagen und Wochen ablaufen, mit anderen, die Jahre, Jahrzehnte oder gar Jahrmillionen dauern. Sie prägen unser tägliches Wetter, sorgen im Jahreswechsel für den Wärmeausgleich zwischen den verschiedenen Weltregionen, sie regulieren über Jahrtausende den Wechsel von Eiszeiten und Wärmeperioden, und bewegen in noch viel längeren Zeiträumen die ganze Tektonik der Erde. Sie transportieren immense Wassermengen über Tausende von Kilometern und spielen sich zugleich im mikroskopischen Bereich von pflanzlichen, tierischen und menschlichen Zellen ab. Sie haben die Erdoberfläche mit ihren Gebirgen und Tälern, Flüssen und Seen mitgeformt, haben in einem Zeitraum von dreieinhalb Milliarden Jahren die Entwicklung von Leben auf der Erde ermöglicht und sind zugleich das Medium, in dem jede Sekunde milliardenfach neues Leben entsteht.

In einer unendlichen Reise über Millionen und Milliarden von Jahren bewegt sich jedes Wassermolekül durch unzählige Kreisläufe. Ein Molekül, das eben in einem Regentropfens vor unserer Haustür vom Himmel gefallen ist, schwamm vielleicht vor wenigen Tagen noch im Meer, wurde mit dem Golfstrom aus der Karibik über den Atlantik befördert, nachdem es zuvor vielleicht während einiger Jahrhunderte zwischen Afrika und der Küste Lateinamerikas herumkreiste. Und dabei, in wieder anderen Kreisläufen, Jahrzehnten im brasilianischen Regenwald verbracht hat. Und vorher hatte es vielleicht Jahre oder auch Jahrtausende im Indischen Ozean den Monsun oder im Pazifik zwischen Kalifornien und Japan den Nordpazifikstrom angetrieben, nachdem es noch früher vielleicht Hunderttausende von Jahren im Eis vor Grönland festsass oder nach einigen Milliarden Jahren durch einen Vulkan aus dem Erdinneren geschleudert wurde.

Die unendliche Reise eines Wassermoleküls ist nur deshalb möglich, weil Wasser fast mühelos seinen Zustand ändern und mit Leichtigkeit von einem Kreislauf in den nächsten übergehen kann. Der hydrologische Wasserkreislauf ist denn auch von allen Wasserkreisläufen der fundamentalste. (→ S. 64) Ohne ihn würden die vielen anderen Wasserkreisläufe gar nicht funktionieren. Er verbindet die Kreisläufe im Meer mit denjenigen auf dem Land. Er ist die Lebensgrundlage der ganzen Biosphäre. Diese wichtige Rolle aber kann er nur spielen, weil er zugleich eng an zwei Kreisläufe in den Meeren gekoppelt ist. Sie erst machen das Wassersystem global, wirklich weltumspannend.

Die beiden Wasserströme im Meer, der eine an der Oberfläche, der andere in den Tiefen der Ozeane, sind denn auch die «Förderbänder», die den Wärmeaustausch rund um die Erde regulieren, während der hydrologische Kreislauf sozusagen für die Feinverteilung über den einzelnen Kontinenten sorgt.

Die Oberflächenzirkulation ist sozusagen das Rührwerk der drei grossen Weltmeere, des Atlantiks, des Indischen und Pazifischen Ozeans. (→ S. 65) Angetrieben werden diese Strömungen, die allenfalls bis in eine Tiefe von knapp hundert Metern reichen, vor allem durch die globalen Windsysteme. Eine wichtige Rolle spielt aber auch die Erdrotation, deren Wirkung auf die Wasserzirkulation nach ihrem Entdecker, dem französischen Mathematiker und Physiker Gaspard Gustave de Coriolis benannt wird. Die Corioliskraft ist dafür verantwortlich, dass die Wasserwirbel auf der südlichen Halbkugel im Uhrzeigersinn, auf der nördlichen Halbkugel gegen den Uhrzeigersinn drehen. Sie sorgt dafür, dass sich im Atlantik, im Indischen und Pazifischen Ozean je zwei Strömungen bilden, je eine auf der Nord-, eine auf der Südhalbkugel. Zu diesen insgesamt sechs Stömungen gehören unter anderem der Golfstrom im Nordatlantik, der das Klima in Europa prägt, der Agulhasstrom vor Südostafrika und der Kuroshiostrom vor Japan, der auf seinem Weg über den Pazifik auch das Klima der Küstenregionen von Kalifornien prägt.

Die Intensität dieser Wasserströme schwankt im Verlauf der Jahreszeiten, was einen grossen Einfluss auf die Klima- und Wetterverhältnisse der von ihnen «versorgten» Landregionen hat. Im Indischen Ozean wechselt der so genannte Nordäquatorialstrom, der für die Monsunregen verantwortlich ist, im Verlauf des Jahres sogar die Richtung: von Juni bis September dreht er sich im Uhrzeigersinn, von November bis März gegen den Uhrzeigersinn. Dies sorgt in Indien, Bangladesh und Pakistan für die drastischen Wechsel der Wetterverhältnisse.

Untereinander verbunden werden diese regionalen Oberflächenströmungen durch die sogenannte Tiefenzirkulation (→ S. 65), die das Wasser in einer erdumspannenden Achterbahn zwischen dem Atlantik, dem Pazifik und dem Indischen Ozean austauscht und zugleich dafür sorgt, dass auch das Wasser in den Tiefen der Ozeane dauernd in Bewegung bleibt. Diese so genannte «thermohaline», also durch Temperatur und Salzgehalt gesteuerte Zirkulation treibt warmes und deshalb leichteres Wasser im Atlantik in Richtung Norden. Dabei wird das Wasser durch Verdunstung salzhaltiger und durch Wärmeabgabe kühler, bis es vor

Grönland allmählich in die Tiefe sinkt. In bis zu tausend Metern Tiefe fliesst es zurück in den Süden. Von der wärmeren Nordströmung am Aufsteigen gehindert, bleibt dem kalten Tiefenstrom im Südatlantik nur der Weg in den Indischen Ozean und den Pazifik, wo er an die Oberfläche aufsteigt und sich wieder erwärmt. In diesen beiden Ozeanen durchläuft der Wasserstrom eine weitere «Schleife», bevor er im Südpazifik erneut aufgewärmt wird und südlich von Afrika wieder in den Atlantik zurückfliesst.

Dieses ganze verschlungene Räderwerk der Wasserkreisläufe funktioniert aber nicht nur deshalb, weil Wasser mit grosser Leichtigkeit seinen Zustand wechseln kann. Sie funktionieren auch deshalb, weil Wasser noch weitere ausserordentliche Eigenschaft hat. Kein vergleichbarer, in der Natur vorkommender Stoff hat einen ähnlich hohen Siedepunkt wie Wasser. Bei den auf der Erde vorherrschenden Temperaturen würden alle Stoffe, welche die Funktion von Wasser übernehmen könnten, also längst verdampfen. Und: Kein anderer Stoff ist in fester Form leichter als in flüssigem Zustand. Erst diese beiden Eigenschaften machen die Wasserkreisläufe möglich. Denn wäre Eis schwerer als flüssiges Wasser, würde es in den Seen und im Meer auf den Grund sinken. Dadurch würden die Seen von unten zufrieren und Fische und Pflanzen vernichten. Die Seen, möglicherweise sogar die Ozeane, wären über die Jahrmillionen allmählich von unten zugefroren. Die Wasserkreisläufe, die alltäglichste und scheinbar normalste Sache der Welt, sind nur möglich, weil Wasser sich nicht «normal» verhält, sondern anders ist als alle anderen Stoffe.

S. 50 Rio Negro, Brasilien. Stuart Franklin/Magnum Photos
S. 51 Gora, Indien, Steve McCurry/Magnum Photos
S. 52 Antarktis. Hoffmann/Keystone
S. 60 Indischer Lotus. D. Harms/Wildlife
S. 61 Kent Wood/Keystone

Meteorologisches Diagramm, 1846. Science & Society Picture Library

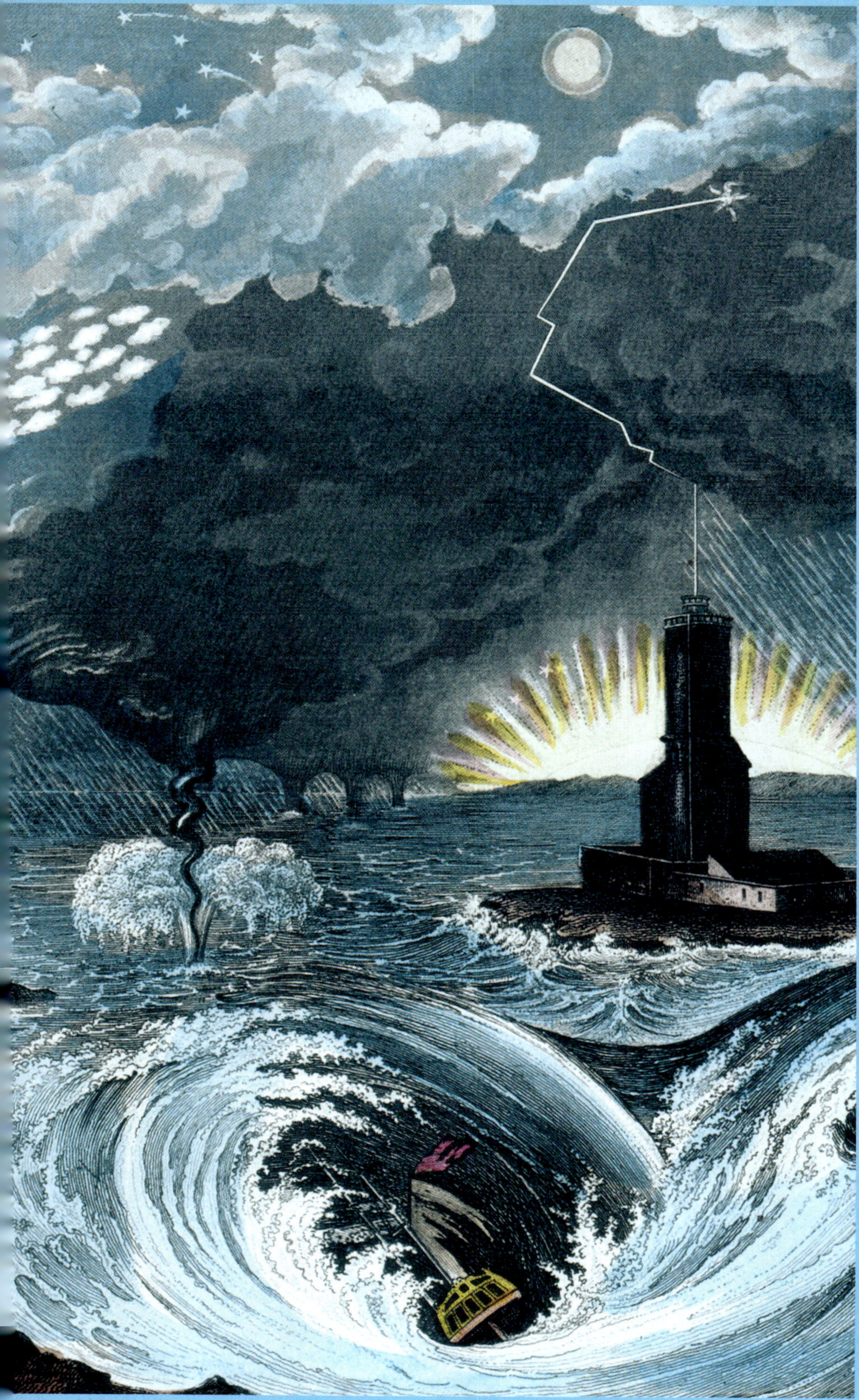

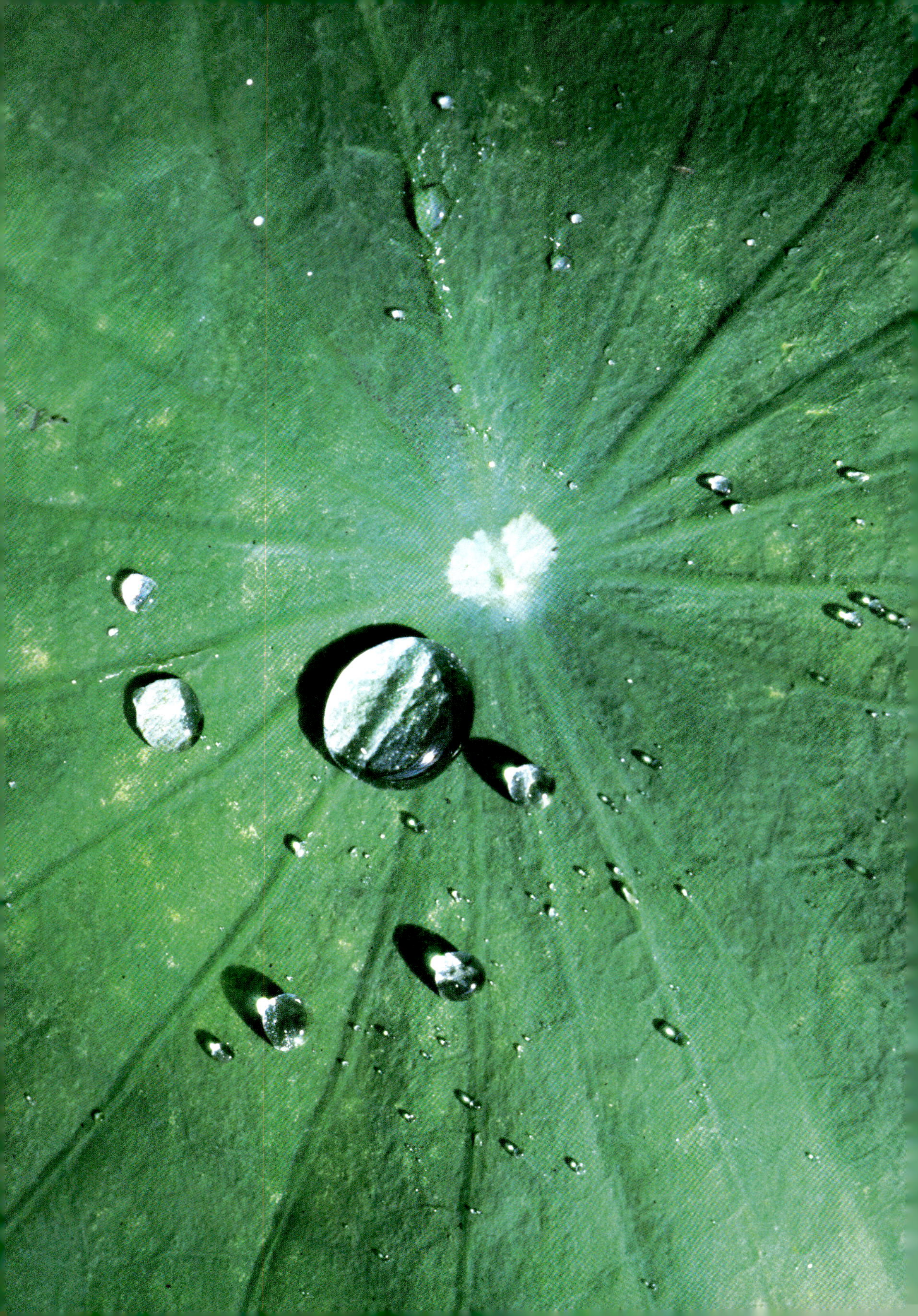

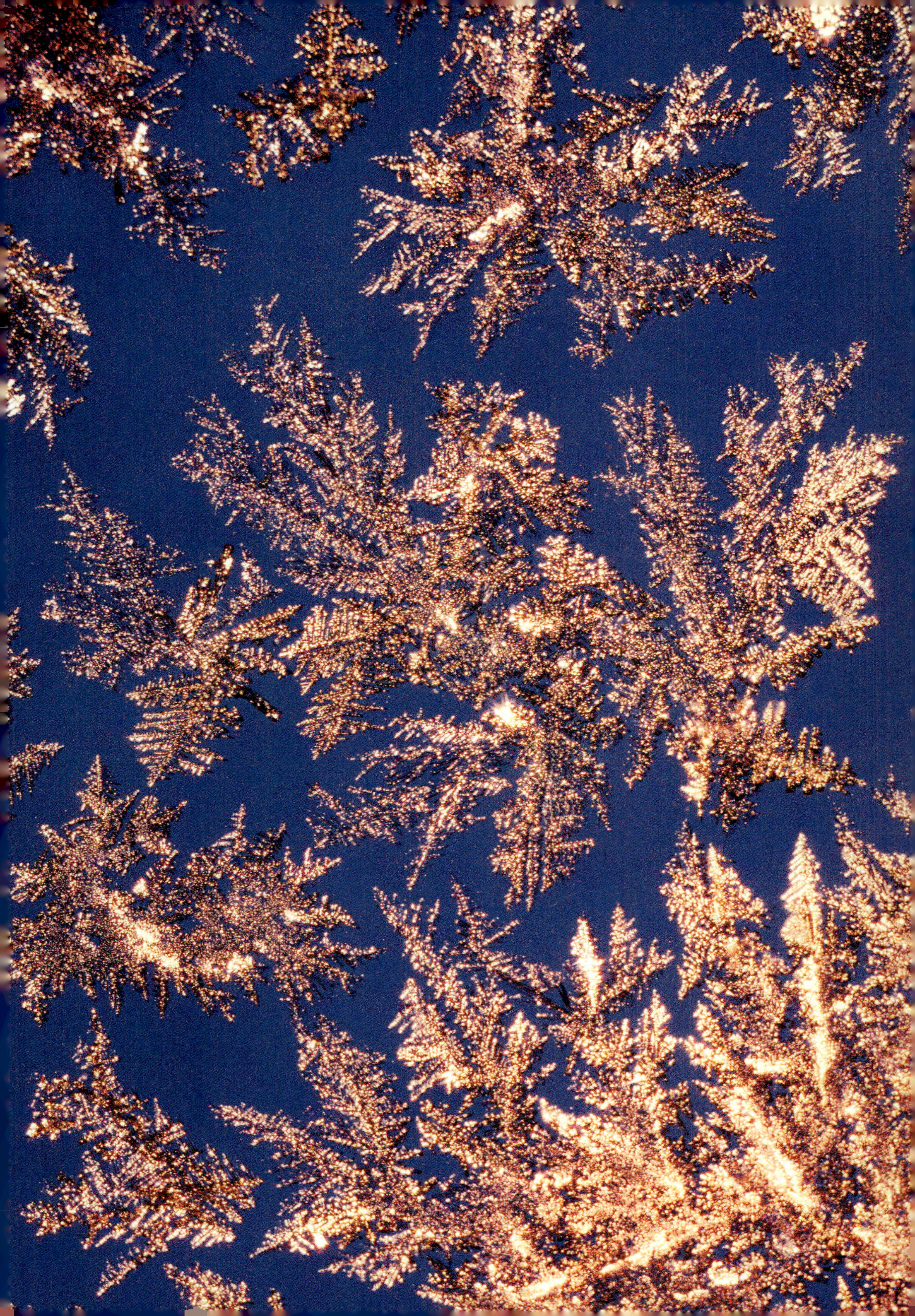

Untergang der Titanic. Willy Stöwer, 1912. AKG

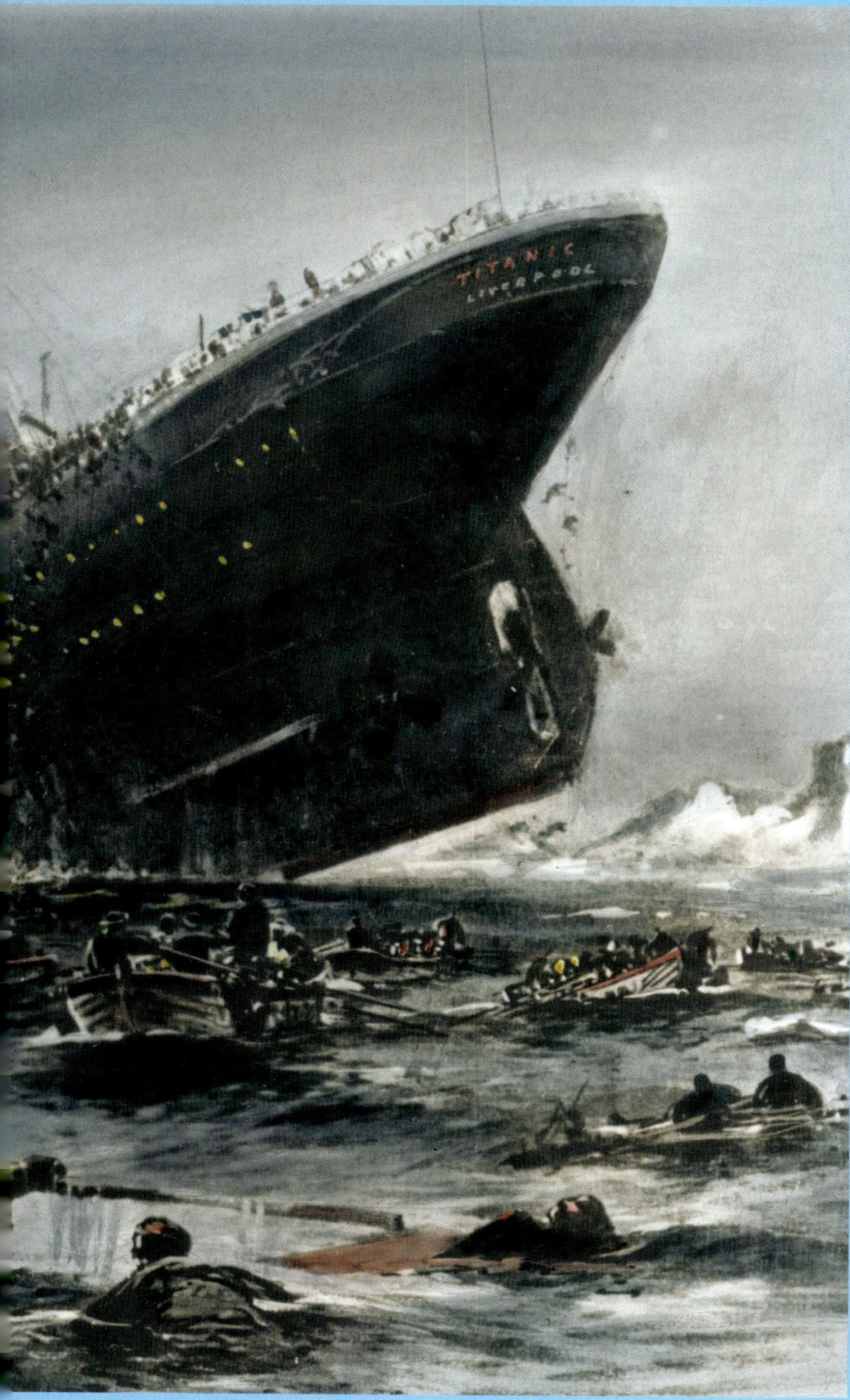
TITANIC
LIVERPOOL

Wärmehaushalt der Erde
Jahresmittel in W/m²

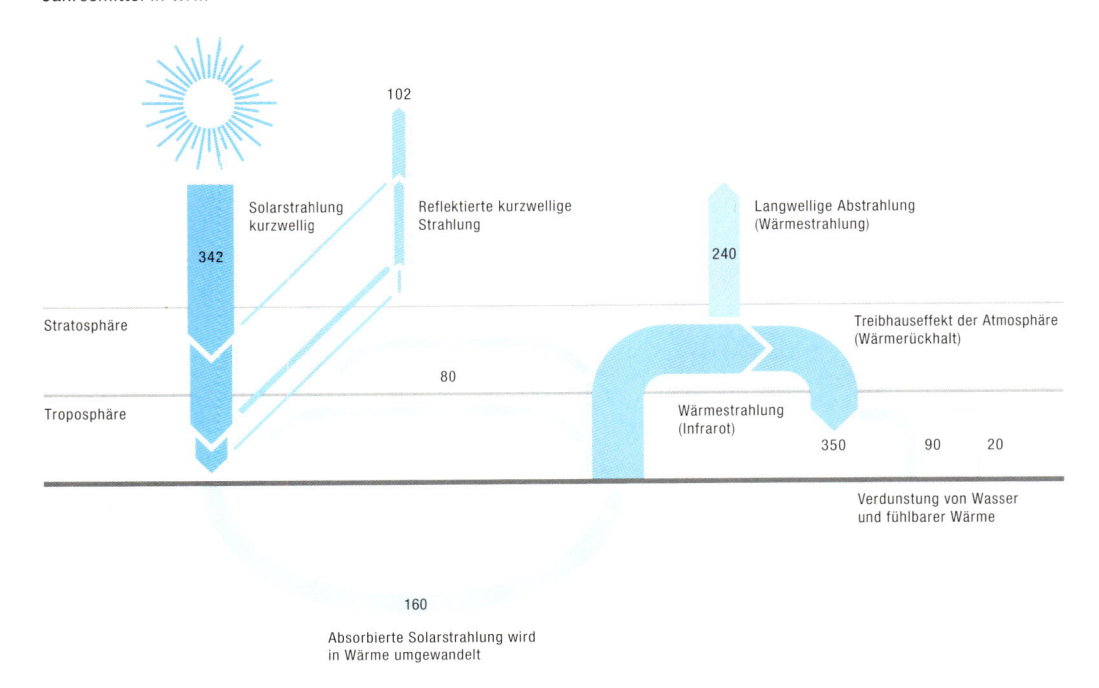

102

Solarstrahlung kurzwellig
Reflektierte kurzwellige Strahlung
Langwellige Abstrahlung (Wärmestrahlung)

342

240

Stratosphäre

Treibhauseffekt der Atmosphäre (Wärmerückhalt)

80

Troposphäre

Wärmestrahlung (Infrarot)

350   90   20

Verdunstung von Wasser und fühlbarer Wärme

160

Absorbierte Solarstrahlung wird in Wärme umgewandelt

Wasserkreislauf

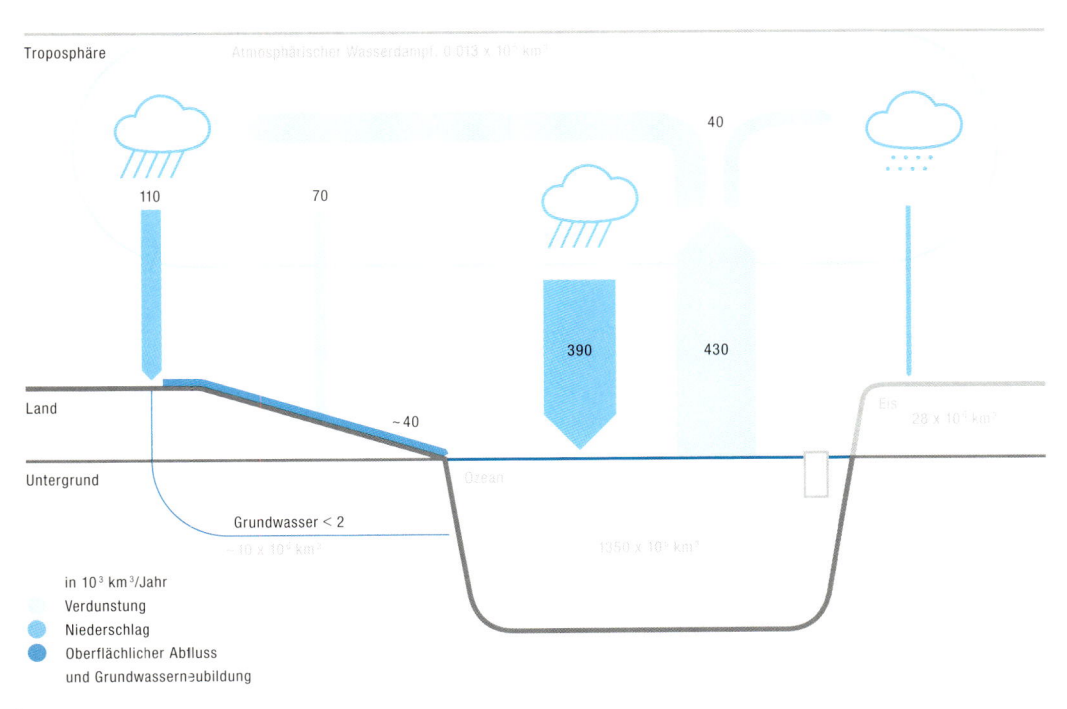

Troposphäre

Atmosphärischer Wasserdampf: 0.013 × 10³ km³

40

110   70

390   430

Land

Eis
28 × 10³ km³

Untergrund

Ozean

Grundwasser < 2

~40

~10 × 10³ km³

1350 × 10³ km³

in 10³ km³/Jahr
- Verdunstung
- Niederschlag
- Oberflächlicher Abfluss und Grundwasserneubildung

Wasseraufenthaltszeiten im Grundwasserleiter (Aquifer)

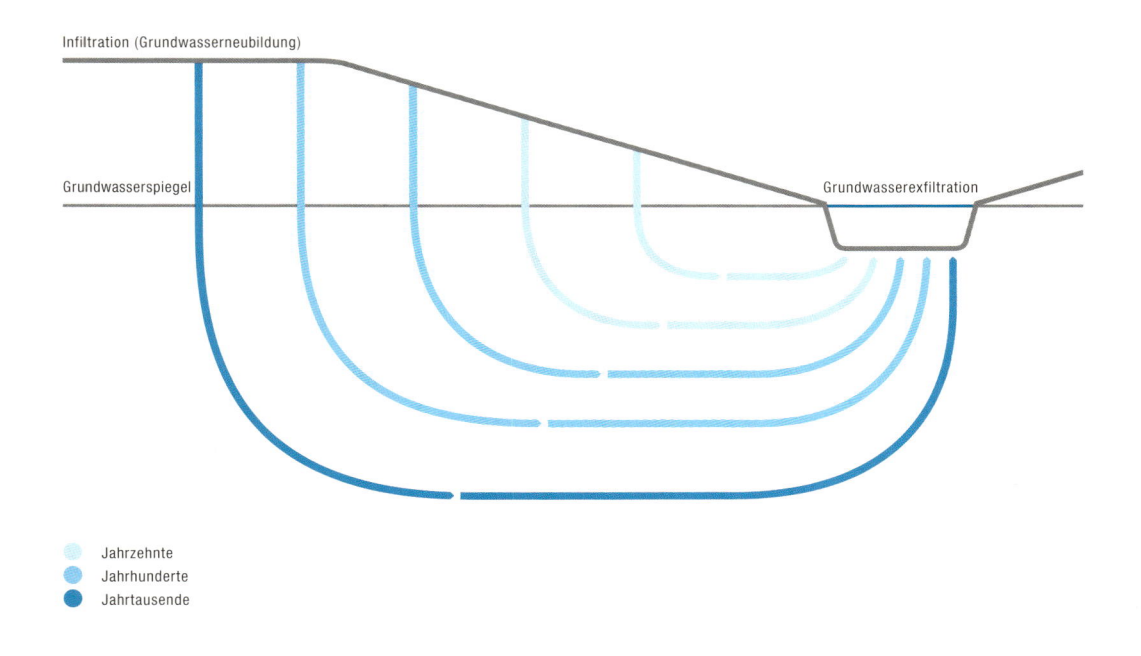

Infiltration (Grundwasserneubildung)

Grundwasserspiegel

Grundwasserexfiltration

- Jahrzehnte
- Jahrhunderte
- Jahrtausende

Ozeanzirkulation: weltweit

- Oberflächenströmung im Ozean (warm, wenig Salz, leicht)
- Strömung im tiefen Ozean (kalt, viel Salz, dicht)

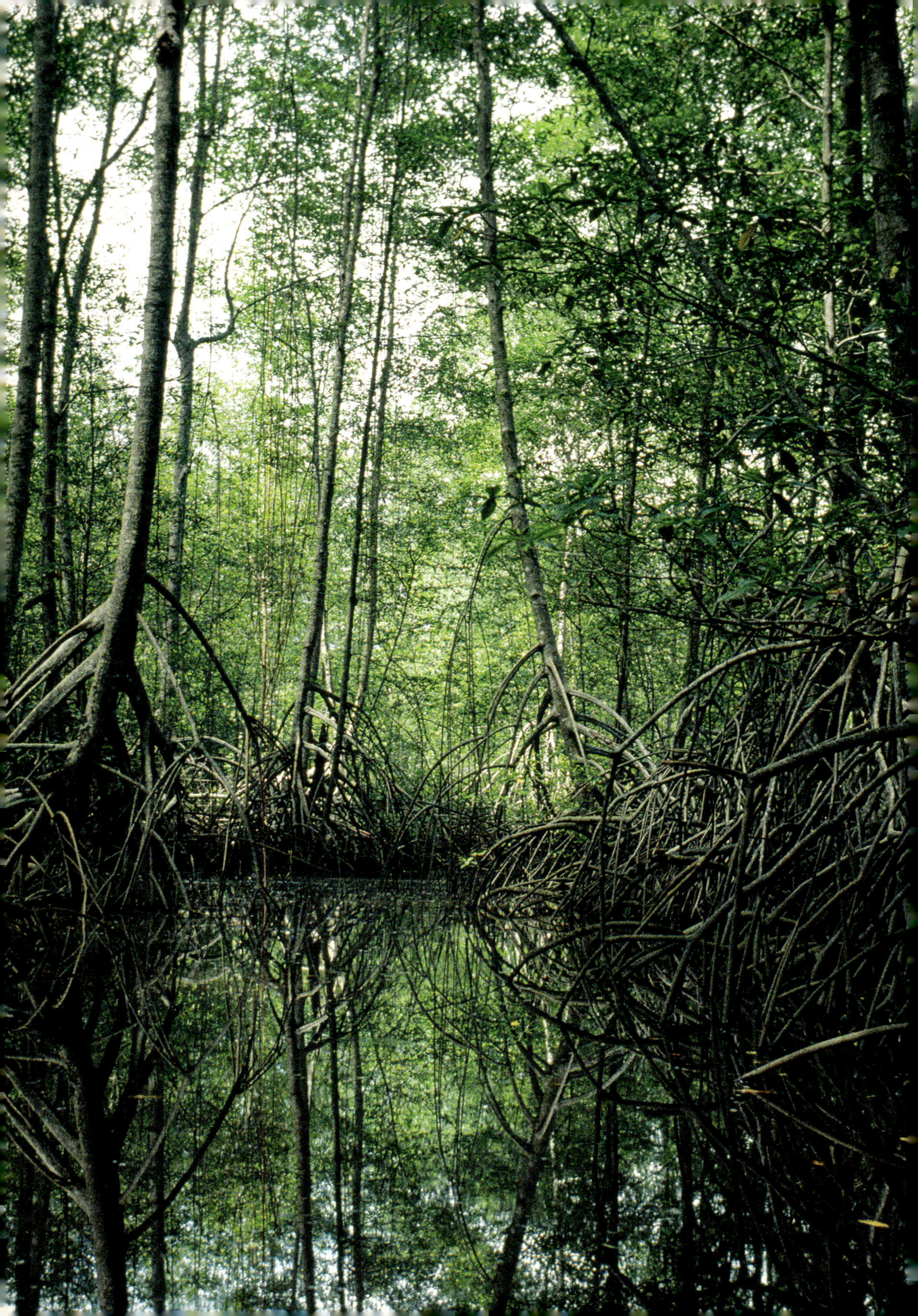

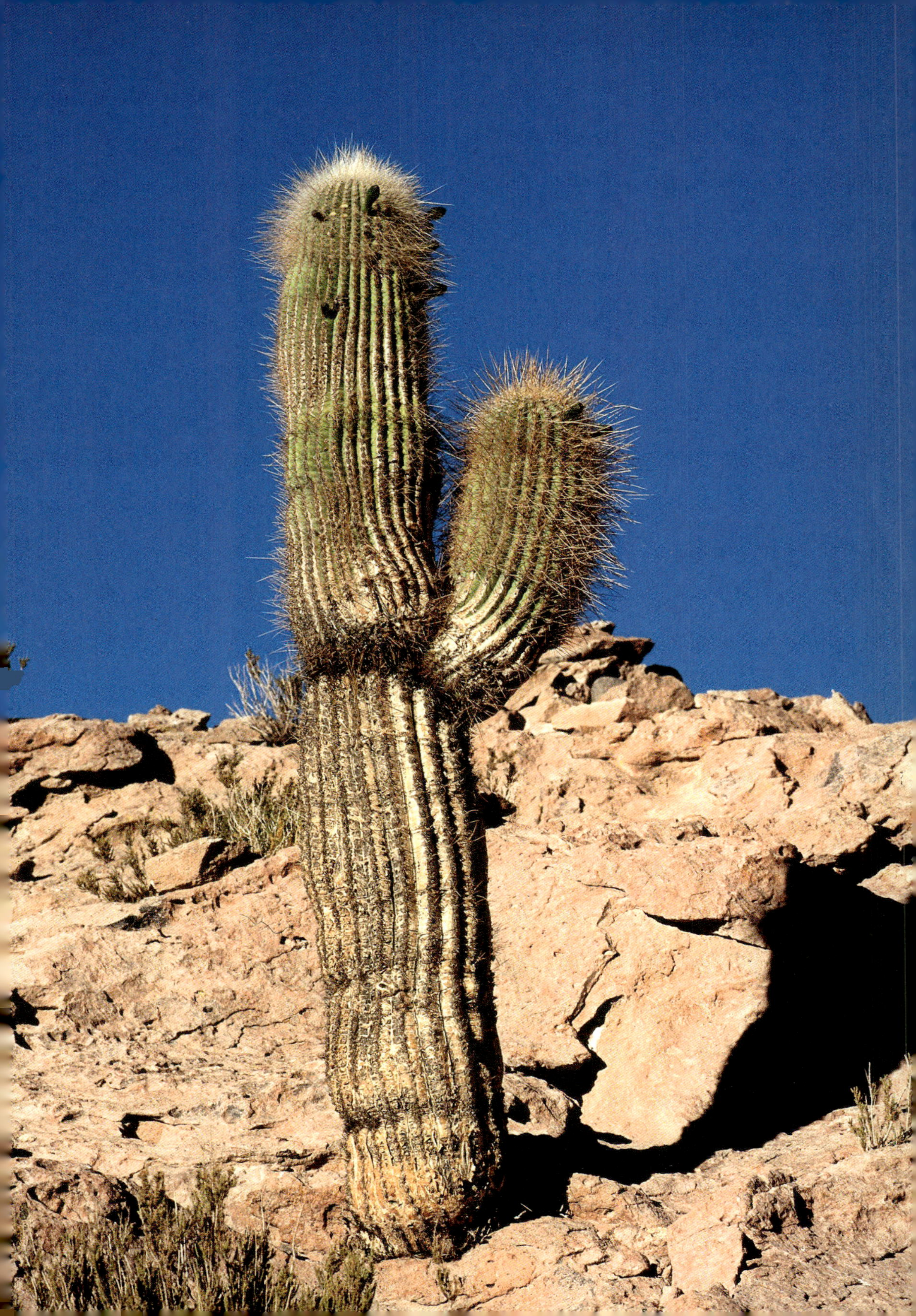

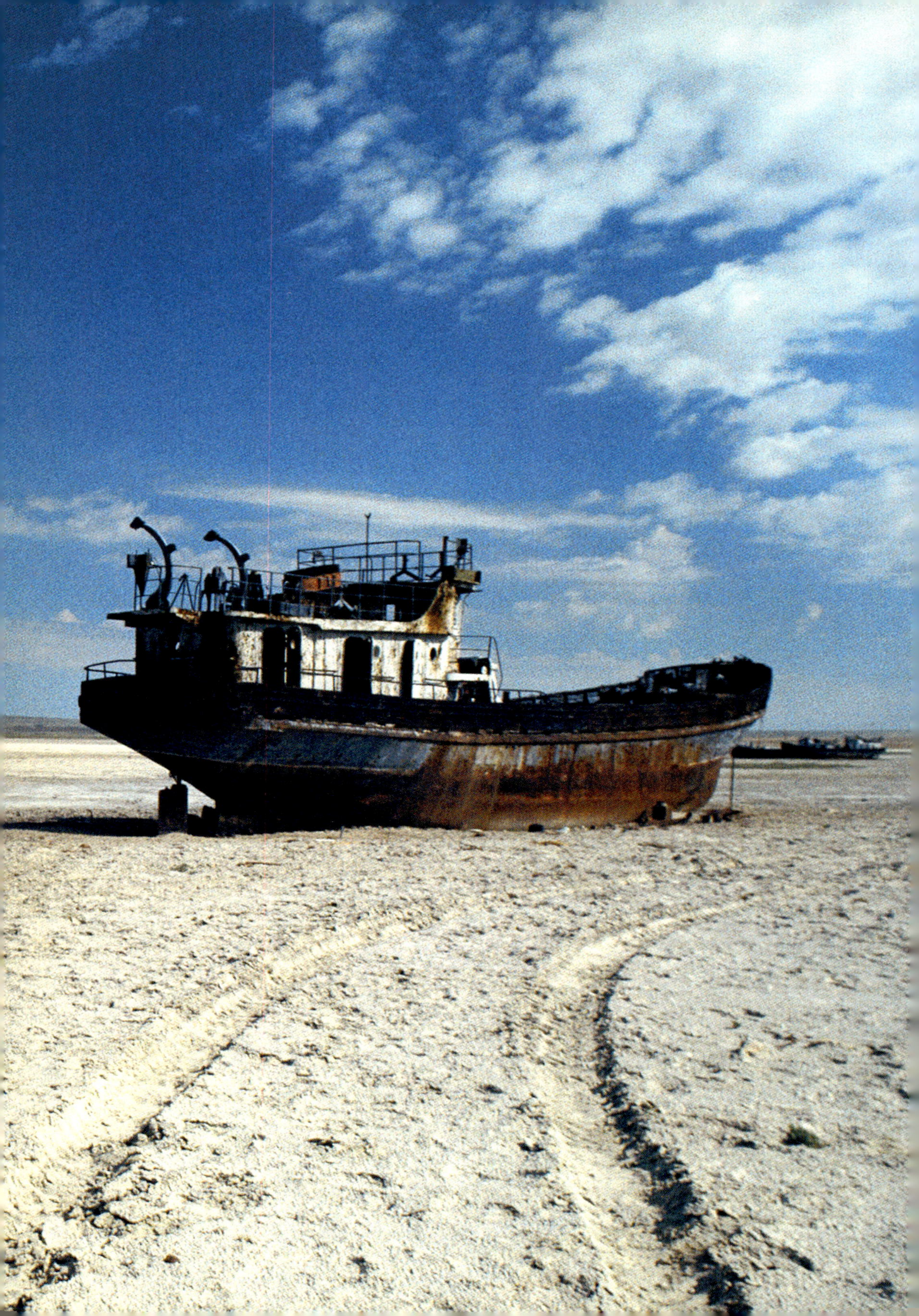

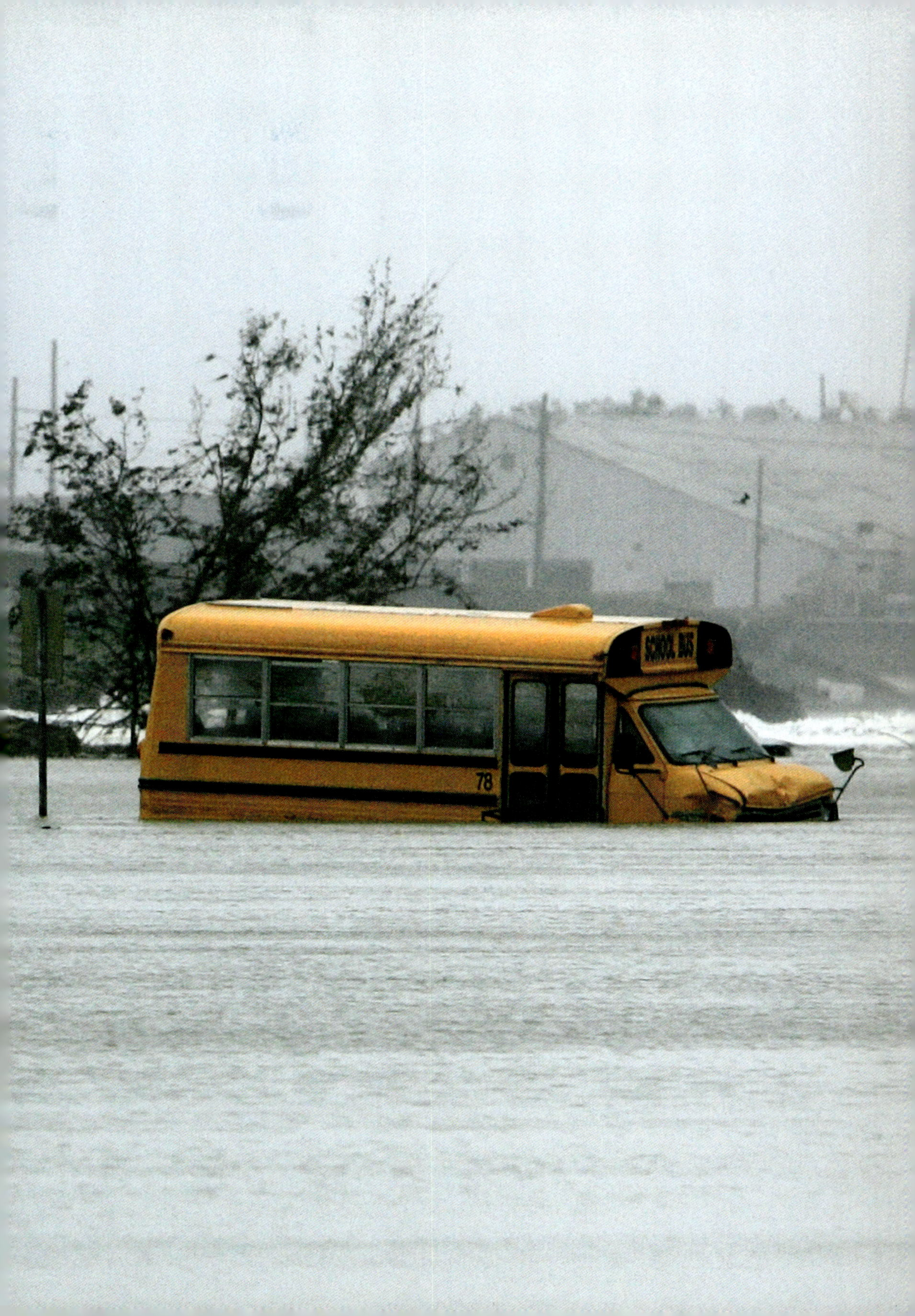
SCHOOL BUS
78

S. 66 Esmeraldas, Ekuador. Alex Webb/Magnum Photos
S. 67 Atacama-Wüste, Chile. Pierre Hausherr/laif
S. 68 Aralsee, Kasachstan. Gerd Ludwig/Visum
S. 69 New Orleans. Justin Sullivan/gettyimages
S. 75 Central Park, New York City. Thomas Hoepker/Magnum Photos
S. 76 Gianni Cigolini/gettimages
S. 84 Sahara, Algerien. Gunther Michel/BIOS
S. 85 Nordwest-Territorien, Kanada. Bryan Cherry Alexander/laif
S. 86 Ferdinando Scianna/Magnum Photos
S. 86 Mammoth Cave Nationalpark. Kentucky Adam Jones/Photo Researchers
S. 87 Fes, Marokko. Abbas/Magnum Photos
S. 87 Grand Canyon, Arizona. Hiroji Kubota/Magnum Photos

Wasser ist anders

Wasser täuscht. Die häufigste, scheinbar gewöhnlichste und normalste Flüssigkeit der Erde ist die ungewöhnlichste. Sie verhält sich in vielerlei Hinsicht anders als man erwarten würde, anders jedenfalls als andere «normale» Flüssigkeiten.

Warum das so ist, ist nicht ganz einfach zu erklären. Die Geheimnisse des Wassers verbergen sich in seiner molekularen Struktur, einem Bereich also, der den menschlichen Sinnen nicht zugänglich ist. Fast alle Vorstellungen, die wir vom Wasser haben, beruhen daher auf theoretischen Modellen, auf vereinfachten Bildern, die das, worauf es ankommt, oft gar nicht präzis und vollständig wiedergeben können.

So lässt die häufigste Darstellung des Wassermoleküls in der Zeichensprache der Chemie, wie wir sie aus den Schulbüchern kennen – ein gleichschenkliges Dreieck mit einem Sauerstoffatom und zwei Wasserstoffatomen – kaum etwas von den aussergewöhnlichen Eigenschaften des Wassers erkennen.

Zwei andere einfache Darstellungen des Wassermoleküls helfen ebenfalls nicht viel weiter: Weder das dreidimensionale Modell, welches das Sauerstoffatom als eine grössere Kugel zeigt, auf deren Oberfläche die zwei kleineren Halbkugeln der Wasserstoffatome kleben. Noch jene schematische Darstellung, die das Wassermolekül als ein Tetraeder zeigt, dessen Zentrum ein Sauerstoffkern bildet und dessen vier Ecken von zwei Wasserstoffatomen und zwei so genannten «freien Elektronenpaaren» gebildet werden.

Was alle diese Bilder oder Modelle nicht zeigen können, ist zum Beispiel die Tatsache, dass das Wassermolekül gar kein starres Gebilde ist, sondern ein dynamisches, sehr bewegliches «Ding». Bis vor wenigen Jahrzehnten behalf man sich deshalb mit der Vorstellung, das Wassermolekül sei so etwas Ähnliches wie ein winzig kleines Planetensystem, in dem Elektronen um Atomkerne kreisen und dessen einzelne «Gestirne» sich sowohl anziehen als auch abstossen.

Dieses Modell hat sich zwar seit der Entdeckung der Quantenphysik als falsch erwiesen, aber an diesem anschaulichen Modell lassen sich immerhin einige Eigenschaften aufzeigen, die auch für das richtige, aber nicht mehr anschauliche Modell der Quantenphysik gelten. Stellen wir uns also das Wassermolekül als eine Art Planetensystem vor, das sich in einem labilen, mehr oder weniger bewegten Gleichgewicht befindet. Und stellen wir uns Wasser als einen Verbund zahlreicher solcher Planetensysteme vor, die sich sowohl gegenseitig anziehen wie abstossen und sich jeweils einige Planeten teilen. Führt man diesen Gebilden Energie zu, geraten ihre einzelnen Teile in Schwingung: Je mehr Energie ihnen zugeführt wird, desto heftiger – und anhaltender – vibrieren und rotieren sie. Auf diese Weise absorbiert das Wassermolekül Strahlung und verwandelt sie in Bewegungsenergie. Geraten die Moleküle in eine kühlere Umgebung, verlangsamen und reduzieren sich diese Bewegungen, die gespeicherte, überschüssige Energie wird wieder frei und verwandelt sich in Wärme, welche an die Umgebung abgegeben wird.

In der Nähe des Gefrierpunkts kommen diese Bewegungen zwar nicht völlig zum Stillstand, aber die einzelnen Teile bewegen sich nur noch so geringfügig, so dass die ganze «Konstruktion» sich verfestigt und einigermassen stabil wird: der Verbund aus Wassermolekülen gerinnt zu Schnee- oder Eiskristallen.

Dabei reagieren Wassermoleküle nicht auf alle Energiestrahlungen gleich. Energie aus dem Bereich der Mikrowellen- und Infrarotstrahlen versetzt die Moleküle am heftigsten in Bewegung: die Strahlen werden «aufgesogen» und absorbiert. Andere Energien, so etwa die Strahlen des sichtbaren Lichts, lassen die Wassermoleküle ziemlich «kalt». Sie schlüpfen gleichsam durch die Wassermoleküle hindurch, ohne eine grössere Wirkung zu hinterlassen. Würden Wassermoleküle ähnlich wie Mineralien oder Metalle auch sichtbare Strahlen absorbieren, wäre es ziemlich dunkel auf der Erde.

Auch diese Vorstellung des Wassermoleküls lässt viele Fragen offen. Denn so oder ähnlich wie Wassermoleküle reagieren auch andere vergleichbare Moleküle auf die Zufuhr von Energie: sie geraten in Bewegung und geben diese Bewegungsenergie beim Abkühlen wieder ab. Was beim Wasser aussergewöhnlich, «anders» ist, zeigt sich erst, wenn man noch etwas tiefer in die atomare Struktur der Wassermoleküle eindringt.

Jedes Atom besteht aus Protonen und Neutronen, dem Atomkern, der von einer Elektronenwolke umgeben ist. Dabei entspricht die Anzahl der negativ geladenen Elektronen in der Regel genau der Anzahl der positiv geladenen Protonen, während Neutronen elektrisch neutral sind. Weil sich der Aufbau von Atomen nicht anschaulich darstellen lässt, sondern sich bloss in Form von mathematischen «Wahrscheinlichkeiten» ausdrücken lässt, greifen wir auch hier auf das falsche, aber anschauliche Modell des «Planetensystems» zurück.

Die um den Atomkern herumwirbelnden Elektronen muss man sich dabei als relativ unstete Begleiter vorstellen. In jedem Moment lassen sich einige von ihnen von anderen Atomkernen «abwerben» und einfangen. Häufig gleichen Atome diesen Verlust dadurch aus, dass sie sich zusammen tun, ihre Elektronen teilen und gemeinsam «nutzen». Dabei sind die Elektronen allerdings weniger einzelne herumwirbelnde Teilchen als viel mehr so etwas wie Wolken, die den Atomkern als diffuse Gebilde umhüllen.

Elektronen haben eine «Vorliebe», sich zu Paaren zusammen zu schliessen. Für solche «Paarungen» ist Wasserstoff ein idealer Partner. Es ist das leichteste aller chemischen Elemente und lässt sich deshalb leichter als andere Elemente von schwereren Atomen anziehen. Und er besitzt lediglich ein einziges Elektron, das – gleichsam als «Single» – für Abwerbungsversuche besonders empfänglich ist. Diese Eigenschaften machen Wasserstoff zu einem überaus kontaktfreudigen Element.

Auch das Sauerstoffatom hat auf seiner äusseren Elektronenhülle neben zwei paarig besetzten Elektronenwolken zwei Elektronenwolken, die nur mit einem einzigen Elektron besetzt sind. Die Quantenphysik geht in ihren Modellen davon aus, dass die Elektronenwolken zumindest der leichteren Elementen doppelt besetzt sein müssen; das erklärt, warum das Sauerstoffatom mit seinen zwei nur einfach besetzten Elektronenwolken ein chemisches sehr aktives Element ist und sich entsprechend leicht mit Wasserstoffatomen verbindet.

Stellen wir uns das Sauerstoffatom dieses Mal als ein geometrisches Gebilde, ein Tetraeder, vor. Die vier (negativ geladenen) Elektronenwolken werden alle in gleichem Mass vom (positiv geladenen) Atomkern angezogen. Da sie sich aufgrund ihrer negativen Ladungen aber untereinander abstossen, formieren sie sich zwangsläufig zu einem Tetraeder. Nur diese Konstellation gewährleistet bei gleichem Abstand zum Atomkern den grösstmöglichen Abstand zwischen den Elektronenwolken.

Diese geometrische Anordnung hat Konsequenzen für die elektrische Ladungsverteilung: Die beiden Ecken des Tetraeder, die von den paarig besetzten Elektronenwolken eingenommen werden – man nennt sie «freie Elektronenpaare» –, weisen eine leicht negative Ladung auf. Anders die beide übrigen Ecken: Hier dockt in der Regel je ein Wasserstoffatom an; ihre einzelnen Elektronen haben sich, wie es die Theorie vorsieht, mit den «alleinstehenden» Elektronen des Wasserstoffatoms zu einem Paar verbunden. Weil sich aber die Wasserstoff-Elektronen einseitig auf das Sauerstoffatom ausrichten, entsteht an ihrer Aussenseite eine kleine positive Ladung. Kurz: Die beiden von «freien Elektronenpaaren» besetzten Ecken des Tetraeders sind leicht negativ, die beiden von Sauerstoffatomen besetzten Ecken leicht positiv geladen. Das ergibt eine im Vergleich zu ähnlichen Molekülen sehr ausgeprägte ungleiche Ladungsverteilung: das Wassermolekül hat einen stark dipolaren Charakter; es ist ein so genannter Dipol.

Diese Dipolarität hat Auswirkungen, vor allem wenn Wassermoleküle in einem grösseren Verband auftreten: Die negativ geladenen Seiten des einen Wassermoleküls und die positiven Seiten eines anderen ziehen sich an. Zwischen den einzelnen Wassermolekülen entstehen so genannte Wasserstoffbrücken. (→ S.82) Diese Wasserstoffbrücken sind das eigentliche Geheimnis vieler ungewöhnlicher Eigenschaften des Wassers. Es gibt sie in ähnlicher Form und Ausprägung bei kaum einem anderen Stoff.

So erklärt die starke gegenseitige Anziehung über Wasserstoffbrücken etwa den ungewöhnlich hohen Schmelz- und Siedepunkt des Wassers. Andere leichte Stoffe ziehen sich gegenseitig weit schwächer an und brechen deshalb bereits bei Temperaturen weit unter hundert Grad Celsius auseinander. Beim Verbund der Wassermoleküle muss dagegen sehr viel mehr Energie aufgewendet werden, bis die Wasserstoffbrücken beweglich werden (flüssiges Wasser) und schliesslich auseinander brechen

(Wasserdampf). Selbst dann aber bleiben einzelne Wasserstoffbrücken immer noch intakt, weshalb auch verdunstetes Wasser immer noch kleinste Tröpfchen bildet. Erst bei rund 1000 Grad lösen sich alle Wasserstoffbrücken zwischen den Wassermolekülen auf.

Auch hier gibt das anschauliche Modell die Realität nur unvollkommen wieder. In Wirklichkeit sind Wasserstoffbrücken bloss eine statistische Wahrscheinlichkeit. Das heisst: Die «wirkliche» Lebensdauer einer Wasserstoffbrücke beträgt bloss Milliardstel von Sekundenbruchteilen. Wasserstoffbrücken lösen sich permanent auf und bilden sich wieder neu; sie sind nur in ihrer Gesamtheit, sozusagen im statistischen Durchschnitt, mehr oder weniger stabil. Die Kurzlebigkeit der einzelnen Wasserstoffbrücken bewirkt allerdings, dass kaum je alle vier Pole eines Wassermoleküls gleichzeitig «besetzt» sind; im Durchschnitt sind es jeweils zwei oder drei.

Das Phänomen der Wasserstoffbrücken erklärt noch zwei weitere ungewöhnliche Eigenschaften des Wassers. Zwar verhält sich jedes einzelne Wassermolekül gleich wie das Molekül jeder anderen Substanz: Sinkt die Temperatur, werden seine Bewegungen träger, langsamer und weniger raumgreifend; die einzelnen Moleküle beanspruchen weniger Platz und rücken näher zusammen; ihr Verbund wird dichter und folglich schwerer. Dabei sorgt die Unbeständigkeit der Wasserstoffbrücken dafür, dass die Moleküle im flüssigen Wasser immer wieder neu «zusammengeschüttelt» werden und sich dabei zuweilen sehr nahe kommen. Diese Regel, die auch für andere Moleküle zutrifft, gilt beim Wasser allerdings nur bis 4 Grad Celsius. Während andere Moleküle sich bei weiter sinkenden Temperaturen und besonders beim Übergang in einen festen Zustand immer enger «stapeln» lassen, sorgen die Wasserstoffbrücken unterhalb von 4 Grad Celsius im Gegenteil für mehr Distanz, für mehr Abstand zwischen den einzelnen Wassermolekülen. Beim Gefrierpunkt erstarrt dieses ganze Gebilde zu einem relativ grossmaschigen Gitter. Im Gegensatz zu anderen Stoffen können die Wassermoleküle in den Eisgittern also weniger dicht gepackt werden als im flüssigen Zustand. Deshalb ist Eis leichter als Wasser.

Und dann ist da noch eine wichtige Eigenheit des Wassers, nämlich dass Wasser Tropfen bildet, statt wie viele andere Substanzen Fäden zu ziehen. Wasser hat, wie Wissenschaftler sagen, eine ungewöhnlich hohe «Oberflächenspannung». Das bedeutet: Im Inneren eines Wasser-Clustern herrscht sozusagen ein Patt der Anziehungskräfte: jedes Wassermolekül wird von allen benachbarten Wassermolekülen gleich stark angezogen. Nicht so an der der Oberfläche des Wassers; hier werden, auch das eine Folge ihres dipolaren Charakters, die «äussersten» Moleküle nur von innen angezogen, das aber mit erheblicher Kraft. Diese inneren Anziehungskräfte wirken wie eine unsichtbare Haut, die das Wasser zusammenhält.

Es sind vor allem diese ungewöhnlichen Eigenschaften der Wassermoleküle, die dafür verantwortlich sind, dass Wasser eine einzigartige Stellung unter den Stoffen einnimmt.

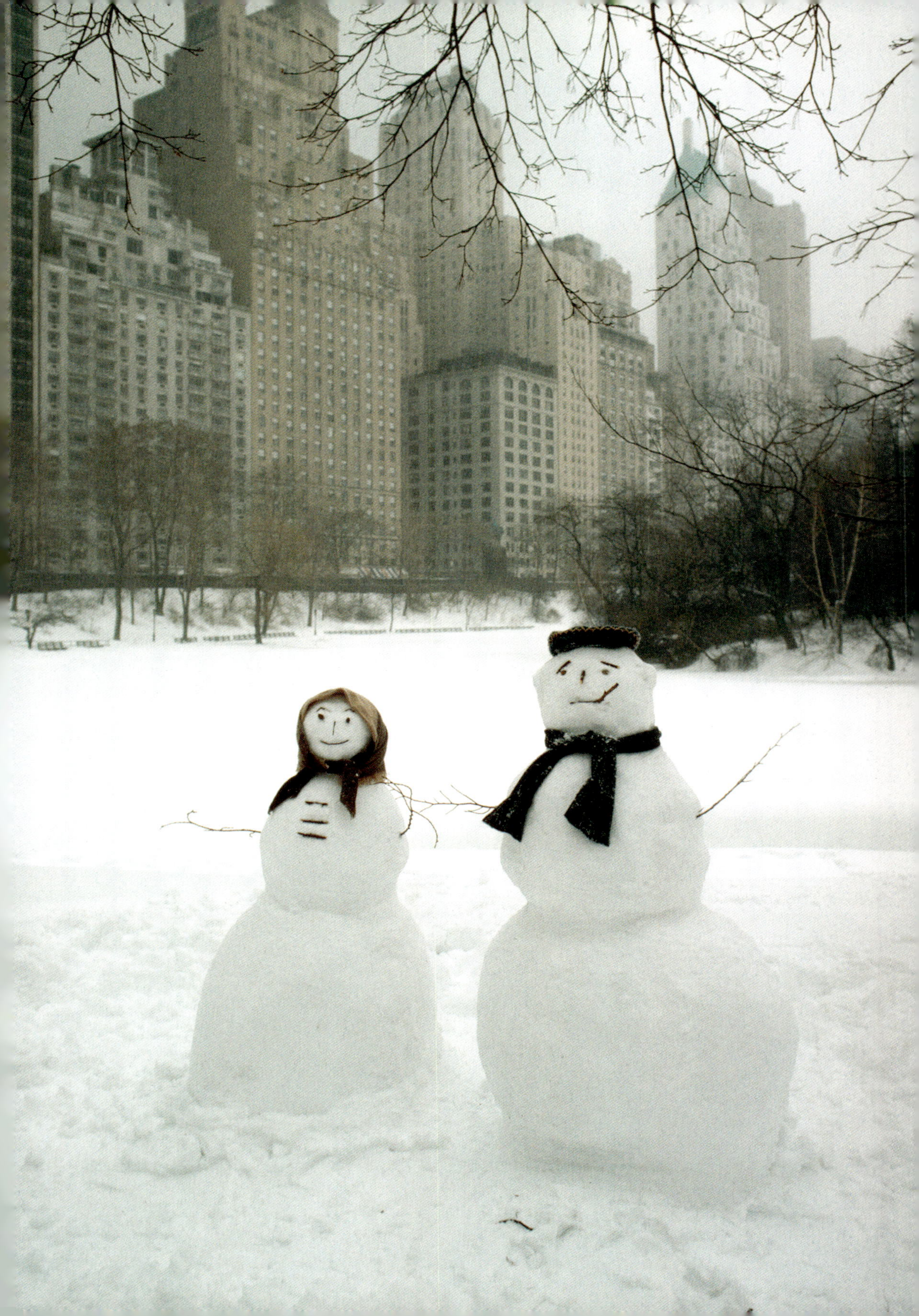

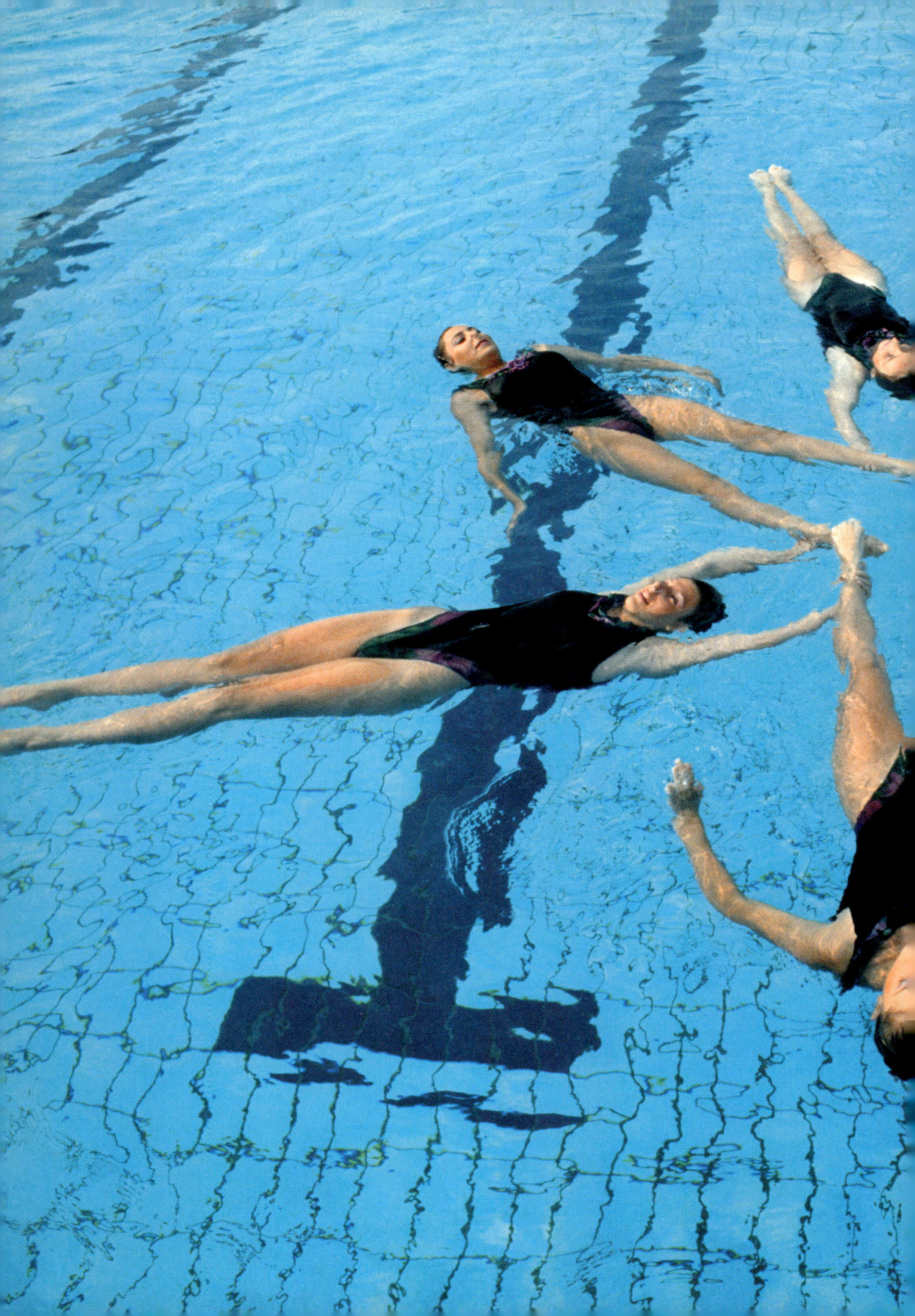

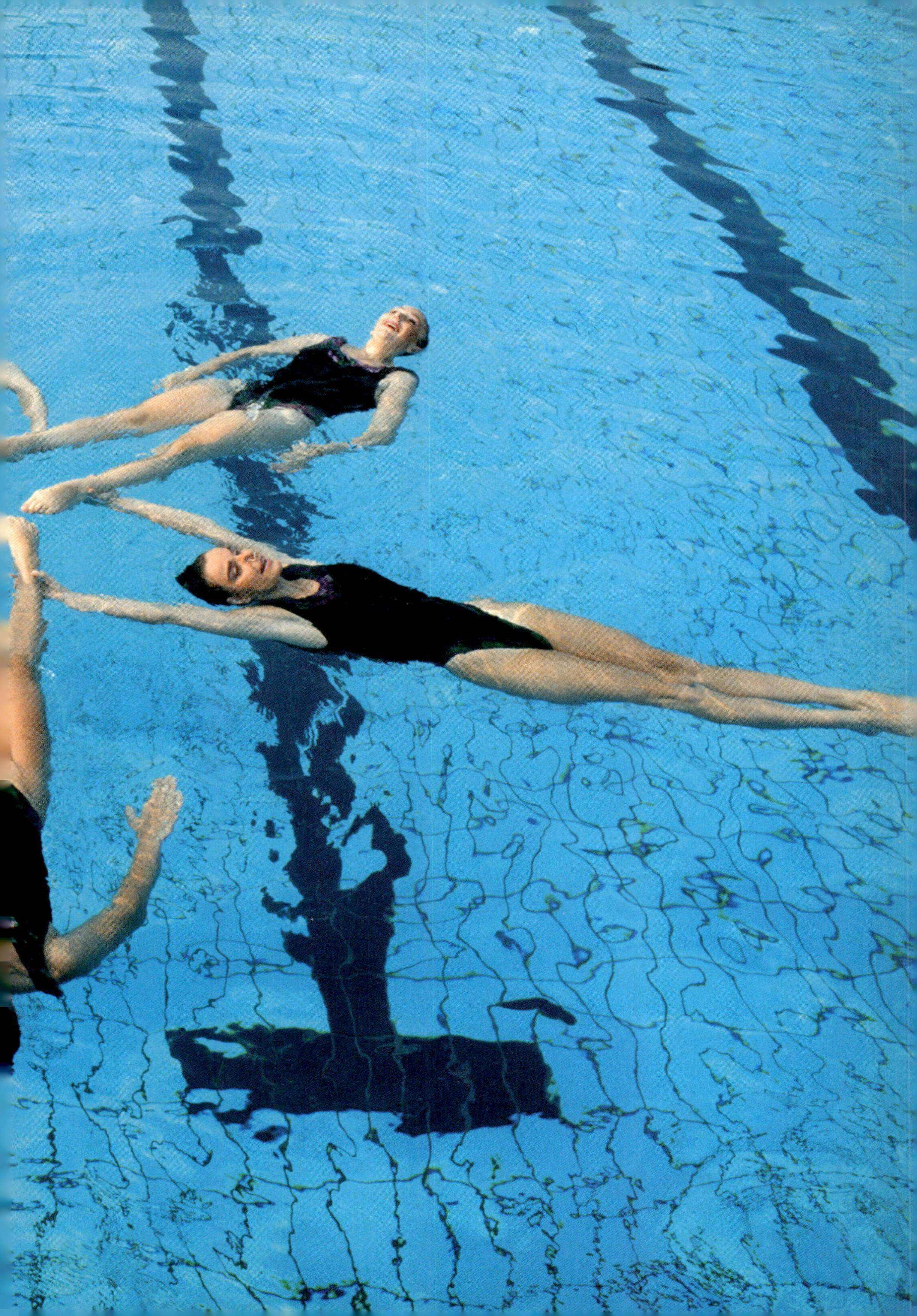

Kenneth Wyatt: Jesus geht über das Wasser. 2006. Jerusalem Center for Biblical Studies

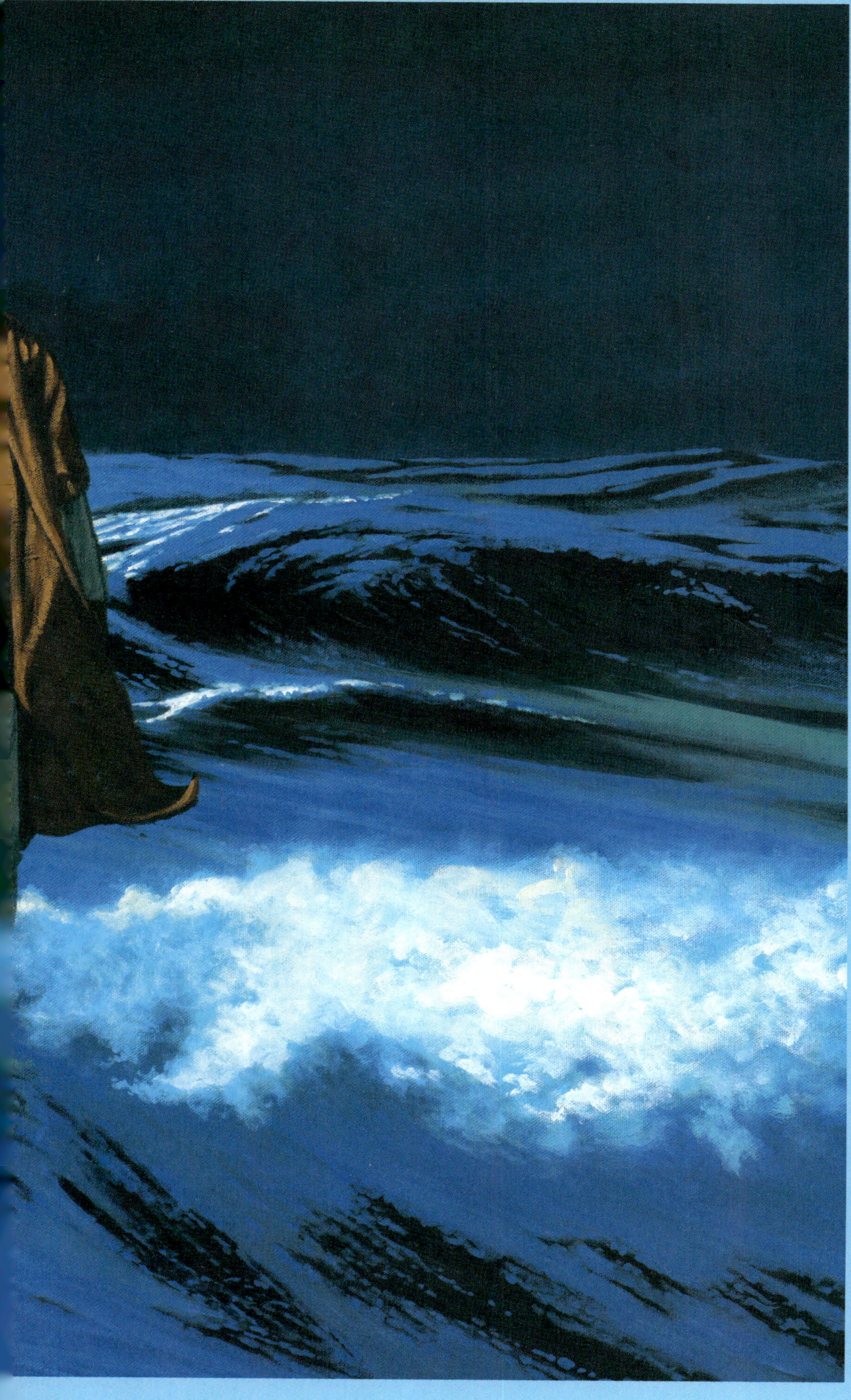

Wasserläufer. H. Schmidbauer/Blickwinkel

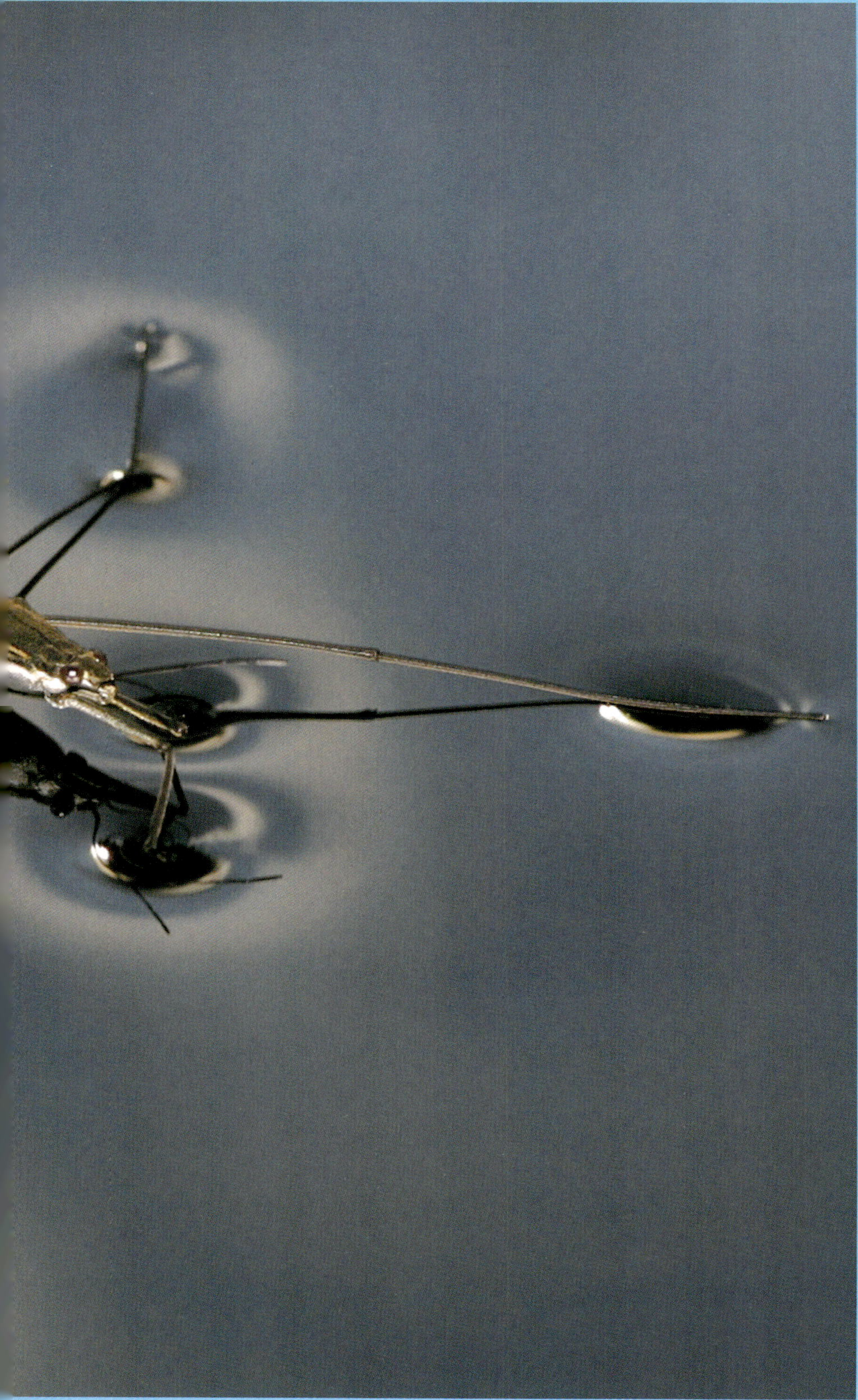

Struktur des Wassermoleküls

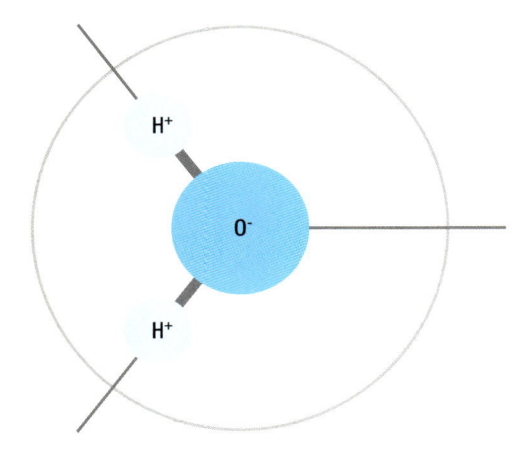

Die Aggregatzustände

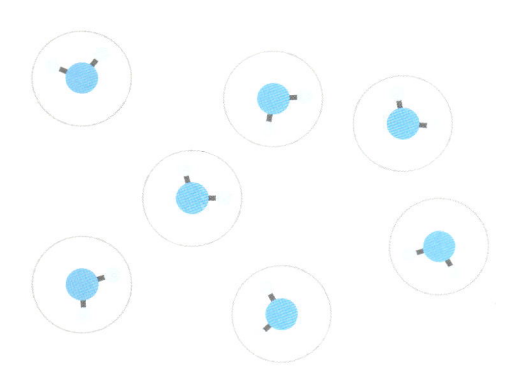

Gasförmig (keine Wechselwirkung)

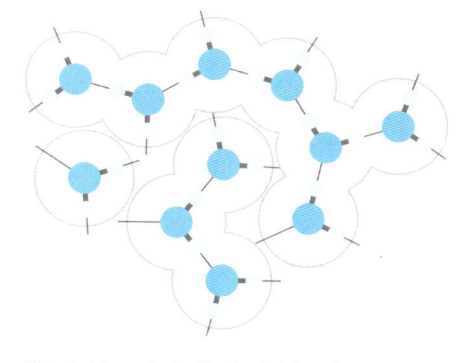

Flüssig (dynamische Wechselwirkung)

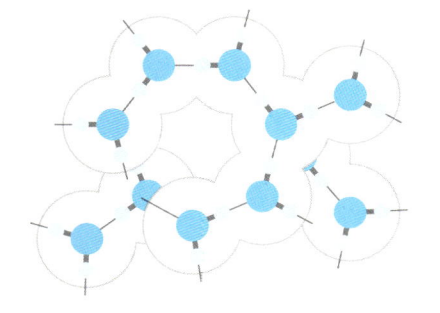

Fest (starre Wechselwirkung)

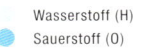

Wasserstoff (H)
Sauerstoff (O)

Wärmegehalt des Wassers

Wasser vermag viel Wärmeenergie zu speichern – doch die Energie steckt weniger in fühlbarer Wärme («Temperatur»), sondern ist latent in den Übergängen zwischen den verschiedenen Aggregatzuständen gespeichert.

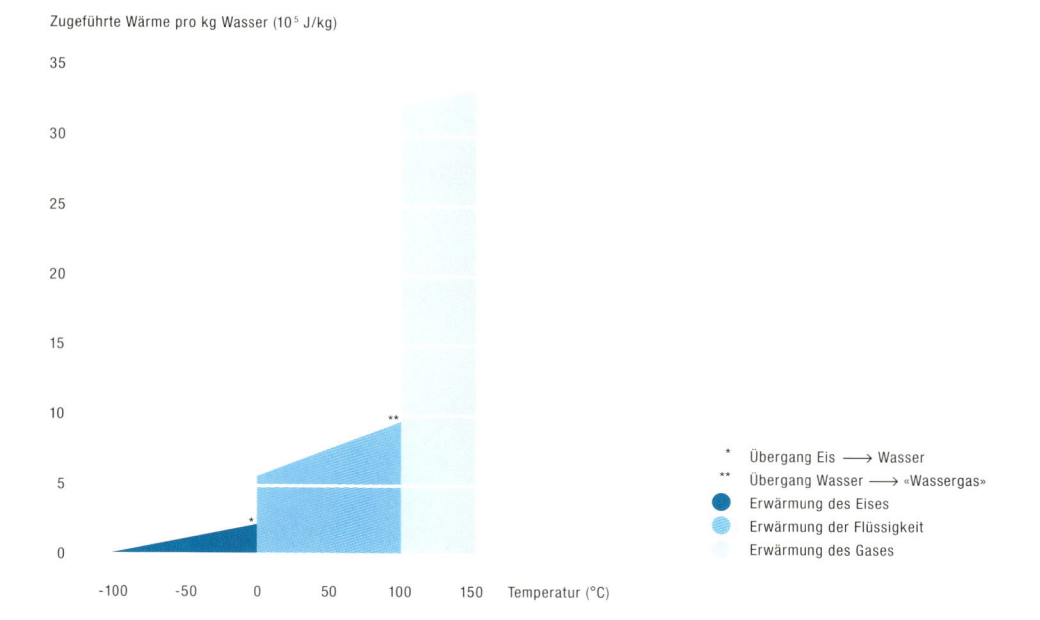

Zugeführte Wärme pro kg Wasser (10^5 J/kg)

* Übergang Eis $\longrightarrow$ Wasser
** Übergang Wasser $\longrightarrow$ «Wassergas»
● Erwärmung des Eises
● Erwärmung der Flüssigkeit
● Erwärmung des Gases

Aggregatzustände bei unterschiedlichen Temperaturen

Ähnlich kleine Moleküle wie H_2O liegen bei der für die Erde typischen Temperaturen als Gas vor – einzig und erstaunlicherweise kommt Wasser in diesem Temperaturbereich sowohl als Eis, Flüssigkeit und Gas vor.

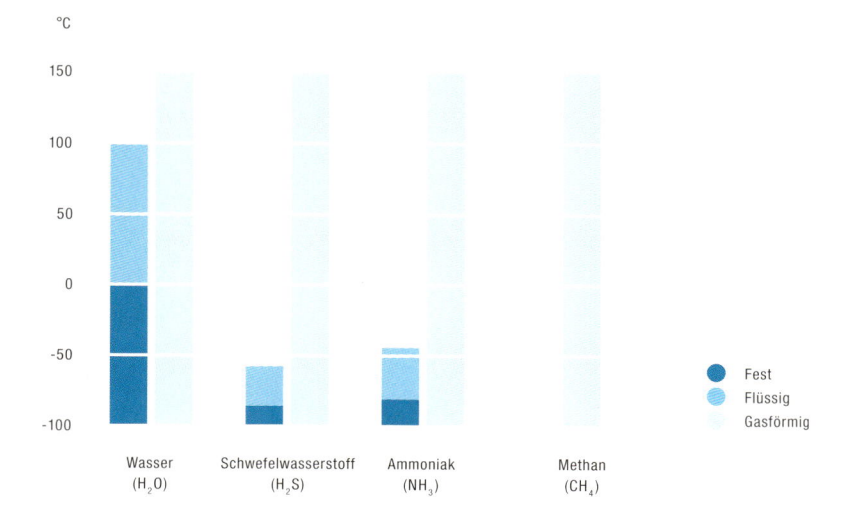

Wasser (H_2O) Schwefelwasserstoff (H_2S) Ammoniak (NH_3) Methan (CH_4)

● Fest
● Flüssig
● Gasförmig

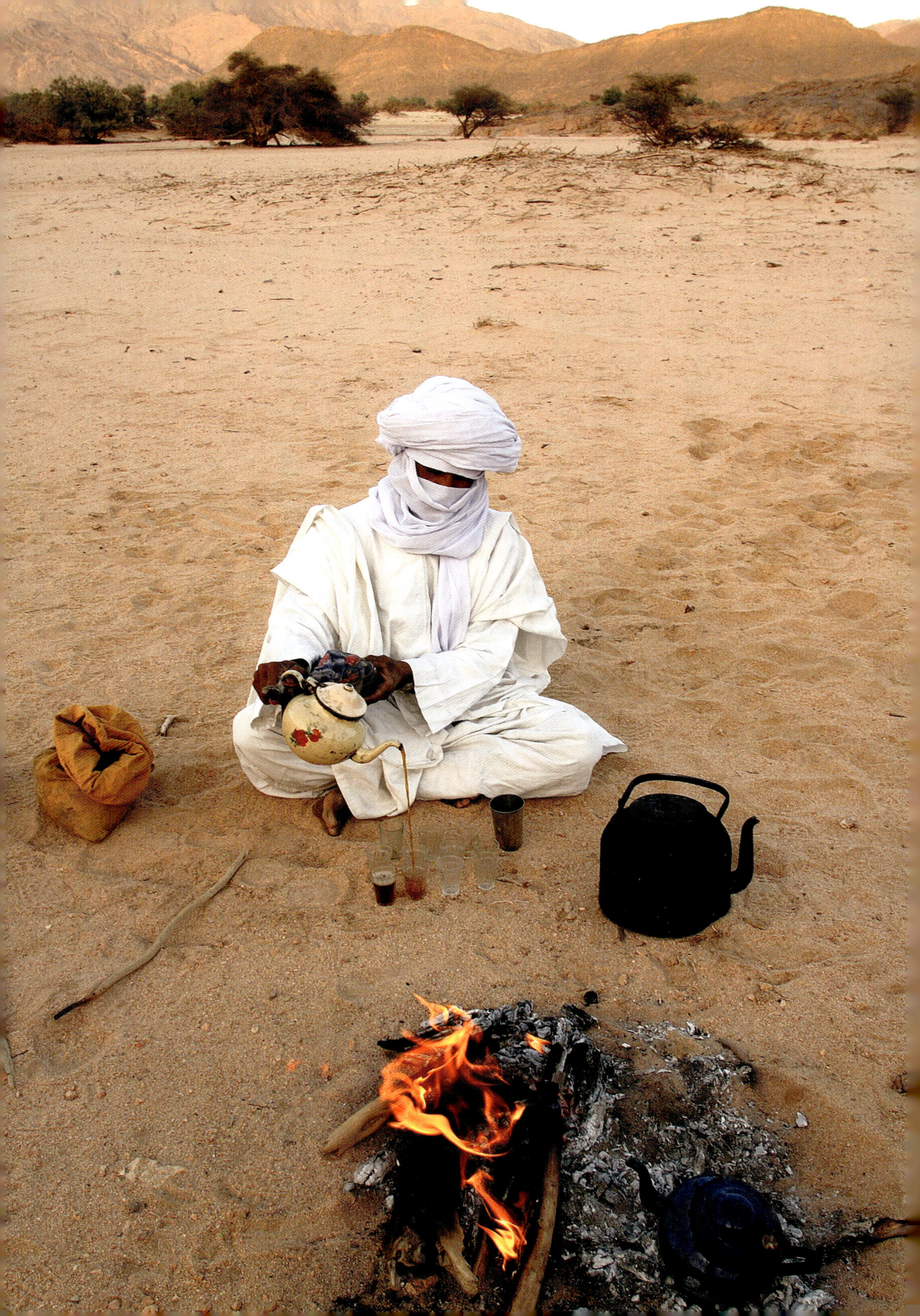

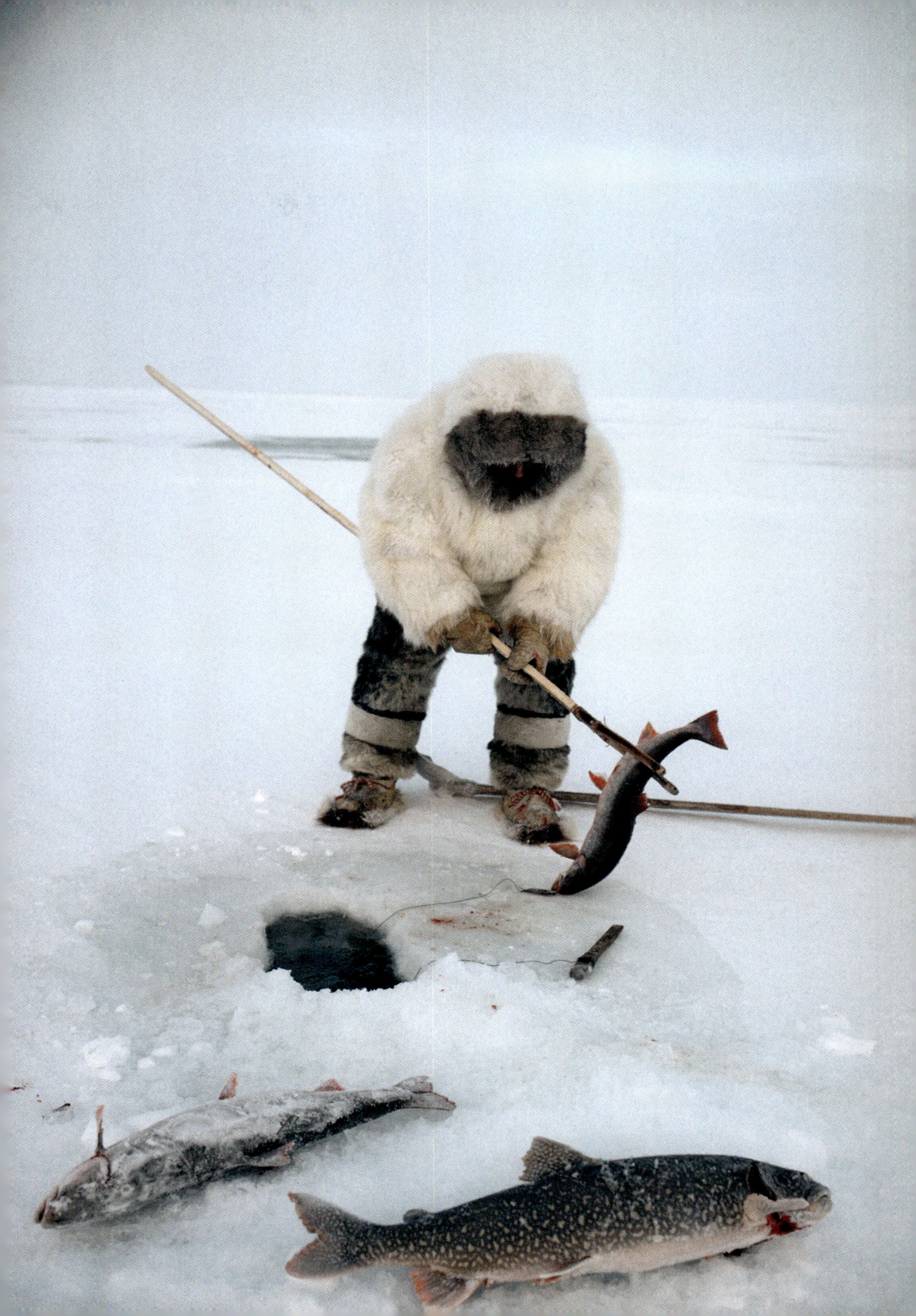

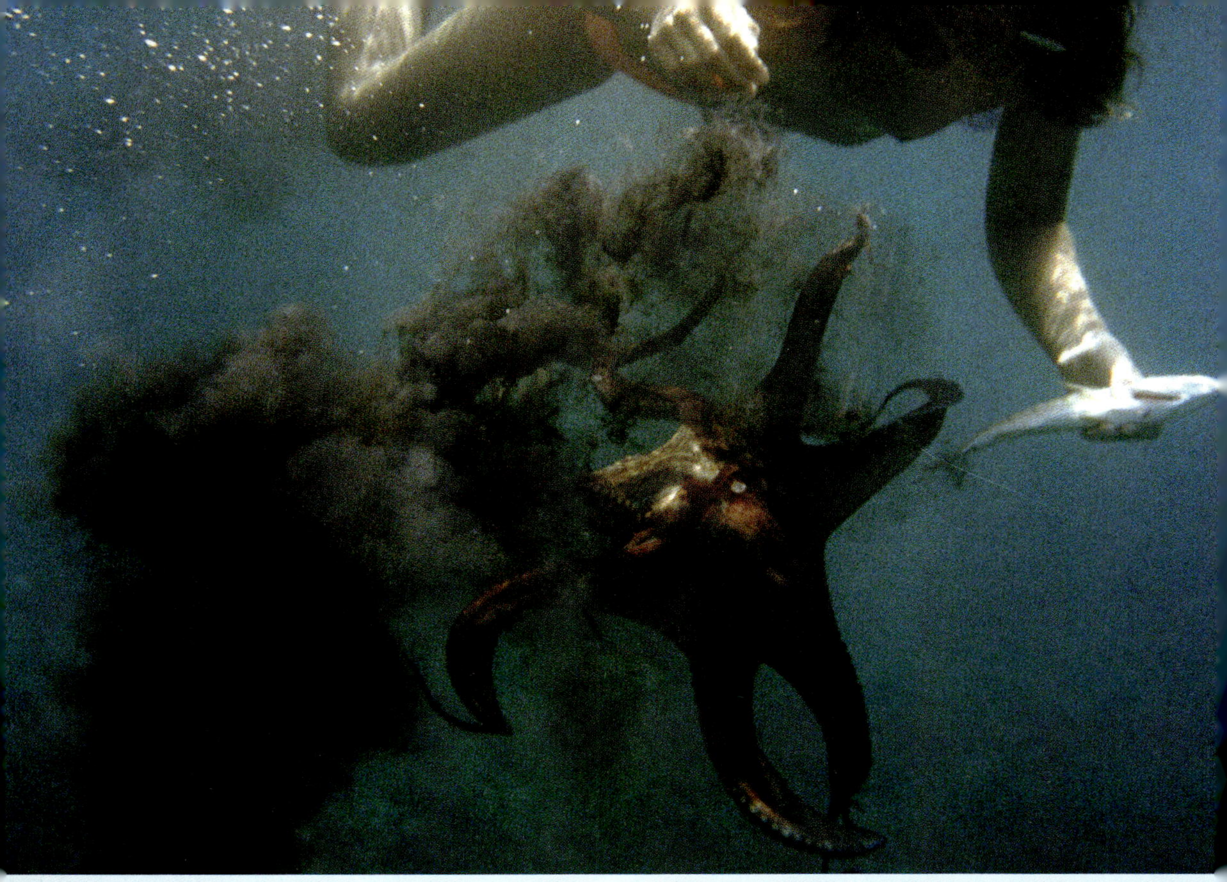

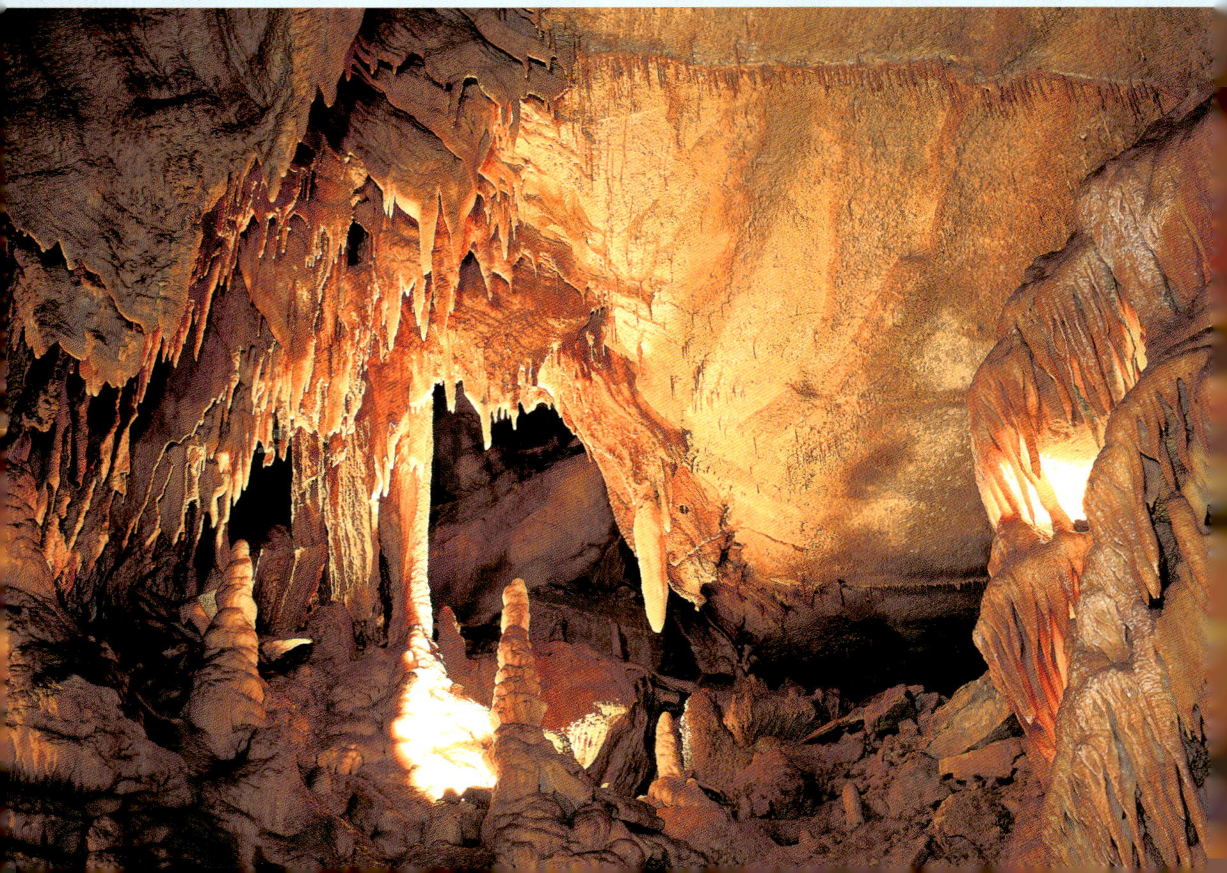

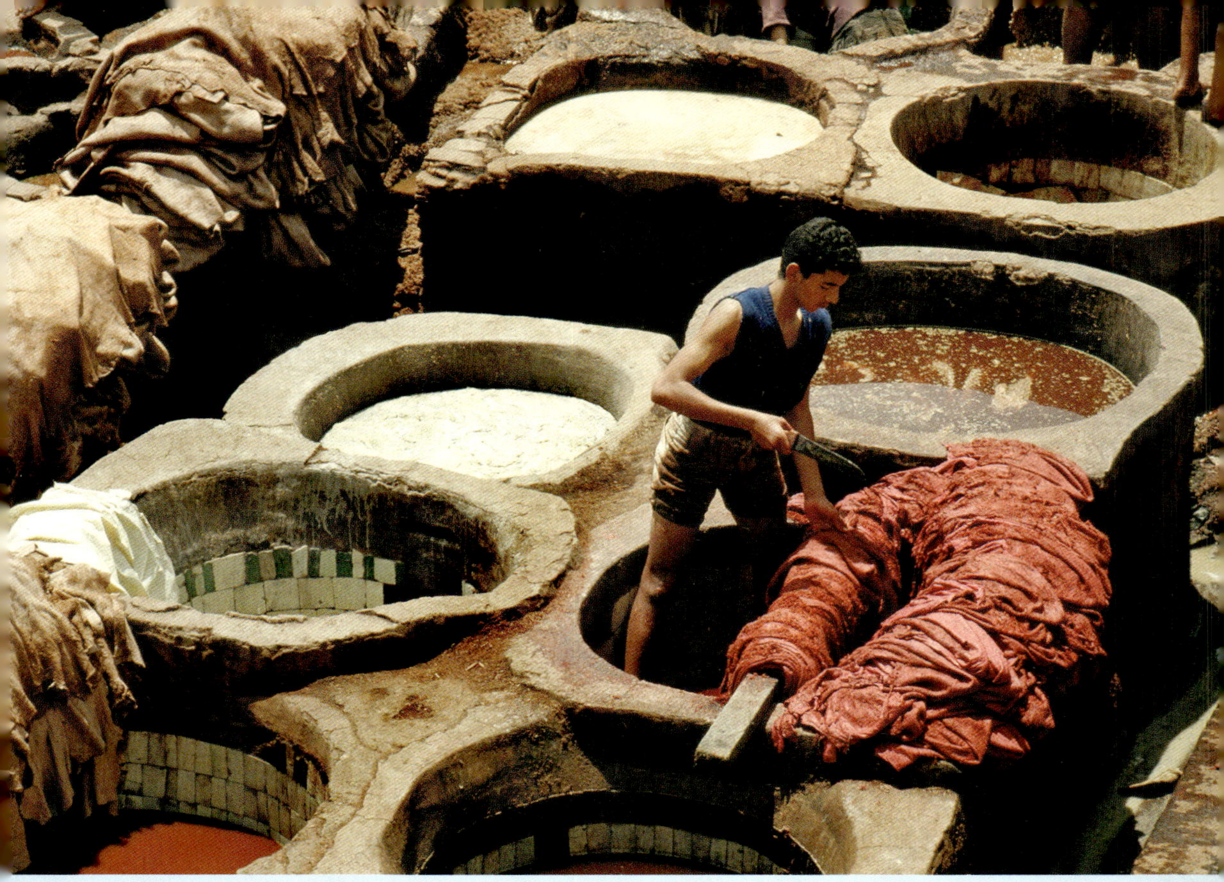

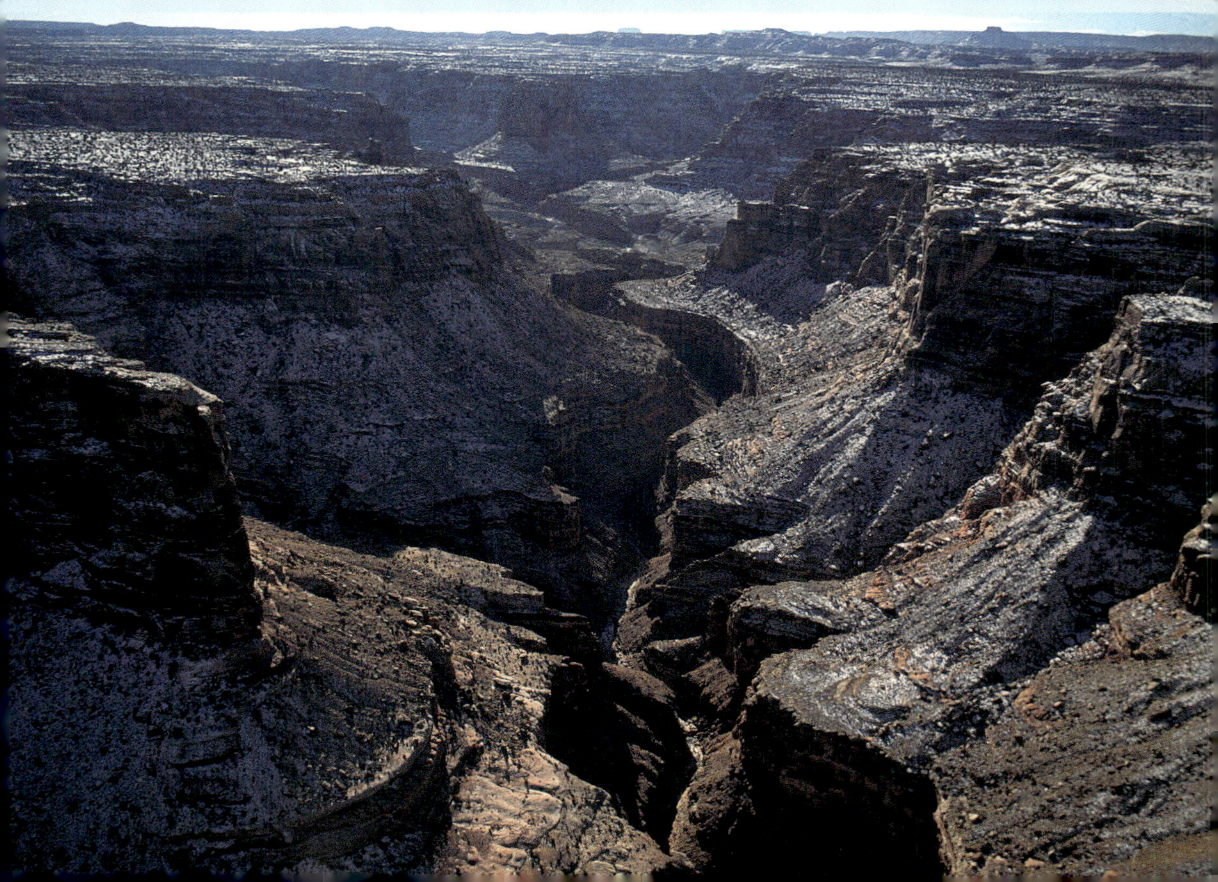

Wasser geht fremd

Wasser kommt selten allein. Zumindest in der Natur tritt es immer in Begleitung von anderen Stoffen auf. Und es sind diese Begleiter, die seinen «Charakter» ausmachen. Sie sorgen dafür, dass Wasser frisch riecht oder nach Chlor, dass es nach Limonade oder Fäulnis schmeckt, dass es sich hart oder weich, seifig oder ätzend anfühlt. Reines Wasser gibt es fast nur in der Theorie und in den Labors.

Wasser transportiert alles, riesige Geröllbrocken und kleinste Moleküle, tote Materie und lebendige Bakterien, lebenswichtige Nährstoffe und hoch giftige Substanzen. Wasser ist wahllos. Es transportiert, was Pflanzen, Tiere und Menschen zum Enstehen, Wachsen und Leben brauchen; zugleich aber auch Vieles, was ihr Leben bedroht, sie krank macht, vergiftet oder tötet.

Seine einzigartige Rolle als Transportmittel und Medium verdankt das Wasser unter anderem seinen besonderen Eigenschaften als gutes Lösungsmittel für bestimmte chemische Stoffe, besonders für jene, die als positiv oder negativ geladene Ionen vorkommen und deshalb besonders gut mit den dipolaren Wassermolekülen interagieren können. Zu diesen Stoffen gehören für Tiere und Menschen lebenswichtige Elemente wie Natrium, Kalium, Magnesium, Calcium und Silizium, aber auch Spurenmetalle wie Eisen, Kupfer und Zink.

Die Wassermoleküle lagern sich mit ihrer positiv oder negativ geladenen Seite an diese Ionen an, bis diese so vollständig umhüllt sind, dass sie gleichsam im Wasser verschwinden; sie «lösen sich im Wasser auf».

Auch neutrale Moleküle, die zwar keine positive oder negative Ladung tragen, aber wie Wassermoleküle Wasserstoffbrücken bilden können (→ S. 71ff.), lösen sich zum Teil hervorragend in Wasser – Alkohole und Zucker zum Beispiel. Schwer tut sich das Wasser mit grösseren unpolaren Molekülen, die nur eine geringe Anziehung auf die Wassermoleküle ausüben.

Grundsätzlich können, zumindest in kleinsten Mengen, fast alle Stoffe in Wasser gelöst werden. Unterschiedlich ist bloss das Ausmass ihrer Löslichkeit. So können in einem Liter Wasser bis zu 300 Gramm Kochsalz gelöst werden, im Fall des Insektizids DDT aber sind es gerade noch 0,000003 Gramm – 100 Millionen Mal weniger als Kochsalz. Doch auch dieser winzige Anteil kann mitunter riesig sein: Theoretisch könnten in den Weltmeeren $5 \cdot 10^9$ Tonnen DDT gelöst werden.

Die Löslichkeit eines Stoffes hängt unter anderem davon ab, wie stark seine Moleküle aneinander «kleben» oder wie fest sie in starre Kristallgitter eingebunden sind. Je energetisch ungünstiger es ist, um sie voneinander zu trennen, um zwischen den Wassermolekülen Platz zu schaffen, die fremden Moleküle in diese «Freiräume» einzubauen und die Wassermoleküle neu um sie herum zu gruppieren, desto geringer ist die Löslichkeit eines Stoffes.

«Gesättigt» ist das Wasser mit einem Stoff, wenn es keine weiteren Ionen oder Moleküle dieser Substanz mehr aufnehmen kann. Was überschüssig ist, wird, wie der Chemiker sagt, «ausgefällt», sinkt an den Grund, schwimmt als Tropfen, als Lache oder Film an der Wasseroberfläche oder setzt sich, wie Kalk in der Wasserleitung, an einer Oberfläche fest. Auch chemische Reaktionen mit dritten Substanzen können dazu führen, dass Stoffe ausgefällt werden: So oxidieren in Wasser gelöste, reduzierte Eisenionen, wenn sie mit Luftsauerstoff reagieren; das Ausfällprodukt ist Rost.

Auch gasförmige Stoffe können die Löslichkeitsgrenze überschreiten. Sie steigen dann wie Kohlensäure (CO_2) im Mineralwasser an die Oberfläche und «gasen aus», wie der Chemiker sagt. Dieser Prozess ist nicht immer so harmlos wie in der Mineralwasserflasche: Im August 1986 tötete in Kamerun eine riesige Kohlendioxidwolke, die aus dem Lake Nyos aufstieg, 1700 Menschen und einen Grossteil der Tiere in einem Umkreis von 25 Kilometern. Wissenschaftler vermuten, dass ein unter dem See liegender Vulkan in einer Tiefe von 200 Meter das Wasser über Jahrzehnten mit Kohlendioxid angereichert hat. Der riesige Wasserdruck, das Gewicht der 200 Meter dicken Wasserschicht, verhinderte während all dieser Jahre, dass das im Wasser gelöste Gas in Blasen nach oben steigen konnte. Dann könnte ein Kratereinsturz auf dem Seegrund das Wasser so aufgewirbelt haben, dass rund eine Million Kubikmeter Kohlendioxid binnen kürzester Zeit ausgaste und in die Atmosphäre entwich. Das geruchlose Gas kroch, weil es schwerer ist als Luft, den Uferpartien und Hängen entlang und muss die Menschen und Tiere im Schlaf erstickt haben.

Inzwischen entdeckte man auch in anderen so genannten «Killer Lakes» ähnliche Gefahrenpotenziale, so zum Beispiel im Kivu-See in Ruanda, der 2000 Mal grösser ist als der Nyos-See, und an dessen Ufern rund zwei Millionen Menschen leben. Neben dem Kohlendioxid lauert in diesen Seen aber noch eine weitere Gefahr: ihr Tiefenwasser enthält in ebenfalls hoher Konzentration Methangas, ein explosives Gas, das für viele Grubenunglücke verantwortlich ist.

Wissenschaftler versuchen jetzt, das gelöste Kohlendioxid über Rohre kontrolliert ausgasen zu lassen. Sie hoffen, dass mit demselben Verfahren das Methangas sogar zur Energiegewinnung genutzt werden kann. Mit dem Methan aus dem Kivu-See könnte der ganze Energiebedarf von Ruanda während der nächsten 400 Jahren gedeckt werden.

Die praktische Umweltchemie beschäftigt sich allerdings weniger mit der theoretische Frage, welche Mengen einer Substanz sich im Wasser lösen liessen. In der Praxis geht es eher darum, welche Mengen denn in einem bestimmten Gewässer tatsächlich gelöst sind. In den meisten Fällen liegt die tatsächliche Konzentration zwar weit unter der theoretisch möglichen Sättigungsgrenze (→ S. 96), aber auch geringe und geringste

Konzentrationen können schwerwiegende Folgen haben. So macht bereits ein Milligramm Geosmin, ein von Mikroorganismen produzierter, muffig riechender Geruchstoff, 100 000 Liter Trinkwasser ungeniessbar. Die Sättigungsgrenze von Geosmin aber liegt 10 Millionen Mal höher.

In jedem Gewässer, im landwirtschaftlich oder industriell genutzten Abwasser wie im Schmutzwasser von Städten und Dörfern, aber selbst im frischen Quellwasser fernab jeder Zivilisation, sind Dutzende, Hunderte oder Tausende von verschiedenen chemischen Substanzen vorhanden, die sich völlig unterschiedlich verhalten. Das stellt die Umweltchemie vor eine Reihe höchst komplizierter Probleme. Es gilt, unter diesen vielen Wasserbegleitern diejenigen zu identifizieren und zu eliminieren, die nicht harmlos sind.

Grosse Probleme bereiten vor allem zwei Gruppen von Substanzen: die so genannten hydrophilen und die so genannten hydrophoben Substanzen. Hydrophile (wasserfreundliche) Stoffe lösen sich nur allzu gern im Wasser auf und lassen sich deshalb auf natürliche Weise nur sehr schwer wieder daraus entfernen. Zu diesen Stoffen gehört etwa der Benzinzusatzstoff MTBE, von dem weltweit jährlich (und mit steigender Tendenz) mehr als 10 Millionen Tonnen verbraucht werden, ohne dass man bisher Genaueres über seine Langzeitwirkung weiss. In Kalifornien ist die Konzentration von MTBE im Wasser an einigen Orten bereits so hoch, dass das Trinkwasser zwar ungiftig ist, aber so übel riecht, dass es nicht mehr als Trinkwasser verwendet werden kann.

Hydrophobe (wasserhassende) Stoffe dagegen nutzen jede Gelegenheit, um dem Wasser so schnell wie möglich wieder zu entkommen, etwa indem sie sich ins Fettgewebe von lebendigen Organismen absetzen. Dort reichern sie sich an und werden über die Nahrungskette von Pflanzen an Tiere und Menschen weiter gereicht. Zu den gefährlichsten Stoffen dieser Art gehören die nur schwer abbaubaren Dauergifte oder POPs (Persistent Organic Pollutants) wie das Insektengift DDT, Dioxine oder die sogenannten PCBs.

Schwerwiegende Umweltprobleme können aber auch entstehen, wenn die natürliche Zusammensetzung des Wassers, etwa der Sauerstoff-, Stickstoff- oder Phosphorgehalt, durch äussere Einflüsse so massiv gestört wird, dass die Natur nicht mehr in der Lage ist, zu regenerieren und das natürliche Gleichgewicht aus eigener Kraft wieder herzustellen. So haben grosse Mengen von Nitraten und Phosphaten von Waschmitteln und Kunstdünger, aber auch von Fäkalien, zu einer massiven Überdüngung von Gewässern geführt. Die Folgen sind gravierend: Je mehr solche Nährstoffe das Wasser enthält, desto schneller vermehren sich der pflanzliche und tierische Plankton, aber auch jene Bakterien, die sich von abgestorbenem organischen Material ernähren. Diese lösen im Wasser eine Art biologisches Selbstmordprogramm aus: Bakterien verbrauchen den Sauerstoff, den die höheren Lebewesen im Wasser zum Überleben brauchen würden.

Diese so genannte Eutrophierung durch Waschmittel und Kunstdünger hat seit den 50er Jahren zahlreiche Seen, aber auch viele Küstengewässer schwer geschädigt. In den wohlhabenden Ländern liess sich das Problem dank einer Reihe sehr kostspieliger Massnahmen einigermassen in den Griff bekommen: Die phosphathaltigen Textilwaschmittel wurden verboten wurden; dank dem Bau leistungsfähiger Kläranlagen konnte der Anteil an Phosphaten und Stickstoffverbindungen massiv reduziert werden. Trotz dieser Massnahmen und internationaler Abkommen aber fliessen auch heute noch jedes Jahr eine Million Tonnen Stickstoffverbindungen und 100 000 Tonnen Phosphate allein in die Nordsee. Auch in den reichen Industrienationen ist man noch weit davon entfernt, das Problem dauerhaft gelöst zu haben.

Die einzigartige Fähigkeit des Wassers, fast alle Substanzen lösen zu können, «unsichtbar» zu machen und damit scheinbar zum Verschwinden zu bringen, hat die Menschheit Jahrhunderten lang glauben lassen, Wasser habe eine unerschöpfliche Kraft zur Selbstreinigung. Bis heute entsorgt der überwiegende Teil der Menschen ihren Abfall auf diese Weise: Man kippt den Grossteil der flüssigen und festen Abfälle in die Gewässer, den Rest vergräbt oder verbrennt man.

Noch haben wir nicht ganz begriffen, dass sich die Probleme unserer hochindustrialisierten Welt nicht mit vorindustriellen Mitteln lösen lassen. Die weltweite Industrialisierung und die schnell wachsende Weltbevölkerung bescheren uns Abfallberge und Abwassermengen, welche von der Natur nicht mehr zum Verschwinden gebracht werden können. Die Menschheit muss also den Abfall und die verschmutzten Abwässer, die sie produziert, selbst entsorgen. Am sinnvollsten sind jene Möglichkeiten, die schon gar keine Abfallberge und Abwässer produzieren: Neue umweltfreundliche Technologien, der Ersatz gefährlicher Stoffe durch solche, die von der Natur leicht abgebaut werden können, oder das Reinigen und Rezyklieren von Stoffen in geschlossenen Produktions- und Wasserkreisläufen.

Das wird vermutlich nicht ausreichen, dann wird die Menschheit nicht umhin können, noch strengere Massnahmen zu ergreifen: Das grundsätzliche Verbot von Umweltgiften, der (notfalls gesetzlich geregelte) Verzicht auf sinnlosen Komfort und Luxus, etwa auf überflüssige Verpackungen, auf nicht notwendige Zusatz- und Veredelungsstoffe oder auf den verschwenderischen Verbrauch von Wasser in der Industrie und Landwirtschaft. Denn wird der Mensch nicht selbst mit seinen Abfällen und Abwässern fertig, wird sich die Natur auf die Dauer in eine riesige Müllkippe verwandeln. Das Wasser, ob verschmutzt oder sauber, wird weiter seine Kreise ziehen. Es hat seit der Entstehung des Weltalls schon grössere Umweltkrisen überdauert.

Katsushika Hokusai: Kanagawaoki Namiura, 36 Ansichten des Mount Fuji. Keystone/AP/Arthut M. Sackler Gallery

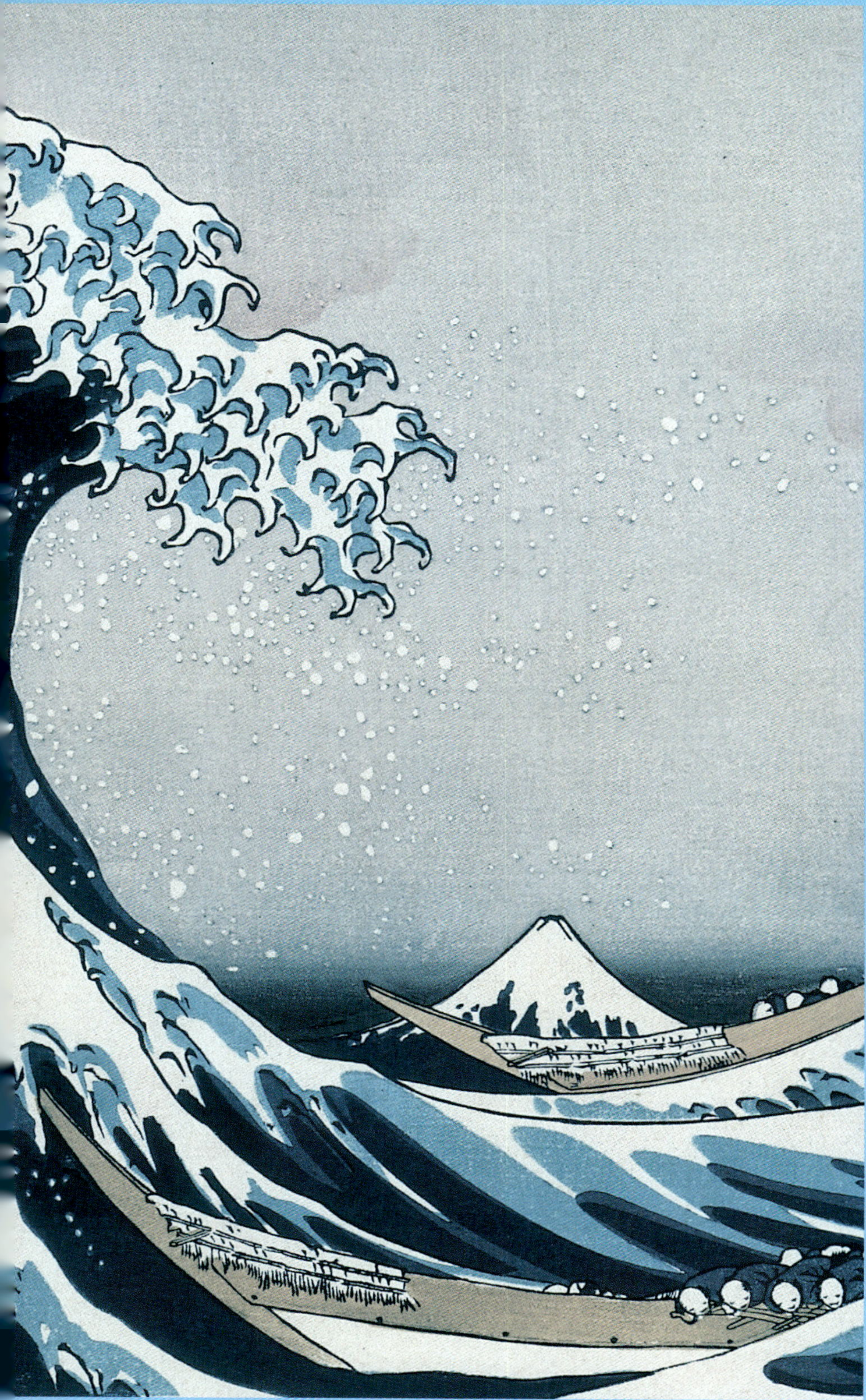

Die Sirene, Bienal de Valencia 2005

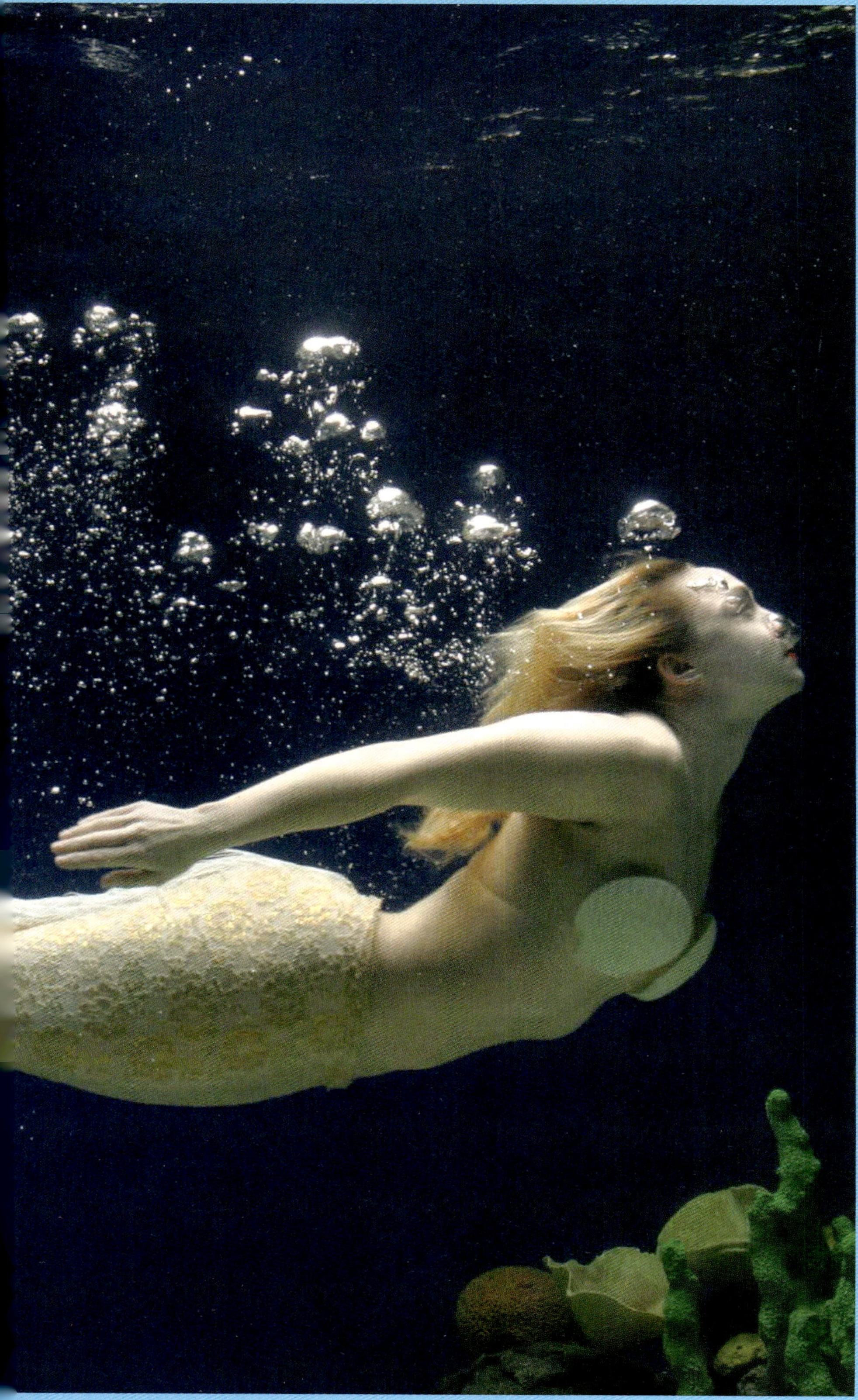

Substanzen und ihre Löslichkeit und Effektkonzentration

Substanz	Wasserlöslichkeit [a] (mg/l)	Effektkonzentration	Art des Effekts
DDT (Insektizid)	0.003	6.25 mg/kg [c]	Möglicherweise krebsfördernd
Atrazin (Herbizid)	30	0.5 mg/kg [c]	Möglicherweise krebsfördernd
MTBE (Benzinzusatz)	50000	0.02–0.04 mg/l	Unangenehmer Geschmack
$CaCO_3$ (Kalk/Wasserhärte)	15.3		Kalkablagerungen (wichtig für Waschmitteldosierung)
NaCl (Kochsalz)	36000	200–300 mg/l	Schmeckt salzig
Benzo[a]pyren (Verbrennungsprodukt)	0.0038		Krebsfördernd
Eisen(III)(hydr)oxid (Rost)	0.0000000001		Rotbraune Ausfällung (Rostpartikel)
Eisen(II)chlorid	64400	0.04–3 mg/l	Schmeckt metallisch
Natriumnitrat	92100	500 mg/kg [c]	Methämoglobinämie, möglicherweise krebsfördernd
Geosmin (Algenprodukt)	150	0.000005–0.00001 mg/l	Erdiger/modriger Geschmack

Substanz	Typische Konzentration Fluss/See (mg/l)	Typische Konzentration Grundwasser (mg/l)	Typische Konzentration Trinkwasser (mg/l)	Richtwert für Trinkwasser [b] (mg/l)
DDT	0.00001–0.00084		< 0.00001	0.001 [d]
Atrazin		0.00001–0.006	0.00001–0.005	0.002 (WHO), 0.0001 (EU)
MTBE	< 0.012	< 0.6		Empfehlung USEPA < 0.02–0.04, Empfehlung California 0.013
$CaCO_3$	100–200	≤ 500	10–500	Kein Wert
NaCl	2–50	< 500 (Meerwasserinfiltration)		< 250 (WHO) Geschmack
Benzo[a]pyren		0.0003–0.001		0.00001 [e]
Eisen(III)(hydr)oxid				Kein Wert
Eisen(II)chlorid				0.2 (als Eisen)(EU) Ästhetik
Natriumnitrat	< 20 (als Nitrat)	< 1500 (als Nitrat)		50 (als Nitrat)(EU)
Geosmin	< 0.0002		< 0.00005	Kein Wert

[a] Menge die pro Liter gelöst werden kann
[b] Trinkwasser-Richtlinien: WHO, EU, USEPA
[c] mg/kg Körpergewicht Ratte
[d] Aufnahme durch andere Lebensmittel wichtiger als durch Trinkwasser
[e] Aufnahme durch andere Lebensmittel viel wichtiger als durch Trinkwasser (< 1 %)

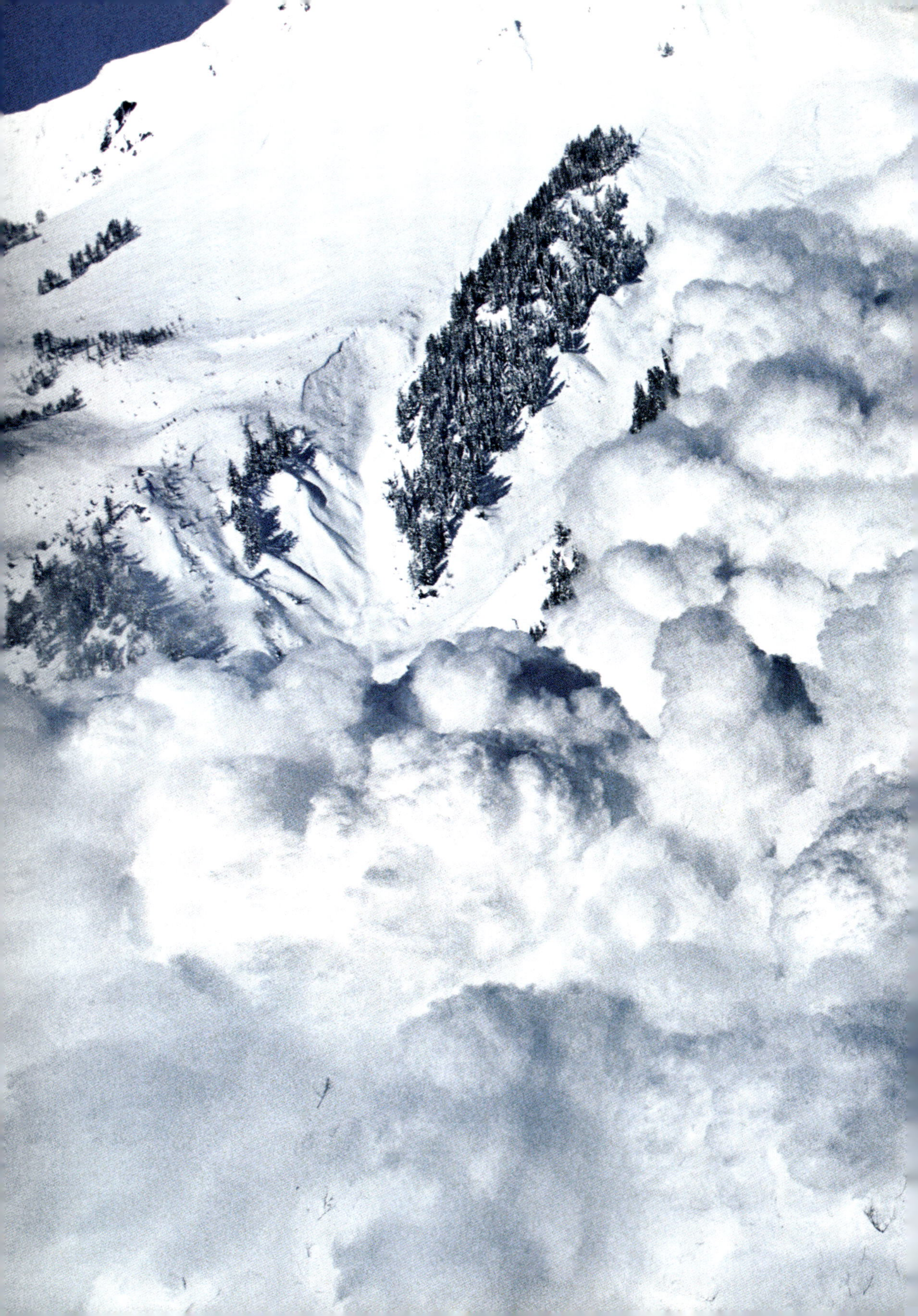

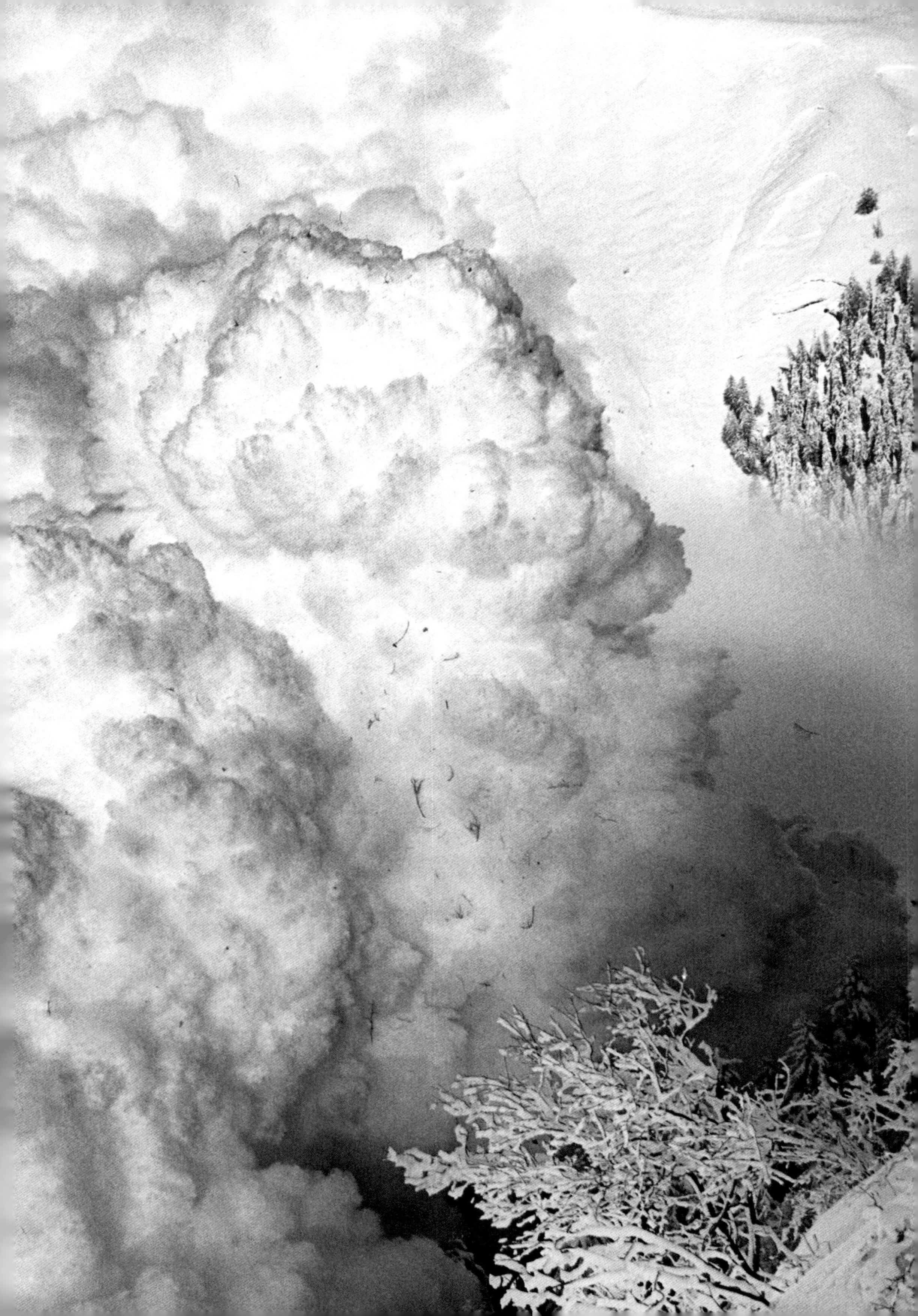

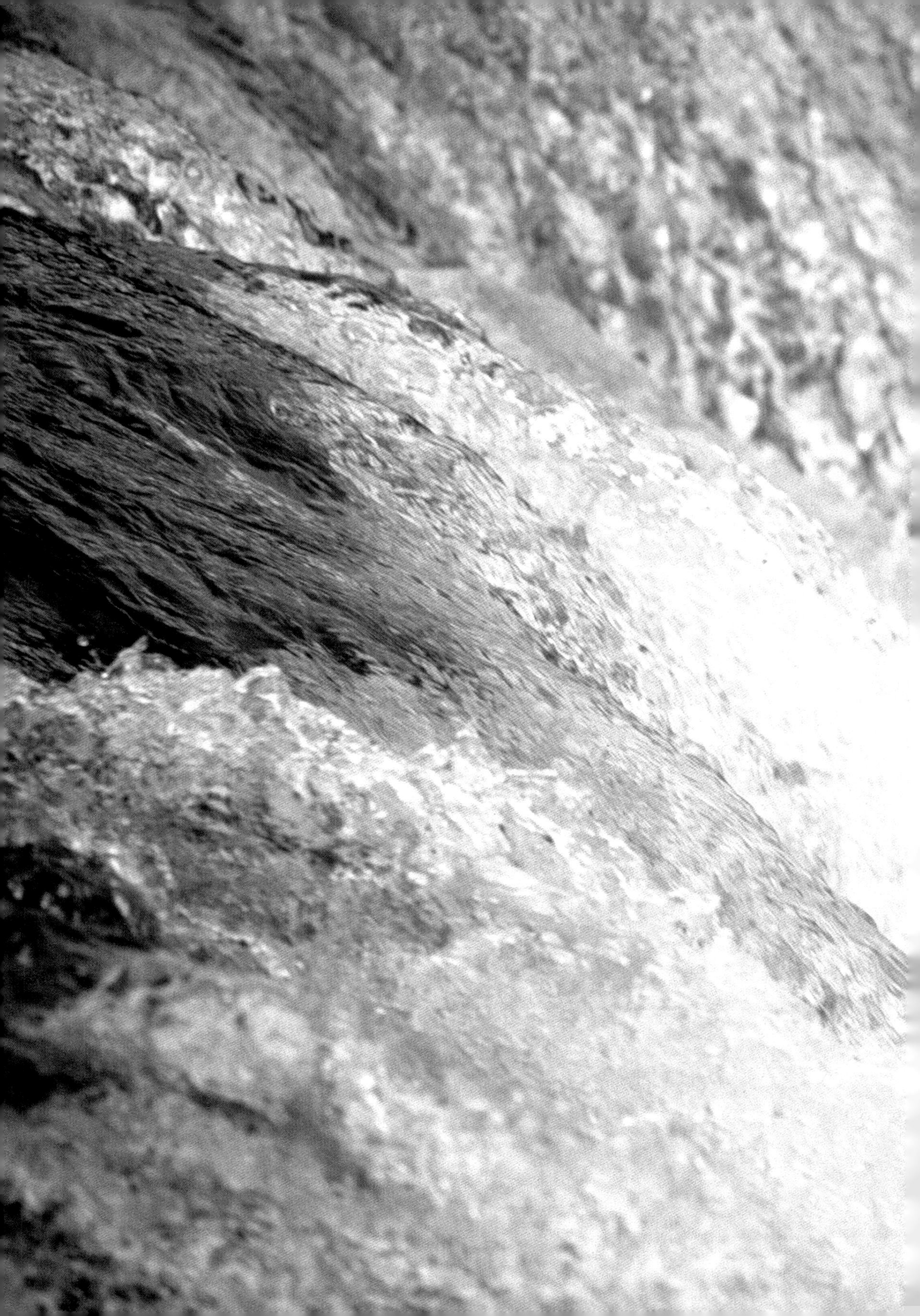

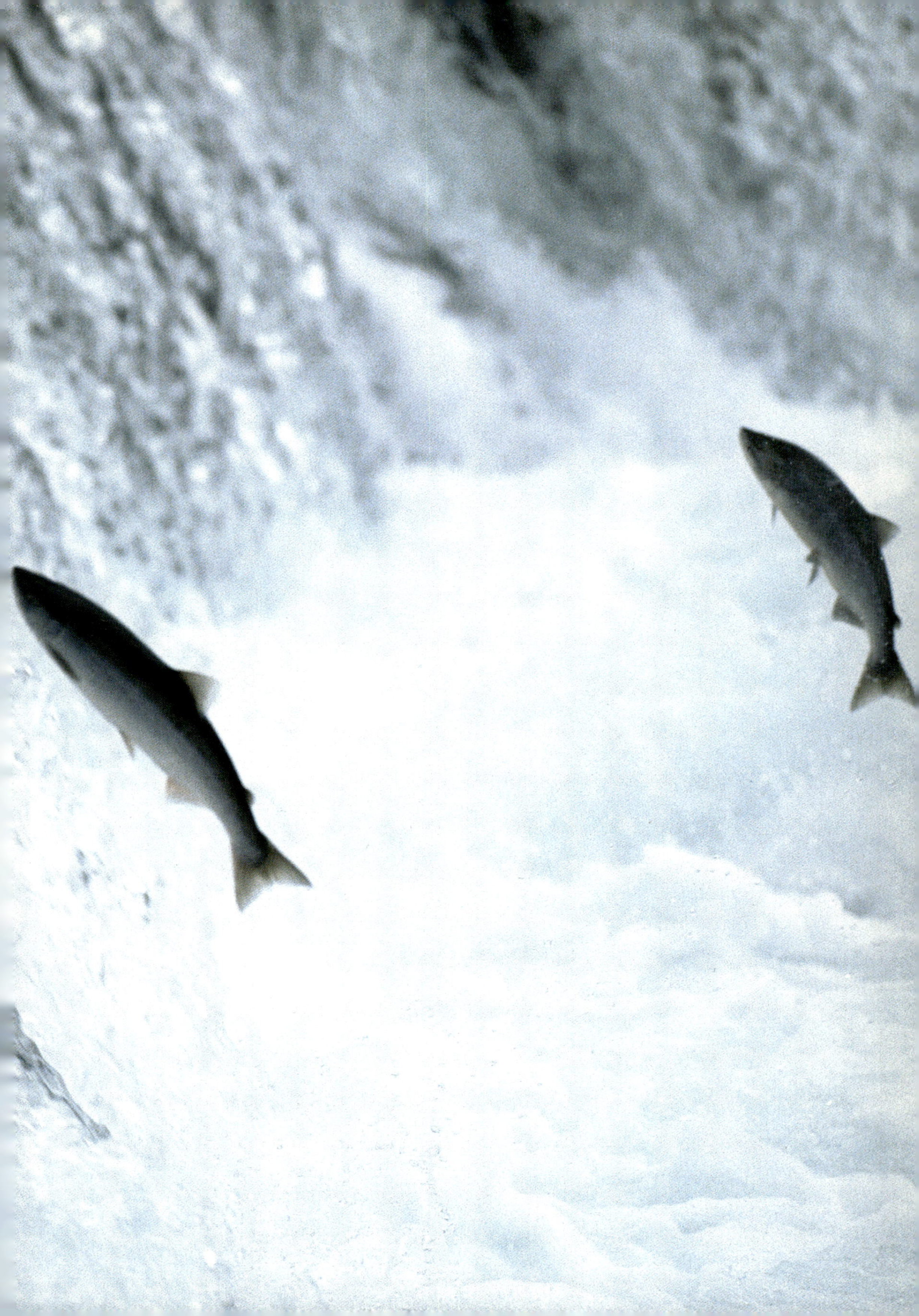

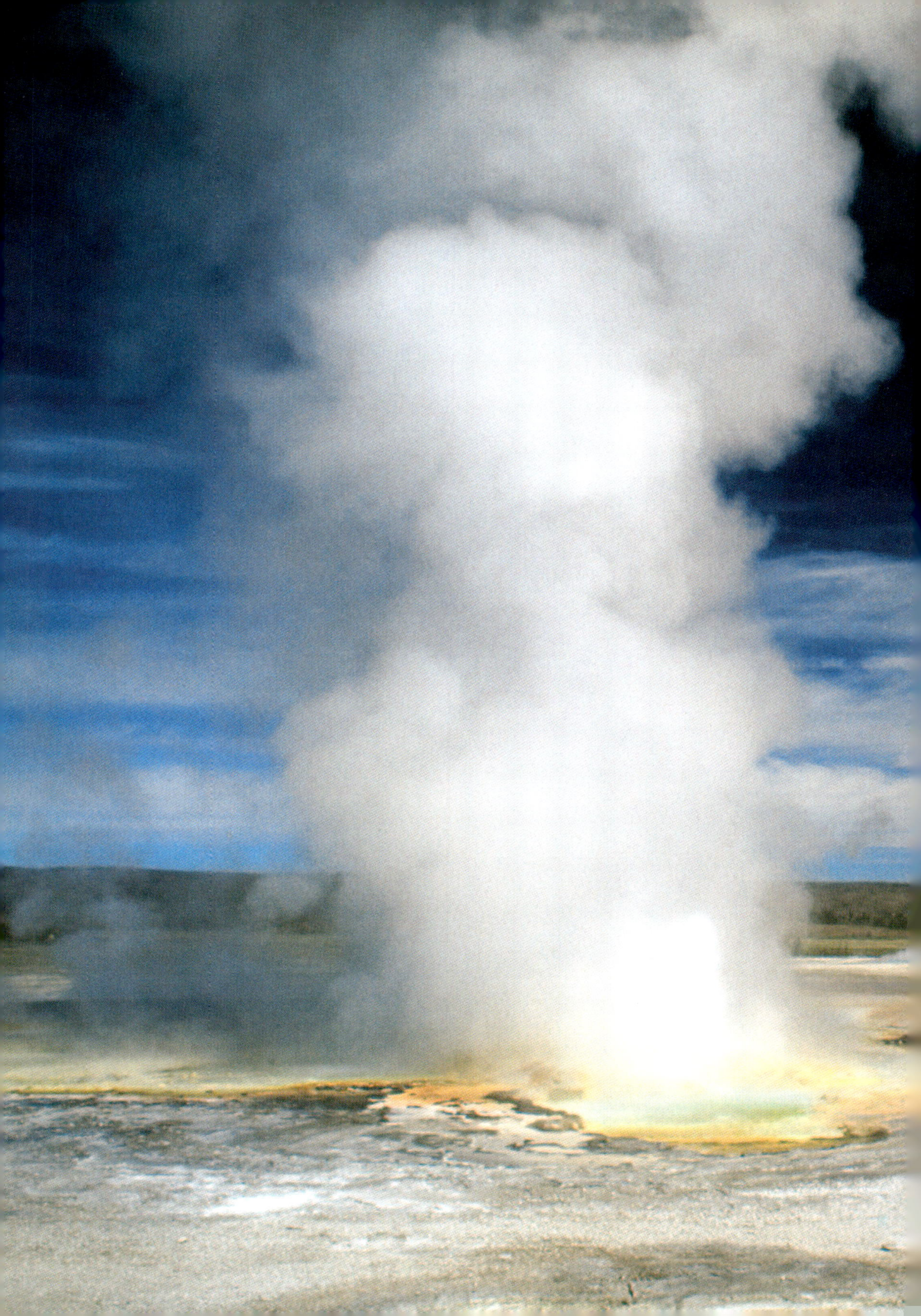

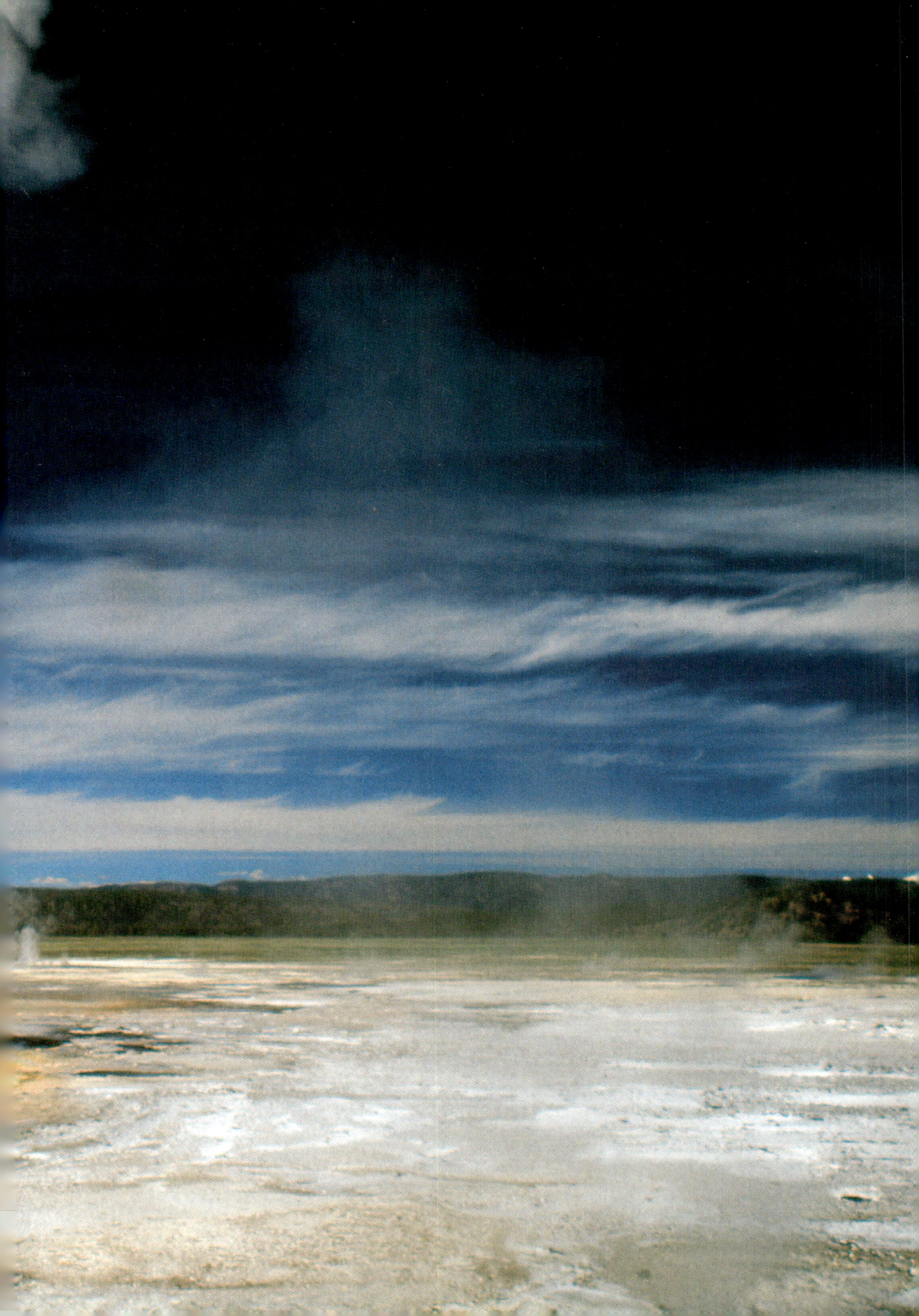

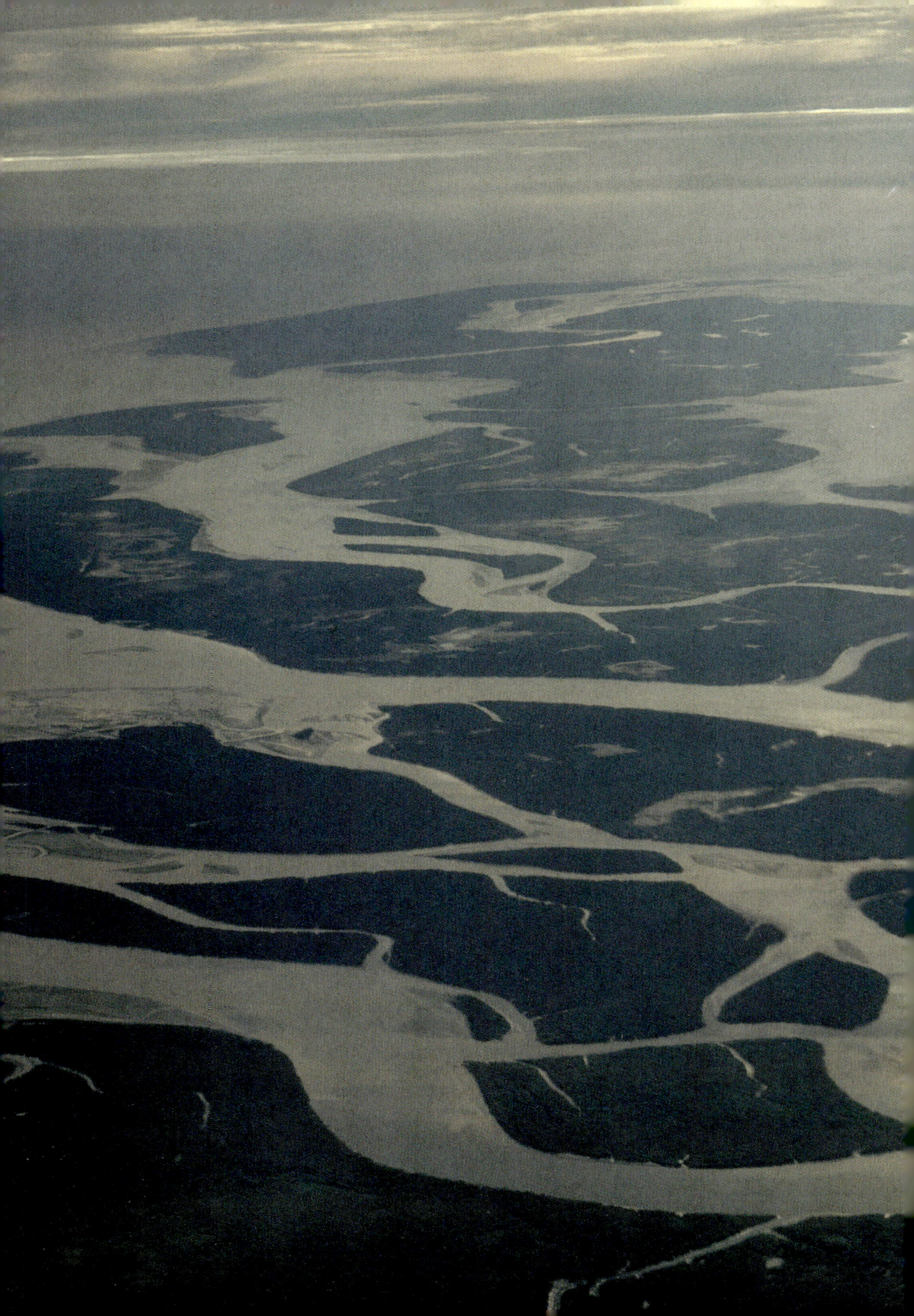

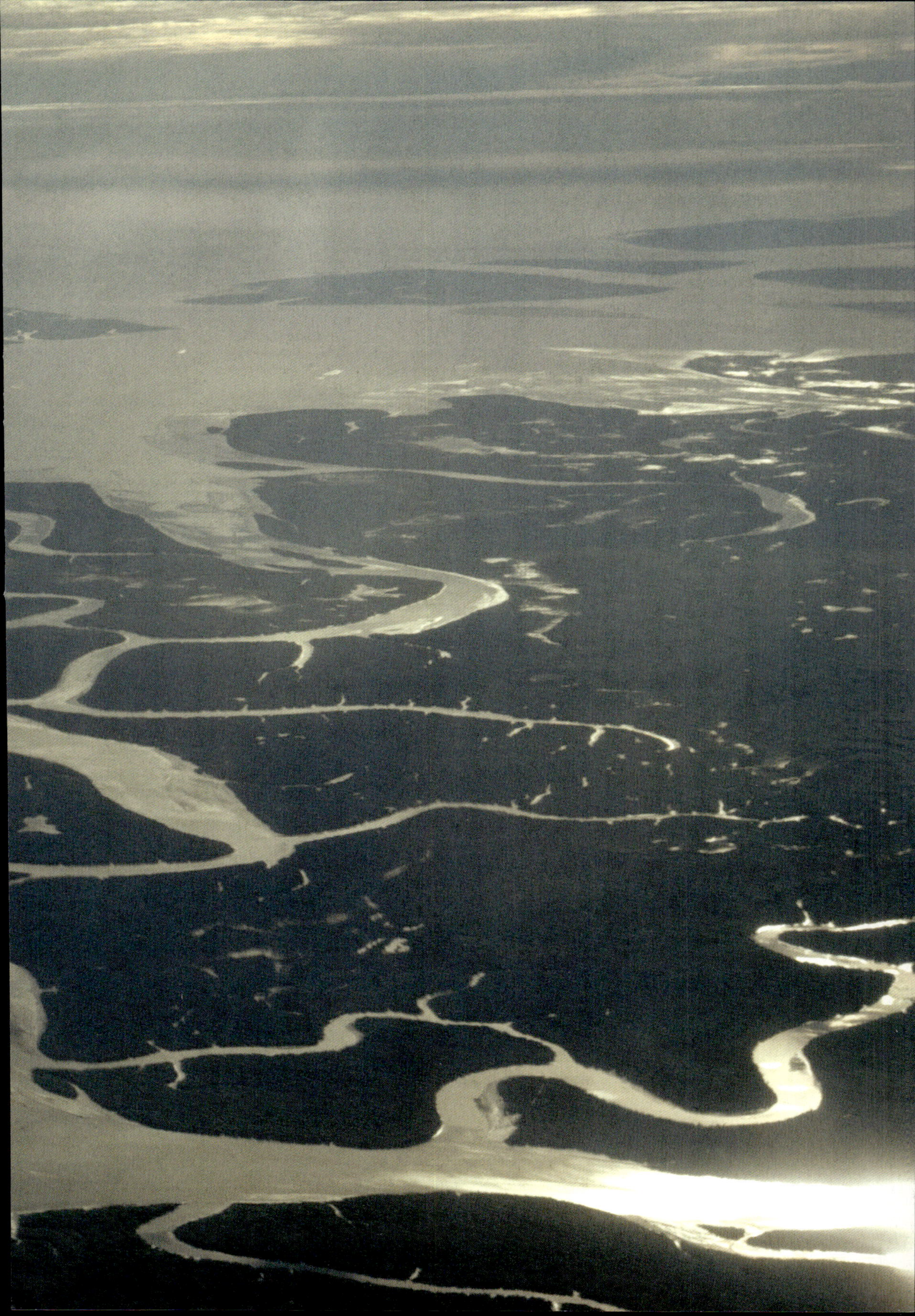

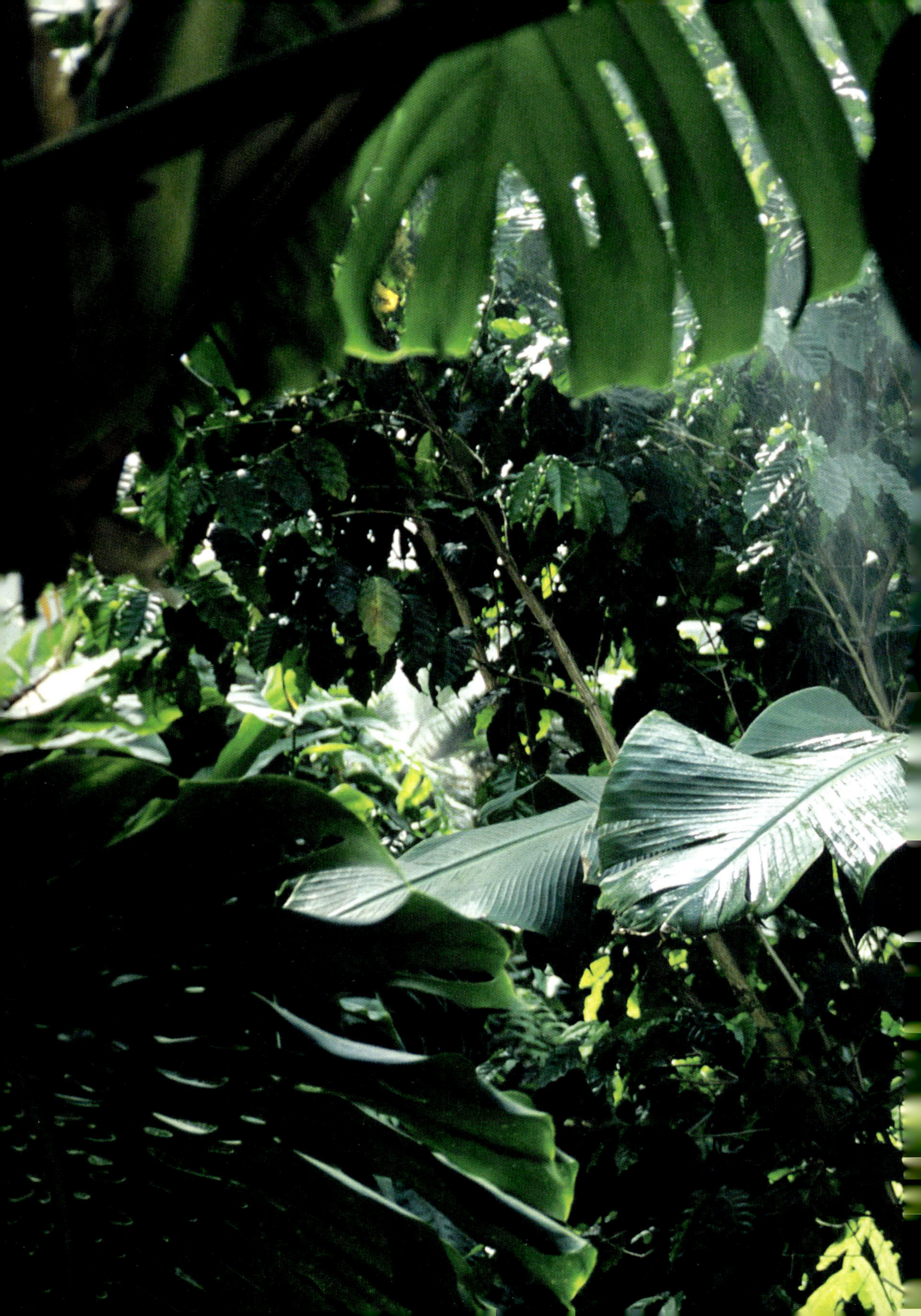

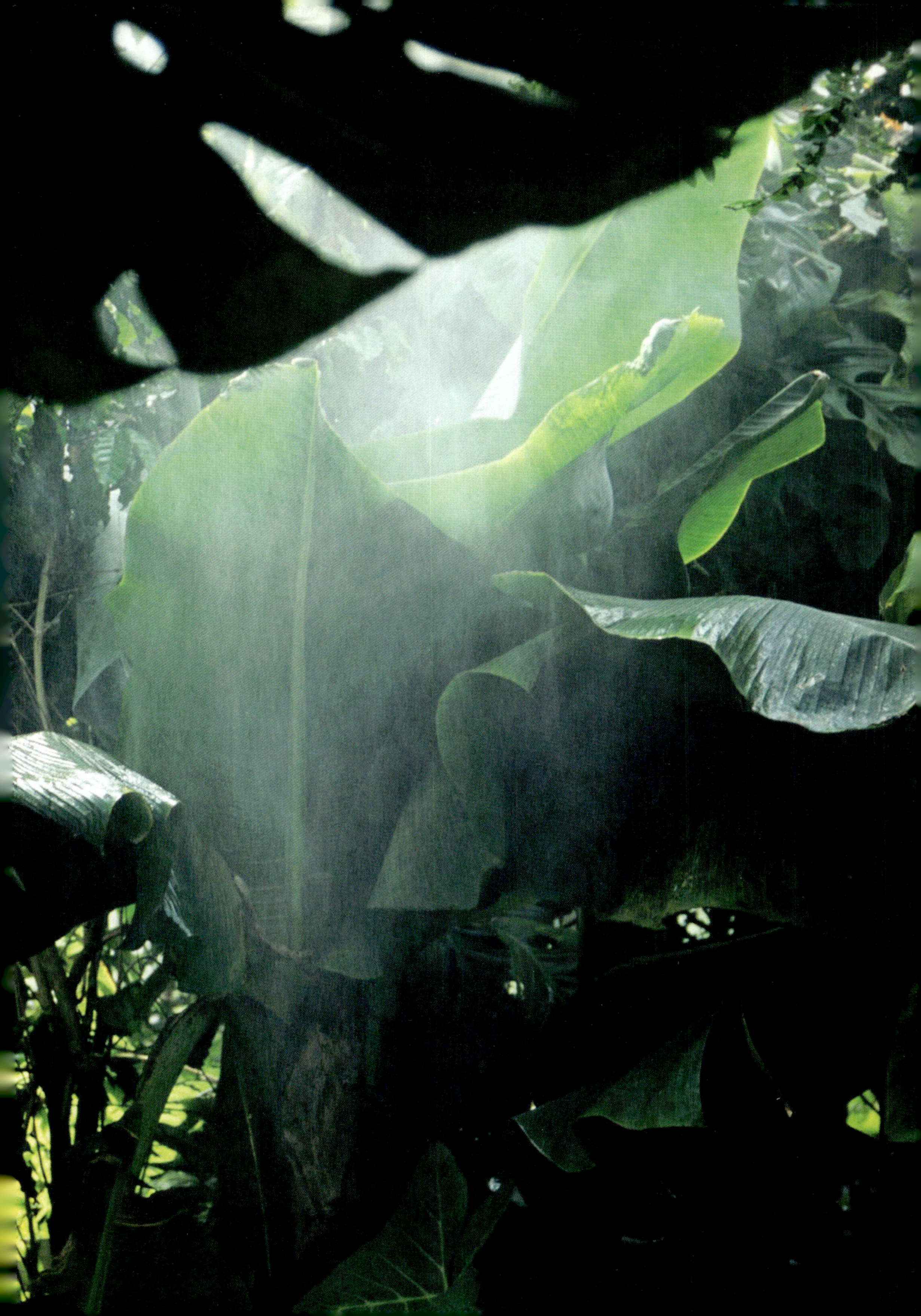

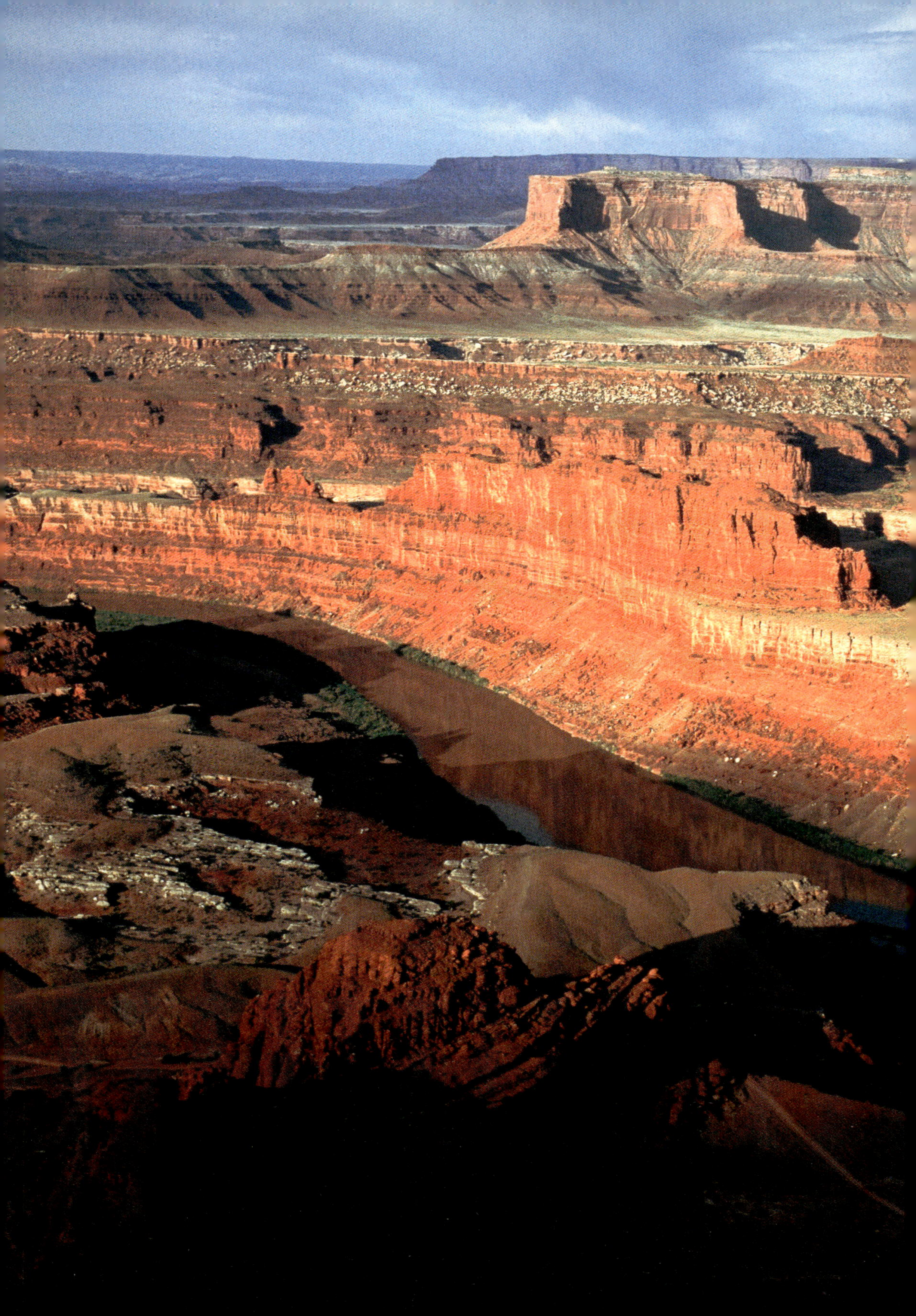

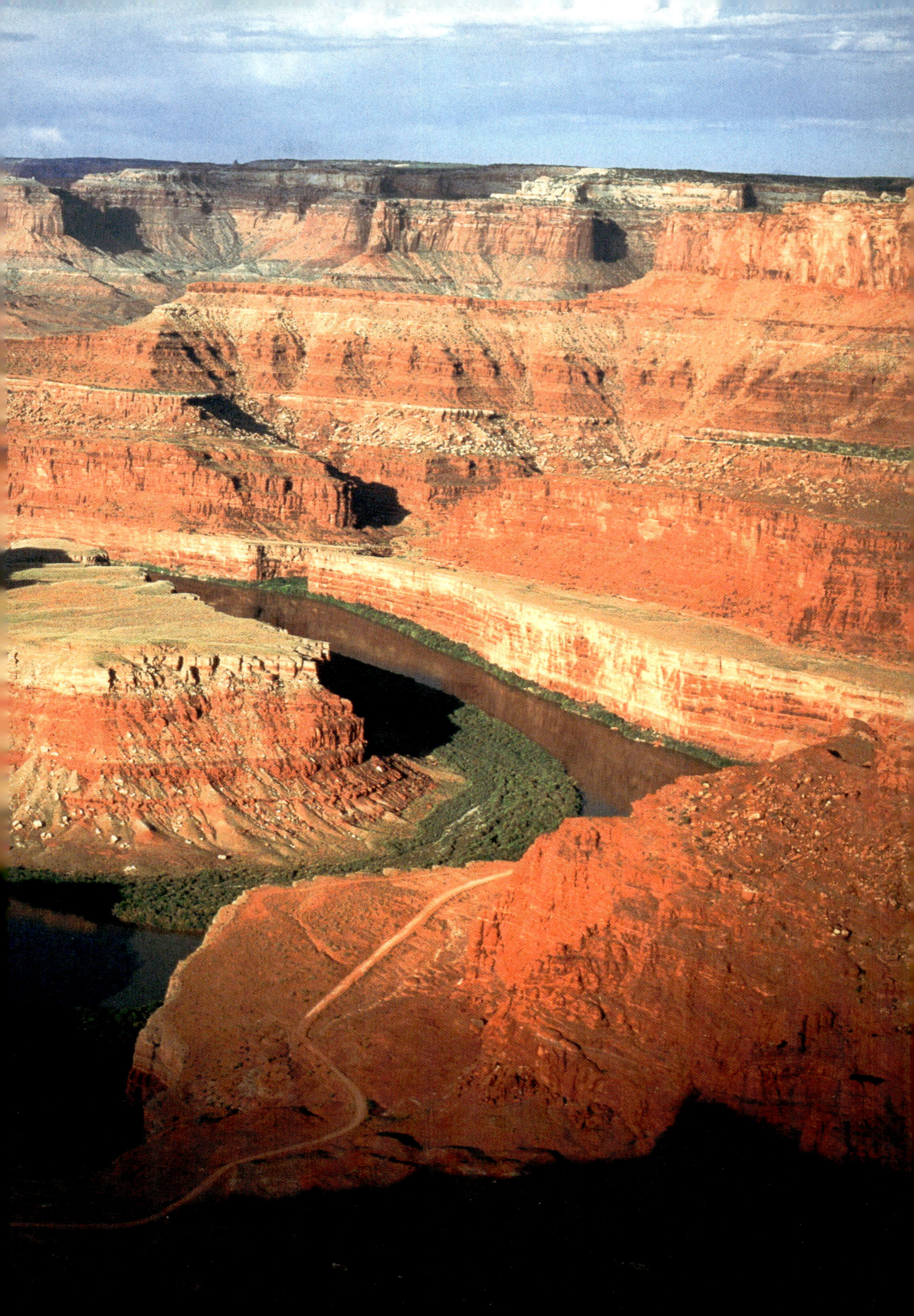

MENSCH UND WASSER

Wasser für die Landwirtschaft

Wer von Wasser redet, muss auch von der Landwirtschaft reden. Denn die Landwirtschaft verbraucht siebzig Prozent des vom Menschen genutzten Süsswassers. Im Nahen Osten, in Afrika und Asien sind es gar zwischen achtzig und neunzig Prozent.

Wer von der Landwirtschaft redet, muss aber auch von der künstlichen Bewässerung reden. Denn zwei von drei Tonnen Getreide wachsen auf künstlich bewässerten Feldern. Auch der Anbau von Reis, Baumwolle und zahlreichen anderen landwirtschaftlichen Produkten ist vielerorts auf künstliche Bewässerung angewiesen.

Mit dem Bau von immer grösseren Stauseen, der Umleitung von Flüssen über Hunderte von Kilometern, dem Bau weit verzweigter Bewässerungskanäle und der Ausbeutung fossiler Grundwasservorräte versuchen die bevölkerungsreichsten Länder der Welt, aber auch Industrieländer wie die USA oder Spanien, den zunehmenden Wasserverbrauch ihrer modernen Agrarindustrien zu decken.

In der Tat hat die «grüne Revolution», die Industrialisierung der Landwirtschaft, die Ernährungslage von Millionen von Menschen sehr verbessert. Andererseits verursachen die industriellen Bewässerungs- und Anbaumethoden schwerwiegende und zum Teil irreversible ökologische Schäden. Dabei geht es vor allem um die zunehmende

Schädigung der Anbauflächen durch Düngemittel und Pestizide, aber auch um die Erosion der Böden, um Versalzung und die Belastung durch menschliche und tierische Fäkalien. Die forcierte Industrialisierung ist aber auch mitverantwortlich für eine Reihe unabsehbarer sozialer und wirtschaftlicher Probleme.

Der «grünen Revolution» der vergangenen 50 Jahre soll deshalb jetzt eine «blaue Revolution» folgen: Damit ist eine Landwirtschaft gemeint, die mit der Natur sorgsamer umgeht, die erneuerbaren Wasserressourcen effizienter nutzt, den wirtschaftlichen Gegebenheiten vor allem der Entwicklungsländer und den sozialen Problemen Rechnung trägt und den rund 820 Millionen hungernden Menschen das Überleben sichert.

Schöne Verschwendung! Die fein zerstäubten Wassertröpfchen verdunsten zum grossen Teil, bevor sie den Boden erreichen. Obstplantagen in Südtirol. Klaus D. Francke/Bilderberg

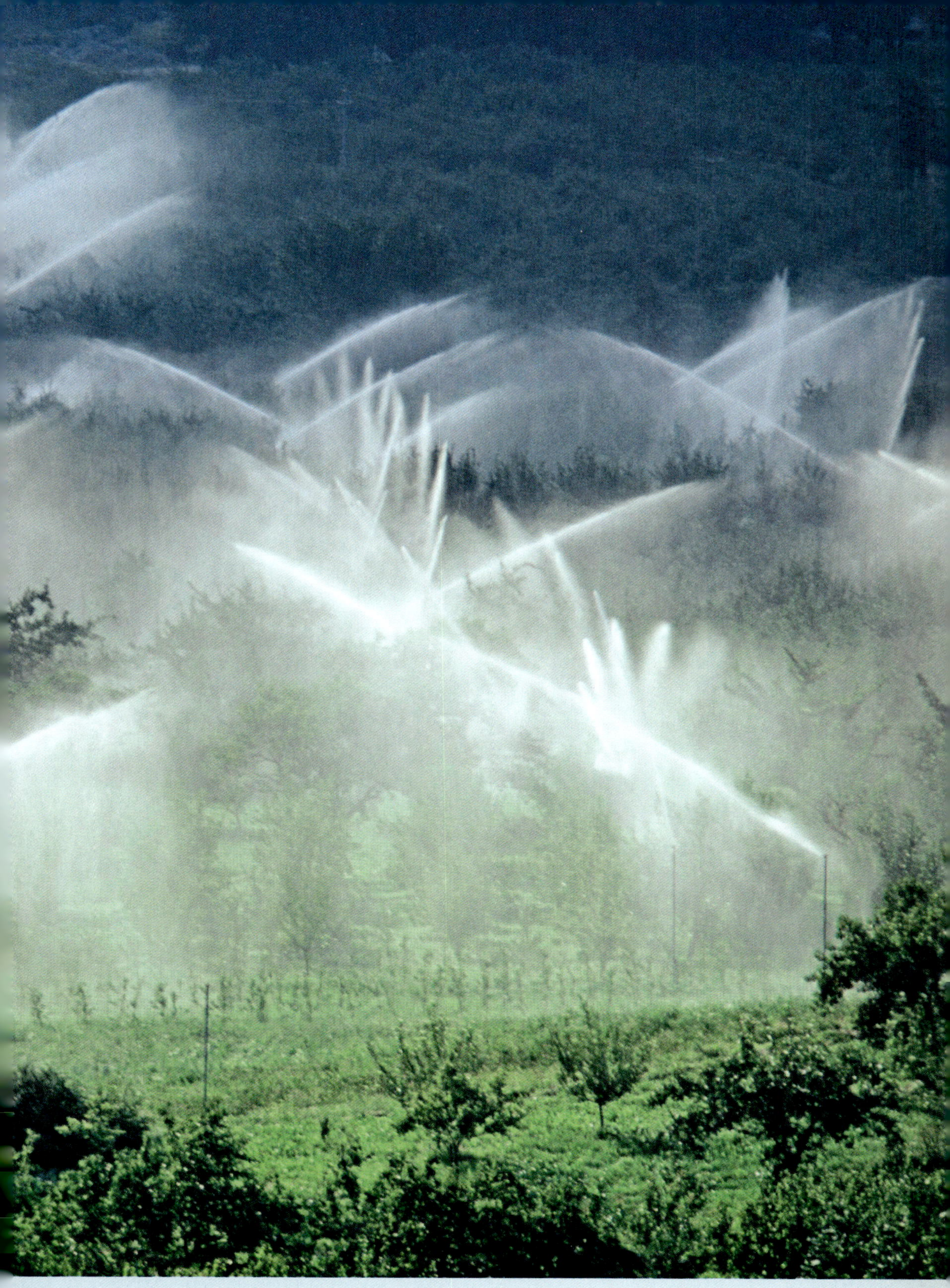

Wo der Regen weder für den Landbau noch für grüne Landschaften ausreicht, wird Wasser zur Überlebensfrage: Mali, Sahelzone. Abbas/Magnum Photos

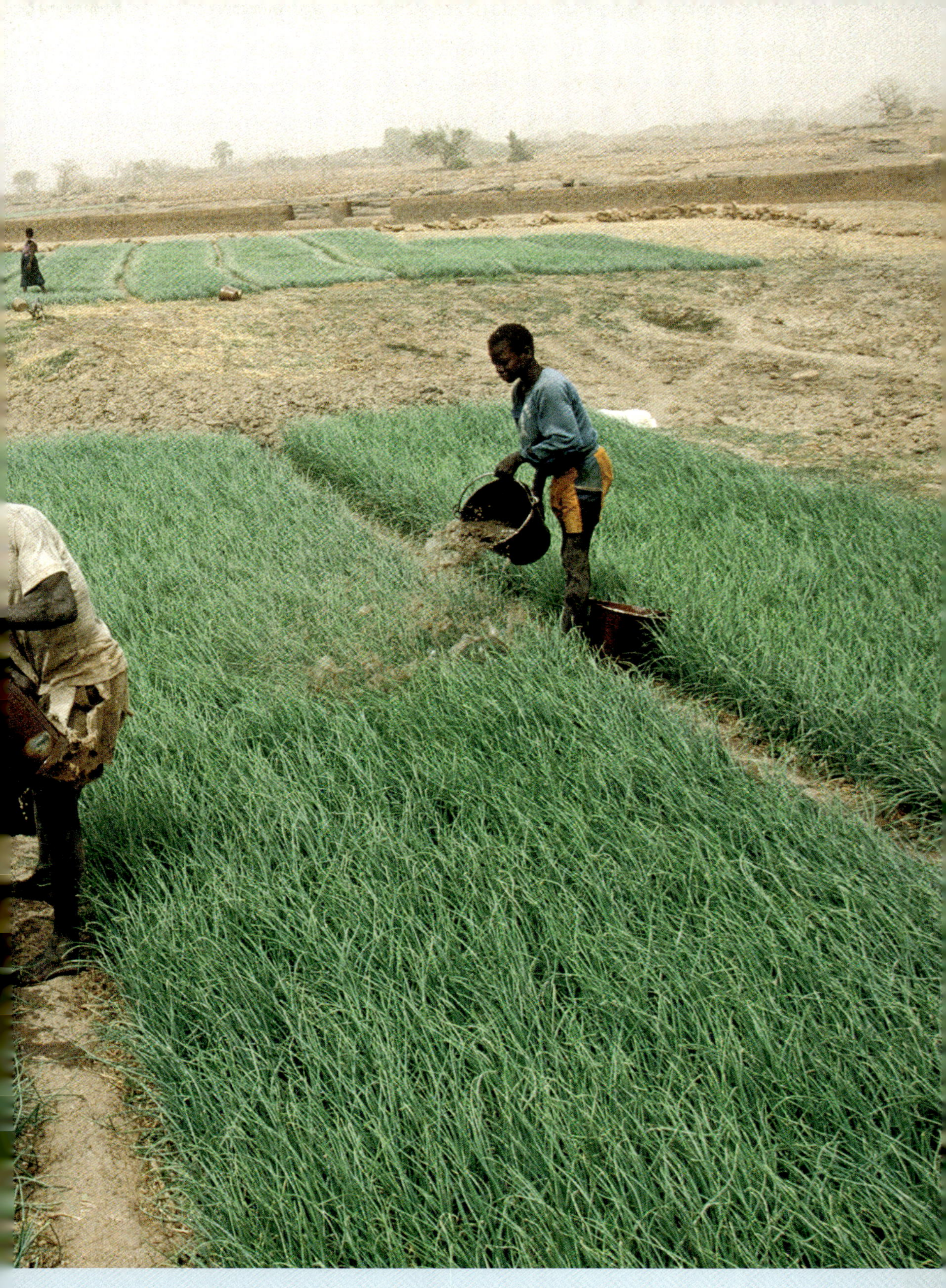

Durch Bewässerung wie hier bei Najd ist der Wüstenstaat Saudi-Arabien zu einem bedeutenden Weizenexporteur geworden. Das dazu verbrauchte uralte (fossile) Grundwasser erneuert sich kaum und wird in wenigen Jahren erschöpft sein. Ray Ellis/Keystone

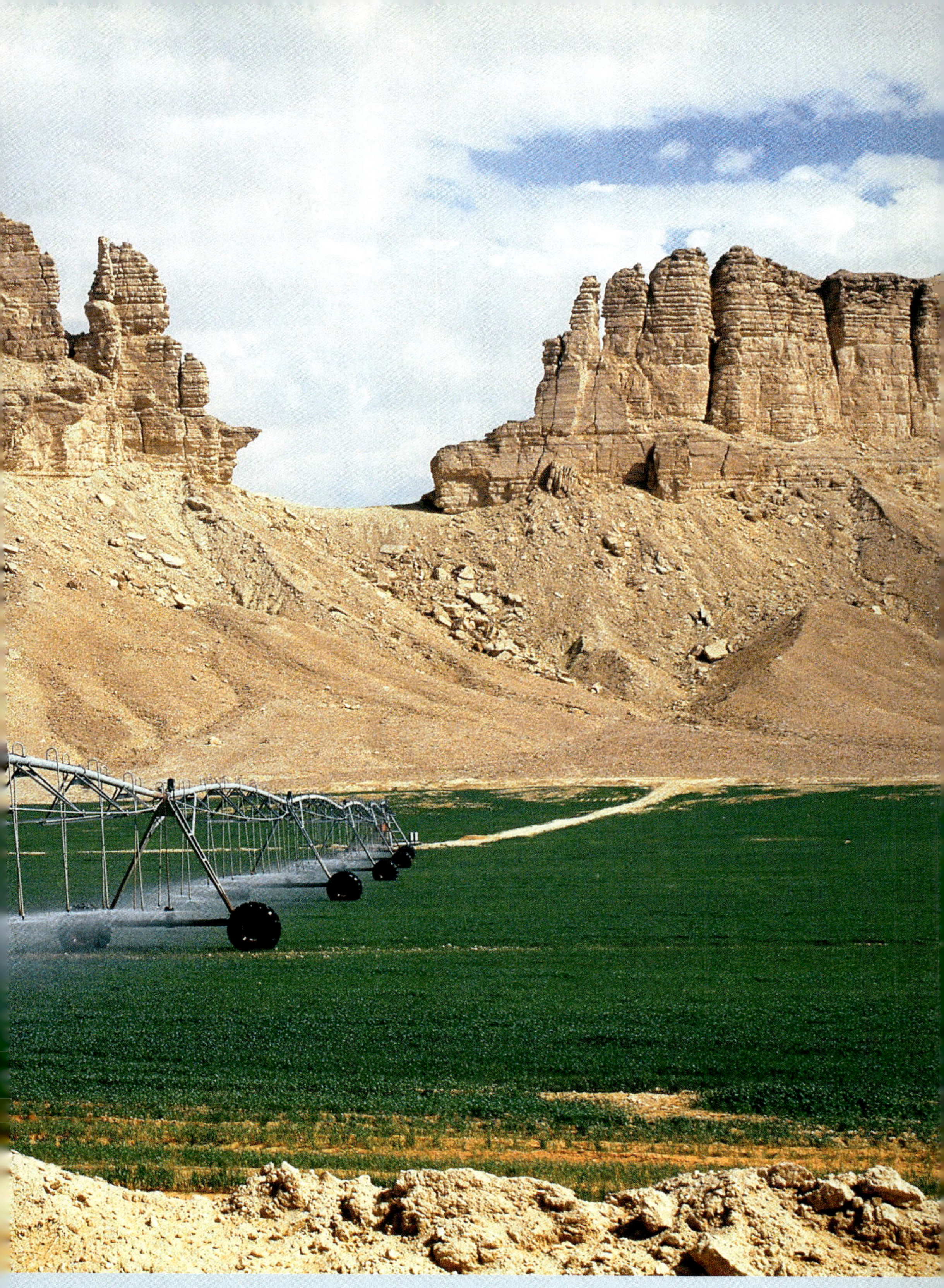

Künstliche **I**
verbraucht v
zehn Mal m
alle privater

Bewässerung
weltweit rund
ehr Wasser als
Haushalte.

Je knapper die Vorräte, desto wichtiger die gerechte Verteilung des Wassers: Traditionelle Dosiereinrichtung für Bewässerungswasser in der Oase Timimoun, Algerien. Frans Lemmens/Das Fotoarchiv

Schon vor Jahrtausenden verehrten die alten Ägypter den Nil wie einen Gott. Von seinem Wasser hing alles ab, und ohne ihn gäbe es auch heute kein grünes Fleckchen in Ägypten. Dattelplantage in Rashid bei Alexandria im Nildelta. Stuart Franklin/Magnum Photos

Tätige Denkmäler früher Zivilisation: Norias, historische Wasserräder im syrischen Hama, heben wie vor 2000 Jahren das Wasser des Orontes in Viadukte, die es auf die fruchtbaren Felder der Umgebung leiten. Sylvain Grandadam/Keystone

Der Vinschgau, die regenärmste Region der Ostalpen, wurde dank Bewässerung zur Kornkammer Tirols. Ab dem 12. Jahrhundert sind sogenannte Waale nachweisbar, Rinnensysteme, mit denen Gletscher- und Bachwasser auf oft abenteuerlichem Weg aus entlegenen Tälern auf die Felder geleitet wurde. Galli/laif

Durch die Abholzung von Wäldern versiegen in Haiti immer mehr Trinkwasserquellen. Gemeinsam mit der Bevölkerung pflanzt die schweizerische Entwicklungsorganisation Helvetas Hunderttausende Baumsetzlinge: Gemeinschaftsarbeit in der Baumschule in Chateau, Grande GrosMorne. Fritz Brugger/Helvetas/Keystone

Weltweit Frauensache: Mutter und Töchter in Chainpur in Nepal an der Handpumpe, die zugleich die Wasserversorgung der Familie und die Bewässerung des Gemüsegartens sicherstellt. Caroline Penn/panos picture

Wenn der Bach in der Regenzeit anschwillt, sollen Steindämme möglichst viel Wasser abfangen und für die trockenen Monate speichern. Eghade, Provinz Tahoua, Niger, Aufnahme von 2005. Daniel Auf der Mauer/Keystone

Wasser gegen den Hunger

Regen ist ein unzuverlässiger Freund und Helfer. Hier überflutet er ganze Landstriche, zerstört Städte und Dörfer, vernichtet ganze Ernten, dort bleibt er aus, gerade wenn er am dringendsten benötigt wird. Seit über 9000 Jahren speichern Menschen deshalb in regenreichen Jahreszeiten Wasser, um in den trockenen Perioden ihre Felder bewässern zu können. Oder sie leiten es über Kanalsysteme aus regenreichen Gebieten um in wasserarme Gegenden. So steht die Kunst der Bewässerung denn auch am Anfang der Zivilisation; zusammen mit der Sprache ist sie eine der ersten grossen Kulturleistungen der Menschheit. Sie erfordert nicht bloss ein hohes Mass an technischem Kenntnissen und Fertigkeiten, sondern vor allem auch an kollektiver Organisation, das weit über das hinausgeht, was ein Einzelner oder eine Sippe leisten können.

Nicht von ungefähr haben sich deshalb die ersten Hochkulturen der Menschheit dort entwickelt, wo bevölkerungsreiche Gemeinschaften in wasserarmen Regionen gezwungen waren, die natürliche Fruchtbarkeit ihrer Äcker durch künstliche Bewässerung zu steigern, um zu überleben: am Euphrat und Tigris, am Nil, am Indus oder am Yangtse.

Wie die künstliche Bewässerung die ersten Hochkulturen hervorgebracht hat, so sind viele von ihnen an den unerwarteten Folgen der Bewässerung aber auch wieder zugrunde gegangen: Schlamm, Geröll und Sedimente verstopften mit der Zeit die weit verzweigten Kanalsysteme, während die übernutzten Böden derart auslaugten oder versalzten, dass die Erträge letztlich nicht mehr ausreichten, um die wachsende Bevölkerung zu ernähren.

Tausende von Jahren später, am Anfang des 21. Jahrhunderts, hat sich diese Situation erheblich zugespitzt: In einigen der bevölkerungsreichsten Regionen der Welt sind die Menschen völlig abhängig von der künstlichen Bewässerung ihrer Landwirtschaftsflächen. Nur in den gemässigten Klimazonen reichen die Niederschläge aus, um die Felder während des ganzen Jahres hinreichend mit Wasser zu versorgen. In den so genannten wechselfeuchten und trockenen Regionen, in denen mehr als die Hälfte der Weltbevölkerung lebt, könnte die Landwirtschaft ohne künstliche Bewässerung bloss einen Bruchteil der notwendigen Nahrung produzieren.

Mit gewaltigen Anstrengungen versuchten seit den 60er Jahren hauptsächlich Länder Asiens und Nordafrikas, ihre bewässerten Anbauflächen in grossem Umfang auszuweiten. Dabei setzten sie vor allem auf den Bau von Staudämmen jeglicher Grössenordnung und von Kanalsystemen und Pipelines, die das Wasser mancherorts über halbe Kontinente hinweg in wasserarmen Regionen umleiten. (→ S. 149ff.). Wo auch das – wie im Nahen Osten und in Nordafrika – nicht genügte, werden seit den 70er Jahren auch die tiefen, nicht erneuerbaren Grundwasservorräte immer intensiver ausgebeutet (→ S. 170ff.).

In Asien haben sich die bewässerten Anbauflächen seit den 60er Jahren mehr als verdreifacht, in allen übrigen Regionen der Welt mehr als verdoppelt. Dank der künstlichen Bewässerung konnten aber nicht bloss die Anbauflächen vergrössert, sondern auch deren Bewirtschaftung intensiviert werden: Wo früher einmal im Jahr eine Ernte eingebracht wurde, kann heute zwei oder drei Mal jährlich geerntet werden. Und wo man sich früher mit genügsamen Pflanzen wie Hirse oder Mais bescheiden musste, lassen sich heute auch wasserintensivere und für den Handel lukrativere Pflanzen wie Reis und Weizen, Früchte und Gemüse anbauen. So werden zwar weltweit immer noch bloss 18 Prozent der Ackerflächen künstlich bewässert, aber sie erzeugen 40 Prozent der gesamten landwirtschaftlichen Produktion.

Fast überall auf der Welt war die künstliche Bewässerung begleitet von einem massiven Industrialisierungsschub in der Agrartechnik. Verlierer dieser Entwicklung waren Millionen von Kleinbauern und Selbstversorgern: Das kostspieligere Wasser, die teureren Getreidesorten, der intensivere Anbau und die härtere Marktkonkurrenz zwangen viele von ihnen, ihre bisher von Hand bestellten und bewässerten Äckerchen an Grossgrundbesitzer oder internationale Nahrungsmittelkonzerne zu verkaufen. Diese führten die einzelnen Höfe zusammen und richteten moderne, kommerziell ausgerichtete Landwirtschaftbetriebe ein. Durch den flächendeckenden Einsatz von Düngemitteln und Pestiziden, maschinelle Bewirtschaftungsmethoden und neues, auf Höchsterträge gezüchtetes Saatgut hat sich die landwirtschaftliche Produktion in den vergangenen 40 Jahren weltweit fast verdoppelt, die Zahl der Hunger leidenden Weltbevölkerung nahezu halbiert.

Jedoch sind immer noch 840 Millionen Menschen, mehr als die gesamte Bevölkerung Europas, chronisch unterernährt. 95 Prozent von ihnen leben in Entwicklungs- und Schwellenländern, in Asien und Afrika, im Nahen Osten, in Lateinamerika und in der Karibik.

1996 verabschiedeten die Delegationen von 182 Ländern beim UN-Welternährungsgipfel der FAO in Rom einen Aktionsplan: Bis im Jahr 2015 soll die Zahl der Hungernden auf 400 Millionen halbiert werden. Bereits heute ist absehbar, dass sich dieses ehrgeizige Ziel nicht erreichen lässt, da die Weltbevölkerung bis zu jenem Zeitpunkt um eine weitere Milliarde zunehmen wird. Allein um mit dieser Bevölkerungsentwicklung Schritt zu halten, müsste die landwirtschaftliche Produktion in den Entwicklungs- und Schwellenländern in den kommenden zehn Jahren um über 25 Prozent wachsen, zehn Mal schneller als in den vergangenen fünfzehn bis zwanzig Jahren.

Bereits seit den 80er Jahren aber wächst die Weltbevölkerung wieder schneller als die Agrarproduktion. Die «grüne Revolution» in den Entwicklungsländern ist an ihre Grenzen gestossen. Weltweit, auch in Nordamerika, Europa und Australien, können die Anbauflächen nicht mehr wesentlich erweitert werden – oder bloss um den Preis von noch gigantischeren und kaum mehr finanzierbaren neuen Bewässerungssystemen.

Die Vision des 20. Jahrhunderts, der Glaube an eine Agrarrevolution, die den Hunger in der Welt besiegen könnte, hat sich nicht erfüllt. Der finanzielle Aufwand, der dazu nötig wäre, übersteigt die Möglichkeit der Entwicklungsländer bei weitem. Und sie überfordert offensichtlich auch die Solidarität und Hilfsbereitschaft der wohlhabenderen Länder. Allein für die Erschliessung von zusätzlichen Wasserressourcen und den Ausbau der Bewässerungssysteme müssten jährlich rund 22 Milliarden Dollar investiert werden.

Zurzeit ist der Hunger weniger ein Problem der Lebensmittelknappheit als viel mehr eine Folge der höchst ungleichen Verteilung von wirtschaftlichem Reichtum und politischer Macht. Es ist nicht in erster Linie der Mangel an Nahrungsmitteln, sondern der Mangel an Geld, der viele Millionen Menschen in den Hunger treibt. Und es sind, neben Kriegen, Korruption und Vetternwirtschaft in der Dritten Welt, vor allem die wirtschafts- und handelspolitischen Manöver der mächtigsten Agrarländer, die dafür sorgen, dass die Landwirtschaft in vielen ärmeren Ländern am Boden liegt.

Langfristig aber, darüber sind sich die Landwirtschaftsexperten weitgehend einig, ist die Ernährungssicherheit nicht nur in der Dritten Welt, sondern global gefährdet. Dafür gibt es eine ganze Reihe unterschiedlichster Gründe. So gehen die landwirtschaftlichen Erträge, die dank Bewässerung, neuen Anbaumethoden und besserem Saatgut seit den 60er Jahren beträchtlich gestiegen sind, seit einigen Jahren wieder deutlich zurück. Schuld daran sind unter anderem die modernen Bewässerungs- und Anbaumethoden selbst: Die jahrzehntelange Überbeanspruchung hat die Böden ausgelaugt; sie veröden oder verkrümeln, die vertrocknete Erde wird weggespült oder von Stürmen weggeweht. Oder aber die Böden verschlammen und vernässen, weil eine wirkungsvolle Drainage fehlt, um das überschüssige Wasser wieder abzuführen. Oder aber sie versalzen, zumal in heisstrockenen Klimazonen, in denen oft fast die Hälfte des Wassers verdunstet, bevor es überhaupt die Pflanzen erreicht. Massive Versalzung droht auch den Anbauflächen, die mit meist salzhaltigem Grundwasser bewässert werden. Schliesslich belasten Düngemittel und Pestizide die weltweiten Süsswasservorräte derart, dass sie an manchen Orten nicht einmal mehr für die landwirtschaftliche Bewässerung, geschweige denn als Trinkwasser zu gebrauchen sind.

Die schleichende Zerstörung der Ackerflächen ist eine heimtückische, nur schwer kalkulierbare Zeitbombe. Landwirtschaftsexperten, schätzen, dass bereits heute jährlich zwischen zwei und sieben Millionen Hektar landwirtschaftliche Nutzfläche verloren gehen. Weltweit ist schon fast ein Fünftel der Agrarflächen mässig oder stark geschädigt; in Afrika, Asien, Latein- und Mittelamerika sind es je nach Region sogar zwischen 38 und 74 Prozent. Wissenschaftler des International Food Policy Research

Monatelange Dürre hat die Ernte vernichtet: Ein Bauer im Süden der Philippinen 2002. Romeo Gacad/Keystone

Institute (IFPRI) haben festgestellt, dass bereits auf 16 Prozent der weltweiten Anbauflächen die Erträge merklich zurückgegangen sind. Brisant an dieser schleichenden Verödung ist, dass die Schädigung der Böden über mehrere Jahrzehnte hinweg nur unmerklich zunimmt; überschreitet sie irgendwann ein kritisches Mass, lassen sich die Anbauflächen nur noch mit enormem Aufwand oder überhaupt nicht mehr retten.

Zu einem der schwerwiegendsten Probleme in der modernen Landwirtschaft hat sich der Einsatz von Düngemitteln und Pestiziden entwickelt. Zwar sind die Ernteerträge durch die Ausbringung von Gülle, Jauche und chemischen Düngemitteln weltweit deutlich gestiegen, und auch die Ernteausfälle sind aufgrund von Pestiziden deutlich zurückgegangen. Zugleich haben sie die betroffenen Anbauflächen aber auch massiv geschädigt. Und nicht nur das: Selbst in der weiteren Umgebung der Landwirtschaftsflächen belasten sie die natürliche Umwelt, Bäche, Flüsse, Seen, Feuchtgebiete und das Grundwasser. Diese aber lassen sich nur mit enormem Aufwand oder überhaupt nicht mehr säubern.

Der Einsatz von Pestiziden hat sich von knapp einer Million Tonnen im Jahr 1960 bis im Jahr 2000 auf 3,75 Millionen Tonnen mehr als verdreifacht, bis 2020 könnten es bereits 6,55 Millionen Tonnen sein. Ebenso rasant wird der Verbrauch von Düngemitteln den Prognosen zufolge in den nächsten Jahrzehnten weiter zunehmen – von rund 142 Millionen Tonnen im Jahr 2000 auf mindestens 210 Millionen. Die Folgen sind eklatant: Alljährlich fliessen rund 130 Milliarden Kubikmeter mit Düngemitteln belastetes Wasser ins Grundwasser oder gelangen ungereinigt in Flüsse, Seen und Meere. In zunehmendem Mass findet man überall, wo intensiv Viehzucht betrieben wird, Antibiotika und Wachstumshormone im Wasser, von denen nicht genau bekannt ist, wie sie sich langfristig auf die Gesundheit von Tieren und Menschen auswirken.

In den entwickelten Ländern Europas und Amerikas haben strenge Gesetze und Verbote dafür gesorgt, dass zahlreiche massiv geschädigte Flüsse und Seen sich inzwischen wieder einigermassen erholt haben. In vielen Entwicklungs- und Schwellenländern aber verschlechtert sich die Situation von Jahr zu Jahr noch weiter; in mehreren Ländern Afrikas werden selbst weltweit verbotene Pestizide wie DDT immer noch in riesigen Mengen eingesetzt.

Bis heute lagern in den Entwicklungsländern, vor allem in Afrika, aber auch in den Staaten Mittel- und Osteuropas, rund 500 000 Tonnen hochgiftige Pestizide aus Altbeständen, zumeist in schlecht geschützten Hallen oder unter freiem Himmel. Sie lassen sich ausschliesslich in Spezialöfen bei Temperaturen über 1400 Grad rückstandsfrei entsorgen. Da kaum ein afrikanisches Land über solche Einrichtungen verfügt, müssen diese Altlasten unter strengen Sicherheitsbedingungen nach Amerika oder Europa transportiert werden – zurück dorthin also, wo sie grösstenteils hergestellt wurden.

Um den zusätzlichen Bedarf an Nahrungsmitteln zu decken, müssten die landwirtschaftlichen Nutzflächen in den kommenden 25 Jahren laut FAO um mindestens 20 Prozent vergrössert, die eingesetzte Wassermenge um 14 Prozent gesteigert werden. Dies sind ziemlich unrealistische Annahmen, da gerade in den Entwicklungsländern die Wasserressourcen für die Landwirtschaft in den nächsten Jahren nicht zunehmen, sondern abnehmen werden. Denn die schnelle Industrialisierung und die wuchernden Megastädte (→ S. 226ff.) beanspruchen ihrerseits einen immer grösseren Anteil an den verfügbaren Ressourcen.

Zu Recht fordern Befürworter wie Kritiker der bisherigen Entwicklung eine neue, diesmal «blaue Revolution». Nach der Devise «More crop per drop» soll insbesondere die Effizienz der Bewässerungssysteme gesteigert werden. Grossen Erfolg versprechen sich die Experten von der so genannten «Tröpfchen- oder Mikrobewässerung», die das Wasser in genau dosierten, kleinen Mengen unmittelbar an die Pflanzenwurzeln heranführt und so die Verdunstung und Versickerung auf ein Minimum beschränkt. (→ S. 205)

Uneinig sind sich die Experten über den Nutzen von gentechnisch optimiertem Saatgut. Die FAO, die Weltbank und die hoch industrialisierten Länder des Westens versprechen sich, unterstützt von der agrochemischen Grossindustrie, von Gentech-Saatgut eine wesentliche Steigerung der Erträge. Verlässliche Prognosen gibt es dazu nicht. Kritiker weisen darauf hin, dass die Auswirkungen dieser Manipulationen auf die übrige Pflanzen- und Tierwelt längst noch nicht erforscht seien und zum Verschwinden zahlreicher, an die lokalen Verhältnisse gut angepasster Sorten führen könnten.

Entgegen den optimistischen Prognosen der Gentech-Befürworter rechnen kritische Experten damit, dass sich die Versorgungsprobleme der ärmsten Länder sogar noch zuspitzen könnten. Gerade die Bedürftigsten, Kleinbauern und mittellose Selbstversorger, können sich das neue Saatgut, das sie jedes Jahr bei einem der europäischen oder amerikanischen Saatgut-Produzenten kaufen müssen, gar nicht leisten. Viele von ihnen werden genötigt, ihre Kleinlandwirtschaft aufzugeben und ihr Land an Grossgrundbesitzer oder Agrarkonzerne zu verkaufen. Statt sich wie bisher selbst versorgen zu können, müssten sie ihre Lebensmittel auf einem Markt einkaufen, der vorwiegend für den Export produziert und sich auf die Produktion von lukrativen Getreidesorten, von Früchten und Gemüse konzentriert, die für die mittellose Bevölkerung unerschwinglich sind.

Entwicklungsexperten plädieren deshalb für lokal angepasste Lösungen, die den ärmsten Bevölkerungsgruppen helfen sollen, selbst für ihren Lebensunterhalt zu sorgen. Statt auf teures Saatgut und den Einsatz kostspieliger Grosstechnologien zu setzen, soll die landwirtschaftliche Produktionsweise an die jeweiligen lokalen Klimaverhältnisse und sozialen Strukturen angepasst werden. Im Gegensatz zu den «grosstechnologischen» Strategien, die vor allem eine Steigerung der finanziellen Erträge bezwecken, zielt dieser Ansatz auf eine nachhaltige Bodennutzung ab. Nur ein sparsamer und schonender Umgang mit den Böden und dem Wasser garantiert, dass die Produktivität auf Dauer erhalten bleibt.

Verfechter einer nachhaltigen Landwirtschaftspolitik schlagen «sanfte» Massnahmen vor: Traditionelle Methoden zur Wasserspeicherung wie das Sammeln von Regenwasser und Tau, sollen wieder gefördert werden. Traditionelle Pflanzenarten, die wenig Wasser, Düngemittel und keine Pestizide erfordern, sollen wieder kultiviert werden. Bessere Schulung sowie die Gründung von Genossenschaften und Organisationen, die für eine gerechte Verteilung der knappen Ressourcen sorgen, sollen die Kleinbauern in die Lage versetzen, sich zumindest mit dem Nötigsten selbst zu versorgen. Gefördert werden soll nicht die Produktion von Futtergetreide für Schlachtvieh, von Früchten und Gemüse für den Export, sondern der Anbau von Grundnahrungsmitteln für den heimischen Markt.

Neu sind diese Forderungen nicht: Bereits der 1996 auf dem UN-Welternährungsgipfel der FAO in Rom verabschiedete Aktionsplan skizzierte die Grundsätze einer solchen Reform. Notwendig, so heisst es im Aktionsplan, sei eine Agrar- und Ernährungspolitik, die den einheimischen Bauern «die Möglichkeit und die Anreize gibt, ihre Produktion umweltgerecht und unter nachhaltiger Nutzung der natürlichen Ressourcen zu steigern.» Um dies zu erreichen, seien soziale und politische Rahmenbedingungen notwendig, etwa gerechte Agrarverfassungen und Eigentumsverhältnisse an Grund und Boden, ein gesicherter Zugang der Bauern zum Wasser, zu Saatgut und Dünger, aber auch erschwingliche Kredite. Wichtig seien überdies bessere Ausbildungsmöglichkeiten und die Verbreitung neuer, ökologisch sinnvoller Technologien. Nicht zuletzt müssten dringend Infrastrukturen geschaffen werden, damit die Ernten in den Entwicklungsländern selbst gelagert, verarbeitet, transportiert und vermarktet werden können.

Des Weiteren fordern die Entwicklungsorganisationen eine internationale Agrarordnung, welche diese Zielsetzungen nicht boykottiert sondern unterstützt. Dazu aber seien weder die wichtigsten internationalen Finanzinstitutionen, die Weltbank und der Internationale Währungsfonds, noch die reichen Industrienationen bereit, die vor allem die Interessen ihrer eigenen Agrarindustrie und der Bau- und Wasserkonzerne im Auge hätten (→ S. 498ff.).

Doch selbst wenn all diese Massnahmen in der Praxis umgesetzt werden könnten, blieben zwei zentrale Probleme ungelöst: In fast allen Ländern des Nahen Ostens und Nordafrikas reichen die natürlichen Wasserressourcen nicht aus für einen Landwirtschaftsbetrieb, der den Nahrungsmittelbedarf der einheimischen Bevölkerung zu decken imstande wäre. Sogar bei optimaler Bewirtschaftung sind aus pflanzenphysiologischen Gründen rund drei Kubikmeter Wasser nötig, um die Tagesportion eines einzigen Menschen zu produzieren – 1100 Kubikmeter Wasser pro Kopf und Jahr. Während in Marokko und Ägypten statistisch immerhin noch 990 und 880 Kubikmeter Wasser zu Verfügung stehen, erreichen Länder wie Algerien (594 m^3), Israel (450 m^3), Tunesien (444 m^3), Saudi-Arabien (160 m^3) oder Libyen (100 m^3) nicht einmal annähernd dieses Minimum. Aufgrund der Bevölkerungsentwicklung wird in diesen Ländern sogar mindestens ein Drittel weniger Wasser pro Kopf zur Verfügung stehen als heute. Im Nahen Osten und in Nordafrika werden zahlreiche

Länder deshalb auch in weiterer Zukunft auf massive Nahrungsmittelimporte, einige von ihnen sogar auf alljährliche humanitäre Hilfslieferungen angewiesen sein.

Noch alarmierender ist eine zweite Prognose: Prominente Wasserexperten rechnen, dass aufgrund der Bevölkerungsentwicklung der jährliche Wasserbedarf der Welt bereits in 20 Jahren grösser sein könnte als die Summe der gesamten nutzbaren Niederschläge, grösser also als die gesamten erneuerbaren Wasserressourcen. Ausgleichen liesse sich dieses riesige Wasserdefizit nur durch eine noch weitergehende Ausbeutung der Natur, durch die Zerstörung von Feuchtgebieten und von Mooren, durch die Verödung von Auen und natürlichem Grasland, von Erholungsgebieten und Waldregionen. Oder indem den Flüssen noch mehr Wasser entnommen würde. In Asien würde das zu einer fast völligen Trockenlegung des Ganges/Brahmaputras, des Indus, des Mekongs, des Yangtses und des Nils führen. Aber auch in den wasserreicheren Regionen würde sich die ökologische Qualität der natürlichen Umwelt weiter verschlechtern, bis hin zu irreversiblen Schäden für ganze Welt- und Meeresregionen.

Schon eine einzige durch Mangel an Regen ausgefallene Ernte kann in trockenen Regionen zu existenziellen Ernährungskrisen führen: Nahrungsverteilung in Gabi, Niger, August 2005. Geert van Kesteren/Magnum Photos

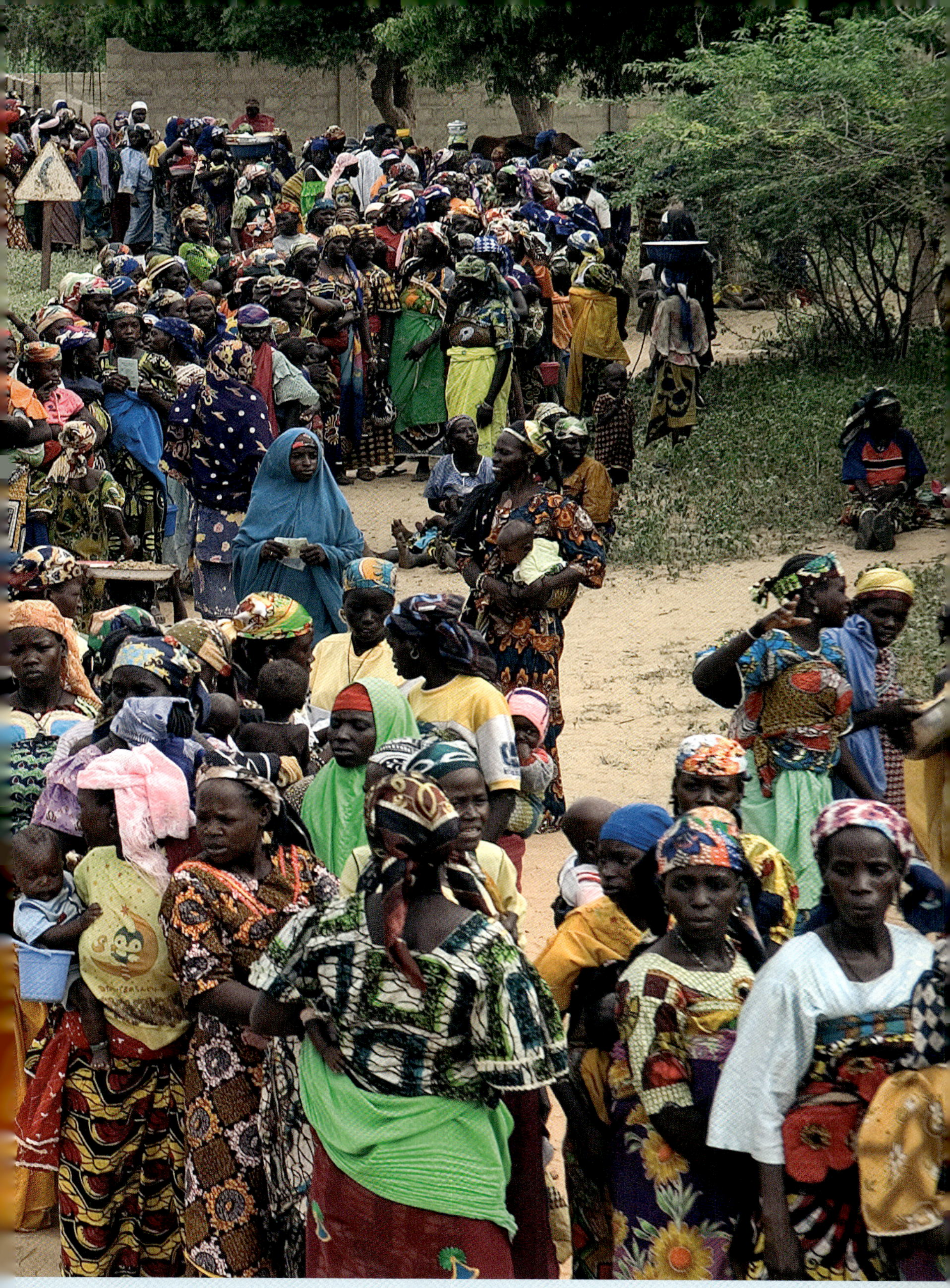

Handel und globale Märkte bestimmen die Produktionsbedingungen. Tomatenbauer zwischen Almeria und Nijar, Südspanien. Aufnahme von 2004. Stuart Franklin/Magnum Photos

Der Produktionsfaktor Wasser ist im internationalen Agrarbusiness ganz der ökonomischen Logik unterworfen. Agrargrosshandel in Rungis, Frankreich. Jean Gaumy/Magnum Photos

Das Preisdiktat fordert industrielle Anbaumethoden, Chemieeinsatz und intensive Bewässerung. Supermarkt in Neuilly-sur-Seine bei Paris. Patrick Zachmann/Magnum Photos

Agrarpolitische Fehlplanung: Vernichtung überschüssiger Orangenproduktion. Paterno, Sizilien, 1984. Ferdinando Scianna/Magnum Photos

Der Anteil der Landwirtschaft am Wasserverbrauch

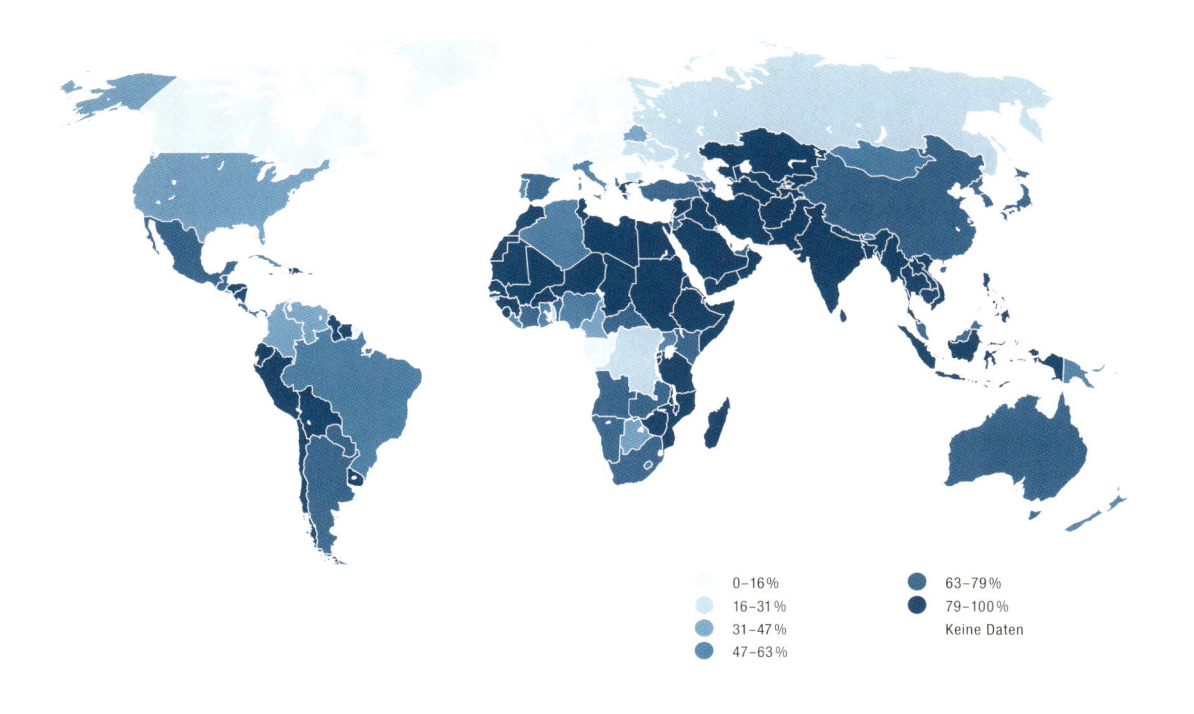

0–16 %
16–31 %
31–47 %
47–63 %
63–79 %
79–100 %
Keine Daten

Agrarökozonen
Welche Getreideart gedeiht in welcher Region am besten?

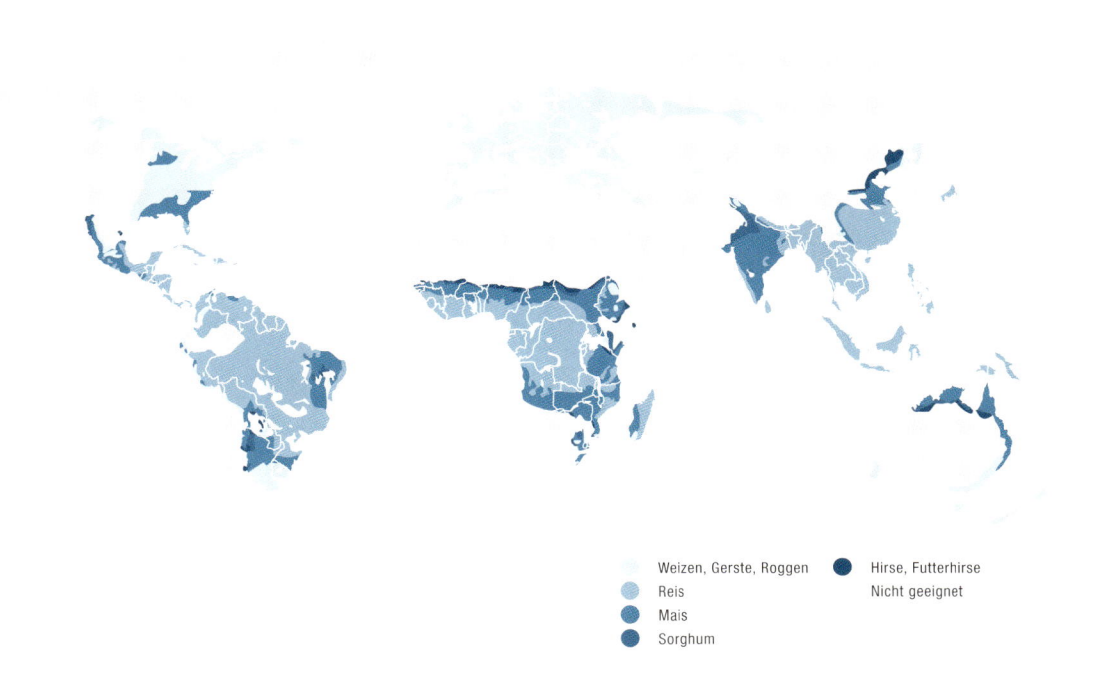

Weizen, Gerste, Roggen
Reis
Mais
Sorghum
Hirse, Futterhirse
Nicht geeignet

Bewässerte Fläche als Prozent der Gesamtanbaufläche (1961/1997)

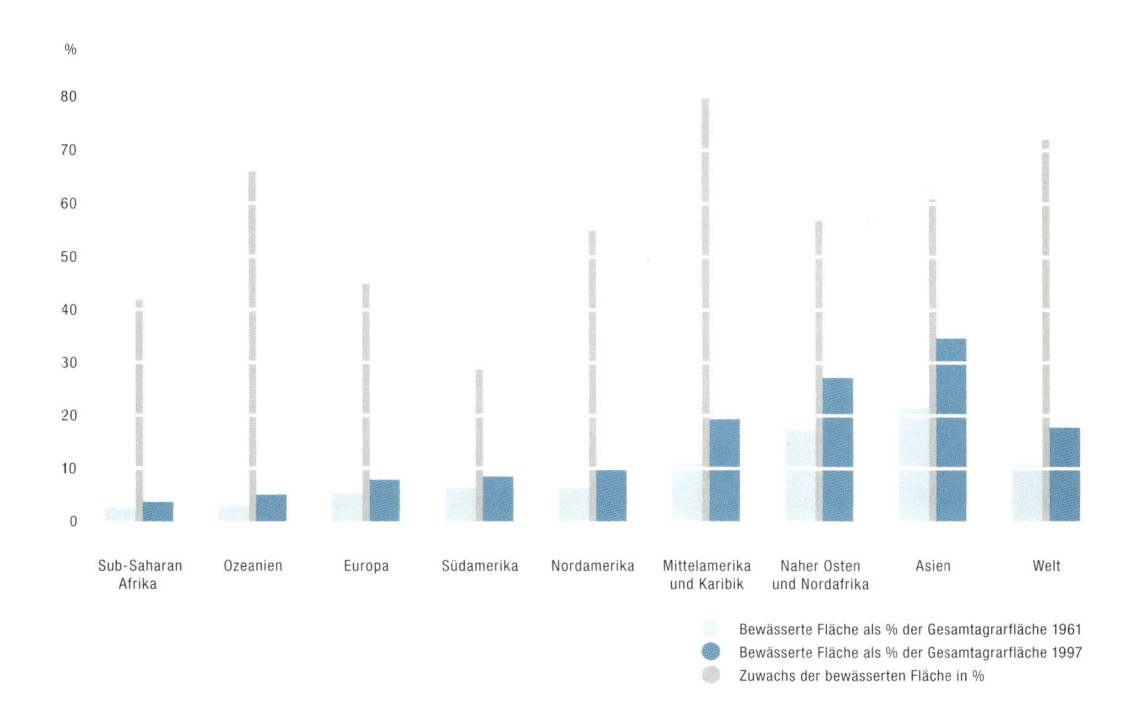

Bewässerte Fläche als % der Gesamtagrarfläche 1961
Bewässerte Fläche als % der Gesamtagrarfläche 1997
Zuwachs der bewässerten Fläche in %

Ländervergleiche nach verschiedenen Kriterien

	Unterernährte in % der Gesamtbevölkerung	Bewässerte Fläche in % der Gesamtanbaufläche	Wasserentnahme für Landwirtschaftzwecke in % der erneuerbaren Wasserressourcen
Ägypten	4	100	93
Brasilien	10	4	0.4
China	9	39	14
Deutschland	0	4	6
Indien	23	34	31
Iran	5	40	49
Israel	0	45	78
Libyen	0	22	854
Simbabwe	39	3	11
Spanien	0	20	22
Thailand	21	26	19
USA	0	12	7
Usbekistan	4	88	108
Vereinigte Arabische Emirate	0	56	1021

In den letzte[n]
haben sich d[ie]
bewässerte[n]
verdreifach[t]
leiden noch
eine Milliar[de]
an chronisch[er]
ernährung.

n 50 Jahren
ie künstlich
 Anbauflächen
t. Trotzdem
mmer fast
le Menschen
er Unter-

Zuverlässige Bewässerung sichert in Ägypten mehrere Gemüseernten jährlich. Im Nildelta. Aufnahme von 1998. Ian Berry/Magnum Photos

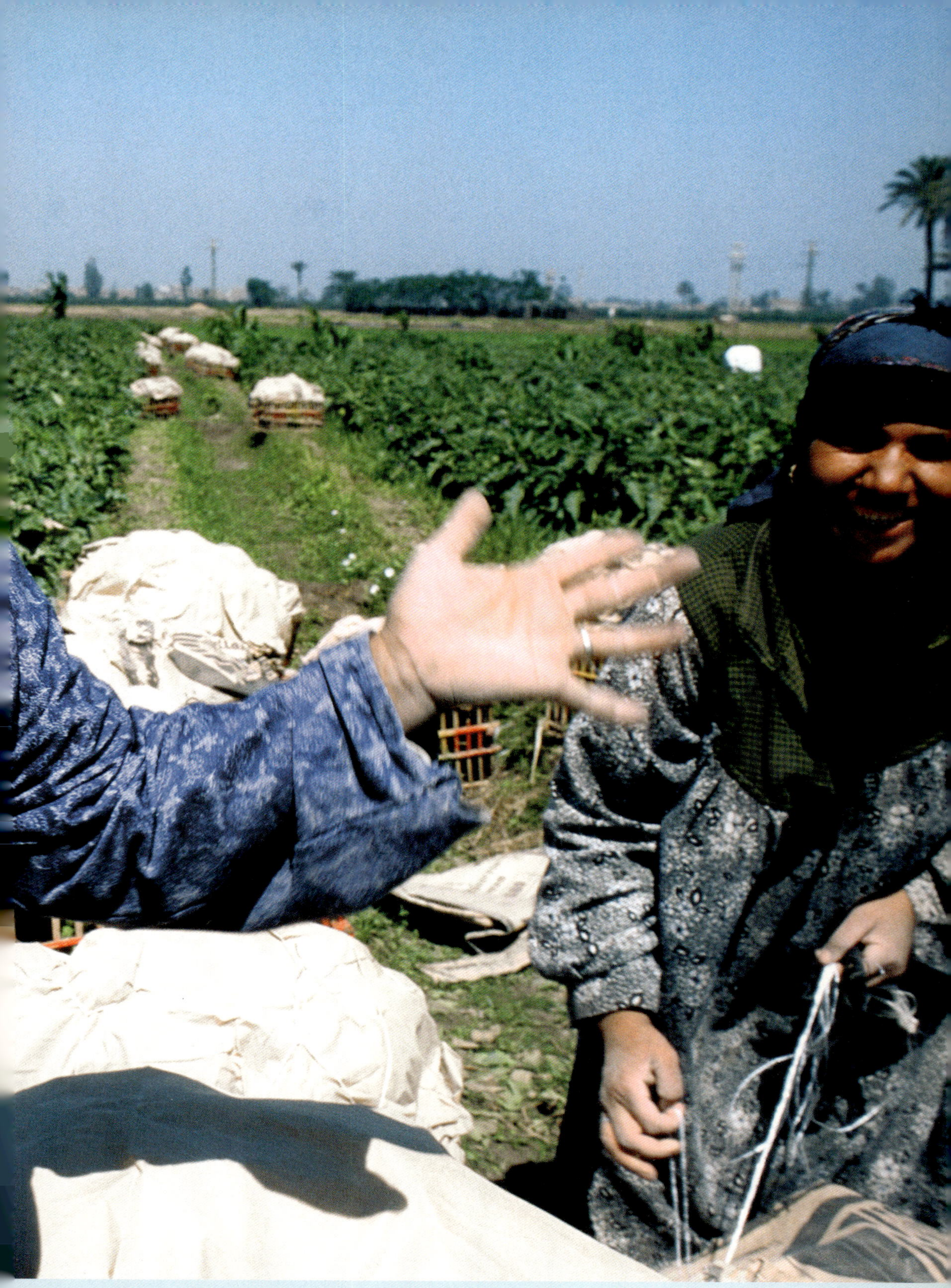

Mit Hilfe von Pumpen gelangt Wasser aus dem Nil heute jederzeit in die Bewässerungskanäle. Bis zur Regulierung des Nils durch den Grossstaudamm bei Assuan 1971 richteten die Bauern ihre Pflanzzeiten ganz auf die natürlichen Hochwasser des Flusses aus. Khaled El Fiqi/Keystone/EPA

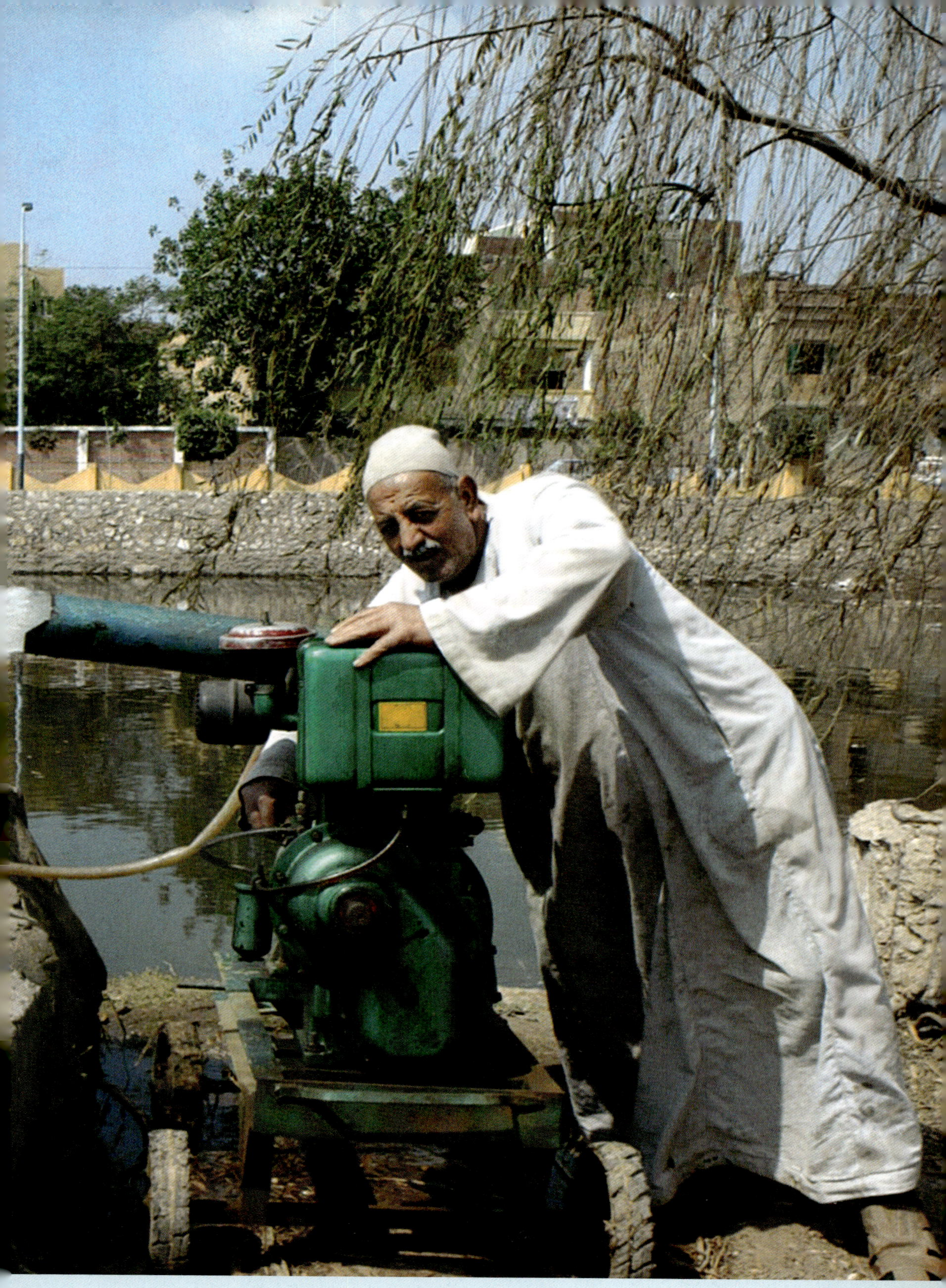

Die Tempel der Moderne

Er sei der erste «Tempel des modernen Indiens» – mit diesen Worten weihte der indische Premierminister Jawaharlal Nehru am 22. Oktober 1963 den vom Schweizer Architekten Le Corbusier entworfenen Bhakra-Staudamm ein. In den folgenden 40 Jahren hat Indien über 4000 weitere solcher Tempel errichtet.

Die Inbetriebnahme des Bhakra-Staudammes signalisiert den Anfang von Indiens «Grüner Revolution», dem bisher ehrgeizigsten Versuch, den chronischen Hunger in Indien zu besiegen. Das Beispiel machte Schule: In zahlreichen Entwicklungsländern Asiens und Afrikas riefen die Regierungen ebenfalls eine «Grüne Revolution» aus. Mit neuen ertragreicheren Pflanzensorten, mit Dünger und Pestiziden, mit modernen, mechanischen Anbaumethoden und umfangreichen Bewässerungsanlagen sollte die traditionelle, kleinbäuerliche Landwirtschaft innerhalb weniger Jahrzehnte ins 20. Jahrhundert katapultiert werden. Parallel dazu sollte eine rasche Industrialisierung die Lebensbedingungen und Einkommen vor allem der städtischen Bevölkerung deutlich verbessern. Um den horrend steigenden Bedarf an Wasser und Energie zu decken, setzten besonders die asiatischen Entwicklungsländer auf den Bau von grossen Stauseen, Wasserkraftwerken und weit verzweigten Netzen von Kanalanlagen, Pipelines und Bewässerungssystemen.

Seit den 50er Jahren hat sich denn auch die Anzahl der Grossstaudämme weltweit von 5750 auf über 47000 mehr als versiebenfacht. Über die Hälfte davon – 56 Prozent laut der World Commission on Dams – befinden sich allein in China und Indien, den beiden bevölkerungsreichsten Ländern der Welt. Mehrere tausend weitere Staudämme befinden sich derzeit im Bau oder in Planung.

China liegt mit 22000 grossen Staudämmen – oder einem Anteil von über 46 Prozent – weltweit an der Spitze. Die meisten chinesischen Staudämme dienen sowohl der Landwirtschaft als auch der Stromerzeugung (→ S. 320ff.). Mit 74 Millionen Kilowatt Leistung decken die chinesischen Wasserkraftwerke über 18 Prozent des einheimischen Stromverbrauchs. Bis zur Inbetriebnahme des Drei-Schluchten-Damms im Jahr 2009 will China diese Leistung auf über 100 Millionen Kilowatt steigern.

Wie viele andere Stauseen ist auch das Drei-Schluchten-Projekt, dessen Hauptdamm von 185 Metern Höhe und 2300 Metern Breite das Wasser des Yangtses zu einem 640 Kilometer langen See aufstauen wird, höchst umstritten. Rund 1,9 Millionen Menschen müssen insgesamt umgesiedelt werden. Bislang ist völlig unklar, welche ökologischen Folgen der Damm für den Unterlauf des Yangtses haben wird.

Nicht weniger gigantisch als viele dieser Staudämme sind auch zahlreiche Kanalbauten, die Wasser für die Industrie und Landwirtschaft oft über Hunderte oder Tausende von Kilometern in wasserarme Regionen umleiten oder umleiten sollen. Durch diese weit verzweigten Wassernetze haben sich die bewässerten Anbauflächen seit den 60er Jahren weltweit mehr als verdoppelt. Heute werden 17 bis 18 Prozent der gesamten Ackerflächen künstlich bewässert. Sie liefern 40 Prozent aller Nahrungsmittel der Welt.

In Indien, dem Land mit dem umfangreichsten Bewässerungsnetz der Welt, hat Staatspräsident Abdul Kalam im August 2003 den Startschuss zur Realisierung eines der grössten Infrastrukturprojekte der Welt gegeben: zehn der mächtigsten Ströme Indiens und 27 weitere Flüsse sollen zu einer gigantischen Wasserumverteilungsanlage verbunden werden. Im Westen etwa soll der Narmada über einen Kanal quer durch die Wüsten der Provinz Rajasthan mit dem Tapi und dem Yamuna verbunden werden, im Osten der riesige Brahmaputra mit dem Ganges und weiteren Strömen. Über ein Kanalsystem von insgesamt 9600 Kilometern Länge, über 32 mittlere und grössere Stauseen und zahlreiche Pumpstationen soll das Wasser selbst auf die Dekkan-Hochebene gepumpt werden. So sollen jährlich bis zu 173 Milliarden Kubikmeter Wasser vom Norden, mehrheitlich aus den Himalajaflüssen, in die trockenen Regionen Ost- und Südindiens umgeleitet werden. (→ S. 160)

Damit könnten, hoffen die Planer, rund 35 Millionen Hektar bisher wenig fruchtbares Land zusätzlich bewässert werden. Das so genannte «River Linking»-Projekt soll innerhalb von zehn Jahren realisiert werden, und wird mit geschätzten 112 Milliarden Dollar doppelt so viel kosten wie alle bisherigen Bewässerungssysteme, die Indien während der vergangenen 50 Jahre gebaut hat.

Noch gigantischer ist das chinesische Projekt «Nanshui Beidiao» («Wasser aus dem Süden für den Norden»), das noch auf Pläne von Mao Tse-tung aus den 60er Jahren zurückgeht. Mit diesem bisher grössten Kanalprojekt aller Zeiten sollen drei voneinander unabhängige Kanäle jährlich 48 Milliarden Kubikmeter Wasser aus dem Yangtse in die bevölkerungsreichen Industrie- und Ballungszentren des Nordens umleiten.

Ein Westkanal würde rund 40 Prozent der Quellflüsse des Yangtses quer durch das Bergmassiv der 4000 Meter hohen Tibetanischen Hochebene in den Gelben Fluss einspeisen. Ein Mittelkanal soll in einer ersten Bauetappe 40 Prozent des Han-Flusses, im endgültigen Ausbau aber auch Wasser aus dem Drei-Schluchten-Stausee, über 1250 Kilometer in die Umgebung von Peking transportieren. Und schliesslich soll der ebenfalls über 1000 Kilometer lange Ostkanal Wasser aus dem Unterlauf des Yangtses über 13 Klärwerke und 30 Pumpstationen in die Region von Tianjin bringen. Die 60 Milliarden Dollar teuren Bauten werden nicht bloss über zwei Millionen Menschen aus über 100 Dörfern und Städten vertreiben und 44 000 Hektar Agrarland vernichten, sondern die Lebens- und Arbeitsbedingungen von über hundert Millionen Menschen an den Unterläufen und in den Mündungsdeltas der umgeleiteten Flüsse wesentlich verändern. (→ S. 160)

Auf Grossstauseen und weiträumige Bewässerungsanlagen setzen aber nicht nur die asiatischen Entwicklungsländer, sondern auch hochindustrialisierte Länder, vor allem die USA (2003: 6 500 grössere Staudämme), Japan (2003: 2 600) oder Spanien (2003: 1 200).

Spanien mit seinen extremen Klimaunterschieden zwischen dem wasserreichen Norden und den relativ trockenen Provinzen im Süden und Südosten betreibt seit den 60er Jahren eine problematische Wasserumverteilungspolitik. Sie führte dazu, dass ausgerechnet in einer der wasserärmsten Regionen Europas riesige Plantagen für Zitrusfrüchte, Obst und Gemüse entstanden. Gleichzeitig verbrauchen auch die grossen Touristikzentren an der Costa del Sol immer mehr Wasser. Bei einem jährlich um 13 Prozent steigenden Wasserverbrauch sind die spanischen Südregionen inzwischen völlig abhängig von den Wasserressourcen aus dem Norden. Noch im Jahr 2001 verabschiedete das Parlament deshalb einen neuen Nationalen Wasserplan. 114 grössere Staudämme sollten gemäss diesem Plan neu gebaut oder aufgestockt werden. So hätte etwa der Ebro, Spaniens grösster Fluss, an seinem Delta angezapft und jährlich bis zu einer Milliarde Kubikmeter Wasser über ein 900 Kilometer langes Kanalsystem in den Süden geleitet werden sollen.

Obwohl mehrere hunderttausend Spanierinnen und Spanier gegen dieses Projekt demonstrierten und auch die EU-Kommission nach kritischen Gutachten eine Mitfinanzierung verweigerte, sah die Regierung vorläufig keinen Anlass, auf das 5,4 Milliarden Euro teure Projekt zu verzichten. Erst im Sommer 2004 stoppte die neu gewählte, sozialdemokratische Regierung den Nationalen Wasserplan. Anstelle der Ebro-Umleitung sollen jetzt entlang der Küste 15 grosse Meerwasserentsalzungsanlagen gebaut werden.

Auf Dauer aber lässt sich das Wasserproblem Spaniens dadurch nicht lösen. Das spanische Umweltministerium schätzt, dass die mittlere Jahrestemperatur bis zum Jahr 2050 um 2,5 Grad ansteigen, die Niederschlagsmenge um 10 Prozent sinken und die Bodenfeuchtigkeit um 30 Prozent zurückgehen wird. Dadurch wird der Wasserbedarf noch wesentlich schneller steigen als bisher. Andererseits sind 31 Prozent der gesamten spanischen Landesfläche von Bodendegradation bis hin zur Wüstenbildung bedroht. Ohne eine massive Steigerung der Effizienz und ohne Mehrfachverwendung des Wassers wird Spanien seine Wasserprobleme in den nächsten Jahrzehnten nicht in den Griff bekommen.

Mittlerweile ist die Begeisterung für Staudämme weltweit etwas verflogen. Die von den westlichen Industrienationen und der Weltbank aus nicht ganz uneigennützigen Motiven stark geförderten Grossprojekte werden zunehmend kritisch beurteilt. Planer und Ingenieure bezweifeln, dass Staudämme die prognostizierten Leistungen auch tatsächlich erbringen. Ökonomen fragen sich, ob die horrenden Kosten sich überhaupt amortisieren lassen. Massenproteste der betroffenen Bevölkerungen, aber auch die Kritik von Ökologen und Umweltschutzorganisationen weisen auf die schwer wiegenden sozialen und langfristigen ökologischen Folgen dieser Megaprojekte hin. 1997 wurde deshalb mit Unterstützung der Weltbank die World Commission on Dams (WCD) gegründet, in der

Befürworter und Gegner, Vertreter der betroffenen Bevölkerungen, NGOs, Umweltschützer, die Privatindustrie, Regierungen und Forschungsinstitute gemeinsam eine Bilanz der bisherigen Erfahrungen erarbeiteten.

Der im November 2000 veröffentlichte Bericht zieht bei aller Würdigung der positiven Aspekte einer eher negative Bilanz. Aus wirtschaftlicher Sicht haben Grossstaudämme vielerorts die Erwartungen nicht erfüllt. Lediglich in Bezug auf die Stromerzeugung und den Hochwasserschutz kommt der Bericht zu einem mehr oder weniger positiven Schluss. «Grossstaudämme für Bewässerungszwecke erfüllen ihre Ziele nur selten, decken ihre Kosten nicht und sind wirtschaftlich weniger vorteilhaft als erwartet», heisst es in der Studie, und: «Grossstaudämme zur kommunalen und industriellen Wasserversorgung haben ihre Planziele im Allgemeinen verfehlt.» Vielfach würden die veranschlagten Kosten bei weitem überschritten, überdies seien die notwendigen Investitionen zur Sicherung und Wartung mit zunehmendem Alter der Dämme weit höher als angenommen. Schliesslich seien die Ablagerung von Geröll und Geschiebe und der damit verbundene langfristige Verlust an Speicherkapazität «weltweit ein ernstes Problem».

Auch die sozialen und ökologischen Folgen von Grossstaudämmen bewertet der Bericht weitgehend negativ. 40 bis 80 Millionen Menschen seien in den vergangenen 50 Jahren aus ihren Dörfern vertrieben worden. Allein der indische Narmada-Stausee überflutet 245 Dörfer und zwingt 200 000 Menschen zur Umsiedlung. «Viele Auswirkungen von Stauseen auf Ökosysteme und Artenvielfalt der betroffenen Landstriche können (durch begleitende Massnahmen) nicht abgeschwächt werden.» Das diplomatisch formulierte Fazit: «Unter dem Strich sind die Auswirkungen auf die Ökosysteme eher negativ als positiv zu bewerten und haben in vielen Fällen zu einem erheblichen und unumkehrbaren Verlust an Tier- und Pflanzenarten sowie von Ökosystemen geführt.»

Die Experten kritisieren aber auch, dass die hohe Verschuldung arme Länder bisweilen zwinge, den Unterhalt der bereits bestehenden Bewässerungssysteme und Staudämme zu vernachlässigen. So versickern oftmals 40 und mehr Prozent des Wassers bereits bevor es die Felder und Ackerflächen erreicht hat.

Noch nicht abseh- und bezifferbar sind vor allem die langfristigen ökologischen Schäden, die durch diese massiven Eingriffe angerichtet werden. Einige der grössten Ströme der Welt, der Nil und Ganges ebenso wie der Gelbe Fluss, der Yangtse oder auch der Rio Grande, führen in den Sommermonaten so wenig Wasser, dass einige von ihnen nicht einmal mehr ihre Mündungen erreichen. Die grossflächige Zerstörung von Feuchtgebieten, aber auch der Verlust an Wäldern, die den Stauseen zum Opfer fallen, hat dazu geführt, dass bereits heute zahlreiche Pflanzen- und Tierarten ausgestorben sind. Die fehlenden Wälder und Feuchtgebiete beeinflussen zusammen mit der Verdunstung und der Veränderung der Wassertemperaturen in Seen und Flüssen das lokale und, wie neuere Untersuchungen vermuten lassen, sogar das regionale und globale Klima.

Nur mit rationalen Sachargumenten lässt sich die Vorliebe für solche Grossprojekte nicht erklären. Häufig dienen sie als emotional hoch besetzte politische Symbole; sie wollen «Tempel» der Modernität sein, Kathedralen des Glaubens an die Technik, den Fortschritt und den künftigen Wohlstand. Nicht zufällig feierte der amerikanische Innenminister Harold Ickes den Hoover-Staudamm, den ersten modernen Grossstaudamm der Welt, bei seiner Einweihung im Jahr 1935 als «Sieg des Menschen über die Natur». Er sollte nach dem Wirtschaftszusammenbruch von 1929 dem amerikanischen Volk das Selbstvertrauen in die eigene Kraft und Willensstärke zurückgeben. (→ S. 161)

Natürlich hat der Staudamm, der den Colorado River auf einer Länge von 160 Kilometern staut, einen hohen wirtschaftlichen Nutzen: Er versorgt die Zentren der Bergbauindustrie und die neuen Landwirtschaftszonen in den Steppengebieten von Arizona und Nevada mit Wasser. Und er liefert einigen der dicht besiedelten Agglomerationen Kaliforniens mit Energie und Trinkwasser. Zugleich sollte der Staudamm aber auch ein triumphales Siegerdenkmal über die Natur sein. Das belegt am sinnfälligsten sein skurrilster Auswuchs Las Vegas, die völlig künstliche Grossstadt inmitten der Wüste Nevadas: Sie ist die Inkarnation des amerikanischen Pioniergeists, ein der Natur abgetrotztes Paradies. Und sie zelebriert sinnloseste Verschwendung als trotziges Versprechen von Reichtum, Glück und Vergnügen jenseits jeder Notwendigkeit.

Dem hohen politischen Symbolgehalt solcher Projekte lässt sich mit nüchternen Abwägungen von Vor- und Nachteilen nur schwer beikommen. Kein Zufall, dass der WCD-Bericht diesbezügliche Einwände vorsichtig in Watte verpackt: «Die World Commission On Dams geht davon aus, dass der ‹Zweck› eines jeden Projekts darin bestehen muss, das Wohlergehen der Menschen nachhaltig zu verbessern. Das bedeutet eine signifikante Verbesserung der menschlichen Entwicklung auf einer wirtschaftlich tragfähigen, sozial gerechten und nachhaltig umweltverträglichen Grundlage.»

Trotz dieser insgesamt kritischen Beurteilung hat die Weltbank im Sommer 2003 eine deutliche Kehrtwende vollzogen: Ohne eine Neubewertung der Befunde hob sie überraschenderweise ein siebenjähriges Moratorium zur Finanzierung von Grossstaudämmen auf. Vor allem China, Indien und die asiatischen Schwellenländer benötigen für ihre rasante Industrialisierung in den kommenden Jahrzehnten sehr viel mehr Energie. Sie drängten – unterstützt von den westlichen Industrieländern, deren Baukonsortien sich lukrative Aufträge erhoffen – auf die Finanzierung weiterer grosser Staudammprojekte. (→ S. 336ff.)

Die Gerade als Sinnbild des beherrschten Wassers: Das kalifornische Aquäduktsystem dient der Bewässerung des Central Valley. Constantine Manos/Magnum Photos

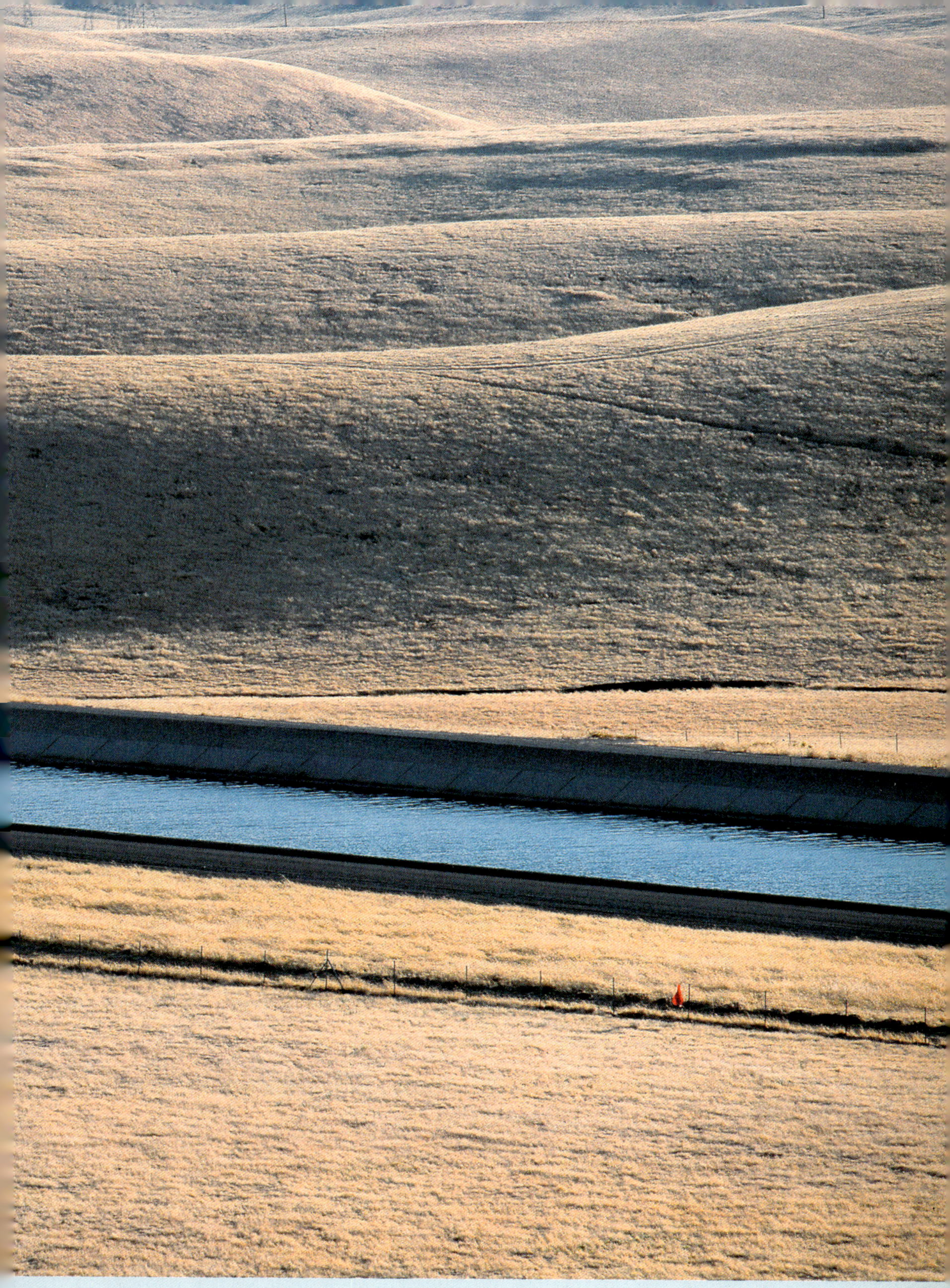

Mohnanbau in Tirili, Afghanistan. Bathgate/laif

Siedlungs- und Bewässerungsprojekt für Tuaregs am Niger. Ulutuncok/laif

Tadschikistan. Marion Nitsch

Qasmiveh, Tyre, Libanon. Aufnahme von 2001. Mohamed Zaatrai/Keystone

Mass für die Übernutzung natürlicher Gewässer

Durchschnittlicher Jahresabfluss von Flüssen minus Wassereinsatz für die Bewässerung: Verbraucht die Bewässerung mehr als der natürliche Wasserkreislauf nachliefert, schwindet der Wasservorrat. Zugleich fehlt Wasser für die Versorgung der Bevölkerung und eine intakte Flussökologie.

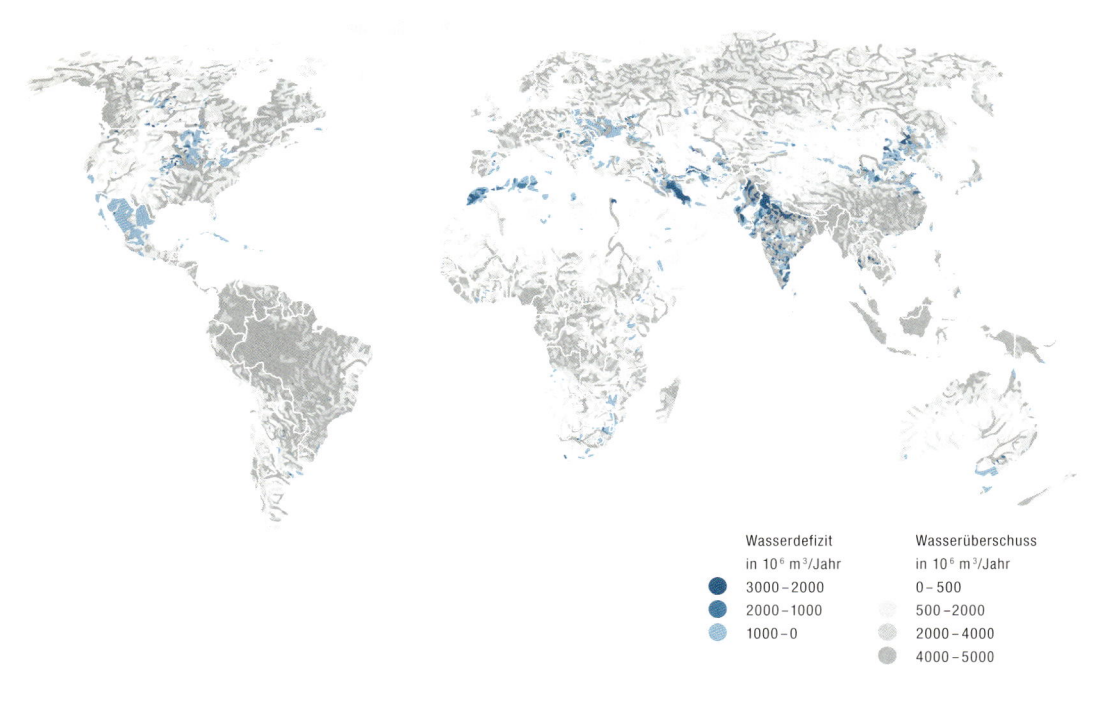

Wasserdefizit in 10^6 m³/Jahr
- 3000–2000
- 2000–1000
- 1000–0

Wasserüberschuss in 10^6 m³/Jahr
- 0–500
- 500–2000
- 2000–4000
- 4000–5000

Bewässerungspotential

Durch Bewässerung technisch mögliche Steigerung der Getreideproduktion

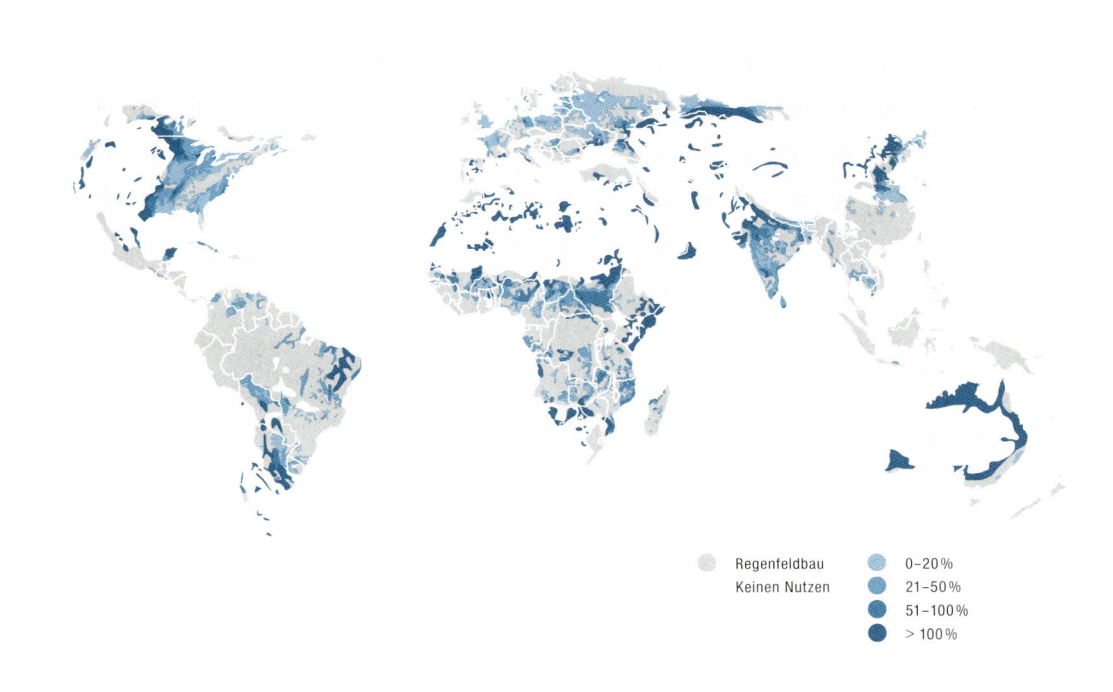

- Regenfeldbau
- Keinen Nutzen
- 0–20 %
- 21–50 %
- 51–100 %
- > 100 %

Prozentuale bewässerte Landwirtschaftsfläche in China (2005)

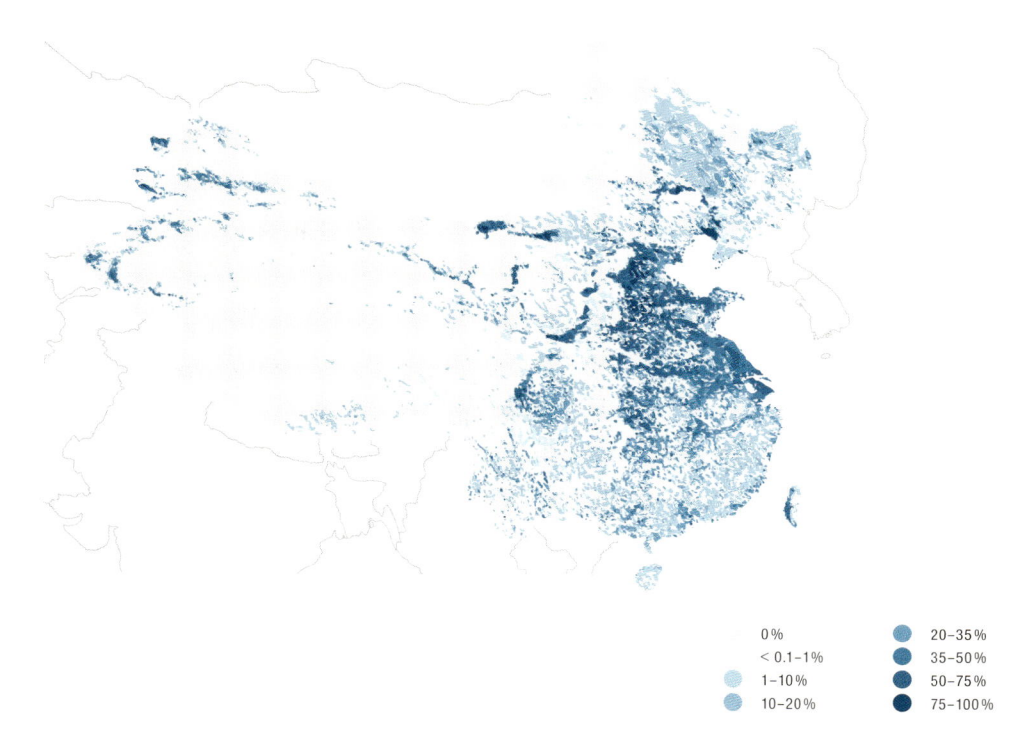

0%
< 0.1–1%
1–10%
10–20%
20–35%
35–50%
50–75%
75–100%

Prozentuale bewässerte Landwirtschaftsfläche in Indien (2005)

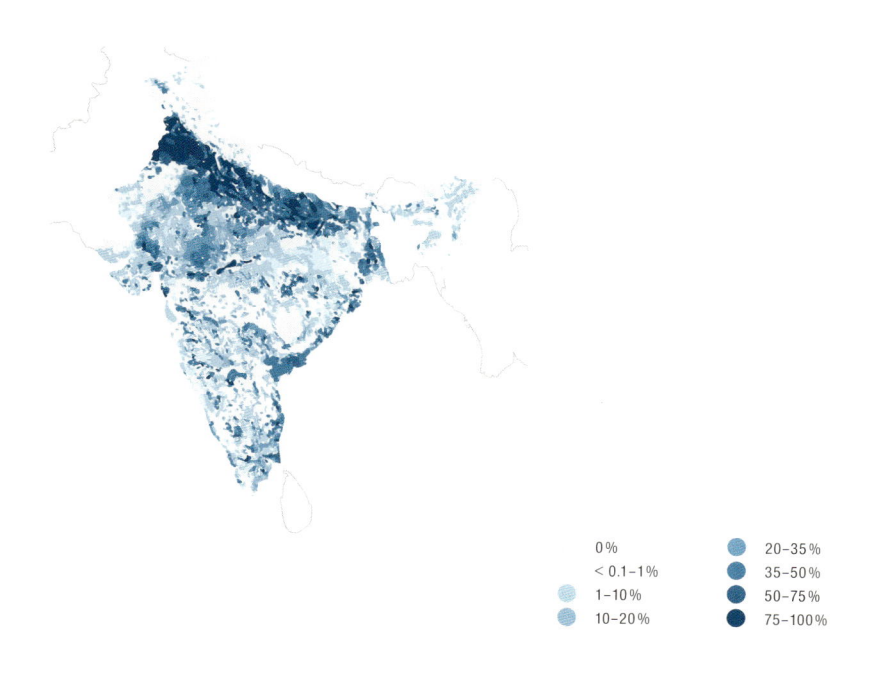

0%
< 0.1–1%
1–10%
10–20%
20–35%
35–50%
50–75%
75–100%

River Linking Projekt in Indien

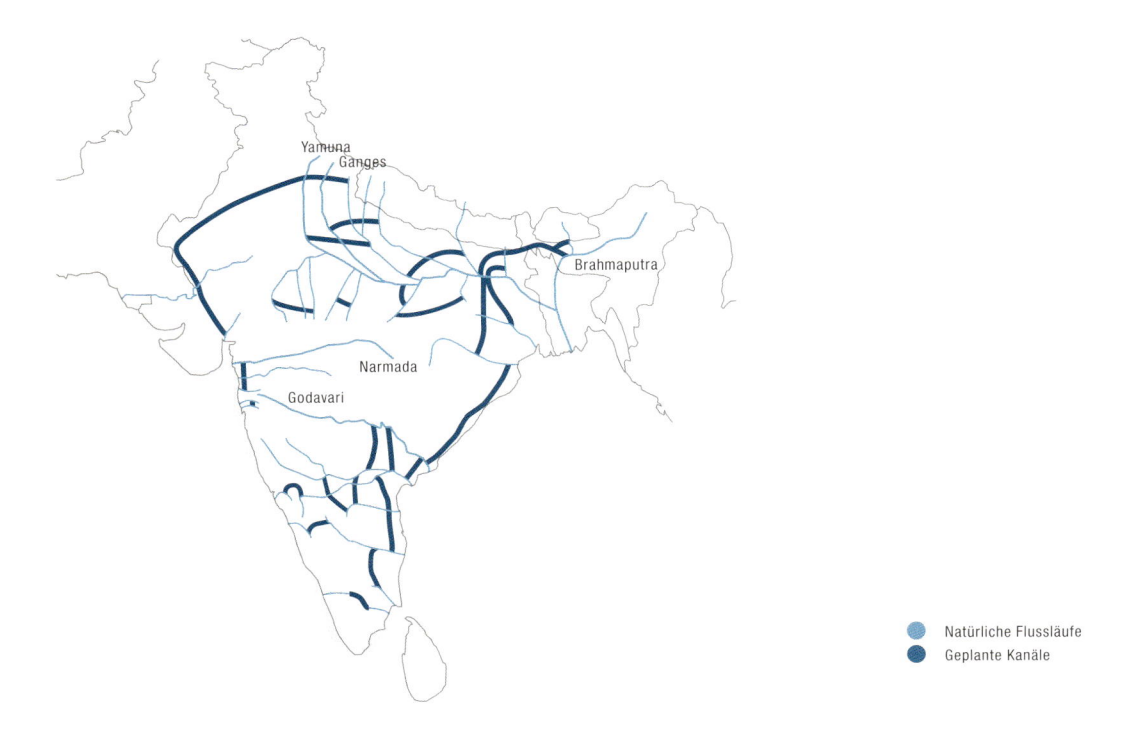

- Natürliche Flussläufe
- Geplante Kanäle

Kanalprojekt «Nanshui Beidiao» in China

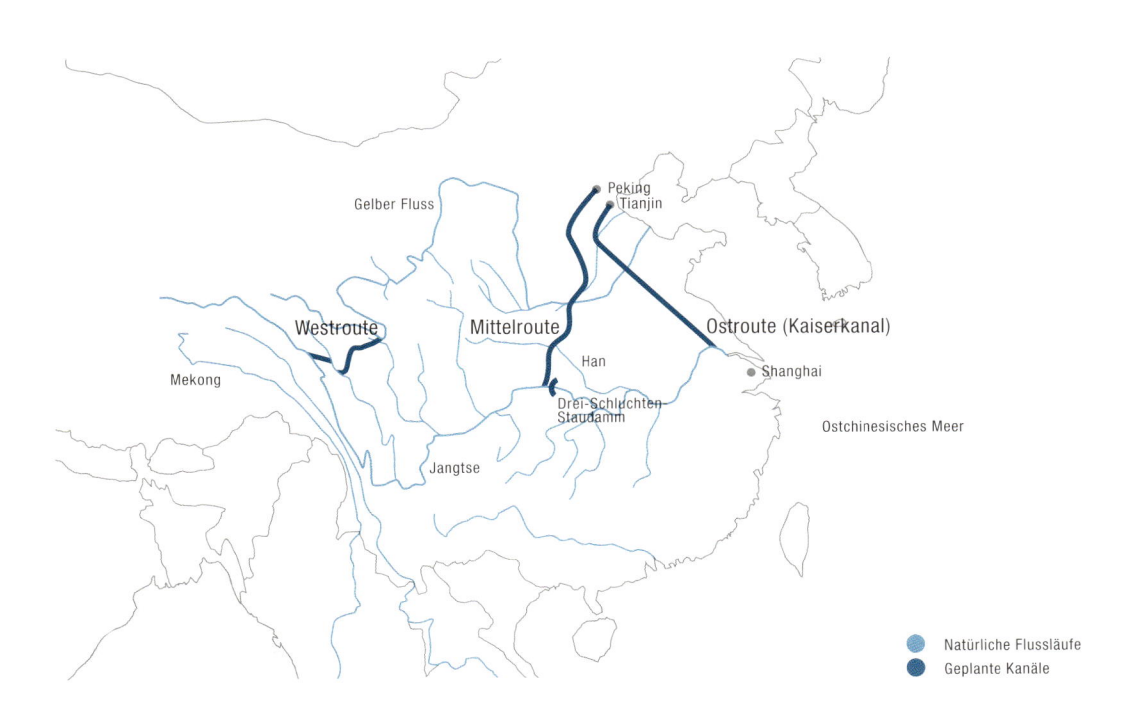

- Natürliche Flussläufe
- Geplante Kanäle

Colorado River
Detailkarte

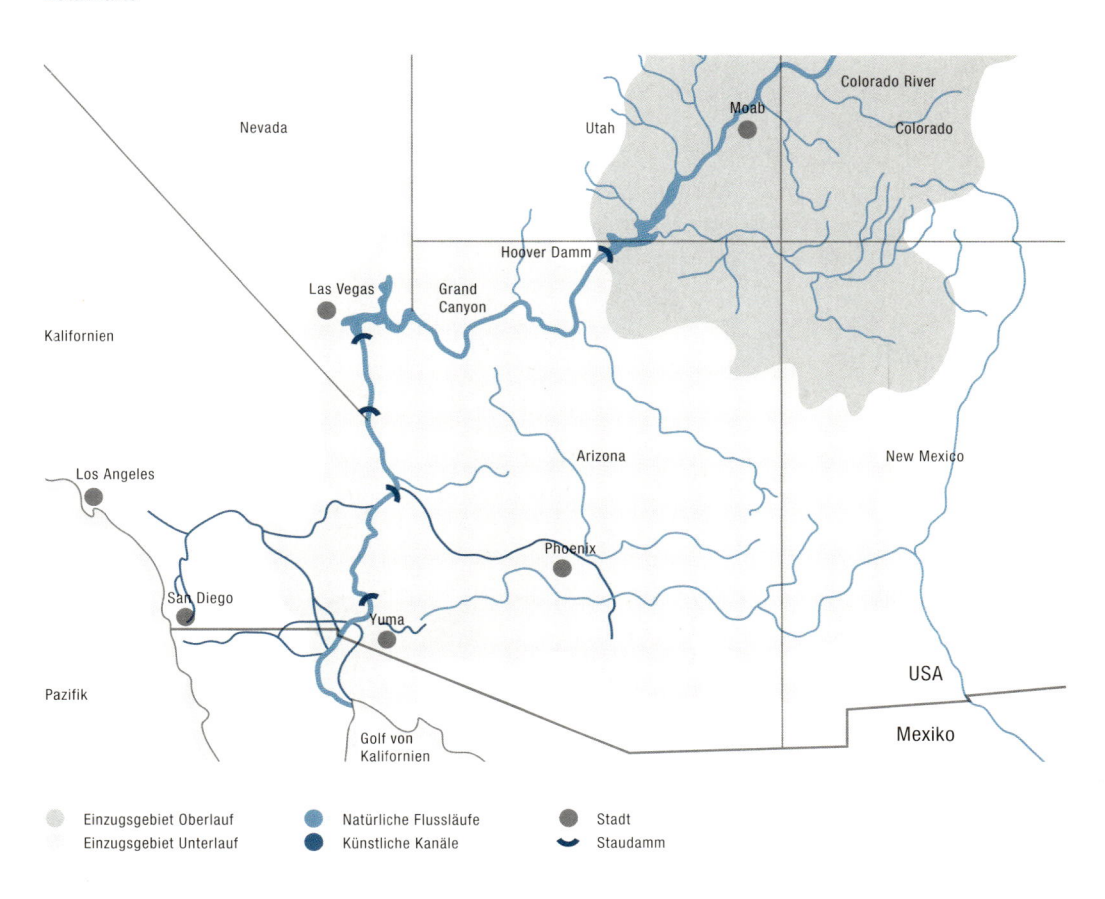

Colorado River
Moab
Utah
Colorado
Nevada
Hoover Damm
Grand Canyon
Las Vegas
Kalifornien
Arizona
New Mexico
Los Angeles
Phoenix
San Diego
Yuma
USA
Pazifik
Mexiko
Golf von Kalifornien

- Einzugsgebiet Oberlauf
- Einzugsgebiet Unterlauf
- Natürliche Flussläufe
- Künstliche Kanäle
- Stadt
- Staudamm

Mittlere Abflussmenge im Grand Canyon vor und nach dem Bau des Hoover Staudamms

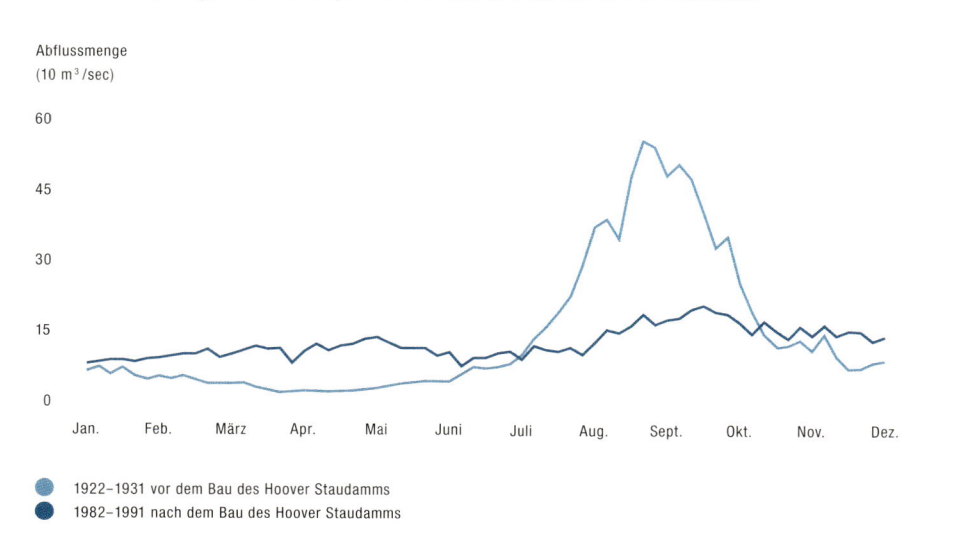

Abflussmenge ($10\ m^3/sec$)

- 1922–1931 vor dem Bau des Hoover Staudamms
- 1982–1991 nach dem Bau des Hoover Staudamms

Die Kornkai
Mittleren We
gänzlich vo
Ogallala-Aqu
Wird weiter
verschwend
bewässert, v
drittgrösste
reservoir de
spätestens

mmer im
sten der USA ist
n Wasser des
ifers **abhängig.**
hin in derart
erischem Stil
ersiegt das
Grundwasser-
Erde in
30 Jahren.

Beregnungsfelder bei Kufra in der libyschen Wüste: Eine starke Pumpe im Zentrum fördert fossiles, nicht erneuerbares Grundwasser an die Oberfläche und verteilt es mit einem Kreiselregner.
Schapowalow/Fotofinder

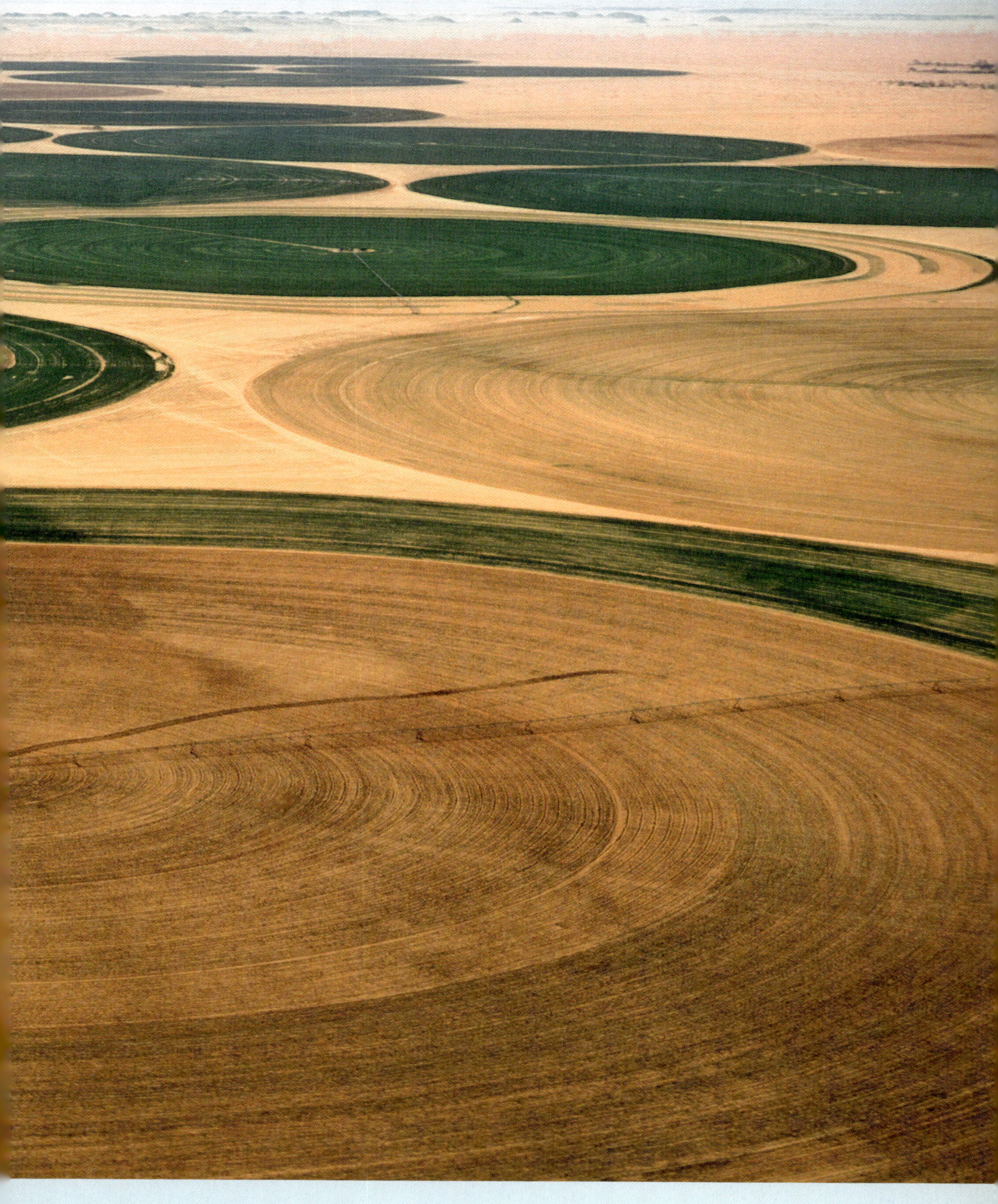

Weltwunder oder Wasserdesaster? Mit dem Great Man Made River Projekt in Libyen soll fossiles Grundwasser aus der Sahara durch vier Meter dicke Leitungen an die Küste gepumpt werden, um dort trockenes Land zu bewässern. Die Lebensdauer des Projekts ist durch die Endlichkeit der unterirdischen Reservoirs auf wenige Jahre begrenzt. Luca Zanetti/Lookat

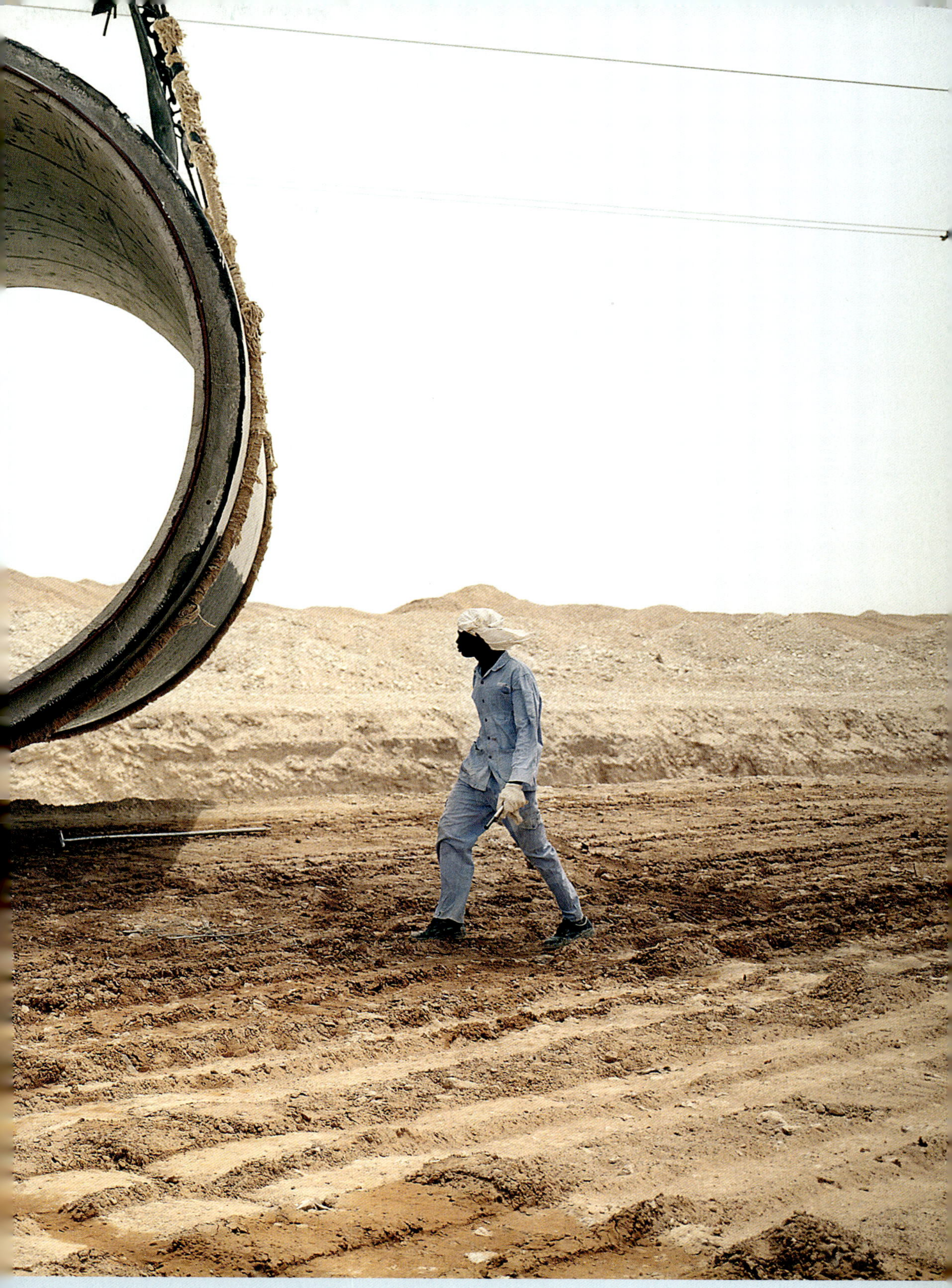

Wo der Regen ausbleibt, ist Grundwasser oft die letzte Hoffnung. Doch auch Grundwasser speist sich aus Niederschlägen und wird unweigerlich versiegen, wenn mehr entnommen wird, als Regen und Tau nachliefern. Jebel Aulia Flüchtlingscamp bei Khartum im Sudan. Abd Raouf/Keystone

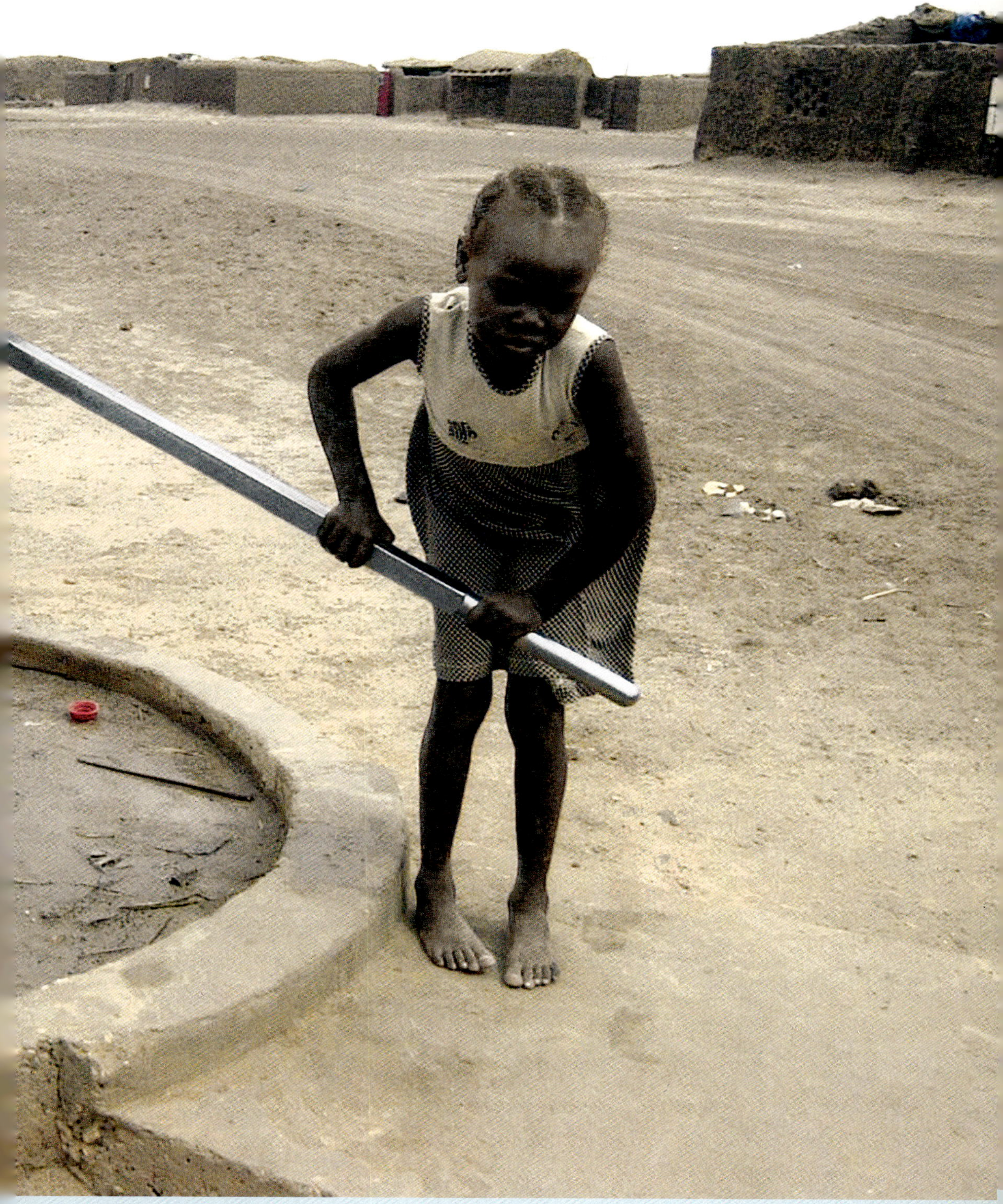

Das Grundwasser versiegt

Im November 1981, berichtet die Wissenschaftlerin Vandana Shiva in ihrem Buch «Der Kampf um das blaue Gold», bauten die Zuckerrohrbauern im indischen Bauerndorf Manerajree ein kleines Bewässerungssystem. Für knapp 14 000 Dollar trieben sie drei 60 Meter tiefe Bohrungen in die Erde, um mit neuen Motorpumpen täglich 50 000 Liter Wasser für ihre Felder zu fördern. Tatsächlich lieferten die drei neuen Brunnen zuerst genau die erwartete Menge. Nach etwas mehr als einem Jahr aber versiegten die neuen Wasserquellen; die Grundwasservorräte waren aufgebraucht. Durch das Absinken des Grundwasserspiegels versiegten aber auch 200 kleine Flachbrunnen in der näheren Umgebung, die über Jahrhunderte zwar wenig, aber stetig Wasser geführt hatten. Seither müssen die Zuckerrohrplantagen durch Tankwagen mit Wasser versorgt werden.

Was den Zuckerrohrbauern von Manerajree innerhalb weniger Jahre zustiess, droht in einigen Jahrzehnten ganzen Regionen der Welt: die Aquifere, die tiefen Grundwasserleiter, versiegen. Selbst die Experten des International Water Management Institute (IWMI), das nicht im Verdacht steht, mit schrillen Katastrophenszenarien zu operieren, sehen darin eines der «gravierendsten Probleme der ganzen Wasserwirtschaft».

Seit Tiefbohrungen und Hochleistungspumpen die Förderung von Wasser aus immer grösseren Tiefen möglich machen, ist der Verbrauch von Grundwasser in allen Kontinenten sprunghaft angestiegen. Statistisch gesehen handelt es sich hier um ein eher kleineres Problem: Die geschätzten Grundwasservorräte der Welt betragen rund 10,5 Millionen Kubikkilometer; das ist fast 100 Mal mehr als das gesamte weltweite Süsswasservorkommen, das auf der Erdoberfläche zirkuliert.

Rund ein Viertel der Weltbevölkerung versorgt sich mit Grundwasser. Mehrere Länder des Nahen, Mittleren und Fernen Ostens, darunter China und Indien, aber auch Länder wie die Niederlande, Dänemark oder Barbados, beziehen sogar die Hälfte ihres Trinkwassers und mehr aus Grundwasservorkommen. Dabei handelt es sich zum überwiegenden Teil um oberflächennahe Vorkommen, die sich durch Niederschläge immer wieder erneuern.

Anders bei den tiefer liegenden fossilen Grundwasservorräten: sie gehören zu den kaum oder nicht erneuerbaren Wasserressourcen der Erde. Sind sie einmal aufgebraucht, dauert es Jahrhunderte oder Jahrtausende, bis sie sich wieder auffüllen – falls überhaupt.

Umso mehr erstaunt, dass diese letzte grosse Süsswasserreserve der Erde in so grossem Stil und so verschwenderisch zur landwirtschaftlichen Bewässerung benutzt wird. Allein in Indien sind seit den 60er Jahren fast 20 Millionen motorisierte Hochleistungspumpen installiert worden, 10 Millionen allein seit 1990. Sie fördern jedes Jahr rund 244 Kubikkilometer Wasser an die Oberfläche, doppelt so viel, wie im gleichen Zeitraum ins Grundwasser zurück sickert. Die Konsequenzen sind dramatisch: In mehreren Gliedstaaten sank der Grundwasserspiegel seit den 70er Jahren um mehr als 30 Meter; einige grössere Aquifere sind bereits völlig leer gepumpt.

Im indischen Gliedstaat Tamil Nadu etwa, der «Reisschüssel» des Landes, hat die grüne Revolution dazu geführt, dass der einst bis zu 300 Meter breite Kaveri-Fluss zeitweise gar kein Wasser mehr führt. Der Grundwasserspiegel ist vielerorts um 300 bis 400 Meter abgesunken. Rund eine Million Kleinbauern, die sich weder leistungsfähige Pumpen kaufen können noch an ein Bewässerungssystem angeschlossen sind, haben dadurch ihre Lebensgrundlage verloren.

Bereits heute haben elf Länder, in denen zusammen fast die Hälfte der Weltbevölkerung lebt, darunter China, Indien, Pakistan, die USA, Israel, Ägypten, Libyen und Algerien, eine negative Grundwasserbilanz. (→ S. 180) Entscheidend sind letztlich aber nicht nationale oder gar globale Bilanzen – Grundwasserprobleme sind immer lokale oder regionale Probleme. Versiegt in einem landwirtschaftlichen Kerngebiet, etwa der «Kornkammer» eines Landes, das Grundwasser, ist davon das ganze Land oder sogar der internationale Markt betroffen: Die Farmer und Plantagenbesitzer müssen wieder mit dem Wasser auskommen, das Niederschläge und Oberflächengewässer hergeben.

Nirgendwo zeigt sich das eindrücklicher als beim amerikanischen Ogallala-Aquifer. Das drittgrösste, allerdings relativ flache Grundwasserreservoir der Welt erstreckt sich über eine Fläche der Grösse Frankreichs unter acht Bundesstaaten, von Texas im Süden bis South Dakota im Norden. Das Wasser des Ogallala-Aquifers versorgt rund ein Fünftel der gesamten bewässerten Landwirtschaftsfläche der USA (→ S. 180).

Seit den 50er Jahren hat die amerikanische Agrarindustrie in dieser Region riesige Farmen für wasserintensive Pflanzensorten wie Baumwolle, Weizen oder Luzerne errichtet. Binnen weniger Jahre wurden 17 000 Hochleistungspumpen in Betrieb genommen, riesige Landstriche mit Bewässerungspipelines und Sprinkleranlagen überzogen. Dazu kamen Industrieanlagen zur Verarbeitung von Baumwolle und Exportweizen. Es entstand eine komplette industrielle Infrastruktur für Rindermastbetriebe mit bis zu 20 000 Stück Vieh samt Grossschlachtereien und Fabriken zur Weiterverarbeitung.

Nur 20 Jahre später, Ende der 70er Jahre, war der Grundwasserspiegel an zahlreichen Orten um mehrere Meter gesunken. Natürliche Feuchtgebiete trockneten aus, ausserhalb der bewässerten Zonen litten Weiden und Wälder zunehmend unter Wassermangel.

Aber auch die Landwirtschaftsbetriebe selbst begannen die Folgen der Übernutzung zu spüren: Die grosszügig eingesetzten Düngemittel und Pestizide belasteten die Böden, die extrem hohe Verdunstungsrate der

Sprinkleranlagen sorgte dafür, dass die Felder weit schneller versalzten als erwartet. Zugleich verhinderten die weltweit sinkenden Getreidepreise, dass die stagnierende Produktivität durch zusätzliche Investitionen aufgefangen werden konnte.

Inzwischen hat sich die bewässerte Anbaufläche über dem Ogallala-Aquifer bereits wieder um mehr als 20 Prozent, in einzelnen Region sogar um bis zu 60 Prozent verringert. Viele Bauern mussten wieder auf den konventionellen Regenfeldbau umstellen und produzieren statt Futterweizen und Baumwolle wieder anspruchslosere, aber auch weniger einträgliche Sorten wie Hirse. Zahlreiche Rindermastbetriebe mussten ihre Viehbestände drastisch reduzieren oder sind eingegangen; auch die weiter verarbeitende Industrie ist massiv geschrumpft. Zehntausende von Farmern und Industriearbeitern sind arbeitslos geworden. Sollte das Ogallala-Aquifer weiter so intensiv ausgebeutet werden wie in den letzten Jahrzehnten, dürfte es, prognostiziert die Wissenschaft, nur noch 20 bis 30 Jahre dauern, bis das drittgrösste Aquifer der Welt überhaupt kein Wasser mehr hergibt.

In den wasserarmen Regionen der Dritten Welt haben die neuen technischen Möglichkeiten, tiefe Grundwasserressourcen anzuzapfen, zu teilweise völlig utopischen Projekten geführt. In Libyen etwa versuchte der Revolutionsführer Muammar el Gaddafi in den 70er Jahren, seinen Traum von blühenden Gärten mitten in der Wüstenregion Kufra zu verwirklichen. 50 000 Hektar Wüste sollten mit Wasser aus dem weltweit grössten Süsswasserreservoir, dem 2000 Meter unter der Erde liegenden Nubian Sandstone Aquifer in die spektakulärste Kornkammer der Welt verwandelt werden. Als das kühne Experiment zehn Jahre später im wahrsten Sinne versandete, initiierte Gaddafi ein noch weit spektakuläreres Projekt: Dieses Mal sollte es ein Great Man Made River werden, der täglich 2 Millionen Kubikmeter Wasser aus dem Nubian Sandstone Aquifer über eine 3000 Kilometer lange Pipeline in die Küstenregionen um Bengasi und Tripolis leitet. Das Projekt soll, falls es je fertig gebaut wird, nach den Vorstellungen des Revolutionsführers als Achtes Weltwunder in die Geschichte eingehen.

Noch lässt sich nicht genau abschätzen, welche Auswirkungen die Ausbeutung der fossilen Grundwasserreserven auf die Geologie und Ökologie der betroffenen Regionen hat. In der Umgebung der jemenitischen Hauptstadt Sanaa, wo vier Mal mehr Wasser an die Oberfläche gepumpt wird, als durch Niederschläge wieder regeneriert, sinkt der Grundwasserspiegel jedes Jahr um rund drei Meter. In der Umgebung von Peking, wo der Grundwasserspiegel um jährlich ein bis drei Meter zurückgeht, senkt sich mittlerweile der Erdboden selbst um 10 Zentimeter pro Jahr, weil die leer gepumpten Erdschichten unter der Stadt sich setzen und einbrechen. In einigen Vierteln von Mexiko City sind es bereits 30 Zentimeter pro Jahr. Ähnliches lässt sich auch in Bangkok, Manila, in Houston und vielen anderen Städten beobachten. In der texanischen Hafenstadt Baytown versank ein halber Vorort mit über 200 Häusern im Meer, weil die petrochemische Industrie zu viel Grundwasser entnommen hat.

Vor allem in Küstenregionen verursacht das Absinken des Grundwassers grosse Probleme. Sinkt der Grundwasserspiegel unter Meeresniveau, sickert Meerwasser in die entleerten Hohlräume und versalzt das noch vorhandene Grundwasser. Im indischen Bundesstaat Gujarat und an der Ostküste Spaniens, in Israel und in Florida, ist das Grundwasser an einigen Orten bereits so salzhaltig, dass es weder als Trinkwasser noch zur Bewässerung zu gebrauchen ist.

Weit schneller als erwartet haben sich die Hoffnungen zerschlagen, dass die Ausbeutung von Aquiferen die Wasserknappheit in einigen Regionen der Welt auf längere Zeit beheben könnte. Offensichtlich ist das praktisch nutzbare Potential um ein Vielfaches geringer als erwartet. Wird der Verbrauch der Grundwasservorkommen nicht auf die natürliche Erneuerungsrate reduziert, ist ihr Versiegen eher eine Frage von Jahren und Jahrzehnten als von Jahrhunderten. Auf die Dauer wird sich die Menschheit mit jenen rund 110 000 Kubikkilometern Wasser bescheiden müssen, welche die Natur jährlich auf die Erde niederregnen lässt (→ S. 64).

Die Produktion von Fleisch verbraucht zehn Mal mehr Wasser als der Anbau von Gemüse. Rinderfarm in San Lucas, Kalifornien. Marcio José Sanchez/AP Photo

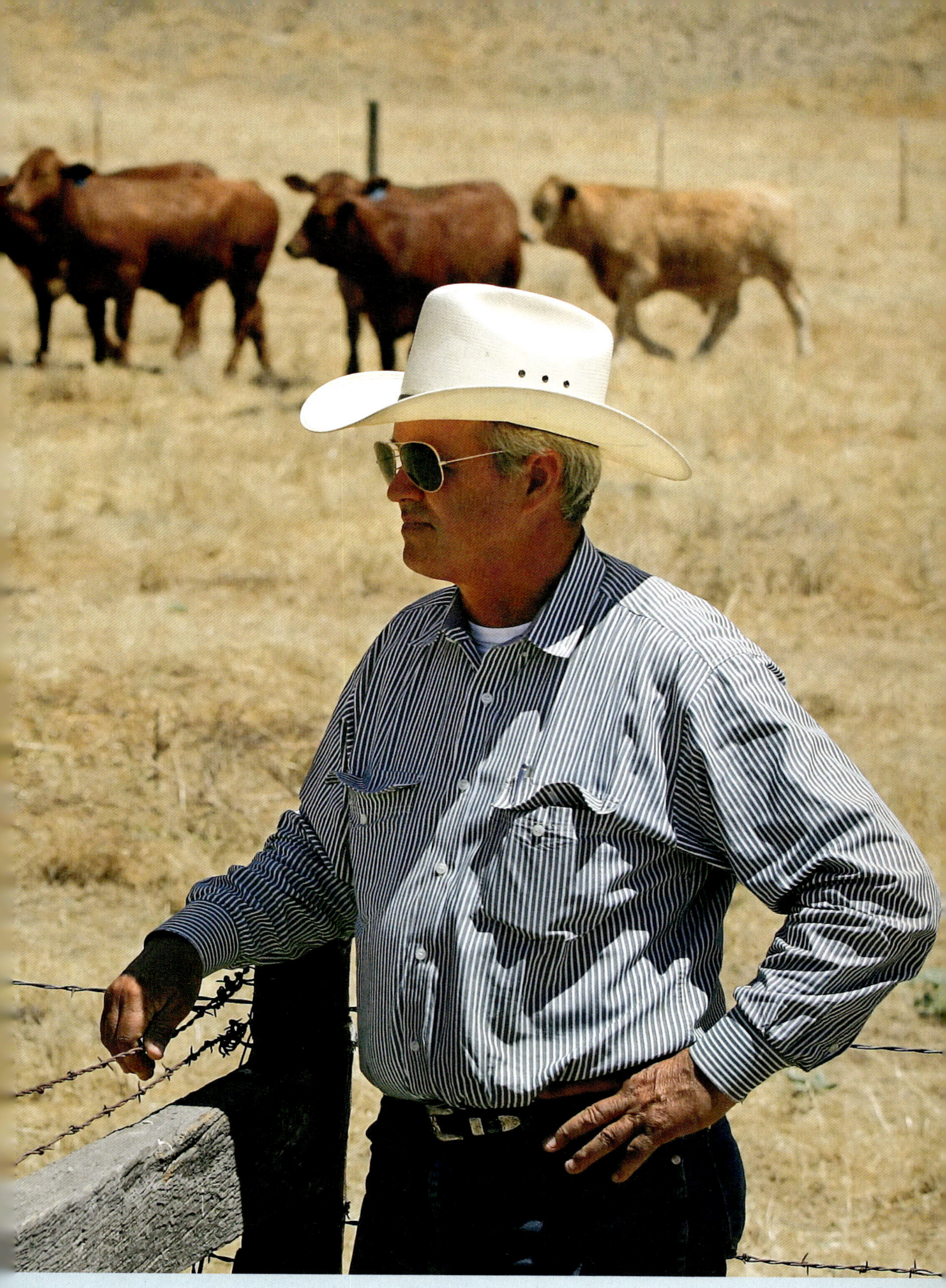

In der Kornkammer im Mittleren Westen der USA sinkt der Grundwasserspiegel, weil die Farmer weit mehr Wasser abpumpen als der Regen nachliefert. Immer mehr Äcker müssen aufgegeben werden, die Landschaft nimmt wieder ihren ursprünglichen Steppencharakter an. Ilkka Uimonen/Magnum Photos

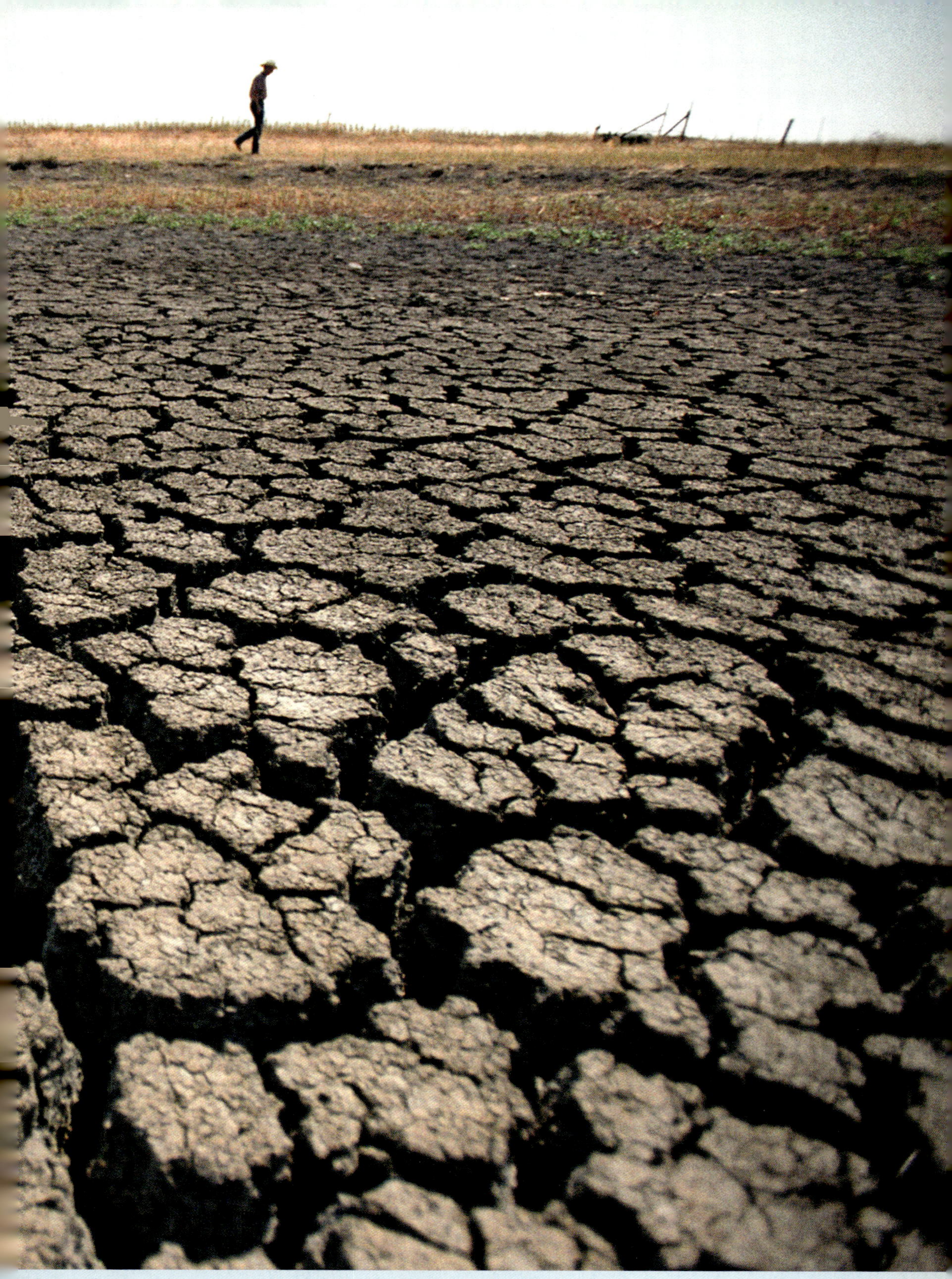

300 Gramm Fleisch – 3 000 Liter Wasser. Martin Parr/Magnum Photos

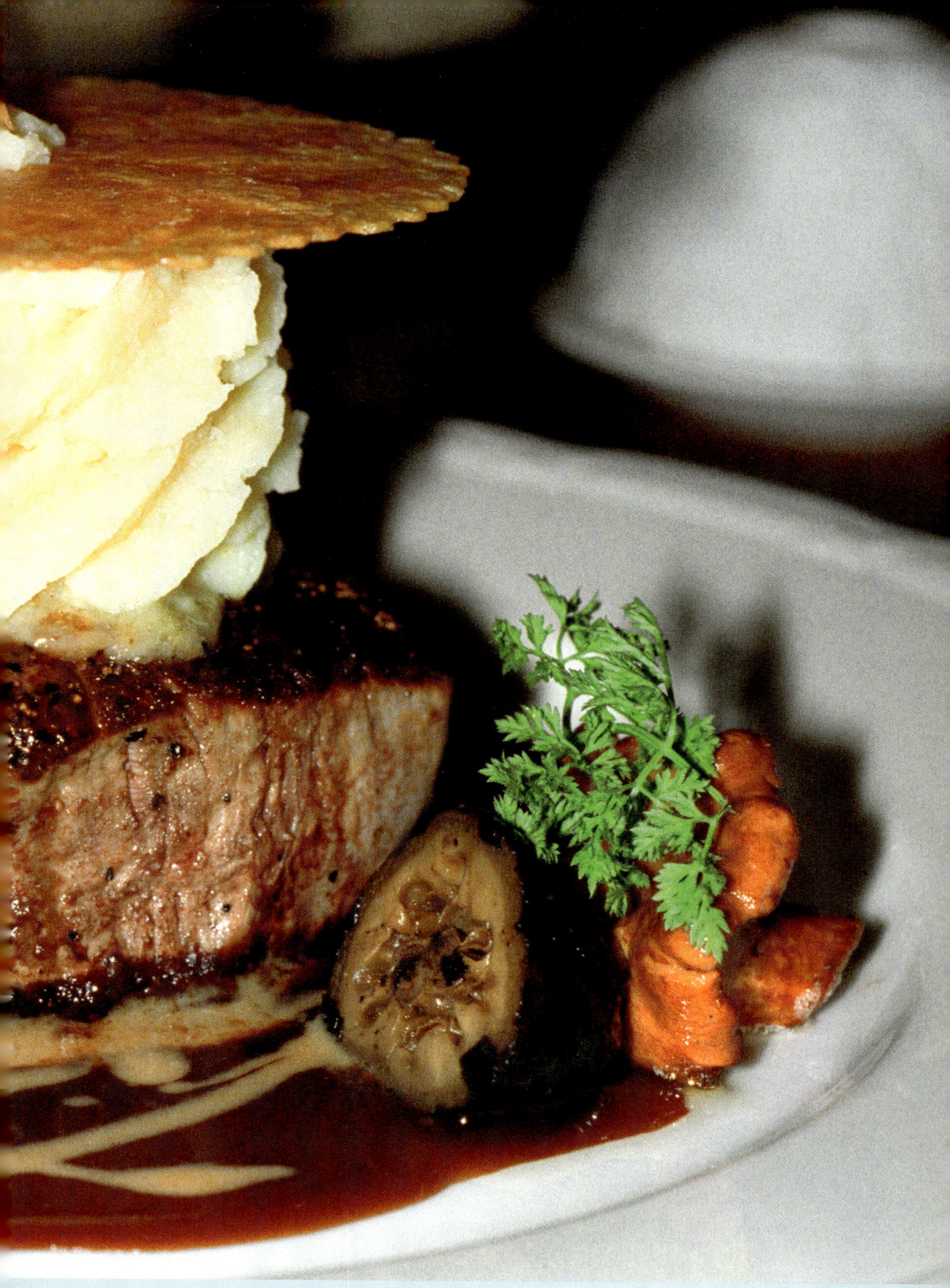

Grundwassernutzung
Genutztes Grundwasser pro Person und Jahr (1998 oder neueste verfügbare Daten)

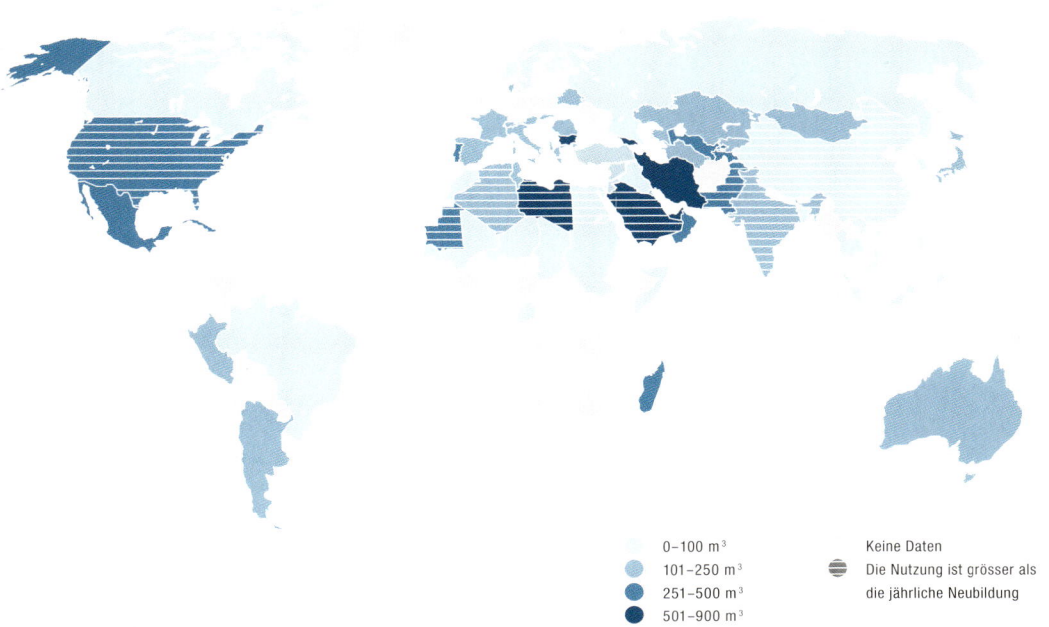

- 0–100 m³
- 101–250 m³
- 251–500 m³
- 501–900 m³
- Keine Daten
- Die Nutzung ist grösser als die jährliche Neubildung

Detailkarte Ogallala-Aquifer
Grösse des Grundwasservorkommens

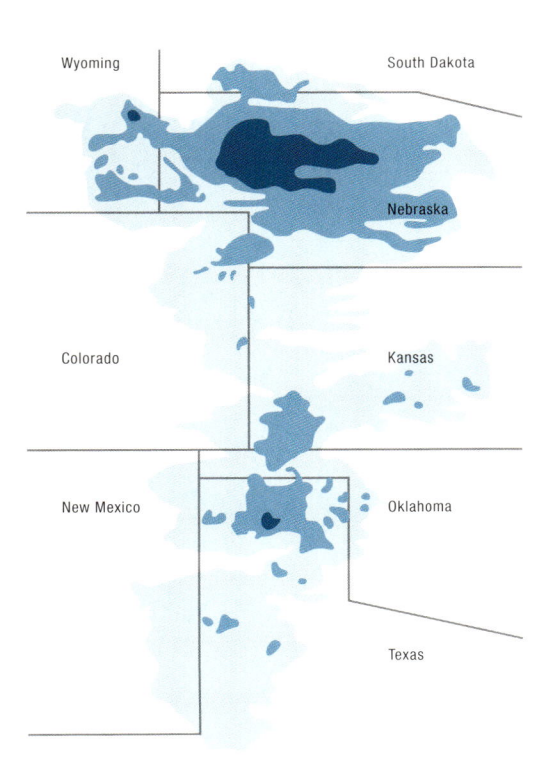

- Grundwasservorkommen bis 70 m Tiefe
- Grundwasservorkommen bis 200 m Tiefe
- Grundwasservorkommen bis 400 m Tiefe

Wasserverbrauch pro kg produziertes Nahrungsmittel
Beispiel: Bewässerungslandwirtschaft in Kalifornien

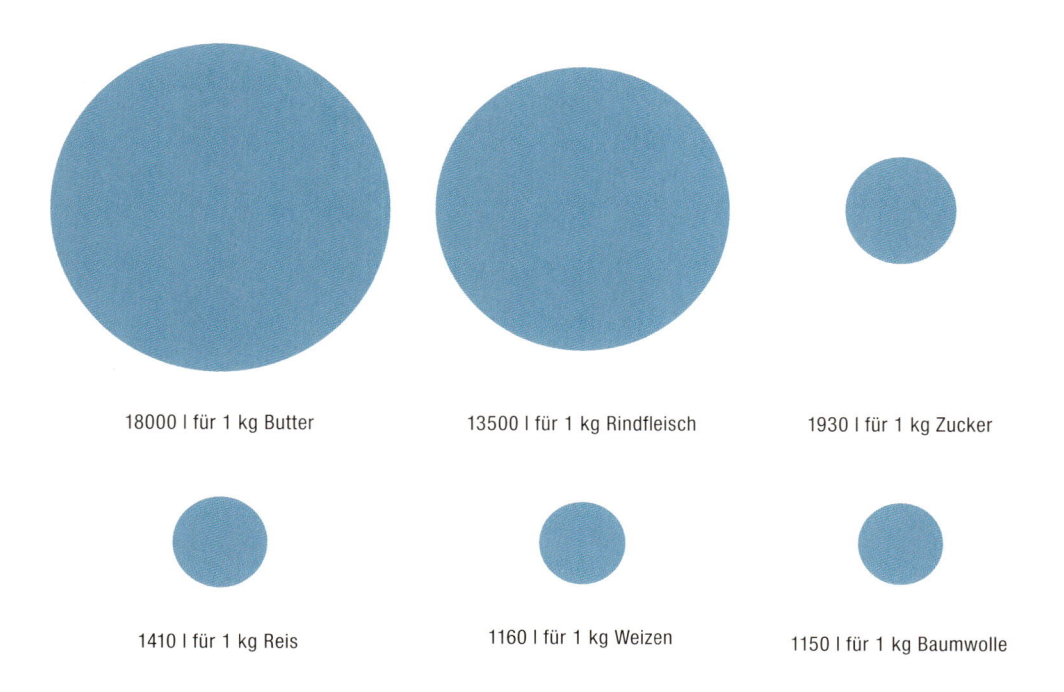

18000 l für 1 kg Butter

13500 l für 1 kg Rindfleisch

1930 l für 1 kg Zucker

1410 l für 1 kg Reis

1160 l für 1 kg Weizen

1150 l für 1 kg Baumwolle

Bewässerungsmethoden
Die in einem Monat für Bewässerung erforderlichen Wassermengen

Feldfrucht	Furchenbewässerung in m³/ha	Tröpfchenbewässerung in m³/ha
Sonnenblumen	2380	1980
Weizen	1850	–
Mais	1790	950
Ackerbohne	1240	810
Tomaten	1190	950
Citrus	790	400
Weintrauben	500	380

Die Unterschiede zwischen Furchen- und Tröpfchenbewässerung sind umso grösser, je trockener und je heisser das Klima ist

Durch falsch
mässige Wa
ein Drittel d
bewässerter
versalzt, sin
deutlich ver
Hierdurch w
Jahr über 1 l
Ackerland u

...ne oder über-
...sserzufuhr ist
... **er weltweit**
... Anbaufläche
... die Ernten
... **mindert.**
... erden Jahr für
... **Million Hektar**
... fruchtbar.

Das weisse Gold frisst das blaue Gold: Der Baumwollanbau gehört zu den verschwenderischsten Wassernutzungen überhaupt. Baumwollernte im US-Bundesstaat Mississippi. Hiroji Kubota/Magnum Photos

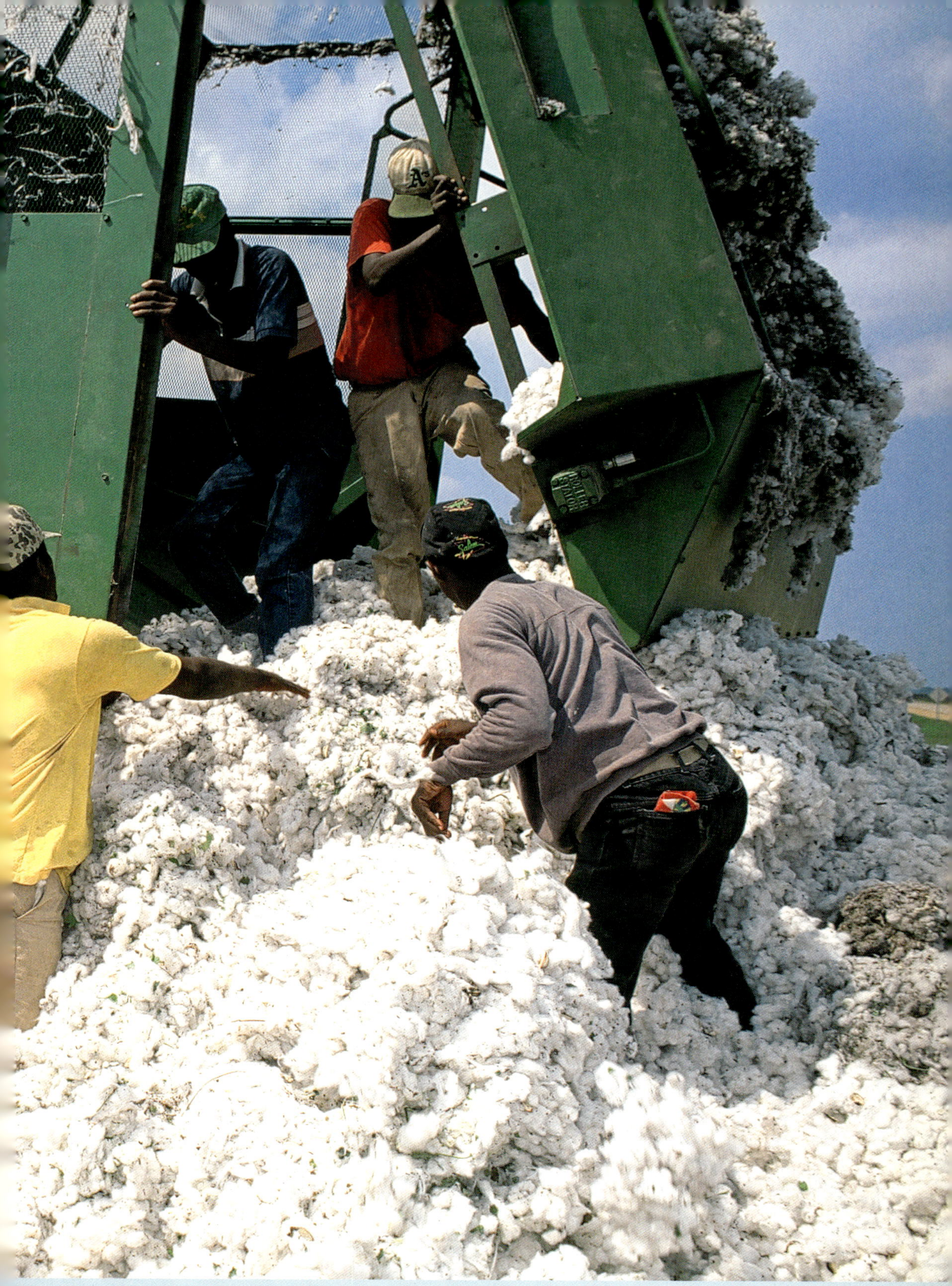

Übermässige Bewässerung und schlechter Wasserabfluss verursachen Staunässe. Salziges Grundwasser steigt an die Oberfläche, wo es verdunstet und eine Zentimeter dicke Kruste hinterlässt. Al Quabla nahe Bagdad, Irak.
Markus Matzel/Das Fotoarchiv

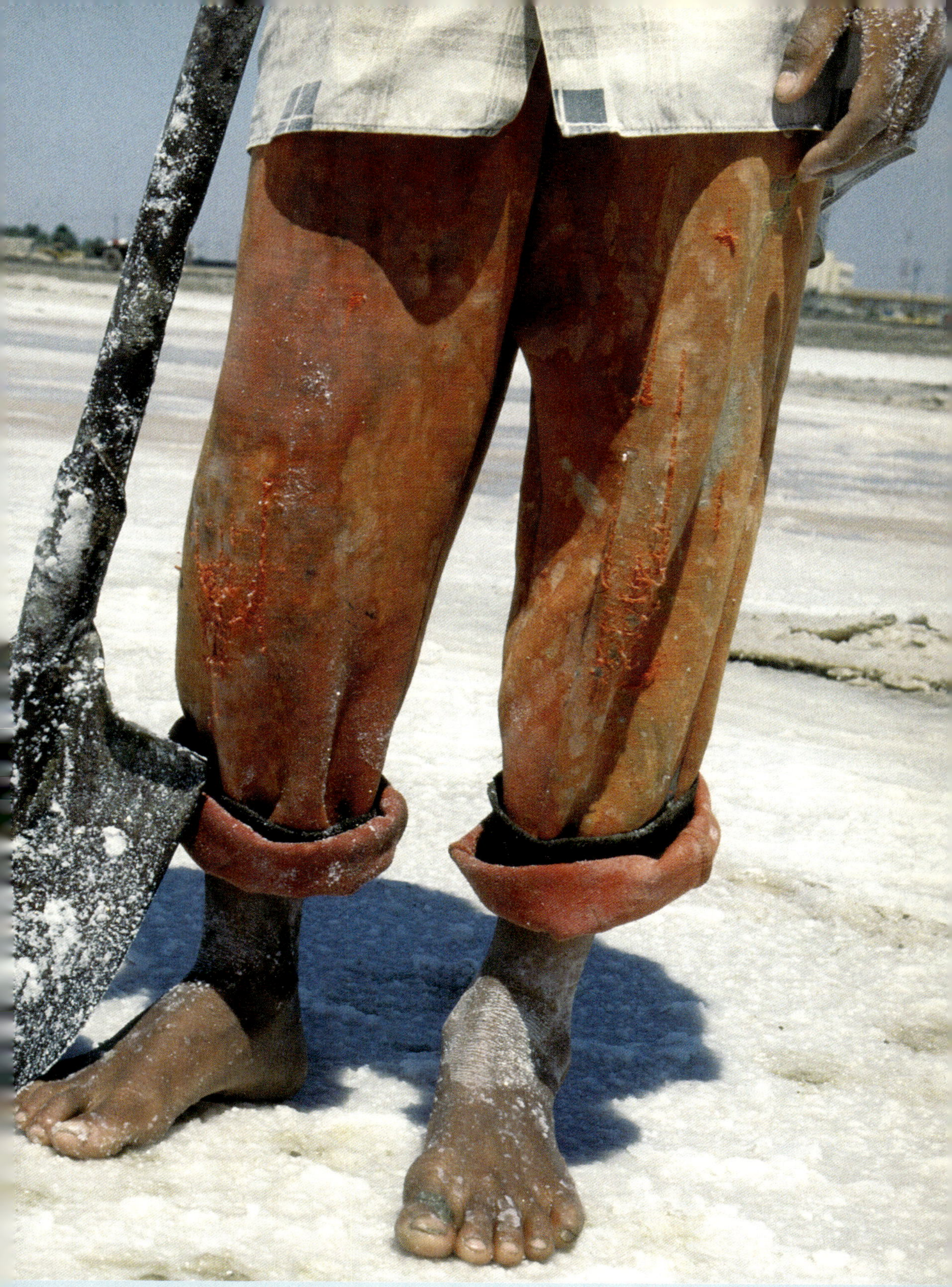

Versalzte Erde

Jedes Jahr, schätzen Landwirtschaftsexperten, gehen weltweit mehr als eine Million Hektar Agrarland durch Versalzung unwiederbringlich verloren. Fast ein Drittel aller bewässerten Ackerflächen ist durch zu hohe Salzkonzentrationen bereits mehr oder weniger geschädigt. Am stärksten davon betroffen sind die asiatischen und afrikanischen Entwicklungsländer.

Die Versalzung der Böden ist ein komplexes Problem. Der «Salzhaushalt» eines Bodens ist von zahlreichen Faktoren abhängig, die sich nur zum Teil steuern oder regulieren lassen. Überall in der Natur löst Wasser kleinste Mengen von Mineralsalzen aus dem Gestein und aus der Erde. So unterscheidet sich schon die natürliche Zusammensetzung der Salze je nach den geologischen und hydrologischen Voraussetzungen von Ort zu Ort. Je länger das Wasser in der Erde verweilt, und je löslicher die Mineralien sind, mit denen es dabei in Berührung kommt, desto höher steigt der Salzgehalt. Fossiles Grundwasser, das während Jahrhunderten oder Jahrtausenden in der Erde lagerte, ist deshalb meist sehr viel salzhaltiger als die schnell zirkulierenden Oberflächengewässer.

Eine wichtige Rolle bei der Versalzung spielt aber auch die Verdunstung: je mehr Wasser verdunstet, desto höher steigt der Salzgehalt im verbleibenden Wasser. So versalzen die Böden ausgerechnet in den wasserärmsten, warmen und trockenen Regionen weit schneller als in den gemässigten Zonen. Grosse Stauseen und weit verzweigte, offene Kanalsysteme, aber auch wasserintensive Anbaumethoden wie das Fluten von Reisfeldern oder die Dauerberegnung von Baumwoll- oder Getreidefeldern durch Sprinkleranlagen sorgen für hohe Verdunstungsraten und treiben den Salzgehalt der bewässerten Felder weiter in die Höhe.

Dazu kommen Unmengen von Salzen in Düngemitteln und Klarschlämmen. Werden Haushalts- oder Industrieabwässer ungereinigt in Bäche, Flüsse, Seen oder Bewässerungskanäle eingeleitet, können die darin enthaltenen Salze direkt oder über das Grundwasser auf bewässerte Felder gelangen.

Wird das Wasser mehrmals hintereinander industriell oder zur Bewässerung genutzt – im Fall des Colorado River bis zu 18 Mal – sind die unteren Flussläufe und das Schwemmland der Mündungsgebiete von der Versalzung besonders stark betroffen.

In Turkmenistan hat sich mindestens die Hälfte der Baumwollfelder nach weniger als 30 Jahren Bewässerung in versalztes Sumpfland verwandelt. In den USA sind 25 bis 30 Prozent der bewässerten Felder so stark versalzt, dass die Ernteerträge deutlich zurückgehen.

Umgekehrt regulieren die Art der Nutzung und vor allem die Entwässerung den Salzhaushalt der Böden. Pflanzen nehmen Nährstoffe nur in genau dosierten Mengen und Zusammensetzungen auf. Enthält das Wasser von einem einzigen wichtigen Nährsalz zu wenig, können die Pflanzen nicht mehr richtig wachsen oder gehen sogar zugrunde. Ist die Salzkonzentration umgekehrt zu hoch, verkümmern sie oder gehen ebenfalls ein. Wird der Salzüberschuss nicht durch den Regen ausgespült oder durch eine gute Drainage wieder abgeführt, reichern sich die Salze über Jahrzehnte in der Bodenkrume an. Erreichen sie eine bestimmte Konzentration, ist der Boden meist unrettbar verloren.

Ungenügende oder fehlende Entwässerung ist die wichtigste Ursache für eine übermässige Versalzung der Ackerböden. Vor allem bei überbewässerten Feldern werden die Böden bis in immer tiefere Schichten mit Wasser durchtränkt. Kommt das Bewässerungswasser in Kontakt mit dem Grundwasser, tritt so genannte Staunässe auf; die Erde reagiert dann ähnlich wie ein Löschblatt: Im gleichen Mass, wie das Wasser an der Oberfläche verdunstet, zieht die Kapillarwirkung das (meist sehr viel salzhaltigere) Grundwasser nach oben. Binnen weniger Jahre können Ackerböden auf diese Weise so stark versalzen, dass sie richtiggehende Salzkrusten bilden und auf Dauer unfruchtbar werden.

Besonders verheerend wirken sich Verdunstung und Versalzung aus, wenn die Gewässer noch zusätzlichen Umweltbelastungen ausgesetzt sind. Eine der grössten Umweltkatastrophen der Welt ereignet sich seit einem halben Jahrhundert rund um den Aralsee im Grenzgebiet von Kasachstan und Usbekistan. Der einst viertgrösste Binnensee der Welt, der noch in den 60er Jahren mehr als anderthalb Mal so gross war wie die Schweiz, ist bereits um die Hälfte geschrumpft, sein Volumen hat sich sogar um drei Viertel verringert (→ S. 196).

Auch hier stand am Anfang ein «grosser Plan»: bereits die russischen Zaren versuchten, die Steppen ihrer zentralasiatischen Kolonien für den Anbau von Baumwolle grossflächig zu bewässern. Ende des 19. Jahrhunderts standen rund 2,5 Millionen Hektar Land unter Bewässerung, 1950 waren es bereits 4,7 Millionen, und 1990 7,9 Millionen Hektar. Die Anbauflächen für Baumwolle haben sich seit den 50er Jahren verdreifacht, diejenigen für Reis, der die dreifache Menge Wasser verbraucht, sogar versechsfacht.

Der Bau dieser Bewässerungsanlagen führte dazu, dass sich der Zufluss durch die beiden einzigen grossen Flüsse, den Amu-Darja und Syr-Darja, so verringert hat, dass der Aralsee buchstäblich austrocknet. Allein der Turkmenbaschi-oder Karakum-Kanal, der Wasser aus dem Amu-Darja über einen 1500 Kilometer langen Kanal in die Steppen Turkmenistans umleitet, reduziert den Wasserzufluss zum Aralsee um rund 40 Prozent. Da die Kanäle über weite Strecken nicht ausbetoniert sind, geht ein grosser Teil des Wassers schon verloren, bevor es die Anbaugebiete in Usbekistan, Kasachstan und Turkmenistan erreicht. Fachleute schätzen, dass bis zu 60 Prozent des umgeleiteten Wassers ungenutzt versickern und verdunsten. Das wenige Wasser, das den Aralsee noch erreicht, ist von Industrieabwässern, Düngemitteln und Pestiziden derart verschmutzt, dass der grössere Teil des einstigen Süsswassermeeres inzwischen biologisch tot ist. Der Salzgehalt des Aralsees ist durch Verdunstung und mangelnde Frischwasserzufuhr heute zweieinhalb Mal höher als in den Ozeanen.

Bereits 1992 musste der Fischfang auf dem Aralsee, einst mit 44 000 Tonnen Jahresertrag ein wichtiger Wirtschaftsfaktor der Region, eingestellt werden; 60 000 Fischer und Fischereiarbeiter verloren ihre Arbeit. 500 000 Hektar Land entlang der Zuflüsse und deren Deltas sind durch Versalzung und Vergiftung zerstört worden. Hafenstädte und Dörfer, die früher am Ufer des Sees lagen, sind heute bis zu 100 Kilometer vom See entfernt. Der trockengelegte Meeresboden, eine Fläche von mehreren tausend Quadratkilometern, ist eine lebensfeindliche Landschaft, nichts als salzverkrusteter, hoch belasteter Schlick.

Die Schäden sind immens und können grösstenteils nicht mehr rückgängig gemacht werden. 1,5 Millionen Menschen sind unmittelbar, weitere 2,3 Millionen zumindest mittelbar davon betroffen. Blutarmut, Krebs und Tuberkulose haben stark zugenommen. Das Klima der ganzen Region hat sich merklich verändert, seit der Aralsee nicht mehr als ausgleichender Wärmespeicher funktioniert: Die Niederschlagsmenge ist deutlich zurückgegangen, die Sommer sind wärmer, die Winter kälter geworden. Staubstürme wirbeln jedes Jahr bis zu 100 Millionen Tonnen von Salz-, Herbizid- und Pestizid verseuchtem Staub der ausgetrockneten Seeböden auf und verteilen ihn über die ganze Region.

Ein ähnliches Schicksal droht derzeit auch dem zweitgrössten Binnensee Zentralasiens, dem Balchaschsee. Als abflussloser See wird sein Pegel nur von den Zuflüssen und der Verdunstung reguliert. Noch vor 70 Jahren war dieser 620 Kilometer lange See in der Wüstensteppe von Kasachstan von unberührter Natur umgeben. In den 30er Jahren wurden grosse Kupfer- und Erzvorkommen entdeckt; es entstand ein Hüttenwerk mit 15 000 Angestellten. Inzwischen liegt der Zinkgehalt des Wassers 21 Mal, derjenige von Chrom 13 Mal über den staatlichen Grenzwerten.

Auch hier droht die Gefahr, dass der Binnensee von seinen Zuflüssen abgeschnitten wird. Seit längerem plant China, rund drei Viertel des Wassers des Ili-Flusses, der im chinesischen Tianshan-Gebirge entspringt und für rund 80 Prozent der Wasserzufuhr zum Balchaschsee verantwortlich ist, umzuleiten, um die grossen Landwirtschaftsregionen in der Provinz Xinjiang zu bewässern. Werden diese Pläne verwirklicht, wird es dem Balchaschsee innerhalb weniger Jahrzehnte nicht anders ergehen als dem Aralsee (→ S. 197).

Dem Baumwollexport geopfert: Noch vor 50 Jahren etwa so gross wie Irland, ist der Aralsee heute zu einer salzigen, vergifteten Restlake dezimiert. Schiffsfriedhof auf dem ehemaligen Seegrund bei Muinak in Usbekistan. Hill/laif

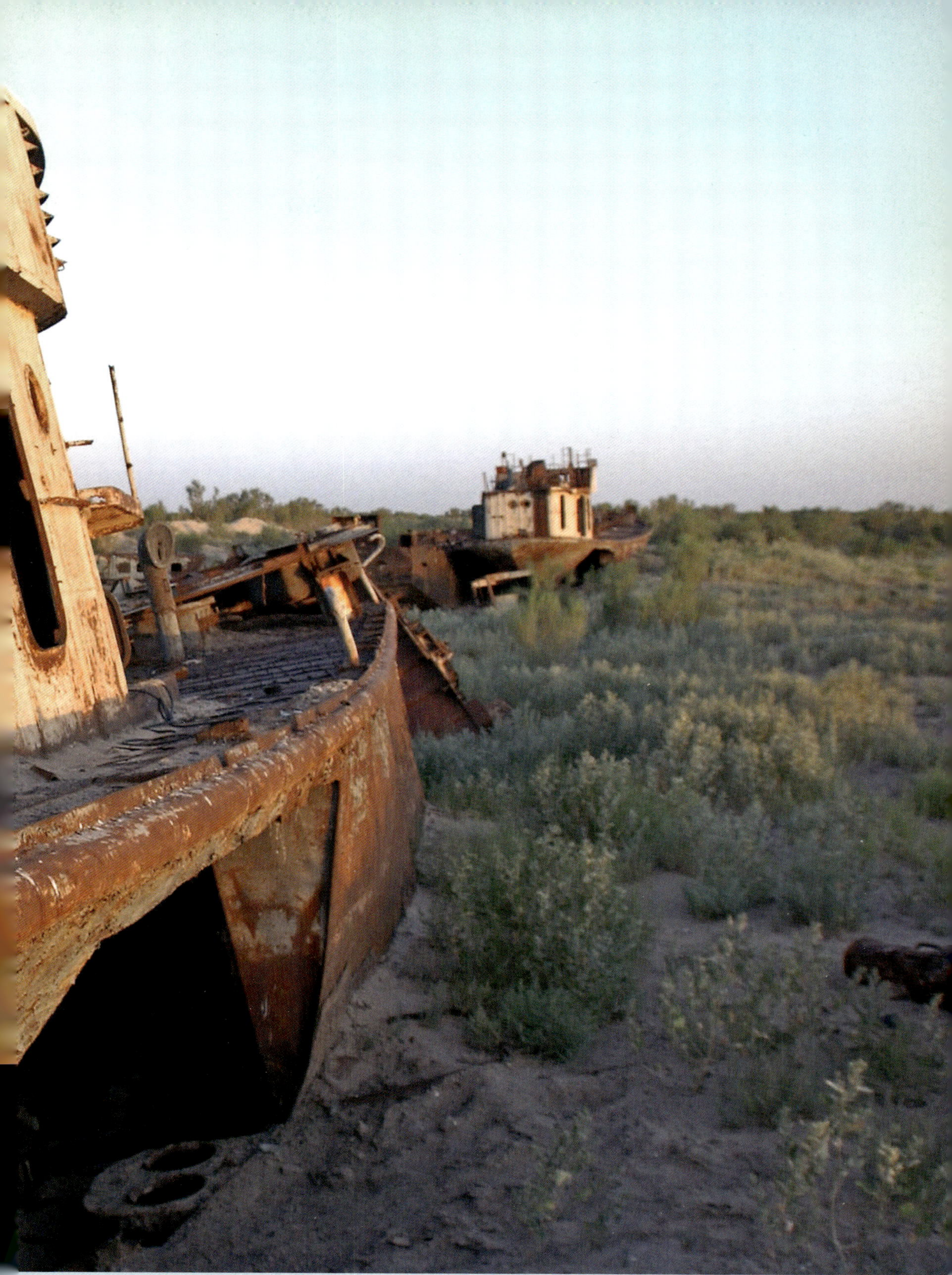

Der Aralsee in den 60er Jahren mit seinen ehemals reichen Fischgründen. NASA

Bis heute hat der Aralsee drei Viertel seines ursprünglichen Wasservolumens verloren. Aufnahme von 2003. NASA

Aralsee (1960/2000)

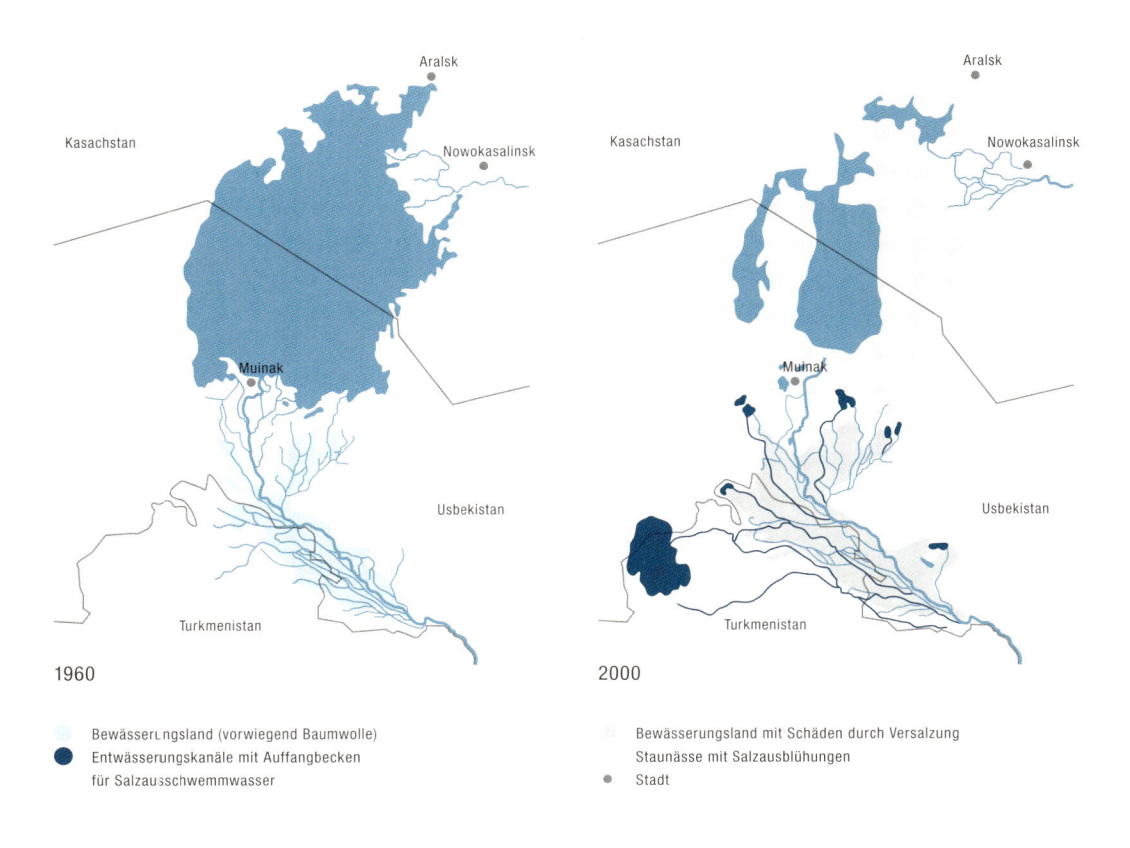

1960

- Bewässerungsland (vorwiegend Baumwolle)
- Entwässerungskanäle mit Auffangbecken für Salzausschwemmwasser

2000

- Bewässerungsland mit Schäden durch Versalzung
- Staunässe mit Salzausblühungen
- Stadt

Bodenversalzung bei Bewässerungswirtschaft

Wenn übermässig bewässert wird, kann der Grundwasserspiegel bis zur Oberfläche ansteigen (Staunässe).
Dann wird salziges Grundwasser herauf gezogen, das besonders in heissem Klima verdunstet und Salzkrusten bildet.

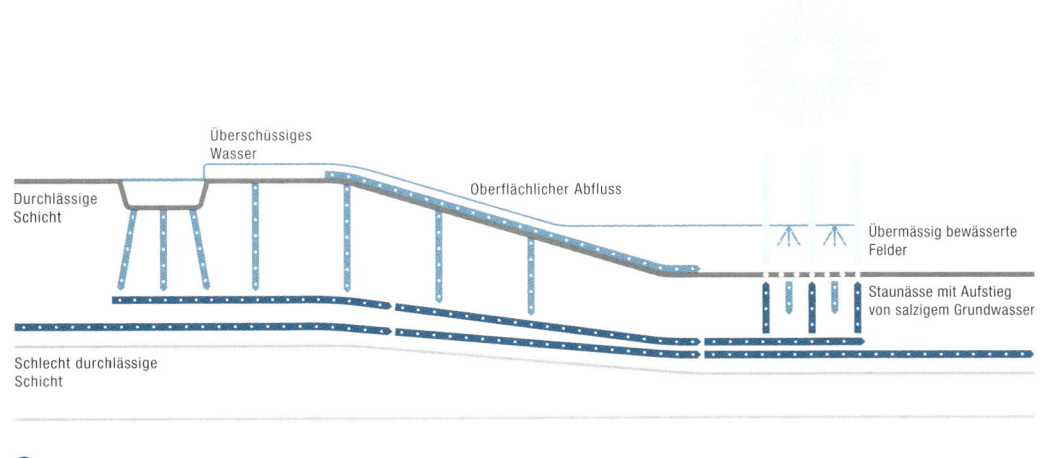

- Grundwasser
- Starke Verdunstung mit Salzabscheidung

Ili-Gebiet, Hauptzufluss des Balchasch-Sees
Entwicklungsvorhaben Chinas im Einzugsbereich des oberen Ili, Nord-Xinjiang

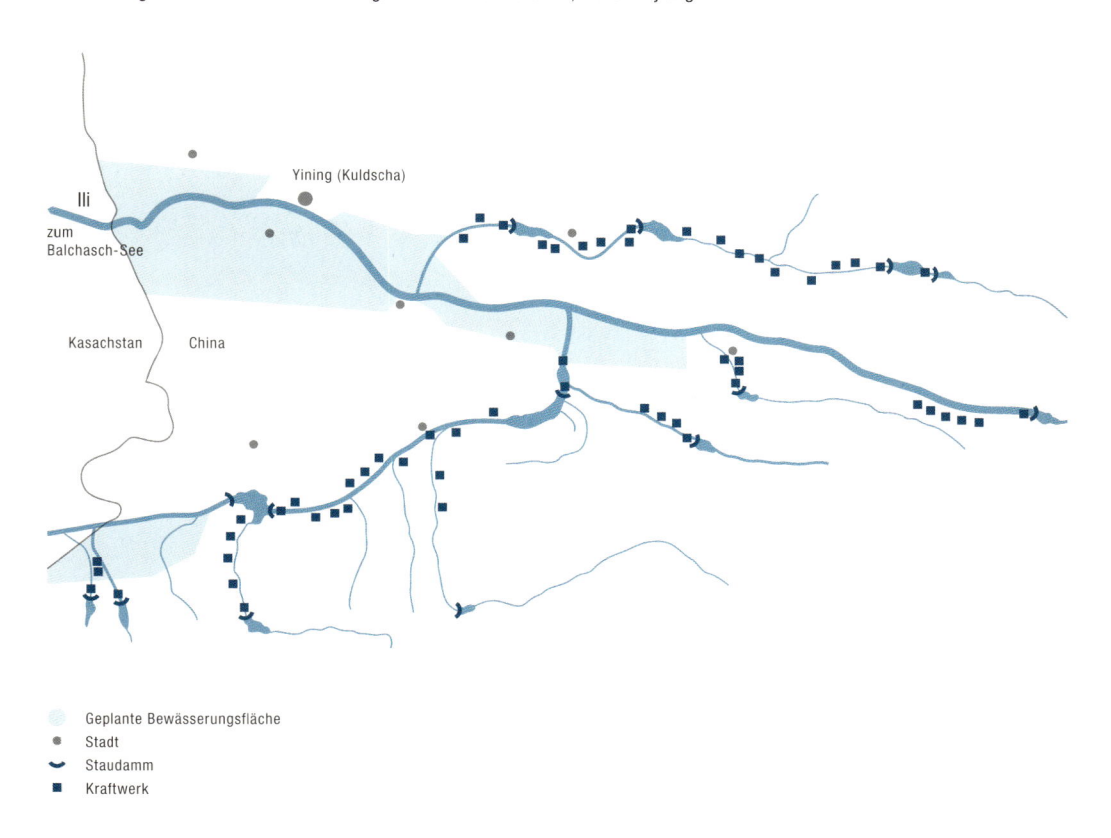

- Geplante Bewässerungsfläche
- Stadt
- Staudamm
- Kraftwerk

Prognose für zukünftige Seespiegel des Balchasch-Sees bei vermindertem Zufluss

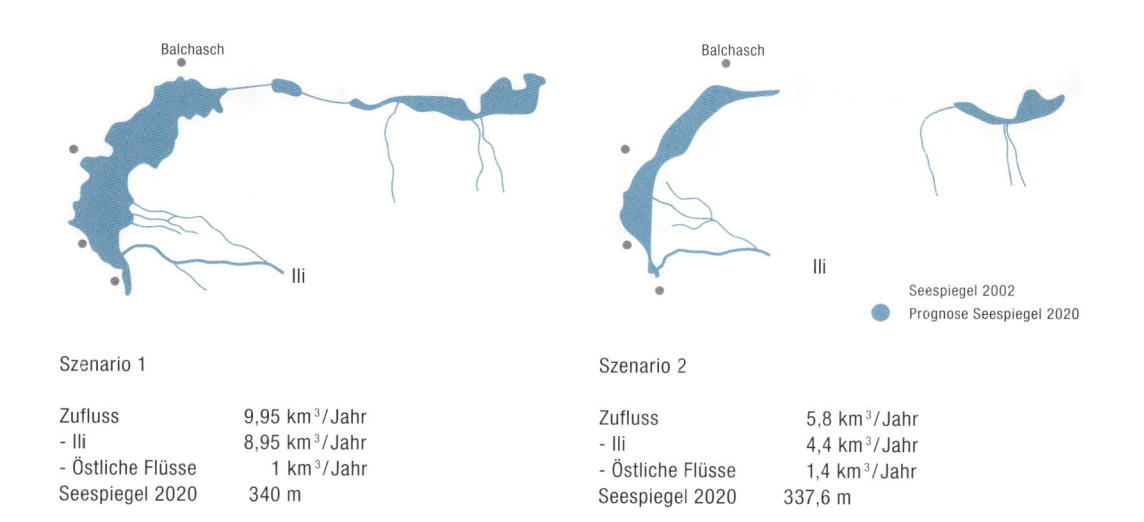

Seespiegel 2002
Prognose Seespiegel 2020

Szenario 1

Zufluss	9,95 km³/Jahr
- Ili	8,95 km³/Jahr
- Östliche Flüsse	1 km³/Jahr
Seespiegel 2020	340 m

Szenario 2

Zufluss	5,8 km³/Jahr
- Ili	4,4 km³/Jahr
- Östliche Flüsse	1,4 km³/Jahr
Seespiegel 2020	337,6 m

Für den Anb...
Nahrungsmi...
zehn Mal w...
benötigt als
Produktion v...
gleichem N...

au pflanzlicher
ttel wird
eniger Wasser
ür die
on Fleisch mit
ährwert.

Das Beste aus jedem Tropfen herausholen: Tomatenanbau mit äusserst sparsamer Tröpfchenbewässerung bei Jericho in Jordanien. Die Plastiktunnel sorgen dafür, dass möglichst wenig Wasser durch Verdunstung verloren geht. Noel Matoff

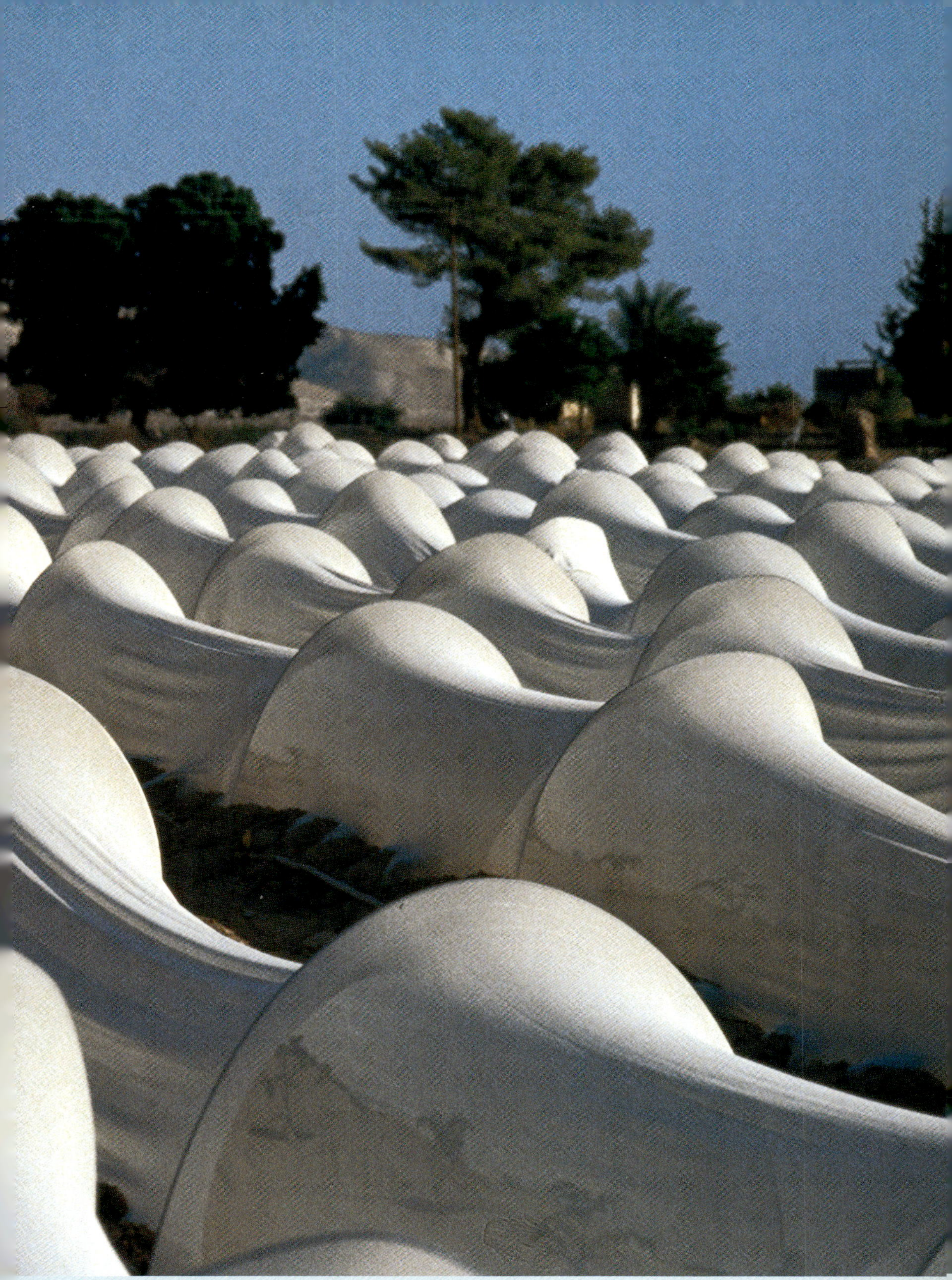

Trotz höchstem Einfallsreichtum ist die Erschliessung neuer Wasserressourcen nur begrenzt möglich: Tröpfchenernte aus dem feuchten Küstennebel in Chungungo, Chile. Saussier Gille/Gamma

Selbst auf der regenlosen Kanarischen Insel Lanzarote betreiben Bauern mit Geduld und Generationen alter Erfahrung Landbau. In konturierten Mulden scheidet sich nachts aus dem kühlen Seewind Tau ab, versickert im Lavasand und kann von den Wurzeln der Rebstöcke aufgenommen werden. Playa de Janubio, Lanzarote. Cornelius Maas/Das Fotoarchiv

Ein Landarbeiter installiert Schläuche für die sparsame Tröpfchenbewässerung. Oase Liwa, Vereinigte Arabische Emirate. Peter Essick/Aurora Image

Regenwasser aufzufangen und möglichst effizient zu nutzen vermindert die Abhängigkeit von Fluss- und Grundwasser: Permakultur-Center in Hosar, Westbank. Michael Richter

Suche nach Auswegen

Wenn das «Millenniums»-Ziel der UN erreicht werden soll, den Hunger in der Welt bis zum Jahr 2015 zu halbieren, müssten die landwirtschaftlichen Anbauflächen in den kommenden Jahren um rund ein Fünftel vergrössert werden, schätzt die UN-Ernährungs- und Landwirtschaftsorganisation FAO. Dazu wären, selbst bei effizienteren Bewässerungs- und Anbaumethoden, mindestens 14 Prozent mehr Wasser notwendig.

Aber gerade die grossen Entwicklungs- und Schwellenländer benötigen in den kommenden Jahrzehnten auch wesentlich mehr Wasser für die Industrie und zur Versorgung ihrer schnell wachsenden Bevölkerungen. Die FAO-Experten befürchten, dass vor allem in den wasserarmen, aber bevölkerungsreichen Schwellenländern der Landwirtschaft eher weniger Wasser zur Verfügung stehen wird als heute.

Entwicklungsexperten setzen deshalb nicht mehr bloss auf die Erschliessung neuer Wasserquellen, sondern fordern vor allem eine bessere Nutzung der vorhandenen Ressourcen: «More crop per drop». Die Wassereffizienz, hat die FAO festgestellt, beträgt in den Entwicklungsländern derzeit lediglich 38 Prozent. Mehr als die Hälfte des Wassers versickert und verdunstet also wirkungslos, bevor es die Pflanzen erreicht. Verantwortlich dafür sind vor allem die verschwenderischen Bewässerungsmethoden, von der Überflutung der Reisterrassen über die Beregnung durch Sprinkleranlagen bis zur so genannten Furchenbewässerung, bei der das Wasser grosszügig durch ein Röhrensystem in die einzelnen Ackerfurchen gepumpt wird.

Dem gegenüber hat die so genannte Mikro- oder Tropfbewässerung, die in den 60er Jahren in Israel entwickelt wurde, eine Wassereffizienz von bis zu 95 Prozent. Das Prinzip ist einfach: das Wasser wird durch ein System von dünnen Plastikschläuchen unmittelbar an die Wurzeln der Pflanzen transportiert, und es kann fast wie mit einem Tropfenzähler dosiert werden. Mit 40 Prozent weniger Wasser erreicht die Mikrobewässerung um 20 und mehr Prozent höhere Erträge. Zurzeit wird diese Methode jedoch erst auf einem Prozent aller bewässerten Flächen angewendet (→ S. 181).

Zu Recht weisen Praktiker darauf hin, dass sich die Tropfbewässerung nicht überall sinnvoll einsetzen lässt. Sie eignet sich eigentlich bloss für den Anbau von grösseren Einzelpflanzen wie Wein, Oliven, Obst oder Gemüse. Für viele Kleinbauern und Dorfgemeinschaften sind gut funktionierende und strapazierfähige Anlagen überdies kaum erschwinglich, selbst wenn ihre Felder erschlossen wären und das Wasser während den Anbauzeiten zuverlässig fliessen würde. (→ S. 364f.)

Inzwischen gibt es allerdings auch billige Tropfbewässerungstechnologien. So haben Entwicklungsorganisationen wie die gemeinnützige Stiftung

International Development Enterprises (IDE) eine ganze Palette von einfach handhabbaren und leicht ausbaubaren Systemen entwickelt, von 20-Liter-Lösungen für kleine Gemüsegärten bis zu 1000-Liter-Tanks, mit denen rund 1000 Quadratmeter Land bewässert werden können. In Indien hat IDE in den vergangenen sieben Jahren über 85 000 solcher Kleinanlagen vergünstigt an Kleinbauern verkauft.

In Monsunländern sind auch Kleintechnologien erfolgreich, die auf die traditionelle «Wasserernte» zurückgreifen, das Sammeln und Speichern von Regenwasser in Fässern, kleinen Staubecken und Weihern. Die Vorteile sind einleuchtend: die Bauern sind unabhängiger von den staatlichen Bewässerungssystemen, Regenwasser ist gratis.

Gar nicht erfüllt haben sich dagegen die grossen Erwartungen, die man in die Entwicklung leistungsfähiger Meerwasserentsalzungsanlagen gesetzt hatte. Zumindest für die Landwirtschaft ist das Verfahren zu kostspielig, da der Entsalzungsprozess grosse Energiemengen benötigt. Die Entsalzung eines einzigen Kubikmeters Wasser, dem Äquivalent für ein Kilogramm Getreide, kostet derzeit je nach Energieart zwischen 1 und 1.50 Dollar. Mehr als die Hälfte der insgesamt 1200 Anlagen stehen denn auch in sehr reichen Ländern wie Saudi-Arabien, Kuwait, Bahrain, Katar und den Vereinigten Emiraten, wo billiges Öl zurzeit noch reichlich vorhanden ist. Von den entwickelten Industrienationen betreiben zurzeit lediglich die Vereinigten Staaten eine grössere Anzahl von Meerentsalzungsanlagen, vor allem in Kalifornien und Florida, wo alle anderen, billigeren Wasserressourcen nahezu ausgeschöpft sind.

Einen völlig verschiedenen, überwiegend ökonomischen Ansatz zur effizienteren Nutzung der globalen Wasservorräte verfolgen Agrar- und Wasserexperten seit den 90er Jahren mit dem Konzept des «Virtuellen Wassers». Dieser Denkansatz beruht auf der Ermittlung der Wassermengen, die zur Produktion der verschiedenen Nahrungsmittel in den verschiedenen Ländern nötig sind. So stecken in einem Kilogramm Weizen je nach Klima und Bewässerungsmethode zwischen 1000 und 4000 Liter Wasser, in einem Kilogramm Reis bereits 1900 bis 3500 Liter, während es für 1 Kilogramm Rindfleisch 15 000 Liter und mehr braucht (→ S. 181).

Solche Schätzungen sollen, so hoffen die Wissenschaftler, verlässliche Instrumente zur Steuerung der Landwirtschaftspolitik abgeben. Sie zeigen zum Beispiel, wie sich ein Wechsel von Futtergetreide auf Weizen, die Umstellung von Reis auf Hirse, von Baumwolle auf Mais, auf den Wasserverbrauch eines Landes auswirken würden. Daraus lässt sich errechnen, wie die knappen Wasservorräte aus volkswirtschaftlicher Sicht am effizientesten genutzt werden können. So weist eine dieser Studien etwa nach, dass in Saudi-Arabien die Wasserbeschaffungskosten für die Produktion von Weizen um das Fünffache höher liegen als die entsprechenden Preise von Weizen auf dem Weltmarkt. Auch Libyen könnte einige Grundnahrungsmittel zehn Mal billiger importieren als sie selbst zu produzieren.

Das Konzept des virtuellen Wassers ist unter Landwirtschaftsexperten allerdings nicht unumstritten. Diese Rechenmodelle klammern, so die

Kritik, wichtige Faktoren aus, so die politischen Rahmenbedingungen der einzelnen Länder oder Probleme wie Handelsbarrieren zwischen den Entwicklungsländern und den mächtigen Industrie- und Agrarstaaten. Vor allem aber befürchten die Kritiker, dass die rein ökonomische Sicht dieses Konzepts Regierungen dazu verleiten könnte, ihre Politik weniger auf die Grundbedürfnisse der Bevölkerung als vielmehr auf volkswirtschaftliche Ziele und ausgeglichene Handelsbilanzen auszurichten. Internationale Landwirtschaftsunternehmen würden dann, so warnen sie, auf grossen Plantagen Luxusgüter für den Export anpflanzen, während die Bevölkerung weiterhin hungert. Überdies würden die armen Agrarstaaten noch abhängiger von den Landwirtschaftsgiganten Amerika und Europa.

Wie sich die einzelnen nationalen Landwirtschaften und die globale Ernährungssituation entwickeln, ist allerdings weit mehr als bloss eine Frage der Wasserknappheit und der effizientesten Nutzung der vorhandenen Ressourcen. Immer noch, so kritisieren die entwicklungspolitischen Experten, schotten die reichen Industrie- und Agrarstaaten ihre eigenen Landwirtschaften gegenüber der billigeren Konkurrenz aus den Entwicklungsländern ab. Und sie verhindern, dass die lukrative Weiterverarbeitung, die Veredelung zum teuren Endprodukt, in diesen Ländern geschieht.

In eine ähnliche Richtung gehen aber offensichtlich auch die Bestrebungen der internationalen Finanzorganisationen. Die Weltbank etwa, zu deren wichtigsten Aufgaben die Armutsbekämpfung gehört, hat die direkten Agrarhilfen für Entwicklungsländer seit den 90er Jahren um insgesamt eine Milliarde Dollar gekürzt. Für langfristige «Projekte zur ländlichen Entwicklung» gibt sie jährlich statt 3,9 Milliarden gerade noch 1,1 Milliarden Dollar aus. Erstaunlicherweise haben aber auch die Entwicklungsländer den Anteil ihrer Staatsausgaben für die Entwicklung der ländlichen Infrastruktur deutlich reduziert: im südlichen Afrika durchschnittlich von 6,2 auf 3,9 Prozent, im Nahen Osten und Nordafrika von 4,1 auf 1,1 Prozent, in Südasien von 8,4 auf 5,2 Prozent.

Effizienz, argumentieren die Kritiker, werde in all diesen Konzepten nur ökonomisch begründet. Armutsbekämpfung in den Entwicklungsländern müsste sich aber in erster Linie an der so genannten Ernährungseffizienz orientieren, also daran, was die notleidende Bevölkerung zum Überleben braucht.

Das würde allerdings nicht nur eine völlige Umorientierung der Landwirtschaftspolitik in den Entwicklungsländern, sondern letztlich die Neuordnung der gesamten globalen Nahrungsmittelproduktion voraussetzen. Von solchen Überlegungen sind die Ökonomen wie die Politiker, die bei den internationalen Organisationen die Entwicklungspolitik bestimmen, noch weit entfernt.

Überfluss und Gedankenlosigkeit: Konsum und Produktion von Lebensmitteln sind bedenklich entkoppelt.
Ocho Rios, Jamaika. René Burri/Magnum Photos

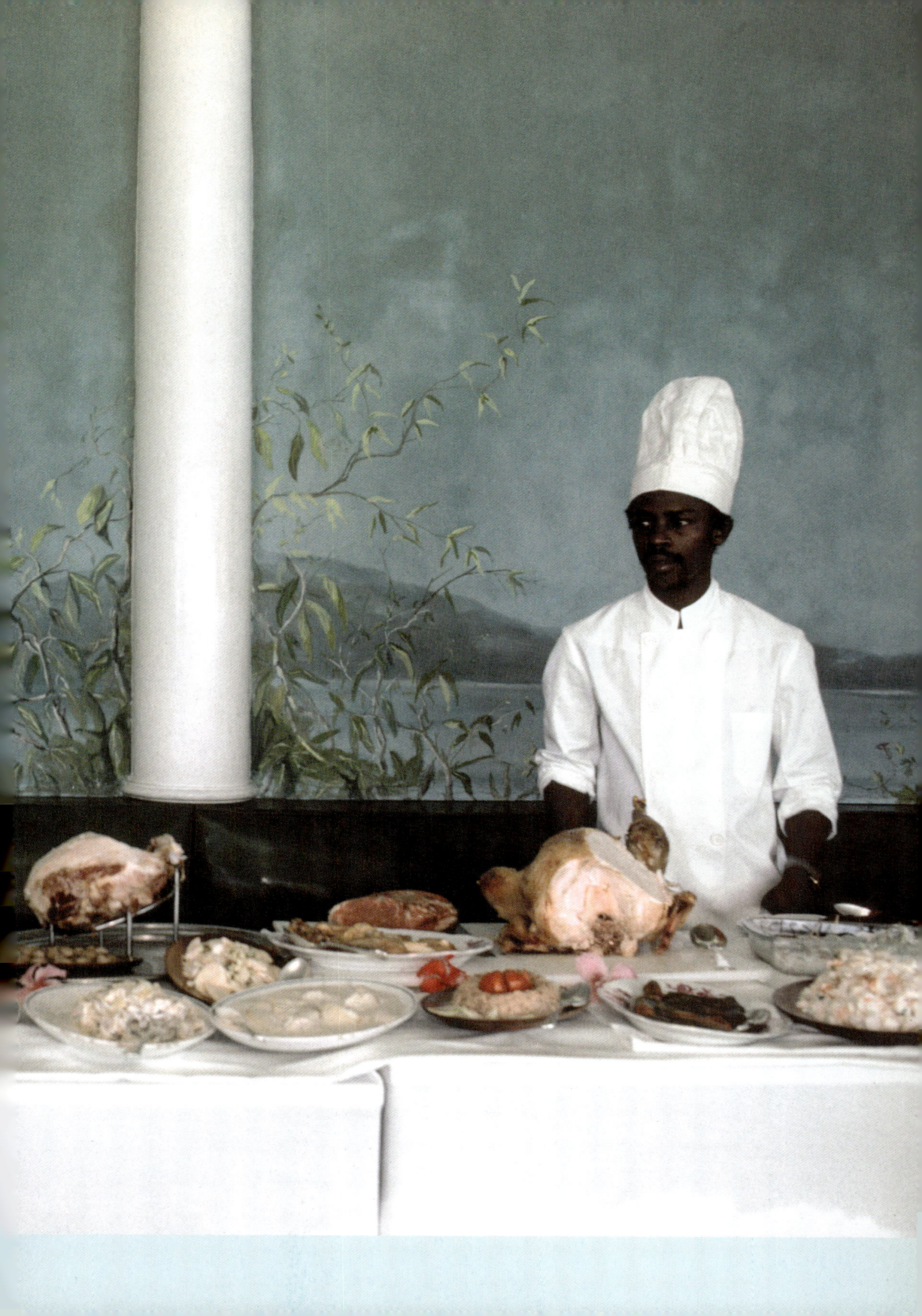

Tradition und Einsicht: Esskultur im Einklang mit der lokalen Agrarproduktion und dem Lauf der Jahreszeiten. Moulay Kertoun bei Essaouira, Marokko. Bruno Barbey/Magnum Photos

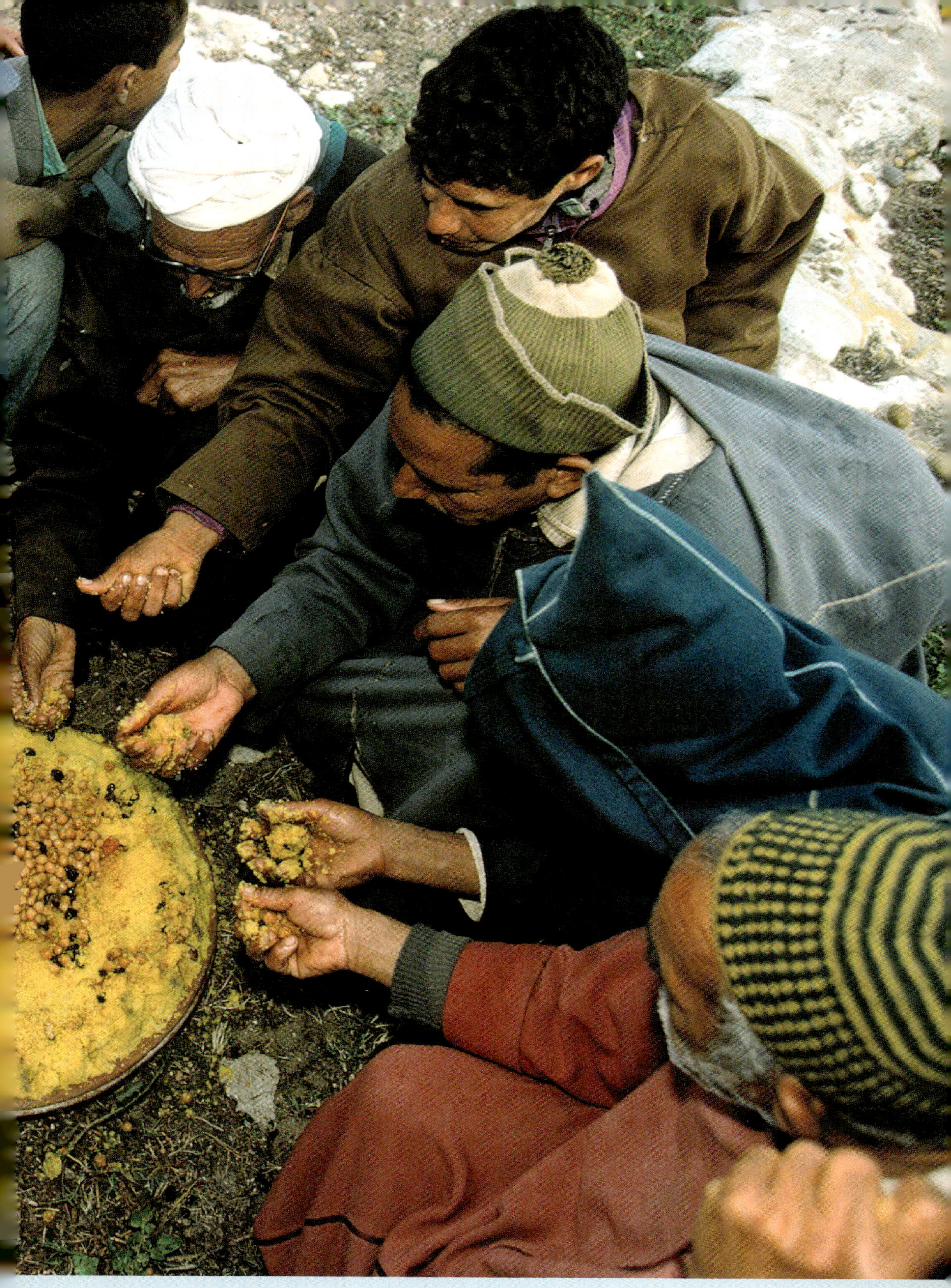

Wasser für die Menschen

Ohne Wasser stirbt der Mensch innerhalb von drei bis vier Tagen. Wasser ist zusammen mit Luft und Nahrung die wichtigste Lebensgrundlage für alle Lebewesen.

Der Zugang zu Trink- und Nutzwasser ist auf der Welt sehr ungleich verteilt. In den hoch entwickelten Ländern fliesst das saubere Wasser in jedem Haushalt rund um die Uhr aus der Leitung, verbraucht jeder Mensch mindestens 100 Liter Wasser pro Tag – meist sogar sehr viel mehr. In Afrika, Asien und Lateinamerika hingegen müssen Hunderttausende von Menschen oft meilenweit gehen, um zu ein paar Litern Wasser zu kommen. Millionen sind gezwungen, sich mit 20 Litern oder weniger täglich zu bescheiden. Oft ist selbst dieses wenige Wasser verschmutzt und versiegt tage- oder wochenlang fast völlig.

Am deutlichsten macht sich die Wasserknappheit in den Städten bemerkbar, vor allem in den riesigen, schnell wachsenden Elendsvierteln der Megacities. Der Bau und Unterhalt einer funktionierenden Wasserversorgung gehört zu den technisch anspruchsvollsten und finanziell aufwändigsten Aufgaben der Stadtentwicklung. Nicht selten ist das Wasser in den Grossstädten noch stärker mit Fäkalien und chemischen Schadstoffen verunreinigt als in ländlichen Gebieten. Eine Milliarde Menschen hat keinen sicheren Zugang zu sauberem Trinkwasser, zwei Milliarden Menschen haben nicht einmal Zugang zu den einfachsten sanitären Einrichtungen wie Latrinen, geschweige denn zu Toiletten und Waschgelegenheiten mit fliessendem Wasser.

Jedes Jahr sterben 1,7 Millionen Menschen an den direkten oder indirekten Folgen von verseuchtem Wasser und ungenügenden hygienischen Verhältnissen. In den Entwicklungsländern sind rund 80 Prozent aller Krankheitsfälle – jedes Jahr Hunderte von Millionen – eine direkte oder indirekte Folge von mangelndem oder verschmutztem Wasser.

Bis heute haben sich alle Vorsätze der Weltgemeinschaft, die Wassernot zu besiegen, nicht erfüllt. Und dies, obwohl die diesbezüglichen Ziele im Verlauf der letzten Jahrzehnte immer bescheidener geworden sind.

Am erfolgreichsten sind Massnahmen meist dann, wenn die betroffene Bevölkerung ihre Anliegen gemeinsam mit Entwicklungs- und Hilfsorganisationen selbst in die Hand nimmt.

Am Rande der Existenz: Wenn selbst das nötigste Wasser zum Trinken fehlt, wird das Leben zur Qual, der Alltag zur Kampfzone. Im Dorf Natwarghad im indischen Bundesstaat Gujarat ist 2003 nach einer langen Dürreperiode ein Brunnenloch die einzige verbliebene Wasserquelle. Amit Dave/Reuters

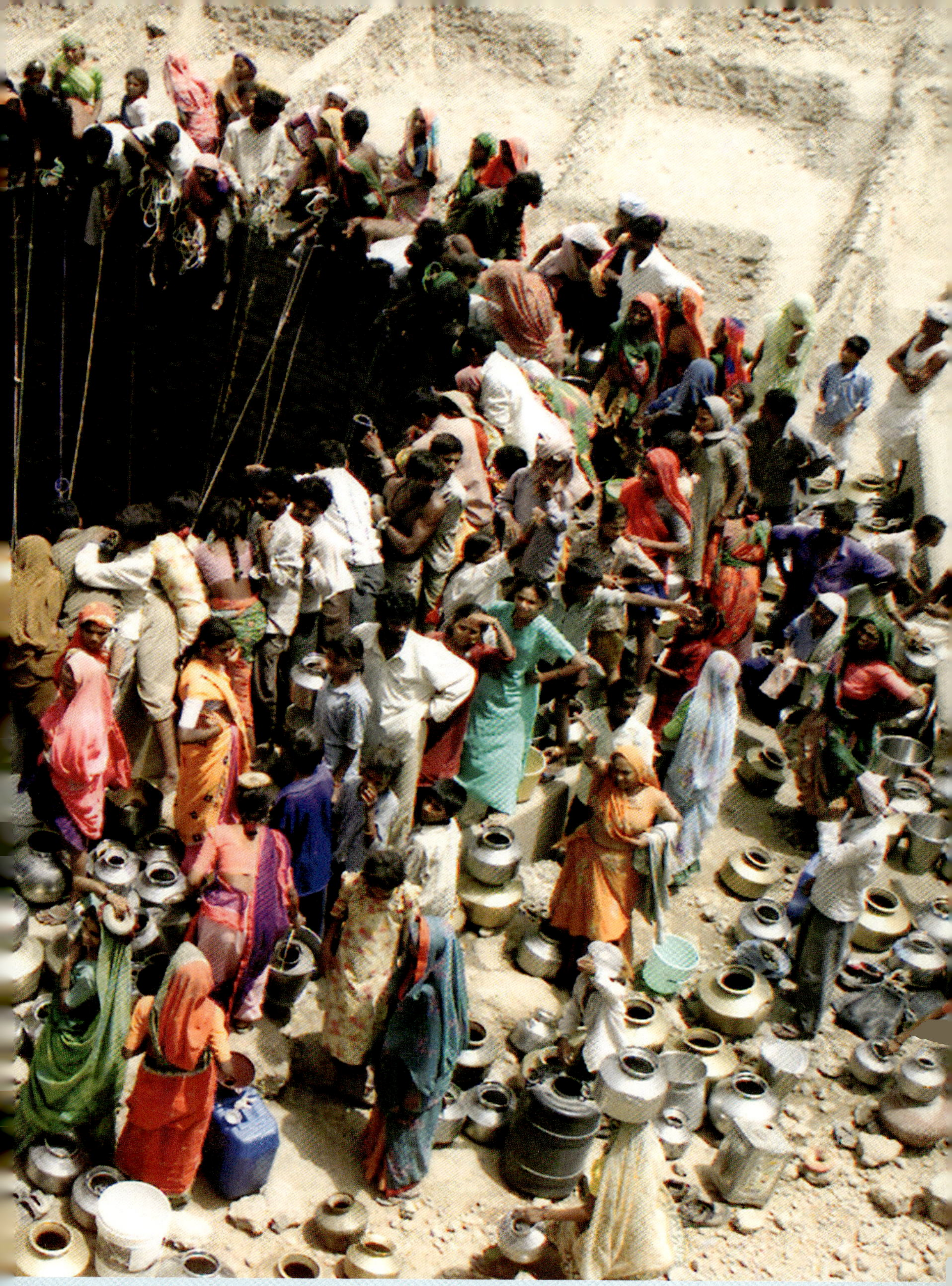

Urbane Wassernot: In den Megastädten Asiens, Afrikas und Lateinamerikas leben Hunderte Millionen Menschen in Slums und Favelas, die meisten ohne Zugang zu einem Wasserhahn und unter prekären hygienischen Umständen. Die nördlichen Favelas von Sao Paulo in Brasilien, 2002. Stuart Franklin/Magnum Photos

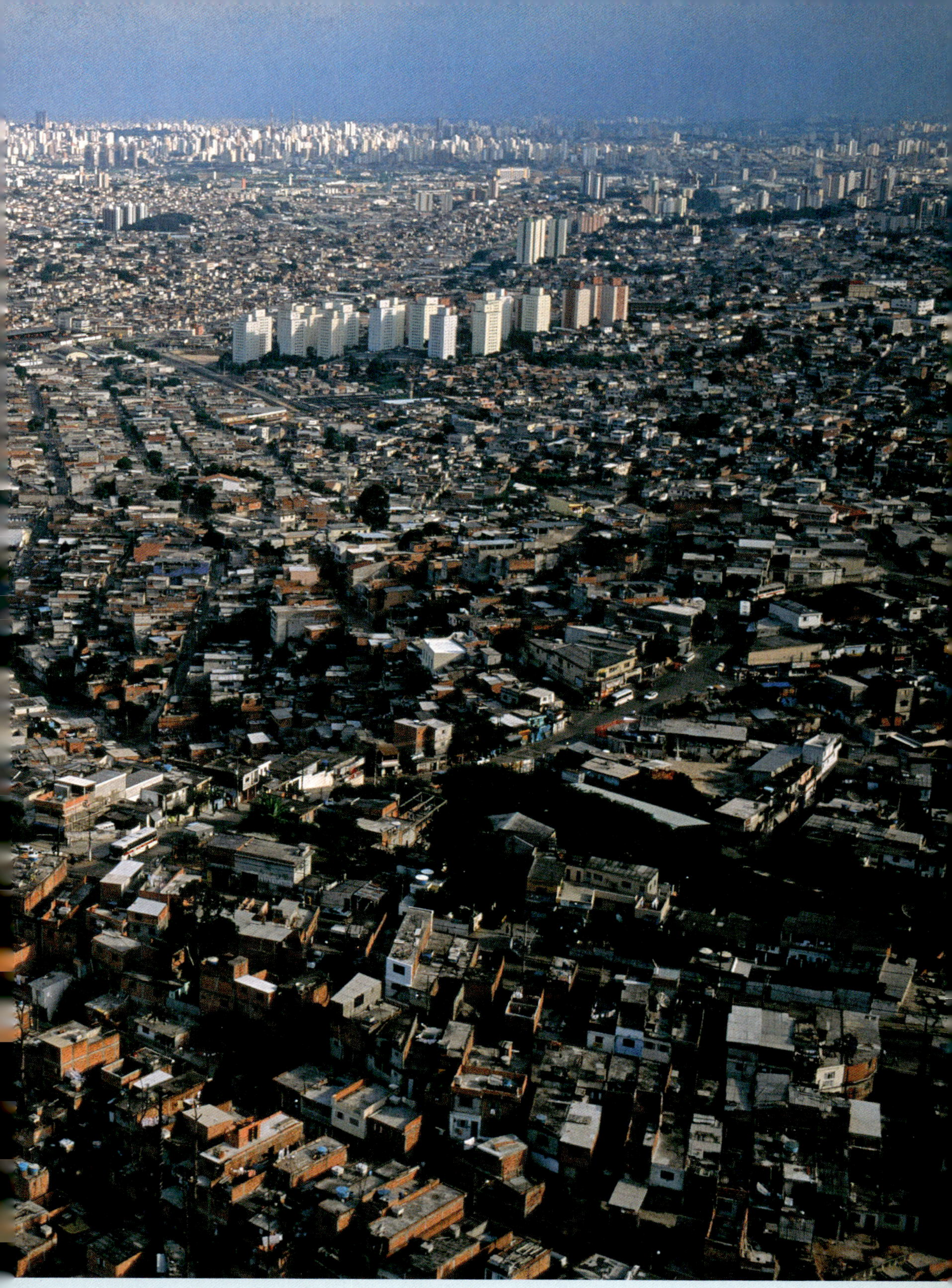

1 Milliarde M
haben keine
zu sicherem
2 Milliarden
leben unter u
hygienischer

Menschen
n Zugang
Trinkwasser.
Menschen
nhaltbaren
Verhältnissen.

Armutsgrenze: Der Schutzzaun einer geschlossenen Wohnanlage für die Mittelklasse im Norden von Buenos Aires stösst direkt an das Elendsviertel La Cava, das nicht an die öffentliche Wasserversorgung angeschlossen ist. Aufnahme von 2003. Natacha Pisarenko/AP Photo

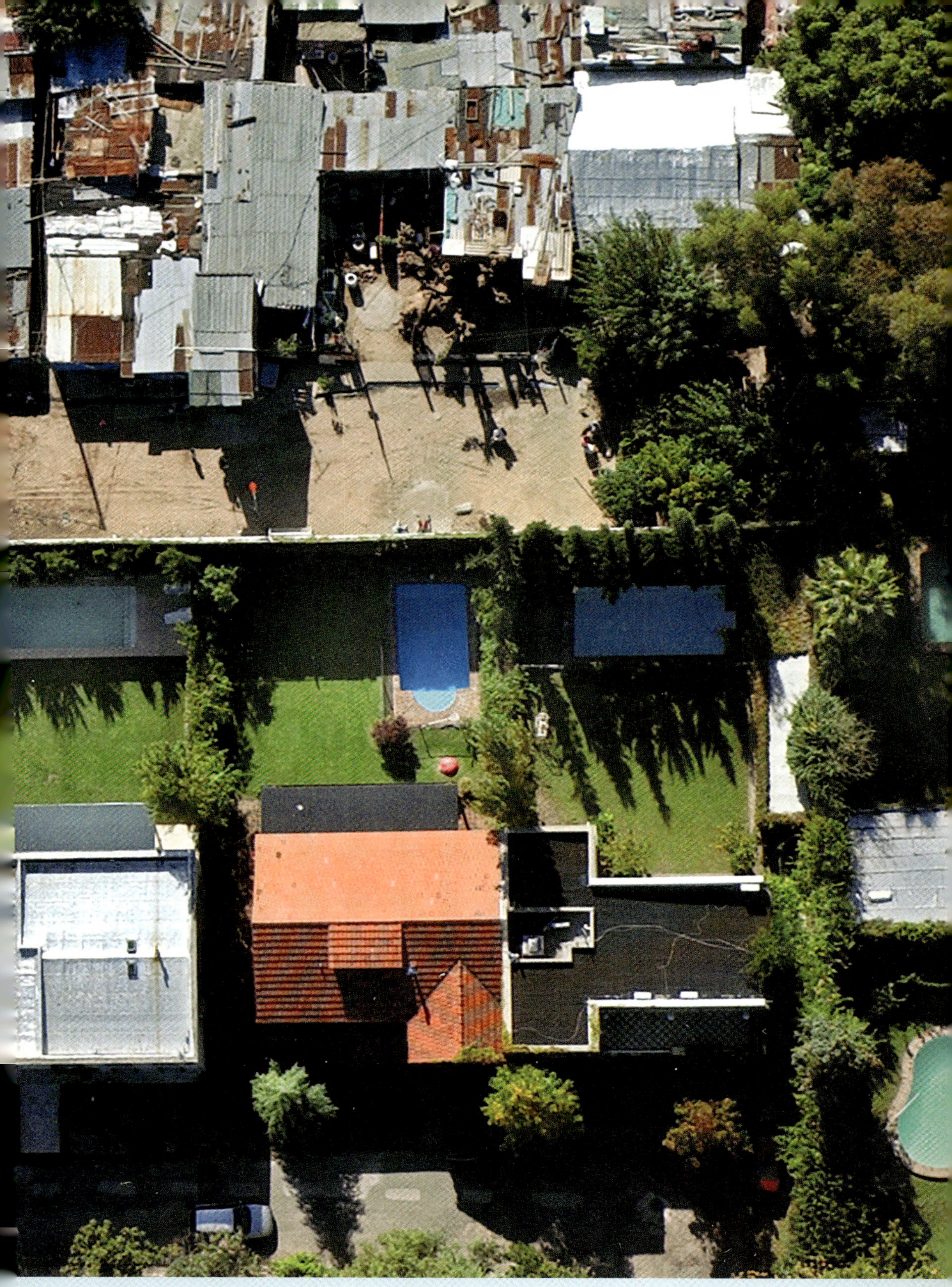

Städtische Armut und Wassermangel bedingen sich: Makoko, Lagos, Nigeria. Aufnahme von 2002. Stuart Franklin/Magnum Photos

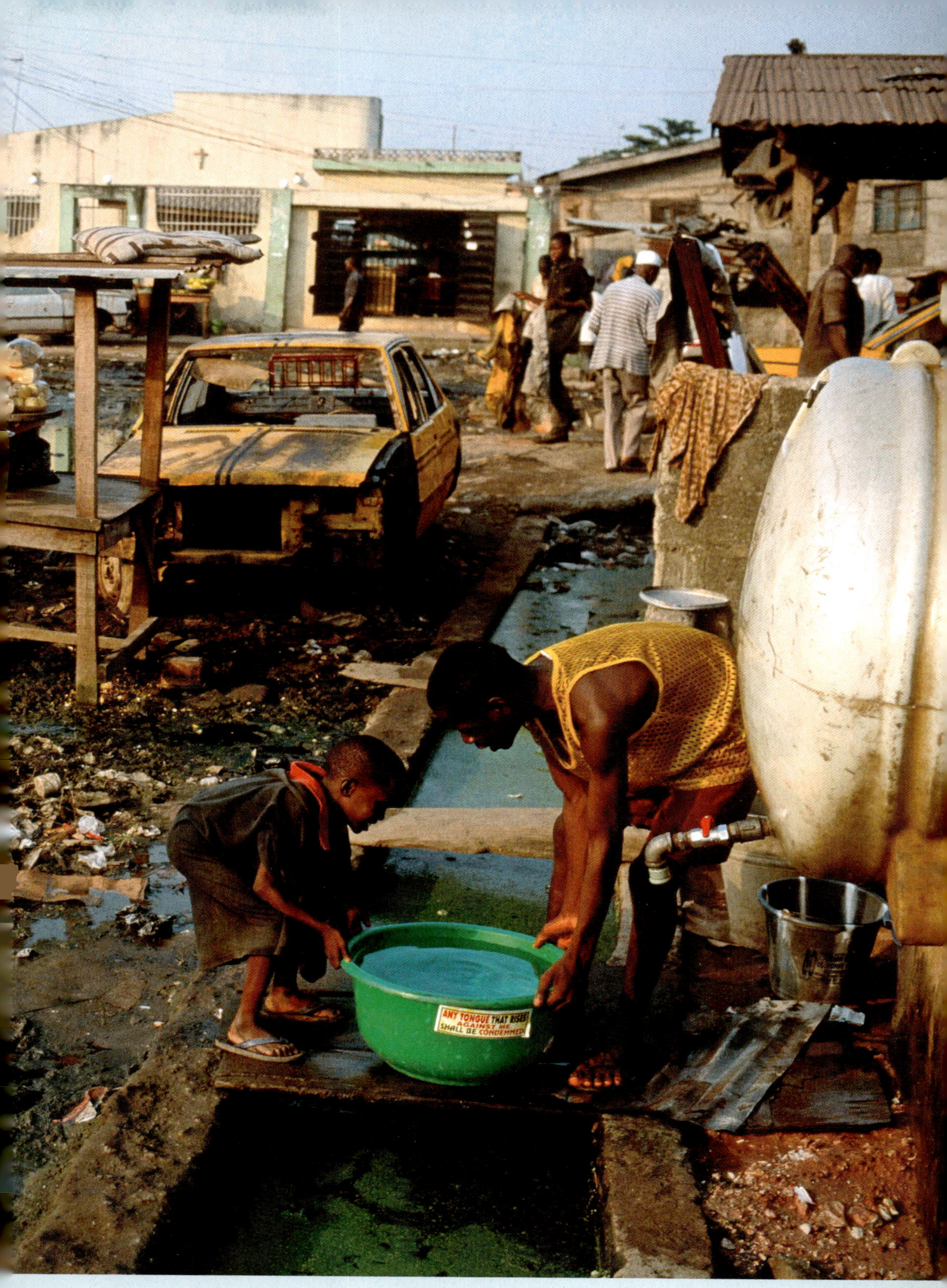
ANY TONGUE THAT RISES
AGAINST ME
SHALL BE CONDEMME

Phnom Penh, Kambodscha. Aufnahme von 2004. John Vink/Magnum Photos

Manila, Philippinen. Aufnahme von 2003. Rolex dela Pena/EPA Photo

Cité Soleil, Port-au-Prince, Haiti. Aufnahme von 2006. Redux/laif

Kuala Lumpur, Malaysia. David Nunuk/Keystone

Megacitys – die leise Katastrophe

Wasserknappheit ist eine Frau, die mit ihrem Wasserkrug auf dem Kopf meilenweit durch die Wüste geht. Das Bild täuscht. Es dekoriert eine Wirklichkeit, die um ein Milliardenfaches gravierender ist. Denn die Wasserversorgung kleiner Dorfgemeinschaften in Wüsten und kargen Landstrichen ist ein vergleichsweise kleines Problem. Die dringlichsten und vor allem schwierigsten Probleme heissen Mexiko City, Sao Paulo und Kinshasa, Mumbay und Kalkutta, Lagos oder Dhaka. Die Wassernot hat Tausende von Namen, die von Millionenstädten genauso wie die von unzähligen kleineren und mittleren Städten in Asien und Afrika, im Nahen Osten, in Lateinamerika und in der Karibik.

Mehr als eine Milliarde Menschen, rund ein Fünftel der Menschheit, muss ohne sauberes Trinkwasser auskommen. Mehr als zwei Milliarden leiden unter unhaltbaren hygienischen Verhältnissen.

Wassermangel ist jedoch nicht nur eine Frage von zu geringen Wassermengen. Wasserknappheit ist in erster Linie das Problem einer Weltgesellschaft, die den Mangel, unter dem sie leidet, selbst produziert hat und täglich neu produziert. Der fehlende Zugang zu sauberem Wasser ist die Geschichte der Armut, der Verdrängung und des Wegschauens, der Verantwortungslosigkeit. Wassernot ist eine gewaltige, aber leise Katastrophe.

Die Armut wandert in die Städte. Jedes Jahr strömen gerade in den Entwicklungsländern Hunderttausende bis Millionen in die grossen Städte, getrieben von der Hoffnung auf Arbeit und Wohlstand. Allein Mexiko City wuchs in den vergangenen Jahren jährlich um zwei Millionen Menschen. Bereits heute lebt rund die Hälfte der Weltbevölkerung in Städten; in zehn Jahren werden es, sagen UN-Experten, drei Viertel der Menschheit sein. 340 Millionen von ihnen, mehr als die derzeitige Bevölkerung der Vereinigten Staaten, werden dann in zwanzig, dreissig Megastädten mit über 10 Millionen Einwohnern leben.

Nicht alle dieser Zuwanderer sind arm, aber: Bereits heute lebt jeder dritte Stadtbewohner der Welt in einem Elendsviertel, in einer zusammengeschusterten Holzhütte, einem Wellblechverschlag, einer Hausruine oder Notunterkunft. In den afrikanischen Metropolen südlich der Sahara sind es sogar 72 Prozent, in den Städten Süd- und Zentralasiens immerhin 58 Prozent. In 30 Jahren, schätzen Fachleute, wird ein Drittel der gesamten Weltbevölkerung in Armutsvierteln wohnen.

Wo Armut, Hunger, Krankheiten, Arbeitslosigkeit, Kriminalität und andere soziale Probleme sich gegenseitig bedingen und verschärfen, ist der

Mangel an sauberem Wasser eines der dringlichsten Probleme, eines, das schier unmöglich zu lösen ist. Denn der Bau einer zuverlässig funktionierenden Wasseraufbereitung und -versorgung, von leistungsfähigen Anlagen zur Wasserentsorgung, ist kompliziert und teuer. Um den Zustrom von jährlich Hunderttausenden von Menschen in die Armenviertel zu bewältigen, müsste jede dieser Megastädte ihre Wasserversorgung jährlich um die Infrastruktur einer Stadt wie Zürich erweitern: Rund 1500 Kilometer Leitungen müssten jedes Jahr neu verlegt, mehrere Wasser- und Klärwerke, zahlreiche Reservoirs und Pumpstationen gebaut werden. Zugleich müssten Jahr für Jahr neue Wasserquellen mit einer Kapazität von etlichen hundert Millionen Kubikmetern erschlossen werden. Allein diese Neuinvestitionen würden sich auf Milliarden von Dollars belaufen.

Der Unterhalt des bereits bestehenden Leitungsnetzes würde weitere und stetig ansteigende Millionenbeträge erfordern. Zum Vergleich: Der Neuwert der Wasserversorgung der wasserreichen, nur knapp sieben Millionen Einwohner zählenden Schweiz beläuft sich auf rund 80 Milliarden Dollar; die jährlichen Betriebs- und Erhaltungskosten auf über zwei Milliarden Dollar.

Kaum eine Megastadt ist in der Lage, solche Investitionen und Betriebskosten über Steuern und Wasserzinsen selbst aufzubringen. Sogar finanzkräftige Metropolen in wasserreichen Regionen wie New York, Tokyo oder Paris, deren Wasserversorgung über 50 Jahre langsam gewachsen ist, und deren Zuwanderung sich in Grenzen hält, stossen an ihre ökonomischen Grenzen (→ S. 236).

Die meisten Megastädte liegen jedoch in armen und wenig erschlossenen Ländern, viele von ihnen in Regionen, in denen Wasser ohnehin knapp ist. Ihr grösstes Problem ist nicht der Ausbau der Wasserversorgung, sondern die Beschaffung zusätzlicher Wasserressourcen. Alle leicht zugänglichen Wasserquellen sind längst angezapft, jede weitere Erschliessung aber ist mit enorm höheren Kosten verbunden. Entweder sind aufwendige Bohrungen notwendig, um an das tiefer liegende Grundwasser zu kommen, oder das Wasser muss über Kanäle oder Pipelines aus einem immer weiteren Umkreis, oft über hunderte von Kilometern, herbeigeschafft werden.

Auch innerhalb der Megastädte ist Wasser sehr ungleichmässig verfügbar. Während die Wasserversorgung den Bewohnern wohlhabender Viertel eine Lebensqualität bietet, die europäischem oder amerikanischem Standard entspricht, müssen die Bewohner armer Viertel froh sein, wenn sie täglich einige Liter sauberes Wasser ergattern können. Für die meisten Stadtverwaltungen und Regierungen hat die Armutsbekämpfung einen weit geringeren Stellenwert als der Wettbewerb um Standortvorteile, um die Gunst internationaler Industrie- und Dienstleistungskonzerne – oder als touristische und sportliche Attraktionen. Viele Verwaltungen sind schlicht überfordert. Good Governance, ein kompetenter, transparenter und demokratischer Regierungsstil, gehört dem UNESCO-Bericht «Water For People – Water For Life» 2003 zufolge auch zu den wichtigsten Voraussetzungen, damit die Wassernot in den Slums der Megacitys reduziert werden kann.

Es wäre schon viel erreicht, wenn die bestehenden Versorgungssysteme gepflegt, regelmässig repariert und erneuert würden. Durchschnittlich vierzig Prozent des Trinkwassers, stellt der UNESCO-Wasserbericht fest, gehen in vielen Städten Afrikas, Asiens und Lateinamerikas allein durch undichte Wasserleitungen verloren. Die Regierungen setzen ihre Prioritäten jedoch meist anders. Sie erschliessen kostspielige neue Wasserressourcen für Industrie und Landwirtschaft, und lassen die bestehenden Versorgungseinrichtungen verrotten. Immer häufiger versuchen städtische Behörden, die Wasserversorgung zu privatisieren oder sich durch öffentlich-private Kooperationsmodelle dieser Aufgabe zu entledigen – bisher mit eher zweifelhaftem Erfolg. (→ S. 430ff.)

Offizielle Angaben über die Wassernot in den Armenvierteln der Megastädte gibt es aus plausiblen Gründen nicht: Von vielen Slums wissen die Stadtverwaltungen nicht einmal, wie viele Menschen dort leben; von den illegalen Siedlungen, die es offiziell gar nicht gibt, wollen sie es häufig auch nicht so genau wissen. Untersuchungen der WHO, von UNICEF und Hilfsorganisationen in einzelnen Städten aber lassen den Umfang der Katastrophe zumindest erahnen: Von den sechs Millionen Menschen, die in einem der Elendsviertel im pakistanischen Karachi leben, hat lediglich die Hälfte einen gesicherten Zugang zu sauberem Wasser. In den Slums der 3,5-Millionenstadt Chittagong in Bangladesh hat nur jeder vierte Haushalt einen Wasseranschluss. 200 000 Bewohner holen ihr Wasser an einem von insgesamt 600 öffentlichen Strassenhydranten. Eine Million Menschen muss sich aus verschmutzten Tümpeln und Kanälen, aus Wassertonnen und Bottichen, in denen Regenwasser gesammelt wird, versorgen.

In Dhaka, der Hauptstadt von Bangladesh, muss die Hälfte der Slumbewohner eine halbe Stunde und mehr bis zur nächsten sicheren Wasserstelle gehen. In der kenianischen Metropole Nairobi, in der über die Hälfte der Bevölkerung auf sechs Prozent der Stadtfläche lebt, haben lediglich 12 Prozent der Slumbewohner Zugang zur öffentlichen Wasserversorgung. Über 80 Prozent holen ihr Wasser in Kanistern bei einem der privaten Wasserkioske. Für 20 Liter Wasser bezahlen sie 4 bis 5 kenianische Schilling. Das sind zehn Mal mehr, als die Bewohner der Villenviertel bezahlen müssen, deren Häuser an die städtische Wasserversorgung angeschlossen sind.

In der malischen Hauptstadt Bamako verkaufen die privaten Wiederverkäufer ihr Wasser bis zu 35 Mal teurer als das städtische Wasserwerk. Ein einträgliches Geschäft, hat es die Stadt doch bis heute unterlassen, Wasserleitungen bis in die Armenviertel zu verlegen.

Ebenso dramatisch wie in diesen Millionenstädten, stellt der UNESCO-Wasserbericht fest, ist der Mangel an sauberem Wasser aber auch in Tausenden von mittleren und kleineren Städten in den ländlichen Regionen Afrikas, Asiens und des Nahen Ostens. Ein grosser Teil der Bevölkerung ist hier ebenso arm wie die Slumbewohner der Megacitys, die Infrastruktur jedoch ist meist noch rudimentärer, die öffentlichen Mittel sind noch beschränkter. Viele dieser Städte liegen abseits der grossen, national geförderten «Wasserstrassen». Sie haben weder politisches noch wirtschaftliches Gewicht, keine wichtigen Industrieunternehmen, die ihre Macht und ihren Einfluss geltend machen. Diese Städte sind weitgehend auf sich selbst angewiesen, ihr Schicksal gelangt selten ins Scheinwerferlicht der Weltöffentlichkeit. Ihre Bewohner sind die leisesten Opfer dieser leisen Katastrophe.

Erste Hilfe: Dieser Wasserkiosk in Makindu in Kenia ist an eine Trinkwasserleitung angeschlossen. 15 000 Menschen in einem Umkreis von 10 Kilometern versorgen sich hier mit sauberem Trink- und Waschwasser. Projekt der Welthungerhilfe, 2005.

Tägliche Routine: Für viele Hausfrauen in ärmeren Ländern bestimmt der Wassertanker den Tageslauf. Ein solcher 10 000 Liter Tanklaster ist in wenigen Minuten in Krüge und Schalen umgefüllt. In Mumbra, einem kleinen Vorort von Bombay.
Savita Kirloskar/AVD/CMC

Gefährlicher Gang: Die meisten Einwohner der von Gewalt erschütterten Slums Bel Air in der haitianischen Hauptstadt Port-au-Prince müssen trotz der Gefahr mehrere Strassenblöcke weit laufen, um Wasser an einer der wenigen Zapfstellen zu kaufen. Aufnahme von 2005. Kent Gilbert/AP Photo

Wasser in Zeiten des Krieges: Die Wasserversorgung von Basra im Süden Iraks bricht immer wieder zusammen. Aufnahme vom August 2003. Sergei Grits/AP Photo

Zerbröckelnde Infrastruktur, versiegende Wasserleitungen. Malabo, Äquatorial-Guinea, Aufnahme von 2002.
Christine Nesbitt/AP Photo

Fliegende Wasserhändler als Ersatz für eine Versorgung mit Leitungswasser. Jakarta, Indonesien. Aufnahme von 1999. Curt Carnemark/AP Photo

Pueblos Jovenes, Lima, Peru. Aufnahme von 2002. Yoshiko Kusano/Keystone

Segensreicher Regen: Frisch gesammeltes Regenwasser ist hygienisch einwandfrei. Angkor Meanchey, Phnom Penh, Kambodscha. Aufnahme von 2002. John Vink/Magnum Photos

Rocinha Favela, Rio de Janeiro. Abbas/Magnum Photos

Anschluss an Wasserversorgung: weltweite Abdeckung (2000)

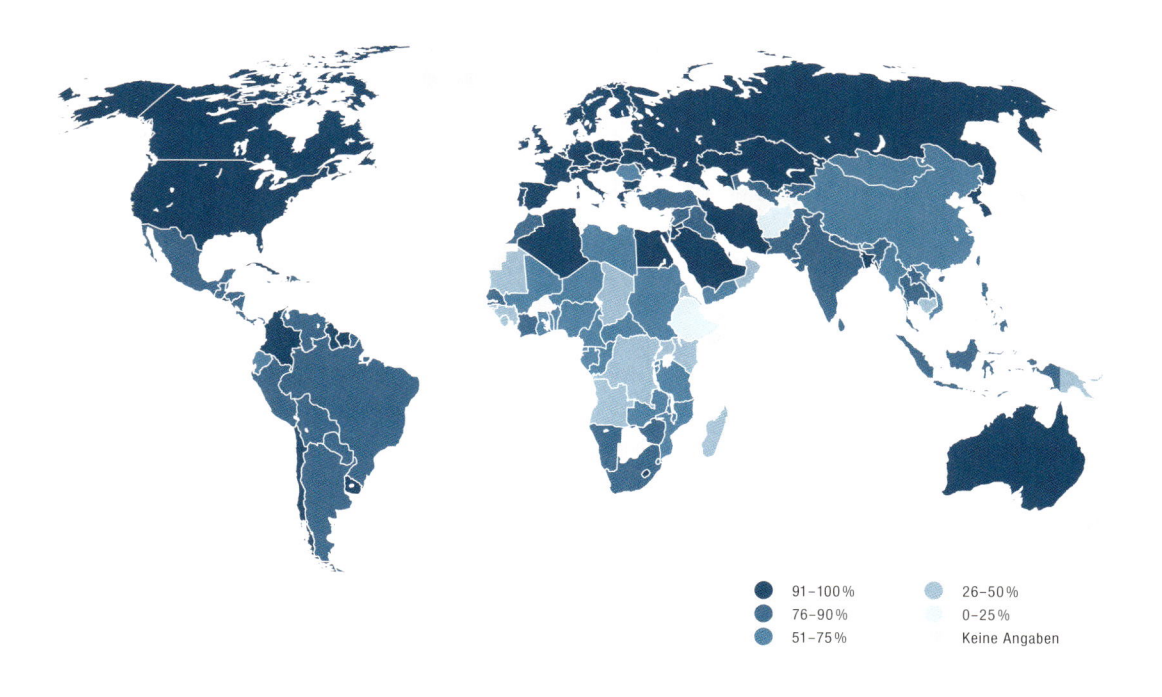

- 91–100 %
- 76–90 %
- 51–75 %
- 26–50 %
- 0–25 %
- Keine Angaben

Wasserversorgung in den grössten Städten
Durchschnitlicher Prozentanteil der Bevölkerung nach Anschlussart und Region

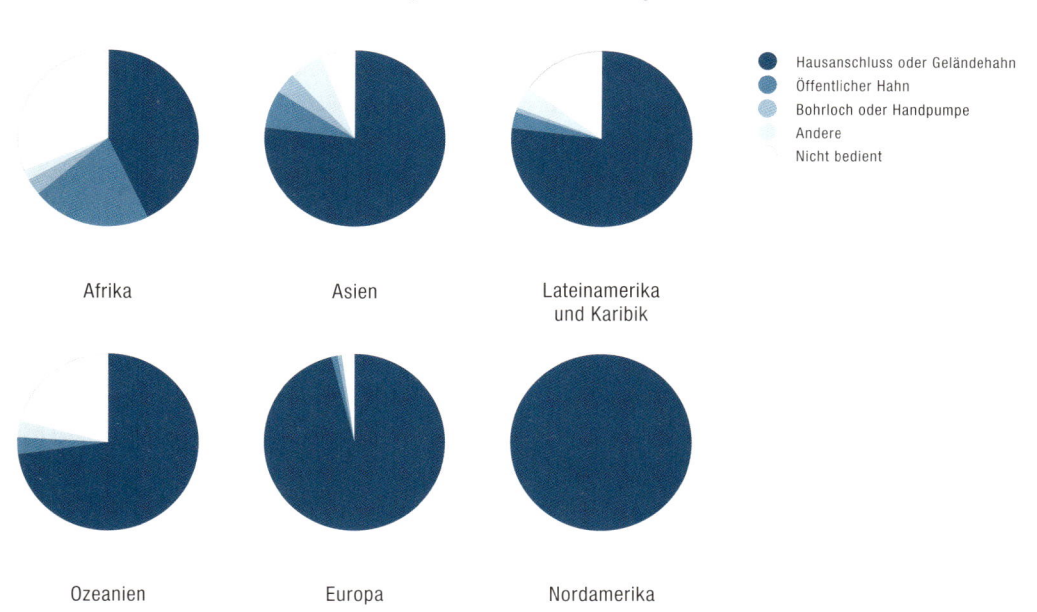

- Hausanschluss oder Geländehahn
- Öffentlicher Hahn
- Bohrloch oder Handpumpe
- Andere
- Nicht bedient

Afrika

Asien

Lateinamerika und Karibik

Ozeanien

Europa

Nordamerika

Durchschnittlicher Jährlicher pro Kopf Wasserbedarf
Für Haushalt-, Dienstleistungs- und Industriezwecke (1990–1995)

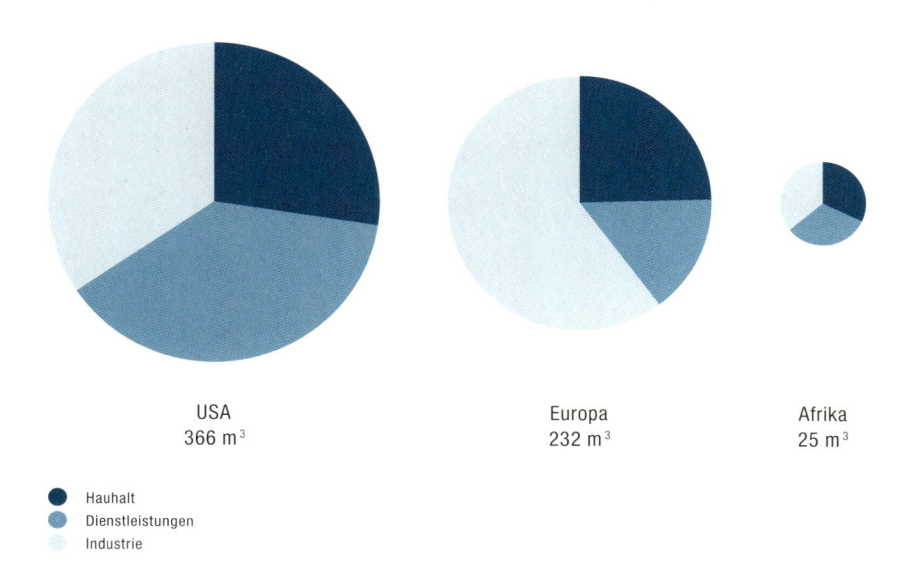

USA
366 m^3

Europa
232 m^3

Afrika
25 m^3

● Haushalt
● Dienstleistungen
○ Industrie

Globale Wasserversorgung (1990/2000)

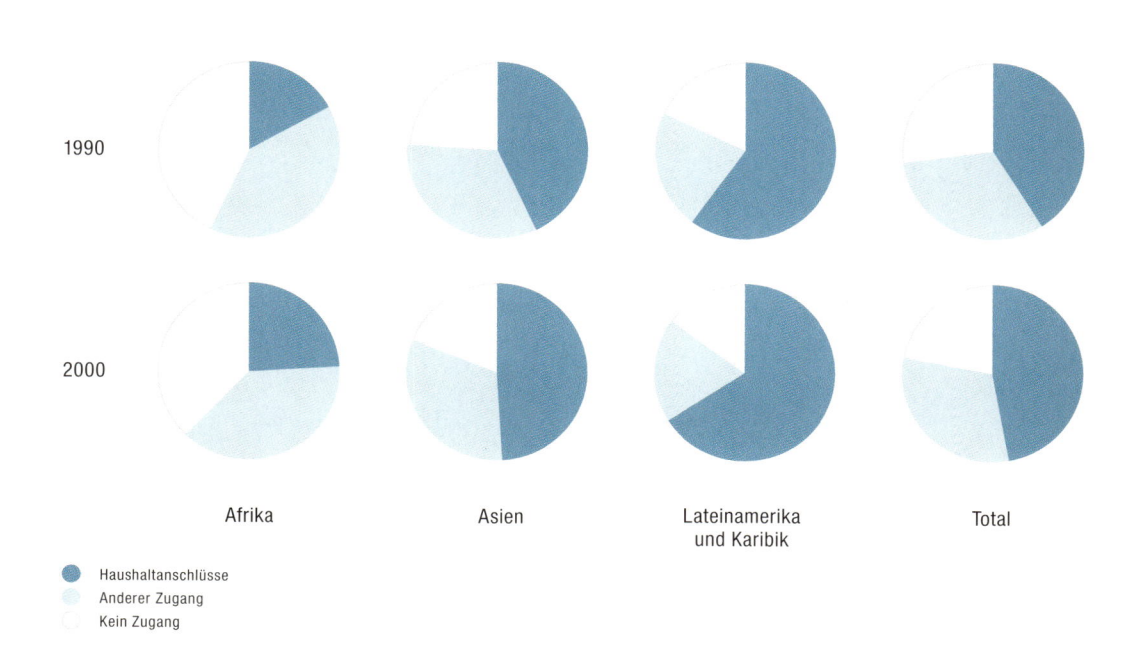

1990

2000

Afrika   Asien   Lateinamerika und Karibik   Total

● Haushaltanschlüsse
○ Anderer Zugang
○ Kein Zugang

80 Prozent kungen in de werden **durc mangel** ode Wasser veru sterben **600** vor allem Kir Jahren, an D krankungen.

aller Erkran-
r Dritten Welt
h Wasser-
verunreinigtes
rsacht. Täglich
0 Menschen,
der **unter fünf**
urchfaller-

Alles im Griff? Die Entsorgung von Abwasser gilt als gelöstes Problem. London 2002. Peter Marlow/Magnum Photos

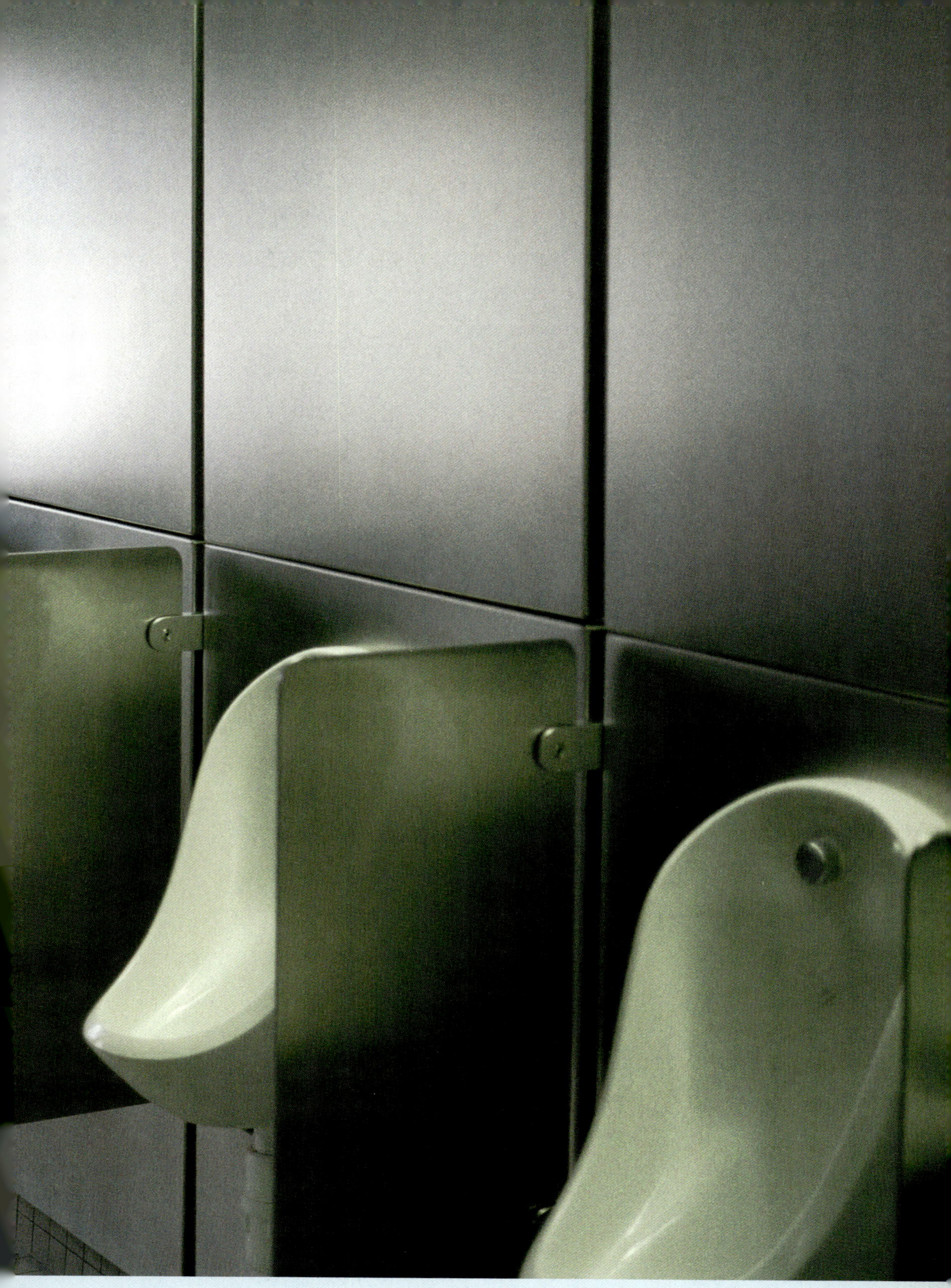

Sauberkeit ist Pflicht: Autobahntoilette bei Magdeburg. Modrow/laif

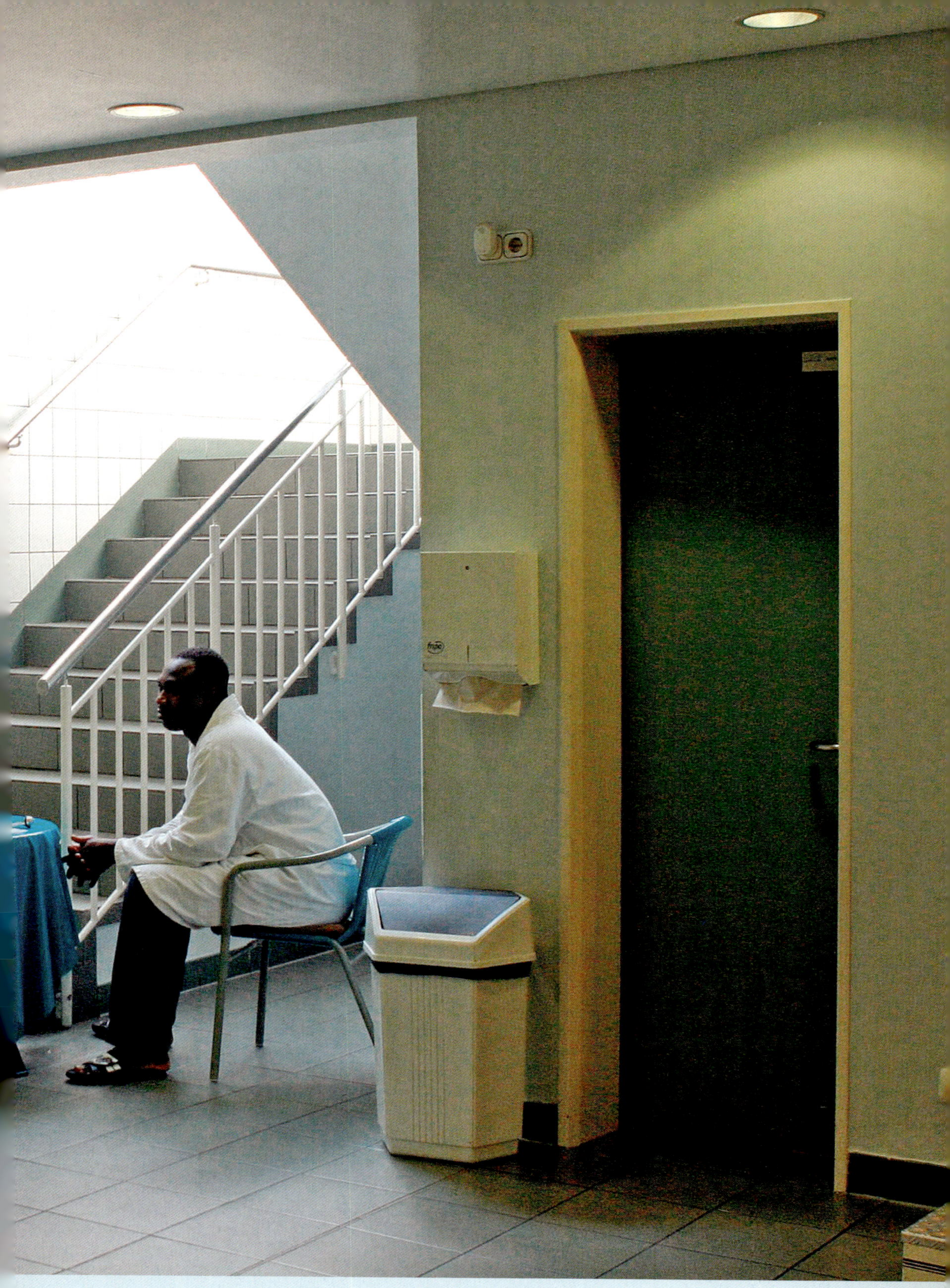

Ungute Mischung: Selbst mit modernster Klärtechnologie lässt sich das Gemenge von Bad- und Küchenabflüssen, Fäkalien und Industrieabwässern kaum bewältigen. Kläranlage der Stadt Frankfurt am Main in Niederrad.

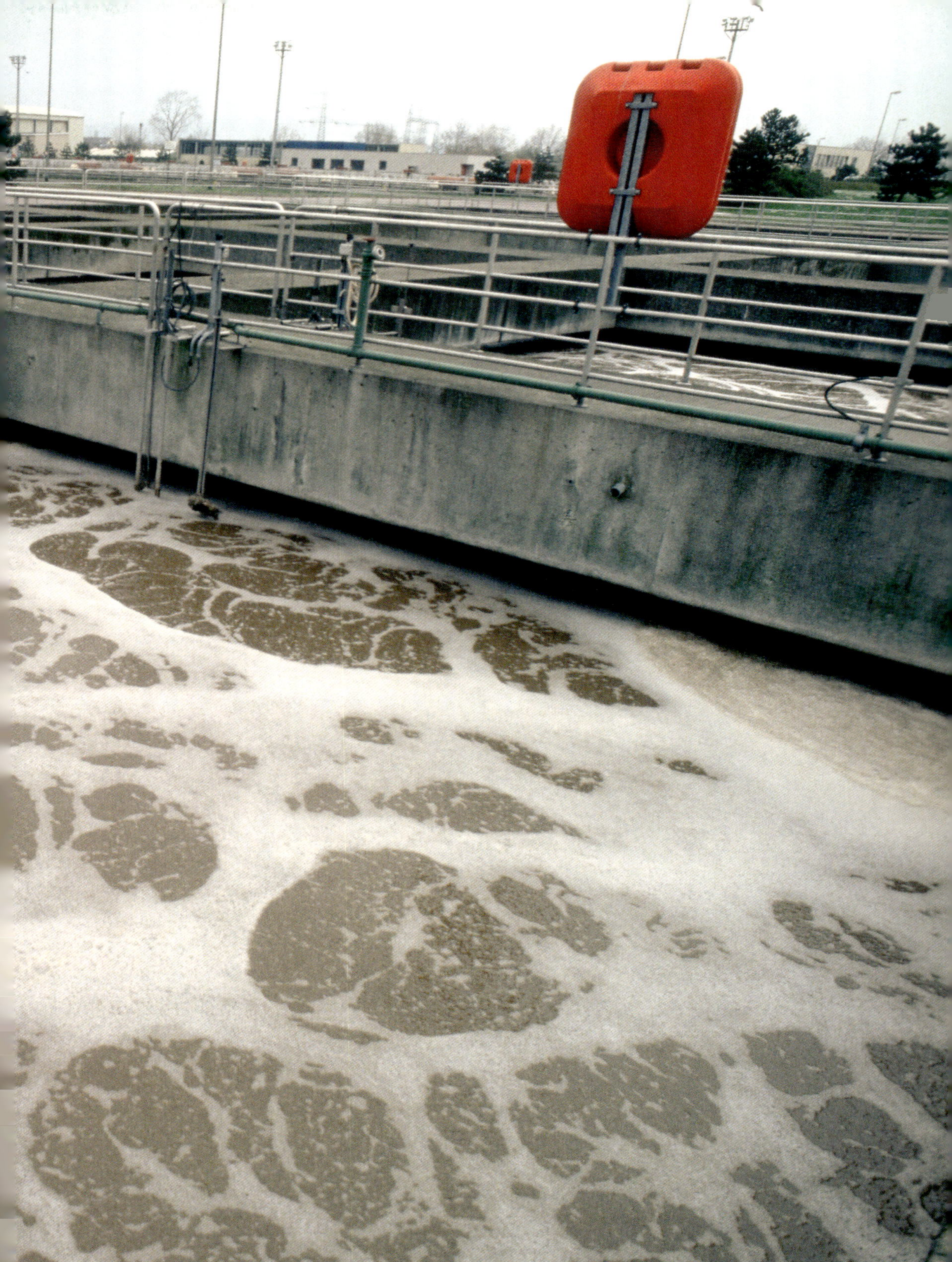

Schmutz, Fäkalien und «flying toilets»

Zwei Milliarden Menschen haben keinen Zugang zu sauberen Toiletten und Waschgelegenheiten. In Afrika sind 40 Prozent der Gesamtbevölkerung, in Asien gar 52 Prozent betroffen. Die Fäkalien von zwei Milliarden Menschen werden nicht entsorgt, sondern verpesten täglich Hinterhöfe und Strassen, sickern ins Grundwasser und verseuchen das Trinkwasser. Über hundert Kubikkilometer Abwasser, verdreckt von Haushaltsabfällen, verseucht durch Krankheitskeime, verunreinigt durch Waschmittel und Haushaltschemikalien, fliessen jährlich ungesäubert in Flüsse und Seen, Bäche und Tümpel. Allein in New Delhi strömen jeden Tag 200 000 Kubikmeter Haushaltsabwässer ungereinigt in den Yamuna-Fluss.

Am schlimmsten betroffen sind auch bei der Abwasserentsorgung die grösseren Städte und die Megacitys der Dritten Welt. Behelfsmässige Lösungen, wie sie in ländlichen Gegenden, in kleinen Dorfgemeinschaften üblich sind, etwa dass die Bewohner ihre Notdurft fernab der Brunnen und Trinkwasserquellen verrichten, gibt es in den Städten, wo viele Menschen auf engstem Raum zusammen leben, nicht.

Verlässliche Zahlen gibt es auch hier nur vereinzelt. Eine Untersuchung der WHO in 116 Weltstädten ergab, dass in Afrika nicht einmal 20 Prozent der Haushalte an eine Kanalisation angeschlossen sind. In Lateinamerika, in Asien und in der Karibik sind es nicht mehr als 40 Prozent. In Dhaka in Bangladesh haben zwar 40 Prozent der Slumbewohner Zugang zu Toiletten und hygienischen Einrichtungen mit kanalisierten Wasserabflüssen, 42 Prozent aber verrichten ihre Notdurft im Freien. In Karachi sind laut Statistik ebenfalls 40 Prozent der Haushalte an die Kanalisation angeschlossen; aber während in den wohlhabenden Vierteln 80 Prozent über eine eigene Wasserleitung verfügen, sind es in den Elendsvierteln, wo ein «Haushalt» oft eine ganze Sippe umfasst, lediglich 12 Prozent. In Nairobi leben 94 Prozent aller Slumbewohner ohne Zugang zu brauchbaren sanitären Einrichtungen. In vielen dieser Slumviertel entsorgen die Bewohner ihre Fäkalien in «flying toilets», Papier- oder Plastiksäcken, die irgendwo in einem Hinterhof deponiert werden oder auf dem Müll landen.

Doch auch diese Zahlen zeigen bloss die halbe Wirklichkeit: Viele der statistisch erfassten Latrinen und Toiletten sind derart schlecht unterhalten, verdreckt oder beschädigt, dass sie gar nicht benutzt werden können. Wo mehrere hundert, manchmal bis zu 2000 Männer, Frauen und Kinder, Alte und Kranke, einige wenige Toiletten benutzen müssen, kann niemand auf die Dauer für Sauberkeit sorgen. In vielen Elendsvierteln müssen die Bewohner zudem für die Benutzung der öffentlichen oder privat betriebenen Toiletten und sanitären Einrichtungen bezahlen. Obwohl die Latrinen und Waschgelegenheiten «statistisch» vorhanden sind, werden sie nicht benutzt, weil sie für viele Bewohner zu teuer sind. Viele ärmere Familien müssten bis zu 15 Prozent ihres gesamten Einkommens ausgeben, damit jedes Familienmitglied einmal pro Tag eine Toilette benutzen und sich einmal täglich waschen kann.

Die schlechte Versorgung mit sauberem Wasser und die fehlende Entsorgung von Fäkalien und schmutzigen Haushaltsabwässern sind neben der Mangelernährung eine der Hauptursachen für die vielen Epidemien in der Dritten Welt. Die WHO hat berechnet, dass in den Entwicklungsländern rund die Hälfte der Bevölkerung konstant an einer oder mehreren der sechs häufigsten Krankheiten leidet, die durch ungeniessbares Wasser und mangelnde Hygiene verursacht werden. 1,7 Millionen Menschen, davon über 600 000 in Afrika und fast 700 000 in Asien, sterben jedes Jahr an solchen «wasserbedingten» Krankheiten. 90 Prozent der Todesfälle sind Kinder. Allein an Durchfall sterben laut WHO jährlich bis zu zwei Millionen Menschen, darunter 1,4 Millionen Kinder unter fünf Jahren.

In der Dritten Welt ist die Kindersterblichkeit im Durchschnitt um das 10- bis 20-fache höher als in den westlichen Industrieländern. Aber auch hier geben die Statistiken den wahren Sachverhalt nur eingeschränkt wieder: In Karachi beispielsweise schwankt die Kindersterblichkeit von Quartier zu Quartier zwischen drei und 21 Prozent; in Deutschland beträgt sie durchschnittlich 0,5 Prozent.

Rund 80 Prozent aller Krankheitsfälle in Drittweltländern sind gemäss WHO «wasserbedingt». Die Liste der Krankheiten, die mehr oder weniger direkt auf Wassermangel, verschmutztes Wasser oder ungenügende sanitäre Einrichtungen zurückzuführen sind, ist lang. Dazu gehören Cholera, Typhus, Kinderlähmung, zahlreiche Haut- und Augenkrankheiten, zum Teil auch Hepatitis A, Fadenwürmer und Parasiten. Nirgendwo vermehren sich Moskitos oder Stechmücken, die Überträger von Malaria und Denguefieber, schneller als in verschmutzten Gewässern, in Tümpeln und Abwasserkloaken, auf Abfallhalden mit Fäkalien und Haushaltsmüll.

In einer ganzen Reihe von Megastädten der Dritten Welt muss sich die mittellose Bevölkerung mit Wasser begnügen, das zuvor landwirtschaftlich oder industriell genutzt wurde. Fast überall enthält dieses Wasser hohe Konzentrationen an Düngemitteln und Pestiziden aus der Landwirtschaft, an Lösungsmitteln, Ölen oder Schwermetallen aus der industriellen Produktion. Das Pestizid DDT, das nachweisbar schwere gesundheitliche Schäden verursacht und sowohl in den USA als auch in der EU längst verboten ist, wird in zahlreichen Ländern Afrikas und Asiens bis heute zur Bekämpfung der Tsetsefliege eingesetzt.

Nicht immer sind die Belastungen des Wassers von Menschen verursacht. In Bangladesh etwa hat Arsen, das sich im Himalayagebiet seit Tausenden von Jahren aus den Gesteinen gelöst hat und bis in die tiefen Grundwasser der Mündungsgebiete des Ganges, des Yamuna und Brahmaputra gelangt, eine der grössten Gesundheitskatastrophen der Welt verursacht. Solange die Bevölkerung ihr Trinkwasser vor allem aus Flüssen und flachen Brunnen entnahm, bewegte sich die Arsenkonzentration in einem ungefährlichen Bereich. In den 70er und 80er Jahren wurden mit

Unterstützung internationaler Hilfsorganisationen über eine Million neuer Pumpen installiert, die tieferes Grundwasser förderten, damit mehr und mehr auf das immer stärker verschmutzte Oberflächenwasser verzichtet werden konnte.

Dank dieser neuen Brunnen verringerte sich zwar wie erhofft die Zahl der Durchfallerkrankungen enorm, gleichzeitig versorgten sich jedoch 30 bis 50 Millionen Menschen über zwei Jahrzehnte lang unwissentlich mit stark arsenhaltigem Grundwasser. Erst als in den 90er Jahren die ersten Menschen an den Langzeitfolgen dieser schleichenden Vergiftung starben, wurde man auf das Problem aufmerksam. Derzeit leidet bereits eine Million Menschen an chronischer Arsenikose. Nach Schätzungen der WHO werden in den kommenden Jahren bis zu 300000 Bangladeshis an dieser Krankheit sterben. Auch in China, Vietnam, Indien und Pakistan, in Ghana, Brasilien, Argentinien und Chile, in Grossbritannien und den USA trinken Millionen von Menschen mehr oder weniger arsenhaltiges Wasser.

Diesen gewaltigen Problemen gegenüber sind die wohlhabenden Industriestaaten Europas und Nordamerikas in einer weitaus komfortableren Lage. Bereits in byzantinischer und römischer Zeit bauten grössere Städte wie Rom oder Konstantinopel (das heutige Istanbul) Aquädukte und Kanäle, um ihre Bevölkerung mit frischem Trinkwasser zu versorgen. Als die Wissenschaft Mitte des 19. Jahrhunderts entdeckte, dass die grossen Typhus- und Choleraepidemien von fäkalienverseuchtem Wasser herrührten, begannen zumindest die grösseren Städte, die Trinkwasserversorgung von der Schmutzwasserbeseitigung zu trennen.

So baute Chicago immer längere Rohrleitungen in den Michigansee, um die Trinkwasserfassungen in Ufernähe nicht zu gefährden. Als dies nichts mehr nützte, wurde mit dem Illinois Waterway, dem grössten Wasserbauprojekt vor dem Bau des Panamakanals, um 1900 die Flussrichtung des Chicago und des Calumet River umgekehrt, so dass die Abwässer der Stadt und ihrer riesigen Schlachthöfe nicht mehr in den Michigansee flossen, sondern über Kanäle und Rohrleitungen in den Illinois River und von dort in den Mississippi. Nicht zur Freude der betroffenen Bundesstaaten entlang dem Mississippi, die Chicago durch gerichtliche Auflagen schliesslich zwangen, diese Abwässer zu reinigen.

Als wichtigste Zäsur in der Geschichte der Hygiene gilt die Erfindung des Wasserklosetts. Bereits 1596 hatte Sir John Harrington eine Art Wasserspülung erfunden. Patentiert wurde das Wasserklosett aber erst 1775 durch den Erfinder Alexander Cummings. Allgemein gebräuchlich wurde das Spülklosett erst Ende des 19. Jahrhunderts – vor allem in Europa und Amerika.

In London, Paris und vielen anderen europäischen und amerikanischen Städten wurden auch die ersten Kanalisationen gebaut, welche die Abwässer und Fäkalien der Haushalte sammelten, um sie vorerst noch ungereinigt in die Flüsse und Seen zu leiten. Der erhoffte Erfolg hielt sich jedoch in Grenzen: Noch 1858 mussten sich die britischen Abgeordneten vor dem «Great Stink» der Themse schützen, indem sie mit

Chlorkalk getränktes Sackleinen in die Fenster des Parlamentsgebäudes hängen liessen.

Um 1920 verfügten die meisten Städte und grösseren Gemeinden Europas und Nordamerikas, später auch viele europäische Quartiere in den asiatischen Kolonien, über eine einigermassen funktionierende Trinkwasserversorgung und Abwassersammlung. Viele Städte versuchten, ihre Abwässer auf ausgedehnten Rieselfeldern zu säubern, um sie von den Flüssen fernzuhalten. Noch 1927 liess Berlin sein gesamtes Abwasser verrieseln – jährlich rund 182 Millionen Kubikmeter –, weil die wenigen Kläranlagen wegen Überlastung ausser Betrieb gesetzt werden mussten und die Spree unzumutbar verschmutzt war.

Die Ära der modernen Kläranlagen begann aber erst, als britische Ingenieure ein Verfahren entwickelten, um Wasser mit bakterienhaltigem Belebtschlamm von organischen Schadstoffen zu reinigen. In Deutschland wurden die ersten Kläranlagen bereits in den 20er Jahren gebaut, Washington nahm seine ersten Kläranlagen 1934 in Betrieb, Moskau gegen Ende der 30er Jahre. Bis Kläranlagen aber auch Phosphate und Stickstoffverbindungen aus Abwässern wirkungsvoll zu eliminieren vermochten, musste noch einiges verbessert und erfunden werden. Eine umfassende Abwasserentsorgung und -reinigung aber gibt es selbst in den entwickelten Ländern erst seit den 70er Jahren; Städte wie Mailand und Brüssel erreichten diesen Standard sogar vor wenigen Jahren.

Waren die frühen Kläranlagen noch einzig darauf ausgerichtet, akute Gesundheitsgefährdungen zu verhindern, rückten in den letzten Jahrzehnten zunehmend auch ökologische Aspekte ins Zentrum der Bemühungen: die Reinhaltung der Seen und Meere, die Rettung der Fischbestände, der Schutz der Artenvielfalt und der Ökosysteme. Dabei agiert vor allem die Industrie zuweilen recht widersprüchlich: Weil auch sie bei vielen Produktionsabläufen auf sauberes Wasser angewiesen ist, drängt sie zwar auf den Bau von Kläranlagen, zeigt aber umgekehrt wenig Bereitschaft, ihre Abwässer selbst zu reinigen, bevor sie wieder in öffentliche Gewässer zurückgeleitet werden.

Auch die moderne Wasserversorgung stösst mittlerweile an ihre Grenzen. Der verschwenderische Umgang mit Wasser und die Entdeckung neuer, bisher unbekannter Schadstoffe im Trinkwasser zwingen selbst Städte mit modernen, technisch ausgereiften Systemen, ihre Kläranlagen in schnellem Rhythmus auszubauen und weiter zu entwickeln, und ihre Entsorgungspolitik periodisch neu zu überdenken.

So schlagen vorausschauende Fachleute zum Beispiel die Entwicklung und Einführung einer «NoMix»-Technologie vor; damit soll Urin bereits in den einzelnen Haushaltungen separiert und von den übrigen Haushaltsabwässern gesondert abgeführt werden. (→ S. 380f.) Die Vorteile des vorgeschlagenen Verfahrens sind einleuchtend: Zwar macht Urin lediglich ein Prozent der Haushaltabwässer aus, aber ist für 90 Prozent des Stickstoffs und 60 Prozent des Phosphors im Abwasser verantwortlich. Die getrennte Behandlung von Urin würde nicht nur die Kläranlagen wesentlich entlasten, zugleich könnte der grösste Teil des Phosphors wieder zurückgewonnen werden. Ein sinnvoller Nebeneffekt, denn die weltweit abbaubaren Phosphorreserven reichen nach neuen Schätzungen gerade noch für 100 Jahre aus.

Ausserdem gelangen über Urin zunehmend Arzneimittel, Hormone und andere bioaktive Substanzen ins Abwasser, die von den traditionellen Kläranlagen erst teilweise entfernt werden können. Deren Wirkung auf Tiere und Menschen ist noch längst nicht ausreichend erforscht. Bereits in wenigen Jahrzehnten, warnen kritische Wissenschaftler, könnten diese neuen Stoffe zu einem der wichtigsten Probleme der Abwasserentsorgung werden.

Abwasserexperten sind sich einige, dass es zur Lösung dieser Probleme einer neue Entsorgungs-«Philosophie» bedarf: Schadstoffe müssen, wo immer das möglich ist, durch ungefährliche Stoffe ersetzt werden, unvermeidliche Schadstoffe müssen aus dem Wasser entsorgt werden, bevor sie in die Gewässer zurückgeleitet werden. Gelangen sie zurück in den Wasserkreislauf, lassen sie sich kaum noch oder nur durch äusserst kostspielige Verfahren wieder entfernen.

DIE VIER SÄULEN DER MODERNEN WASSERENTSORGUNG

1. Ressourcenschutz: Das Wasser soll von Chemikalien, mikrobiologischen Verunreinigungen und Krankheitserregern frei gehalten werden. Neben der Abwasserreinigung möglichst nah am Verursacher müssen auch die Vorschriften für die Landwirtschaft und die Einleitbedingungen für die Industrie verschärft werden.

2. Aufbereitung von Trinkwasser: Die Technologien müssen den spezifischen lokalen Bedingungen und den jeweiligen Schadstoffen angepasst werden; wenn nötig nach dem Multi-Barrierenprinzip.

3. Pflege der Infrastruktur: Ein gutes Netzmanagement, die regelmässige Kontrolle der Leitungen und ihre langfristig geplante Erneuerung, die Verwendung strapazierfähigerer Materialien und die Stabilisierung der Druckverhältnisse sorgen dafür, dass das bestehende Leitungssystem intakt und funktionsfähig bleibt.

4. Ersatz der Hausinstallation: Die sanitären Einrichtungen der Haushalte müssen durch Vorschriften dem neusten Stand der Technik angepasst werden, unter anderem durch eine kontrollierte Aufbereitung im Haus beispielsweise durch Entkalkungs- oder Korrosionsschutzmassnahmen und den Ersatz alter Leitungen aus problematischen Materialien. In Wassermangelgebieten kann die getrennte Zuleitung von Wasser unterschiedlicher Qualität für Trinkwasser und Gebrauchswasser wesentlich zu einem sparsameren Gebrauch von Trinkwasser beitragen.

Skepsis ist angebracht: Wo sanitäre Einrichtungen fehlen, müssen die Bewohner sich ihres Abwassers am nächstbesten freien Ort entledigen. Dakar, Senegal, 2005. Nic Bothma/EPA

Wassernot: Wo die strikt nötige Trennung von Wasserversorgung und Abwasser aufgehoben ist, hat dies schwerwiegende Folgen für die Bevölkerung. In Dhaka, Bangladesch. Hoogte/laif

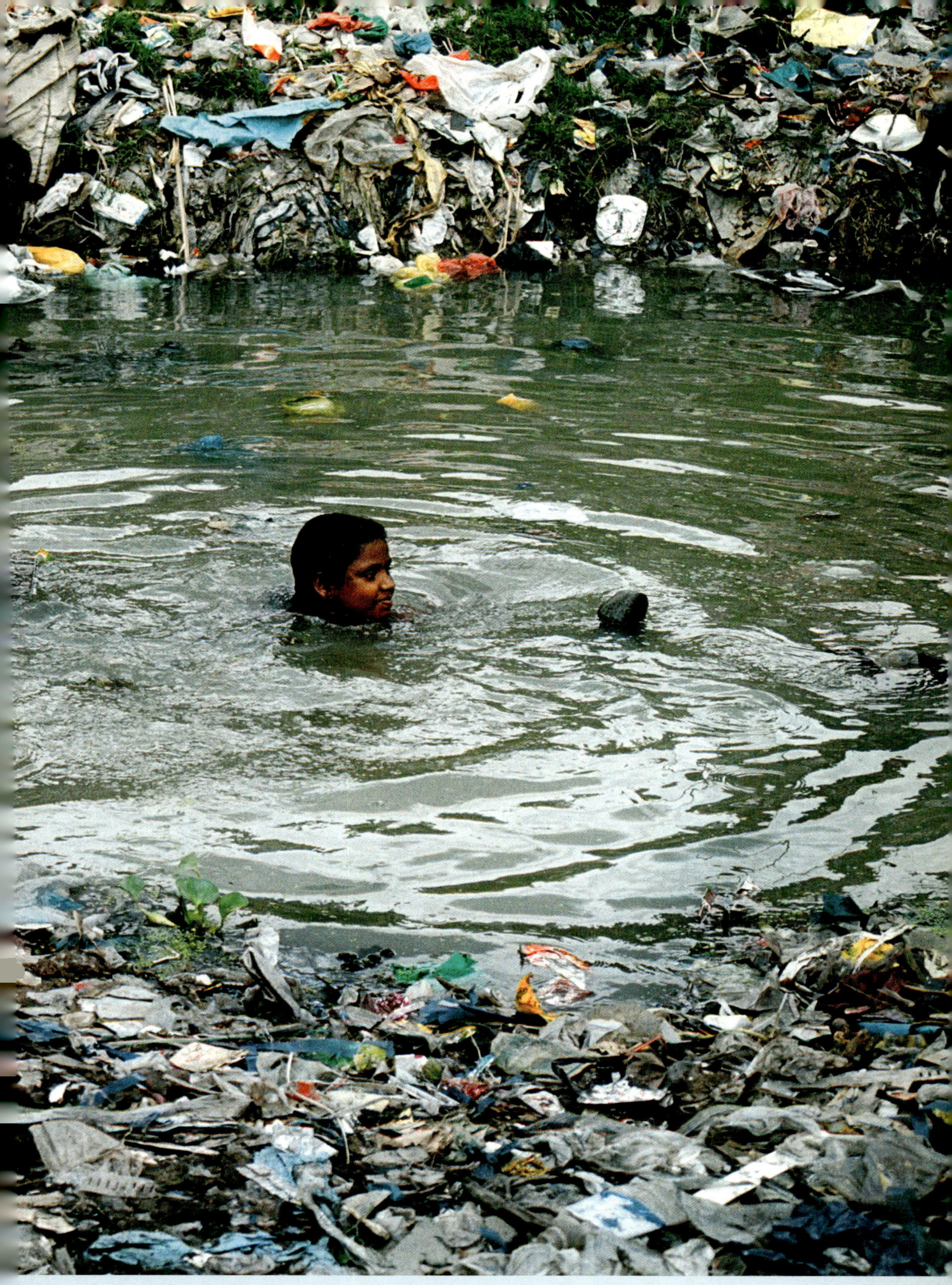

Enge, Armut und staatliche Vernachlässigung: Wo die Infrastruktur zusammenbricht, wird Abwasser zur Gefahr. Bekämpfung von Würmern in einem Abwasserkanal von Lagos, 2002. Stuart Franklin/Magnum Photos

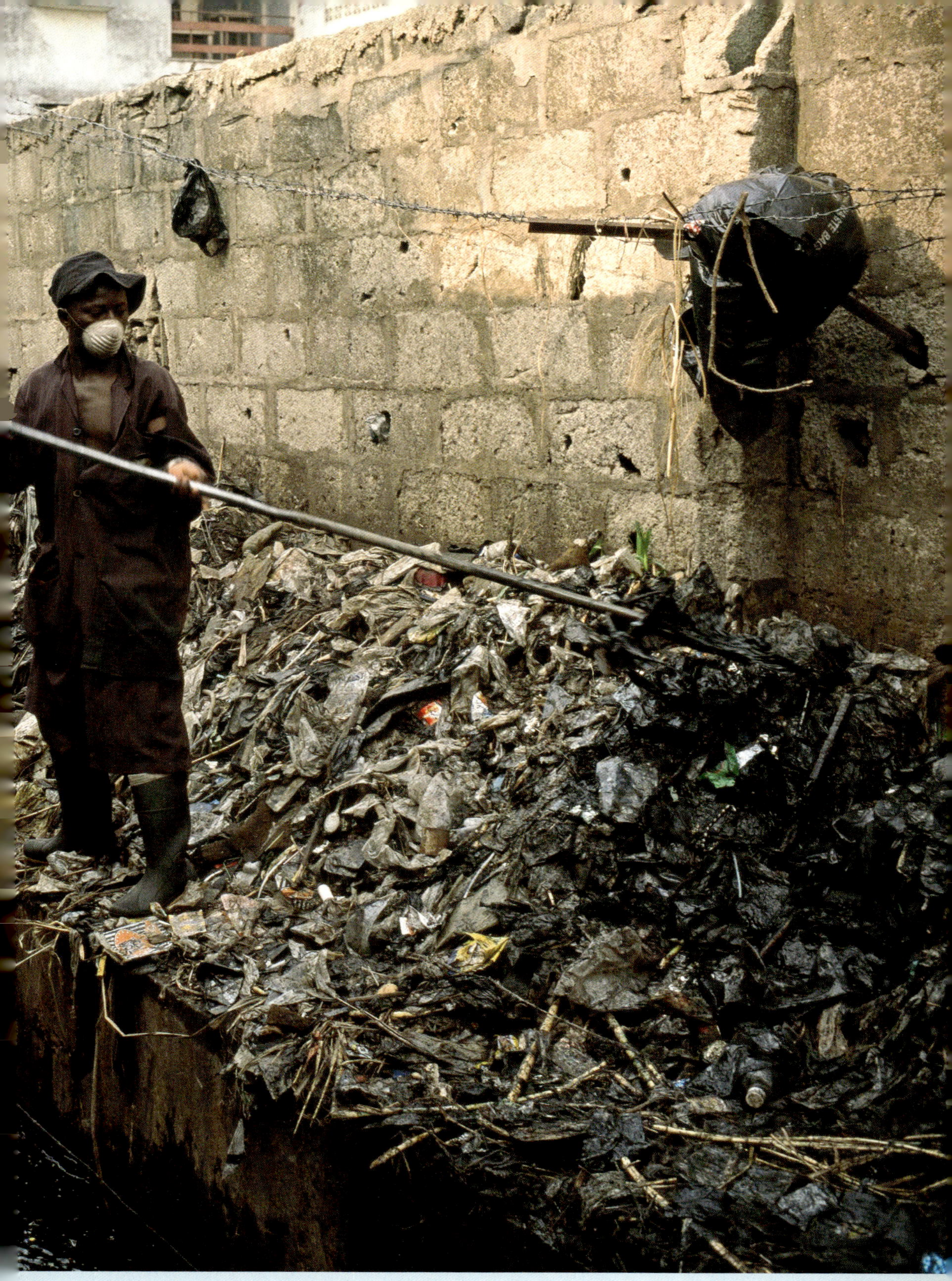

Siedlungshygiene in den grössten Städten

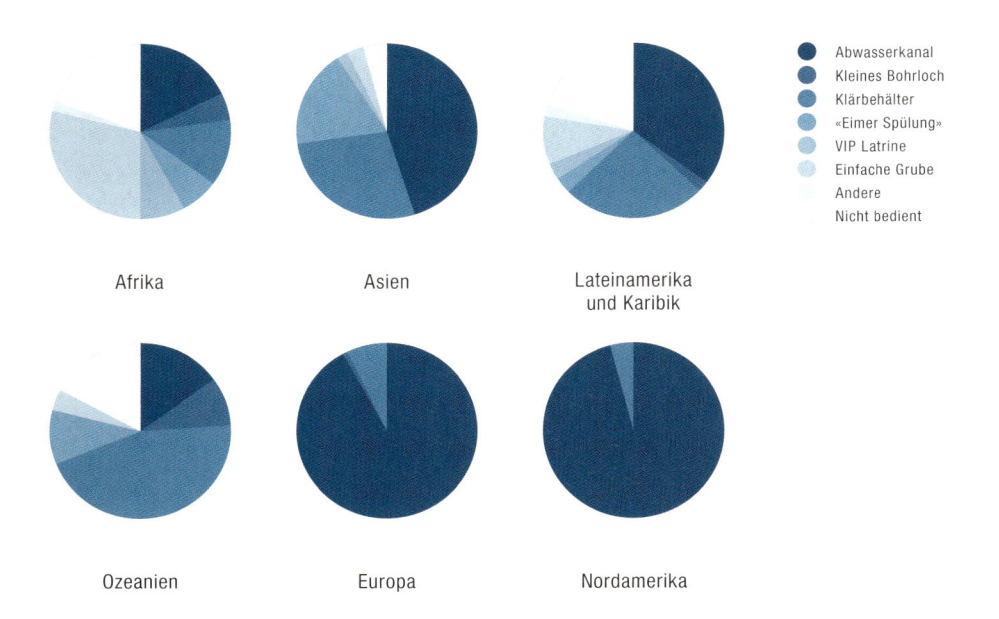

- Abwasserkanal
- Kleines Bohrloch
- Klärbehälter
- «Eimer Spülung»
- VIP Latrine
- Einfache Grube
- Andere
- Nicht bedient

Afrika Asien Lateinamerika und Karibik

Ozeanien Europa Nordamerika

Abwassersysteme
Anschlussgrad 2000

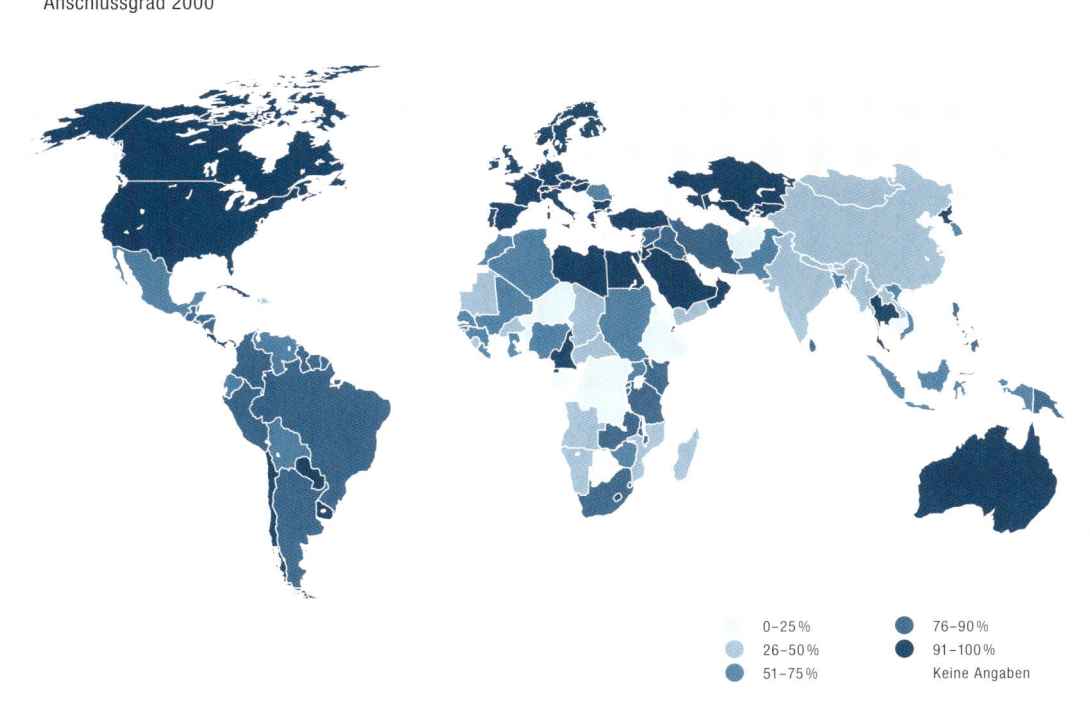

- 0–25 %
- 26–50 %
- 51–75 %
- 76–90 %
- 91–100 %
- Keine Angaben

Abwasserentsorgung (1990/2000)
Abdeckungsgrad durch verschiedene Systeme

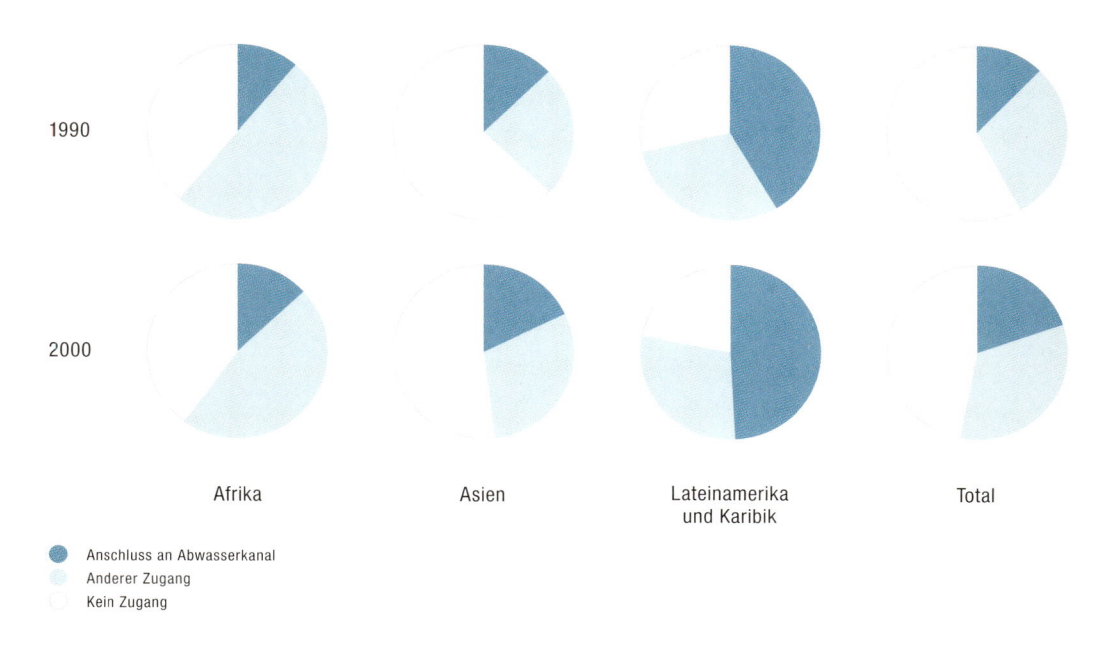

1990

2000

Afrika   Asien   Lateinamerika und Karibik   Total

- Anschluss an Abwasserkanal
- Anderer Zugang
- Kein Zugang

Wasserverbrauch im Haushalt
Typisches Muster in einem industrialisierten Land 2003. Grosse Wassermengen werden im WC mit Fäkalien verschmutzt.

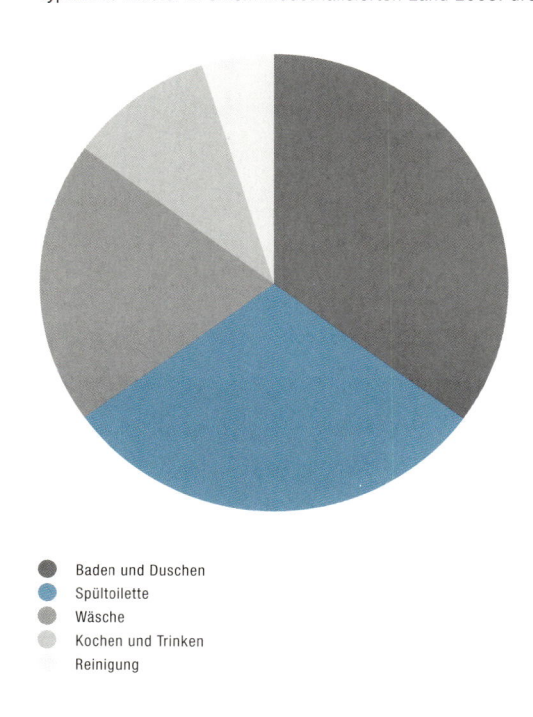

- Baden und Duschen
- Spültoilette
- Wäsche
- Kochen und Trinken
- Reinigung

Zu persönlic
verbraucht e
in den USA
300 Liter, in
160 Liter un
30 Liter Wa

ro Tag rund
Europa
d in Afrika
sser.

Auf Inseln zeigt sich die Begrenztheit der Wasserressourcen besonders deutlich. Hier müssen die Menschen allein mit dem lokal vorhandenen Wasser auskommen. Key West, Florida. Contantine Manos/Magnum Photos

PLEASE CONSERVE WATER LIMIT USE

Viele Städte sind nicht in der Lage, ihre brüchigen Wasserleitungssysteme ausreichend zu erneuern. Duschbad an einem geplatzten Wasserrohr in Kalkutta. Aufnahme von 2005. Ilse Frech/Lookat

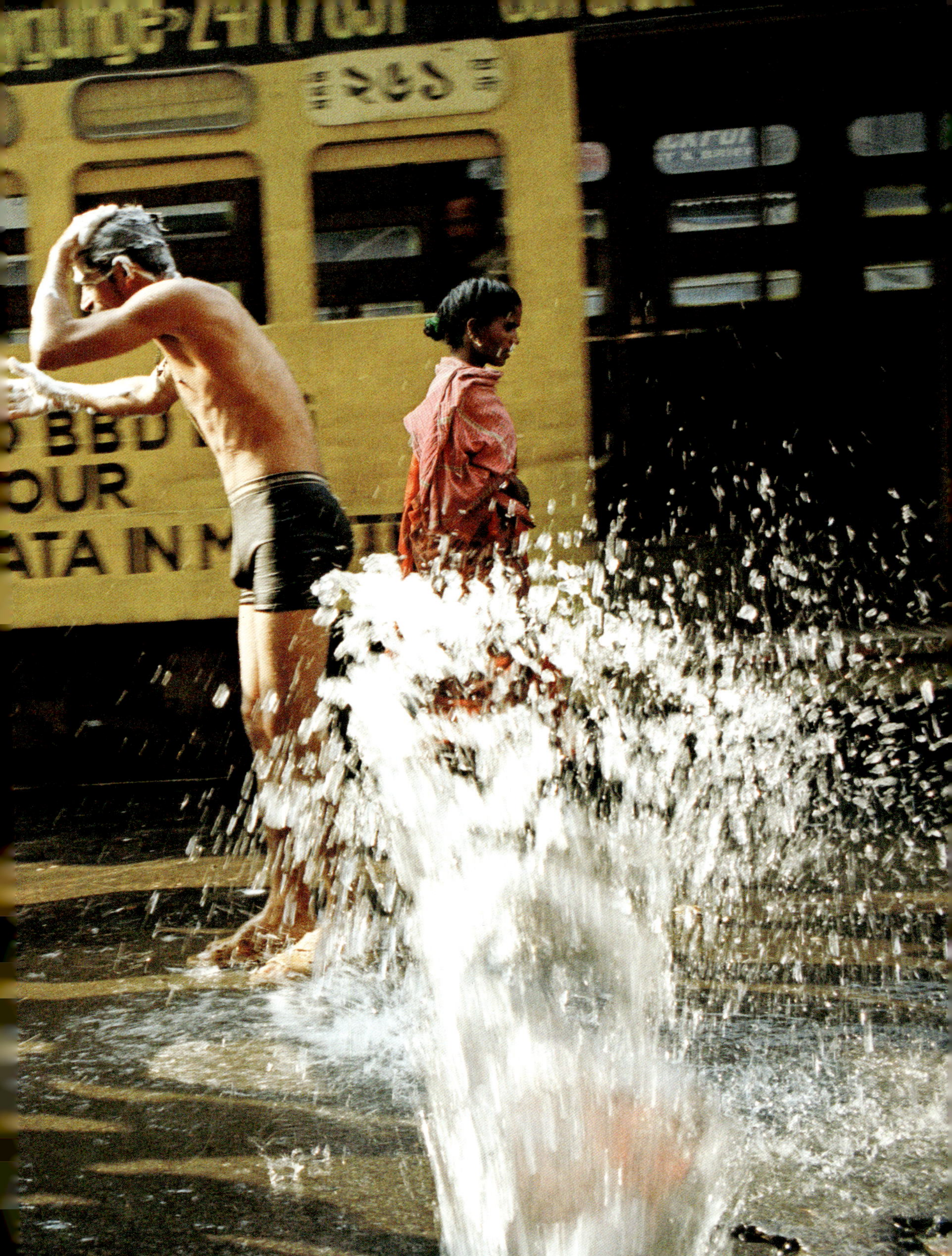

Kräftiger Schwall aus hauseigenem Druckverstärker: In London hat das private Wasserunternehmen Thames Water den Wasserdruck in den Leitungen stark vermindert, um das jahrelange vernachlässigte, brüchige Rohrnetz zu schonen. Aufnahme von 2003. Peter Marlow/Magnum Photos

Wasser im Überfluss? Hotelpool auf Mauritius. Abbas/Magnum Photos

Wegen Wassermangel geschlossen? Schwimmbad in Havanna, Kuba. Alex Webb/Magnum Photos

Scharfer Kontrast: Diese Hausfrauen am Stadtrand der indischen Computerboomtown Bangalore müssen das Wasser für ihre Familie von öffentlichen Zapfstellen nach Hause tragen. Aufnahme von 2006. Manjunath Kiran/Keysteone/EPA

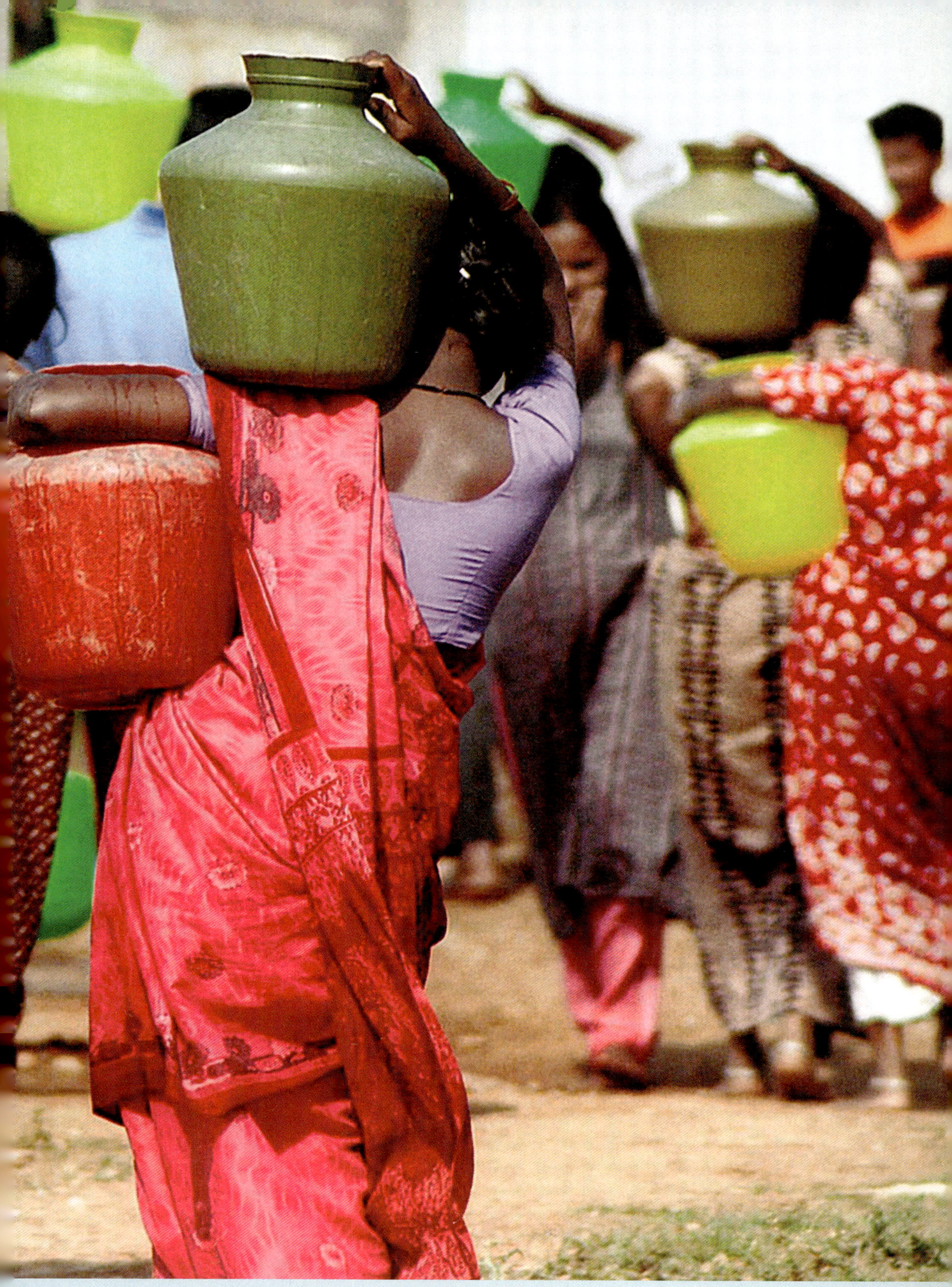

Wie viel Wasser braucht ein Mensch?

Vier Mal am Tag, so beschreibt ein Reporter der «Neuen Zürcher Zeitung» das Leben einer jungen Nigerianerin in Nairobi, nimmt Iris Libokoyi einen ihrer vier Plastik-Kanister und macht sich auf den Weg zum Wasserkiosk. Eine Dreiviertelstunde braucht sie jedes Mal. 80 Liter schleppt sie jeden Tag, damit ihre dreiköpfige Familie genug Wasser zum Überleben hat. Iris Libokoyi lebt in Kawangware, einem der besseren Armenviertel der kenianischen Hauptstadt Nairobi. So wie Iris Libokoyi leben weit über eine Milliarde Menschen auf der Welt.

Nur wenige Kilometer vom Kawangware entfernt, im Villenviertel Lavington, fliesst das Wasser 24 Stunden am Tag aus jedem Wasserhahn, in beliebigen Mengen und, wenn nicht gerade heftige Regenfälle die Wasserversorgung überfordern, auch in ausreichend sauberer Qualität. Hier braucht jeder Bewohner jeden Tag doppelt oder drei Mal so viel Wasser wie die dreiköpfige Familie von Iris Libokoyi. In Lavington herrschen «europäische» oder sogar «nordamerikanische» Verhältnisse.

In Deutschland liegt der durchschnittliche Verbrauch an sauberem Wasser pro Kopf bei rund 130 Litern pro Tag, in den USA sind es je nach Statistik zwischen 200 und 300 Liter. Zum Trinken und Kochen braucht der deutsche Durchschnittsbewohner allerdings nur vier Liter, hat das deutsche Umweltbundesamt ausgerechnet. Fast 50 Liter verbraucht er dagegen für die Körperpflege, zum Händewaschen, Baden und Duschen; 40 Liter für die Toilettenspülung, 18 Liter für die Wäsche, acht Liter fürs Geschirrspülen, weitere 10 Liter für Reinigung, den Garten und fürs Auto.

Würde man den «europäischen» Standard weltweit als Mass für den Bedarf an sauberem Wasser nehmen – was auf den ersten Blick gar nicht so abwegig ist, denn für die meisten Bewohner der wohlhabenderen Länder ist dieser Standard eine Selbstverständlichkeit –, dann müssten viele der bevölkerungsreichsten Länder ihre Trink- und Haushaltswasserressourcen um das Drei-, Vier- oder Fünffache steigern. Und noch um ein Vielfaches mehr in den kommenden drei Jahrzehnten, denn bis dahin wird sich die Bevölkerung in diesen Ländern bereits wieder verdoppelt haben.

Im gleichen Massstab müsste selbstverständlich auch die Kanalisation ausgebaut werden, denn Trinkwasserversorgung und Abwasserentsorgung gehören zusammen. Ohne die geordnete Sammlung, Ableitung und Reinigung des Schmutzwassers gibt es kein sauberes Trinkwasser.

«Die Knappheit an frischem, sauberem Wasser», heisst es in einem Bericht der Menschenrechtskommission der Vereinten Nationen, «ist die grösste

Gefährdung, der die Menschheit je ausgesetzt war.» Bereits seit den 70er Jahren beschäftigten sich denn auch eine ganze Reihe internationaler Konferenzen mit der Wasserkrise und ihren sozialen, gesundheitlichen, wirtschaftlichen und finanziellen Folgen. (→ S. 504f.) Auf der UN-Wasserkonferenz 1977 in Mar del Plata unterschrieben die Regierungen einen Aktionsplan: bis 1990 sollten alle Menschen Zugang zu Trinkwasser und zu sanitären Einrichtungen haben. Ein unrealistisches Ziel, denn während des ganzen «Jahrzehnts des Wassers» hätten täglich 650 000 Personen neu an Wassernetze und Kanalisationen angeschlossen werden müssen, jeden Monat mehr als die gesamte Bevölkerung von New York.

Auf der Weltkonferenz für Wasser in Delhi 1990 und dem UNO-Weltgipfel für Kinder in New York im gleichen Jahr verständigten sich die Regierungen auf die gleiche Zielsetzung; jedoch wollte man sich für dieses hochgesteckte Ziel jetzt zehn Jahre mehr Zeit lassen. Bis im Jahr 2000 haben sich die Verhältnisse tatsächlich an vielen Orten verbessert. Aber immer noch muss jeder sechste Erdbewohner ohne sauberes Trinkwasser, jeder dritte ohne Zugang zu sanitären Einrichtungen auskommen.

Die auf einem UN-Gipfel im September 2000 getroffene Vereinbarung über die so genannten Millenniumsziele klingt wesentlich bescheidener: Bis zum Jahr 2015 soll die Zahl der Menschen, die über «keinen nachhaltigen Zugang zu gesundem Trinkwasser» verfügen, um die Hälfte reduziert werden. Und bis 2020 sollen die Lebensbedingungen von mindestens 100 Millionen Slumbewohnern wesentlich verbessert werden. Aber auch diese Ziele sind laut Experten ohne radikale Massnahmen nicht zu erreichen.

Über die blosse Deklaration von allgemeinen Zielen hinaus führten eine Reihe von Konferenzen unter anderem der WHO, von UNICEF, des UN-Entwicklungsprogramms UNDP und dem UN-Programm für menschliche Siedlungen (Habitat). Die Wasserexperten versuchten, vor allem unter gesundheits- und sozialpolitischen Aspekten, sich zu einigen, was als Minimum für eine «ausreichende» Versorgung mit sauberem Trinkwasser und was als «zweckmässige» sanitäre Einrichtung zu gelten habe. Denn für eine Wasserversorgung nach europäischem oder nordamerikanischem Standard fehlen in allen Entwicklungsländern sowohl Infrastruktur wie Finanzen, vielerorts auch die verfügbaren Wasserressourcen.

Der «Global Water Supply and Sanitation 2000 Assessment Report schlägt» als «zumutbares» Minimum eine tägliche Wasserration von 20 Liter pro Person vor; der nächste Wasseranschluss und die nächste sanitäre Einrichtung sollten nicht weiter als einen Kilometer von den «Haushalten» entfernt sein. Selbstverständlich sind solche Definitionen von Minimalstandards ungenügend und zu allgemein gefasst, denn ob Menschen dann tatsächlich Zugang zu sauberem Wasser und zu Toiletten haben, hängt von einer ganzen Reihe weiterer Faktoren ab. So zum Beispiel davon, ob die Wasserversorgung jederzeit und das ganze Jahr hindurch gewährleistet ist, ob das Wasser ausreichend sauber und für die betroffene Bevölkerung erschwinglich ist.

Auch sanitäre Einrichtungen müssen, so der UN-Weltwasserbericht, mehrere Bedingungen erfüllen, damit sie langfristig benutzbar sind und von den Bewohnern auch tatsächlich benutzt werden. Gerade in den Slums, wo Zehn- oder Hunderttausende auf engstem Raum zusammenleben, sind Sauberkeit, regelmässige Reinigung, Wartung und eine zuverlässige Entsorgung entscheidende Faktoren. Es ist nicht unerheblich, wie viele Menschen eine Toilette oder Waschgelegenheit benutzen, ob Frauen und Kinder die Toiletten und Waschgelegenheiten jederzeit ohne Gefahr erreichen können, und ob eine den jeweiligen kulturellen Vorstellungen entsprechende Intimität gesichert ist.

Seit Anfang der 90er Jahre hat sich der Schwerpunkt der Diskussionen wesentlich verschoben. Auf internationalen Konferenzen der Global Water Partnership oder dem World Water Council, die von einzelnen Regierungen, internationalen Finanzinstitutionen wie der Weltbank und dem Internationalen Währungsfonds (IWF), aber auch von der Privatwirtschaft dominiert werden, geht es jetzt vor allem darum, Wasser als kommerzielles Gut zu definieren. Die Wasserkrise soll in erster Linie durch Privatisierung gelöst werden. (→ S. 430ff.)

Gegen diese Strategie der Kommerzialisierung und Ökonomisierung des Wassersektors hat sich eine breite Ablehnungsfront von NGOs, Gewerkschaften und Regierungen von Entwicklungsländern gebildet. Sie kritisieren besonders, dass private Unternehmen gar nicht investieren können und wollen, wenn nur wenig Aussicht besteht, dass sich dabei langfristig Gewinne erzielen lassen. Sie befürchten, dass der Betrieb von privaten Wasserwerken gerade den am schlimmsten Betroffenen kaum Verbesserungen bringt.

Die Lösungsansätze der Entwicklungshilfeorganisationen gehen daher meist in eine grundsätzlich andere Richtung. Ihr Ziel ist die «Hilfe zur Selbsthilfe», die Beteiligung der unmittelbar Betroffenen. Da die meisten Entwicklungsländer finanziell nicht in der Lage sind, flächendeckende Leitungsnetze aufzubauen, sollen die Lösungen kleinräumig sein und den jeweiligen lokalen Bedingungen, den sozialen und kulturellen Eigenheiten wie auch den finanziellen Möglichkeiten angepasst werden. Als besonders erfolgreich haben sich Projekte erwiesen, die von der betroffenen Bevölkerung oder lokalen Gruppen selbst initiiert, in Zusammenarbeit mit externen Fachleuten entwickelt und realisiert, von den Benutzern selbst betreut und unterhalten werden. Dabei gibt es unterschiedliche Möglichkeiten, mit privaten Unternehmen zusammenzuarbeiten. Sie werden derzeit unter dem Stichwort Public Private Partnership diskutiert. (→ S. 458ff.)

Im indischen Poonah etwa, wo 40 Prozent der insgesamt 2,8 Millionen Einwohner in einem von insgesamt 500 Slums leben, entwickelten drei private Hilfsorganisationen in Zusammenarbeit mit den Stadtbehörden ein Konzept zum Bau von 114 Toilettenblocks mit insgesamt 2000 Toiletten für Erwachsene und 500 Toiletten für Kinder. Anders als bei den üblichen Behelfstoiletten konstruierten die Techniker robuste, helle, gut belüftbare und leicht zu reinigende Kabinen. Grosse Reservetanks und Abwasserbecken sorgen dafür, dass jederzeit genügend Wasser vorhanden ist, und die Anlagen auch bei zeitweiligen Entsorgungsproblemen funktionstüchtig bleiben. Um Sicherheit und eine minimale Intimsphäre zu gewährleisten, gibt es getrennte Bereiche für Männer, Frauen und grössere Kinder. Die Benutzer werden beim Bau und der Wartung einbezogen. Für das Wartungs- und Reinigungspersonal werden eigene Wohnungen zur Verfügung gestellt.

Auch beim Trinkwasser lassen sich durch Behelfslösungen oft grosse Verbesserungen erreichen. In Bolivien erproben Schweizer Experten erfolgreich ein einfaches Verfahren zur Desinfektion von Schmutzwasser, das von Forschern der Eawag, dem Wasserforschungsinstitut des ETH-Bereichs in der Schweiz, entwickelt wurde: Verkeimtes Wasser wird in transparenten PET-Plastikflaschen während mehrerer Stunden dem vollen Sonnenlicht ausgesetzt. Durch die Kombination von Hitze und Licht werden Viren und Bakterien zu 99,99 Prozent abgetötet. (→ S. 378ff.)

Der Erfolg solcher Initiativen zeigt, dass sich die global gefassten Ziele vermutlich weniger von oben durchsetzen lassen, indem Regierungen, internationale Finanzorganisationen und grosse kommerzielle Unternehmen kostspielige, komplizierte und finanziell wenig kontrollierbare Grossprojekte beschliessen und den Bevölkerungen aufoktroyieren. Zumindest kurz- und mittelfristig führen kleinere lokale Projekte meist zu besseren und effizienteren Lösungen. Sie können später Schritt für Schritt erweitert werden. Vor allem aber geben sie den Betroffenen die Verantwortung und Würde zurück, sich aktiv in ihre eigenen Angelegenheiten einzumischen und ihr Schicksal selbst in die Hand zu nehmen.

Vorkoster: Der auf Schadstoffe äusserst empfindlich reagierende Wasserfloh Daphnia hvalina wird von der städtischen Wasserversorgung Zürichs eingesetzt, um die Trinkwasserqualität zu überprüfen. Christian Rellstab/Eawag

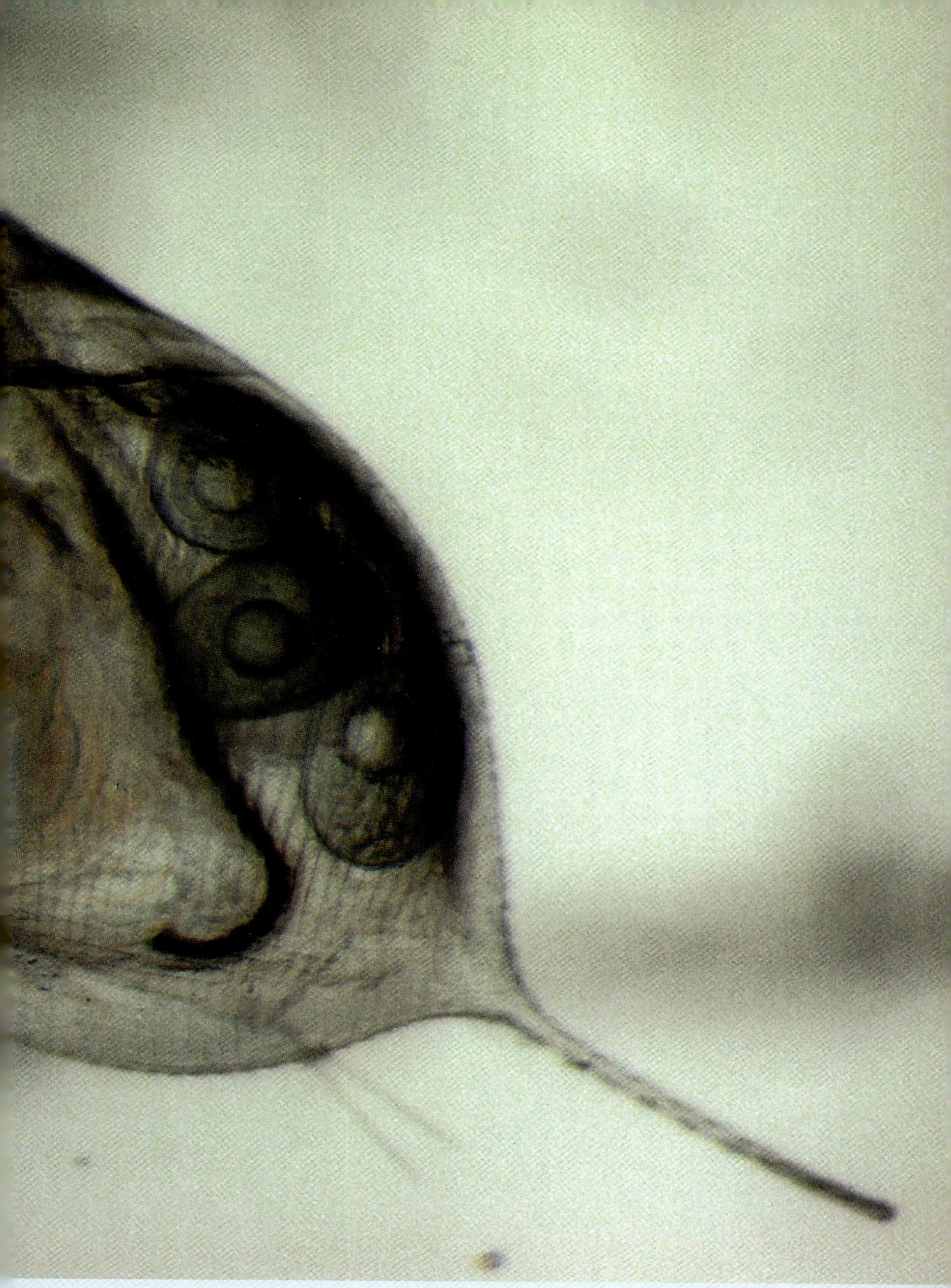

Lebensqualität: Wer Wasser ohne Bedenken direkt aus der Leitung trinken kann, gehört weltweit gesehen immer noch zu einer Minderheit. Stern/laif

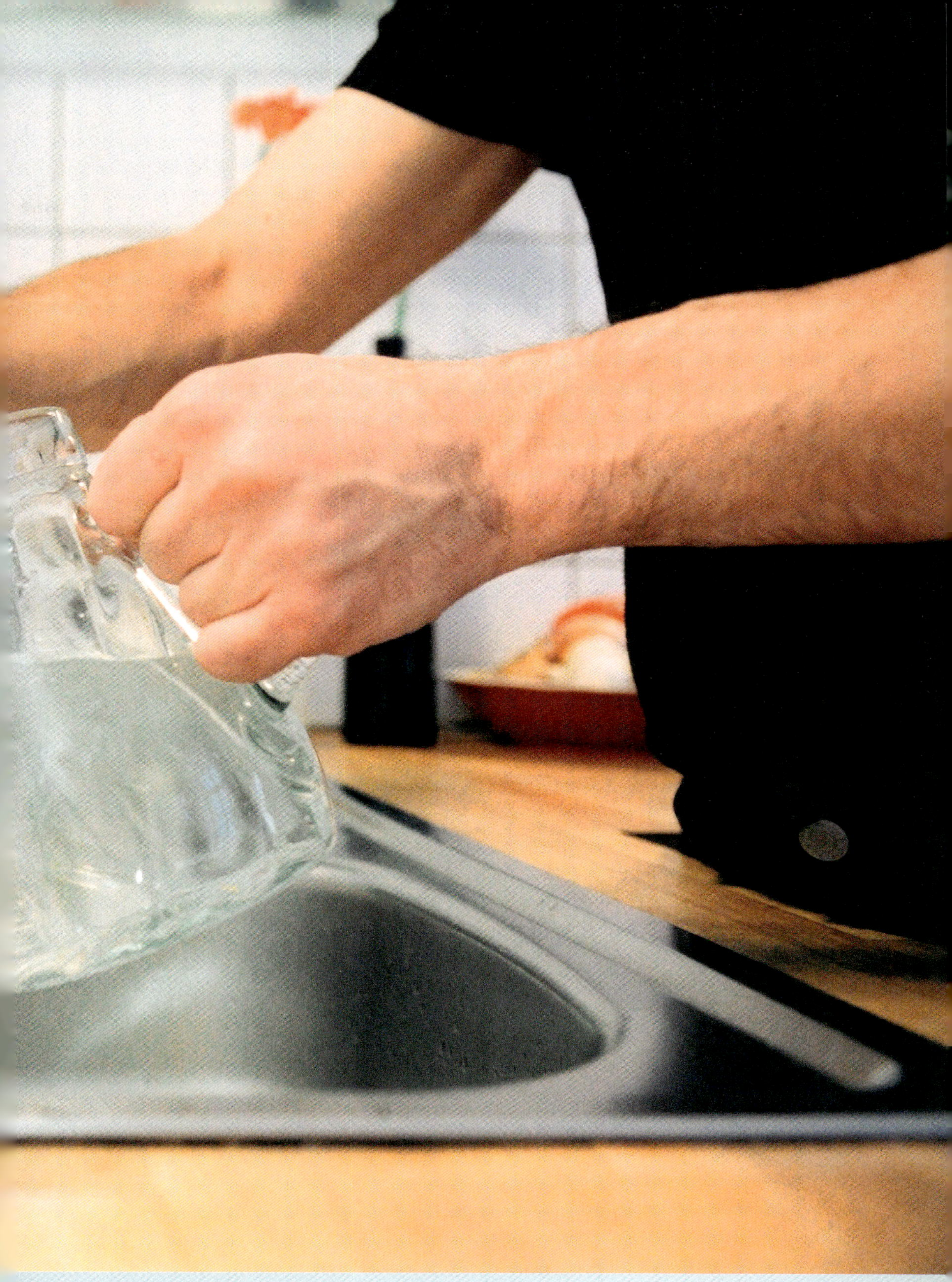

Reinheit und Verlässlichkeit: Die Wiener Wasserwerke gelten weltweit als Vorbild einer guten Wasserversorgung. Garantiert wird dies durch bestes Quellwasser aus den Voralpen und eine in der Verfassung festgeschriebene städtische Verantwortlichkeit. Wasserspeicher in Wien. Fritz Schmalzbauer, Wiener Wasserwerke

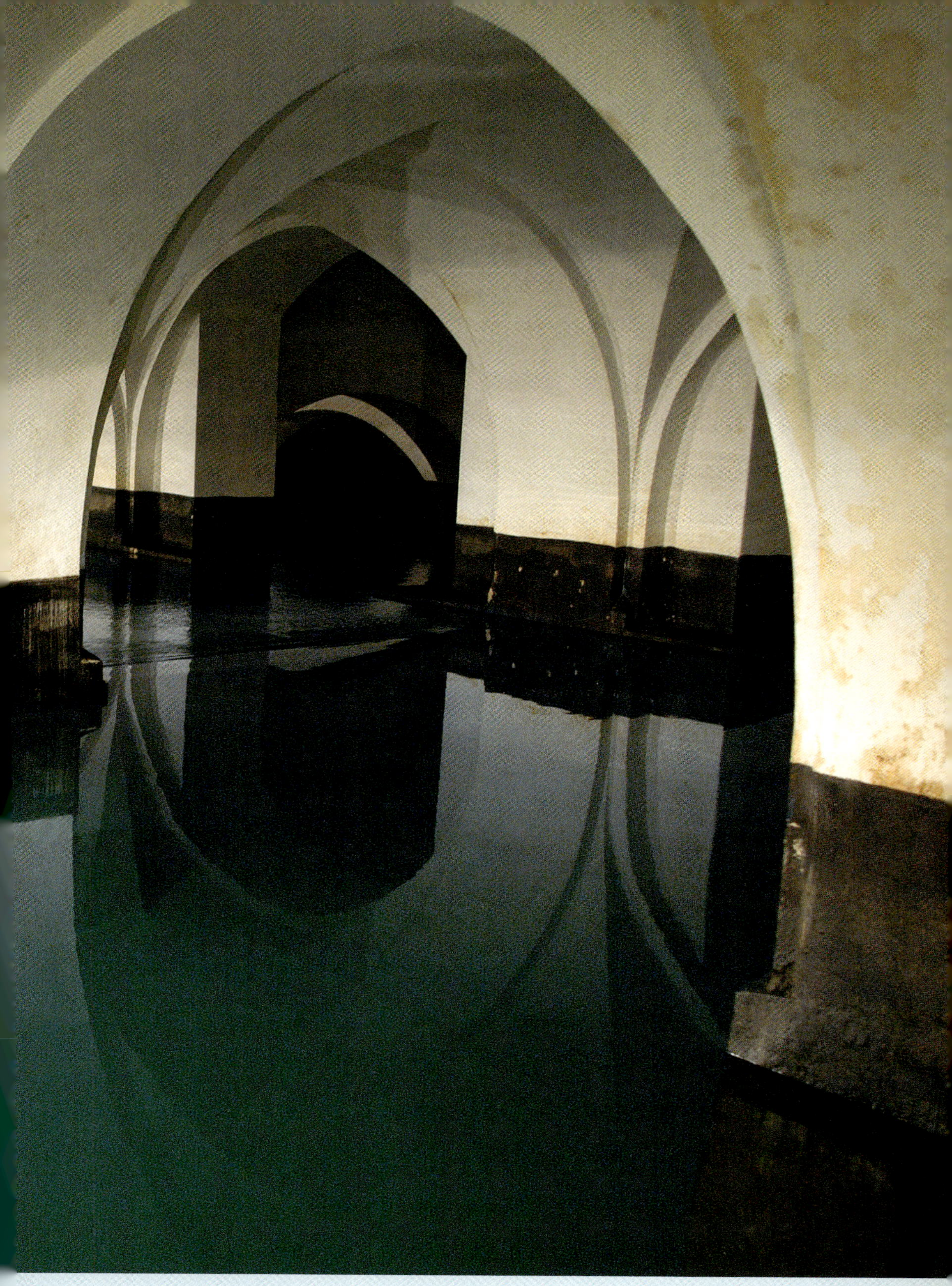

Das vergiftete Wasser

Bis zu 500 Millionen Tonnen industrielle Abwässer und Klärschlämme versickern jedes Jahr im Grundwasser oder fliessen in Flüsse, Seen und die Weltmeere. Sie sind belastet mit allen möglichen Schwermetallen, Lösungs- und Reinigungsmitteln, mit Ölen und Fetten, Säuren, Laugen, radioaktiven Substanzen und anderen Chemikalien. Dazu kommen über hundert Millionen Tonnen Kunstdünger und mehrere Millionen Tonnen Pestiziden aus der Landwirtschaft und noch einmal mindestens 700 Millionen Tonnen Haushaltabwässer, die zumindest in den Entwicklungsländern noch grösstenteils ungereinigt in die Gewässer gelangen. Diese Belastung der Umwelt ist weltweit zu einem der dringlichsten Probleme geworden.

Die Folgen der Verschmutzung durch Chemikalien sind verheerend: In China sind, wie der chinesische Umweltminister einräumt, über 80 Prozent der Flüsse dermassen verseucht, dass ihr Wasser weder zum Trinken noch zum Waschen verwendet werden kann. In vielen anderen Schwellenländern ist die Situation ähnlich alarmierend. Aber auch in den hoch entwickelten Ländern des Nordens ist die Verschmutzung von Flüssen und Seen durch Chemikalien noch immer ein dringliches Problem. So sind in den USA zwei von fünf Flüssen, darunter fast alle grösseren Ströme, noch so massiv mit chemischen Schadstoffen belastet, dass die Gesundheitsbehörden davor warnen, darin zu baden oder zu angeln. Die einstige Hoffnung, dass der Wasserkreislauf als globale Reinigungsanlage, die Meere als universelle Müllhalden der Zivilisation dienen könnten, hat sich längst als Irrtum erwiesen. Viele Länder sind aber aus finanziellen Gründen immer noch

nicht bereit, daraus alle notwendigen Konsequenzen
zu ziehen.

Allerdings werden die Gewässer nicht bloss durch chemisch belastete Abwässer verschmutzt, häufig sind es auch die industriellen Produkte selbst, die Natur und Wasser gefährden: Die meisten alltäglichen Gebrauchsgegenstände, von Haushaltsgeräten und Textilien über Wasch- und Reinigungsmittel, Baumaterialien, Farben und Lacken bis hin zu Autos, Computerchips und Spielzeugen, enthalten synthetische Chemikalien: Flammschutz-, Konservierungs- und Lösungsmittel, Weichmacher, Pestizide gegen den Befall durch Pilze, Bakterien und Algen oder andere problematische Substanzen. Viele Konsumgüter setzen schon während ihres Gebrauchs Schadstoffe frei, die zu einem beträchtlichen Teil wiederum ins Wasser gelangen. Aber auch ihre Entsorgung auf Deponien und Müllhalden kann die Umwelt gefährden, wenn die giftigen Stoffe mit dem versickernden Regenwasser ins Grundwasser gelangen.

Eine effektive und nachhaltige Strategie gegen die «unsichtbare» und weit unterschätzte Verschmutzung der Umwelt existiert zur Zeit noch nicht. Aber es gibt Ansätze, die in die richtige Richtung weisen, so beispielsweise der Versuch, die immensen industriellen Schadstoffmengen im Abwasser zu verringern, indem das Wasser rezykliert wird, oder problematische Substanzen durch ungefährliche ersetzt werden. Oder durch strengere Umweltgesetze: So sind einige der umweltschädlichsten Chemikalien in mehreren Ländern verboten, ein paar inzwischen sogar weltweit. Eine umfassende globale Chemikalienpolitik, welche die ökologischen und gesundheitsschädigenden Konsequenzen genau so stark gewichtet wie die wirtschaftlichen und politischen Aspekte, zeichnet sich erst in vagen Umrissen ab. Sie wird von armen Entwicklungsländern und industriell aufstrebenden Schwellenländern, die mit milden Umweltgesetzen ausländische Grossindustrien anlocken möchten, ebenso bekämpft wie von den führenden Industrienationen, die im Zweifelsfall die kurzfristigen wirtschaftlichen Interessen doch höher einstufen als die langfristige Gefährdung von Natur und Mensch.

Abwasserfahne einer Papierfabrik nahe der Achtmillionenstadt Chongqing in China. Weniger sichtbar belasten auch in Europa und Nordamerika industrielle Abwässer die Flüsse noch immer stark mit Chemikalien.
Bruno Barbey/Magnum Photos

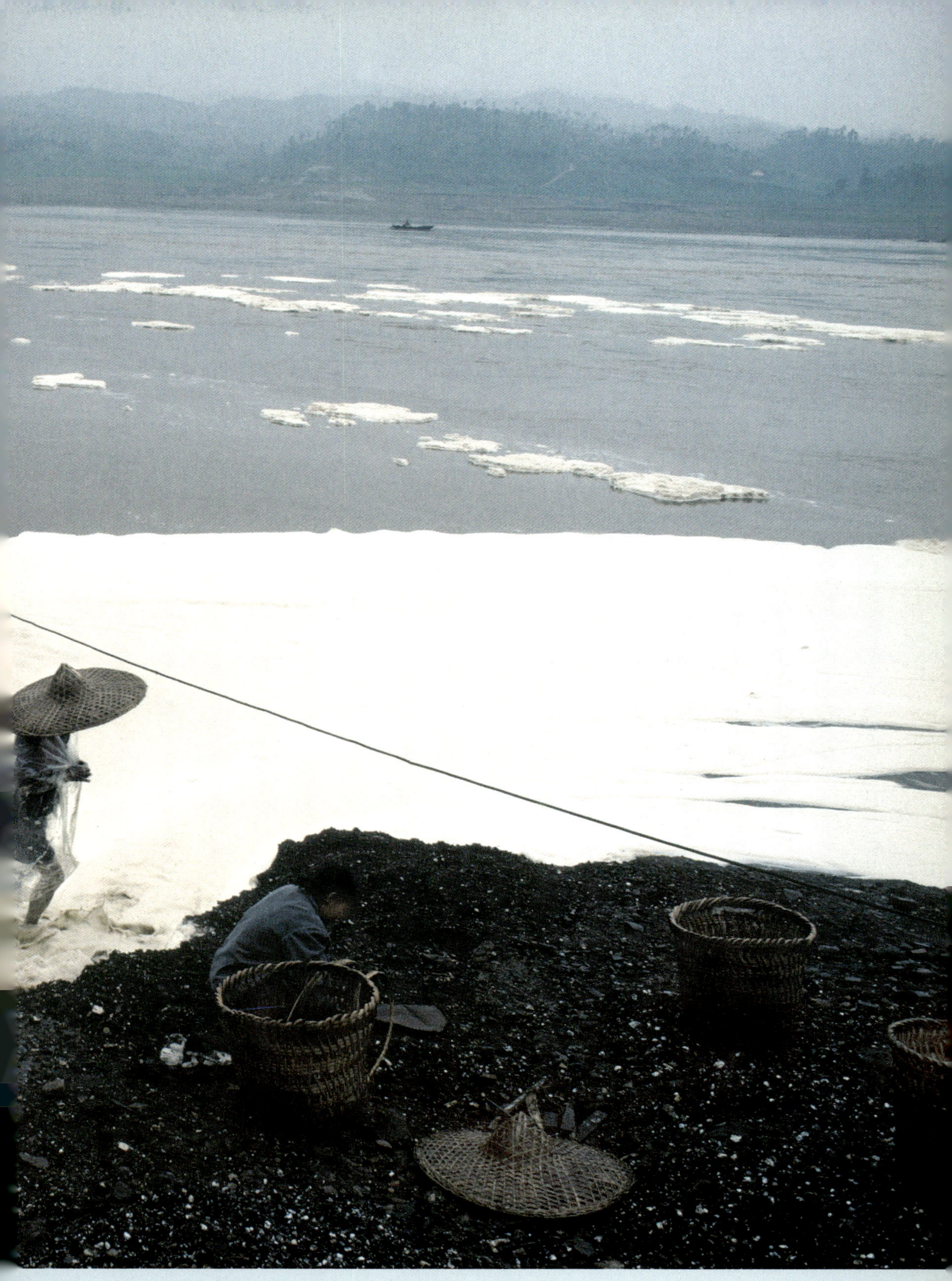

Umweltproblem Bergbau: Durch Abbau und Verarbeitung von Metallen und Edelsteinen wird jedes Jahr mehr Schutt, Geröll und Sediment in die Flüsse gewaschen als durch natürliche Erosion. Ausserdem werden zum Teil hoch giftige Substanzen wie Cyanide freigesetzt. Rubin- und Jadeabbau in Myanmar. Steve McCurry/Magnum Photos

Hunderttausende Tonnen Insektizide, Herbizide, Fungizide und andere Biozide gelangen direkt in Umwelt und Gewässer. Insektizideinsatz im Tal des Rio Grande, US-Bundesstaat Texas. Garry D. McMichael/ Keystone/Photo Researchers

Ziel ist es, industrielle Abwässer so zu reinigen, dass sie im Produktionsprozess wieder verwendet werden können. Dazu müssten giftige und schwer abbaubare Substanzen durch weniger bedenkliche Produkte ersetzt werden. Waschmittelfabrik an der Themse, Essex, Grossbritannien. Keystone

Rund **500 M**
an industriel
werden **welt**
Seen und Me
In den USA s
der Flüsse z
Fischen und
serquelle un
in **China** übe

illionen Tonnen
en Abfällen
weit in Flüsse,
ere eingeleitet.
ind **40 Prozent**
m Schwimmen,
als Trinkwas-
geeignet,
r **80 Prozent.**

Auch nützliche Produkte haben ihre Kehrseite: Arzneimittel gelangen in die Umwelt, wenn sie von Patienten ausgeschieden werden. Einige Substanzen finden sich in Flüssen, Grundwasser und sogar im Trinkwasser wieder. Barleben, Sachsen-Anhalt. Aufnahme von 2006. Martin Ruetschi/Keystone

Je höher der Ressourcenverbrauch, desto grösser die Beanspruchung der Gewässer durch Wasserentzug und Verschmutzung. Doch es geht auch anders: Produktion von Zeitungspapier aus Recyclingpapier in einem geschlossenen Wasserkreislauf. Sigi Tischler/Keystone

Gebrauchsgegenstände, die billig und jederzeit in beliebiger Menge zur Verfügung stehen sollen, erfordern eine industrielle Massenfertigung - oft mit hoher Belastung von Umwelt und Wasser. Diese Fabrik in Shanghai produziert 80 000 Meter Baumwollgarn pro Tag. Gao Feng/EPA Photo

Die schleichende Vergiftung

Kein Handwerksbetrieb, keine Industrieproduktion kommt ohne Wasser aus, sei es als Rohstoff, der direkt in die Produkte eingeht, sei es zum Reinigen, Spülen oder Kühlen während und zwischen den Verarbeitungsprozessen. Die Industrie verbraucht rund 20 Prozent der jährlich genutzten Süsswasserressourcen, doppelt so viel wie die Haushalte aller sechs Milliarden Erdbewohner zusammen.

In den hochentwickelten Industrieländern beträgt dieser Anteil fast 60 Prozent, in den Entwicklungsländern liegt er erst bei ungefähr 10 Prozent. In diesem Gefälle steckt eine brisante Dynamik: Zwar ist der Verbrauch in den hochentwickelten Ländern dank effizienteren und wassersparenden Produktionstechnologien in den letzten Jahren nur noch wenig angestiegen, in einzelnen Ländern sogar zurückgegangen. Einige der grössten und bevölkerungsreichsten Schwellenländer wie China oder Indien aber treiben ihre Industrialisierung mit allen Mitteln voran. Sie bauen gewaltige Industriekomplexe auf, die nicht bloss für den Export arbeiten, sondern vor allem die grossen, bisher noch weitgehend unerschlossenen einheimischen Märkte versorgen sollen. Der wachsende Wohlstand und die explosionsartig steigende Nachfrage nach Konsumgütern haben in diesen Ländern einen Boom ausgelöst, der den industriellen Wasserbedarf in den kommenden Jahrzehnten massiv zunehmen lässt. Nach Schätzungen der UN-Organisation UNIDO wird die Industrie bis zum Jahr 2025 weltweit doppelt so viel Wasser verbrauchen wie heute.

Die steigende Nachfrage nach Wasser ist das Eine. Was den Experten jedoch noch weit mehr Kopfzerbrechen bereitet, ist die Tatsache, dass bei praktisch allen Produktionsprozessen zahlreiche Schadstoffe ins Wasser gelangen. Beim Bergbau wie in der Metallverarbeitung, beim Färben von Textilien, beim Gerben von Leder und Bleichen von Papier, bei der Produktion von Chemikalien, von Kunststoffen oder Arzneimitteln, bei der Herstellung von Nahrungsmitteln und Baumaterialien – wo industriell gearbeitet wird, werden grosse Mengen Wasser eingesetzt und dabei meist mit Chemikalien verunreinigt. Vor allem in den grossen Industriezentren, in denen Hunderte oder Tausende von grossen und kleinen Fabriken die unterschiedlichsten Produkte herstellen und weiter verarbeiten, werden alle erdenklichen Chemikalienabfälle und Reststoffe mit dem Abwasser in die Flüsse geleitet – in vielen Ländern nicht oder nur ungenügend vorgereinigt. Häufig sind diese Industrien in grossen Ballungsgebieten angesiedelt, in denen Millionen von Menschen leben, deren Abwässer ebenfalls mehr oder weniger ungereinigt in die Flüsse und Seen fliessen.

Allein die Produktion synthetischer Chemikalien beläuft sich jährlich auf 400 Millionen Tonnen. Auf Lastwagen verladen, würde eine Jahresproduktion eine Kolonne ergeben, die zehn Mal von Paris bis Peking reicht. Eine unglaubliche Menge, selbst dann, wenn bloss einige dieser Chemikalien umweltschädlich sind und in die Gewässer gelangen.

Insgesamt, so vorsichtige Schätzungen, werden weltweit Jahr für Jahr zwischen 300 und 500 Millionen Tonnen Abfallstoffe in die Gewässer entsorgt, darunter Schwermetalle, Lösungs- und Reinigungsmittel und viele weitere Chemikalien, die in Klärschlämmen und anderen Industrieabfällen enthalten sind. Ohne eine Revolution in der Produktionstechnologie, ohne strenge Umweltgesetze und ihre konsequente Durchsetzung wird sich diese Menge bis zum Jahr 2025 vervierfachen.

Die Folgen sind verheerend: In den Vereinigten Staaten sind fast 40 Prozent der Flüsse derart mit Schadstoffen belastet, dass die Gesundheitsbehörden davor warnen, in diesen Flüssen zu schwimmen oder zu angeln, geschweige denn dieses Wasser zu trinken. In den Yangtse, Chinas mächtigsten Strom, fliessen täglich 40 Millionen Tonnen ungereinigter Abwässer aus Industrie und Haushalten. Ein Viertel der Flüsse in Polen ist so stark verschmutzt, dass ihr Wasser nicht einmal mehr für industrielle Zwecke genutzt werden kann. Eine Untersuchung des kanadischen Umweltministeriums hat gezeigt, dass selbst 85 Prozent der Abwasserproben von Zuflüssen des St. Lorenzstroms, die offiziell als «gereinigt» gelten, Ammoniak, Phosphor, Aluminium, Arsen, Barium, Quecksilber, PCB, chlorierte Dioxine, Furane, Reinigungschemikalien, polyaromatische Kohlenwasserstoffe sowie andere organische und anorganische Verunreinigungen in signifikanten Mengen enthalten.

Über 130 Millionen Tonnen Düngemittel (Nitrate, Phosphate und Pottasche) gelangen jährlich in die Gewässer, versickern ins Grundwasser oder werden in die Flüsse, Seen und Meere geschwemmt. Dazu kommen Pestizide, Herbizide, Insektizide und Fungizide. Einige von ihnen, etwa das Insektengift DDT, sind so Umwelt schädigend, dass sie in den meisten westlichen Ländern inzwischen verboten sind. In vielen Entwicklungsländern aber werden sie nach wie vor in grossem Umfang eingesetzt. Andere aber, so das hoch giftige Herbizid Paraquat, das seit 1961 in Gebrauch ist und beim Menschen schwere Leber-, Nieren-, Herz- und Lungenschäden hervorruft, werden selbst in der EU mit ihren strengen Umweltgesetzen bis heute toleriert, obwohl ihre Giftigkeit eindeutig belegt ist.

Zwar hat die Verschmutzung der Gewässer lokale oder regionale Ursachen, ihre Folgen aber sind global; sie findet überall auf der Welt statt, in den hochentwickelten Industrieländern genauso wie in den asiatischen und lateinamerikanischen Schwellenländern und den armen Entwicklungsländern Afrikas und Asiens.

Die industriellen Abwässer machen zwar einen wesentlich geringeren Anteil aus als die Abwässer aus Haushalten und aus der Landwirtschaft, ihre Gefährlichkeit ist jedoch weniger eine Frage der Menge als ihrer Toxizität. Einige Chemikalien und Stoffe sind so giftig, dass selbst kleinere

Mengen enorme Schäden verursachen können. Andere sind sehr gefährlich, weil sie sich nur langsam oder überhaupt nicht abbauen lassen.

Zu den gefährlichsten Schadstoffen für die Umwelt gehören die Schwermetalle, die in grossen Mengen im Bergbau, der Metall-, Öl-, Papier- und Kunststoffindustrie, aber auch in zahlreichen anderen Produktionsprozessen verwendet und freigesetzt werden. Sie sind nicht abbaubar, gelangen über die Atmosphäre und das Wasser in die Natur und erreichen schliesslich über die Nahrungskette auch die Menschen.

Zu den frühesten Umweltkatastrophen durch Schwermetallionen gehört die Minamata-Krankheit, an der 1953 in Japan mindestens 12 000 Küstenbewohner mit schweren Lähmungserscheinungen, Seh- und Hörstörungen unheilbar erkrankten. Zwischen 1955 und 1959 wurde nahezu jedes dritte Kind in Minamata mit geistigen und körperlichen Schäden geboren. Inzwischen sind rund 3000 Menschen an den Spätfolgen der Vergiftung gestorben. Ausgelöst wurde die schwere Nervenkrankheit durch Quecksilberverbindungen in den Abwässern der Kunststoff- und Düngemittelfabrik Chisso. Zwar waren alle einzelnen Ausgangschemikalien bekannt, nicht aber die hoch giftigen Substanzen, die durch mikrobiologische Reaktionen neu aus ihnen entstanden.

Obwohl das japanische Gesundheitsministerium bereits 1959 die Ursache und Quelle der Krankheit feststellte, wurde die Quecksilberverklappung der Chisso erst 1968 gestoppt. 1973 verurteilte ein Gericht die Chemiefirma zu Schadenersatzzahlungen an die Opfer. 1992 wurde das Unternehmen in letzter Instanz mit der Begründung freigesprochen, dass die Giftigkeit zur Tatzeit nicht bekannt gewesen sei. Die problematische Argumentation trifft das Kernproblem jedes Chemikalienrechts. So lange die Gefährlichkeit eines Stoffes nicht erwiesen ist, gilt er als unbedenklich; erforscht wird seine Gefährlichkeit in der Regel aber erst, wenn er bereits Schaden angerichtet hat.

Obwohl die Giftigkeit vieler Schwermetalle inzwischen hinlänglich bekannt ist, leiten allein schon die Anrainerstaaten der Nordsee, zumeist Staaten mit vergleichsweise strengen Umweltvorschriften, jedes Jahr 4500 Tonnen Blei, 2000 Tonnen Kupfer, über 1000 Tonnen Chrom, 100 Tonnen Cadmium und 64 Tonnen Quecksilber ins Meer. Niemand weiss, wie sich diese Umweltgifte je wieder aus den Küstengewässern entfernen lassen.

Zu den gefährlichsten Industriegiften gehören die so genannten Dauergifte oder POPs (Persistent Organic Pollutants), Stoffe, die sich nur über einen sehr langen Zeitraum abbauen und sich über die Atmosphäre und die Meeresströmungen um die ganze Welt verbreiten. Im Gegensatz zu leichter abbaubaren Substanzen reichern sich Dauergifte direkt oder über die Nahrungskette in Pflanzen, Tieren und im menschlichen Körper an. Es dauert mitunter Jahre oder Jahrzehnte, bis sich ihre Wirkung in eindeutigen, dann aber oft unheilbaren Krankheitsbildern zeigt.

Noch weniger erforscht sind bislang bioaktive Chemikalien wie Antibiotika, Hormonpräparate, Impfstoffe, Schmerzmittel, Psychopharmaka und deren Abbauprodukte, die über die Haushaltsabwässer, aber auch über die Abwässer von Tierfarmen in die Gewässer gelangen. Sie können unterschiedlichste Auswirkungen auf Organismen haben. Einige von ihnen stehen im Verdacht, sogar deren genetische Struktur zu verändern. Noch lässt sich nicht abschätzen, wie sich diese neuen, in den Gewässern schnell zunehmenden Substanzen langfristig auf die Lebewesen in den Gewässern und auf den Mensch auswirken werden.

Insgesamt produziert die Industrie derzeit je nach Zählweise zwischen 50 000 und 100 000 verschiedene Chemikalien, von denen viele irgendwann mit Luft und Wasser in Berührung geraten. Jedes Jahr kommen rund 1500 neue Substanzen dazu. Von diesen sind die meisten wahrscheinlich ungefährlich, nur weiss derzeit niemand, welche das sind. Erst recht ist nicht bekannt, wie sich die Mischung all dieser Chemikalien auf die Umwelt und Lebenswelt auswirken wird.

Inzwischen haben nicht nur Umweltwissenschaftler, sondern auch einige Politiker erkannt, dass man Chemikalien am nachhaltigsten dort beseitigt, wo sie anfallen. Strenge Umweltvorschriften und -gesetze müssen verhindern, dass gefährliche Chemikalien überhaupt in die Gewässer gelangen. Sind sie erst einmal im Wasser, ist der Aufwand, sie wieder daraus zu entfernen, um ein Vielfaches grösser oder sogar unmöglich.

Seit ihren Anfängen hat sich produzierende Industrie am Wasser angesiedelt. War zunächst die Wasserkraft im Fokus, ist es heute die Möglichkeit Produktionsabfälle mit dem Abwasser günstig zu entsorgen. BASF Ludwigshafen.
Mathias Ernert/Keystone/EPA

Industrieregionen

● Hauptindustrieregionen

Industrieller Wasserverbrauch
Von der Industrie verbrauchte Wassermenge im Jahr 2000

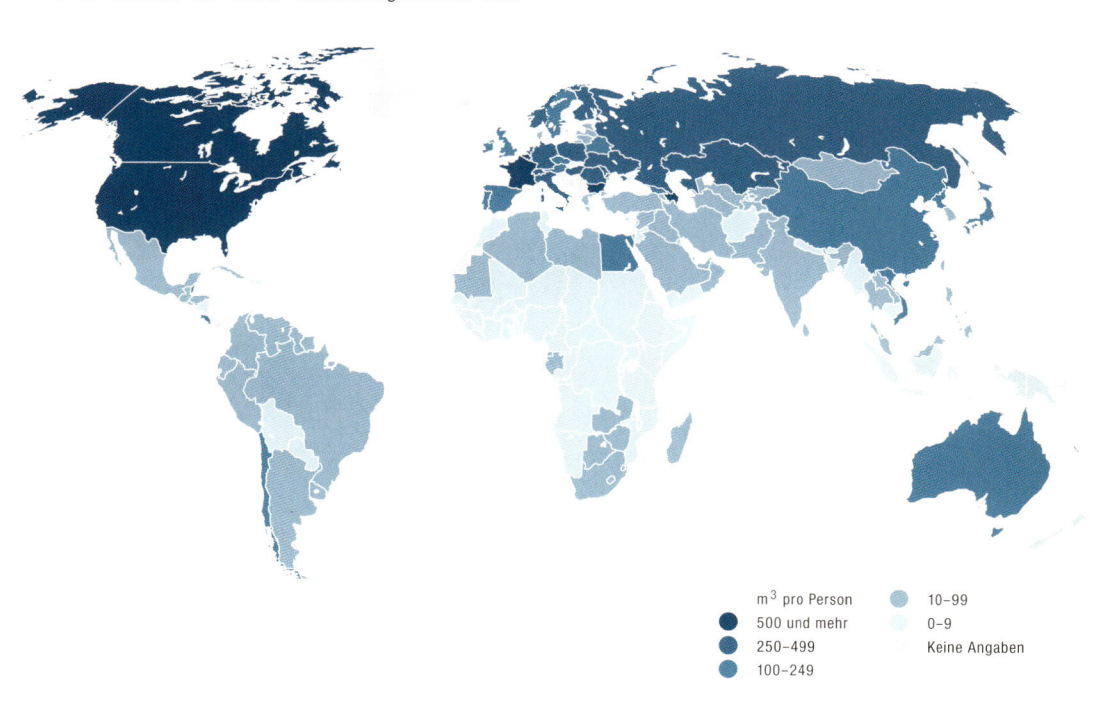

m³ pro Person
- 500 und mehr
- 250–499
- 100–249
- 10–99
- 0–9
- Keine Angaben

2005 musste
6 Millionen
eine Woche
serversorgu
weil nach de
einer Chemi
giftige Chen
Songhua Flu
Trinkwasse
geflossen w

n in China über
Menschen
ang ohne Was-
ng auskommen,
r Explosion
efabrik **hoch-**
ikalien in den
ss, die **einzige**
rquelle,
ren.

Im globalen Konkurrenzkampf bleiben Umwelt und Menschenrechte oft auf der Strecke: Abfälle werden einfach zur Hintertür hinaus gespült, ohne Rücksicht auf die Gesundheit der Bevölkerung, ohne Skrupel wegen vergifteter Trinkwasserressourcen. Abwässer einer Papierfabrik in Dongxiang in der ostchinesischen Provinz Jiangxi. AP Photo

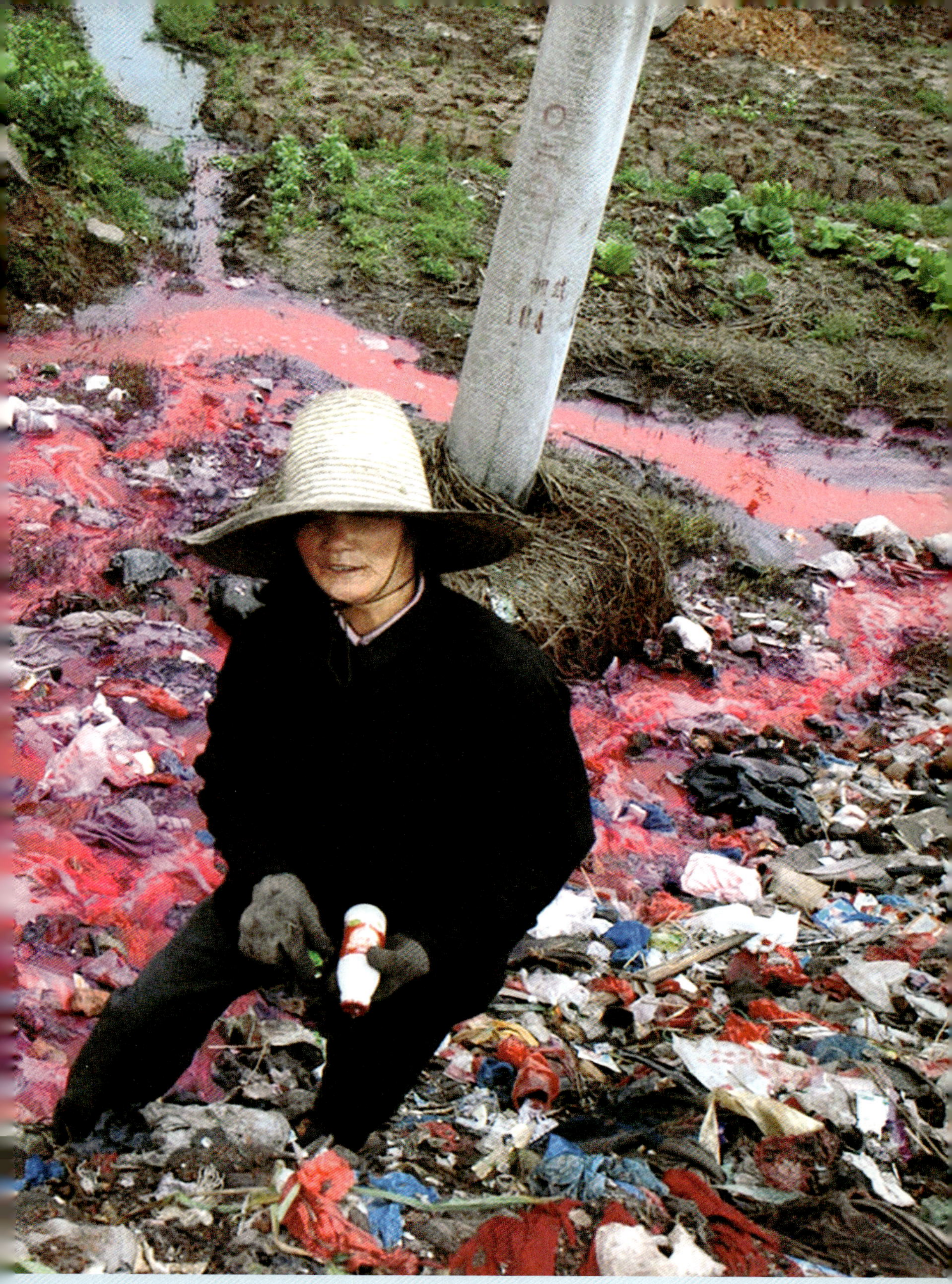

Atolle aus Stahl: Die französische Öl- und Gasförderplattform «Frigg» ist Teil eines Ensembles von sechs Anlagen, das mindestens 230 Millionen Kubikmeter Erdgas aus dem Meeresboden pumpen soll, um den Energiehunger Westeuropas zu stillen. Die Verschmutzung des Meeres ist dabei kaum zu vermeiden. Jean Gaumy/Magnum Photos

Mehr als ein Kollateralschaden: Von der Ölverschmutzung durch die Havarie der Exxon Valdez 1989 wird sich die Tierwelt an der Küste Alaskas jahrzehntelang nicht erholen. Paul Fusco/Magnum Photos

Zehn Jahre nach der Exxon Valdez brachte das Auseinanderbrechen des Öltankers «Erika» die Fischerei an der spanischen und französischen Atlantikküste zum Erliegen. Jean Gaumy/Magnum Photos

Ölpest durch die Exxon Valdez im Prince William Sound in Alaska 1989. Paul Fusco/Magnum Photos

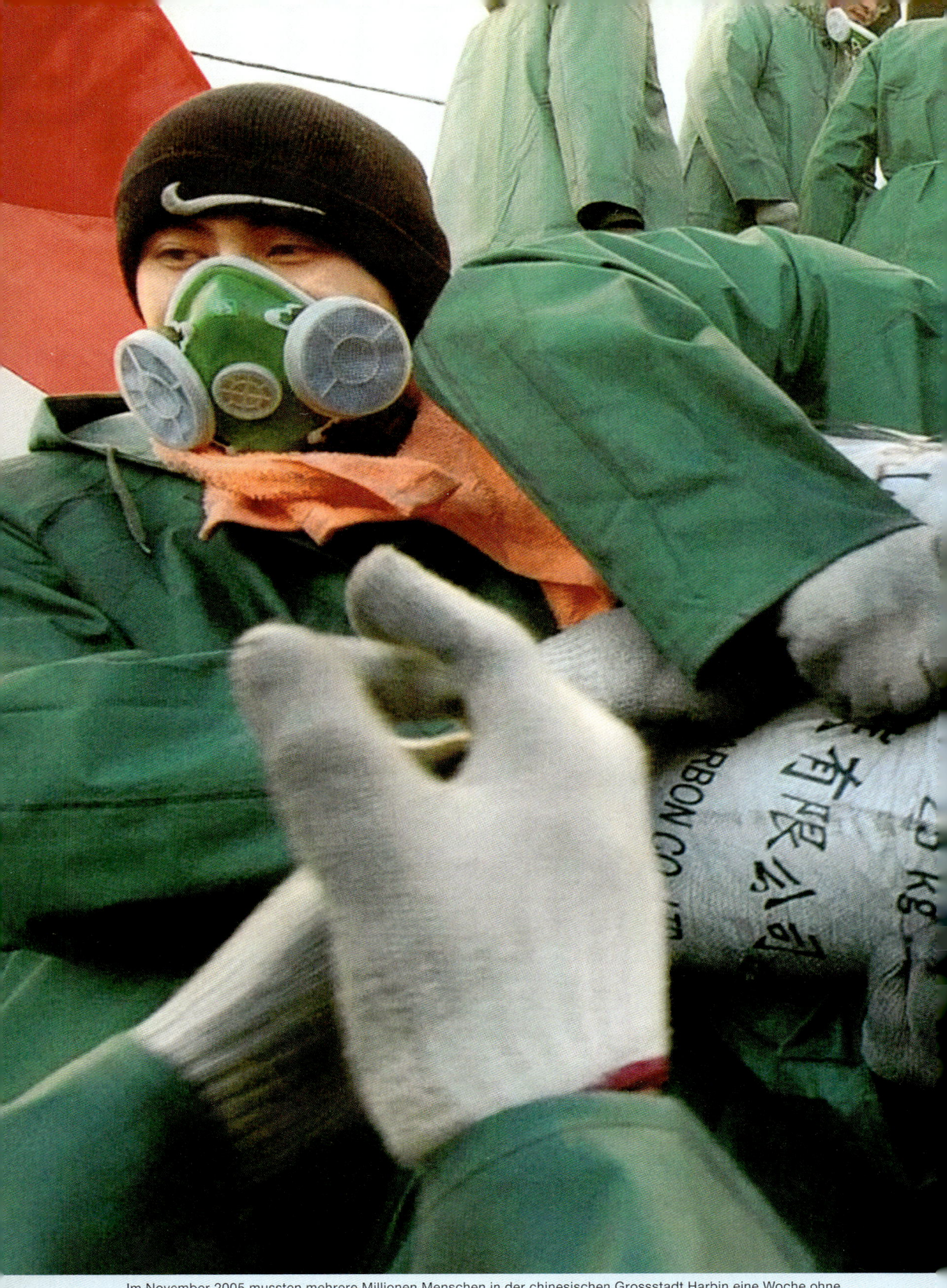

Im November 2005 mussten mehrere Millionen Menschen in der chinesischen Grossstadt Harbin eine Woche ohne Leitungswasser ausharren, da der für die Trinkwasserversorgung genutzte Fluss durch einen Chemieunfall mit hoch giftigen Chemikalien verseucht war. Ein Soldat liefert Aktivkohle für die Reinigung von Trinkwasser. AP Photo

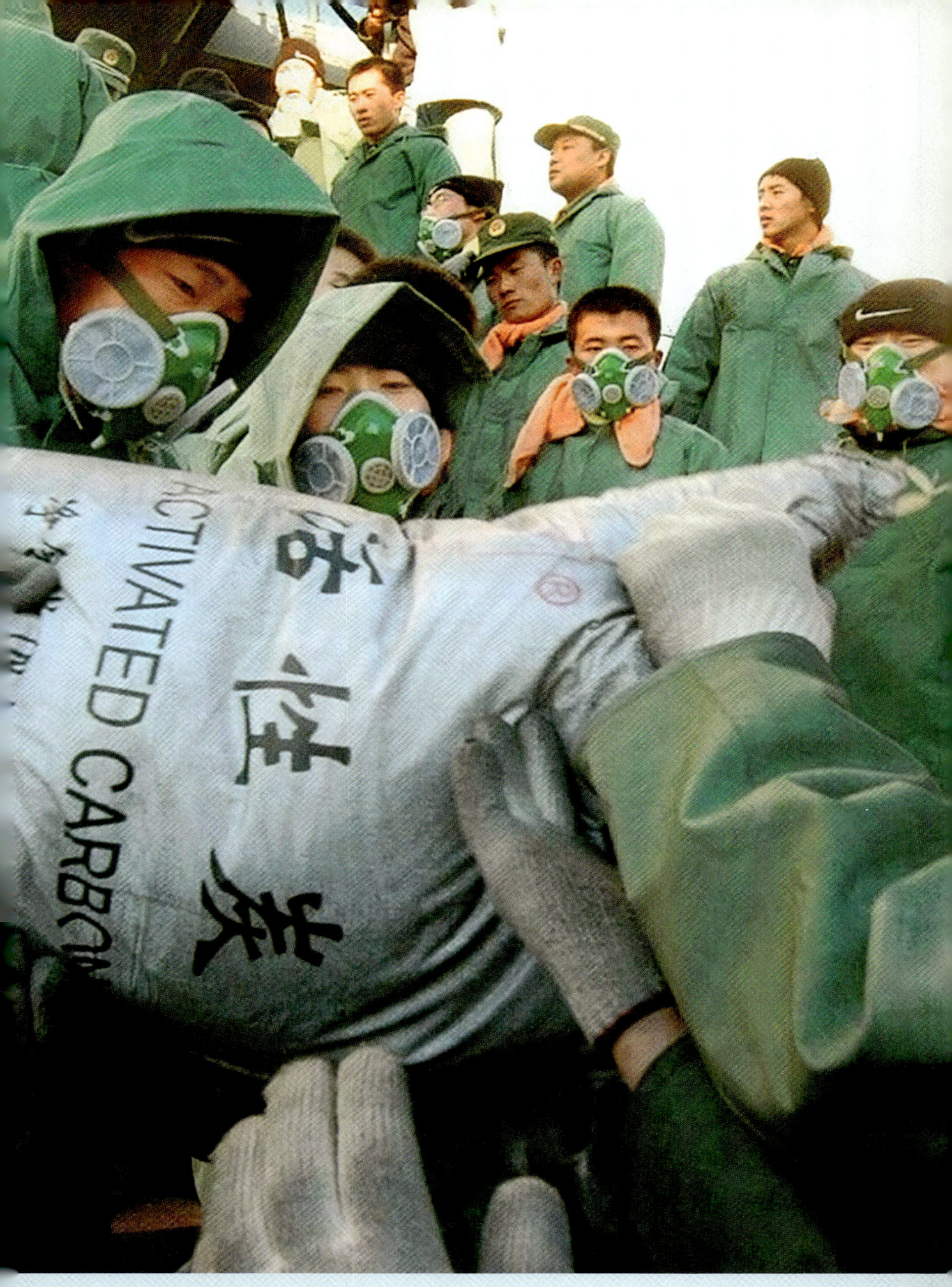
活性炭
ACTIVATED

Russisches Roulette

In der Nacht zum 1. November 1986 geriet in Schweizerhalle am Stadtrand von Basel eine Lagerhalle des Chemiekonzerns Sandoz in Brand. Mit dem Löschwasser flossen rund 30 Tonnen Agrochemikalien in den Rhein, darunter Insektizide und Fungizide. Bis 400 Kilometer unterhalb von Basel starb alles Leben im Fluss ab. Der Rhein wurde zu einem biologisch toten Gewässer.

Ein sauberer Fluss war der Rhein allerdings schon vor der Umweltkatastrophe nicht; er galt bereits seit Jahrzehnten als die «Kloake Europas». Der drittlängste Fluss Europas fliesst durch eine der industriellen Kernzonen der Welt: einige der grössten Chemieunternehmen der Welt sind seit langem hier angesiedelt; das deutsche Ruhrgebiet, die grösste Braunkoleregion Europas, ist seit der Industrialisierung das Zentrum der deutschen Stahl- und Eisenindustrie. Der Kalibergbau im französischen Elsass liess den Salzgehalt des Rheins schon zwischen 1880 und 1960 auf das Sechsfache ansteigen. Auch zahlreiche andere Industrien, die Wasser für ihre Produktion brauchten oder von den billigen Schiffstransporten profitierten, haben sich am Rhein niedergelassen. Die Abwässer von 50 Millionen Menschen flossen bis in die 70er Jahre weitgehend ungereinigt in den Rhein und seine zahlreichen Zuflüsse. Zugleich war der Rhein das Trinkwasserreservoir für mehrere grosse Städte und viele hundert Ortschaften.

Bereits 1958, 28 Jahre vor der Sandoz-Katastrophe, musste der Fischfang eingestellt werden, 1970 war der Fluss so gut wie tot. Schon 1950 hatten die an den Rhein angrenzenden Staaten, die Schweiz, Deutschland, Frankreich, Luxemburg und die Niederlande, eine Internationale Kommission zum Schutz des Rheins (IKSR) ins Leben gerufen. Es dauerte aber 13 Jahre, bis die erste Vereinbarung, das so genannte Berner Übereinkommen, unterzeichnet werden konnte. Bis 1976 folgten einige weitere Abkommen, unter anderem eine Abmachung zum Schutz des Rheins vor chemischen Verunreinigungen. In den 70er Jahren wurden die ersten Massnahmen umgesetzt: Den Rhein entlang wurden zahlreiche Kläranlagen gebaut. Trotzdem war der Schock der Sandoz-Katastrophe nötig, damit die Minister der IKSR-Staaten sich einigen konnten, ein gemeinsames Aktionsprogramm durchzusetzen.

Auch für die Donau, den zweitlängsten Fluss Europas, existiert seit 1994 ein internationales Schutzabkommen. Es wurde allerdings erst 1998 in Kraft gesetzt – 40 Jahre nach dem Rheinschutzabkommen. Vorher war eine Einigung unmöglich, da es einige der 13 Anrainerstaaten, vor allem mehrere ehemalige sozialistische Republiken, vor 1989 nicht für notwendig hielten, ihre Industrieabwässer zu reinigen. Einige von ihnen sind allerdings bis heute nicht in der Lage, ohne ausländische Unterstützung die erforderlichen Kläranlagen zu bauen. In den deutschen und österreichischen Abschnitten der Donau hat sich die Wasserqualität seit Mitte der 90er Jahre deutlich verbessert; es werden aber immer noch überhöhte Konzentrationen von Düngemitteln und Pestiziden gemessen. Demgegenüber bleiben die Flussabschnitte zwischen der Slowakei, Ungarn und Rumänien sehr stark verschmutzt. Sie sind eine lebendige Enzyklopädie aller nur erdenklicher Schadstoffe.

Als wenig krisensicher haben sich an der Donau erst kürzlich das internationale Frühwarnsystem und die entsprechenden Katastrophenpläne erwiesen. Anfang Januar 2000 brach in der rumänischen Goldgewinnungsanlage Aurul bei Baia Mare ein Rückhaltedamm, mehr als 110000 Tonnen hochgiftiger Zyanidlösungen verseuchten die Theiss und die Donau. Es dauerte Tage, ja sogar Wochen, bis die rumänische Regierung ihre Verharmlosungsstrategie aufgab und das wahre Ausmass der Katastrophe eingestand. Die Besitzerin der Grube, das australische Bergbauunternehmen Esmeralda Ltd., bestritt noch zehn Tage nach der Katastrophe, dass ihre rumänische Tochter überhaupt etwas mit der Wasserverschmutzung zu tun haben könnte.

Inzwischen waren 700 Kilometer der Theiss und der Donau so massiv durch Zyanide und Schwermetalle vergiftet, so dass die Regierungen von Ungarn und der Slowakei den Notstand ausriefen. Erst nach der TheissKatastrophe sind in den bilateralen Verträgen endlich auch die Verantwortlichkeiten festgeschrieben und – als sanftes Druckmittel – zwischenstaatliche Vereinbarungen zur Schadensregulierung getroffen worden.

In den Vereinigten Staaten erleidet der Colorado River ein ähnlich dramatisches Schicksal. Der Fluss, dessen Wassermassen einst den Grand Canyon ausgefurcht haben, erreicht heute kaum noch seine Mündung in Mexiko. Weit schlimmer ist, dass sich in dieses spärliche Restwasser die Haushaltsabwässer von mehreren Millionen Anrainern und jährlich 600 Tonnen Nitrate ergiessen. Mittlerweile überschreitet die Nitratkonzentration den erlaubten Grenzwert von 50 Milligramm pro Liter um das Vierfache.

Problematisch sind am Colorado River insbesondere zwei einzelne, aber umso gefährlichere Schadstoffquellen: Zum einen handelt es sich um eine Fabrik in Henderson, Nevada, die seit den 50er Jahren Perchlorat, einen Zusatzstoff für Raketentreibstoff in den Fluss einleitet. Trotz mehrerer Sanierungsmassnahmen fliessen noch immer jeden Monat sechs Tonnen dieser giftigen Substanz in den Colorado River. Zum anderen handelt es sich um eine inzwischen still gelegte, aber ungesicherte Atommülldeponie in der Nähe von Moab. Rund 12 Millionen Tonnen radioaktiver Abfälle lagern hier unmittelbar am Ufer des Flusses. Seit Jahrzehnten versickern, wie Experten errechnet haben, täglich über 400 Kubikmeter kontaminiertes Wasser aus dieser Grube; der grösste Teil gelangt später in den Colorado River. Seit vielen Jahren registrieren die kalifornischen Wasserbehörden noch 1000 Kilometer unterhalb von Moab am Lake Havasu eine stetig steigende radioaktive Belastung des Wassers. Eine Katastrophe, immerhin versorgt der See 16 Millionen Menschen mit Trinkwasser.

Eine Lösung ist nicht in Sicht: Die Sanierung des Colorado River wäre nur möglich, wenn die Atommülldeponie von Moab vollständig abgetragen und die gefährlichen radioaktiven Abfälle in Spezialanlagen verbrannt und in Glas eingegossen würden. Wie lange es danach dauert, bis die kontaminierten Sedimente ausgewaschen sind, lässt sich nicht im Voraus sagen.

Die grössten Sorgen bereiten den Fachleuten aber ohnehin nicht die spektakulären Chemie- und Tankerunfälle, die jeweils für einige Tage die Titelseiten der Weltpresse beherrschen, für Aufregung und Hektik bei den Politikern sorgen, um danach ebenso schnell und folgenlos wieder aus den Schlagzeilen zu verschwinden. Sie sind ebenso wie die vielen kleinen Unfälle, die fast täglich unter «Vermischtes» zu lesen sind, zumeist lokal sehr begrenzt und können gut eingedämmt und beseitigt werden.

Alarmierender als diese grossen und kleinen Katastrophen ist jene Verschmutzung, die sich tagtäglich gleichsam unsichtbar vor unseren Augen abspielt. Sie belastet die Gewässer insgesamt stärker als alle Unfälle und Pannen. Dass sie kaum wahrgenommen wird, verdankt sie dem ältesten und bis heute gebräuchlichen Grundprinzip der Abwasserbeseitigung: Schmutziges Wasser wird so lange verdünnt, bis die Verunreinigung «verschwindet», nicht mehr zu sehen ist oder ihre Konzentration unter einen festgesetzten Grenzwert sinkt. Auch in den hochentwickelten Ländern, die über strenge Umweltvorschriften und fortschrittliche Abwassertechnologien verfügen, fliessen auf diese Weise umwelt- und gesundheitsschädigende Chemikalien immer noch in grossen Mengen in die Gewässer und schädigen so die gesamten Wassersysteme.

Weltweit sind sich die Wasserfachleute einig, dass dieses Prinzip der Schmutzwasserentsorgung untauglich ist, weil es die schädlichen Stoffe letztlich nicht eliminiert, sondern lediglich auf eine grössere Wassermenge verteilt. Eine nachträgliche Reinigung dieses immens vergrösserten Wasservolumens erhöht die Kosten um ein Vielfaches und ist in vielen Fällen sogar unmöglich. Die Alternative ist einleuchtend: Wo sich ihr Gebrauch nicht vermeiden lässt, müssen die gefährlichen Stoffe zumindest unmittelbar dort beseitigt werden, wo sie entstehen. In den meisten Fällen sind die Schadstoffmengen eher gering, die Schadstoffquellen begrenzt, zum Beispiel auf einen einzelnen Produktionsabschnitt einer grösseren Chemieanlage. Hier würden kleine, spezialisierte Kläranlagen ausreichen, um das Wassers zu reinigen, bevor es in den Wasserkreislauf zurück fliesst.

Wirklich zukunftsfähig sind Produktionsanlagen aber erst, wenn das verschmutzte Wasser innerhalb eines völlig geschlossenen Kreislaufs gesäubert und rezykliert wird. Die meisten Anlagen könnten mit zumutbarem finanziellem Mehraufwand umgerüstet werden oder hätten langfristig sogar Einsparungen zur Folge. So hat die Düsseldorfer Papierfabrik Julius Schulte Söhne eine Technologie entwickelt, die das verschmutzte Wasser so gründlich reinigt und entkalkt, dass es in der Papierherstellung wieder verwendet werden kann. Auf diese Weise spart die Düsseldorfer Papierfabrik jährlich 260 000 Kubikmeter Abwasser – und 400 000 Euro Kanalgebühren (→ S. 368f.).

Die ökologisch sinnvollste und nachhaltigste Alternative liegt auf der Hand: der Ersatz problematischer Schadstoffe durch umweltverträglichere

Substanzen. So hat die alarmierende Belastung von Flüssen und Seen durch Phosphate und schwer abbaubare Tenside in vielen Ländern schon vor Jahrzehnten zum Verbot von Waschmitteln geführt, die solche Chemikalien enthalten. Sie konnten ohne Qualitätseinbussen durch biologisch leicht abbaubare Chemikalien ersetzt werden. Solche Alternativen sind inzwischen für zahlreiche Produkte bekannt; für viele andere lassen sich nach Ansicht unabhängiger Verfahrensingenieure ökologisch unbedenkliche Ersatzstoffe finden.

Der Gebrauch ungiftiger und abbaubarer Chemikalien sowie die Entwicklung einer abwasserfreien Industrieproduktion sind nicht nur wünschenswert; besonders für Entwicklungsländer sind sie dringend notwendig. Denn in den Ballungszentren Asiens und Lateinamerikas ist die Mehrheit der Bevölkerung auf Trinkwasser aus den Flüssen angewiesen. Die Aufbereitung des verschmutzten Flusswassers ist jedoch technisch meist viel zu aufwändig und zu kostspielig. Alternativen aber sind vorhanden; mit der Umsetzung könnte sofort begonnen werden. Es gibt keine Notwendigkeit, Abfälle in Flüsse und Meere zu leiten, selbst wenn dies seit Menschengedenken üblich ist.

Bei 95 Proz[ent]
tausenden [...]
des tägliche[n ...]
so gut wie n[...]
Wirkung au[f ...]
und Mensch[en ...]

ent von zehn- Chemikalien Gebrauchs ist chts über ihre Pflanzen, Tiere en bekannt.

Die Konsumenten wüssten gerne, welcher Ressourcenverbrauch und welche Umweltverschmutzung durch die Produktion von Gebrauchsgütern verursacht werden. Waschmaschinenkauf in Brooklyn, New York, 2005. Kathy Willens/AP Photo

Ist Geiz geil? Der Billigkonsum treibt die Massenproduktion mit zweifelhaften Methoden an. Welches Chemiebouquet diese Kundinnen als Ingredienz der Kleidung wohl heute nach Hause tragen? Martin Parr/Magnum Photos

Gleiches Recht für alle: Niemand wird chinesischen Familien Wohlstand und Konsumgüter vorenthalten wollen. Allerdings reichen die Rohstoff- und Energieressourcen bei Weitem nicht für die Übertragung westlicher Konsummuster auf ein Milliardenpublikum aus. Ein junges Paar testet bei IKEA in Peking Stühle. Walter Schmitz/Keystone/Bilderberg

Tausende Tonnen von Körperpflegemitteln werden nach Gebrauch durch Badezimmerabflüsse in die Kläranlagen gespült. Eine gesetzliche Pflicht zu untersuchen, ob sie schädlich für Mensch, Tier und Umwelt sind, scheitert bisher weitgehend am Widerstand der Industrie. Supermarkt in Sao Paulo, Brasilien, 2002. Stuart Franklin/Magnum Photos

Einkaufen statt Shoppen: Wer nur kauft, was auf dem Einkaufszettel steht, entgeht den Umsatz steigernden Lockangeboten der Supermärkte – und deren Rucksack an chemischen Zugaben. «Schnäppchenautobahn» in einem Londoner Supermarkt. Aufnahme von 2003. Peter Marlow/Magnum Photos

Chemikalienpolitik – eine nachhaltige Enttäuschung

Viele Substanzen, die die Umwelt belasten, kommen nicht aus den Abflussrohren der Fabriken, sondern aus deren Werktoren. Fast alle Produkte, Nahrungsmittel und Textilien, Computer und Autos, Baumaterialien, Arznei- und Waschmittel, Farben und Kosmetika, Mobiltelefone und Wohnungseinrichtungen, enthalten synthetische oder chemisch behandelte Materialien. Die meisten dieser synthetischen Inhaltsstoffe sind umweltverträglich; Sie sind leicht abbaubar, können sicher entsorgt, rezykliert oder industriell verbrannt werden. Andere aber sind giftig und werden in der Natur nicht oder nur sehr langsam abgebaut. Sie reichern sich in der Umwelt an oder sind teilweise sogar biologisch aktiv.

Alle diese Produkte, die harmlosen wie die gefährlichen, landen eines Tages im Kehricht, im kommunalen Abwasser, auf Müllhalden, Deponien oder Lagerplätzen. Sie türmen sich überall auf der Welt zu wachsenden Abfallbergen auf, und gelangen wie ihre Zerfallsprodukte letztlich in die Luft, die Erde und die Gewässer. Die Politik hat sich diesen Problemen gegenüber bislang überwiegend reaktiv verhalten: Vorkehrungen und Massnahmen wurden immer erst getroffen, wenn sich, oft nach Jahren oder Jahrzehnten, herausstellte, dass bestimmte Stoffe die Umwelt oder gar die Gesundheit der Menschen schädigen.

Von Zehntausenden von Produkten wissen weder die Verbraucher noch die Umwelt- und Gesundheitsbehörden, welche Chemikalien, Reinigungs-, Lösungs-, Flammschutzmittel, Weichmacher oder Stabilisatoren sie enthalten. Untersucht werden die Inhaltsstoffe dieser Produkte erst, wenn sie auf Grund konkreter Vorkommnisse in Verdacht geraten, für Umwelt- oder Gesundheitsschäden verantwortlich zu sein. Bis dieser Verdacht wissenschaftlich bestätigt oder widerlegt worden ist, vergehen oft Jahre, während derer sie meist ohne Einschränkungen weiter verwendet werden dürfen.

Zu Recht halten immer mehr Umweltwissenschaftler einen solchen Umgang mit ungeprüften Substanzen und Materialien für fahrlässig. Denn: Haben sich gefährliche Substanzen erst einmal in der Umwelt angereichert, dauert es oft Jahre oder Jahrzehnte, bis die Natur sich davon wenigstens teilweise wieder erholt. So findet man in der Umwelt heute noch weit verbreitet PCBs, die schon seit Jahrzehnten nicht mehr verwendet werden.

Die Chemieunternehmen, aber auch viele Wirtschaftspolitiker, halten strengere Kontrollen oder präventive Massnahmen für systemwidrige

Instrumente in einer liberalen Wirtschaftsordnung. Sie seien unnötig kostspielig und fortschrittshemmend, da sie Investitionsklima, Forschung und Innovationen behindern würden. Sie plädieren stattdessen für freiwillige Vereinbarungen zwischen Behörden und Industrie.

Eine wirkungsvolle Chemikalienpolitik ist offensichtlich nur schwer durchzusetzen. Selbst innerhalb der EU, deren Umweltgesetze zu den fortschrittlichsten der Welt gehören, ist das Chemikalienrecht inkohärent und «löcherig». So müssen zwar seit 1981 alle neu entwickelten Substanzen, die in grösseren Mengen hergestellt werden, mit entsprechendem Datenmaterial und Prüfberichten bei den EU-Behörden angemeldet werden, damit ihre Unbedenklichkeit überprüft werden kann. Rund 3000 «Neustoffe» sind so in den vergangenen Jahren begutachtet worden.

Weitgehend ungeprüft aber bleiben rund 100000 Chemikalien, die bereits vor 1981 im Handel waren. Von 97 000 bekannten «Altstoffen», die in Mengen von weniger als 1000 Tonnen hergestellt werden, liegen kaum aussagekräftige Daten vor: Lediglich 80 «Altstoffe» wurden bisher gründlich erforscht. Das ursprüngliche Vorhaben, wenigstens die wichtigsten «Altstoffe» rückwirkend ebenfalls zu bewerten, wurde inzwischen aufgegeben.

1999 beschloss die EU, ihre Chemikalienpolitik in einer kohärenten und wirkungsvollen Rahmenrichtlinie «Registration, Evaluation, Authorisation of Chemicals» (REACH) zusammenzufassen. Zwar soll die Wettbewerbsfähigkeit der europäischen Industrien nach wie vor höchste Priorität haben, aber nicht auf Kosten der Umwelt und der Gesundheit der Bevölkerung.

Der 2003 veröffentlichte Entwurf von REACH sah vor, dass bis zum Jahr 2012 alle Stoffe (neue und «alte»), von denen jährlich mehr als eine Tonne im EU-Raum hergestellt oder importiert werden, mit Angaben über ihre Eigenschaften, Anwendung und Risiken in einer zentralen Datenbank registriert werden müssen.

Eingehender analysiert werden sollten aber nur jene Substanzen, die im Verdacht stehen, gesundheits- oder umweltschädlich zu sein. Experten schätzen, dass dies auf etwa 30000 Stoffe zutrifft. Nach dem REACH-Entwurf dürften aber selbst Substanzen, die als besonders Besorgnis erregend, potenziell krebserzeugend, bioakkumulativ oder Erbgut verändernd eingestuft worden sind («Very High Concern Chemicals»), weiter verwendet werden, so lange die damit verbundenen Risiken «angemessen beherrscht» werden könnten. Eine Formulierung, die einen grossen Interpretationsspielraum offenlässt. Nicht gelten soll diese Regelung auch für jene Stoffe, für die es keine umweltverträglicheren Ersatzstoffe gibt, oder deren Gebrauch gesellschaftlich und wirtschaftlich «gerechtfertigt» ist.

Eine richtungweisende Innovation des REACH-Entwurfes ist jedoch der Vorschlag, die Beweislast nicht mehr wie bislang den Behörden, sondern den Herstellern zu auferlegen: sie müssten künftig die erforderlichen Tests und Risikobeurteilungen selbst durchführen lassen und auch bezahlen.

Während die Umweltverbände vor allem die schwammigen Formulierungen rügen und präzisere, strengere Vorschriften fordern, geht der REACH-Entwurf den Wirtschafts- und Industrievertretern entschieden zu weit. Eine derart strenge Gesetzgebung verursache nicht vertretbare Wettbewerbsnachteile gegenüber Ländern mit weniger strengen Vorschriften. Überdies verhindere die Verzögerung durch langwierige Prüfverfahren von REACH die schnelle Markteinführung neuer Produkte, was die EU-Unternehmen zusätzlich benachteilige. Die Überwälzung der Prüfkosten auf die Verursacher belaste vor allem kleinere und mittlere Unternehmen über jedes erträgliche Mass. Interessenvertreter der Industrie drohen denn auch damit, ihre Produktion in Länder ohne solche Prüfverfahren zu verlagern.

Nach jahrelangem erbittertem Ringen zwischen den Vertretern der Industrie und den Umweltverbänden hat das EU-Parlament im November 2005 einen Kompromissvorschlag angenommen, der mehrheitlich den Einwänden der Industrie Rechnung trägt. Um die kleinen und mittleren Unternehmen zu entlasten, sollen die Prüfverfahren für Chemikalien, von denen weniger als 100 Tonnen pro Jahr produziert werden, vereinfacht und reduziert werden. Dasselbe soll auch für jene Chemikalien gelten, mit denen der Verbraucher nicht unmittelbar in Berührung kommt. Damit würde die Prüfpflicht für mehrere Zehntausend «alte» Chemikalien fast ganz entfallen. Mit der Inkraftsetzung der REACH-Richtlinien wird jedoch nicht vor 2007 gerechnet.

Der Streit um REACH ist ein wichtiger Präzedenzfall auch für die globale Chemikalienpolitik. Was die EU, mit einem Anteil von 20 Prozent aller Ein- und Ausfuhren wichtigste Handelsmacht der Welt, beschliesst, bleibt nicht ohne Folgen auf die übrigen Länder der Welt.

Zwar gibt es bereits seit Beginn der 70er Jahre Ansätze zu einer globalen Chemikalienpolitik, doch dauerte es 27 Jahre, bis diese zu einem ersten völkerrechtlich verbindlichen Vertragswerk führten, der «Rotterdam Convention on Hazardous Chemicals and Pesticides» (oder offiziell: «International Legally Binding Instrument for the Application of the Prior Informed Consent Procedure for Certain Hazardous Chemicals and Pesticides in International Trade»).

Die Rotterdamer Übereinkunft, die «PIC-Convention», die im Februar 2004 in Kraft trat, ist aber noch nicht einmal ein erster Schritt hin zu einer wirksamen globalen Chemikalienpolitik. Denn sie beinhaltet keine Herstellungsverbote, sondern sieht lediglich die Kontrolle des Handels vor. Selbst die in der Übereinkunft namentlich erwähnten, besonders problematischen Chemikalien dürfen exportiert werden, wenn die Empfängerländer über deren Gefährlichkeit informiert wurden und dem Import zugestimmt haben («Prior Informed Consent», PIC). Zurzeit umfasst die Liste der PIC-Convention mehrere Pestizide und einige Industriechemikalien, darunter DDT, PCP (Pentachlorphenol) und PCBs. In den nächsten Jahren sollen auch alle Krebs erzeugenden Asbestarten in die Liste aufgenommen werden.

In den 70er Jahren kamen die ersten Anstösse zu einer globalen Chemikalienpolitik vorwiegend von der OECD, aber auch von der Weltgesundheitsorganisation (WHO), dem UN-Umweltprogramm (UNEP) und der Internationalen Arbeitsorganisation (ILO). 1980 initiierten die drei UN-Unterorganisationen ein gemeinsames Programm zur Chemikaliensicherheit. Aber erst zwölf Jahre später, auf dem Umwelt-Gipfel von Rio de Janeiro, wurden die verschiedenen Ansätze in den Kapiteln 17, 18 und 19 der so genannten Agenda 21 in einen Zusammenhang gebracht. Die Agenda 21 verknüpft erstmals Chemikalien- mit Gesundheits- und Umweltpolitik; sie unterstreicht die zentrale Bedeutung des Wassers und gibt der Nachhaltigkeit ein sehr hohes Gewicht.

Seit der Rio-Konferenz entstanden eine ganze Reihe von chemikalien- und wasserpolitischen Initiativen und Gremien:
– Zwei UN-Kommissionen, die Commission on Sustainable Development (CSD) und das Intergovernmental Forum on Chemical Safety (IFCS), wurden bei der Rio-Konferenz eingesetzt; sie sollen die nationale und internationale Umsetzung der Agenda 21 überwachen.
– Ein Aktionsplan, der auf dem Weltgipfel für nachhaltige Entwicklung im September 2002 in Johannesburg beschlossen wurde; er soll unter anderem dafür sorgen, dass «bis zum Jahr 2020 eine Minimierung der gesundheits- und umweltschädlichen Auswirkungen der Produktion und des Gebrauchs von Chemikalien erreicht wird». Bei der Johannesburg-Erklärung handelt es sich jedoch lediglich um eine Absichtserklärung ohne rechtlich bindende Vorschriften, also um so genanntes «soft law». In den Dokumenten fehlen präzise quantitative Vorgaben; die schädlichen Auswirkungen sollen bloss «beträchtlich geringer sein als zum gegenwärtigen Zeitpunkt».
– Im September 2003 beschloss die UNEP in Nairobi die Vorbereitung einer Konferenz, die einen «Strategischen Ansatz für ein internationales Chemikalienmanagement» (SAICM) erarbeiten soll. Damit sollen alle aktuellen und zukünftigen Aktivitäten im Zusammenhang mit der Chemikaliensicherheit analysiert und koordiniert werden.
– Die OECD hat ein Programm in die Wege geleitet, das die systematische Risikoprüfung und Bewertung von Stoffen, die in Mengen von über 1000 Tonnen hergestellt werden (so genannte HPV-Stoffe), koordinieren soll.
– Die im Jahr 2001 verabschiedete Stockholm-Konvention («Stockholm Convention on Persistant Organic Pollutants») verbietet erstmals einige besonders umwelt- und gesundheitsschädigende organische Dauergifte, die so genannten POPs. Zurzeit umfasst die Liste acht Verbote, darunter sieben Pestizide und die Gruppe der polychlorierten Biphenyle (PCBs), die in Flammschutz- und Kühlmitteln, Transformatoren und elektrischen Geräten verwendet werden. Beschränkungen legt die Stockholmer Konvention für DDT sowie für Dioxine und Furane fest, die unter anderem beim Verbrennen von Sondermüll entstehen. Aber selbst für die verbotenen Stoffe gelten mehrere Ausnahmeregelungen. In den nächsten Jahren soll diese Liste sukzessive erweitert werden.

Von einer systematischen, international abgestimmten Chemikalienpolitik, wie sie das REACH-Programm der EU anstrebt, sind diese Ansätze noch weit entfernt. Aus den unterschiedlichsten Gründen wehren sich die mächtigen Industrieverbände der hochindustrialisierten Länder und deren Regierungen, aber auch einige Entwicklungsländer, vehement gegen strengere chemiepolitische Regeln. Noch immer haben kurzfristige wirtschaftliche und finanzielle Interessen Vorrang vor den langfristigen Gefährdungen von Natur und Mensch. Die nachfolgenden Generationen werden die Konsequenzen für dieses Verhalten tragen müssen.

So hat die Welthandelsorganisation WTO zwei Bestimmungen erlassen, die die Durchsetzung von regionalen Abkommen wie der EU-Richtlinie zu REACH beträchtlich erschweren oder unmöglich machen. So dürfen WTO-Mitglieder nur solche Schutzmassnahmen ergreifen, die andere WTO Mitglieder nicht diskriminieren. Einzelne Länder oder Ländergruppen wie die EU dürfen gegenüber Produkten, die in anderen Ländern legal produziert werden dürfen, keine Importverbote erlassen. Und: Auflagen oder Verbote müssen «angemessen» sein. Das bedeutet, dass ihre ökologischen Zielsetzungen andere, etwa wirtschaftliche, Interessen nicht übermässig beeinträchtigen dürfen. Diese Bestimmungen eröffnen eine ganze Reihe von politischen und juristischen Hintertürchen, um strenge Vorschriften einzelner Länder auszuhebeln.

Zu Recht stellte der Kommissar des UN-Umweltprogramms UNEP, Klaus Töpfer, denn auch resigniert fest, dass trotz aller internationalen Konferenzen die «Implementierung einer integrierten Bewirtschaftung der Wasserressourcen weder in den Industrie- noch in den Entwicklungsländern umfassend gelungen» sei. Noch immer würden die Probleme «auf der Basis unvollständiger sektoraler Ansätze behandelt». Bis heute fehle offensichtlich der politische Wille, um ökologische, ökonomische und soziokulturelle Belange gleichberechtigt zu regeln. Ein Vorwurf, den eine grosse deutsche Zeitung nach dem Johannesburg-Gipfel von 2002 in der knappen Schlagzeile zusammenfasste: «Gipfel der nachhaltigen Enttäuschung».

Es kommt alles zurück: Was eben noch begehrenswert und glitzernd im Regal lag, ist heute schon ein Entsorgungsproblem. Recycling von Elektronikschrott in Regensdorf, Schweiz. Aufnahme von 2004. Walter Bieri/Keystone

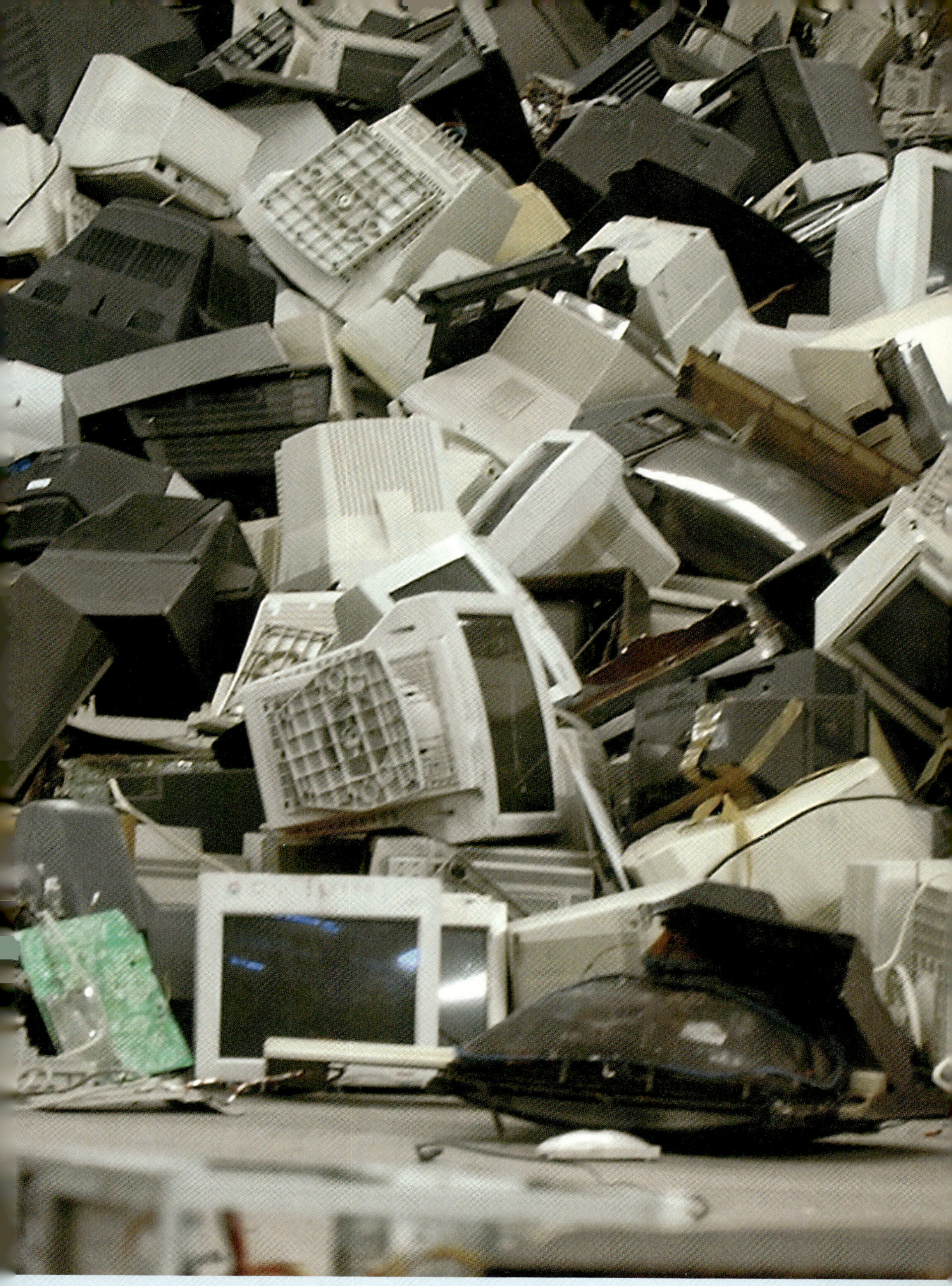

Je giftiger ein Produkt, desto schwieriger und teurer ist seine umweltneutrale Entsorgung, und desto wahrscheinlicher seine illegale Beseitigung. Wilde Sondermülldeponie in Grossbritannien. Robert Brook/Keystone

Selten derart sichtbar: Für jedes neu gekaufte Gerät landet ein altes im Müll. Bei Lewes In Südengland werden ausrangierte Kühlschränke zur Rückgewinnung klimaschädlicher Kühlmittel unter freiem Himmel zentral gesammelt. Aufnahme von 2003. Gerry Penny/Keystone/EPA Photo

Allein vom VW-Käfer wurden über 21 Millionen Stück gebaut. Während die Entsorgung der frühen Modelle noch einfach war, machen Verbundwerkstoffe und problematische Einbauteile die Verwertung heutiger Modelle immer schwieriger. Schrottplatz in Salzgitter. Keystone/dpa files

Wasserkraft – Licht und Schatten

Wasserkraft ist die produktivste und wichtigste erneuerbare Energie: Wasserkraftwerke liefern rund ein Fünftel der weltweit verbrauchten elektrischen Energie. Wasserkraft liegt damit an zweiter Stelle hinter den fossilen Brennstoffen Kohle, Erdöl und Erdgas, aber noch vor der Atomenergie. Alle übrigen Energiequellen wie Solar- oder Windanlagen kommen zusammen auf einen weit geringeren Anteil.

So unterschiedlich die Bedingungen in den verschiedenen Weltregionen und Klimazonen auch sind, die Stromerzeugung aus Wasserkraft liesse sich fast überall noch weiter steigern. Manche Experten sind der Ansicht, dass sich die derzeitige Leistung der Wasserkraftwerke weltweit verdoppeln, ja sogar vervierfachen liesse. Besonders die wasser- und bevölkerungsreichen Riesen unter den Schwellenländern wie China, Indien, Pakistan, Brasilien oder Nigeria haben die Möglichkeiten ihrer Wasserquellen noch nicht ausgeschöpft. Aber auch in vielen Entwicklungsländern könnte Wasserkraft dazu beitragen, ihre dringlichsten Energieprobleme zu mindern.

Seit den 60er Jahren haben die grossen Schwellenländer, unterstützt von der Weltbank, den führenden Industrienationen und ihren multinationalen Bau- und Technologiekonzernen, vor allem auf den Bau riesiger Speicherstauseen und Wasserkraftwerke mit enormen Leistungen gesetzt. Hunderttausende von Menschen mussten und müssen deshalb umgesiedelt werden. Doch obwohl diese Megastaudämme deshalb heftig umstritten sind, halten die meisten der Länder an ihren Projekten fest und planen weitere dazu.

Die Vorteile von Wasserkraft sind unbestritten: Sie ist effizient, preisgünstig und ökologisch unbedenklich. Überdies haben Wasserkraftwerke einen weitaus höheren Wirkungsgrad als Kohle- oder Erdölkraftwerke. Der «Treibstoff» Wasser kostet nichts und produziert kaum umweltschädigende Treibhausgase.

Längst ist aber auch klar, dass vor allem die mit Grossstaudämmen verbundenen Kraftwerke auch Nachteile haben: Sie vernichten nicht bloss die Lebensgrundlage der Menschen in den überschwemmten Tälern, sondern schädigen die gesamten Flusslandschaften unterhalb der Staudämme bis zu den Mündungsgebieten. Betroffen sind nicht Hunderttausende, sondern mitunter Hunderte von Millionen Menschen.

Die grossen Wasserkraftwerke dienen vor allem dazu, die aufstrebenden Industriemetropolen und -agglomerationen mit Strom zu versorgen. Aber immer noch verfügen weltweit rund zwei Milliarden Menschen, die grösstenteils in armen ländlichen Regionen leben, über keinen Zugang zu elektrischer Energie. Zu ihrer Versorgung eignen vielerorts kleine und kleinste Wasserkraftwerke weit besser als Grosskraftwerke. Sie können ohne grosse Eingriffe in die Landschaft gebaut werden und kommen mit lokalen Versorgungsnetzen aus. Eine wirklich zukunftsträchtige Lösung sind Kleinkraftwerke aber nur, wenn die geringen Strommengen auch sparsam verwendet werden und alle Mittel zur Effizienzsteigerung ausgeschöpft werden. Energieexperten rechnen denn auch damit, dass sich gerade im Umkreis kleiner Wasserkraftwerke technologisch neue Modelle zum Energiesparen leichter durchsetzen können als in den Versorgungsgebieten grosser Kraftwerke mit überregionalen oder gar kontinentalen Verteilernetze, die sehr grosse Strommengen zur Verfügung stellen. Ohne einen sparsameren, effizienteren und vernünftigeren Umgang mit den vorhandenen Ressourcen aber lassen sich die Energieprobleme der Zukunft nicht lösen.

Millionen Menschen mussten bereits Stauseen weichen: Sprengung der 2300 Jahre alten Stadt Fengjie, um dem vom Dreischluchten-Staudamm in China aufgestauten Wasser Platz zu machen. Reuters/China Photo

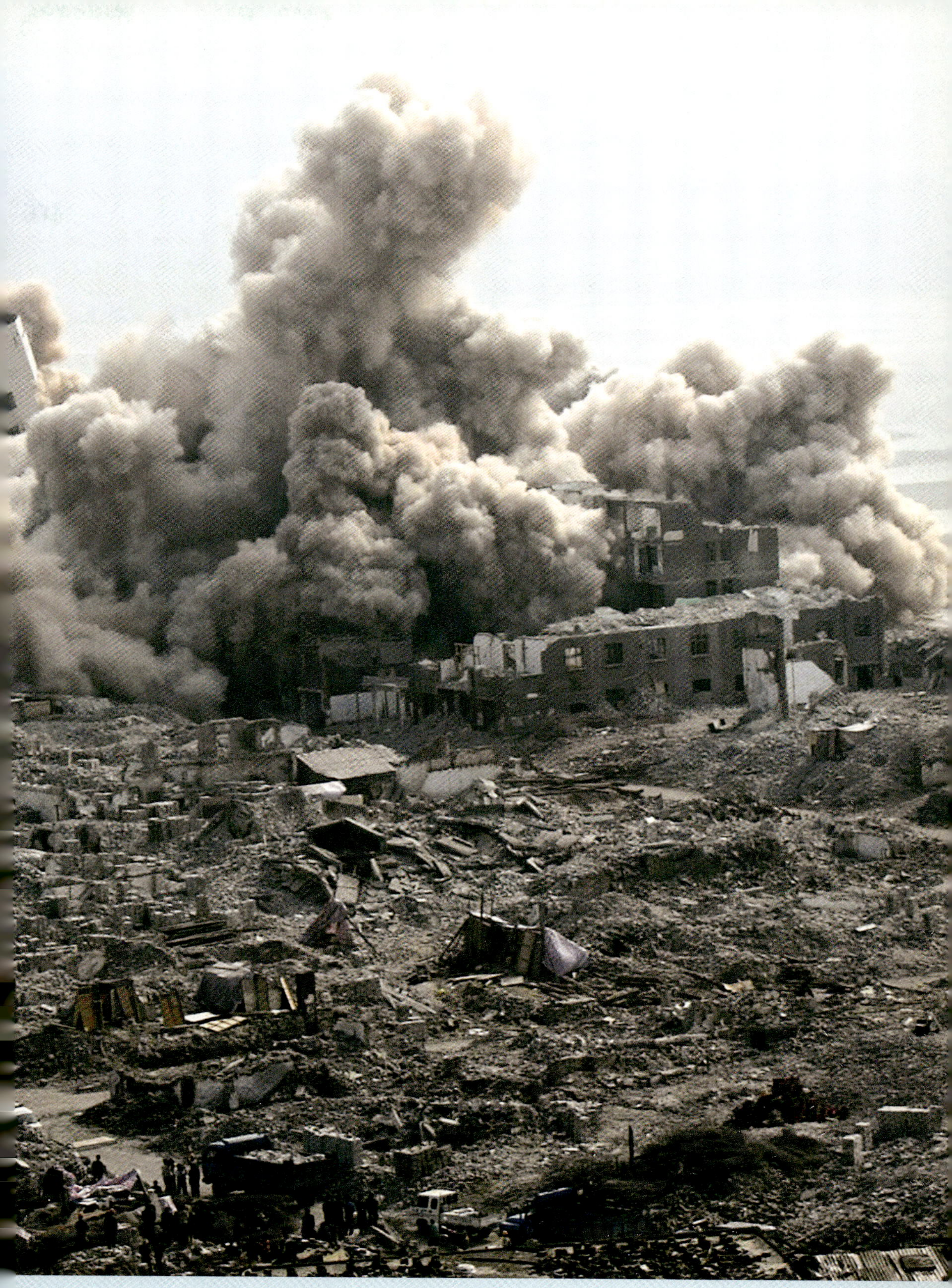

Die für Wasserkraftprojekte umgesiedelten Menschen verlieren ihre Heimat und ihre traditionelle Existenzgrundlage: Einwohner von Fengjie verlassen im Mai 2003 ihre zerstörte Stadt, die bald 135 Meter unter dem Wasserspiegel liegen wird. Reuters/China Photo

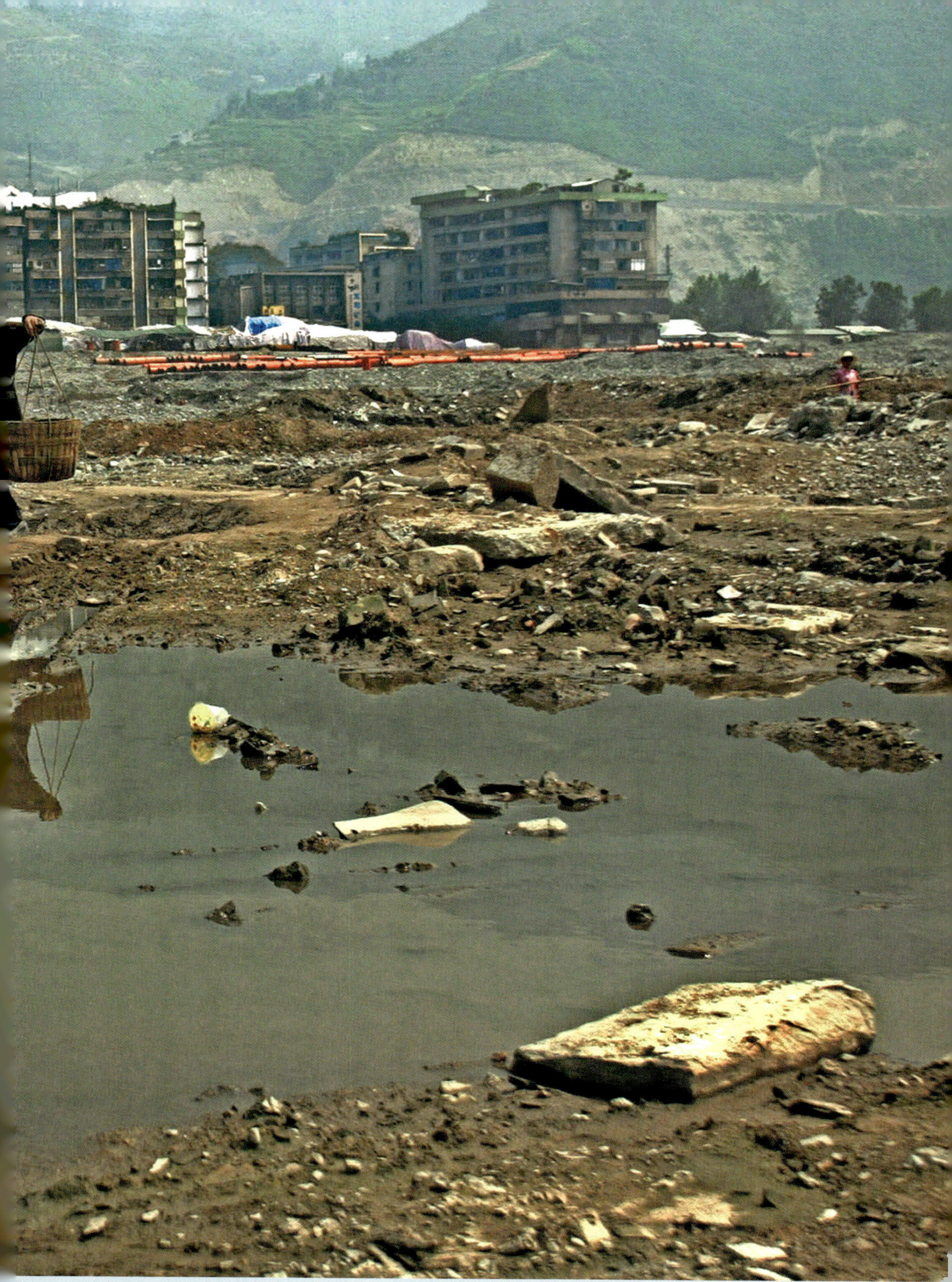

Symbol für Fortschritt und Magnet für chinesische Touristen: Die fünfstufige, monumentale Schiffsschleuse am Dreischluchtenstaudamm verbindet den Stausee mit dem Unterlauf des Yangtse. Keystone/AP

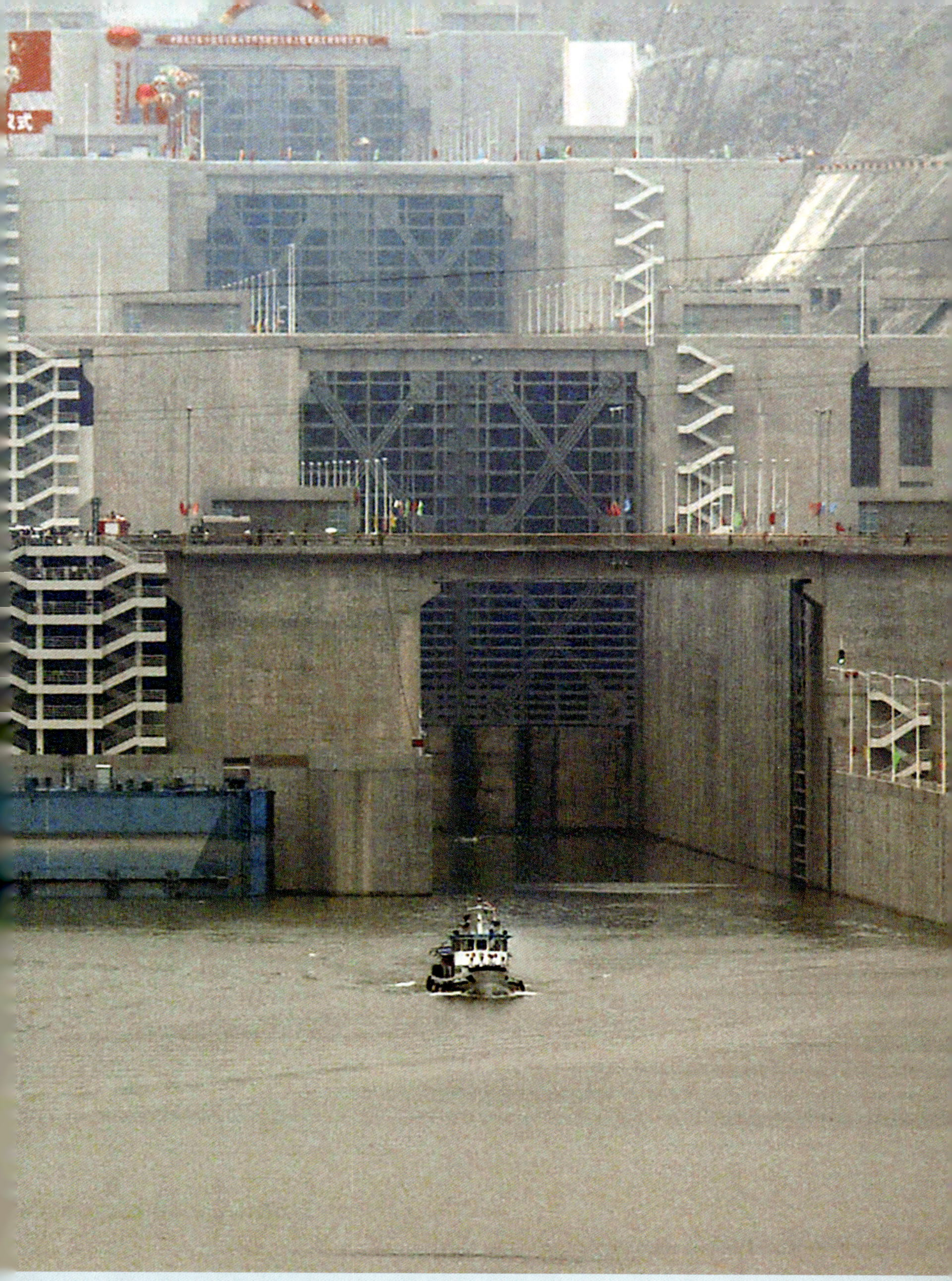

In den letzte
erhöhte sich
Staudämme
6000 auf 45
wurden nahe
Menschen u
mehr als die
völkerung D

n 50 Jahren
die Zahl der
weltweit von
000. Dabei
zu 80 Millionen
ngesiedelt –
Gesamtbe-
eutschlands.

Bedrohte Existenzen: Wenn die am Mekong geplanten Staudämme verwirklicht werden, bleiben die saisonalen Hochwasser mit ihrem fruchtbaren Schlamm aus - Basis der Fischerei auch am Grossen See Kambodschas, dem Tonle Sap.
John Vink/Magnum Photos

Ein Fluss als Zentrum der Gesellschaft: Im Mekong Delta in Vietnam ist alles Leben vom Fluss geprägt – Nahrungsmittel, Verkehrswege, Jahreszeiten und Grenzen. Berthold Steinhilber/Keystone/Bilderberg

Zu gewaltig für Brücken: In seinem Unterlauf lässt sich der Mekong nur mit Fähren überwinden – Motorradtaxi in Kaoh Reah Koaom, Kambodscha. Andy Eames/AP Photo

Fisch, Gemüse oder Reis: Praktisch alle Produkte des Marktes von Phung Hiep im Mekongdelta verdanken die Menschen dem Fluss. Hiroji Kubota/Magnum Photos

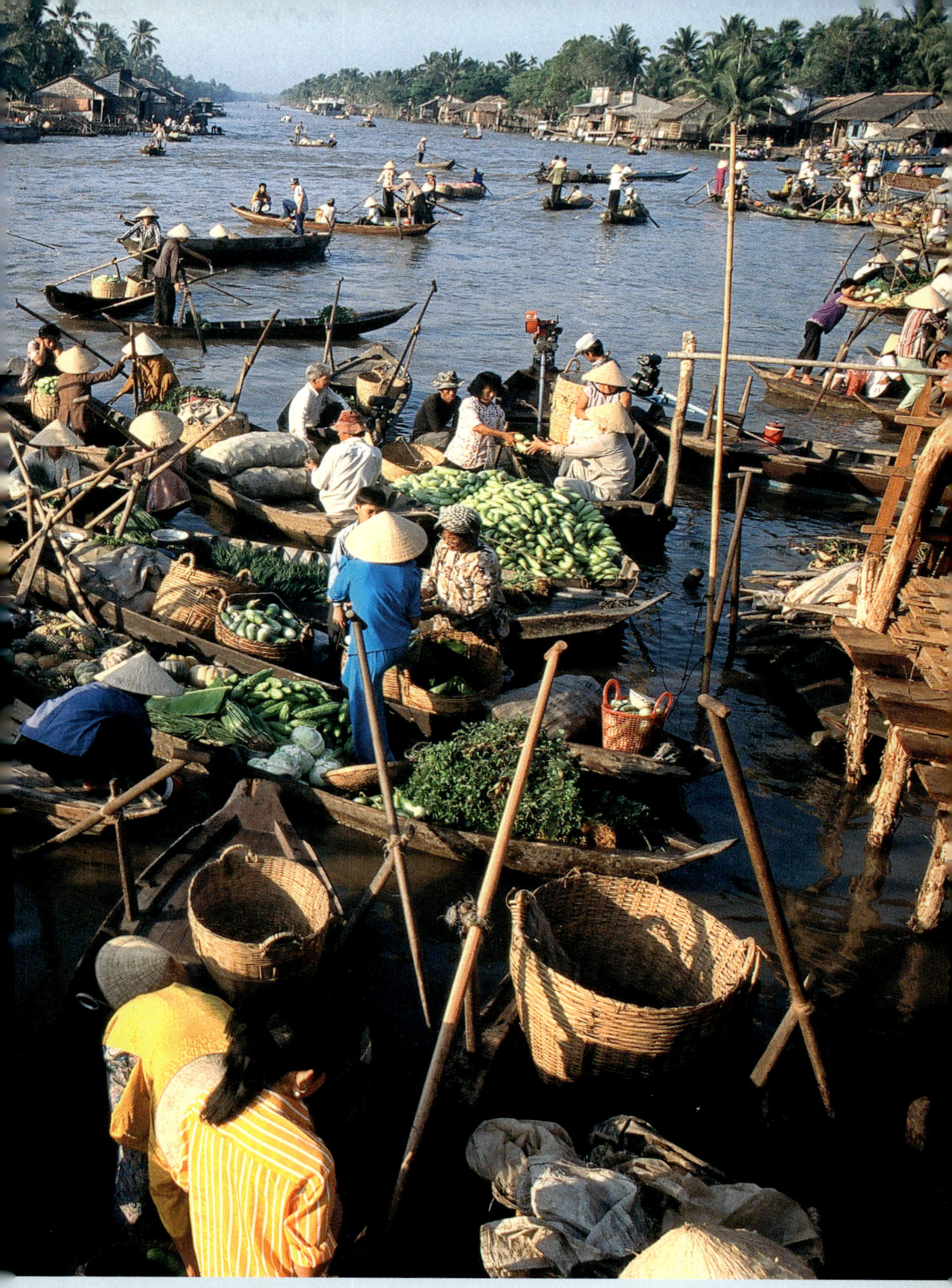

Zweifel am Sinn von Staudämmen: Ob der neue Damm den Menschen Wohlstand oder nur eine Umwälzung ihrer traditionellen Lebensweise bringen wird. Luang Nam Tha, Laos, 2004. Marcus Rhinelander

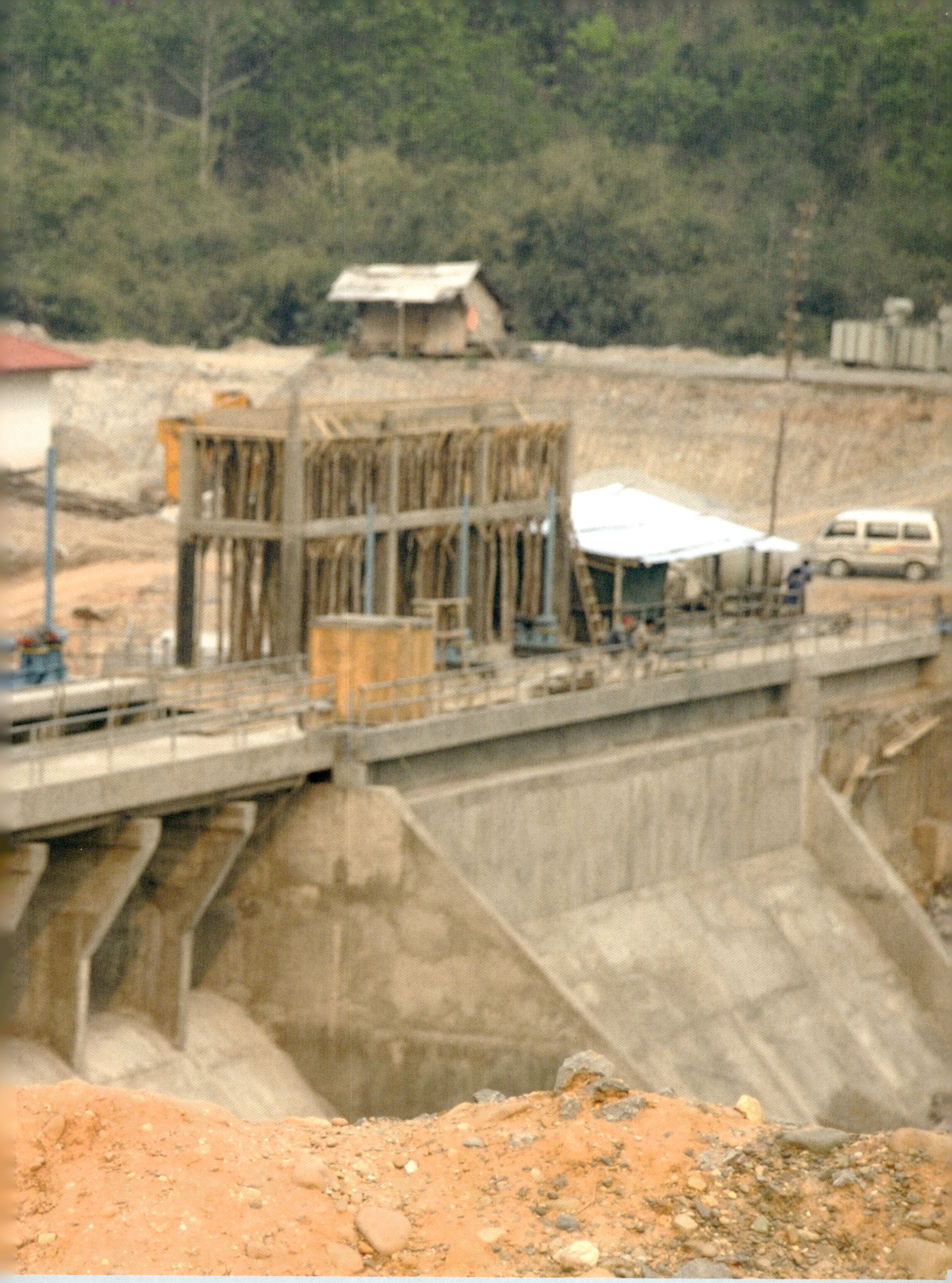

Wasserkraft hat ihren Preis

Als der amerikanische Erfinder Thomas Edison am 4. September 1882 an der Pearl Street New Yorks erstes Kraftwerk einweihte, einen 27 Tonnen schweren Generator, der gerade mal 100 Kilowatt oder Strom für 1000 Lampen erzeugte, ahnte wohl niemand, dass sich wenige Jahrzehnte später kaum noch etwas auf der Welt ohne elektrischen Strom beleuchten und bewegen lässt. Heute misst man den weltweiten Strombedarf längst nicht mehr in Kilo-, Mega- oder Gigawatt, sondern in Terawatt (TW), – in Milliarden von Kilowatt.

Allein seit 1990 ist der Stromverbrauch weltweit fast um ein Drittel angestiegen. Bis zum Jahr 2020, prognostiziert die Internationale Energie Agentur (IEA), wird der Bedarf an elektrischem Strom um weitere 46 Prozent, von derzeit rund 15 000 auf 22 000 Terawattstunden pro Jahr, ansteigen. Für diese Zuwachsrate werden vor allem bevölkerungsreiche Schwellenländer wie China und Indien sorgen. Für ihre ehrgeizigen industriellen Entwicklungspläne haben alle grossen Schwellenländer seit den 70er Jahren ihre Stromproduktion weit schneller ausgebaut als die Industrienationen. Stieg die Stromproduktion seit den 70er Jahren weltweit um das Dreifache, stieg sie in China um das 21-fache, in Indien um das Achtfache, in Südkorea sogar um das 32-fache. Die Türkei produziert heute 15 Mal mehr Strom, Brasilien 13 Mal mehr und Mexiko immerhin noch sechs Mal mehr als 1970. Inzwischen ist China zum zweitgrössten Stromproduzenten der Welt aufgestiegen. Mit Russland, Brasilien und Indien finden sich drei weitere faktische Schwellenländer unter den ersten Zehn.

Über die realen Lebensverhältnisse der Menschen aber sagen diese Zahlen nur wenig aus. Zwar ist China der zweitgrösste Stromproduzent der Welt, umgerechnet auf den Pro-Kopf-Verbrauch liegt das Land aber lediglich auf dem 85. Rang, noch hinter «Habenichtsen» wie Armenien, Tunesien, Paraguay und Simbabwe. Würde jeder Chinese auch nur halb so viel Strom verbrauchen wollen wie ein Nordamerikaner, müsste China seine derzeitige Stromproduktion auf das 33-fache steigern – das Zweieinhalbfache der derzeitigen Weltproduktion.

So aberwitzig solche Gedankenspiele auch sind, so zeigen sie doch Eines: Prognosen, die sich ausschliesslich an Vergleichen oder Extrapolationen des Bedarfs orientieren, geraten schnell in irrationale Dimensionen. Bedarfsprognosen sind Wunschprojektionen; sie zeigen nur auf, wie viel Strom es brauchen würde, um bestimmte Ziele der industriellen und wirtschaftlichen Entwicklung zu erreichen. Soziale, ökologische oder volkswirtschaftliche Aspekte spielen bei diesen Projektionen meist ebenso wenig eine Rolle wie Fragen nach sinnvollen möglichen Alternativen.

61 Prozent der Energie zur Stromproduktion liefern heute die fossilen Brennstoffe Kohle, Erdgas und Erdöl. An zweiter Stelle liegt mit 20 Prozent die Wasserkraft, noch vor dem Atomstrom mit 17 Prozent. Alle übrigen Energieträger wie Wind- und Solaranlagen machen zusammen nicht mehr als 2 Prozent aus. Experten schätzen, dass sich diese prozentualen Anteile auch in den nächsten Jahrzehnten nicht wesentlich verändern werden. Das ist eine schlechte Prognose, denn fossile Brennstoffe sind bereits heute nicht mehr im Überfluss vorhanden; sie werden zunehmend knapper und teurer. Ausserdem sind sie zur Hauptsache für die weltweite Luftverschmutzung und globale Klimaerwärmung verantwortlich. Nicht von ungefähr, dass Wasserkraft als wichtigste erneuerbare Energiequelle in den Zukunftsszenarien der Energieexperten eine immer bedeutendere Rolle spielt.

Naturgemäss ist das Angebot an Wasserkraft auf der Erde sehr ungleich verteilt. In 65 Ländern, vorwiegend in Südamerika, im südlichen Afrika, in Nordeuropa und den europäischen Alpenländern, produziert Wasserkraft jeweils mehr als die Hälfte der gesamten elektrischen Energie; in 32 Ländern sind es sogar mehr als 80 Prozent, und 13 Länder versorgen sich fast ausschliesslich mit Strom aus Wasserkraftwerken.

Über die produzierten Strommengen sagen solche Verhältnis- und Prozentzahlen wenig aus. In den USA etwa, dem grössten Stromproduzenten der Welt, liegt der Anteil der Wasserkraft zwar bloss bei 7 Prozent; mit 266 000 MWh pro Jahr aber produzieren die USA doppelt so viel Wasserstrom wie Norwegen, dessen Stromproduktion zu 99 Prozent auf Wasserkraft beruht. Und fünf Mal mehr als jene elf Länder im südlichen Afrika zusammen, deren elektrische Energie zu über 50 Prozent aus Wasserkraftwerken kommt.

Was die Fantasie der Energieexperten am meisten beflügelt, ist die Tatsache, dass die technisch realisierbaren Kapazitäten der Wasserkraft fast überall auf der Welt noch längst nicht ausgeschöpft sind. Bereits mit den derzeit vorhandenen Technologien liesse sich theoretisch die durch Wasserkraft erzeugte Energie je nach Schätzung mehr als verdoppeln, vielleicht sogar vervierfachen, von heute 3,2 Millionen MWh pro Jahr auf 7 bis 14 Millionen. Mit effizienteren Zukunftstechnologien könnten es sogar noch weit mehr sein.

Grosse Potenziale sehen die Experten der International Hydropower Association (IHA) vor allem in vielen Entwicklungs- und Schwellenländern. Während Europa und die USA ihre ökonomisch vertretbaren Ressourcen bereits zu über 50 Prozent nutzen, schöpfen viele Entwicklungsländer ihr Wasserkraftreserven erst zu 20 bis 40 Prozent aus. Noch optimistischer sind die Experten des World Energy Councils: sie haben für Afrika, wo Wasserkraftwerke derzeit gerade 70 000 MWh pro Jahr produzieren, ein zusätzliches Potenzial von rund 1,9 Millionen MWh errechnet – 27 Mal mehr, als sie heute produzieren. Für Asien mit derzeit 330 000 MWh Wasserstrom rechnen sie mit einem unausgeschöpften Potenzial von 4,9 Millionen MWh, für Lateinamerika mit 2,7 Millionen MWh.

Tatsächlich produzieren einige spektakuläre Wasserkraftwerke, welche die aussergewöhnlichen natürlichen Gegebenheiten bis an die Grenze des technisch Machbaren ausnutzen, beeindruckende Strommengen. Die zwanzig Wasserturbinen des Itaipu-Wasserkraftwerks am Paraná im Grenzgebiet zwischen Brasilien und Paraguay decken mit ihrer Gesamtleistung von 14 000 Megawatt 78 Prozent des Strombedarfs von Paraguay und zusätzlich 25 Prozent des Strombedarfs von Brasilien (mit immerhin 180 Millionen Einwohnern). Das Guri-Wasserkraftwerk in Venezuela produziert zwei Drittel des gesamten elektrischen Energiebedarfs des 25-Millionen-Volkes. In der Türkei werden die 19 Wasserkraftwerke des Südostanatolien-Projekts, wenn sie denn tatsächlich alle gebaut werden, die Stromproduktion des Landes um über ein Viertel steigern. Langfristig will die türkische Regierung die Anzahl von heute 125 Wasserkraftwerken auf 564 – oder auf das Vierfache – erhöhen. Damit würde sich die Stromproduktion der Türkei mehr als verdoppeln. In Kanada, dem weltweit grössten Produzenten von Hydroelektrizität, liefern 450 Wasserkraftwerke 60 Prozent der produzierten Strommenge. Würde Kanada alle seine technisch möglichen Ressourcen nutzen, liesse sich nach Berechnungen des kanadischen Energieministeriums die Leistung der Wasserkraftwerke etwa verdreifachen.

Auch für China, bereits heute der zweitgrösste Stromproduzent der Welt, ist Wasserkraft eine wichtige Zukunftsoption. Das bevölkerungsreichste Land der Erde, das sich in einem rasanten und unabsehbaren industriellen Aufschwung befindet, produziert heute fast drei Viertel seiner elektrischen Energie mit fossilen Brennstoffen: Es verfeuert (mit steigender Tendenz) jährlich weit über eine Milliarde Tonnen Steinkohle – ein Drittel der gesamten Weltproduktion. Mit einem Ausstoss von 3,4 Milliarden Tonnen Kohlendioxid pro Jahr ist China nach den USA aber auch der zweitgrösste Luftverschmutzer der Erde.

Um den immensen Energiebedarf zu decken – die chinesische Regierung rechnet mit einem jährlich Zuwachs von 24 000 Megawatt –, sollen zwar auch weiterhin jedes Jahr mehrere grosse Kohlekraftwerke gebaut werden, aus mitunter ökologischen Gründen soll aber wenigstens der prozentuale Anteil von Strom aus fossilen Brennstoffen gesenkt werden: Bis 2020 will China den Anteil der Atomenergie von 1,5 auf vier Prozent steigern, denjenigen von Hydrostrom von 24 auf mindestens 33 Prozent. So bescheiden diese Prozentzahlen auf den ersten Blick auch aussehen – um dieses Ziel zu erreichen, müsste China Jahr für Jahr zwei bis drei neue Atomkraftwerke in Betrieb nehmen. Um die Kapazität der Wasserkraftwerke in den kommenden 15 Jahren von 95 000 auf 175 000 Megawatt nahezu verdoppeln zu können, müsste China zusätzlich alle vier Jahre ein Wasserkraftwerk in der Grössenordnung des umstrittenen Drei-Schluchten-Staudamms bauen. Langfristig aber hat China noch weit ambitiösere Pläne: Wasserkraftwerke sollen zwischen 380 000 und 675 000 Megawatt produzieren – das sind vier bis sieben Mal mehr als heute.

Ginge es bei all diesen kühnen Berechnungen allein um technische und ökonomische Belange, wäre die uneingeschränkte Ausschöpfung der Wasserkraft eine kluge Option. Wasser hat von allen erneuerbaren Ressourcen das weitaus grösste Potenzial; weder mit Wind- noch mit

Sonnenenergie lassen sich annähernd grosse Mengen Strom produzieren. Überdies liegt der Wirkungsgrad, das Verhältnis sozusagen zwischen dem Energie-Input und Output eines Kraftwerks, von Wasserkraftwerken bei über 90 Prozent. Bei Kohlekraftwerken beträgt die Ausbeute im besten Fall 50 Prozent, bei Leichtwasserreaktoren sogar nur 30 Prozent. Und: Obwohl die Baukosten grosser Staudämme und Wasserkraftwerke enorm hoch sind, produzieren Wasserkraftwerke weit billigeren Strom als Kohle-, Erdgas- oder Atomkraftwerke. Grund dafür sind die langen Laufzeiten von 80 bis 100 Jahren, die niedrigen Betriebskosten und die Tatsache, dass der Energieträger Wasser im Gegensatz zu Brennstoffen kostenlos zur Verfügung steht.

Untersuchungen der World Dam Commission haben allerdings gezeigt, dass die meisten Prognosen zu optimistisch sind: Kaum eines der untersuchten Wasserkraftwerke erbringt die erwartete Leistung, die Unterhaltskosten sind meist bei weitem höher als berechnet, Geröll und Sedimente reduzieren das Fassungsvermögen der Stauseen und damit die Leistung schneller als erwartet.

Es ist unbestritten, dass Wasserkraft ökologisch den fossilen Brennstoffen weit überlegen ist: Wasserkraftwerke produzieren 30 bis 60 Mal weniger Treibhausgase als Kohle- oder Erdgas-Kraftwerke. Sie sind daher so gut wie klimaneutral. Auch haben Wasserkraftwerke keine direkte Verschlechterung der Wasserqualität zur Folge.

Das bedeutet allerdings nicht, dass Stauseen und Wasserkraftwerke keine ökologischen, sozialen und volkswirtschaftlich relevanten Probleme verursachen. Grosse Stauseen vernichten nicht nur die unter Wasser gesetzten Ökosysteme und Siedlungsgebiete, sondern verändern nicht selten in ungeheurem Ausmass die gesamten unteren Flussläufe bis hin zu den Mündungen, mitunter über Tausende von Kilometern.

So hat ein Stausee-Projekt, das China am oberen Lauf des Mekongs verfolgt, einschneidende Konsequenzen für Hunderte Millionen Menschen in China, Burma, Thailand, Laos, Kambodscha und Vietnam. (→ S. 507, S. 365ff.) Ökologen und Landwirtschaftsexperten rechnen damit, dass die Region des ganzen unteren Mekongs sich grundsätzlich verändern wird. Auf einer Strecke von 800 Kilometern plant China eine Kaskade von acht Grossstaudämmen und Wasserkraftwerken. Sie sollen eine Gesamtleistung von rund 15 000 Megawatt erbringen und den oberen Mekong zwischen den Städten Simao in der chinesischen Provinz Junnan und Luang Brabang in Thailand auf einer Strecke von fast 900 Kilometern ganzjährig für grössere Schiffe befahrbar machen. Bislang sind erst zwei der acht geplanten Stauseen vollendet worden, der Bau des dritten Stausees soll bis 2010 abgeschlossen sein. Die folgenden zwei Stauseen sollen 2017 in Betrieb genommen werden, während die letzten drei zurzeit erst in Planung sind.

Die absehbaren Folgen sind gewaltig: Bis zu 100 000 Menschen müssen umgesiedelt werden, zahlreiche Uferstädte und Dörfer werden ebenso in den Fluten versinken wie eine archaische, noch unberührte Flusslandschaft mit grandiosen Katarakten und Wasserfällen.

Weit dramatischer sind die Folgen für den Unterlauf des Mekongs. Der Bau der Staudämme bringt ein Naturphänomen zum Erliegen, von dem die Existenz mehrerer Millionen Menschen seit Jahrtausenden abhängt: die alljährliche Überflutung riesiger Landstriche entlang dem Strom. Die saisonalen Hochwasser, die während der Regenzeit nicht weniger als ein Drittel Kambodschas überschwemmen, sorgen dafür, dass diese Gebiete und das riesige Mündungsdelta zu den fruchtbarsten Gegenden der Welt gehören. Nach dem Bau der Staudämme werden diese Überschwemmungen ausbleiben. Das Wasser der regenreichen Monate wird gestaut, um eine kontinuierliche Stromproduktion zu gewährleisten. Diese Regulierung sorgt dafür, dass der Wasserstand während des ganzen Jahres fast konstant bleibt. Die riesigen Reisanbaugebiete zwischen Burma und Vietnam werden nicht mehr überflutet und mit Flusssedimenten gedüngt. Betroffen von der Regulierung sind aber auch die ausserordentlich fruchtbaren «Gärten», weite Uferpartien und Flussinseln in Kambodscha, Thailand und Laos, die im Wechsel der Jahreszeiten aus dem Strom auftauchen und wieder versinken, und auf denen die Bauern eine Fülle an Gemüse, Früchten, Pilzen, Beeren und Sojabohnen anpflanzen. Sie machen einen wesentlichen Anteil an der gesamten landwirtschaftlichen Produktion dieser Länder aus: 90 Prozent der Anbauflächen in Laos sind vom Mekongwasser abhängig; in Kambodscha sind es rund 70, in Vietnam 50 Prozent. Niemand weiss genau, welche Folgen die Regulierung des Mekong für diese Anbaugebiete haben wird, die mehr als 100 Millionen Menschen mit Lebensmitteln versorgen.

Gefährdet sind auch die Fischgründe im Mekong und in den küstennahen Gewässern vor dem Mündungsdelta, wo die Laichgebiete zahlreicher Meeresfische liegen. Über eine Million Tonnen Fisch holen Fischer jährlich aus dem Mekong; nicht geringer ist die Ausbeute an Meeresfischen, die sich von den Sedimenten ernähren, die vom Mekong ins Meer gespült werden. In Kambodscha liefert der Fischfang 80 Prozent aller konsumierten tierischen Proteine. In Kambodscha, Laos und Vietnam leben mehrere Millionen Menschen fast ausschliesslich vom Fischfang.

Gefährdet ist schliesslich auch das riesige Mekongdelta selbst. Ohne die Ablagerungen, die der Fluss jedes Jahr anschwemmt, erodiert das Schwemmland in den Mündungstrichtern. Im Mekongdelta würde sich wiederholen, was seit dem Bau des Assuanstaudamms 1971 auch das Nildelta zerstört: Jedes Jahr zieht sich dort die Uferlinie um mehrere Dutzend Meter zurück, seit die saisonalen Hochwasser mit ihren Sedimenten ausbleiben.

Der Ausbau der chinesischen Wasserkraftproduktion am oberen Mekong wird also enorme Konsequenzen für mehrere hundert Millionen Menschen haben, die unterhalb der Staudämme leben, auf einer Strecke von über 1000 Kilometern. Zu den sozialen und volkswirtschaftlichen Folgekosten, deren Höhe derzeit niemand abschätzen kann, kommen schwer bezifferbare ökologische Schäden durch Erosion, durch die Zerstörung von Feuchtgebieten, von Wäldern und Auen, aber auch durch die Verarmung der Pflanzen- und Tiervielfalt. Jenseits aller ökonomischen Berechnungen gehört auch die Zerstörung einer weltweit einzigartigen und unersetzlichen Naturlandschaft zu den Folgen dieses Projekts.

Natürlich versucht die chinesische Regierung, die immer zahlreicheren einheimischen Kritiker des Mammutprojekts mit allen Mitteln mundtot zu machen. Alternative Möglichkeiten sollen gar nicht erst diskutiert werden können. Denn wie bei vielen ähnlichen Projekten geht es auch hier nicht bloss um das Gemeinwohl, sondern auch um handfeste Einzelinteressen ausländischer Kapitalgeber, lokaler Bezirksverwalter und Managern staatseigener oder inzwischen privatisierter Bau- und Finanzkonsortien. So ist – kleines pikantes Detail – das für Planung und Bau des Mekong-Projekts verantwortliche Unternehmen zu über 50 Prozent in der Hand der Yunnan Huaneng Lancanjiang Hydropower Company. Sie ist eine Tochtergesellschaft der weltweit tätigen Yunnan Huaneng Development Company, deren Präsident Li Xiaopeng heisst. Dieser wiederum ist aber niemand anderer als der Sohn von Li Peng, dem bis vor kurzem zweitmächtigsten Mann der chinesischen Parteihierarchie und geistigen Vater des Drei-Schluchten-Staudamms.

Ein ähnliches Schicksal wie dem Mekong droht auch dem Salwin, dem zweitlängsten Fluss Südostasiens, der über Hunderte von Kilometern seines Laufes nur 50 Kilometer vom Mekong entfernt durch die chinesische Provinz Yunnan fliesst, mehrere Provinzen, teilweise als Grenzfluss zu Thailand, von Myanmar (Burma) durchquert, und schliesslich bei der burmesischen Hafenstadt Mawlamyine in den Indischen Ozean mündet. Auch am Oberlauf des Salwin will China auf einer Länge von knapp 500 Kilometern eine Kaskade von 13 Grossstaudämmen bauen, deren Gesamtkapazität mit über 21000 Megawatt diejenige des Drei-Schluchten-Stauwerks noch übertreffen soll. Auch hier treibt die chinesische Regierung ihre Planungen voran, ohne auf Kritik der betroffenen Bevölkerung und der Unteranlieger Rücksicht zu nehmen.

Weiter flussabwärts wollen aber auch Myanmar (Burma) und Thailand den Salwin, einen der letzten noch unberührten Flussläufe Asiens, rigoros zum Stromlieferanten umfunktionieren. Bis zu fünf Grossstaudämme mit einer Gesamtleistung von 10000 Megawatt sollen hier in den nächsten Jahrzehnten entstehen. Für den ersten, den Hat-Gyi-Staudamm im burmesisch-thailändischen Grenzgebiet, haben Regierungsvertreter der beiden Länder im Dezember 2005 eine Vereinbarung getroffen. Eine «Win-Win-Situation» sowohl für Burma als auch für Thailand, sagt Kraisi Kanasuta, der Präsident des halbstaatlichen thailändischen Stromkonzerns Egat. Thailand, dessen inländische Staudamm-Projekte selbst höchst umstritten sind und von der Bevölkerung vehement bekämpft werden, kauft für seinen schnell wachsenden Bedarf billigen Strom im Ausland, wo es keinen Widerstand fürchten muss. Und Burma, eines der ärmsten Länder der Welt, kommt im Gegenzug zu dringend benötigten Devisen. Mit der Wasserkraft von weiteren vier geplanten Staudämmen möchte die wegen gravierender Menschenrechtsverletzungen international isolierte burmesische Militärdiktatur ihr Land zum «Kraftwerk Asiens» machen. Über riesige Überlandleitungen, die bis nach Thailand reichen, will Burma eines Tages bis zu 10000 Megawatt in das geplante transnationale Stromnetz der ASEAN-Staaten einspeisen.

Keine «Win-Win-Situation» sind die burmesischen Wasserstrom-Pläne für den Salwin und die dort ansässige Bevölkerung. Wie der Mekong ist auch der Salwin für mehrere Millionen Bauern und Fischer die einzige Existenzgrundlage. Und wie am Mekong hängt die Fruchtbarkeit der landwirtschaftlichen Anbauflächen weitgehend vom jährlichen Überflutungszyklus ab. Und wie der Mekong gehört der Salwin zu den pflanzen- und tierreichsten Naturlandschaften der Welt. Mit dem Bau der Stauseen werden, wie am Mekong, die Fischbestände drastisch zurückgehen.

Besonders betroffen von den Ausbauplänen der burmesischen Militärs sind mehrere ethnische Minderheiten, die Völker der Shan, Pao, Lahu, Resu, Wa, Aka, Karenni und Mon, die alle am Salwin leben. Sie kämpfen seit langem um ihre Autonomie und werden deshalb von der Militärregierung seit Mitte der 90er Jahre diskriminiert, zu Hunderttausenden deportiert oder nach Thailand verjagt. Sollten die Staudammprojekte realisiert werden, verlieren mehrere dieser Völker mit ihrer Existenzgrundlage zugleich auch ihre Heimat.

Nicht überall auf der Welt hat der Bau von grossen Staudämmen und Wasserkraftwerken so dramatische Konsequenzen wie am Mekong und am Salwin. Und kaum sonst sind so viele Menschen direkt betroffen. Aber fast überall, wo grosse Wasserkraftwerke entstehen, sind die negativen Folgen für die Natur und die betroffenen Menschen erheblich grösser, als ihre Planer prognostizieren. So sauber und billig Wasserkraft im Vergleich zu Kohle und Erdgas ist, die volkswirtschaftlichen, aber auch die schwer bezifferbaren sozialen und ökologischen Kosten sind um ein Mehrfaches grösser als bei jeder anderen Energieform. Richtet man Flüsse und Ströme einseitig auf Wasserkraftnutzung aus, verändert, stört oder zerstört man die Lebensbedingungen aller Menschen, die unterhalb der Stauseen entlang einem Fluss leben.

Selbst die optimistischsten Prognosen können angesichts dieser enormen Folgen nicht darüber hinweg täuschen, dass die Menschheit bereits in den nächsten Jahrzehnten mit sehr viel kleineren Zuwachsraten an Elektrizität auskommen muss. Der einzige Ausweg aus diesem Dilemma wird sein, die vorhandenen Energien sparsamer und effizienter zu nutzen, um so den zusätzlichen Bedarf zu drosseln. Experten der Asiatischen Entwicklungsbank haben ausgerechnet, dass die Entwicklungsländer ihren Strombedarf schon dadurch um rund 40 Prozent senken könnten, dass sie ihre veralteten Kraftwerk- und Industrieanlagen modernisieren und mit jenen Technologien ausrüsten, die in den entwickelten Industrieländern längst üblich sind.

Auch in den Industrieländern liesse sich mit den heute bekannten, aber längst nicht konsequent eingesetzten Technologien rund 20 Prozent Strom sparen. Möglichkeiten, um den Wirkungsgrad von Maschinen, elektrischen Antriebsmotoren und Haushaltgeräten zu steigern oder Energie zu sparen, gibt es überall, auf allen Stufen der Energienutzungskette und in allen Anwendungsbereichen: bei den industriellen Herstellungsprozessen, bei der Eisenbahn, in den Haushalten, durch bessere Wärmedämmung von Häusern, bei der Beleuchtung, durch Wärme-Kraft-Koppelung, durch die Verwertung von Restwärme, durch innovative Materialien, deren Herstellung weniger Energie benötigt, oder durch

Recycling. Noch steht, auch durch das lange Zeit billige Energieangebot, die Entwicklung energieeffizienter Technologien erst am Anfang.

Erst recht aber liesse sich Energie sparen durch den Verzicht auf überflüssige oder kurzlebige Produkte, den Verzicht auf sinnlose Massentransporte von Gütern, und letztlich durch neue Organisationsformen im Privatleben und in der Wirtschaft, bei denen energieintensive Einrichtungen vorwiegend kollektiv genutzt werden. Das Gemeinschaftsprojekt «Novatlantis» mehrerer Institute des ETH-Bereichs in der Schweiz ergab, dass sich in den Industrieländern der Pro-Kopf-Energiebedarf innerhalb von 50 Jahren ohne eine namhafte Reduktion der Lebensqualität um zwei Drittel reduzieren liesse – selbst dann, wenn das Einkommens- und Konsumniveau unverändert ansteigen würde. Selbst wenn diese Vision einer solchen «2000-Watt-Gesellschaft» utopische Züge trägt, da sie nicht der kapitalistischen Marktlogik entspricht und grössere dirigistische Eingriffe notwendig machen würde, so zeigt sie doch, dass eine Beschränkung des Energieverbrauchs auf das heutige Durchschnittsniveau, das weltweit tatsächlich bei ungefähr 2000 Watt pro Kopf liegt, zumindest technisch realisierbar wäre.

Licht und Schatten: Kleine Wasserkraftwerke könnten auch in Kuba die Stromversorgung verbessern und stabilisieren. Einer der häufigen Stromausfälle in Baracoa. David Alan Harvey/Magnum Photos

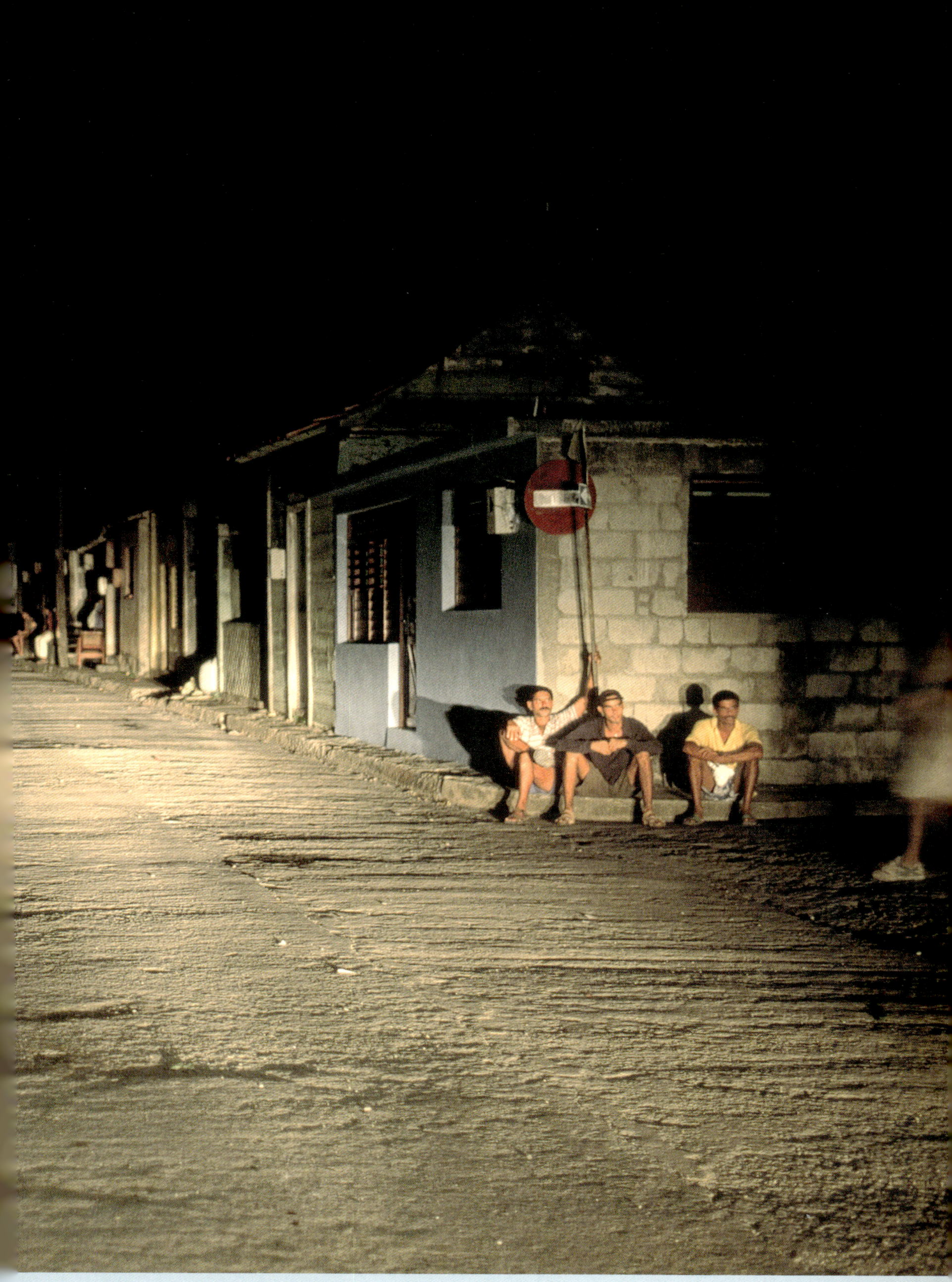

Licht und Schatten: In westlichen Industriegesellschaften gibt es ein riesiges Potential zur effizienteren Nutzung von Energie. Weihnachtsbeleuchtung auf der Bahnhofstrasse in Zürich. Alessandro della Bella/Keystone

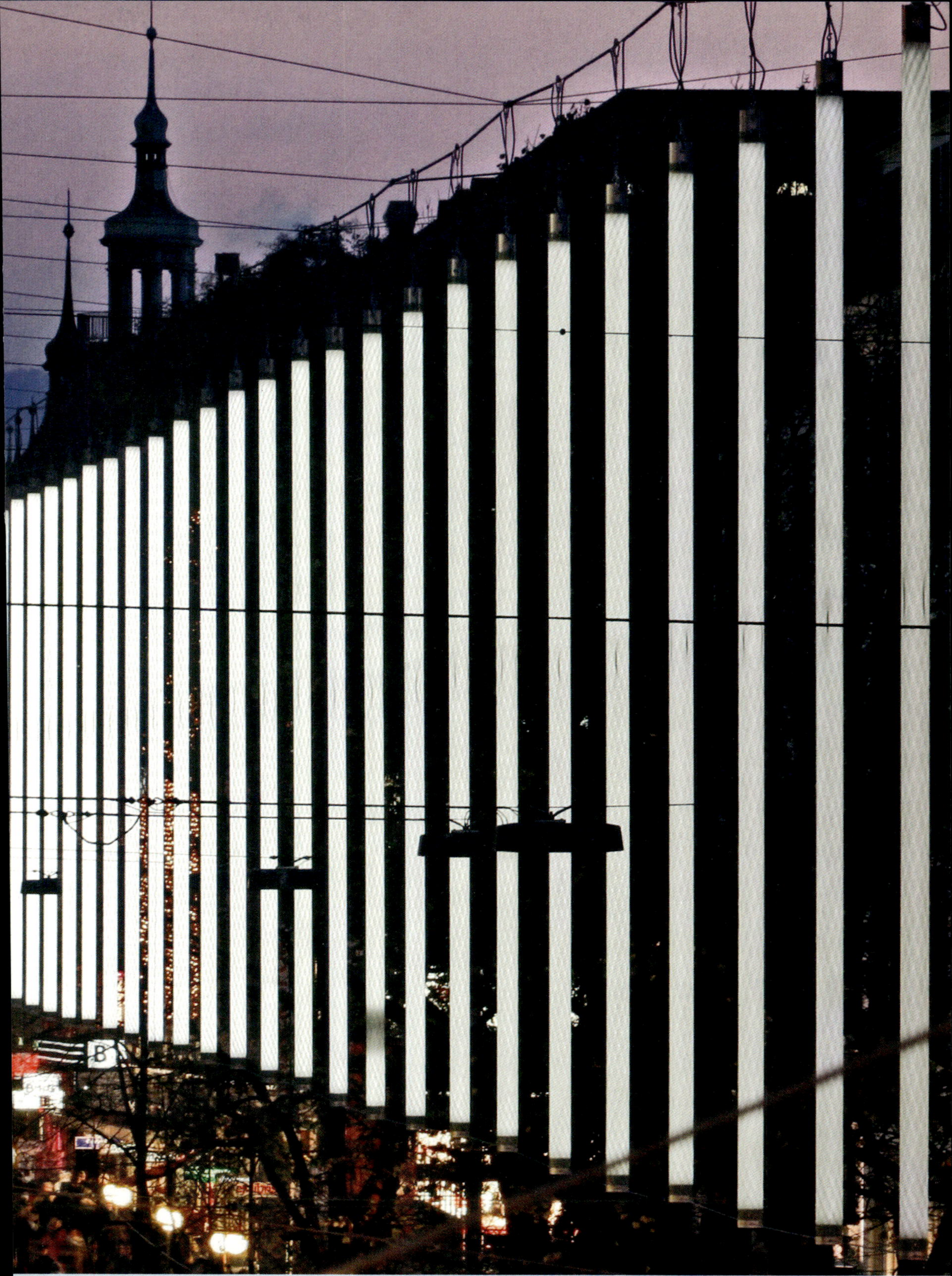

Rund **180 00**
Wasserkrafts
weltweit mi
Kleinstanlag
werden. Das
der Leistung
kraftwerke
Viertel diese
wird heute a

0 Megawatt strom könnten t Klein- und en erzeugt entspricht von 180 Atom- . Erst ein s Potenzials usgeschöpft.

Kleine Wasserkraftanlagen sind in Gebirgsregionen besonders effektiv: Am Zufluss des Kleinkraftwerks von Garam Chasma in pakistanischen Hindukusch, wenige Kilometer von der afghanischen Grenze. Martin Wright/Ashden Awards

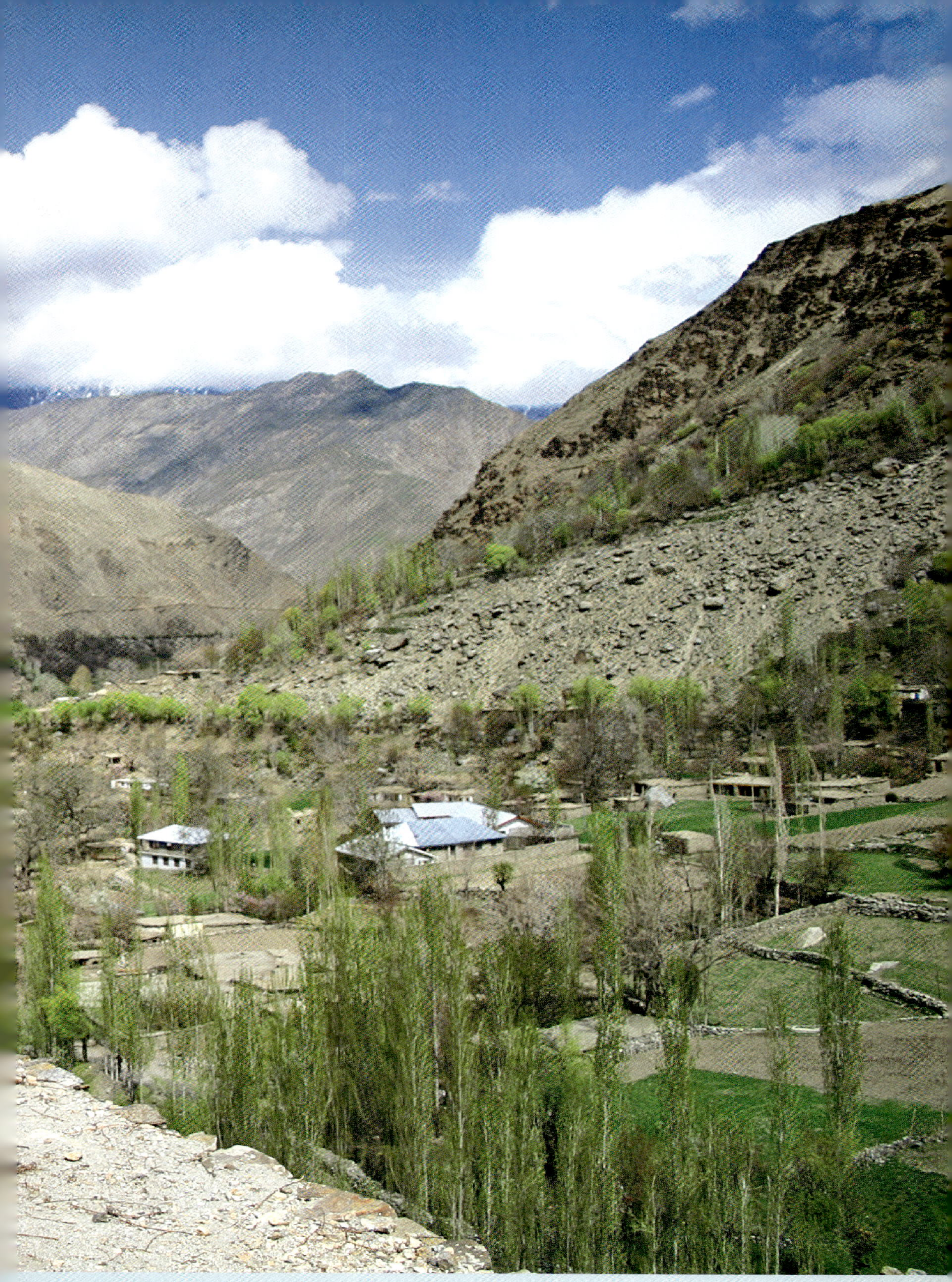

Kleine Bergbäche eignen sich nicht nur zur Stromgewinnung: Immer noch treiben Wasserräder auch Mühlsteine, Walkwerke und Hämmer an. Mühle in Nepal. Hahn/laif

Die Elektrifizierung durch kleine und kleinste Wasserkraftwerke eröffnet neue Horizonte: Chalan, Cajamarca, Peru. (www.idtg.org)

Small ist beautiful

Weltweit verbrauchen Industrie und Gewerbe, Dienstleistungsunternehmen und Verkehr zusammen rund vier Mal mehr Strom als die privaten Haushalte. Diese ungleiche Verteilung bereitet den Stromversorgern einiges an Kopfzerbrechen: Die Erschliessungskosten für all die vielen kleinen Haushalte stehen in keinem Verhältnis zu den geringen Stromkosten, die sie jedem einzelnen Haushalt abverlangen können. Während für die grossen industriellen Stromverbraucher meist eine einzige Zuleitung ausreicht, muss für die Versorgung der Einzelhaushalte ein grosses, fein verästeltes und entsprechend teures Stromnetz aufgebaut und instand gehalten werden.

Die wohlhabenden Länder des Nordens, die über ausreichend Strom verfügen und ihre Stromnetze seit über 100 Jahren kontinuierlich aufgebaut haben, sind weitgehend in der Lage, Stromproduktion und Netze gleichzeitig weiter auszubauen; auch darum, weil nicht bloss die grossen, sondern auch die kleinen Stromkonsumenten bereit und fähig sind, die Kosten für diesen luxuriösen Service aufzubringen. Die Entwicklungs- und Schwellenländer hingegen sind vielfach schon damit überfordert, überhaupt genug Strom zu produzieren und die Kapazitäten der wachsenden Nachfrage anzupassen. Wollten auch sie jeden einzelnen Haushalt erschliessen, müssten sie enorme zusätzliche Finanzmittel in den Ausbau der Verteilernetze stecken.

Die knappen Mittel, der dominierende Einfluss ausländischer Kapitalgeber, und die ehrgeizigen Entwicklungsvisionen der Schwellenländer haben denn zumeist auch für klare Prioritäten gesorgt: der Ausbau der Stromkapazität für die Industrie- und Dienstleistungsunternehmen hat Vorrang. Er ist, so das Credo, der Motor für eine schnelle Industrialisierung. Die Kohle-, Atom- und Wasserkraftwerke sollen primär Strom für die grossen Industriegebiete und internationalen Metropolen liefern. Auf der Strecke bleiben bei diesen Plänen die ländlichen Regionen, die flächenmässig den grössten Teil der jeweiligen Länder ausmachen. Auf der Strecke bleiben aber auch die kleineren Städte abseits der grossen Überlandleitungen und erst recht die Armenviertel der Metropolen. Sie alle sind ein unrentables Geschäft, da viele dieser Endverbraucher, arme Bauern, kleine Dorfgemeinschaften und Slumbewohner, gar nicht erst in der Lage sind, die Kosten für einen Anschluss ans Stromnetz mit zu finanzieren.

Die Folgen der Konzentration auf die industriellen Bedürfnisse sind einschneidend: immer noch haben weltweit rund eine Milliarde Menschen keinen Zugang zu elektrischer Energie. Betroffen sind fast ausschliesslich Menschen in Entwicklungs- und Schwellenländern. Eine Länderstudie im südlichen Afrika hat ergeben, dass in 13 von 22 untersuchten Ländern nicht einmal 10 Prozent der Haushalte über einen Stromanschluss verfügen. Die Ungleichheit zwischen Arm und Reich setzt sich auch auf nationaler Ebene fort: in 19 der untersuchten Länder muss die ärmere Hälfte der Haushalte fast ganz ohne Strom auskommen, das reichste Viertel der Haushalte aber ist zu über 90 Prozent an ein Stromnetz angeschlossen.

Um diese prekäre Situation zu verbessern, setzen viele Entwicklungsländer auf den Bau von dezentralisierten kleinen Wasserkraftwerken. Vor allem in schwach besiedelten ländlichen Regionen reichen meist geringe Strommengen aus, um die dringlichsten Bedürfnisse der Bevölkerung an Licht und Haushaltsgeräten zu decken. In Vietnam etwa liefern 130 000 kleine und kleinste Wasserturbinen Strom für mehr als zwei Millionen Haushalte. China nutzt seine Wasserkraft nicht nur für Megaprojekte, sondern die Kraft seiner Flüsse, sondern versorgt mit rund 60 000 kleineren Wasserkraftwerken 300 Millionen Menschen, die abseits der grossen Stromnetze wohnen – meist billiger und effizienter, als Grossanlagen dies tun könnten.

In Nepal, dessen Bevölkerung zu 85 Prozent auf dem Land lebt, sind derzeit erst knapp 13 Prozent der Haushalte an ein Stromnetz angeschlossen. Diese 13 Prozent konzentrieren sich weitgehend auf die Städte. Bis 2020 sollen nach den Plänen der Behörden wenigstens 30 Prozent aller Haushalte einen Stromanschluss erhalten. Während die südliche Tiefebene, das Terai, grösstenteils durch den Ausbau des nationalen Netzverbundes erschlossen werden kann, ist dies für die verstreuten Dörfer und Siedlungen in den abgeschiedenen Bergregionen des Nordens kaum möglich. Dort setzt man auf dezentrale Lösungen mit kleinen Wasserkraftwerken und lokalen Stromnetzen. Mit Hilfe der Regierung und internationaler Hilfsorganisationen sind seit den 70er Jahren eine Reihe lokaler Bau- und metallverarbeitender Betriebe entstanden, die alle Komponenten ausser den Turbinen selbst herstellen können.

Seit kurzem fördern auch die Weltbank, das UN-Entwicklungsprogramm UNDP und die regionalen Entwicklungsbanken den Bau von dezentralen kleinen Wasserkraftwerken, weil diese sehr genau den lokalen Gegebenheiten angepasst werden können: Flusskraftwerke mit einer Leistung von 10 Megawatt reichen für die Versorgung einer kleineren Stadt aus; Kleinkraftwerke mit einer Leistung von einem Megawatt, die sich an kleineren Flüssen betreiben lassen, können immerhin noch 1500 Haushalte und Kleingewerbe versorgen. Und Pico-Hydro-Anlagen, billige Kleinstturbinen mit einer Leistung von wenigen Kilowatt und kaum grösser als ein Automotor, die an kleineren Bächen oder Bewässerungskanälen installiert werden können, liefern Strom zumindest für einen einzelnen Hof oder einen kleinen Betrieb.

Bis Mitte des vergangenen Jahrhunderts gehörten kleine Wasserkraftwerke auch in vielen entwickelten Industrieländern zu den wichtigsten Stromquellen. Allein in der Schweiz waren 1924 fast 7000 kleine Wasserturbinen in Betrieb. Seit den 50er Jahren sind sie in den meisten Industrieländern etwas aus der Mode gekommen. Viele wurden stillgelegt oder nicht im ursprünglich vorgesehenen Umfang ausgebaut, da ihre veraltete Ausrüstung nicht mehr konkurrenzfähig war. Kohle war billig zu haben und von Treibhausgasen war noch nicht die Rede. So lieferten

Kohlekraftwerke, aber auch grosse Speicherkraftwerke, bald billigeren Strom als die kleinen Wasserkraftwerke.

Das könnte sich bei einer dauerhaften Verknappung und Verteuerung der fossilen Brennstoffe schnell ändern. Allein in den (alten) EU-Ländern liesse sich die Stromproduktion um 24 Terawattstunden pro Jahr steigern, wenn die stillgelegten Anlagen mit verbesserter Technologie wieder in Betrieb genommen und die einst vorgesehenen Erweiterungen doch noch realisiert würden. In ihrem White Paper aus dem Jahr 1997 prognostiziert die EU-Kommission, dass sich die Stromproduktion aus kleineren Wasserkraftwerken bis 2010 von derzeit 40 auf rund 55 TWh steigern liesse, bei einer anhaltend positiven Wirtschaftsentwicklung sogar auf 60 TWh bis 2030. Entscheidend wird dabei in jedem einzelnen Fall sein, ob sich der Ausbau ohne wesentliche ökologische Beeinträchtigung der genutzten Flüsse verwirklichen lässt. Denn auch kleine Wasserkraftanlagen, die eine Stauhaltung erfordern, verhindern mitunter den Aufstieg wandernder Fische und Krebse. Ziel der EU-Wasser-Rahmenrichtlinie aber ist es, die Durchgängigkeit der europäischen Flüsse für Wassertiere bis 2015 so weit wie möglich wieder herzustellen.

Das Potenzial von Klein- und Kleinstkraftwerken, schätzen Experten, liegt weltweit bei rund 180 000 Megawatt, der Leistung von 180 Atomkraftwerken. Genutzt werden davon derzeit lediglich 26 Prozent oder 47 000 Megawatt. Rund die Hälfte davon entfällt auf die Entwicklungs- und Schwellenländer. Einsamer Spitzenreiter ist China mit 31 000 Megawatt, grössere Anteile entfallen aber auch auf Indien, Brasilien, Peru, Malaysia und Pakistan.

In Indien rechnet das Ministerium für alternative Energieressourcen (MNES, Ministry Of Non-Conventional Energy Sources) mit einem Potenzial für Kleinkraftwerke von 15 000 Megawatt. Genutzt werden derzeit erst 1700 Megawatt. 170 kleinere Kraftwerke sind im Bau; sie werden die Kapazität um 500 Megawatt erhöhen. Aber selbst damit wären die möglichen Ressourcen für Kleinkraftwerke noch nicht einmal zu einem Fünftel genutzt.

Auch Uganda, das zu den ärmsten Ländern der Welt gehört, will den Bau von kleinen und kleinsten Wasserkraftwerken forcieren. Obwohl in fast allen Landesteilen Wasser reichlich vorhanden ist, sind die ländlichen Gebiete bis heute praktisch unerschlossen. Um die Kapazität für Kleinkraftwerke von heute 17 Megawatt auf mögliche 200 Megawatt zu erweitern, will Uganda sich vor allem den im Kyoto-Protokoll vorgesehenen Handel mit Emissionsrechten zunutze machen. Aufgrund des so genannten Clean Development Mechanism (CDM) können Industrieländer ihren Ausstoss an Treibhausgasen gleichsam kompensieren, indem sie anderen Ländern helfen, entsprechend «saubere» Produktionsstätten zu errichten.

Klein- und Kleinstkraftwerke werden den zukünftigen Energiebedarf der Schwellen- und Entwicklungsländer bei Weitem nicht decken können, aber sie können vor allem in ländlichen Regionen Millionen von Haushalten mit Strom versorgen. Gegenüber Grossanlagen haben sie unübersehbare Vorteile: zu ihrer Finanzierung braucht es keine Millionen- und Milliardenkredite der Weltbank oder ausländischer Investoren. Mit etwas Unterstützung sind kleinere Städte, sogar Dorfgemeinschaften oder Genossenschaften, in der Lage, ihre Stromversorgung eigenständig zu finanzieren. Dabei können einheimische Unternehmen und das örtliche Kleingewerbe einen grossen Teil der Bauarbeiten selbst bewältigen. Für ihre Wartung werden nur wenige oder gar keine geschulten Spezialisten benötigt. Überdies können kleine Wasserkraftwerke innerhalb weniger Jahre geplant und fertig gestellt werden. Dank ihrer langen Laufzeit von über 50 Jahren produzieren sie zudem relativ billigen Strom. Sie brauchen keine kostspieligen Hochspannungsleitungen über lange Distanzen und kommen mit einfachen, kleinen Verteilernetzen aus. Meist sind auch keine grösseren Landschaftseingriffe notwendig; im günstigsten Fall nutzen sie natürliche Gegebenheiten wie Wasserfälle, Stromschnellen oder hohe Fliessgeschwindigkeiten. Zudem sind bei umsichtiger Planung ihre negativen ökologischen Auswirkungen auf das genutzte Gewässer verhältnismässig gering.

Trotzdem sind kleine und kleinste Wasserkraftwerke keine generelle Alternative zu anderen Formen der Stromgewinnung. Die Strommengen, die sie produzieren, reichen bei weitem nicht aus, um den Energiebedarf von grösseren Industriekomplexen oder Grossstädten zu decken. Denn die beschränkten Ressourcen eines Flusses können bei steigendem Bedarf nicht einfach ausgebaut werden wie diejenigen von Kohle- oder Atomkraftwerken.

Patentlösungen, die kostengünstig den wachsenden Strombedarf der nächsten Jahrzehnte decken könnten, sozial verträglich und ökologisch unbedenklich sind, gibt es demnach nicht. Die Vision der Moderne, dass die technologische Beherrschung der Natur für einen immer währenden Fortschritt und ein besseres Leben für alle sorgt, hat sich auch bei der Energieversorgung als trügerische Illusion erwiesen: die Grosstechnologie der Stromgewinnung durch Kohle-, Atom- und riesige Wasserkraftwerke zerstört die sozialen und ökologischen Lebensgrundlagen weit mehr und nachhaltiger als erwartet. Eine zukunftsträchtige Energiepolitik wird sich vor allem an zwei Zielen orientieren müssen: Zum einen darf die Realisierbarkeit von Projekten nicht auf die Frage reduziert werden, ob sie technisch machbar und finanzierbar sind; es ist auch zu berücksichtigen, ob sie tatsächlich den lebensnotwendigen Bedürfnissen der Menschen dienen, ob sie den sozialen und natürlichen Gegebenheiten angemessen sind, ob sie Mensch und Umwelt dauerhaft schützen. Zum anderen darf der prognostizierte Bedarf nicht das einzige Kriterium sein; nachhaltige Energiepolitik muss zugleich Energiesparpolitik sein. Die grösste noch ungenutzte Ressource ist die Energieeffizienz.

Auch die eleganteste Technologie hat ihre Kehrseiten: Grossstaudämme bedeuten einen gewaltigen Eingriff in die natürlichen Wasserkreisläufe und verändern die Ökologie der betroffenen Flüsse grundlegend. Staudamm von Emosson, Schweiz. Aufnahme von 2003. Olivier Maire/Keystone

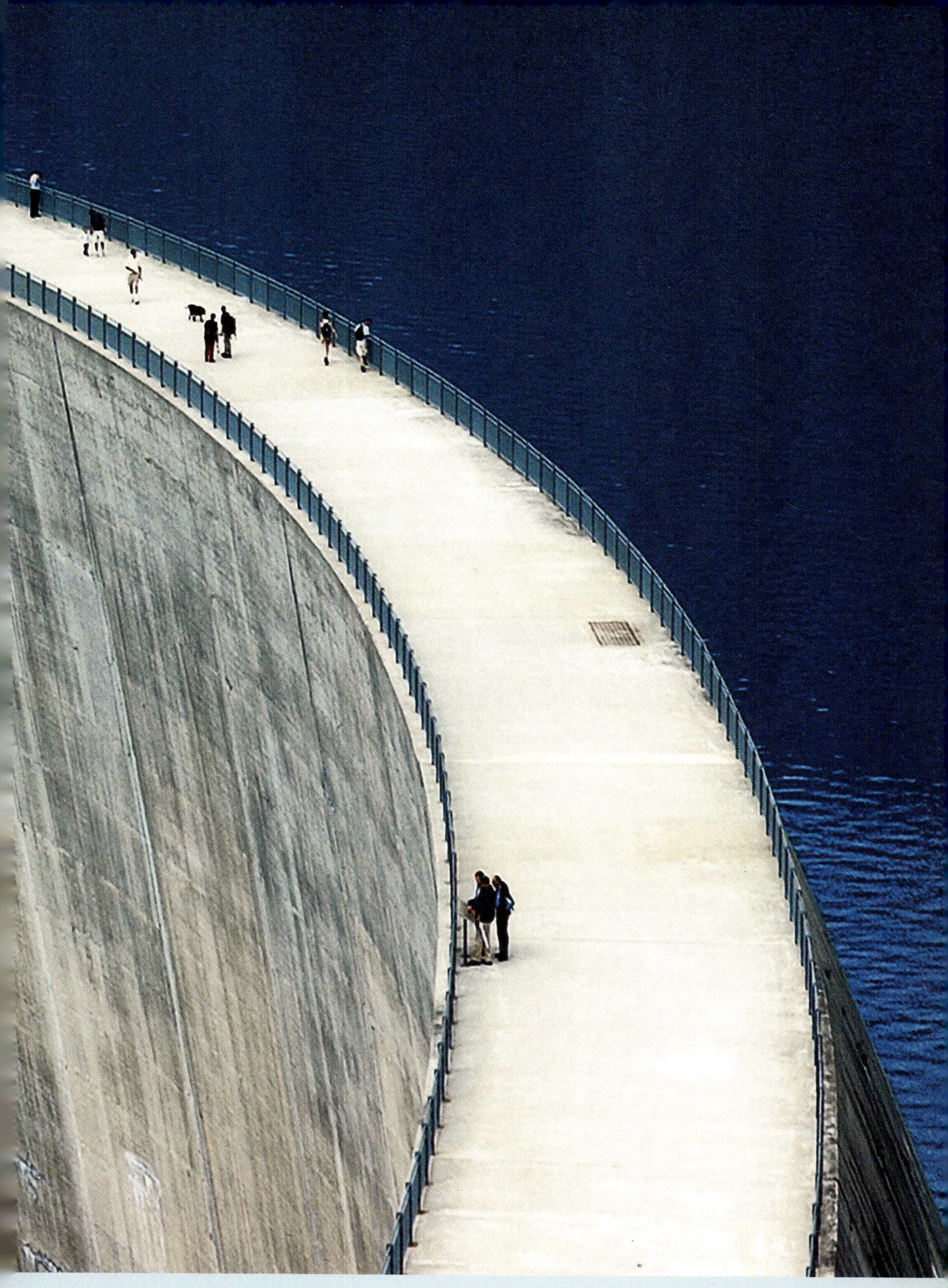

Ob grosse Staudämme von den Menschen als Fluch oder Segen empfunden werden, hängt vom Blickwinkel ab. Proteste gläubiger Hindus gegen die Aufstauung des Flusses Baghirati durch den Tehri Staudamm. Dem heiligen Fluss Ganges fehlt dadurch das Wasser seines wichtigsten Quellflusses. Allahabad, Indien, 2006. Rajesh Kumar Singh, AP Photo

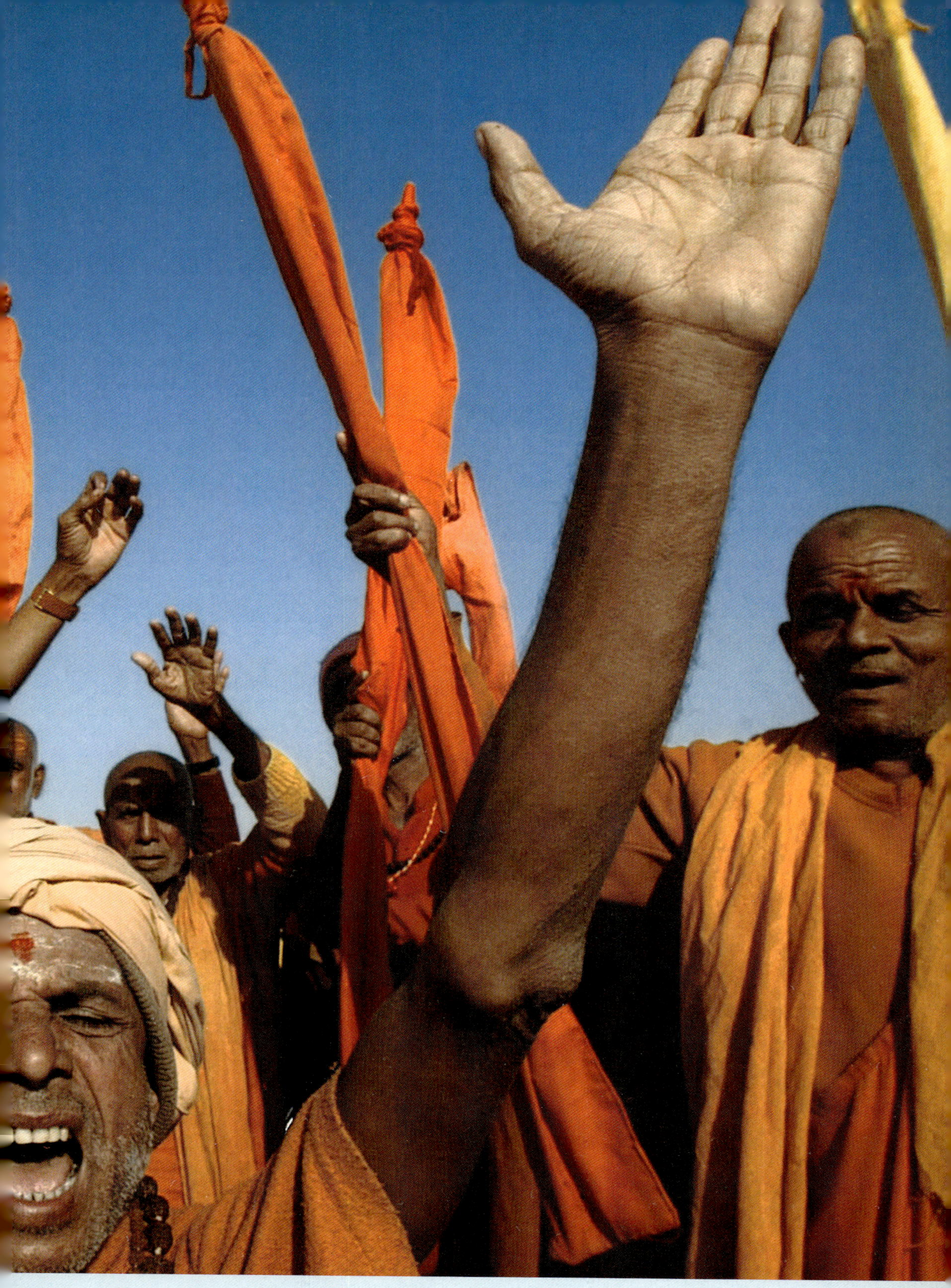

Nahaufnahmen

GrupoNueva: Geschäfte gegen die Armut
Rettet den Mekong
Abschied vom Abwasser – Papierproduktion ohne Flussbelastung
Wasserwirtschaft am Limit: das Beispiel Oman
Wasser aus dem Nebel
Wenn Staumauern alt werden: Rückbau von Staudämmen im westlichen Nordamerika
Das Salz des Lebens – orale Rehydrierung
Trinkwasser in sechs Stunden – Solare Desinfektion von Wasser
Novaquatis: Baustein für eine Sanitärtechnologie der Zukunft
Die passende Siedlungshygiene für Kumasi, Ghana
Hoffnung in Tropfen für Goulburn
Kein Erfolgsmodell – die Wasserprivatisierung in England
Wasser – Rohstoff-Investment Nr.1?
Die Reisbauern Balis und ihre Wasserpriester
Die Frauen von Plachimada
Irland: Wasser ohne Preis
Vom Mond und vom Holz und vom Wasser
Wasser, Macht und NGOs
Das Latrinenwunder von Bangladesch
Die Wasserscheide im Eis
New Orleans – die angekündigte Katastrophe
New Orleans bleibt verwundbar

Die Philosophie von GrupoNueva ist ethisch und philanthropisch motiviert: Sie verbindet kommerzielle Markt- und Wettbewerbselemente mit Sensibilität, voraus schauendem Planen, menschlicher Integrität und der Sorge um die Nöte der Zielgruppen. Davon aber ist das rein gewinnorientierte Denken vieler multinationaler Unternehmen in der Praxis weit entfernt.

GrupoNueva: Geschäfte gegen die Armut

Guatemala ist ein wasserreiches Land, doch seine Bauern können die Wasserressourcen kaum optimal nutzen. Für eine Steigerung ihrer Produktion müssten sie über effiziente Tröpfchenbewässerung verfügen, aber diese Technik können sie sich nicht leisten. Bisher jedenfalls nicht.

Seit 2003 bietet die Firma Amanco, Tochter des latein-amerikanischen Konzerns Grupo Nueva, den Kleinbauern (Campesinos) in Guatemala einfache und preisgünstige Bewässerungstechnik mit dem Namen 4x4 an. Durch die kontrollierte Befeuchtung der Pflanzenwurzeln steigt der Ertrag bei jeder Ernte um ein Fünftel, der effizientere Wassereinsatz macht nun Wasser für vier Jahreszeiten und für vier statt zwei Ernten verfügbar (4x4). Bereits im ersten Jahr erhöht sich durch das 4x4-Bewässerungssystem das Einkommen eines Kleinbauern mit einem Hektar Ackerland um 230 Prozent von 3840 auf 8832 Dollar. Die zusätzliche Kaufkraft ermöglicht dem Bauern den Zugang zum öffentlichen Gesundheitswesen und seinen Kindern den Schulbesuch.

Arm sind die Campesinos dennoch. Wegen fehlenden und unregelmässigen Einkommen werden den Kleinbauern Kredite nur zu horrenden Zinsen um 30 Prozent gewährt. Um überhaupt 4x4-Systeme verkaufen zu können, hat Amanco eigens eine Strategie entwickelt: Zunächst organisierte Amanco zinsgünstige Kredite und überzeugte das Landwirtschaftsministerium Guatemalas, das 4x4-Projekt seinerseits finanziell und technisch zu begleiten. Schliesslich fand man zwei lokale NGOs, die den Bauern helfen, neue Absatzkanäle zur Vermarktung ihrer Produkte zu finden .

Es ist klar, dass Amanco kein gewöhnliches Industrieunternehmen ist. Doch auch Amanco setzt auf steigenden Absatz und will Gewinne erzielen: Hunderte Campesinos haben Interesse am 4x4-System bekundet, 5 Millionen Dollar will Amanco in den nächsten drei bis fünf Jahren allein in Guatemala mit Mikro-Bewässerungstechnik umsetzen. Doch hinter dem Geschäftsgebaren des Konzerns steht auch ein entwicklungspolitischer Ansatz, eine Vision.

Die Spur führt zu Stephan Schmidheiny, bis 2002 alleiniger Besitzer von GrupoNueva. GrupoNueva, von Schmidheiny über Jahre zu einem führenden Industriekonzern in 17 Ländern Lateinamerikas auf- und ausgebaut, produziert und vertreibt über die

Tochterunternehmen Amanco und Masisa Wasserrohre und Bewässerungssysteme, sowie nachhaltig produzierte Holzprodukte und Baumaterialien. Parallel dazu finanzierte Schmidheiny die gemeinnützige Stiftung Avina, die in Lateinamerika mit Leadern von Zivilgesellschaft und Wirtschaft zusammenarbeitet und sie bei ihren Initiativen für nachhaltige Entwicklung unterstützt, weiterbildet und begleitet, sowie Netzwerke finanziert.

2002 beschloss Stephan Schmidheiny, kommerzielles und philanthropisches Engagement in Lateinamerika noch enger zusammen zu führen. Dazu brachte er GrupoNueva in eine neue Stiftung namens Viva Trust (Vision y valores) ein und zog sich zugleich aus dem Management der Holding und der Avina Stiftung zurück. Durch diese Schenkung – geschätzter Wert 1 Milliarde Dollar – kommt der gesamte wirtschaftliche Überschuss von GrupoNueva gemeinnützigen Zwecken zugute.

Zugleich inspirierte er die Manager von GrupoNueva zu einem ökologischen und sozialen Kurs. Einer der Schwerpunkte ist das faire Geschäft mit armen Bevölkerungsgruppen nach dem Muster der 4×4-Bewässerungstechnik. Mit diesem unternehmerischen Entwicklungsansatz hofft Viva Trust, die Lebenssituation von Lateinamerikas ärmsten Menschen zu verbessern. Tausenden Bauern sollen mit Hilfe der interamerikanischen Entwicklungsbank erschwingliche Kredite verschafft werden. Dass dieses Geld dann GrupoNueva durch den Verkauf von 4×4-Technik zur Mikro-Bewässerung indirekt zugute kommt, ist ein erwünschter Nebeneffekt. Solange deren wirtschaftliche Überschüsse wiederum gemeinnützig verwendet werden, ist dieser Ansatz jedoch über jeden ethischen Zweifel erhaben.

Ob die gleiche Strategie auch für andere multinationale Konzerne anwendbar ist, bleibt abzuwarten. Immerhin scheint das Engagement von GrupoNueva andere Industrielle davon zu überzeugen, dass arme Bevölkerungsschichten ein lohnendes Geschäftsfeld sein können. Es wäre zu begrüssen, wenn auch Procter&Gamble, Suez oder die Deutsche Bank eine solche Strategie verfolgten. Solange die Gewinne aus solchen Aktivitäten als Dividende ausschliesslich an Shareholder ausgeschüttet werden, müssen sich die Unternehmen den Vorwurf gefallen lassen, Geschäfte auf Kosten der Ärmsten zu machen.

Bild
Chimaltenango, Guatemala. Douglas Marroquín.

Er gehört zu den längsten und mächtigsten Flüssen der Welt, er durchquert drei Klimazonen und ist Lebensraum von 70 Millionen Menschen. Natur und Geschichte haben den Mekong bisher weitgehend vor zivilisatorischen Eingriffen bewahrt. Ein Ein-Mann-Unternehmen wehrt sich dagegen, dass eine der vielfältigsten und grandiosesten Flusslandschaften der Welt zerstört wird.

Rettet den Mekong

Er hat viele Gesichter und eben so viele Namen: Lancang Jiang, Wilder Fluss, nennen ihn die Chinesen, die in den schroffen, unwirtlichen Gebirgstälern seines Oberlaufs leben, Mae Nam Kong, die Mutter des Wassers, ist er für die Bauern und Fischer in Thailand und Laos, denen er mit seinen reichen Fischgründen und fruchtbaren Uferpartien die wichtigste Lebensgrundlage ist. Tonle Thom, das Grosse Wasser, heisst er in Kambodscha, wo seine jährlichen Überschwemmungen zugleich Leben und Tod, reiche Ernten und zerstörte Dörfer bedeuten. Und Sông Cuu Long, der Fluss der neun Drachen, nennen ihn die Vietnamesen, die im riesigen, von zahlreichen Nebenläufen durchzogenen Flussdelta leben.

Für den Rest der Welt aber hiesse zumal der Oberlauf des Mekongs wohl am zutreffendsten der «Unbekannte Fluss». Erst 1994 gelang es einem Forscher, dem französischen Ethnologen und Dokumentarfilmer Michel Peissel, erstmals bis zu seinem Quellgebiet vorzustossen. Die abenteuerliche Expedition führte in eine der abgeschiedensten Weltgegenden, ins alte tibetische Königreich Nangchen, durch felsigen Schluchten und über windige Einöden, vorbei an zerstörten Klöstern, verstreuten

Siedlungen und einsamen chinesischen Garnisonen. Am 17. September 1994 glaubte Peissel mit seinen einheimischen Führern, nomadisch lebenden Hirten des Khampa-Volkes, unterhalb des Rup-sa-Passes auf 4 975 Metern über dem Meeresspiegel mit einem kleinen aus dem Geröll sprudelnden Bergbach die Quelle des Mekong gefunden zu haben. Im gleichen Jahr berichtete der japanische Entdecker Masayuki Kitamura, er habe einige Dutzend Kilometer östlich, am Ausfluss des Lasagongma Gletschers in 5224 Metern über dem Meer, die Quelle des Mekong lokalisiert. Mehrere Forschungsreisen zu den beiden Quellen und einer dritten, von der chinesischen Akademie der Wissenschaften ins Spiel gebrachten, waren nötig, bis im Jahre 1999 der Lasagongma Gletscher zum wahren Ursprung des Mekong erklärt werden konnte.

Die Quellflüsse des Mekong durchqueren die Schluchten und Eiswüsten der tibetischen Hochebene, stürzen mit grossem Gefälle durch die felsigen Täler des Kham, bis sie nach 400 Kilometern auf 3 000 Metern Höhe die erste grössere Stadt mit mehreren zehntausend Einwohnern erreichen. Hier, in Chamdo, entschied sich, von der Weltöffentlichkeit kaum wahr genommen, im Herbst 1950 das Schicksals Tibets, als sich die chinesische Volksbefreiungsarmee in einer dramatischen Schlacht den Zugang zu Lhasa erkämpfte. Bis lange nach der chinesischen Kulturrevolution blieb die Region um Chamdo mit ihren unbeugsamen Khampa-Rebellen das Zentrum des tibetischen Widerstands.

Auch südlich von Chamdo, wo die Wasser des Mekong, des Jangtse und des Salween sich nur wenige Dutzend Kilometer voneinander entfernt zwischen Fünf- und Sechstausendern, durch tief eingefurchte, enge Bergtäler und wilde, unwegsame Schluchten ihren Weg bahnen, bleibt der Mekong ein weitgehend unbekannter Fluss. Weite Teile der Region, in der zahlreiche Bergvölker wohnen, sind militärisches Sperrgebiet. Bis heute gehört die Provinz Junnan zu den ärmsten Gegenden der Welt. Erst in den 80er Jahren entschloss sich die chinesische Regierung, ihren Welt fernen Hinterhof zu erschliessen. Immerhin führte durch diese Gegend schon vor 2000 Jahren die Südwest-Seidenstrasse, die China mit Indien verband. Bis heute ist die Hauptstrasse über die Yong-Bao-Brücke immer noch die wichtigste Verbindung Chinas zum früheren Burma, das heute Myanmar heisst, und zum kaum 300 Kilometer entfernten Indien.

Die zur industriellen Erschliessung Junnans notwendige Energie soll eine ganze Kaskade von Grossstaudämmen mit insgesamt acht Wasserkraftwerken bereitstellen. Der erste dieser Staudämme, der Manwan-Damm, wurde 1994 fertig gestellt, der Dachaoshan-Damm im Jahr 2003. Derzeit wird bereits am dritten, dem Xiaowan-Staudamm, gebaut. Er soll im Jahr 2013 fertig gestellt sein und mit seiner 300 Meter hohen Staumauer zu den grössten Dämmen der Welt gehören. Allein die acht chinesischen Stauseen werden den natürlichen Lauf des Mekongs auf einer Strecke von über 600 Kilometern oder 13 Prozent der Gesamtlänge zerstören. Weitere gewaltige Eingriffe wird es geben, wenn China seine Projekte weiter führt, um den Mekong mit Baggern und Dynamit ganzjährig für grosse Frachtschiffe befahrbar zu machen. Zahlreiche

Riffs und Stromschnellen, heute noch Laichgebiete für viele Fischarten, müssten der Wasserautobahn weichen, die China mit Laos, Thailand, Kambodscha und Vietnam verbinden soll.

Die Regulierung des Mekong durch Staudämme und Stauseen wird nicht nur die vielfältigen Flusslandschaften gründlich verändern, sondern, und für viele Millionen Menschen erheblich einschneidender, ein Jahrtausende altes, allein vom Wechsel der Jahreszeiten angetriebenes Natur-Bewässerungssystem lahm legen. Die jährlichen Überschwemmungen, die weite Tallandschaften mit nährstoffreichen Sedimenten versorgen, machen den Unterlauf und das Mündungsgebiet des Mekongs zu einer der fruchtbarsten Regionen der Welt. Noch weiss niemand genau, um wieviel sich die Erträge der riesigen Reisfelder und Anbauflächen für Gemüse, Früchte und Sojabohnen langfristig vermindern werden. Sicher ist bloss, dass Millionen von Menschen das Ergebnis auf ihren Tellern gravierend zu spüren bekommen.

Das gilt auch für die Fischerei. Über eine Million Tonnen Fisch werden jährlich im Mekong gefangen. Mit der Regulierung des Mekongs werden zahlreiche Laichgründe zerstört und viele der 1300 Fischarten, die den Mekong zu einem der artenreichsten Flüsse der Welt machen, werden verschwinden oder gewaltig dezimiert werden.

Besonders verheerend wird sich die Regulierung auf Kambodscha auswirken. Hier, ganz in der Nähe der Hauptstadt Phnom Penh, befindet sich der grosse Mekong-See Tonle Sap, ein weltweit einzigartiges Naturphänomen. Jedes Jahr im Juni, wenn der Mekong Hochwasser führt, wechselt der Fluss, der den See mit dem Mekong verbindet, seine Fliessrichtung. Dann strömt das Wasser für vier Monate quasi «bergauf», vom Mekong in den Tonle Sap. Der See wächst während dieser Zeit auf das Fünffache seiner normalen Oberfläche und bedeckt schliesslich rund ein Siebtel des kambodschanischen Staatsgebiets. Schon jetzt haben die riesigen Abholzungen in der Region das ökologische Gleichgewicht und den Wasserhaushalt des Tonle Sap erheblich verändert. Jedes Jahr sinkt der Wasserspiegel weiter. Dabei erwärmt sich der über weite Strecken seichte See so stark, dass viele Fischarten nicht überleben können. Immer noch ziehen die Fischer jährlich rund 230 000 Tonnen Fisch aus dem Tonle Sap, Hauptnahrung für zwei bis drei Millionen Kambodschaner. Wird der Mekong durch Staudämme reguliert, bleibt das den See speisende saisonale Hochwasser aus. Der Tonle Sap wird binnen weniger Jahrzehnte zum grössten Teil verlanden – mit enormen Folgen sowohl für die Fischbestände als auch für die ausgedehnten Reisfelder in den Überflutungszonen entlang seiner Ufer.

Die 60 Millionen Mekong-Anwohner werden nicht nur die Regulierung drastisch zu spüren bekommen, sondern auch die vor allem am Oberlauf in China forcierte Industrialisierung. Was sie für den Mekong bedeuten könnte, lässt sich am besten dort beobachten, wo der Nebenfluss Xier in den Mekong mündet. Das Wasser des Xier stammt aus dem Erhai-See, an dessen Südufer die Distrikthauptstadt Xiaguan mit ihren rund 500 000 Einwohnern und zahlreichen grossen Papier-, Chemie- und Nahrungsmittelfabriken liegt. Noch fliessen fast alle Abwässer der Stadt, der Fabriken und der umliegenden Dörfer ungeklärt in den einst glasklaren See. Dadurch wird der Fluss in einen tief braunen, stinkenden und schäumenden Abwasserkanal verwandelt. Bis heute ist die gewaltige Gewässerverschmutzung am Xier eher eine Ausnahme. Wenn die Industrialisierung entlang dem Mekong und seinen zahlreichen Nebenflüssen jedoch so intensiv voran schreitet, wie die chinesische Zentralregierung das vorsieht, wird der Mekong in einigen Jahrzehnten genau so übel zugerichtet sein wie der Jangtse, dessen Wasser bereits jetzt zu nichts mehr zu gebrauchen ist.

Das alles kann den fünf Unteranrainern Myanmar, Laos, Kambodscha, Thailand und Vietnam nicht egal sein, weil ihre Bevölkerung zu einem grossen Teil vom Wasser des Mekong abhängig ist. Jedoch hat sich China bisher strikt geweigert, seine Pläne mit den Unteranrainern abzustimmen. Verkompliziert wird die Situation dadurch, dass bislang weder China noch Myanmar der Einladung zum Beitritt zur Mekong River Commission (MRC) folgen wollen, einer Organisation, die 1995 von Thailand, Laos, Kambodscha und Vietnam mit dem Ziel gegründet wurde, die Zusammenarbeit bei einer fortwährenden Nutzung des gemeinsamen Flusses zu erleichtern.

Mit zwei kommunistischen Mitgliedsstaaten und ihrem Grundsatz der vorbehaltlosen Kooperation im gesamten Einzugsgebiet unterscheidet sich die Mekong River Commission grundlegend von ihrer Vorgängerin, dem Mekong Committee. 1957 auf Initiative der USA gegründet, wurden China und Myanmar damals gar nicht erst zur Mitarbeit eingeladen, da die Amerikaner das Mekong Committee vor allem als wirtschaftliches und politisches Instrument gegen die Ausbreitung des Kommunismus in der Region verstanden wissen wollten.

Auf die drohende und weitgehend im Schatten der Weltöffentlichkeit stattfindende Zerstörung des Mekong aufmerksam zu machen, ist das Anliegen des «Mekong First Descent Projects» des Australiers Mick O'Shea. Der Abenteurer und Öko-Tourismus-Berater hatte die Mekong-Region über sechs Jahre immer wieder bereist und den Fluss abschnittsweise erkundet, alles dokumentiert und ihn schliesslich in einer fünfmonatigen Expedition von der Quelle bis zur Mündung mit dem Kanu befahren. 15 000 Fotoaufnahmen und über 100 Stunden Filmmaterial entstanden im Verlauf dieser Arbeit. Überwältigt von der einmaligen Schönheit der Flusslandschaft und ihrer natürlichen und kulturellen Vielfalt, fasziniert von der Jahrtausende alten Geschichte, deren Zeugen da und dort noch sichtbar sind, beeindruckt von den Menschen, die ihr Leben in einer einzigartigen Symbiose mit ihrem Fluss bewältigen, und schockiert von der drohenden Zerstörung dieses unwiederbringlichen, natürlichen und kulturellen Reichtums, startete Mick O'Shea sein Ein-Mann-Unternehmen zur Rettung des Mekong.

Es beinhaltet nicht nur eine umfassende Dokumentation des Mekong von der Quelle bis zur Mündung durch Bücher, Filme und über das Internet, sondern auch die Gründung einer Stiftung, die sich als Stimme all jener Völker am Mekong versteht, «deren Überlebensgrundlagen im Namen des Profits auf Spiel gesetzt werden und die nicht die politische Freiheit haben, gegen Entscheidungen über die Zukunft ihres Flusses zu protestieren.» (Mick O'Shea). Die Stiftung soll sicher stellen, dass die Weltöffentlichkeit vor allem auf die chinesischen Behörden Druck ausübt, die mit ihren Industrialisierungsplänen eine der letzten halbwegs intakten Flusslandschaften der Welt mutwillig und gegen den Willen einer Bevölkerung zerstört, die von der natürlichen Qualität und Lebendigkeit des Flusses abhängig ist.

Bild
Der Dashaoshan-Staudamm, der zweite chinesische Grossstaudamm am Oberlauf des Mekongs, nahm 2003 seinen Betrieb auf. Michael O'Shea

---

Bis vor wenigen Jahren gehörten Papierfabriken zu den grössten industriellen Umweltsündern. Die Herstellung von Papier braucht viel Wasser und viel Chemie. Es geht aber auch anders. Ein Beispiel.

Abschied vom Abwasser – Papierproduktion ohne Flussbelastung

In jedem Kilogramm Papier stecken je nach Sorte und Qualität zwischen 20 und 150 Liter Wasser – bei einer weltweit produzierten Menge von 300 Millionen Tonnen Papier pro Jahr. Der grösste Teil dieses Wassers ist sehr stark belastet durch hoch giftige Chemikalien, die beim Zerfasern, Bleichen, Leimen, Färben und Veredeln anfallen.

Bis in die 50er Jahre flossen die stark säure- und chlorhaltigen Abwässer der Papierfabriken mehr oder weniger ungereinigt in Flüsse, Seen und Meere. Dank strengerer Umweltvorschriften belastet die Papierindustrie die Umwelt in den Industriestaaten mittlerweile erheblich geringer. Der Wasserverbrauch konnte deutlich gemindert werden, unter anderem dadurch, dass das Wasser in einzelnen Produktionsschritten mehrfach rezykliert werden kann. Doch noch immer machen die Abwässer der Papierfabriken laut Weltbank in den hoch entwickelten Ländern 23 Prozent, in den unterentwickelten Ländern 10 Prozent der gesamten Industrieabwässer aus – Tendenz steigend. Dank neuer Produktionsmethoden konnte die Entstehung von gefährlichen Schadstoffen zum Beispiel dadurch reduziert werden, dass im Bleichprozess Chlor durch Wasserstoffperoxid ersetzt wurde.

Die Düsseldorfer Papier- und Kartonfabrik Julius Schulte Söhne hat in Zusammenarbeit mit dem niederländischen Anlagebauer Paques Water Systems und der Technischen Universität Darmstadt ein Verfahren entwickelt, das praktisch abwasserfrei arbeitet. Das Prozesswasser wird in einem geschlossenen Kreislauf gereinigt und wieder verwendet. Zuerst wird das verschmutzte Wasser in einem speziellen Turmreaktor ohne Luft vergoren und dadurch gereinigt, danach in zwei Belüftungsreaktoren entkalkt. Der dort entstehende Carbonatschlamm gelangt wieder zurück in die Produktion und wird in das Papier eingebunden.

Das neue Produktionsverfahren hat, so die Experten der Deutschen Bundesstiftung Umwelt, weder einen negativen Einfluss auf die Qualität des Papiers noch braucht es für die Reinigung zusätzliche umweltschädliche Chemikalien wie Biozide. Entgegen den landläufigen Vorurteilen, dass ökologisch motivierte Verbesserungen nur zum Preis höherer Kosten zu haben seien, zahlt sich diese Innovation auch ökonomisch aus. Mit dem Biogas, das bei der Vergärung des Abwassers entsteht, soll künftig der ganze Energiebedarf der Anlage gedeckt werden. Auf diese Weise spart das Unternehmen jährlich rund 260 000 Kubikmeter Abwasser und zugleich Kanalgebühren von rund 400 000 Euro ein. Aus Umweltsicht bleibt dem Rhein die Einleitung von vielen Tonnen langlebiger Schadstoffe erspart, den deutschen und niederländischen Wasserwerken flussabwärts die mühsame und teure Entfernung derselben.

Man sollte annehmen, dass ein für alle derart vorteilhaftes System in Windeseile den Markt für Papier-Verfahrenstechnik erobert. Dass dem nicht so ist, liegt in erster Linie an der Gesetzgebung. Noch immer begnügt sich die Politik im Bereich der industriellen Wassernutzung praktisch weltweit mit nachträglicher Abwasserreinigung («end-of-pipe»). Dadurch fehlt der gesetzliche Anreiz für Produktionsverfahren, die ganz ohne Wasser auskommen, beziehungsweise das Prozesswassers reinigen und wieder verwenden können. Entsprechende Verfahren stehen mittlerweile auch für zahlreiche andere Produkte zur Verfügung.

Was im reichen Deutschland eine zukunftsweisende Geste eines einzelnen Papierherstellers ist, wäre für die Bevölkerung anderer Länder ein lebenswichtiger Segen. In ärmeren Ländern wäre es nämlich nicht bezahlbar, Flusswasser von Rheinqualität zu Trinkwasser aufzubereiten. Gerade die Länder Südostasiens und Lateinamerikas, die stark auf Flüsse als Trinkwasserreservoirs angewiesen sind, wären daher ideale Einsatzorte für abwasserfreie Produktionsverfahren. Ohne ein Umlenken der Wasserpolitik, ohne die gesetzliche Zielvorgabe, Industrieabwässer von den Flüssen künftig gänzlich fern zu halten, droht sich die Qualität des Trinkwassers vor allem in den Grossstädten weiter zu verschlechtern.

Bild
Durango, Spanien. Noch gehört die Papier- und Zellstoffindustrie global betrachtet zu den schmutzigsten Branchen. Simon Fraser/Keystone

In vielen regenarmen Regionen insbesondere des Nahen Ostens lassen die Regierungen die tiefer liegenden Grundwasservorkommen anzapfen, um den schnell wachsenden Wasserbedarf zu decken. Ein riskantes Unterfangen, denn sind diese Wasservorräte erst einmal aufgebraucht, dauert es mitunter Jahrtausende, bis die leergepumpten Aquifere wieder aufgefüllt werden.
In Ländern wie dem Sultanat Oman reicht selbst der Bau von Entsalzungsanlagen nicht aus, um den Wassermangel dauerhaft zu beheben.

Wasserwirtschaft am Limit: das Beispiel Oman

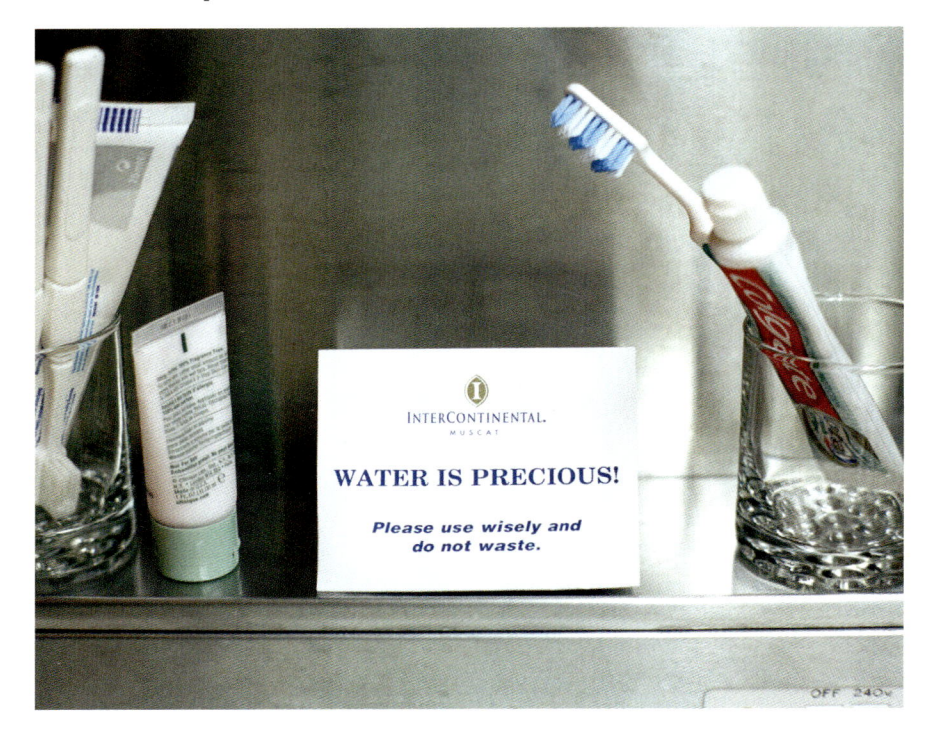

In weniger als dreissig Jahren führte der Sultan von Oman, Qabus ibn Sahid, nach der gewaltsamen Übernahme des Reichs und der Entthronung seines Vaters, das Land wirtschaftlich vom Mittelalter in die Moderne. Dank üppiger Staatseinnahmen aus der Erdölförderung erfuhr die Bevölkerung eine rasante Verbesserung der Lebensbedingungen. Mit der höheren Lebensqualität stieg aber auch der Bedarf an Süsswasser. Doch ist das Sultanat am Golf mit 100 bis 300 Millimeter Niederschlag pro Jahr ein arides Land, und Süsswasser ein knappes Gut. Dem Grundwasser, dem einzigen natürlichen Süsswasserreservoir des Landes, fliessen aus Regen und Tau durchschnittlich nur 550 Millionen Kubikmeter Wasser pro Jahr zu. Mit 645 Millionen Kubikmetern übertraf der Verbrauch an Grundwasser die Neubildungsmenge aber schon 1995.

Die Grundwasservorkommen im omanischen Sultanat sind wegen der aussergewöhnlichen geologischen Formationen besonders gefährdet. Hier, wo sich vor etwa 94 Millionen Jahren der Ozeanboden über die arabische Platte schob und das fast 3000 Meter hohe Jabel Akhdar Gebirge bildete, fliesst das unterirdische Wasser entlang ungewöhnlicher Wege. Die normalerweise zusammen hängenden unterirdischen Vorkommen konzentrieren sich hier in grösseren, aber isolierten Grundwasserlinsen. Im Norden der Hauptstadt Muskat – dort herrscht wegen der hohen Bevölkerungsdichte der grösste Wasserbedarf – liegen diese Linsen nur sechs Kilometer von der Küste zum Indischen Ozean entfernt und sind durch eindringendes Meerwasser gefährdet. Wird das Grundwasser zu schnell abgepumpt, vermischt sich das Süsswasser in der Tiefe mit Salzwasser. Durch Versalzung des Grundwassers wegen lokaler Übernutzung gehen schon heute Dattelpalmen in Küstennähe ein.

Um die knappen Wasserressourcen nachhaltig nutzen zu können, wird ein eingehendes Wissen über die aktuelle Nutzung des Grundwassers und dessen Erneuerung durch Regen und Tau benötigt. Die Hauptstadt Muskat zum Beispiel bezieht ihr Wasser aus dem Al Khwad Aquifer, einem Grundwasservorkommen mit drei übereinander liegenden Stockwerken. Der Gehalt bestimmter Spurengase im Grundwasser ermöglicht Aussagen darüber, vor wie vielen Jahren und auch wo das Wasser im Boden versickert ist. Im obersten Stockwerk von Al Khwad, in 50 Metern Tiefe, findet sich «junges» Wasser, das vor nicht mehr als 50 Jahren versickert ist und sich in wenigen Jahrzehnten erneuert. Im untersten, in einer Tiefe von etwa 300 Metern, lässt sich ein Wasseralter von zwischen 15 000 und 24 000 Jahren ermitteln. Das aus diesem Grundwasserstockwerk entnommene Wasser erneuert sich erst in Jahrtausenden, was eine schonende Bewirtschaftung praktisch unmöglich macht. Das mittlere Stockwerk enthält eine Mischung aus uraltem Tiefenwasser und jüngerem Wasser aus dem obersten Stockwerk.

Deshalb ist lediglich die Nutzung von Wasser aus dem oberen Stockwerk zu verantworten. Aber welche Menge kann ohne Schaden entnommen werden? Um die Ergiebigkeit eines Grundwasservorkommens zu prognostizieren, muss man den Ursprung dieses Wassers kennen. Anhand der relativen Gehalte an Sauerstoffisotopen ($18O/16O$) und Wasserstoffisotopen ($2H/1H$) konnte die Versickerungszone von Al Khwad lokalisiert werden. Das Wasser im oberen Aquifer regnete demzufolge nicht in Küstenebene ab, sondern versickerte an der Gebirgskette Jabel Akhdar in den Boden. Eine Möglichkeit, um die verfügbare Menge an Grundwasser zu erhöhen, wäre deshalb der Bau von Stauwehren, um das im Gebirge an der Oberfläche schnell abfliessende Wasser zurück zu halten und damit die lokale Versickerung zu steigern.

Auf keinen Fall reicht Grundwasser alleine zur Versorgung der Bevölkerung Omans aus. Bereits heute wird eine beachtliche Menge an Wasser aus Entsalzungsanlagen, Oberflächenwasser und Abwasserrecycling gewonnen. Doch auch dies reicht nicht aus, denn der Wasserverbrauch der Omaner steigt noch immer rapide. Gleichzeitig wird sich laut Prognosen die Bevölkerung bei weiter steigendem Wohlstand von 2,3 Millionen Menschen 2003 auf 4,7 Millionen im Jahre 2025 verdoppeln. Bereits im Jahr 2000 konsumierte die Bevölkerung 1525 Millionen Kubikmeter, für das Jahr 2025 wird eine Zunahme des jährlichen Süsswasserverbrauchs um 63 Prozent erwartet.

Wie das Sultanat Oman in Zukunft seine Wasserversorgung sicherstellen wird, ist allerdings nicht nur eine Frage an die Wissenschaft. Die Regierung des Landes wird auf alle verfügbaren Techniken zurück greifen müssen, wenn sie den derzeitigen Wachstumspfad beibehalten will. Und sie wird sich nicht darauf beschränken können, immer mehr Wasser zur Verfügung zu stellen. Aride Regionen in Australien, USA und Spanien zeigen, mit welchen Mitteln man auch die Nachfrage an Wasser beeinflussen kann («Demand Management»), wenn der politische Wille dazu vorhanden ist (→ S. 384f.). Zum Glück gibt es eine Wasserressource, die mit steigendem Verbrauch zunimmt: das Abwasser. Es scheint unvermeidlich, dass Techniken zur Wiederverwendung gereinigten Abwassers – bis hin zum ungeliebten Einsatz als Trinkwasser – in ariden Ländern wie Oman zukünftig zu einem Standard der Wasserwirtschaft werden.

Bild
Badezimmer in einem Hotel in Oman. Aufnahme von 2004. Ian Berry/Magnum Photos

Selbst wo keine Süsswasserquellen sprudeln und keine Bäche fliessen, lässt sich Wasser gewinnen. In einem einzigartigen Projekt haben kanadische und chilenische Wissenschaftler gemeinsam eine einfache und kostengünstige Methode entwickelt, aus Nebel so viel Wasser zu gewinnen, dass damit ein ganzes Dorf von mehreren hundert Einwohnern versorgt werden kann.

Wasser aus dem Nebel

Als 1980 Wissenschaftler der Meteorologischen Dienste Kanadas auf dem Mount Sutton Nebelproben für chemische Untersuchungen sammelten, ahnten sie nicht, dass ihre Arbeit Jahre später Tausenden von Menschen helfen würde, auf einfache Weise qualitativ gutes Trinkwasser zu sammeln. Aus dem Besuch einer chilenischen Wissenschaftler-Delegation in Kanada entstand eine Zusammenarbeit, die über 17 Jahre dauerte und zum Bau der ersten Nebelkollektoren im chilenischen Fischerdorf Chungungo an der extrem trockenen Pazifikküste (60 Millimeter Regen pro Jahr) führte. Weit oberhalb des Dorfs, in den Felsen, über die der Nebel vom Meer herein zieht, wurden die Tröpfchenfänger installiert. Heute ist Chungungo das Synonym für Nebelkollektoren schlechthin.

Nebel ist definiert als Ansammlung von feinsten Wassertröpfchen in bodennaher Luft. Sobald sie in Kontakt mit festen Oberflächen kommen, schlagen sich die Wassertröpfchen nieder. Diese Eigenschaft machen sich die Nebelkollektoren zunutze: Sie bestehen aus rechteckigen Netzen aus Nylon oder Polypropylen, die mit vertikalen Stangen etwa 1,5 Meter über dem Boden rechtwinklig zur vorherrschenden Windrichtung aufgespannt werden. Die Nebeltröpfchen scheiden sich an den Maschen ab und werden am unteren Ende des Netzes in einer Zisterne gesammelt.

Anfang der 90er Jahre war die Technik so weit ausgereift, dass die kanadische Regierung eine sieben Kilometer lange Trinkwasserleitung von den Bergen zum Küstendorf Chungungo hinab finanzierte. Über hundert Haushalte hatten nun so viel fliessendes Wasser aus Nebel, dass auch der Anbau von Früchten und Gemüse möglich wurde. Die circa 100 Nebelkollektoren lieferten im Schnitt 15 000 Liter pro Tag; an guten, das heisst nebligen, Tagen bis zu 100 000 Liter. Das System funktionierte ungefähr zehn Jahre lang. Durch die sichere Wasserversorgung wuchs das Dorf in dieser Zeit von 300 auf 600 Einwohner. Im Sommer leben mehrere tausend Personen in Chungungo und es gibt Gärten mit Früchten und Gemüse. Durch das Einkommen aus dem Verkauf dieser Produkte kamen auch Elektrizität und eine kleine Tankstelle nach Chungungo.

Doch allmählich verfielen die Nebelkollektoren. 2003 funktionierte kein einziger mehr. Das Dorf stand vor der Wahl, die Nebelkollektoren zu ersetzen, oder eine andere Wasserversorgung zu bauen. Die örtliche Bevölkerung entschied sich für Letzteres. Geplant sind nun entweder eine Entsalzungsanlage für Meerwasser oder eine Fernwasserleitung, – Optionen, die Installationskosten von je 1 000 000 Dollar bedeuten. Derzeit muss Wasser mit Lastwagen teuer von weit her gebracht werden, genau so wie vor der Einweihung der Nebelkollektoren im Mai 1992.

Zehn Jahre versorgten die Nebelkollektoren das Dörfchen Chungungo in der chilenischen Küstenwüste durchgehend und zuverlässig mit Wasser und machten Entwicklung und Wachstum dort erst möglich. Heute, da Dank dem Wasser der Nebelkollektoren mehr Geld zur Verfügung steht, verabschieden sich die Menschen von diesem System. Es wird sich zeigen, ob die Abkehr vom Nebel, der lokal ohne Energieeinsatz und mit einfacher Technik Trinkwasser liefert, auf Dauer die richtige Entscheidung ist.

Tausende von Dörfern leben unter vergleichbaren ariden Bedingungen mit regelmässigem, windigem Nebel. An solchen praktisch regenlosen Orten reicht ein einziger Quadratmeter Nebelnetz aus, um rund 10 Liter Wasser zum Trinken oder Bewässern zu sammeln. Wo alternative Wasservorkommen fehlen und teure Technik für beispielsweise die Entsalzung unerschwinglich ist, bleibt die Nebelernte eine Erfolg versprechende Option. Sie wird zur Zeit in etwa 22 Ländern auf allen Kontinenten eingesetzt.

Infos
www.fogquest.org

Die Flüsse Nordamerikas sind im Lauf des letzten Jahrhunderts im grossen Stil durch Staudämme aufgestaut worden. Viele dieser Bauwerke erreichen nun das Ende ihrer Lebensdauer, denn ihre Staubecken sind mit Sediment gefüllt oder die Staumauer wird baufällig. Einige Anlagen wurden bereits zurückgebaut, doch der Umgang mit den abgelagerten Sedimenten ist eine grosse wissenschaftliche und technische Herausforderung.

Wenn Staumauern alt werden: Rückbau von Staudämmen im westlichen Nordamerika

In den Vereinigten Staaten gibt es etwa zwei Millionen Dämme und Wehre unterschiedlicher Grösse, von denen über 80000 mehr als 1,5 Meter hoch sind (Graf 2005). Die Grösse dieser Bauwerke reicht von kleinen Ableitungen für Bewässerung oder Stromgewinnung zu riesigen Stauseen, die ein Vielfaches der mittleren jährlichen Durchflussmenge aufstauen. Bei den meisten dieser Anlagen wurde eine Lebensdauer von 50 bis 100 Jahren angesetzt. Da die Staumauern altern und sich die Becken der Stauseen mit Sedimenten gefüllt haben, wird zunehmend die Forderung erhoben, die Staudämme zurückzubauen. Im Allgemeinen ist der Rückbau eines kleinen Staudamms sehr viel einfacher als der eines grossen: Einerseits können die hinter grossen Staudämmen angesammelten Sedimentmassen Probleme verursachen, wenn sie flussabwärts gespült werden. Andererseits ist es kostspielig, die früheren Nutzniesser des Staudamms zu entschädigen.

Viele Flüsse im Westen der Vereinigten Staaten bieten anadromen Salmoniden einen Lebensraum, also Lachsen und Forellen, die zum Laichen vom Meer in die Flüsse wandern und als Jungfische ins Meer zurückkehren. Diese Arten sind bei ihrer Fortpflanzung auf einen durchgehenden, hindernisfreien Fluss angewiesen, weshalb der Bau von Staudämmen zum Verschwinden anadromer Fischarten in vielen Flüssen im Westen Nordamerikas geführt hat. Dementsprechend ging der Impuls für den Rückbau von Staudämmen meist vom Wunsch zur Wiederansiedlung dieser Fischarten aus. Bisweilen standen auch Sicherheitsbedenken wegen des Staudammalters im Vordergrund.

Die Auswirkungen von Staudämmen auf Flusssysteme und die Komplexität ihres Rückbaus hängen vor allem von ihrer Grösse ab. Staudämme schränken die Durchgängigkeit von Flüssen ein und behindern die Wanderung von Fischen und anderen Fliessgewässerorganismen. Um diese Effekte abzumildern, können kleinere Staudämme häufig mit Fischtreppen versehen werden, die die Migration erwachsener Lachse und Forellen zulassen. Während Fischtreppen ihren Zweck bei erwachsenen Tieren erfüllen, können Jungtiere oft nicht flussabwärts wandern, weil den Stauseen die starken Lockströme flussabwärts fehlen, von denen sich die Jungfische leiten lassen; auch werden die Tiere häufig verletzt oder getötet, wenn sie durch Turbinen oder Ausläufe schwimmen.

Die meisten bisher zurückgebauten Staudämme waren kleinere Anlagen, die ohne wesentliche Dauerfolgen entfernt werden konnten. Sie hielten weder grosse Sedimentmengen zurück, noch hatten sie grundlegende Auswirkungen auf den Hochwasserdurchfluss. Zudem war ihre wirtschaftliche Bedeutung meist gering oder es liessen sich Alternativen zur ehemaligen Nutzung finden. Der Rückbau solcher Staudämme führte meist dazu, dass in dem betreffenden Fluss wieder eine ungehinderte Fischwanderung einsetzte.

Dagegen verändern grosse Staudämme das Strömungsregime des Flusses in der Regel grundlegend. Ihr Rückbau gestattet wieder eine ungehinderte Fischwanderung, ändert aber auch die Strömungsverhältnisse des Flusses, indem er die ursprüngliche Durchflussmenge und die jahreszeitlich bedingten Fluktuationen im Abfluss wieder herstellt, was für die ökologische Gesundheit eines Flusses entscheidend ist (Poff u.a.1997). Ausserdem halten Staudämme an grossen Flüssen erhebliche Mengen vom Fluss mitgeführter Schwebstoffe zurück, die sich im Lauf von Jahrzehnten als Sedimente am Grund der Stauseen absetzen. Die entscheidende Frage ist, was mit diesen Sedimenten geschieht, wenn die Staumauer entfernt wird. Zudem sind grössere Staudämme in aller Regel auch wirtschaftlich bedeutsamer; bei ihrem Rückbau stellt sich daher die oft politisch heikle Aufgabe, Alternativen für die Nutzniesser zu finden und sie zu entschädigen.

Allein in Kalifornien gibt es über 1400 Staudämme von über 7,6 Metern Höhe; die meisten davon stammen aus dem frühen und mittleren 20. Jahrhundert. Kalifornien hat die höchste Anzahl von Rückbauten; bisher wurden über 70 Staudämme entfernt, vor allem kleinere Anlagen, und meist mit dem Ziel, die Fischwanderung zu erleichtern. Für 37 Rückbauprojekte in Kalifornien liegen Grössenangaben vor: dabei betrug die durchschnittliche Höhe der Staudämme fünf Meter (zwischen 1,5 und 17 Meter) (Gilbreath 2006). Zwei der folgenden Fallstudien stammen aus Kalifornien, eine aus dem Bundesstaat Washington. An ihnen wird deutlich, welche Herausforderungen sich den Verantwortlichen beim Rückbau von Staudämmen stellen.

KLEINE STAUDÄMME

Kleine Staudämme halten nur einen geringen Teil der jährlichen Fliessmenge zurück, können aber trotzdem schwer wiegende Folgen für die Restwassermenge haben – in manchen Fällen verursachen sie zeitweise eine völlige Austrocknung des Flusses, da sie das gesamte Flusswasser umleiten. Andererseits haben sie aufgrund ihrer geringen Speicherkapazität wenig bis gar keine Auswirkungen auf die Wassermenge bei Hochwasser. Zwar halten auch kleine Staudämme gröberes Material wie Kies und Sand zurück, doch sind die Mengen in der Regel klein. Sie können deshalb beim Rückbau des Staudamms auf mechanischem Weg aus dem Staubecken entfernt werden. Falls man sie an Ort und Stelle belässt, werden sie in maximal zehn Jahren von der natürlichen Strömung flussabwärts verfrachtet.

Ein Beispiel aus jüngster Zeit ist der Rückbau kleinerer Staudämme am Butte Creek (Einzugsgebiet 380 km^2), einem der wenigen Flüsse im System des Sacramento River (Kalifornien), die im Frühjahr noch gesunde Bestände laichender Königslachse (Oncorhychus tshawytscha) aufweisen. Zahlreiche kleine landwirtschaftliche Ableitungswehre aus dem frühen 20. Jahrhundert bildeten Barrieren für die Wanderung erwachsener Lachse flussaufwärts. Von 1993 bis 1998 wurden fünf Staudämme in der Höhe zwischen zwei und fünf Metern entfernt. Fünf weitere wurden mit Fischtreppen ausgestattet, so dass sie kein Hindernis für die Fischwanderung mehr darstellen. Das Renaturierungsprogramm wurde ergänzt durch den Einbau von Fischzäunen, um zu verhindern, dass die Lachse aus dem Fluss in die Ableitungskanäle geraten, sowie durch den Ankauf von Ufergrundstücken; die Gesamtkosten beliefen sich auf etwa 35 Millionen Dollar. In den folgenden Jahren ergaben Zählungen eine deutliche Zunahme der Lachse am Oberlauf des Flusses: Statt typischerweise einigen Hundert erwachsenen Lachsen, die vor 1993 pro Jahr aufstiegen, waren es in sechs der zwölf Jahre von 1994 bis 2005 über 7000 Tiere. Damit ist Butte Creek heute einer der Flüsse mit den höchsten Beständen frühjahrslaichender Lachse in Kalifornien (Friends of the River 1999). Bemerkenswert ist auch, dass die Staudämme am Butte Creek so zurückgebaut wurden, dass nach wie vor Wasser abgeleitet werden kann; die Wasserentnahme für die Landwirtschaft wurde nicht beeinträchtigt und dementsprechend mussten keine Entschädigungen gezahlt werden. Das Renaturierungsprogramm hat also die Bedingungen für die Lachswande-

MITTELGROSSE STAUDÄMME

In den geologisch instabilen California Coast Ranges führt die Erosion dazu, dass grosse Materialmengen von den Flüssen fortgespült werden. Mehrere kleine Stauseen haben sich dadurch mit Sedimenten gefüllt, so dass sie ihre Speicherkapazität und damit ihren praktischen Nutzen verloren haben. Der Matilija Dam am Matilija Creek, Ventura River (Einzugsgebiet 142 km^2), eine Betonstaumauer von 50 Metern Höhe, wurde 1949 gebaut, um Wasser für die Landwirtschaft aufzustauen. Das verwendete Baumaterial war von schlechter Qualität. Heute ist die Mauer brüchig und instabil. Hinter der Staumauer haben sich etwa 4,5 Millionen Kubikmeter Sediment angesammelt. Der Staudamm versperrt wandernden Stahlkopfforellen (O. mykiss) den Aufstieg zu einigen ihrer besten Laichgründe. Mit dem Rückbau der Mauer könnte sowohl die Wiederbesiedlung eines wichtigen Lebensraums für Fische erreicht, als auch ein Sicherheitsrisiko beseitigt werden. Als grösstes Problem hat sich der Umgang mit dem Sediment erwiesen, das das Staubecken fast ganz anfüllt. Entfernte man die Staumauer, würden die Sedimente flussabwärts gespült und sich dort erneut ablagern. Dies könnte zur Anhebung des Flussbetts, zu vermindertem Durchfluss und zu erhöhter Überschwemmungsgefahr führen. Die Haftungskosten für dadurch ausgelöste Schäden an flussabwärts gelegenen Grundstücken könnten sehr hoch sein, vor allem in Anbetracht der ins Astronomische gestiegenen Grundstückspreise am Unterlauf des Ventura River.

Daher soll etwa ein Drittel der angesammelten Sedimentmenge, das heisst etwa 1,5 Millionen Kubikmeter Feinsediment, über eine eigene Rohrleitung etwa acht Kilometer stromabwärts zu Schlammdeponien gespült werden. Die verbleibenden drei Millionen Kubikmeter sollen an Ort und Stelle verbleiben, dort aber mit schwerem Gerät terrassiert werden. Des weiteren ist der Bau eines 30 Meter breiten, mäandrierenden Fischwegs durch die früheren Sedimentablagerungen geplant. Modellstudien legen nahe, dass der Zustrom von Sedimenten aus dem Staubecken zum Unterlauf die dortige Erosion umkehren und sich in etwa zehn Jahren wieder ein natürliches Gleichgewicht von Verfrachtung und Ablagerung am Ventura River einstellen wird. Wie mit abgelagerten Sedimenten zu verfahren ist und welche Folgen ihre Verfrachtung weiter flussabwärts hat, wo das Flussufer oft aus teuren Privatgrundstücken besteht, ist von grosser wirtschaftlicher und politischer Bedeutung; Rückbaumassnahmen werden nämlich auch bei anderen Staudämmen in den California Coast Ranges erwogen – beispielsweise beim San Clemente Dam am Carmel River (324 km^2) und beim Searsville Dam am San Francisquito Creek (38 km^2).

GROSSE STAUDÄMME

Am Elwha River (er entwässert ein Gebiet von 700 km^2 in den Olympic Mountains im Bundesstaat Washington) gibt es zwei Staudämme, den 64 Meter hohen Glines Canyon Dam mit einem Stausee von 50 Millionen Kubikmetern, und den Elwha Dam mit 10 Millionen Kubikmetern. Beide werden als Laufkraftwerke zur Stromgewinnung betrieben. Ihre Auswirkungen auf die jahreszeitlichen Abflussschwankungen sind daher vergleichsweise gering, doch halten sie insgesamt etwa 13 Millionen Kubikmeter Sediment zurück. Das Fehlen dieses Materials, das normalerweise an den Ufern am Unterlauf des Flusses und in seinem Mündungsgebiet abgelagert würde («Sedimentmangel»), hat im Lauf der Jahrzehnte zu einer starken Zerklüftung des Flussbetts geführt, und die Erosion der Küste im Bereich der Flussmündung hat sich beschleunigt (Gregory u.a., 2002).

Vor dem Bau der Staudämme im Jahr 1910 bot der Elwha River Laichgründe für alle fünf in Nordamerika heimischen Arten von Pazifiklachsen, sowie für Stahlkopfforellen und Pazifiksaiblinge (Salvelinus malma). Die Aussicht, einen so reichen und vielfältigen Fischbestand erneut anzusiedeln, und die Bereitschaft des Eigentümers, die Anlagen zu verkaufen und auf andere Energiequellen zurückzugreifen, haben das grösste Rückbauprojekt in Nordamerika ausgelöst. Der Kongress hat die für den Rückbau nötigen Gesetze im Jahr 1992 verabschiedet, im Jahr 2000 erwarb die Bundesregierung die Staudämme.

Anders als bei den oben beschriebenen kalifornischen Anlagen wird das Land unterhalb der Staudämme am Elwha River vor allem landwirtschaftlich genutzt. Obwohl sehr viel mehr Sedimentmasse zurück gehalten wird als bei den meisten anderen zum Rückbau vorgesehenen Staudämmen, hätte die Verfrachtung dieser Sedimente geringere Folgen für die Infrastruktur am Unterlauf des Elwha River als in dichter besiedelten Gebieten. Modellversuche haben gezeigt, dass das abgelagerte Sediment nicht auf einmal in Bewegung geraten, sondern nach und nach abgetragen würde. Die öffentliche Unterstützung für den Rückbau der Staudämme am Elwha River ist gross, weil Aussicht auf eine Erholung der Bestände von anadromen Lachsen und eine verbesserte Sedimentzufuhr am Unterlauf und an der Küste besteht.

Lehren aus dem Rückbau von Staudämmen Der Rückbau von Staudämmen wird in den kommenden Jahren immer häufiger werden. Die abgeschlossenen Vorhaben können daher als Pilotprojekte dienen und die früheren Erfahrungen zur Verbesserung von Planung und Ausführung künftiger Projekte beitragen. Bedauerlicherweise sind die meisten bisher abgeschlossenen Rückbauvorhaben schlecht dokumentiert. Um Daten über den Rückbau von Staudämmen zu einem objektiven, leicht zugänglichen Archiv zusammenzufassen, hat die Abteilung Water Resources Center Archives der University of California die Dam Removal Data Base (http://www.lib.berkeley.edu/WRCA/damremoval/index.htm) geschaffen. Hier wird nach dem Abschluss von Rückbauprojekten eine Zusammenfassung der Daten in einer eigenen Datenbank gespeichert. Ausserdem werden relevante Dokumente im PDF-Format per Internet zur Verfügung gestellt.

Jedes Rückbauprojekt hat seine eigenen Begleitumstände – physikalische, ökologische und verwaltungstechnische –, aber mit einer guten Dokumentation der Ausgangsbedingungen und Zielvorgaben sowie einer laufenden Überwachung der Resultate sollte es möglich sein, aus den früheren Rückbauten Lehren für die Ausführung künftiger Projekte zu ziehen. Die Entfernung kleiner Staudämme von weniger als fünf Metern Höhe ist am häufigsten und bietet daher die beste Ausgangslage, um die Praxis des Rückbaus zu studieren. Der Rückbau grosser Anlagen macht den Umgang mit Millionen Kubikmetern angesammelter Sedimente erforderlich - eine sehr viel schwierigere und kostspieligere Aufgabe, für die detaillierte und standortspezifische Untersuchungen nötig sind.

Literatur
– Friends of the River. «Rivers Reborn: Removing Dams and Restoring Rivers in California». 1999. Verfügbar unter http://www.friendsoftheriver.org/Publications/PDF/RiversReborn.pdf.
– Alicia Gilbreath. *Dam removal in California: lessons learned through the post-project appraisal*. Master's thesis, Department of Landscape Architecture and Environmental Planning, University of California, Berkeley 2006.
– W. L. Graf. «Geomorphology and American dams: The scientific, social, and economic context». *Geomorphology*, 71, 2005, S. 3–26.
– S. Gregory. H. Li. J. Li. «The conceptual basis for ecological response to dam removal». *Bioscience*, 52, 2002, S. 713–723.
– Heinz Center for Science, Economics and the Environment (Heinz Center). «Dam Removal: Science and Decision Making». Washington DC: Heinz Center. 2002. Verfügbar unter http://www.heinzctr.org/NEW_WEB/PDF/Dam_removal_full_report.pdf.
– G. M. Kondolf. A. Boulton. S. O'Daniel. G. Poole. F. Rahel. E. Stanley. E. Wohl. A. Bang. J. Carlstrom. C. Cristoni. H. Huber. S. Koljonen. P. Louhi. K. Nakamura. «Process-based ecological river restoration: Visualising three-dimensional connectivity and dynamic vectors to recover lost linkages». *Ecology and Society* (im Druck).
– N. L. Poff. J. D. Allan. M. B. Bain. «The natural flow regime: a paradigm for river conservation and restoration». *BioScience*, 47, 1997, S. 769–84.
– U.S. Army Corps of Engineers, Los Angeles District and Ventura County Watershed Protection District. «Matilija Dam Ecosystem Restoration Project, Project Management Plan». 2005. Verfügbar unter http://www.matilijadam.org/pmpfinal.pdf.

Bild
Wird bald abgebaut: Der Elwha Staudamm im US-Bundesstaat Washington. Aufnahme von 1995. Matt Kondolf

---

Noch vor wenigen Jahrzehnten starben in der Dritten Welt jährlich mehrere Millionen Kinder an einfachen Durchfallerkrankungen. Erst vor rund 30 Jahren entdeckte die moderne Wissenschaft ein wirksames Gegenmittel: eine einfache Salz-Zucker-Lösung. Ganz neu ist diese Entdeckung allerdings nicht. Der indische Gelehrte Sushruta hat dieses Rezept schon vor 2500 Jahren gefunden.

Das Salz des Lebens – orale Rehydrierung

Noch vor zwanzig Jahren war akute Diarrhoe die häufigste Todesursache bei Kindern. In den 80er Jahren starben jedes Jahr weltweit rund 4,6 Millionen Kinder an dem durch Durchfallerkrankungen ausgelösten Flüssigkeitsverlust. Bei fortgeschrittener

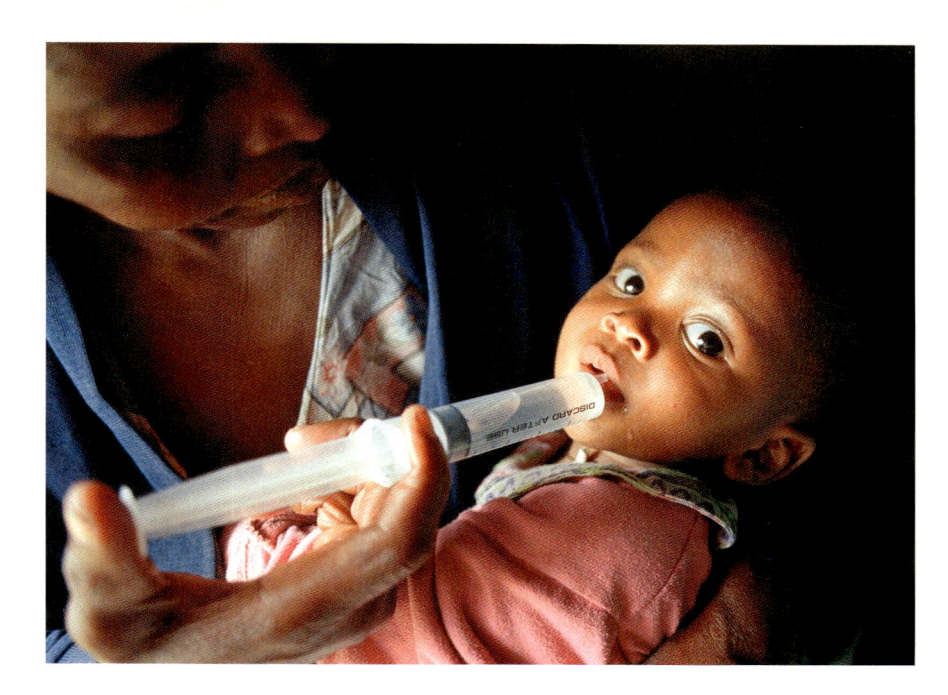

Erkrankung kann die fehlende Flüssigkeit auch durch häufiges Trinken nicht mehr wettgemacht werden, denn der Körper ist am Schluss nicht mehr imstande, die zugeführte Flüssigkeit im Verdauungstrakt über das Gewebe aufzunehmen. Die einzige Möglichkeit schien damals, den Verdauungstrakt zu umgehen und die fehlende Flüssigkeit per Infusion direkt ins Blut zu transferieren: eine traumatische und schmerzhafte Methode, die bei an Durchfall erkrankten Kindern wenig praktikabel ist. Die intravenöse Zugabe von Flüssigkeit kann ausserdem nur von medizinisch geschultem Personal durchgeführt werden, zu dem die meisten betroffenen Familien keinen Zugang haben.

1968 entdeckten Wissenschaftler in Bangladesh und Indien, dass die Zugabe von Salz und Zucker in bestimmten Proportionen die Aufnahme von Wasser durch die Darmwand ermöglicht. So simpel und unscheinbar die Methode ist, gemessen an den geretteten Menschenleben muss sie als grösster Fortschritt der medizinischen Forschung im 20. Jahrhundert gelten. Endlich konnte man Patienten, die infolge Durchfalls an Dehydrierung litten, schnell und einfach helfen: mit einem Teelöffel Salz und acht Teelöffeln Zucker pro Liter Wasser. Dieses einfache Rezept hat seither viele Millionen Menschen vor dem sicheren Tod bewahrt.

Während des Unabhängigkeitskriegs in Bangladesh 1971 brachen in den Flüchtlingslagern schwere Choleraepidemien aus. Die Verantwortlichen entschieden sich für den ersten grossen Einsatz der so genannten «oralen Rehydrierungs-Methode». Von 3700 behandelten Patienten überlebten damals 3552.

Seit 1979 ist die orale Rehydrierung bei der Behandlung von Durchfallerkrankungen ein nicht mehr weg zu denkender Bestandteil im Programm des UN-Kinderhilfswerks UNICEF. Heute sterben rund 70 Prozent weniger Kinder unter 5 Jahren an den Folgen von Durchfall als zuvor. Hunderte Millionen einsatzbereite Beutel mit Salz und Zucker werden jedes Jahr produziert. Diese Beutel kosten jeweils etwa 10 Cent. 10 Cent, die in über 90 Prozent der Fälle den Tod eines Kindes durch Durchfall und Dehydrierung verhindern.

Dass in den Wochen nach der Tsunami-Katastrophe im Dezember 2004 keine grösseren Durchfallepidemien auftraten, lag nicht zuletzt an der Strategie der UNICEF. In den am stärksten betroffenen Gebieten bildete das UN-Kinderhilfswerk Freiwillige aus, um in den Kommunen die wichtigsten Vorbeugemassnahmen publik zu machen. Mit Kleinbussen und Lautsprechern machten die UNICEF-Botschafter auf Informationsveranstaltungen zur oralen Rehydrierung aufmerksam.

Dem Laien muss es unglaubhaft erscheinen, dass die Rezeptur von einem Kaffeelöffel Salz und acht Kaffeelöffeln Zucker, aufgelöst in einem Liter gekochtem Wasser, wirklich eine Erfindung des 20. Jahrhunderts sein soll. Tatsächlich verschrieb schon im Jahre 500 v. Chr. Sushruta, ein indischer Gelehrter und Vater von Ayurveda, seinen an Durchfall leidenden Cholerapatienten «reichlich und lauwarmes Wasser, in dem vorerst Steinsalz und Melasse gelöst wurden, oder geklärtes Wasser kombiniert mit Reismehlschleim.» (Sushruta Samhita III, Verse II). Vielleicht war Sushrutas verblüffend einfaches Rezept schlicht zu unscheinbar, um von der medizinischen Forschung des 20. Jahrhunderts ernst genommen zu werden.

Bild
Rehydrierung eines cholerakranken Kindes in Kwa-Zulu-Natal. Aufnahme von 2000. Cobus Bodenstein, Keystone/AP

Manchmal ist die Lösung ganz einfach: Mit Krankheitskeimen verseuchtes Wasser lässt sich desinfizieren, indem man es in einer PET-Flasche einige Stunden in die Sonne legt. Vor allem in Lateinamerika unternehmen mehrere Hilfswerke und Stiftungen grosse Anstrengungen, das von Schweizer Wissenschaftlern entdeckte Verfahren in der Bevölkerung bekannt zu machen.

Trinkwasser in sechs Stunden – Solare Desinfektion von Wasser

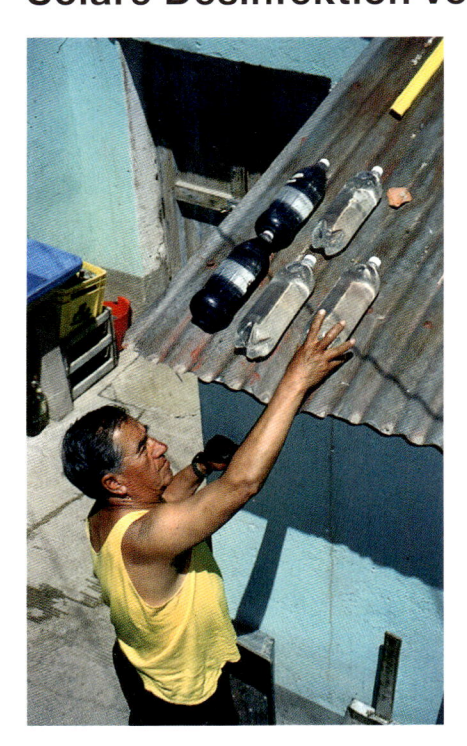

Noch immer gefährdet der fehlende Zugang zu sauberem Trinkwasser und sanitären Einrichtungen die Gesundheit vieler Millionen Menschen. Weltweit sterben jeden Tag rund 6000 Personen – meistens Kinder unter fünf Jahren – an Durchfallerkrankungen. Die WHO rechnet mit 1,1 Milliarden Menschen, die ohne Zugang zu sauberem Trinkwasser leben müssen.

Zwar kann das Befolgen einfacher Hygieneregeln – Händewaschen nach dem Stuhlgang, geregelte Entsorgung von Fäkalien und sauberes Aufbewahren von Trinkwasser – die Zahl der Erkrankungen drastisch reduzieren. All das bleibt jedoch zweitrangig, wenn das zur Verfügung stehende Trinkwasser nicht von einwandfreier Qualität ist und Krankheitserreger enthält. An vielen Orten liefern selbst der Wasserhahn im Haus und öffentliche Zapfstellen gesundheitlich bedenkliches Wasser, verursacht etwa durch verschmutzte Quellen, mangelnde Instandhaltung der Leitungen, oder durch Fehler beim Fördern, Transportieren oder Speichern des Trinkwassers.

Das Abkochen von Wasser ist selten praktikabel, denn wo es keinen Zugang zu sauberem Wasser gibt, fehlt es den Menschen meist auch an Brennholz oder Geld für den Kauf von Kerosin oder Gas. Eine Chlorierung zur Desinfektion von Trinkwasser scheidet schon deshalb aus, weil die dafür benötigten Chemikalien in abgelegenen Gebieten oft nicht erhältlich sind. Zudem lehnen die meisten Menschen chloriertes Trinkwasser wegen seines unangenehmen Geschmacks ab.

Hoffnung auf einen grundlegenden Wandel bei der Trinkwasserdesinfektion macht das Konzept der Solaren Desinfektion von Wasser (SODIS): Es ist unabhängig von teuren Chemikalien und Brennstoffen, die Methode nutzt das UV-A-Licht und die Wärme der

Sonne, und tötet Krankheitserreger wirkungsvoll ab. Das Rezept ist denkbar einfach: Man nehme eine klare PET-Flasche und fülle diese mit dem zu reinigenden Wasser. Danach lege man sie über sechs Stunden ins pralle Sonnenlicht. Bakteriologische Kontrolluntersuchungen belegen, dass das Wasser nach dieser Zeit hygienisch einwandfrei ist. Ist die Solare Desinfektion also die lang ersehnte Lösung für eine Wasserreinigung auf Haushaltsebene?

Am weitesten fortgeschritten ist die Verbreitung von SODIS in Lateinamerika, wo 60 Millionen Menschen keinen Zugang zu sicherem Trinkwasser haben. Hier wird diese einfache Art der Wasseraufbereitung von der SODIS Foundation propagiert und gefördert, die über ein weit verzweigtes Netzwerk von Partnerinstitutionen verfügt. Als in den 90er Jahren in mehreren Ländern Südamerikas Choleraepidemien ausbrachen, die Hunderte von Menschen das Leben kosteten, wurde die Notwendigkeit einer einfachen Methode zur Hygienisierung von Trinkwasser akut. Seither ist SODIS in sieben Ländern Lateinamerikas unter Berücksichtigung verschiedenster soziokultureller Aspekte untersucht und implementiert worden. Die Arbeit mit den Menschen vor Ort wird meist durch Nicht-Regierungs-Organisationen durchgeführt, aber auch die lokalen Gesundheitsbehörden fördern SODIS zunehmend. Fachleute schätzen, dass in Lateinamerika SODIS Ende 2005 von etwa 300 000 Menschen regelmässig eingesetzt wurde.

Als Beispiel sei ein von Project Concern International (PCI) und der SODIS Foundation in sieben Gemeinden des bolivianischen Hochlandes initiiertes Schulprojekt genannt. Das Altiplano Boliviens liegt auf einer Höhe zwischen 3200 und 4200 Metern über dem Meeresspiegel, wo das Klima kühl und die Sonneneinstrahlung intensiv ist. Die meist sehr arme Bevölkerung lebt nach regionalen und traditionellen Mustern. Einige der Gemeinden (Larampujo, Alcamarca, Tarucamarca, Realenga, Sora Sora, Chiwirapi und Janco Janco) sind nur schwer zu erreichen. Da unter solchen Umständen Schulen die ideale Plattform für die Verbreitung von Informationen darstellen, wurde SODIS konsequent in den Lehrplan einbezogen. Durch regelmässige Hausbesuche und direkte Beratung wurde die korrekte Anwendung der Methode gesichert. Heute geben 85 Prozent (2210 Personen) der dortigen Bevölkerung an, SODIS täglich anzuwenden. Einige Frauen haben sogar Flaschenhalter aus bunter Wolle gestrickt, um das behandelte Wasser zur Arbeit aufs Feld mitnehmen zu können.

Ein zweites Anwendungsgebiet für SODIS ist die Katastrophennachsorge. Als 2001 ein Erdbeben die Region Arequipa (Peru) erschütterte, wurden nicht nur Häuser zerstört, sondern auch ein erheblicher Teil der Wasserleitungen. 416 Familien, denen es infolgedessen an einer sicheren Wasserversorgung mangelte, wurden durch die Hilfe des lokalen Roten Kreuzes und die Finanzierung durch «Fondo de las Americas» mit SODIS vertraut gemacht und in Alltagshygiene unterrichtet. Von der Bevölkerung gewählte «Gesundheits- Brigaden» unterstützten die Familien beim Umsetzen der neuen Lebensgewohnheiten. Der partizipatorische Ansatz trug stark zur Motivierung der Bevölkerung bei. Bei Ende des Projekts gaben 75 Prozent der Betroffenen an, SODIS täglich anzuwenden.

Weltweit wurden bis heute mehr als zwei Millionen Menschen in rund 20 Ländern mit SODIS vertraut gemacht und zugleich an verbesserte Hygienepraktiken herangeführt. Gesundheitsuntersuchungen belegen, dass die Durchfallrate bei SODIS-Anwendern durchschnittlich um rund 50 Prozent reduziert wurde. In Anerkennung dieses Verdienstes erhielten die Verantwortlichen des SODIS Projektes im Oktober 2004 den Energy Globe Award, einen begehrten Umweltpreis.

Infos
http://www.sodis.ch

Bild
Entkeimung von Trinkwasser in PET-Flaschen durch Sonnenlicht in Bolivien. Helvetas

Paradoxon konventioneller Abwasserentsorgung: Die menschlichen Ausscheidungen werden mit Trinkwasser weg gespült und in der Kanalisation mit gering verschmutztem Wasser aus Küche und Bad weiter verdünnt. In der Kläranlage muss dann ein immer grösserer technischer Aufwand betrieben werden, um Schadstoffe aus dem Abwasser heraus zu holen und wertvolle Nährstoffe zurück zu gewinnen. Könnten wir auf Grund aller heutigen Erkenntnisse neu entscheiden, würden wir sicher nicht die gleiche Strategie wählen.

Novaquatis: Baustein für eine Sanitärtechnologie der Zukunft

Die heutige Abwasserentsorgung entspringt keinem Gesamtkonzept, sondern ist das gewachsene Endprodukt einer über hundertjährigen Technikgeschichte. Anfänglich sollte die Kanalisation nur Regen und Schmutzwasser aus den Siedlungen wegleiten. Erst nach erheblichen Kontroversen wurden auch Toiletten mit Wasserspülung angeschlossen, was zu einer starken Verschmutzung von Flüssen und Seen führte. Als Reaktion wurden Kläranlagen gebaut, zunächst nur Siebe und Vorrichtungen für die mit blossem Auge sichtbaren Stoffe, später auch Verfahren für die Entfernung der biologisch abbaubaren Stoffe. In den 70er Jahren wurde klar, dass auch die Nährstoffe im Abwasser gravierende Gewässerprobleme verursachten. Viele Seen standen durch Überdüngung mit Phosphat vor dem Umkippen. In den Flüssen litten die Fische unter dem toxischen Ammonium. Daher folgten weitere Reinigungsschritte zur Entfernung von Phosphor und zur Umwandlung von Ammonium in Nitrat.

Später wurde das Nitrat selbst als Ursache der Überdüngung von Küstengewässern erkannt. Wieder wurden die Kläranlagen nachgerüstet, diesmal mit einer Denitrifikationsstufe, die in Europa zum Schutz von Küstengewässern wie der Nordsee an vielen Orten vorgeschrieben ist. Doch die Überraschungen beim Abwasser scheinen kein Ende zu finden: Erst kürzlich wurde entdeckt, dass Rückstände von Medikamenten, Hormonen und anderen bioaktiven Substanzen aus dem kommunalen Abwasser in Flüssen vorkommen. Dies erfordert möglicherweise einen erneuten Ausbau der Kläranlagen.

In den Industrienationen hat sich durch mehr als hundert Jahre nachträglicher Korrekturen eine immer komplexere und teurere Infrastruktur heraus gebildet. Das Gros der Kosten, etwa 80 Prozent, steckt dabei im Leitungsnetz, das fortwährend ergänzt und erneuert werden muss.

Entwicklungs- und Schwellenländer stehen heute vor der Frage, ob sie dieses – wenig optimale – System kopieren sollen. Es ist nicht nur technisch komplex, sondern auch höchst Kosten intensiv, ein gesamtes Kanalisationssystem neu aufzubauen. Derart hohe Investitionen können gerade schnell wachsende Städte mit chronischem Kapitalmangel unmöglich aufbringen. Ausserdem erfordert der Abtransport von Fäkalien mittels Schwemmkanalisation grosse Wassermengen, die in wasserarmen Ländern nicht zur Verfügung stehen.

Gibt es überhaupt Alternativen zum westlichen System der Abwasserentsorgung? Ja, es gibt sie. Mehrere alternative Ansätze wurden untersucht und getestet, wenn auch meist erst im Stadium von Pilotanlagen.

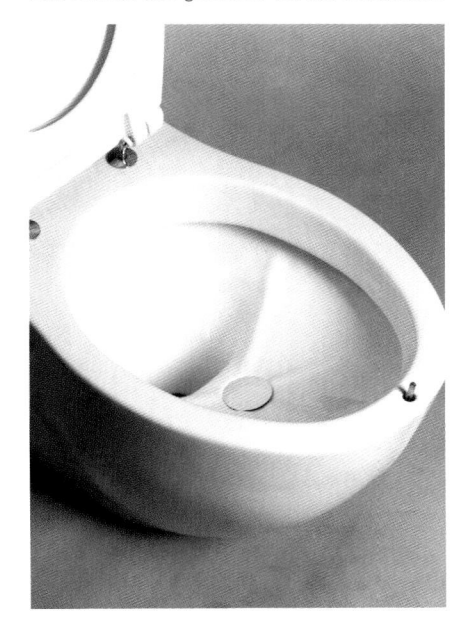

Ein mögliches Konzept ist die Urinseparierung, die den Urin in speziellen NoMix WCs von den Fäkalien getrennt hält. Dabei wird Urin nur wenig oder gar nicht mit Wasser vermischt, sondern unverdünnt gesammelt. Urin enthält den grössten Teil der Nährstoffe aus den menschlichen Ausscheidungen. Wird er ganz vom Abwasser fern gehalten, kann man auf die teure und aufwändige Nährstoffeliminationin der Kläranlage verzichten und zur einfacheren und billigeren Klärtechnik der 50er Jahre zurückkehren. Da mit dem Urin auch viele vom Menschen eingenommene Arzneimittel ausgeschieden werden, werden zugleich diese für die Gewässerökologie potentiell problematischen Stoffe vom Abwasser und damit von den Flüssen fern gehalten. Die Nährstoffe im Urin können als Düngemittel (Stickstoff, Phosphor und Kalium) in der Landwirtschaft verwendet werden. Zudem ist das NoMix-Verfahren auch aus Sicht wasserarmer Länder attraktiv, weil nur wenig oder gar kein Spülwasser fürs so genannte kleine Geschäft benötigt wird. Wenn Abwasser in Brauch- oder Trinkwasserqualität aufbereitet werden soll, ist dies ohne die Salze aus dem Urin erheblich einfacher.

Urinseparierung kann also ein erster Schritt hin zu neuen Konzepten im Umgang mit Abwasser sein. In Regionen mit einem voll ausgebauten Kanalsystem und gut funktionierenden Kläranlagen sind solche Technologien jedoch nur praktikabel, wenn sie sukzessive ins bestehende System integriert werden.

Ganz anders sieht es dort aus, wo die Abwasserinfrastruktur noch im Aufbau ist. Am Stadtrand von Kunming in China zum Beispiel, wo viele Gebiete noch keine Kanalisation besitzen, erwägt die Lokalverwaltung unter anderem den Einsatz der Urinseparierung in Trockentoiletten. Die Agglomeration Kunming, mit 2,6 Millionen und bis 2020 geschätzten 4,5 Millionen Einwohnern, liegt an einem flachen See, dem Dianchi Lake, der stark überdüngt ist. Der Bau mehrerer Kläranlagen zwischen 1988 und 2001 konnte die Nährstoffbelastung des Sees nicht senken. Ungeklärtes Abwasser sowie Nährstoffe aus Landwirtschaft und Phosphatminen verschlimmern die Überdüngung weiter.

Die lange chinesische Tradition eines nachhaltigen Nährstoffkreislaufs, unter anderem mittels Urinsammlung für die Landwirtschaft, könnte eine gute Grundlage zur Wiedereinführung uralter Techniken in neuem Gewand sein, wie es die Urin separierenden Trockentoiletten darstellen. So wurde in der Provinz Guanxi das weltweit grösste Pilotprojekt mit 150 000 Urin separierenden Trockentoiletten gebaut. Die Toiletten funktionieren – für westliche Besucher ungewohnt – gänzlich ohne Wasserspülung. Der separat gesammelte Urin wird direkt als Dünger auf die Felder gebracht; die trocken gesammelten Fäkalien werden mit Asche vermischt, zur Hygienisierung gelagert und später ebenfalls in der Landwirtschaft ausgebracht, so dass kaum noch Nährstoffe und Krankheitskeime ins Abwasser und in die Gewässer gelangen. Ein Pilotprojekt in einem Dorf in der Nähe von Kunming mit 100 Trockentoiletten wurde von der Bevölkerung gut angenommen. Neben Schweizer WissenschaftlerInnen waren Ingenieur- und SozialwissenschaftlerInnen aus Kunming, lokale EntscheidungsträgerInnen und die betroffene Bevölkerung am Projekt beteiligt. Vom Erfolg beeindruckt, erwägt die Lokalverwaltung nun, in Kunming in den nächsten Jahren 100 000 Urin separierende Trockentoiletten zu installieren.

Fraglich ist, ob ein System mit Urin separierenden Trockentoiletten im dicht besiedelten Stadtgebiet Kunmings von einer an westlichen Standards orientierten Bevölkerung akzeptiert wird. Wie überall kann auch in Schwellenländern ein neues Sanitärsystem im urbanen Umfeld nur Einzug halten, wenn es höchsten Komfortansprüche genügt. Das Wasser spülende NoMix WC, das heute schon in kleineren Pilotprojekten in Europa eingesetzt wird, scheint für Stadtbewohner in China eher in Frage zu kommen.

Noch sind die bislang auf dem Markt erhältlichen NoMix WCs technologisch nicht ausgereift. Die führenden Sanitärfirmen zögern, in die Weiterentwicklung eines Zukunfts-WCs zu investieren. Die westlichen Märkte bleiben klein, solange die bestehende Technologie trotz ihrer Schwächen als beste Lösung angesehen wird. Berücksichtigt man den Bedarf der Schwellenländer, die vielfach noch vor dem Aufbau ihrer Abwasserinfrastruktur stehen, eröffnen sich gänzlich neue Perspektiven. Auch wenn die Technik der Urinseparierung noch einiges an Entwicklung und Projekttests erfordert, könnte es auf lange Sicht billiger und effizienter sein, diesem innovativen Pfad zu folgen, als sich auf die traditionelle westliche «end-of-pipe»-Technologie zu verlassen.

Nach einem Text von Judit Lienert und Tove A. Larsen

Infos
www.novaquatis.eawag.ch, novaquatis@eawag.ch

Bild
In NoMix-WCs wird der Urin fast ohne Verdünnung mit Spülwasser separat gesammelt. Roediger

Ein Abwassermanagement, wie es in den Ländern des Nordens üblich ist, können sich die Entwicklungsländer nicht leisten. In der ghanaischen Stadt Kumasi finanzierte das UN-Entwicklungsprogramm UNDP gemeinsam mit der Weltbank und der ghanaischen Regierung ein erfolgreiches Pilotprojekt, das den speziellen Gegebenheiten armer Grossstädte entspricht.

Die passende Siedlungshygiene für Kumasi, Ghana

Eine der wichtigsten und schwierigsten Aufgaben, mit der städtische Behörden weltweit konfrontiert sind, ist die Bewältigung der Fäkalien-, Abwasser- und Abfallentsorgung. In Entwicklungsländern sind die Behörden diesen Aufgaben jedoch in vielen Fällen nicht gewachsen. Neben Finanzmitteln fehlen oft der politische Wille, durchsetzbare Vorschriften sowie das fachliche und organisatorische Wissen.

Konventionelle Lösungsansätze in der Planung und Entwicklung der Abwasser- und Abfallwirtschaft nach dem Vorbild europäischer Städte resultierten in ehrgeizigen Kanalisations- und Kläranlagenprojekten, die aber wegen den speziellen Bedingungen in Drittweltländern in der Regel nicht von Dauer sein können. In vielen Städten zogen diese Projekte – abgesehen von den finanziellen Lasten – ernsthafte gesundheitliche Folgeprobleme vor allem für die ärmere Bevölkerung nach sich.

Aus diesem Dilemma heraus ist von der Weltbank und anderen internationalen Entwicklungsorganisationen ein eigenes Planungsinstrument, die so genannte «Strategische Planung Siedlungshygiene» (SPS) geschaffen worden. Dieses Planungsinstrument wurde in einem Projekt zur Verbesserung der Sanitär- und Hygienebedingungen in Kumasi (Ghana) getestet. Das mehrteilige Pilotprojekt war darauf ausgelegt, der Herausforderung einer dauerhaften Lösung der Fäkalien-, Abwasser- und Abfallentsorgung in der westafrikanischen Stadt zu begegnen. Es wurde vom Entwicklungsprogramm der Vereinten Nationen (UNDP), der Weltbank und der ghanaischen Regierung gemeinsam finanziert.

Kumasi, eine mittelgrosse Stadt in Ghana mit bei Projektbeginn circa 700 000 Einwohnern, wurde ausgewählt, weil die Mehrheit seiner Einwohner nicht über geeignete private Sanitäreinrichtungen verfügte. Hauptziel war nicht die direkte finanzielle Unterstützung der Haushalte in Kumasi, sondern beispielhafte Lösungsansätze für Städte zu entwickeln, in denen Menschen an den Folgen fehlender Sanitäreinrichtungen und mangelnder Fäkalienentsorgung erkranken.

In drei Vierteln der Haushalte von Kumasi gab es zu Beginn des Projekts keine hygienischen Sanitäreinrichtungen. 40 Prozent der Bewohner benutzten öffentliche Latrinen und fünf Prozent erleichterten sich in der freien Natur. 25 Prozent der Haushalte benutzten Eimerlatrinen, die täglich von Hand entleert werden mussten, fünf Prozent einfache Grubenlatrinen, und 25 Prozent Spültoiletten mit Anschluss an Abwasserfaulkammern. Mangelhaft war auch die Entsorgung der in Latrinen- und Faulgruben anfallenden Fäkalschlämme: Über 90 Prozent der von Saugfahrzeugen eingesammelten Menge wurden in nahe gelegenen Flüssen oder auf unbenutzten Grundstücken abgeladen. Die dadurch verursachten Gesundheitsrisiken und die Verschmutzung der Gewässer waren untragbar.

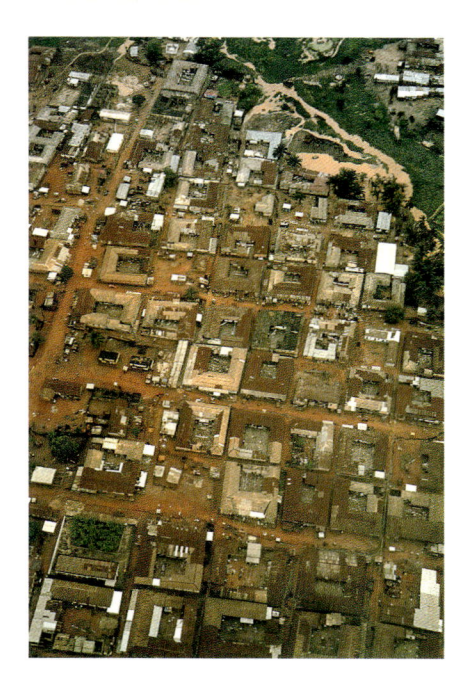

Die Stadtregierung von Kumasi hatte über Jahre hinweg verschiedene Strategien zur Lösung der Sanitärprobleme ausprobiert, allerdings ohne dauerhaften Erfolg. Das Pilotprojekt nach den Prinzipien der «Strategischen Planung Siedlungshygiene» (SPS) wurde deshalb als einmalige Gelegenheit betrachtet, um die Situation dauerhaft zu verbessern. Zunächst wurde ein strategischer Plan mit technisch und organisatorisch geeigneten Lösungen für die Fäkalien- und Abfallentsorgung erarbeitet, der die unterschiedlichen Bedingungen und Bedürfnisse in den einzelnen Siedlungstypen und Wohnvierteln berücksichtigte. Das Projekt, das gemeinsam mit der Weltbank und dem UNDP umgesetzt wurde, klärte vor allem auch die Wünsche, Vorstellungen und die Zahlungsbereitschaft der jeweiligen Bewohner ab und bezog diese ein. Der Planungshorizont wurde auf maximal zehn bis fünfzehn Jahre begrenzt, das Grossprojekt in viele kleine Projekte aufgegliedert, die unabhängig voneinander bearbeitet werden konnten. Teil- und Versuchsprojekte, die sofort umgesetzt werden konnten, erhielten Vorrang.

Die gewählten Entsorgungstechnologien wurden den jeweiligen Wohnverhältnissen angepasst. Auch in Zukunft kann lediglich ein kleiner Teil der Quartiere mit Schwemmkanalisation, d.h. mit der in Industriestaaten üblichen Standardtechnologie, ausgestattet werden. Folgende technischen Lösungen für die Fäkalienentsorgung kamen zum Einsatz:

– moderne, gut durchlüftete und geruchsfreie Latrinen für Haushalte in unteren Einkommensschichten

– Toiletten mit Spülung und Faulkammern für neue Regierungsgebäude und Häuser der Oberschicht

– Schwemmkanalisation mit vereinfachtem Ausbaustandard nur für Mehrfamilienhäuser in einigen wenigen, dicht bebauten innerstädtischen Quartieren, wo der Bau von Latrinen technisch nicht möglich ist, wo es an Raum für Abwassergruben und die Zufahrt von Saugfahrzeugen mangelt.

Wo immer Latrinen und Faulkammern zur Anwendung kamen, konnten die Bewohner entsprechend ihrem Einkommen und ihren kulturellen Gewohnheiten zwischen verschiedenen Latrinentypen wählen.

Der Fall Kumasi wurde zum Vorzeigeprojekt. In wenigen Jahren konnte die Sanitär- und Hygienesituation in der Stadt erheblich verbessert werden, so dass die Laufzeit verlängert wurde. Was in dieser Zeit erreicht werden konnte, ging weit über die ursprünglich formulierte Zielsetzung hinaus. In der Folge konnten die Behörden anderer Städte Ghanas und in umliegenden Ländern (z.B. Ouagadougou in Burkina Faso, Conakry in Guinea, Cotonou in Benin) von den in Kumasi mit der Planungsstrategie SPS gewonnenen Erkenntnissen bei der Planung der Siedlungshygiene profitieren.

Der neue Ansatz bei Planung und Bau von Sanitäreinrichtungen beziehungsweise. der Entsorgung von Fäkalien und Abwasser, der die Beteiligung der betroffenen Einwohner in den Mittelpunkt stellt, hat sich bewährt. Ein wesentlicher zusätzlicher Gewinn des Kumasi-Projekts war die Ausbildung von Fachleuten, die nun die vielfältigen und schwierigen Aufgaben der städtischen Abwasser- und Abfallbeseitigung eigenständig lösen können. Parallel entstanden neue oder umstrukturierte Institutionen, die in der Lage sind, die Aufgaben der Siedlungshygiene zu bewältigen und damit die öffentliche Gesundheit unter den speziellen Bedingungen eines Entwicklungslandes sowohl heute als auch in Zukunft zu gewährleisten.

Bild I
Fäkalschlamm aus Jauchegruben wird in einer speziellen Kläranlage zentral behandelt. Kumasi, Ghana. Eawag/Sandec

Bild II
Ein ärmeres Viertel von Kumasi, in dem Latrinen derzeit die beste Option für die Fäkalienentsorgung sind. Eawag/Sandec

Goulburn, einer Stadt mit 25 000 Einwohnern im Landesinneren Australiens, droht angesichts einer seit über zwei Jahren herrschenden Dürre buchstäblich das Wasser auszugehen. In der Not plant der Bezirksrat ein Projekt, das bahnbrechend für den Umgang mit dem kostbaren Nass auch in anderen Teilen Australiens sein könnte.

Hoffnung in Tropfen für Goulburn

«Seit zwanzig Minuten ist mein Nachbar schon am Duschen, ich höre es genau! Das geht doch nicht! Tun Sie etwas!», tönt es aufgeregt aus dem Telefonhörer, den ein Angestellter der Stadtverwaltung von Goulburn in der Hand hält. Dass die Person am anderen Ende der Leitung sich enerviert, verwundert nicht. Denn in Goulburn ist es dieser Tage tatsächlich nicht angebracht, lange unter der Brause zu stehen. Der Pegelstand des Pejar-Staudamms, des grösseren der zwei Stauseen, aus denen die Stadt ihr Trinkwasser bezieht, liegt unter sechs Prozent der Füllkapazität. Bilder ausgetrockneter Erde, die eigentlich weit unter Wasser liegen sollte, gehen durch die australischen Medien. Das nutzbare Wasser in beiden Seen zusammen macht gerade noch zwölf Prozent der Gesamtkapazität aus. Man spricht von der schlimmsten Dürre seit hundert Jahren.

BOHRLÖCHER UND NOTFALL-SZENARIEN

Monatelang sind schon drastische Einschränkungen für den Wasserverbrauch in Kraft. Inzwischen dürfen Privatverbraucher und die Industrie nur noch die nötigsten Bezüge tätigen. Regenfälle haben unlängst zwar den Moment, vor dem sich alle fürchten, um schätzungsweise acht Wochen hinausgeschoben. Aber trotzdem könnte, wenn sich nicht etwas grundsätzlich ändert, der Stadt in absehbarer Zeit das Wasser ausgehen. Ohne die verfügten drastischen Sparmassnahmen sässe sie schon seit November 2004 auf dem Trockenen.

Ganz so weit wird es zwar nicht kommen, denn in der Verwaltung des Bezirks (Shire) Goulburn-Mulwaree ist über Notfall-Szenarien nachgedacht worden. Das äusserste bestünde darin, Wasser per Bahn in die Stadt zu bringen. Mit einem Tankzug täglich könnte das Überlebens- Minimum für die Bevölkerung und die wichtigsten öffentlichen Dienste bereitgestellt werden – für den Unternehmenssektor allerdings bliebe dann nichts, mit all den Folgen, die das nach sich zöge. Und über die Kosten und logistischen Probleme der Verteilung will Matt O'Rourke, der Wasserexperte der Bezirksverwaltung, lieber gar nicht nachdenken.

Gegenwärtig ruhen die Hoffnungen auf dem Anzapfen eines Grundwasservorkommens, das in der näheren Umgebung der Stadt ausgemacht worden ist. Doch man verstehe das Grundwassersystem zu wenig, meint O'Rourke, um qualifizierte Prognosen darüber abgeben zu können, wie viel Zeit man damit gewinne. Einige Monate, ein Jahr vielleicht werde man sich behelfen können, aber bis dann müsse eine nachhaltige Lösung gefunden sein. Auf wenigstens durchschnittlichen Regen (für Goulburn wären das 650 Millimeter pro Jahr) könne man zwar hoffen. Darauf abstellen dürfe man bei der Planung aber nicht mehr.

«NUR» DÜRRE ODER BEREITS KLIMAWANDEL?

Denn was auch O'Rourke nicht weiss: Ob es sich bei der Dürre, die weite Teile des australischen Südostens seit über zwei Jahren im Würgegriff hält, «nur» um ein vorübergehendes Phänomen handelt - oder aber um einen Vorgeschmack dessen, was im Falle eines Klimawandels in Zukunft die Regel sein könnte; nicht nur für Goulburn, sondern einen grossen Teil Australiens.

Was Wassersparen heisst, weiss man in Goulburn dagegen schon jetzt sehr konkret. Seit Oktober 2004 herrschen die schärfsten möglichen Einschränkungen ausserhalb eines Notfall-Szenarios. Der Tagesverbrauch der Stadt ist seit der Einführung von Sparmassnahmen von 13 auf 5 Millionen Liter gesunken. In Privathaushalten werden pro Person und Tag gegenwärtig etwa 120 Liter verbraucht. Die Industrie, namentlich der Schlachthof und die Wollwäscherei als wasserintensive Betriebe, haben ihre Bezüge um 30 Prozent gesenkt. Ein positiver Nebeneffekt ist für die Wollwäscherei immerhin, dass sie sich ihre Wasser-Sparmethoden hat patentieren lassen können. Trocknet Australien tatsächlich aus, werden andere von seinem Wissen profitieren wollen.

Ausser Hauses ist in Goulburn jeglicher Verbrauch von Frischwasser untersagt. Autowaschen und den Garten spritzen sind Erinnerungen an längst vergangene Zeiten, und wer einen Swimmingpool hat, kann dem Wasser beim Verdunsten zuschauen, denn aufgefüllt werden darf nicht mehr. Vielen Sportklubs sind ihre Rasenplätze zu Hartplätzen eingetrocknet und damit nicht mehr bespielbar, weil die Verletzungsgefahr zu gross ist. Das städtische Freibad war nur während der drei heissesten Sommermonate in Betrieb, dann wurde das Wasser ins Hallenbad umgepumpt. Inzwischen ist aber auch das Hallenbad geschlossen, denn das Wasser ist mittlerweile so mit Chemikalien angereichert, dass es, zurück im Becken des Freibads, auf bessere Zeiten wartet: Bis es durch Verdünnung und Aufbereitung wieder seiner Zweckbestimmung zugeführt werden kann.

Noch steht die Bevölkerung, wie Goulburns Bürgermeister Paul Stephenson erklärt, hinter den Wasser-Sparmassnahmen und arbeitet vorbildlich mit. Doch die Verwaltung muss nun Resultate erbringen, denn die Stimmung könnte bald einmal kippen. Erste Risse im Gefüge sind erkennbar. Weil die Wollwäscherei und der Schlachthof, zwei bedeutende Arbeitgeber, ihren Wasserverbrauch reduzieren mussten, leidet auch die Produktion. Das wiederum wirkt sich direkt auf die Beschäftigungslage und mittelbar auf die allgemeine Stimmung in der Stadt aus. Ablenkung gibt es immer weniger, denn die populärsten Sportvereine haben ihre Tätigkeit eingestellt oder mussten, unter beträchtlichem Mehraufwand, in die nächstgelegene Stadt ausweichen. Das ist die eine Autostunde entfernte Bundeshauptstadt Canberra.

Und Biertrinker bekommen allenthalben ihr bevorzugtes Getränk in Plastikbechern kredenzt. Das ist zwar für jeden echten Australier eine Ungeheuerlichkeit, doch nimmt man sie in Kauf, damit der Wirt nicht unnötig Wasser im Geschirrspüler verschwenden muss.

UMDENKEN NÖTIG

Nicht nur das biertrinkende Publikum jedoch muss schlucken, was bisher undenkbar war, sondern die Bevölkerung allgemein. Denn realistischerweise heissen die Optionen nur: rezykliertes Abwasser oder aber zu wenig Wasser. So plant der Bezirksrat, einen substanziellen Anteil des Abwassers aufzufangen, zunächst zu «Grauwasser» zu reinigen und dann ins Einzugsgebiet der Staudämme zurückzupumpen. Dort wird in geeignetem Gelände ein Teichsystem angelegt, das als natürliche Filteranlage dient. Ein ähnliches System, allerdings nur für Nutzwasser, ist bereits in der Agglomeration der Millionenstadt Adelaide eingerichtet worden. Mit der Aufbereitung von Abwasser zu Trinkwasser wäre Goulburn in Australien allerdings ein Pionier. Und das nicht nur im technischen, sondern noch viel mehr im weltanschaulichen Sinn.

«Aufbereitetes Wasser – nein danke!», hört man in Umfragen immer wieder. Frisches Wasser ist zwar in weiten Teilen Australiens zu einem raren Gut geworden, aber von den alten Verhaltensmustern mag man sich dennoch nicht lösen. Reichliches und billiges

Wasser, reichliche und billige Energie scheinen für viele Städter Selbstverständlichkeiten zu sein. Dass die Realität auf dem trockensten bewohnten Kontinent der Erde, dessen Bevölkerung pro Kopf zu den grössten Emittenten von Treibhausgasen in der industrialisierten Welt gehört, bald eine andere sein könnte, ist offenbar noch nicht überallhin vorgedrungen.

Die Regierung von New South Wales, dem bevölkerungsreichsten australischen Gliedstaat, hat unlängst für die ebenfalls von Wasserknappheit geplagte Vier-Millionen-Agglomeration von Sydney den Bau einer Meerwasserentsalzungsanlage angekündigt. Der Entscheid ist höchst kontrovers. Kritiker merken an, die Möglichkeiten zur Wiederaufbereitung von Wasser und dessen Einsatz in Bereichen, wo heute unnötig Trinkwasser verschleudert werde, seien noch längst nicht ausgeschöpft. Und vor allem komme das notwendige Umdenken für den Umgang mit einer immer kostbareren Ressource nicht in Gang.

Von Rudolf Hermann

Bild
Die fast leere Trinkwassertalsperre am Pejar Staudamm im Juni 2005, Hauptwasserlieferant von Goulburn, Australien. Alan Porritt/Keystone/EPA

1989 wurden in einem beispiellosen ökonomischen Experiment sämtliche Wasserwerke und Abwasserbetriebe von England und Wales durch die Regierung von Margret Thatcher per Dekret privatisiert. Begründet wurde dieser radikale Schritt damit, dass der private Sektor effizienter arbeite, dass private Unternehmen eher über das Kapital verfügen, die erforderlichen Investitionen in die Infrastruktur zu tätigen, und dass durch die Privatisierung ein Wettbewerb geschaffen werde. Wie ist die Bilanz nach 17 Jahren?

Kein Erfolgsmodell – die Wasserprivatisierung in England

Bei dieser staatlich zentral gesteuerten Privatisierung in England und Wales – Schottland und Nordirland blieben unberührt – wurde nicht nur die Betriebsführung auf private Betreiber übertragen wie in Frankreich seit Jahrzehnten üblich, sondern es wurden auch alle Anlagen, Leitungen und Immobilien der Wasser- und Abwasserbetriebe verkauft. Das gesamte Vermögen aus dem Wasserversorgungs- und Abwassersystem wurde in den Besitz privater Unternehmen überführt, die gleichzeitig eine Konzession für zunächst 25 Jahre erhielten.

Um die Privatisierung der Wasserversorgung – ein Prestigeprojekt der Thatcher-Regierung – zu einem Erfolg zu machen, entschuldete der Staat mit Steuermitteln von mehr als 8 Milliarden Pfund (13,2 Milliarden Euro) die zur Privatisierung anstehenden Wasserunternehmen und stellte 2,6 Milliarden Pfund (4,3 Milliarden Euro) zusätzliches Kapital zur Verfügung. Der Ausgabepreis der Aktien wurde weit unter dem tatsächlichen Marktpreis festgesetzt, so dass die Anleger schon in den ersten Wochen riesige Kursgewinne erzielen konnten.

Aufgrund des Monopolcharakters der Unternehmen – ein Wettbewerb ist in der Wasserwirtschaft aus technischen Gründen nicht möglich und somit immer nur ein Unternehmen für eine Region verantwortlich – wurde die staatliche Kontrollbehörde Ofwat eingerichtet. Sie überprüft regelmässig die Wasserpreise und stellt sicher, dass die Unternehmen effizient arbeiten und angemessen in den Erhalt und die Modernisierung der Anlagen investieren. Die Wasserunternehmen müssen vor Jahresbeginn eine Kalkulation der geplanten Kosten und Investitionen vorlegen, und die Behörde setzt auf dieser Basis die jeweiligen Wasserpreise fest. Erst nach mehreren Jahren stellte sich heraus, dass viele Unternehmen die zugesagten Investitionen gar nicht getätigt hatten. Zugleich hatten sie aber von einem Wasserpreis profitiert, der auf Grundlage der angekündigten Investitionen berechnet worden war.

Als Ergebnis wurden jahrelang viele Milliarden Pfund von englischen Wasserversorgern als Dividende an ihre Aktionäre ausbezahlt, gleichzeitig aber wurde die Infrastruktur sträflich vernachlässigt. Alleine Thames Water, der für London zuständige Wasserkonzern, schüttete in den ersten zehn Jahren nach der Privatisierung nicht weniger als 2,3 Milliarden Pfund (3,8 Milliarden Euro) an seine Aktionäre aus Dadurch wurden die englischen Wasserwerke nicht nur zu Börsenlieblingen, sondern auch für Übernahmen attraktiv. Im Jahr 2000 kaufte der deutsche Versorgungskonzern RWE Thames Water für 7,1 Milliarden Euro und stieg so zur Nummer Drei im internationalen Wassergeschäft auf.

Zur Enttäuschung von RWE und der Börse ist der Goldrausch in der britischen Wasserwirtschaft seit einiger Zeit vorbei. Inzwischen wurde schmerzlich spürbar, dass die hohen Gewinne der privatisierten Wasserwerke bei der Instandhaltung der Infrastruktur fehlen. Jetzt drängt die Aufsichtsbehörde Ofwat auf die Reparatur der oft über hundert Jahre alten, undichten Wasserleitungen. Dass die Instandhaltung und Reparatur des Leitungsnetzes für Thames Water über lange Jahre vernachlässigt wurde, führt nun zu ernsten Lieferengpässen in London. Eine verlässliche Versorgung mit Trinkwasser ist längst nicht mehr für alle Londoner selbstverständlich. Damit weniger Wasser aus den undichten Röhren heraus gedrückt wird, verringerte Thames Water den Wasserdruck im gesamten Leitungssystem. Die oberen Stockwerke von Hochhäusern werden dadurch mit sehr niedrigem Wasserdruck bedient. Das Wasser fliesst nur noch ganz langsam oder gar nicht mehr aus der Leitung, was sowohl Bewohner als auch Geschäftsleute in Bürohäusern erzürnt.

Mehr als ein Drittel allen Wassers, das Thames Water aus seinen Reservoirs in die Leitungen speist, geht verloren, bevor es die Haushalte erreicht. 345 Millionen Kubikmeter aufwändig gereinigtes und keimfreies Trinkwasser versickerten nach offiziellen Angaben 2002 aus undichten Leitungen ungenutzt im Untergrund, eine Menge, die dem Wasserverbrauch der Bevölkerung von Berlin samt Umland mit 4,6 Millionen Menschen entspricht.

Als Ersatz für das aus dem Rohrnetz versickernde Wasser würde Thames Water am liebsten eine Meerwasserentsalzungsanlage bauen. Dass Unternehmen argumentiert, die Einspeisung des durch Entsalzung gewonnenen zusätzlichen Wassers sei billiger als die Reparatur der Leitungen. Dieser Logik wollte der Londoner Bürgermeister nicht folgen und wies einen entsprechenden Bauantrag zurück, da der Verlust solch grosser Wassermengen aus dem reparaturbedürftigen Leitungssystem nicht zu verantworten sei.

Thames Water greift die Reparatur der Leitungen weiterhin nur sehr zögerlich an, denn die Arbeiten sind teuer und infolge des jahrelangen Investitionsmangels enorm aufwändig. Zwar hat die Regulierungsbehörde zur Finanzierung der Arbeiten eine Erhöhung der Wasserpreise gestattet, doch bei weitem nicht in dem Mass, wie Thames Water dies forderte. Das bedeutet, dass die nötigen Investitionen die Gewinne des Unternehmens in den nächsten Jahren erheblich schmälern werden.

Scheinbar zürnen nicht nur Ofwat und die Bevölkerung, sondern auch die Wettergötter. Seit Ende 2004 zeichnet sich eine bedenkliche Versorgungskrise ab, weil der Süden Grossbritanniens im trockensten Sommer seit 1933 monatelang nur einen Bruchteil des gewohnten Regens erhielt, und die Reservoirs von Thames Water Anfang 2006 nur spärlich gefüllt waren. Jetzt rächt sich die Jahre lange Vernachlässigung des Leitungsnetzes: aus den immer knapper werdenden Reserven muss Thames Water dauerhaft 35 bis 40 Prozent mehr Wasser einspeisen, als bei den Verbrauchern ankommt. Die Last trägt die Bevölkerung, die mit monatelangen Einschränkungen rechnen muss, im günstigeren Fall mit einem Verbot der Gartenbewässerung, im schlechteren mit einer Trinkwasserversorgung aus Tankwagen oder Flaschen.

Unterdessen ziehen die Investoren Konsequenzen aus den Erfahrungen mit der privaten Wasserwirtschaft. Der Versorgungskonzern RWE, der sich noch im Jahre 2000 enthusiastisch und finanzstark in den Wassersektor eingekauft hatte, erklärte Ende 2005, Thames Water umgehend wieder verkaufen zu wollen. Als Grund führte RWE an, dass die beim Kauf erhoffte Kapitalrendite nicht zu erzielen gewesen sei. Nicht nur den Londonern wird inzwischen klar, dass die Rekordgewinne in der einheimischen Wasserwirtschaft der 90er Jahre zum grossen Teil aus unterlassenen Investitionen in das Versorgungssystem stammten – und dass die zu den Aktionären geflossenen Finanzmittel von den Verbrauchern über das Wassergeld nochmals erbracht werden müssen, damit die herunter gewirtschafteten Anlagen wieder zum Funktionieren gebracht werden können.

Bild
London, Grossbritannien. Aufnahme von 2002.
Peter Marlow/Magnum Photos

Je knapper das Gut, umso höher sein Preis. So will es die Ökonomie. Muss Wasser deshalb immer teurer werden? Ist Wasser deshalb eine so profitable und sichere Kapitalanlage, wie viele Investmentfirmen behaupten? Zahlreiche Gründe sprechen dagegen.

Wasser – Rohstoff-Investment Nr. 1?

Die Gleichsetzung von Wasser mit Gold oder Öl geht weit an der Realität vorbei. Denn Wasser ist keine Ware, da es – abgesehen von Mineralwasser in Flaschen – weder einen Welt umspannenden noch einen regionalen Handel damit gibt. Schon wegen des hohen Gewichts von Wasser von 1000 Kilogramm pro Kubikmeter sind die Transportkosten zu beträchtlich, um ein Rohrnetz über mehrere Länder oder sogar zwischen Kontinenten technisch und finanziell zu verwirklichen.

Im Übrigen wird so gut wie nirgendwo auf der Erde ein Preis für die Ressource Wasser erhoben. Die Verbraucher – Haushalte und Gewerbe – kommen mit ihrem Wassergeld lediglich für die Förderung, Reinigung und Verteilung des Trinkwassers auf. Mehr als 80 Prozent davon werden vom Wasserwerk für Bau und Betrieb der Rohrleitungen, Pumpwerke und Aufbereitungsanlagen benötigt. Der einzige kommerzielle Anteil am Wasserpreis ist der darin enthaltene Profit des Wasserwerks, der in aller Regel bei privaten Betreibern deutlich höher liegt als bei kommunalen Trägern

Der Preis, den wir für unser Leitungswasser zahlen, ist demnach kein in einem Markt gebildeter Preis für eine knappe und begehrte Ressource wie bei Gold oder Öl. Trotz Milliardenumsätzen im Wassersektor gibt es kein Geschäft mit der physischen Ressource Wasser. Knappheit spielt bei der Preisgestaltung die geringste Rolle. Wenn mit der Wasserwirtschaft Gewinne erzielt werden, dann ausschliesslich mit dem Bau, der Instandhaltung und dem Betrieb der Infrastruktur. Manchem Investment-Banker scheinen diese elementaren Grundkenntnisse zu fehlen – jedenfalls nach den Werbebroschüren für Wasserfonds zu urteilen. Denn immer wieder wird in den an kapitalstarke Investoren gerichteten Bankenprospekten suggeriert, dass steigender Bedarf und zunehmende Verknappung Wasser zu einem höchst lukrativen Spekulationsgut machen. So heisst es in einer Fonds-Broschüre: «Wasser – Rohstoff-Investment No. 1: Betrachtet man den weltweiten Wasserbedarf der kommenden Jahrzehnte im Vergleich zum Wasserangebot, so bezeichnen Experten den Rohstoff schon jetzt als das «Gold der Zukunft». Schwindende Ressourcen und steigende Nachfrage machen Wasser zum kostbaren Rohstoff überhaupt. Das «Blaue Gold» wird voraussichtlich schon bald Erdöl von Platz 1 der Rohstoffliste verdrängt haben. Kein anderer natürlicher Rohstoff weist derzeit einen solch steigenden Bedarf (jährlich 2–3 %) bei gleichzeitiger Ressourcenverknappung auf.» (S&P Custom/ABN AMRO Total Return Water Index, Internet-Angebot 2006.)

Sämtliche derzeitigen Wasserfonds (Bank Pictet, ABN-AMRO, SAM Sustainable Water Fund) setzen überwiegend auf die Aktien der grössten privaten Wasserversorger Véolia, Suez und RWE. Die besten Gewinnchancen versprechen sich die Fondsmanager von ABN AMRO nämlich von der Privatisierung: «Werden heute lediglich 38 Prozent der europäischen Bevölkerung von privaten Anbietern versorgt, so rechnen Experten bis 2015 mit einer Verdoppelung auf rund 75 Prozent. Mehr als eine Vervierfachung dieses Prozentsatzes wird für die USA erwartet. Von heute 14 Prozent soll sich die Zahl privater Wasserversorger bis 2015 auf 65 Prozent steigern» (ABN AMRO).

Auch die Fondsmanager wissen um die Bedeutung einer gesteigerten Effizienz der Wassernutzung. So heisst es zu den weltweiten Wasserproblemen fett gedruckt im ABN AMRO Prospekt: «Einziger Ausweg: eine höhere Effizienz im Einsatz von Wasser in Landwirtschaft und Industrie sowie in der Trinkwasseraufbereitung und -reinigung.» Diese wichtige Erkenntnis spiegelt sich in der Fondsgewichtung jedoch kaum wieder. Gerade 11 Prozent des Kapitals sind in Aktien von Firmen angelegt, die sich der Effizienzsteigerung widmen.

Wasserfonds werden vielfach als ethische Investition bezeichnet, mit dem die Anleger vorgeblich eine positive Wirkung auf die Lebenssituation ärmerer Länder ausüben. Tatsache ist: Wer in die derzeitigen Wasserfonds investiert, tut wenig oder nichts für jene weltweit über 1,3 Milliarden Menschen, die keinen Zugang zu sicherem Wasser haben. Denn es ist erwiesen, dass die grossen privaten Wasserkonzerne – die Schwergewichte aller Fonds – ausschliesslich an der Versorgung wohlhabender Städte mit schnell wachsender Industrie interessiert sind (→ S. 430ff.). Und dass sie sich in den letzten Jahren immer mehr aus den Entwicklungs- und Schwellenländern zurückziehen, da die geforderten Renditen dort nicht gesichert sind. Wasserfonds als ethisches Investment einzustufen, wie es einige Fondsgesellschaften tun, ist daher kaum gerechtfertigt.

Was können private Investoren tun, um trotzdem etwas zur Verbesserung der internationalen Wassersituation beizutragen? Wenn sie nicht spenden, sondern lieber Geld anlegen möchten? Zwei Wege bieten sich an: Der risikoreichere ist die Investition in Aktien von Firmen, die an technologischen Neuerungen für den Wassersektor arbeiten, beispielsweise an einer einfachen, aber Wasser sparenden Bewässerungstechnik für die Landwirtschaft oder abwasserfreien Produktionsverfahren (→ S. 368f.). Für ein solches Engagement kommen auch einzelne Firmen aus den Portfolios der Wasserfonds in Frage.

Der zweite Weg ist die direkte finanzielle Unterstützung von Kommunen beim Ausbau ihrer Wasserversorgung. Städte und Gemeinden müssen die Investitionen für den Ausbau ihrer Infrastruktur an den nationalen und internationalen Finanzmärkten aufnehmen. Solche fest verzinslichen Kommunal- oder Staatsanleihen fliessen unter anderem in den Ausbau der Trinkwasserversorgung und der Kanalisation und verbessern potenziell die Situation von Tausenden von Menschen. Dem Anleger bringen sie einen kalkulierbaren Zins, der jedoch nicht im Bereich dessen liegt, was viele Banken mit ihren Fonds versprechen, aber oft nicht halten können.

Bild
Poona, Indien. Aufnahme von 2005.
Hollandse Hoogte/laif

Längst nicht immer sind westliche Wissenschaft und Technik Jahrhunderte alten Traditionen und Bräuchen überlegen. Auf Bali hat sich ein mit religiösen Riten eng verbundenes Bewässerungssystem so vorzüglich bewährt, dass ein Versuch, die Bewässerung der Reisfelder zu modernisieren, nach wenigen Jahren wieder abgebrochen werden musste.

Die Reisbauern Balis und ihre Wasserpriester

Der Reisanbau auf der indonesischen Insel Bali blickt auf eine lange Geschichte zurück: bereits die ältesten auf Bali erhaltenen Inschriften (896 n. Chr.) verweisen auf die Erbauer von Bewässerungstunneln. Die Kleinbauern an den steilen, aber mit fruchtbarer Vulkanerde bedeckten Berghängen Balis müssen sich dabei das stets knappe und unregelmässig fliessende Wasser kleiner Bäche teilen. Über Jahrhunderte entwickelte sich eine eng mit religiösen Werten verbundene Bewässerungsorganisation, die so genannten *subak*. In diesen Bewässerungsgenossenschaften schliessen sich jeweils circa 100 Bauern zusammen. Jedes *subak* hat einen Wassertempel und einen Wasserpriester, der gemeinsam mit den Bauern die Wasserzuteilung festlegt.

An allen wichtigen Verzweigungspunkten des Bewässerungssystems gibt es ebenfalls Tempel und Priester, die die Wasserzuteilung an die *subak* aus den Hauptkanälen regulieren. Je höher der Tempel im Wasserverteilungssystem steht, desto grösser ist seine Bedeutung. Der wichtigste und heiligste Tempel ist der *Pura Ulun Danu Batur* am Kratersee nahe dem Gipfel des Vulkans Batur. Hierhin pilgern die Bauern einmal im Jahr, um der im See lebenden Göttin Dewi Dano zu opfern und zu danken. Am Kratersee wacht eine Priesterschaft über die Wasserverteilung und den Reisanbau von rund 1300 *subak*. Die Priester werden von einem Medium in Trance ausgewählt und geniessen entsprechend hohes Ansehen. Sie haben jedoch keinerlei Macht oder Autorität über die Bauern.

Der traditionelle balinesische Reisanbau ist nicht nur nachhaltig, sondern auch hoch produktiv und trotz des tropischen Klimas bemerkenswert resistent gegenüber Schädlingen. Auffällig ist, dass alle Bauern am gesamten Berg ihre Felder zur gleichen Zeit bestellen, ernten und brachfallen lassen – was auf den ersten Blick widersinnig scheint, weil dadurch alle zur gleichen Zeit Wasser benötigen.

Dieses Paradoxon fiel auch den italienischen und koreanischen Bewässerungsingenieuren ins Auge, die die Asian Development Bank (ADB) Anfang der 70er Jahre auf Bitten der indonesischen Regierung damit betraute, die Bewässerung in Indonesien zentral zu organisieren und das balinesische *subak*-System zu «modernisieren». Kernstück der neuen Agrarpolitik war, das knappe Wasser durch zentrale Planung effizienter zu nutzen und es nach aktuellem Bedarf flexibel auf die Felder zu speisen.

Die ausländischen Ingenieure befanden die *subak*-Wasserverteilung als willkürlich und empfahlen, sie abzuschaffen und durch ein rationales Messsystem für Regen, Flusswassermenge, Kanalkapazität, Verluste und benötigte Bewässerungsmenge zu ersetzen. Die Daten sollten zentral erfasst und die optimale Verteilung rechnerisch ermittelt werden. Doch wo immer man das neue System mit gestaffelten Anbauzyklen einführte, sahen sich die Bauern einem gewaltigen Schädlingsproblem gegenüber. Ratten, braune Heuschrecken (brown leafhoppers) und andere Insekten frassen sich von Feld zu Feld durch und vermehrten sich unkontrolliert. Im *subak*-System dagegen gehen sie durch die simultanen Anbauzyklen während der gemeinsamen Brache auf allen Feldern mangels Nahrung zugrunde. Auch die von den Agrarplanern angeordnete Anwendung von Pestiziden brachte keinen dauerhaften Effekt ausser einer erheblichen Belastung des lokalen Grund- und Trinkwassers mit giftigen Rückständen.

Nach wenigen Jahren wurde das Projekt offiziell abgebrochen. Ohnehin waren die Bauern von sich aus zur traditionellen *subak*-Organisation zurück gekehrt. Ganz offensichtlich trafen in Bali zwei unvereinbare Denkweisen aufeinander. Während die Agraringenieure den Zufluss von Bewässerungswasser an den Bedarf der Pflanzen anpassen wollten, haben die *subak*-Bauern seit jeher Pflanzzeiten und Bewässerungsintensität auf die aktuelle Wassermenge im Fluss sowie die Notwendigkeit der schädlingshemmenden Simultanbestellung der Felder abgestimmt. Die Vernetzung des Wissens über das Gesamtsystem und die zu erwartende Wassermenge wird von den Wasserpriestern gewährleistet. Entscheidend für das Funktionieren der *subak* ist das sichere Gefühl der Bauern, im Einklang mit den natürlichen Zyklen zu stehen, und die Sicherheit durch Jahrhunderte an priesterlicher und bäuerlicher Erfahrung. Über all das hält Dewi Danu ihre schützende Hand - nicht der Markt, nicht die Verwaltung, nicht das Gesetz.

Bild
Central Highlands, Bali, Indonesien. Aufnahme von 2000. Stuart Franklin/Magnum Photos

In Indien wehren sich Bürgerinitiativen mit zunehmendem Erfolg dagegen, dass internationale Wasserkonzerne aus billigem Trinkwasser teures Trinkwasser herstellen und dabei die Umwelt massiv belasten.

Die Frauen von Plachimada

Der 19. August 2005 wird der Hindustan Coca-Cola Beverages Ltd., dem indischen Ableger des amerikanischen Softdrink-Konzerns Coca-Cola, in schlechter Erinnerung bleiben: an jenem Freitag verfügte die Umweltbehörde des indischen Bundesstaates Kerala die Schliessung ihres Abfüllwerks in Plachimada, einem kleinen Dorf im Bezirk Palakkat. Die Umweltbehörde zog damit einen vorläufigen Schlussstrich unter eine gut dreijährige Protestkampagne, den eine engagierte Gruppe von Frauen aus Plachimada gegen den amerikanischen Grosskonzern geführt hatte, und die in ganz Indien spektakuläres Aufsehen erregte.

Begonnen hatte alles in grösstem gegenseitigen Einverständnis Ende der 90er Jahre, als Coca-Cola in Plachimada eine 16 Hektar grosse Landparzelle pachtete, um eine Abfüllstation für ihre Softdrink-Marken Coca-Cola, Sprite, Fanta, Limca, Kinley Soda und Maaza zu errichten. Im März 2000 erteilte der Gemeinderat von Plachimada dem Konzern eine Konzession zur Grundwasserentnahme durch Dieselpumpen.

Schon bald machten sich unliebsame Folgen bemerkbar, als Coca-Cola täglich bis zu 1,5 Millionen Liter Wasser aus neun neuen Brunnenanlagen pumpte. Innerhalb von knapp drei Jahren sank der Grundwasserspiegel in der weiteren Umgebung von 45 auf 150 Meter Tiefe. 260 Brunnen, aus denen die Frauen von Plachimada ihr Wasser geschöpft hatten, versiegten. Wo es noch Wasser gab, erhöhten sich dessen Salzgehalt und Härte. Die Reisbauern verzeichneten deutliche Ernteverluste, was die Rechtsvertreter von Coca-Cola später vor allem den ungewohnt spärlichen Niederschlägen dieser Jahre zuschreiben sollten.

Nicht mit den aktuellen klimatischen Verhältnissen erklären liessen sich jedoch andere Veränderungen, wie beispielsweise die extreme Verschmutzung des Grundwassers durch Chemikalien. Im Juli 2003 berichtete das britische Radio BBC, dass Wasser- und Bodenproben aus Plachimada, die an der Universität Exeter analysiert wurden, extrem hohe Konzentrationen von Kadmium und Blei ergeben hätten.

Der Verursacher war schnell gefunden. Die Coca-Cola-Fabrik hatte ihre giftigen Abfälle ungesichert in der Nähe des Fabrikgeländes deponiert, von wo sie während der Monsunzeit unmittelbar in die Bewässerungskanäle und Reisfelder geschwemmt wurden. Als die Behörden diese Praxis unterbanden, wurde der Giftmüll zusammen mit stark belasteten Produktionsabwässern in die still gelegten Brunnen auf dem Fabrikgelände geschüttet und gelangte so ins Grundwasser. Als raffinierte Nebenvariante verkaufte die Fabrik die übel riechenden, hoch giftigen Schlammabfälle den Bauern als Dünger. Später verschenkte sie den Giftschlamm, um ihn überhaupt loszuwerden.

Im April 2003, nach ersten Protesten der Frauen von Plachimada, annullierte der Gemeinderat die drei Jahre alte Lizenz der Coca-Cola-Fabrik. Das Oberste Gericht verfügte einen Produktionsstopp, bis die Vorwürfe gegen Coca-Cola endgültig abgeklärt seien. Im August bestätigte die Umweltbehörde des Bundesstaates Kerala das Absinken und die massive Verschmutzung des Grundwassers. Die Gesundheitsbehörden erklärten, dass das spärliche Wasser der verbliebenen Brunnen nicht mehr als Trinkwasser und nur sehr beschränkt zur Bewässerung verwendet werden dürfe. Coca-Cola verteidigte sich mit Gegenexpertisen, die zahlreiche andere Hypothesen für die Wasserverknappung und -verschmutzung ins Feld führten. Sie stellte die Protestdemonstrationen der Frauen von Plachimada als politisch motiviertes, linksextremes Komplott dar. Coca-Cola konnte sich dabei zeitweise auch auf einen hohen Vertreter der Umweltbehörde stützen, der wider besseres Wissen bestätigte, dass sich die Belastung durch Schwermetalle innerhalb der tolerierten Grenzwerte halte. Gegen den Beamten wird inzwischen ermittelt. Er soll Bestechungsgelder von Coca-Cola angenommen haben.

Der Schliessungsbefehl der Umweltbehörde von Kerala könnte, so mutmassen Beobachter, weit reichende Konsequenzen für eine ganze Reihe anderer Fabriken haben, in denen Flaschenwasser und Softdrinks hergestellt werden. Denn die Probleme der Coca-Cola-Fabrik in Plachimada, besonders die Konsequenzen der enormen Grundwasserentnahme für die örtliche Bevölkerung, stellen sich auch anderswo. Coca-Cola und PepsiCo betreiben allein in Indien 90 Abfüllstationen, von denen jede einzelne etwa gleich viel Wasser verbraucht – insgesamt rund 40 Milliarden Liter pro Jahr. Dem Willen der Flaschenwasser-Produzenten nach wären es erheblich mehr. Neben Coca-Cola und PepsiCo planen auch der indische Marktführer Parle Bisleri, der Schweizer Nahrungsmittelkonzern Nestlé und andere internationale Konzerne, ihre Kapazitäten deutlich zu steigern. Nicht ohne Grund, denn die Verschlechterung der Trinkwasserqualität in vielen Gegenden Indiens verspricht enorme Wachstumsraten für Flaschenwasser. Alle zwei Jahre, schätzt die prominente indische Wasserexpertin Vandana Shiva, dürfte sich das Marktvolumen künftig verdoppeln. Von 1992 bis 2000 verzehnfachte sich der Verkauf von Flaschenwasser und Softdrinks in Indien von 95 Millionen auf 932 Millionen Liter.

Bild
Protest der Bevölkerung gegen die Grundwasserförderung von Coca-Cola in Plachimada, Kerala, Indien. Aufnahme von Januar 2004. Klerx/laif

Dass Wasser nur dann sparsam verbraucht wird, wenn es den Konsumenten etwas kostet, ist eines der geläufigsten Argumente in der Diskussion um die Privatisierung der kommunalen Wasserversorgungen. Irland liefert seinen Bürgern das Wasser gratis ins Haus. Zu Wasserverschwendern sind die Iren aber trotzdem nicht geworden.

Irland: Wasser ohne Preis

«Was knapp ist und gebraucht wird, verlangt nach einem Preis; das ist eines der Grundprinzipien der Ökonomie.» Tom Jones, der diesen Satz 2003 in einem Artikel über den richtigen Preis für Wasser («Water Pricing») schrieb, ist Leiter der Global and Structural Policies Abteilung beim Umweltdirektorat der OECD, einer der wichtigsten Wirtschaftsorganisationen der Industriestaaten. Seine These, dass nur derjenige sorgsam und sparsam mit Wasser umgehe, der dafür auch bezahlen muss, gehört zu den Standardargumenten der Befürworter einer Privatisierung von Wasserwerken. Bloss: ist sie auch richtig?

Einen einzigartigen Testfall für diese These bietet Irland. Die irische Regierung hat einen ganz eigenen Weg eingeschlagen: die Iren bekommen ihr Trinkwasser gratis. Sowohl die Kosten für Wasserwerke und Leitungen als auch für die Gewinnung und Aufbereitung des Wassers werden von der Zentralregierung übernommen. Einen Teil dieser Investitionen holt sich der Staat von den kommerziellen Nutzern zurück. Die Unternehmen, vom Friseur über den Metzgerladen bis hin zur produzierenden Industrie, müssen entsprechend der verbrauchten Menge für das Wasser bezahlen. Um dieses Modell beibehalten zu können, wehrte sich Irland in den 90er Jahren erfolgreich dagegen, dass ein verbindliches Kostendeckungsprinzip in der europäischen Wasser-Rahmenrichtlinie festgeschrieben wurde.

Gemäss den Theorien der Privatisierungsbefürworter müsste der Umgang der Iren mit ihrem Haushaltswasser höchst verschwenderisch sein. Tatsächlich ist der durchschnittliche Verbrauch pro Kopf und Tag mit rund 150 Litern kaum höher als in so vorbildlich Wasser sparenden Ländern wie den Niederlanden oder Deutschland – und niedriger als in Österreich oder Schweden. Dies obwohl Wasser sparende Armaturen oder Toiletten in Irland noch nicht einmal angeboten werden.

Offensichtlich sind für den täglichen Umgang mit Wasser nicht in erster Linie ökonomische Erwägungen Ausschlag gebend. Eigentlich plausibel, denn häufig werden Wasserrechnungen nur einmal jährlich gestellt oder verstecken sich wie bei Mietwohnungen in pauschalen Nebenkostenabrechnungen. Der Zusammenhang zwischen dem alltäglichen Wasserverbrauch und den entsprechenden Kosten ist kaum nachvollziehbar. Es sind eher Medienberichte als die Wasserrechnung, die den Konsumenten für den Wasserpreis sensibilisieren.

Irland ist ein regenreiches Land. Lediglich zwei Prozent der vorhandenen Wasservorräte werden derzeit genutzt. Allerdings täuscht die scheinbar komfortable Lage. Die in den letzten Jahrzehnten rasch zunehmende Wasserverschmutzung – hauptsächlich durch Dünger aus der Landwirtschaft – macht auch in Irland das saubere Wasser knapp. Vor allem in der weiteren Umgebung der Hauptstadt Dublin, aber auch in anderen Regionen des Landes wird in trockenen Jahren mehr Wasser verbraucht, als für die Flüsse und das Grundwasser verträglich ist. Im Grossraum Dublin (Greater Dublin) mit seinen 1,3 Millionen Einwohnern speisen die Wasserwerke täglich rund 500 000 Kubikmeter in die Leitungen ein – rund 390 Liter pro Person. Das ist mehr als das Doppelte dessen, was die Haushalte tatsächlich verbrauchen. Grund dafür sind nicht in erster Linie die gewerblichen Betriebe und Fabriken, sondern das zum Teil über hundert Jahre alte Leitungsnetz, das dringend erneuert werden müsste. Über 40 Prozent des Wassers, schätzen die Behörden, versickert aus den Lecks ungenutzt im Boden.

Die kostenlose Wasserversorgung hat den Theorien der Privatisierungsbefürworter entgegen nicht zu einem verschwenderischen Umgang mit Wasser geführt. Es ist anzunehmen, dass sich der häusliche Verbrauch durch Wassersparappelle, die es in Irland bisher noch nicht gegeben hat, weiter senken liesse. Besonders dann, wenn sich Wassersparamaturen und Spülstopptasten für Toiletten, die anderswo längst üblich sind, auch in Irland durchsetzen würden.

Viele Bürger befürchten, dass die irische Regierung eines Tages den Argumenten von OECD und EU folgen und von der Politik des Gratiswassers Abschied nehmen könnte. Die internationalen Wasserkonzerne, für die Irland wegen dieser Politik derzeit irrelevant ist, beobachten die Entwicklung genau. Sie gehören zu den stärksten Befürwortern des Kostendeckungsprinzips, weil es im Kern bedeutet, dass alle Kosten des Wasserwerkbetreibers von den Verbrauchern gedeckt werden müssen. Egal wie effizient oder ineffizient ein Betreiber arbeitet, egal welche Servicequalität er bietet – ein kräftiger Gewinn ist ihm immer sicher.

Bild
Harry Gruyaert/Magnum Photos

Lange galt das von Holzfällern überlieferte Erfahrungswissen, dass sich die Qualität des Holzes mit den Mondphasen verändert, der etablierten Wissenschaft als Aberglaube. In den vergangenen Jahren haben mehrere Experimente diesen Zusammenhang nachgewiesen. Die Wissenschaft beginnt umzudenken.

Vom Mond und vom Holz und vom Wasser

Wenn uns Bäume nicht so alltäglich und selbstverständlich scheinen würden, müssten sie als Wunder gelten. Denn wie kommen eigentlich Nährstoffe und Feuchtigkeit aus dem Boden bis in die Blattkrone in oft 70 oder 80 Metern Höhe? Wollte man eine solche Wassersäule mechanisch aufbauen, müsste man enorme Pumpleistungen vollbringen.

Im Baumorganismus wird der Aufstieg des Wassers allein durch die Verdunstung an den Blattoberflächen angetrieben. Der dabei durch die Blattatmung im Baumkörper entstehende Unterdruck saugt über die Wurzeln Wasser aus dem Untergrund nach oben. Das Wasser wird dabei nicht von unten geschoben, sondern von oben gezogen – gegen das eigene Gewicht. Wegen des inneren Zusammenhalts von Wasser ist ein Wasserfaden jedoch ungeheuer tragfähig, selbst wenn er nur Millionstel Millimeter dick ist. Jüngste Untersuchungen über den Wassertransport durch Zellmembranen ergaben, dass selbst Wasserfäden von der Dicke eines einzigen Moleküls nicht reissen.

Auch bei den Eigenschaften von Holz spielt das Wasser eine entscheidende Rolle. Bereits seit Jahrhunderten ist überliefert, dass die Holzqualität vom Zeitpunkt des Holzeinschlags abhängt. Hierbei spielen nicht nur Witterung und Jahreszeit eine Rolle, sondern laut Überlieferung auch die Mondphasen (Wechsel von Neu- zu Vollmond über die Viertelstellungen). Bäume, die bei Neumond gefällt wurden, heisst es, sollen beständiges, feuersicheres und gegen Schädlinge und Pilze resistentes Holz liefern. Bei Vollmond geschlagenes Holz soll sich hingegen gut als Brennholz eignen. Gelegentlich wird der optimale Fällzeitpunkt je nach Verwendung des Holzes in Zusammenhang mit der Höhe der Mondbahn am Nachthimmel und deren täglicher Veränderung gebracht (aufsteigende/absteigende Mondperiode), oder auch mit der Position des Mondes vor den Tierkreiskonstellationen.

Solche uralten, teils nur mündlich überlieferten Regeln vom richtigen Zeitpunkt der Baumfällung kursieren in vielen Regionen: im Alpenraum, im Nahen Osten, in Afrika, Indien, Sri Lanka, Brasilien und Yukatan. Von vielen Wissenschaftlern wird ein Einfluss des Mondes auf die Holzqualität als unwahrscheinlich erachtet, denn die gängige Holzphysik bietet keine nahe liegende Erklärung für den Wirkungszusammenhang, da die Anziehungskraft des Mondes zu gering ist, um die beobachteten Effekte direkt auslösen zu können. Die traditionellen Aussagen über durch den Mond bedingte Variationen der Holzeigenschaften sind jedoch derart erstaunlich, dass seit Jahren mehrere Forschungsteams den möglichen Ursachen dieses Effekts intensiv auf den Grund gehen.

LÄNGER UND SANFTER WASSER VERDUNSTEN

Gefällt werden die Bäume an besonderen, günstigen Tagen. Sie werden zudem gelegentlich talwärts geschlagen und erst später, manchmal erst nach der Schneeschmelze, geastet. Was die Fällrichtung bewirkt und was während den Tagen nach der Fällung in den Bäumen geschieht, ist noch nicht genau bestimmt. Klar ist aber, dass der gefällte Baum weiter Wasser verdunstet und dass dieser Prozess verstärkt wird, wenn die Fichten und Tannen tal-wärts geschlagen werden, damit das Wasser gemäss Holzstruktur in Richtung der Baumkrone fliessen kann. Diese sanfte, natürliche Trocknung ist wesentlich schonender und förderlicher für die Holzqualität als der künstlich beschleunigte Wasserentzug in Trockenkammern.

Die Unterschiede zwischen Neumond- und Vollmondholz lassen sich im Experiment zweifelsfrei dokumentieren. Bei solchen Untersuchungen muss nicht nur der Zeitpunkt der Fällung, sondern auch der Standort und Zustand des Baumes, die Lage der Proben im Stammkörper und ihre Himmelsrichtung berücksichtigt werden, um höchst mögliche Aussagekraft und Wiederholbarkeit der Ergebnisse zu garantieren. Frisch geschlagenes Holz, so zeigt sich, unterscheidet sich nur geringfügig. Die typischen Eigenschaften von Neumond- und Vollmondholz entwickeln sich erst im Trocknungsverlauf, je mehr das Wasser verdunstet.

Die festgestellten Unterschiede hängen offenbar mit dem Wasser zusammen, das im Holz vorhanden ist. Zwei verschiedene Formen lassen sich unterscheiden: Es gibt in den Zellhohlräumen frei zirkulierendes Wasser und in den Zellwänden gebundenes. Freies Wasser verdunstet leichter, das Holz trocknet schneller, schrumpft und schwindet (verliert an Volumen) dabei nur wenig. Dagegen entweicht in den Zellwänden gebundenes Wasser langsamer und in geringerem Ausmass, und benötigt dazu mehr Energie. Dabei schwindet die Holzmasse stärker, die Holzdichte nimmt deutlicher zu.

Die Untersuchungen zeigen, dass an bestimmten Tagen der abnehmenden Mondphase geschlagenes Holz weniger Wasser verliert, jedoch stärker schwindet. Dies führt zu einer höheren Dichte und zu hartem Holz, was vor allem für Bau- und Konstruktionsholz erwünscht ist. Ebenso ist die Druckfestigkeit grösser, was wiederum auf eine bessere Resistenz gegen Pilz- und Insektenbefall hinweisen könnte. Dieser Befund stimmt mit der überlieferten Erfahrung überein, dass Neumondholz haltbarer ist. Dem gegenüber lässt sich an bestimmten Tagen der zunehmenden Mondphase geschlagenem Holz das Wasser leichter entziehen, was sich positiv auf den Brennwert auswirkt. Vollmondholz ist daher tendenziell leichter und schwindet weniger, eine mögliche Erklärung, warum es bis heute für den Bau von Musikinstrumenten (Resonanzholz) bevorzugt wird.

Ist also Vollmondholz reicher an freiem Wasser, während im Neumondholz das Wasser eher in den Zellwänden gebunden ist und wenn ja, warum ist das so? Welche Faktoren verursachen die beobachteten Phänomene? Spielt die Mondphase eine Rolle, das Erdmagnetfeld oder das periodisch oszillierende elektrische Feld der Erdatmosphäre?

Verwirrend für die Holzphysik ist, dass sich das Verhältnis von freiem und in der Zellwand gebundenem Wasser nicht nur im belebten Teil des Baumes, dem peripheren, relativ schmalen Splintholz, periodisch ändert, sondern auch im Kernholz. Beim heutigen Stand der Technik geht man bei der Holzverarbeitung davon aus, dass die Eigenschaften von Kernholz über die Zeit konstant bleiben. Nun zeigt sich aber, dass selbst im Kern die Festigkeit der Holz-Wasser-Bindung variabel ist – wie beim lebenden Splintholz ebenfalls im Wechsel der Jahreszeiten und Mondperioden.

Zudem lassen sich mit empfindlichen Elektroden an Bäumen bioelektrische Ströme messen, die vor allem in der Winterperiode Variationen im monatlichen und täglichen Mondrhythmus zeigen. Im Frühjahr und Sommer, wenn Temperatur und Feuchtigkeit im Tag-Nacht-Wechsel schwanken und die Bäume stark wachsen, werden die Mondrhythmen durch den vegetativen Saftstrom überlagert. Im Spätherbst und Winter, wenn der Baum zur Ruhe kommt, ist der grundlegende Einfluss des Mondes prägend und damit wohl der entscheidende Grund, warum die alten Holzfälltraditionen die Wintermonate, kombiniert mit den Mondzyklen, als besondere Schlagzeit betrachteten.

EINE SCHLÜSSIGE THEORIE DER MONDWIRKUNG?

Erst neuere Forschungen könnten eine Erklärung dafür bieten, warum sich Wasser aus Bäumen im täglichen und monatlichen Rhythmus unterschiedlich leicht entfernen lässt. Kürzlich wurde ein grundlegend neues, geophysikalisches Modell in Form eines quantisierten Gravitationseffekts vorgeschlagen, das zum Ergebnis kommt, dass der übermolekulare Gruppierungszustand (die «Aggregierung») von Wasser – Bereiche stärker zusammenhängender Moleküle – im Rhythmus der Wechselwirkung von Sonne und Erde und gleichzeitig von Mond und Erde variieren sollte.

Durch Zufall wurde der Urheber dieser Theorie darauf aufmerksam, dass vorausberechneten Fluktuationen der Wassereigenschaften sich exakt im Verhalten der Bäume widerspiegeln. Der Durchmesser junger, unter konstanten Bedingungen gehaltener, Fichten nimmt im Wechsel der Mondphasen und Gezeiten rhythmisch zu und wieder ab. Das Pulsieren der Stammdicke wurde von den Holzforschern bisher damit erklärt, dass Wasser zwischen Zellhohlräumen und Holzzellen periodisch hin und her wandert. Da das Pulsieren exakt dem von den Physikern berechneten rhythmischen Wandel der Wassereigenschaften folgt, könnten die Mondholzeffekte auch mit dem periodisch wechselnden Aggregationsgrad des Wassers erklärt werden.

Das Modell der quantisierten Gravitationseffekte besagt, dass Wasser in biologischen Zellen durch die periodisch wechselnden Anziehungskräfte des Mondes unterschiedlich grosse Molekülverbände bildet. Die Eigenschaften des Wassers, unter anderem seine Verdunstungsneigung, sollten demnach von der jeweiligen Grösse des Molekülverbands abhängen. Bestätigt sich diese Theorie, hätte die theoretische Physik möglicherweise eine Erklärung für die seit Jahrhunderten bekannten Baumphänomene gefunden – und damit die Ursache für viele weitere Wechselwirkungen des Mondes mit Pflanzen, Tieren und Menschen. Zur Zeit arbeiten Physiker und Holzbiologen intensiv daran, die Voraussagen des theoretisch abgeleiteten Modells durch experimentelle Erfassung des Wasserzustandes im Holz zu prüfen.

Quellen
– Dorda, G.: Sun, Earth, Moon: the Influence of Gravity on the Development of Organic Structures; Part II: The Influence of the Moon. München 2004.
– Holzknecht, K., 2002: Elektrische Potentiale im Splintholz von Fichte und Zirbe im Zusammenhang mit Klima und Mondphasen. Diss. Nr. G0643, Inst. für Botanik, Universität Innsbruck.
– Zürcher, E., Cantiani, M.-G., Sorbetti-Guerri, F. and Michel, D. (1998): Tree stem diameters fluctuate with tide. Nature (392):665-666.
– Zürcher, E. (2000): Mondbezogene Traditionen in der Forstwirtschaft und Phänomene in der Baumbiologie. Schweizerische Zeitschrift für Forstwesen 151 (2000) 11: 417-424.
– Zürcher, E. (2003): Trocknungs- und Witterungsverhalten von mondphasengefälltem Fichtenholz (Picea abies Karst.). Schweizerische Zeitschrift für Forstwesen 154 (2003) 9: 351-359.

Bild
Beim Einschlag von Mondholz prüft ein Waldarbeiter den Stand des Stammes und bestimmt die Fällrichtung. Trittau bei Hamburg. Michael Kottmeier/agenda

Die politischen Mühlen mahlen langsam. Träge staatliche Verwaltungen, bürokratische Hindernisse und mächtige Interessengruppen verhindern häufig die schnelle Lösung selbst dringlichster Probleme. Oft hilft erst öffentlicher Druck, politische Prozesse in Bewegung zu bringen. Dabei spielen die so genannten Nichtregierungs-Organisationen, Bürgerinitiativen, Hilfswerke, Kirchen, Gewerkschaften und andere Organisationen der Zivilgesellschaft, eine immer wichtigere Rolle. Auch in der Wasserpolitik.

Wasser, Macht und NGOs

Politische Systeme erweisen sich häufig als resistent gegen Veränderung. In parlamentarischen Demokratien werden neue politische Ansätze normalerweise zunächst in den Programmen der politischen Parteien fest geschrieben und werden nur langsam in die Praxis umgesetzt. Die Wasserpolitik - verstärkt durch eine oft prinzipienfeste bis starre Verwaltung – gehört traditionell zu den konservativsten Bereichen. In den letzten Jahrzehnten hat sich jedoch die Wandelbarkeit wasserpolitischer Weichenstellungen erheblich erhöht.

Das hat zwei Gründe: Erstens die Tatsache, dass die Gewässer immer sichtbarer unter Schäden zu leiden hatten, wurde in der zweiten Hälfte des 20. Jahrhunderts überdeutlich. Die Presse in den westlichen Industriestaaten musste über stinkende Flüsse berichten, auf denen immer wieder tote Fische und Berge von Waschmittelschaum trieben. Badeverbote an Seen und Meeresküsten, saurer Regen, versiegende Brunnen – die Krise der Wasserpolitik war in den 70er und 80er Jahren nicht mehr zu übersehen. Katastrophen wie der Brand einer Sandoz-Chemiehalle bei Basel 1986 (→ S. 302), in deren Folge alles Leben im Rhein ausgelöscht wurde, zwangen die Politiker zum Handeln.

Zweitens gründeten sich als Reaktion auf diese Missstände Aktionsgruppen und Organisationen, die sich mit umwelt- und wasserpolitischen Fragen befassten. Diese unabhängigen NGOs (non-governmental organisations) brachten neuen Wind in die Wasserpolitik. Sie prangerten die Verschmutzung und Übernutzung von Gewässern an, dokumentierten Schäden und deren Verursacher, und machten auf Alternativen und Lösungsmöglichkeiten aufmerksam. Internationale Umweltorganisationen wie Greenpeace, WWF und Friends of the Earth, aber auch nationale Gruppen wie der Sierra Club in den USA konzentrierten sich von Anfang an hauptsächlich auf den Schutz der natürlichen Gewässer und des Trinkwassers.

Zu Beginn stiessen sie in den Verwaltungen und bei den Verursachern der Verschmutzung, meist Chemie-, Papier-, oder anderen Industrieunternehmen, auf erbitterten Widerstand. Das Establishment wollte sich das Machtmonopol über das Wasser nicht von «selbst ernannten Weltverbesserern» aus der Hand nehmen lassen. Erst als die Umweltorganisationen an Glaubwürdigkeit gewannen und immer breitere Unterstützung aus der Bevölkerung erhielten, weichten die Fronten auf. Selbst die konservative Zunft der Wasserwerker schloss sich den Forderungen der Umweltschützer an, als ihnen klar wurde, dass ein besserer Schutz von Flüssen und Grundwasser auch die von ihnen genutzten Trinkwasservorkommen vor Schadstoffen bewahren würde.

Zeitgleich wandten sich auch politische Initiativen, die sich um Entwicklungspolitik und Armutsbekämpfung sorgen, verstärkt der Wasserpolitik zu. Ihre Grundforderungen beinhalten den gesicherten Zugang zu gutem Trinkwasser für alle Erdbürger und ein Menschenrecht auf Wasser. Kirchliche Gruppen, karitative Hilfswerke und Gewerkschaften spielen hier eine wichtige Rolle. Umwelt- und Entwicklungsorganisationen mischen sich als Diskutanten in die internationale Wasserpolitik ein, lancieren aber auch spezifische Hilfsprojekte. Sie streiten mit der Weltbank und Regierungen über die Ausrichtung von staatlichen Hilfsprogrammen und nehmen Einfluss auf nationale Wassergesetze und internationale Konventionen. Zugleich organisieren sie aus Spendengeldern für Millionen von Menschen einen verbesserten Zugang zu Trinkwasser und sanitären Einrichtungen.

Was in den 70er und 80er Jahren mit einem Häuflein politischer Aktivisten begann, ist Anfang des 21. Jahrhunderts eine weltweite, hoch organisierte Bewegung von NGOs geworden, ein wichtiges Regulativ gesellschaftlicher und politischer Prozesse. Auch in den meisten Entwicklungsländern sind NGOs inzwischen zu einem festen Bestandteil des politischen Lebens geworden. Hier funktioniert Globalisierung: NGOs aus Nord und Süd kooperieren und finden schnelle und unkomplizierte Lösungen, die zwischen Regierungen kaum möglich wären. Der Austausch von Informationen über E-Mail und Internet führt zu einem beschleunigten Lernprozess. Das Wissen über politische Hintergründe und technische Möglichkeiten steht jederzeit und überall zur Verfügung.

Heute haben NGOs einen spürbaren Einfluss auf politische Entscheidungen in Wasserfragen. Verschmutzung, Privatisierung, Staudammbau, ein Menschenrecht auf Wasser, all das sind Themen, bei denen NGOs nicht nur mitreden, sondern mitunter den Ton angeben. Manchen Regierenden und Unternehmern geht dieser Einfluss zu weit. Sie wollen die zivilgesellschaftlichen Gruppen aus den Entscheidungsprozessen heraus halten. Wer wie bisher im Verborgenen Entscheidungen vorbereiten und treffen will, muss sich in seiner Macht durch die NGOs in der Tat beschränkt fühlen: Kritische Stimmen haben schon manche strittige Entscheidung zu Fall gebracht oder wesentlich verändert. Das ist nicht nur demokratischer, sondern auch besser. Entscheidungen, die mit öffentlicher Beteiligung getroffen werden, sind sachlich ausgewogener und werden von den Bürgern erheblich besser angenommen.

Auf wasserpolitischen Grossveranstaltungen wie dem Weltwasserforum in Mexiko 2006, bei denen Experten, Entwicklungsbanken, Industrie und Regierungen über wichtige Weichenstellungen beraten, ist die Stimme der Zivilgesellschaft Dank den NGOs unüberhörbar. Zwar sind NGO-Vertreter zu den Sitzungen und Beratungen nur vereinzelt zugelassen, doch bestimmen sie durch ihre Medienpräsenz die Themen und Ergebnisse mit. Die Offiziellen können nun nicht mehr wie noch vor wenigen Jahren hinter verschlossener Tür Abmachungen treffen, ohne die öffentliche Meinung zu berücksichtigen. Durch das Gegengewicht der NGO-Experten ist es für Regierungen und Konzerne viel schwerer geworden, ihre Eigeninteressen durchzusetzen. Somit sind NGOs eine Kontrollinstanz der globalen Gesellschaft, die Transparenz schafft und als «Whistle Blower» fungiert, als Warner gegen einseitige oder kurzsichtige Beschlüsse.

Der Umgang einer Gesellschaft mit Wasser ist keine Konstante. Politik und Kultur sind einem fortwährenden Entstehungsprozess unterworfen. Jeder Impuls, jedes Gespräch, jede Aktion ist im Grunde Kultur bildend und politisch. Durch die Erfahrung, dass Veränderung möglich ist, entwickeln sich immer mehr Menschen von Untertanen zu Bürgern, zu aktiven Individuen, die ihre Umgebung und die Welt als gestaltbares Ganzes empfinden. Mitbestimmung führt zu Mitverantwortung und schafft das Gefühl der Zusammengehörigkeit. Wo Menschen sich nicht mehr als Leidtragende oder Opfer empfinden, wo Einfluss möglich wird, kann sich der kreative Geist der Veränderung entfalten.

Gesellschaftliches Engagement ist sinnvoll und persönlich erfüllend. Man kann sich bestehenden NGOs anschliessen oder selber eine Wassergruppe gründen. Alle wichtigen Organisationen sind im Internet vertreten. In den letzten Jahren sind in immer mehr Ländern und Städten Volksbegehren und Plebiszite möglich geworden. An vielen Stellen wurden Initiativen gegen die Privatisierung der örtlichen Wasserversorgung ergriffen. In Hamburg, der zweitgrössten Stadt Deutschlands, schloss sich im Februar 2003 eine Gruppe aktiver Bürger zusammen, um den Plänen der Stadtregierung zur Privatisierung der dortigen Wasserversorgung entgegen zu treten. Mit Unterstützung lokaler und überregionaler NGOs lancierten sie ein Volksbegehren für den Erhalt der städtischen Wasserversorgung in öffentlichem Besitz, das im Sommer 2004 rund 150 000 Menschen mit ihrer Unterschrift unterstützten. Das Hamburger Parlament forderte daraufhin die Stadtregierung auf, ein entsprechendes Gesetz zu erarbeiten. Das 2006 verabschiedete Hamburger «Gesetz zur Sicherstellung der Wasserversorgung in öffentlicher Hand» ist ein Novum in Deutschland, Hamburg damit die erste Stadt, die verbietet, die öffentliche Wasserversorgung zu verkaufen oder privaten Betreibern zu überlassen.

Es gibt viele Wege, wie sich mündige Bürger in einer freien Gesellschaft Gehör verschaffen können. Dieses Privileg sollten sie nutzen, um die Regierenden und Mächtigen an ihre Verantwortung für das Wasser zu erinnern. Zugleich sollte nicht vergessen werden, was jeder Einzelne selbst für das Wasser tun kann. Verbundenheit mit dem Wasser und Achtung vor seinem Wert sind Voraussetzung dafür, mit eigenen Ideen glaubwürdig an die Öffentlichkeit treten zu können.

Bild
Cumbria, Grossbritannien. Smith/Greenpeace

Mit einer klugen Politik und gut durchdachten Kampagnen ist es Bangladesch innerhalb weniger Jahre gelungen, die Versorgung der Bevölkerung mit Latrinen erheblich zu verbessern. Bis im Jahr 2010 sollen alle 150 Millionen Einwohner des Landes Latrinen benützen können. Die Chancen stehen gut, dass die Regierung ihr ehrgeiziges Ziel auch tatsächlich erreicht.

Das Latrinenwunder von Bangladesch

Es ist kaum 20 Jahre her, da sah sich das südasiatische Bangladesch einem schier unüberwindlichen Hygieneproblem gegenüber: Nicht einmal zehn Prozent der Menschen stand eine geordnete Möglichkeit zum Defäkieren zur Verfügung. Über 90 Prozent der damals rund 100 Millionen Einwohner Bangladeshs mussten mangels Latrine ihre Notdurft im Freien verrichten. Die Folge waren Hunderttausende von Durchfallkranken, die Sterblichkeit war besonders unter Kindern erschreckend hoch.

Dieser Herausforderung versuchte die Regierung mit einem staatlich subventionierten Programm zur Verbreitung von Latrinen zu begegnen. Rund 600 staatliche Latrinenfabriken stellten eine standardisierte Einheitslatrine her, die aufgrund der hohen Subventionen sehr billig angeboten wurde. Dennoch stellte sich praktisch kein Bedarf nach solchen Latrinen ein. Wer eine Latrine hatte, benutzte sie in der Regel nicht für ihren eigentlichen Zweck, sondern als Abstellraum oder Ziegenstall. Die Produktionskapazität der staatlichen Fabriken blieb aufgrund der schwachen Nachfrage so gering, dass es über 100 Jahre gedauert hätte, die gesamte, rasch wachsende Bevölkerung mit Latrinen zu versorgen. Im Urteil vieler Fachleute gab es in Bangladesch damals praktisch keine Nachfrage nach Latrinen Bangladeschis, hiess es, seien einfach nicht bereit, für Latrinen zu bezahlen.

1989 ergänzte die Regierung das subventionierte Latrinenangebot. Anstatt bessere Sanitärbedingungen einzig durch billige Latrinen zu erzwingen, sollte durch Werbe- und Erziehungskampagnen in der Bevölkerung Bedarf für bessere Sanitärleistungen geschaffen werden und damit zugleich ein Markt für private Latrinenhersteller. In der Tat zeigte sich, dass die Bangladeschis durchaus bereit sind, für eine eigene Latrine auch Geld auszugeben. Die Motivation war allerdings nicht in erster Linie, dem Durchfall vorzubeugen. Die Frauen schätzten Latrinen vor allem deshalb, weil die abschliessbaren Kabinen wenigstens für eine minimale Intimsphäre sorgten. Der Besitz einer eigenen Latrine gab Frauen und Kindern auch einen gewissen Schutz vor Belästigungen und Übergriffen. Zudem war wichtig, dass der Besitz einer eigenen Latrine den Männern ein höheres soziales Prestige versprach.

Statt einer Einheitslatrine gab es jetzt zehn verschiedene Modelle, von der billigen Eigenbaulatrine für einen halben Dollar bis hin zu einem «Luxusmodell» mit Doppelgrube und ansehnlichem Überbau für 20 Dollar. Als Kunden konnten die Haushaltsvorstände jetzt unter einer Vielzahl von Modellen das für sie Geeignete auswählen – ihrem Budget, ihren Bedürfnissen und ihrem persönlichen Geschmack entsprechend. Ökonomen weisen darauf hin, dass der Rückzug des Staates aus dem Projekt der entscheidende Schritt war, denn der Vertrieb der Latrinen wurde nun hauptsächlich den Herstellern und Händlern überlassen. So entstanden immer mehr neue Latrinenfabriken. Bereits 1995 gab es mehr als 4000. Der Latrinenbau wurde zu einer bedeutenden ländlichen Industrie. Die privaten Fabriken waren so erfolgreich, dass sie die Regierungsfabriken aus dem Geschäft verdrängten, obwohl diese noch immer von staatlichen Subventionen profitierten.

Zusätzlich wurde die Nachfrage durch eine von der Regierung, UNICEF und verschiedenen Nichtregierungsorganisationen initiierte «soziale Mobilisierungskampagne» geschürt, mit der Dorfchefs, Politiker und Imame einbezogen wurden. Während dieser Kampagne stieg der Versorgungsgrad der Bevölkerung mit Latrinen von 1993 bis 1998 von 15 auf rund 43 Prozent.

2003 wurde eine neue Kampagne lanciert, die *Total Sanitation Campaign*, deren Ziel die Flächen deckende, landesweite Versorgung mit Latrinen war. Im Mittelpunkt stehen ganze Dörfer, in denen Latrinen für alle eingeführt werden sollen, um das Defäkieren im Freien dadurch vollständig zu beenden Dafür wurden einprägsame, partizipative Methoden entwickelt. Bei Dorfversammlungen wird vorgerechnet, wie viele Fäkalien in einem Dorf mit 150 Familien jährlich im Freien deponiert werden, wenn zum Beispiel bloss 15 Haushalte eine Latrine haben. (Bei 485 Personen, die pro Tag 800 Gramm Fäkalien ausscheiden, landen Jahr für Jahr über 140 Tonnen im Freien, sechsundzwanzig kleine Lastwagen voll.) Fachleute erklären den Dorfbewohnern, was mit diesen Fäkalien passiert, wie sie ins Grundwasser gelangen, das Trinkwasser verschmutzen, welche Krankheiten sie bei Tieren und Menschen auslösen. Meist sind die Dorfgemeinschaften dann bereit, dafür zu sorgen, dass ihr Dorf sauber wird. Der soziale Druck auf Dorfebene, das Defäkieren im Freien zu ächten – vor allem wegen der Gesundheit der Kinder – löst eine starke Nachfrage nach Latrinen aus.

Mit dieser Kampagne will die Regierung das Ziel einer Flächen deckenden Versorgung mit Latrinen für die inzwischen 150 Millionen Bangladeschis schon im Jahr 2010 erreichen, fünf Jahre früher als mit den Millenniumszielen angestrebt – eine durchaus realistische Erwartung. Die Nachfrage nach Latrinen ist jedenfalls enorm. Mindestens 10000, vielleicht sogar 20000 Latrinenfabriken produzieren in Bangladesch augenblicklich Jahr für Jahr zwischen drei und sechs Millionen Latrinen.

Quelle
Erstellt auf der Basis einer Studie von Urs Heierli: «How to make sanitation work as a business», Bern 2006.

Bild
Produktionszentrum für Latrinen in Bangladesch.
Urs Heierli

Was tun, wenn die Natur die Menschen zum Narren hält? Im Eis unter den Gletschermassen in Südpatagonien, einer Grenzregion zwischen Chile und Argentinien, lässt sich nur schwer feststellen, wo genau die Wasserscheide verläuft, die die Grenze zwischen den beiden Ländern bilden soll. Jahrzehntelang stritten beide Länder über die unsichtbare Grenze. Erst ein kurioser Zufall machte eine gütliche Einigung möglich.

Die Wasserscheide im Eis

An der äussersten Südspitze Südamerikas, im kalten und unwirtlichen Südpatagonien, liegen ausgedehnte Gletscherregionen, so genanntes Kontinentaleis. Die Grenze zwischen Chile und Argentinien verläuft mitten durch diese Eiswüste, die von den Chilenen «campos de hielos» genannt wird, auf argentinischen Landkarten aber unter dem Namen «hielos continentales» verzeichnet ist. Die unterschiedliche Namensgebung dieser abgelegenen und unwirtlichen Eiskappe in den patagonischen Anden zeugt von den territorialen Ansprüchen der beiden Nachbarstaaten. Wem wie viel Eis gehört und wo genau die Landesgrenze verläuft, konnte erst kürzlich nach einem über hundertjährigen Grenzkonflikt geregelt werden.

Bereits im Jahre 1893 wurde von beiden Staaten vertraglich vereinbart, dass die «höchsten Gipfel, die das Wasser scheiden» die Grenze darstellen sollten. Argentinien gehörten alle Gebiete östlich davon, Chile das westlich dieser Linie liegende Territorium. Die Wasserscheide wurde mit dem Hauptkamm der Anden gleich gesetzt. Erst später erwies sich, dass Hauptkamm und Wasserscheide auf vielen Kilometern nicht überein stimmen. Besonders grosse Unklarheit über den Verlauf der Wasserscheide bestand im Bereich der Gletscher, die in den Pazifik abfliessen, dem so genannten Kontinentaleis.

Territorialkonflikte im Bereich von Seen, Flüssen und Gletschern haben sich in der Geschichte immer wieder als höchst hartnäckig erwiesen. Bereits 1978 gerieten Argentinien und Chile über drei Inseln im Beagle-Kanal in Patagonien an den Rand eines Krieges, der nur durch päpstliche Vermittlung vereitelt werden konnte. Ebenso scheiterten alle Versuche, die Grenzziehung im Kontinentaleis zu klären. Dass der Konflikt schliesslich doch noch bereinigt werden konnte, verdanken die beiden Staaten ausgerechnet der Verhaftung des chilenischen Ex-Diktators Augusto Pinochet in Grossbritannien im Oktober 1998.

Dessen gerichtlich angeordneter Hausarrest in London rief in Südamerika eine vehemente antikoloniale Reaktion hervor. Carlos Menem, der damalige Präsident Argentiniens, nahm Stellung zugunsten Chiles, indem er die Verhaftung Pinochets als Rechtsbruch Spaniens und Grossbritanniens verurteilte. Beim folgenden «Mercosur-Gipfel» in Rio de Janeiro gaben alle sechs Präsidenten Südamerikas eine politische Erklärung ab, in der sie europäischen Richtern grundsätzlich die Zuständigkeit für Pinochets Verurteilung absprachen.

Dieses hoch emotionale politische Zwischenspiel um Pinochet führte dazu, dass sich das politische Klima zwischen Argentinien und Chile entspannte. Der chilenische Aussenminister entschuldigte sich öffentlich für die chilenische Spionage gegen Argentinien und zugunsten Grossbritanniens im Falkland-Krieg. Durch diese Geste gerieten Regierung und Parlament Chiles wiederum in Zugzwang, ihren Widerstand gegen den Vertrag um die Grenzziehung im Kontinentaleis aufzugeben.

Gleichzeitig mit der Grenzziehung im Eis wurden auch wichtige Wasserressourcen im gegenseitigen Einverständnis zugeordnet. Alle Bäche und Flüsse in den südpatagonischen Anden, die in den Río Santa Cruz münden, wurden Argentinien zugesprochen, alle zu den westlich gelegenen Fjorden am pazifischen Ozean abfliessenden Gewässer Chile. Diese zukunftsweisende Entscheidung war ein wichtiger Beitrag zur Verständigung und Freundschaft beider Länder. Ohne den vehementen Protest Argentiniens auf die Verhaftung Pinochets wäre diese Einigung jedoch nicht zustande gekommen.

Bild
Der Perito-Moreno-Gletscher, ein zwischen Chile und Argentinien gelegenes Eisfeld. Olivier Leupin

Seit langem war klar, dass in New Orleans die Gefahr einer katastrophalen Überschwemmung als Folge eines starken Hurrikans ständig wächst. Doch verlor sich nach Jahrzehnten relativer Ruhe offenbar das Gefühl für die Bedrohung.

New Orleans
– die angekündigte Katastrophe

Fassungslos haben Millionen von Menschen weltweit am Bildschirm mitverfolgt, wie New Orleans hilflos im Wasser versank und Tausende von Menschen im grossen Sportstadion in der Hitze, ohne genügend Wasser und Nahrung um Hilfe flehten und vergeblich nach Rettung schrieen. Menschen schossen und plünderten, Häuser brannten, es herrschte das reine Chaos. Und Moderatoren in den amerikanischen Fernsehstudios stellten entsetzt fest, dass offenbar selbst Tage nachdem der Hurrikan «Katrina», der bis zu 10 Meter hohe Wellen gebracht hatte, weitergezogen war, die Situation nicht unter Kontrolle gebracht werden konnte.

DIE ENTWÄSSERUNG SENKT DEN BODEN

Die apokalyptischen Szenen konnten den Anschein erwecken, als sei die Stadt von einem Sturm und den ihm folgenden Fluten nie da gewesener Stärke und Höhe zerstört worden, denen selbst die Supermacht Amerika nicht standzuhalten vermochte. Dem ist aber nicht so. Die Katastrophe, die sich jetzt in New Orleans ereignete, war absehbar und mehrfach in den letzten Jahren und Jahrzehnten angekündigt worden. Die Frage, weshalb sie trotzdem nicht vermieden werden konnte und warum die Behörden schliesslich auch bei deren Bewältigung so eklatant versagten, wird die USA zweifellos noch lange und auf den verschiedensten Ebenen beschäftigen. Dass die Gefahr einer katastrophalen Überflutung der lebensfrohen Stadt in Louisiana am Golf von Mexiko immer grösser wurde, stand jedoch ausser Zweifel und hat verschiedene Gründe.

New Orleans wurde 1718 von den Franzosen auf einer kleinen Erhebung im Sumpfgebiet des Mündungsdeltas des Mississippi gegründet und schliesslich 1803 von Napoleon an die Amerikaner verkauft. Dieses Delta, so weiss man heute, ist zum grossen Teil erst in den letzten paar Jahrtausenden angeschwemmt worden. Es besteht aus locker abgelagertem Schwemmgut, das sich nur langsam, nicht zuletzt unter dem Gewicht neuer Ablagerungen, setzt. Die ursprüngliche Stadt, das heutige French Quarter, lag sichelförmig zwischen einer Biegung des Flusses und dem mit dem Meer verbundenen Lake Pontchartrain.

Das Absinken des Bodens und das Eindringen von Wasser waren schon früh ein Problem. 1899 bekam Albert Baldwin Wood, ein Erfinder und Ingenieur der Stadt, vom New Orleans Sewerage and Water Board den Auftrag, das Kanalsystem zur Entwässerung der Stadt zu verbessern. Wood entwickelte hydraulische Anlagen, insbesondere Pumpen für grosse Leistungen, die kaum Wartung brauchten, und begann Anfang des 20. Jahrhunderts mit der Trockenlegung von Sümpfen rings um die Stadt. Damit konnte diese weiter wachsen. Wood wurde zu einer wichtigen Figur des amerikanischen Wasserbaus und arbeitete auch an Projekten im Ausland mit, so an der Trockenlegung der Zuidersee in den Niederlanden.

New Orleans selber jedoch sank mit der Entwässerung, die den Untergrund kompakter werden liess, ständig weiter ab und musste mit immer massiveren und höheren Dämmen gegen den Lake Pontchartrain und den Mississippi abgedichtet werden. Inzwischen liegt die Stadt ähnlich einer Schüssel, deren Rand mit dem Wasser des Sees und des Mississippi praktisch bündig ist, bis zu zwei Meter unter dem Meeresspiegel, nur durch meterhohe Dämme geschützt. Diese sollen – so ihre Auslegung – gegen einen Hurrikan der Stärke 3 mit seinen Flutwellen von bis zu 3,8 Metern schützen. Nicht nur hat es aber schon immer stärkere Hurrikane gegeben – bereits 1893 soll der «Chenier Caminanda Hurricane» mit der Stärke 4 über Louisiana hinweggefegt sein und etwa 2000 Todesopfer gefordert haben. Weitere Eingriffe des Menschen und ihre Folgen haben auch die dämpfende Wirkung reduziert, die die vorgelagerten Teile des Flussdeltas auf die Hurrikanwellen hatten. Im Oktober 2001 schrieb das Wissenschaftsmagazin «Scientific American» daher in einem Artikel über das «ertrinkende New Orleans», ein grosser Hurrikan könnte die Stadt sechs Meter unter Wasser setzen und zum Tod von Tausenden von Menschen führen.

RÜCKGANG DER
SCHÜTZENDEN SÜMPFE
So werden die Sumpfgebiete immer kleiner. Marschland ist aber nützlich, kann es laut den Fachleuten doch erheblich Wasser aufnehmen und so die Höhe von hereinbrechenden Wellen reduzieren. Zum fatalen Rückgang trägt unter anderem die vor über hundert Jahren eingeleitete Kanalisierung des Mississippi bei. Dadurch wird verhindert, dass neue Sedimentfrachten bei Hochwasser ins Delta geschwemmt werden und neuen Boden bilden oder weggeschwemmte Masse ersetzen. Stattdessen wird das Geschiebe ganz vorne an der Mündung mit grosser Geschwindigkeit ins Meer katapultiert, wo es «ungenutzt» in der Tiefe verschwindet. Damit fehlt zugleich der Nachschub an Material für die vorgelagerten Inseln, die durch den ständigen Wellenschlag erodiert werden. Intakt dienen sie als Wellenbrecher.

Zudem ist das Sumpf- und Marschland zersetzenden Einflüssen ausgesetzt. Vor allem bei Port Fourchon, einem Zentrum der Ölindustrie, wurden laut dem «Scientific American» ungezählte Kanäle für Schiffe und Leitungen ausgebaggert. Diese begünstigen mit dem Bootsverkehr und den Gezeiten die Zerstörung des Marschlands. Auch dringt das Salzwasser immer weiter ins Land hinein und lässt einen Teil der Vegetation absterben, was das Vordringen des Meeres weiter beschleunigt. Um die siebzig Quadratkilometer des Sumpfes verschwinden im Mississippi-Delta laut den Fachleuten so jedes Jahr und reduzieren dessen schützende Wirkung gegen die Hurrikanwellen.

Computersimulationen der Louisiana State University seien aber auch zum Schluss gekommen, dass eine Evakuation nicht möglich wäre, weil die wenigen Fluchtwege durch das Wasser unterbrochen würden, und deshalb über 100 000 Opfer zu befürchten seien, schrieb das Wissenschaftsmagazin vor knapp vier Jahren. Nur ein grosses Projekt zur Wiederherstellung der Delta-Landschaft mit dem der Schliessung alter und dem Bau neuer Kanäle und grosser Tore, um den Lake Pontchartrain bei Stürmen vom Meer abzukoppeln, sowie allenfalls Sandtransporte zur Verstärkung der vorgelagerten Inseln vermöchten die Stadt zu retten. Erst der Schock von Hurrikan «Georges», der im September 1998 mit über 5 Meter hohen Wellen auf die Stadt zuraste, dann aber im letzten Moment eine andere Richtung nahm, was die Wellenfront kollabieren liess, hat aber offenbar die Fachleute der verschiedensten Institutionen dazu gebracht, sich auf einen gemeinsamen Plan zu einigen, «Coast 2050».

FINANZIERUNGSPROBLEME
Aus Kostengründen wurden diese Pläne aber stark reduziert; wenig Geld scheint aus Washington auch den Projekten des US Corps of Engineers zugeflossen zu sein. Das Corps, vor allem in der Entwicklung und dem Unterhalt sicherer Flusskanäle engagiert – und seit über 200 Jahren in New Orleans –, spielt eine zentrale Rolle bei der Sicherung vor Überschwemmungen. Am 23. Mai 2005 war auf seiner Homepage zum Projekt, das die Bewohner zwischen dem Lake Pontchartrain und dem Mississippi in absehbarer Zukunft vor den Wellen eines Hurrikans der Stärke 3 schützen soll, aber zu lesen, dass wichtige Aufgaben wegen Geldmangels zurzeit nicht gelöst werden könnten. Immerhin hatte der Kongress in Washington die 3,9 Millionen Dollar, die der Präsident im Budget 2005 vorgesehen hatte, auf 5,5 Millionen erhöht. Die baureifen Projekte hätten aber eines Budgets von 20 Millionen bedurft.

Kurz nach «Katrina» hiess es beim Corps allerdings, Budgetreduktionen hätten bei der Katastrophe keine Rolle gespielt, auch eine raschere Umsetzung der Wiederherstellung des Marschlands hätte nicht geholfen, da die Wellen von Osten gekommen seien. Und im Übrigen sei der finanzielle Mittelfluss konstant geblieben. Gebrochen sei zudem kein Damm, sondern eine Flutwand, die überspült und deren Fundament dadurch untergraben worden sei. An dieser Stelle sei keine Verbesserung geplant gewesen. Aber das Ganze sei eben auf einen Sturm ausgelegt, der mit einer Wahrscheinlichkeit von 0,5 Prozent pro Jahr eintreten werde, einen Hurrikan der Stärke 3. «Katrina» war kurz vor der Küste von 5 auf 4 herabgestuft worden. Ein Schutz gegen Stärke-5- Hurrikane hätte laut Corps-Angaben in der «New York Times» etwa 2,5 Milliarden Dollar gekostet; nun will Washington weit über 10 Milliarden für die Schäden von «Katrina» zur Verfügung stellen.

Erik Pasche, Wasserbauspezialist der Technischen Universität Hamburg-Harburg, ist allerdings erstaunt, dass man in New Orleans nicht extremere Ereignisse als Basis für die Schutzmassnahmen wählte. Dennoch vertritt er die Ansicht, dass nicht jede Überschwemmung verhindert werden könne. Wichtig sei bei grossen Ereignissen, «dem Wasser nachzugeben». Zum Beispiel mit einer akribisch vorbereiteten Zwangsevakuation der Bevölkerung. In Hamburg will man mit exakter quartierbezogener Information auf einer interaktiven Webseite mit detaillierten geographischen Daten, die im Aufbau ist, das Gefahrenbewusstsein bei Planern und Bevölkerung schärfen.

Auch in New Orleans wollte man die Bevölkerung evakuieren. Wie Presseberichte zeigen, waren aber manche nicht bereit, erneut die Stadt in langen Autoschlangen zu verlassen, nachdem sie bereits im September 2004 vor «Ivan» und diesen Juli vor «Dennis» die Flucht ergriffen hatten – unnötigerweise, wie sich herausstellte. Immerhin hatte die Stadt seit «Betsy» 1965, einem Hurrikan der Stärke 3, der über 50 Todesopfer gefordert und grosse Teile der Stadt unter Wasser gesetzt hatte, Glück gehabt. Auch andernorts brauchte es erst grosse Katastrophen, bis man die Vorsorge ernster nahm. So in den Niederlanden, wo 1953 bei Deichbrüchen beinahe 2000 Menschen starben und in der Folge neue Dämme und Wehre gebaut wurden; und in Bangladesh, wo 1970 über 300 000 Tote als Folge der Flutwellen eines Zyklons zu beklagen waren und heute hoch gelegene Schutzräume vielen das Überleben sichern. Oder auch in Deutschland, das durch die Hochwasser der letzten Jahre neu sensibilisiert wurde. Zweifellos wird nun auch in New Orleans eine neue Phase im Kampf gegen die Fluten beginnen.

Von Heidi Blattmann

New Orleans bleibt verwundbar

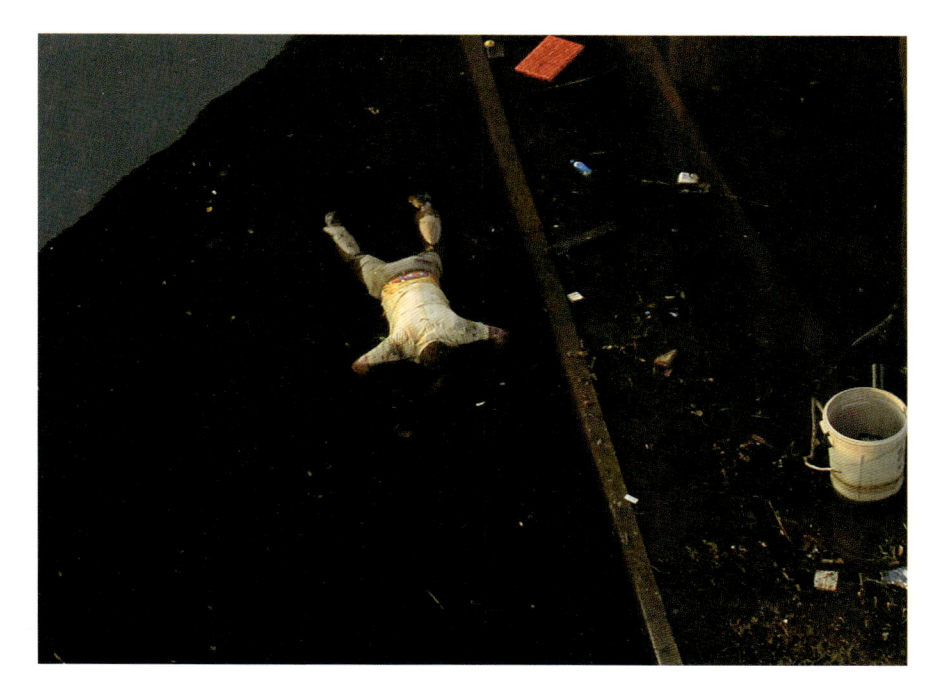

Wie gross ist die Gefahr, dass New Orleans dieses Schicksal erneut erleidet? Ivor van Heerden, ein Professor an der Louisiana State University und Vizedirektor des dortigen Hurrikan-Forschungszentrums, warnt im Gespräch vor einer Unterschätzung der Risiken. Trotz Reparaturen böten die Dämme heute keinen besseren Schutz als vor «Katrina», im Gegenteil. Würde sich ein Sturm dieser Stärke wiederholen, käme es seiner Ansicht nach erneut zu Überschwemmungen. Bereits ein Tropensturm könne Teile der Stadt unter Wasser setzen, weil die Pumpwerke nur noch mit schwacher Leistung arbeiteten. Van Heerden vermutet zudem, dass das Erdreich unter den Flutmauern manchenorts so geschwächt ist, dass es bei der nächsten Flut nachgeben könnte. Auch bemängelt er, dass beim eiligen Wiederaufbau sandiges Erdreich verwendet wurde, das im Ernstfall rasch erodieren würde.

Der gebürtige Südafrikaner van Heerden ist dafür bekannt, dass er kein Blatt vor den Mund nimmt. Nachdem er jahrelang vergeblich vor einer Katastrophe im Stile «Katrinas» gewarnt hatte, hält er mit Kritik an den Behörden nicht mehr zurück. Ins Visier nimmt er namentlich die für den Hochwasserschutz zuständige Bundesbehörde, das Ingenieurkorps des Heeres. Das Korps hatte monatelang behauptet, zur Überschwemmung sei es gekommen, weil die Flutmauern an zwei Stadtkanälen nie für einen so hohen Wasserstand ausgelegt worden seien. Sie seien überspült und durch Erosion auf der Innenseite zum Einsturz gebracht worden. Van Heerden kam jedoch bald zum Schluss, dass das Wasser die Mauerkrone nie erreicht hatte und somit Konstruktionsfehler im Spiel waren. Er behielt Recht. Dass das Korps fatale Schlampereien begangen hatte, ist heute weitgehend unbestritten.

INSTABILER UNTERGRUND

Das ist auch der Tenor eines soeben veröffentlichten Berichts einer Forschungsgruppe der University of California in Berkeley. Die Bauingenieure hatten die Tücken des Untergrunds falsch eingeschätzt. Aus Platzgründen schüttete man die Erddämme entlang den städtischen Kanälen nur bis zu einer bestimmten Höhe auf und krönte sie dann mit einem Sperrgürtel aus Betonelementen. Doch diese Flutmauern waren in dem instabilen Boden nicht genug verankert, so dass sie unter dem Druck des Hochwassers kippen konnten. Zudem wurden die Metallplatten, auf denen sie ruhten, zu wenig tief ins Erdreich gerammt. So konnte an manchen Stellen Wasser unten durchsickern, was die Mauern unterspülte und zum Einsturz brachte.

Nach den Berechnungen der Forschungsgruppe waren drei Breschen an zwei Kanälen für 80 Prozent des Hochwassers in der Innenstadt verantwortlich. Das wirft die

Frage auf, weshalb diesen Achillesfersen nicht früher grössere Beachtung geschenkt worden war. Die beiden Kanäle, an der 17th Street und der London Avenue, dienen normalerweise der Entwässerung der tief liegenden Stadtteile. Nach Regengüssen befördern Pumpanlagen das Wasser in die Kanäle, und von dort fliesst es in den Lake Pontchartrain ab. Führt der See Hochwasser, wie bei Hurrikanen üblich, kehrt sich das Ganze um: Die Kanäle transportieren dann das Hochwasser bis ins Herz der Stadt.

Die naheliegende Lösung dieses Problems, ein Schleusentor an der Kanalmündung, das bei Hochwasser geschlossen werden könnte, blieb jedoch jahrelang unverwirklicht. Zwei lokale Amtsstellen, in deren Kompetenzbereich der Unterhalt und Betrieb der Kanäle fiel, sperrten sich dagegen. So griff das Ingenieurkorps zu einer Behelfslösung, dem – schludrigen – Bau von Flutmauern. Die Forscher aus Berkeley sehen darin ein gutes Beispiel, wie das mangelhafte Zusammenwirken verschiedener Behörden katastrophale Folgen haben kann. Sie fordern deshalb nicht nur bautechnische Änderungen, sondern auch institutionelle Reformen.

Es brauchte «Katrina», um manche bürokratische Blockaden zu durchbrechen. Das Ingenieurkorps des Heeres hat nun grünes Licht für den Bau der Schleusentore erhalten. Diese stehen zum Beginn der neuen Hurrikan-Saison zwar noch nicht bereit. Bei einem Augenschein am 17th Street Canal zeigt sich aber, dass mit Hochdruck an dem Tor gearbeitet wird. Es soll im Juli fertig sein. Droht schon früher eine Flutwelle, stehen Metallplatten bereit, mit denen der Zugang zum Kanal notdürftig abgedichtet werden kann. Einige Schritte stadteinwärts, vorbei an verwüsteten Wohnhäusern, ist die Stelle des Dammbruchs vom letzten August noch gut sichtbar. Die Bresche wurde aufgeschüttet und durch einen Kofferdamm, eine stählerne Absperrung, provisorisch gesichert. Aber der Neubau der Flutmauer hat noch nicht begonnen. Rechtzeitig fertig geworden ist dafür eine kilometerlange Flutmauer im Osten der Stadt. Die Konstruktion wurde geändert, so dass die einzelnen Betonelemente nun besser im Boden verankert sind. Das nach den Hurrikanen «Katrina» und «Rita» gleich zweimal überflutete Viertel Lower Ninth Ward erhält dadurch einen verstärkten Schutz.

AUSWEG ODER UNTERGANG?

Seitens des Ingenieurkorps und damit der Bundesbehörden wird eingeräumt, dass eine neue «Katrina» New Orleans wiederum Hochwasser bescheren würde. Es sei zu erwarten, dass erneut Dämme überspült würden; manche könnten dabei bersten. Dank der Absicherung der Entwässerungskanäle würden sich aber wahrscheinlich nicht mehr solch gewaltige Wassermassen in die Stadt ergiessen.

Für den Hurrikan-Forscher van Heerden sind das keine beruhigenden Aussichten. Er kann nicht verstehen, dass die USA eine ihrer schönsten und bedeutendsten Städte so verwundbar lassen. Er erinnert dabei an die Tatsache, dass «Katrina» keineswegs

«The Big One» war, der befürchtete Jahrhundertsturm. «Katrina» war nicht direkt über New Orleans hinweggezogen und hatte zuvor viel Kraft eingebüsst. Die Küste Louisianas wird laut van Heerden im Durchschnitt etwa alle sieben Jahre von Hurrikans dieser Stärke heimgesucht, wobei jeder eine Katastrophe für New Orleans heraufbeschwören könnte. In einem kürzlich erschienenen Buch mit dem Titel «The Storm» ruft er die Öffentlichkeit dazu auf, sich nicht mehr mit einigen Notpflastern zufriedenzugeben. Ein Dammsystem, das die Stadt samt Umland selbst vor den stärksten Hurrikanen schützen könne, sei sehr wohl machbar. Werde es verwirklicht, stehe einer Wiederbesiedlung aller Stadtteile nichts mehr im Wege, und auf Evakuierungen könne künftig verzichtet werden.

Im Gespräch erläutert van Heerden sein Konzept. Es sieht neue Dämme vor und den Bau eines Schleusentors an der Nahtstelle zwischen dem Golf von Mexiko und dem Lake Pontchartrain. Das Tor könnte bei Hochwassergefahr geschlossen werden und damit die Region um den See vor Flutwellen bewahren. Als Vorbild hat der Naturwissenschafter die Ingenieurkunst der Niederländer, die solche Bauwerke seit langem kennen. Als weiteres Element fordert er, das Marschland südlich von New Orleans gezielt zu regenerieren. Viele Feuchtgebiete sind in den letzten Jahrzehnten verschwunden, durch Erosion, menschliche Eingriffe und die Kanalisierung des Mississippi, der seine Sedimente nicht mehr frei ablagern kann. Damit hat der Süden Louisianas aber auch einen natürlichen Schutzwall gegen Sturmfluten verloren. Mit der fortgesetzten Zerstörung des Marschlands rückt die Golfküste immer bedrohlicher an New Orleans heran.

Und die Kosten eines solchen Grossprojekts? Van Heerden rechnet mit 30 Milliarden Dollar. Das ist ein Mehrfaches der 3,3 Milliarden Dollar, die der Kongress für die Reparatur der Dämme bewilligt hat. Doch im Vergleich zu den Ausgaben für den Irak-Krieg – monatlich etwa 8 Milliarden Dollar – oder den von «Katrina» angerichteten Schäden – 100 bis 150 Milliarden – hält der Hurrikan-Experte dies nicht für überrissen. «Katrina» sei eine nationale Schande gewesen, die Amerika aufrütteln sollte. Wenn sich nichts ändere, wird seiner Ansicht nach irgendwann ein Fünftel von Louisiana für immer in den Fluten versinken. Von New Orleans, so lautet seine düstere Warnung, werde dann nur noch die Erinnerung an ein zweites Atlantis übrig bleiben.

Von Andreas Rüesch

Bild I
New Orleans, US-Bundesstaat Louisiana.
Aufnahme vom 3. September 2005. Thomas Dworczak/Magnum Photos

Bild II
Plünderer haben Häuser im Garden District in Brand gesetzt. New Orleans, US-Bundesstaat Louisiana.
Aufnahme vom 4. September 2005. Thomas Dworczak/Magnum Photos

Bild III
Die Umgebung des Industrial Canals in New Orleans, dessen Deiche durch die Flutwelle des Hurrikans «Katrina» geborsten sind.
Aufnahme vom 31. August 2005. Eric Gay/Keystone

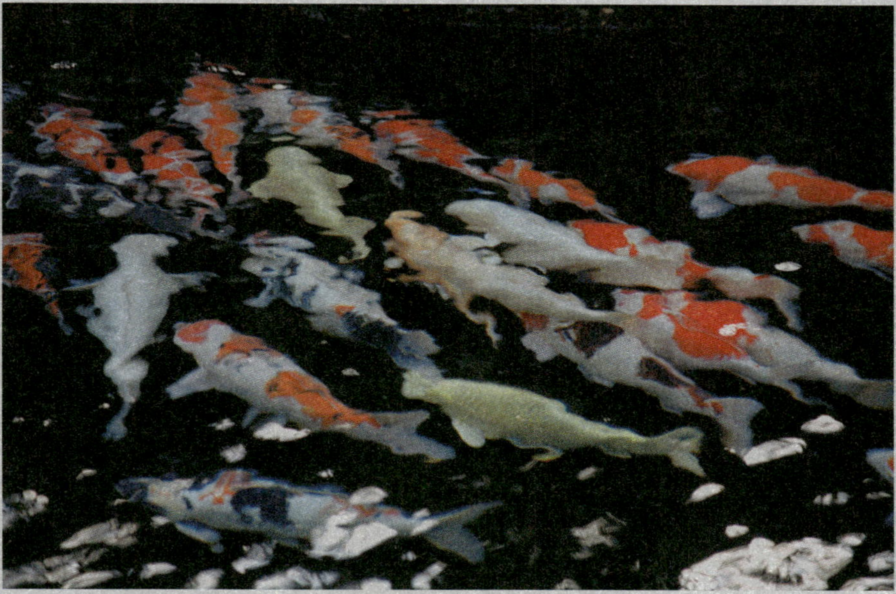

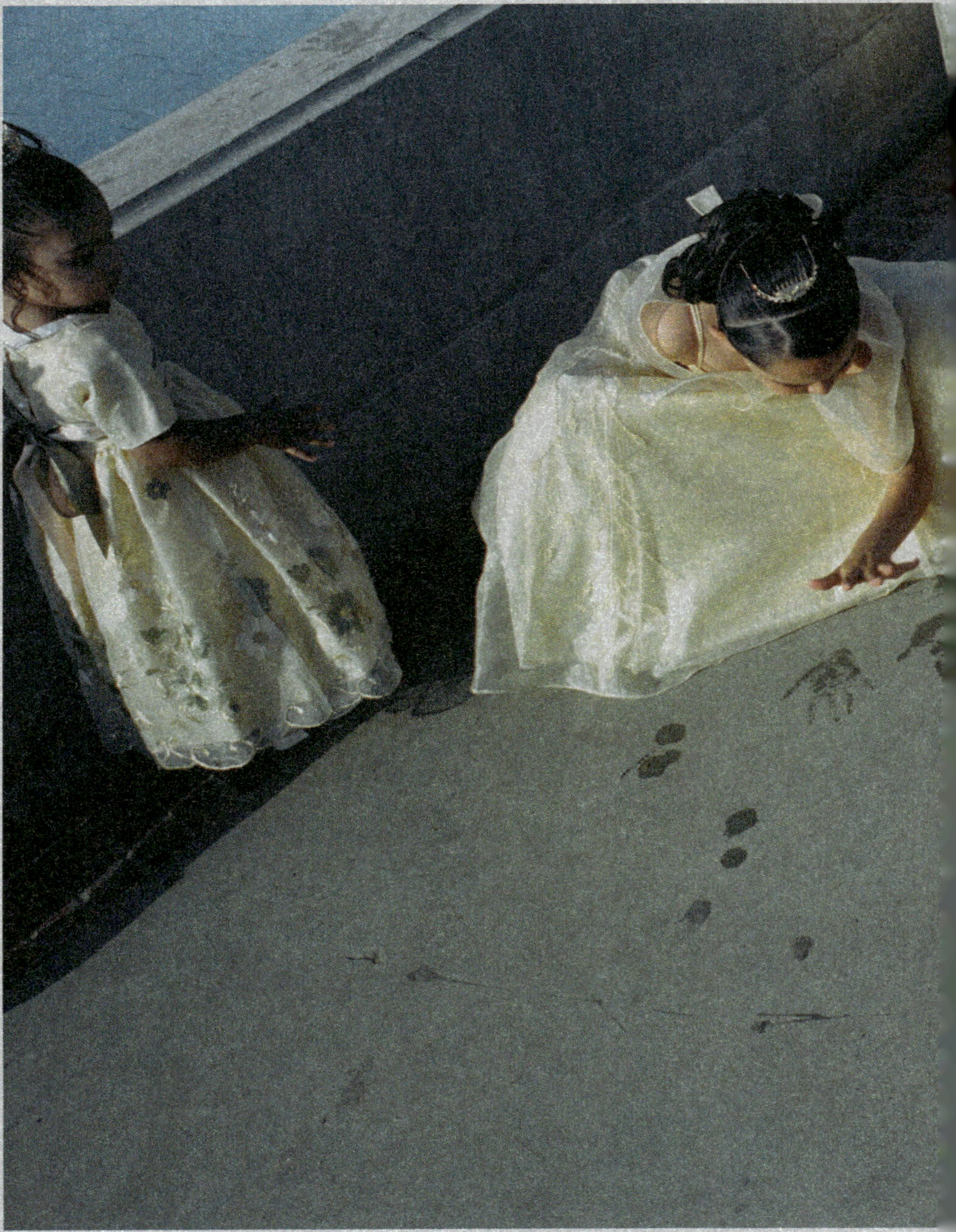

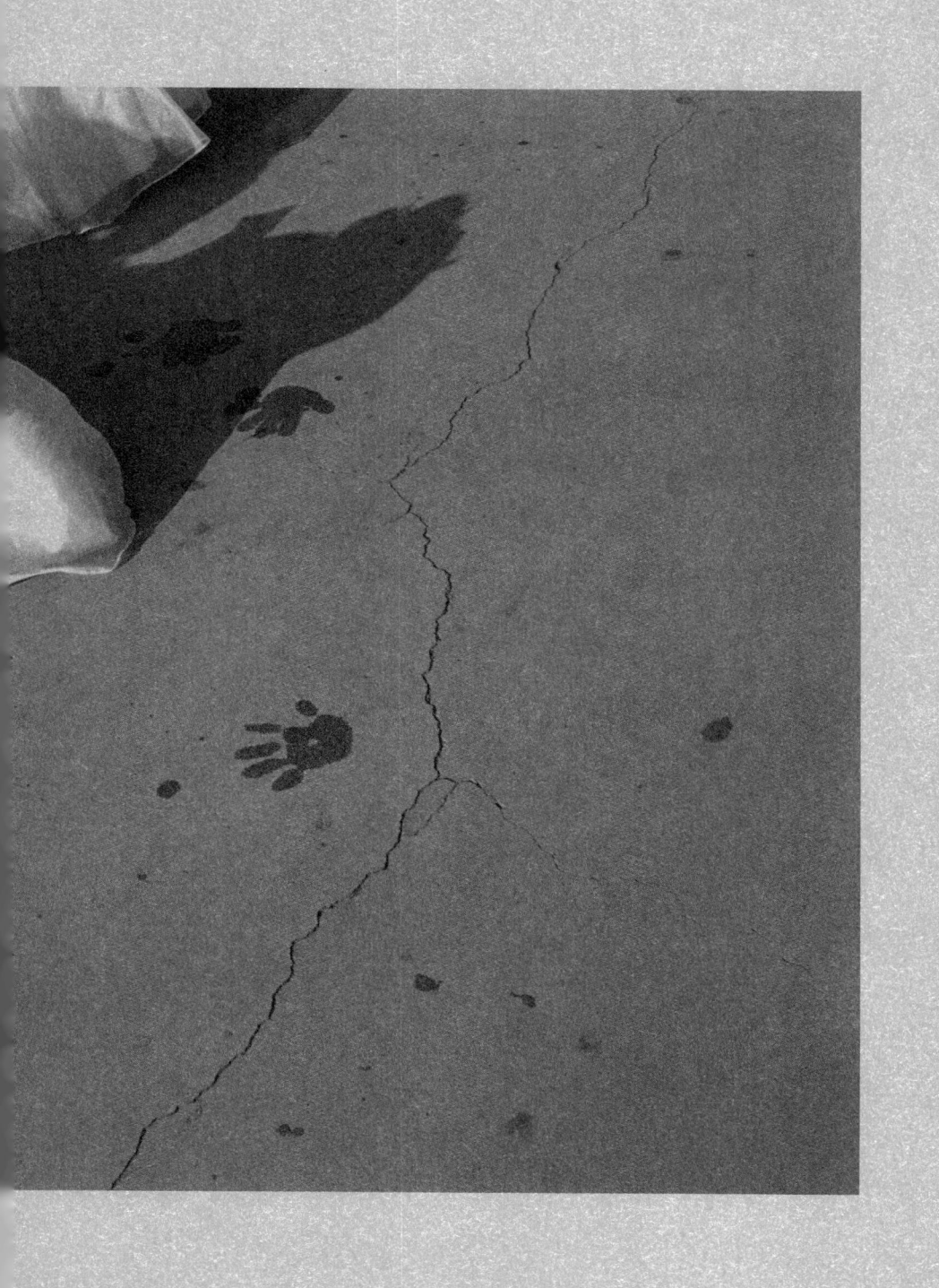

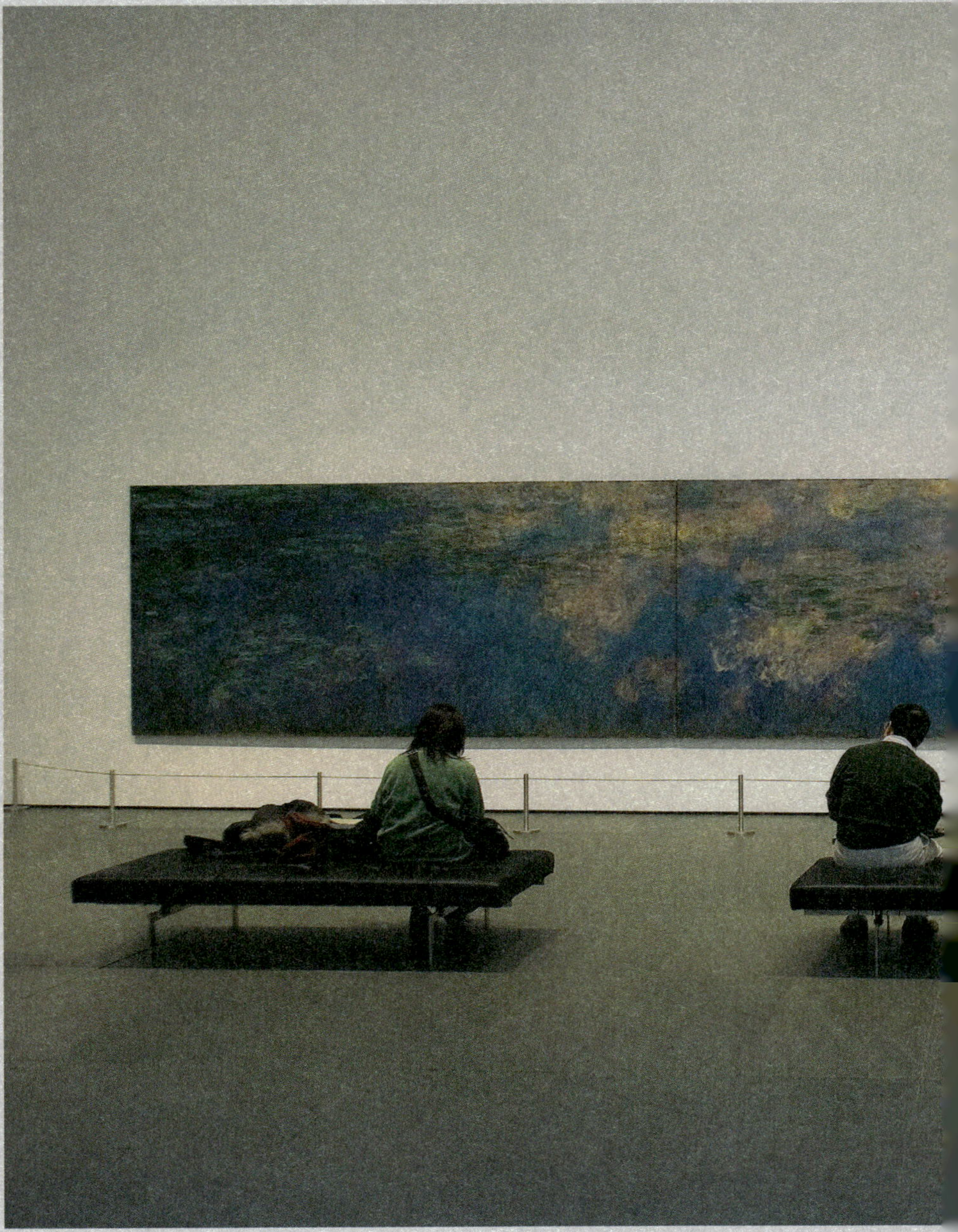

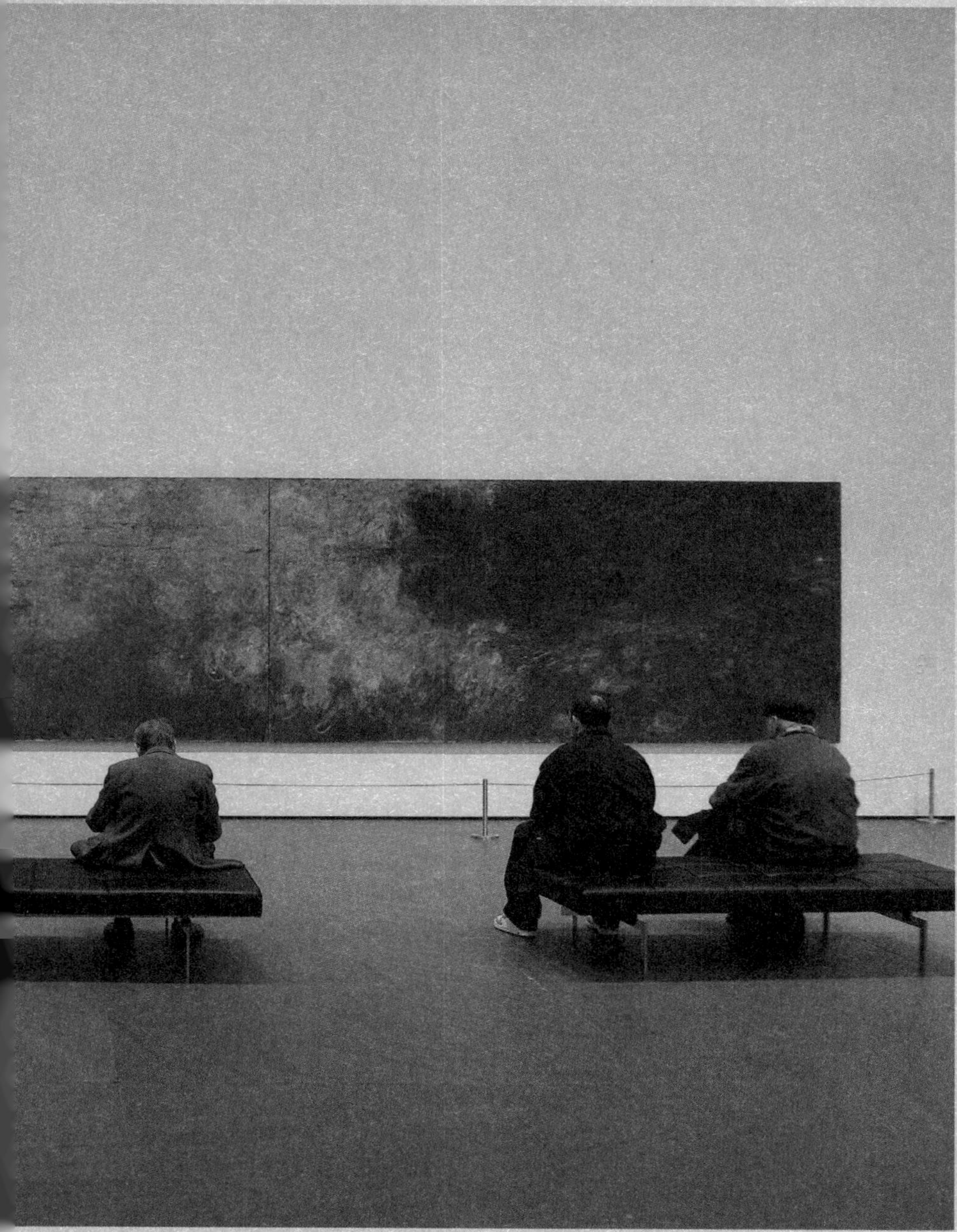

Am Anfang war das Wasser

Im 1. Buch Mose, dem Beginn der biblischen Schöpfungsgeschichte, ist das Wasser schon da, als Gott mit seinen Werken beginnt. Auch in anderen Weltentstehungsmythen ist Wasser von Anfang an vorhanden. Entweder ist es wie in der Genesis der ewige, schöpfungslose Urgrund, oder eine Sintflut kennzeichnet den Beginn der Welt- und Menschheitsgeschichte (z.B. in Babylonien und Südamerika), oder aber das Leben entsteht wie in den Mythen mancher nordamerikanischer Indianer auf einer winzigen, von einem Urozean umschlossenen Insel (Miami-Indianer).

Wasser ist nicht einfach eine nützliche Flüssigkeit, sondern die Grundvoraussetzung für alles Lebendige, der Ursprung allen Seins, hat die Qualität des Erhabenen, ist ein Spiegel des Göttlichen.

Die neuseeländischen Maori unterscheiden explizit zwischen göttlichem Wasser, *waiora*, und gewöhnlichem Wasser, *wai maori*, Menschenwasser, wie es zum Trinken, Kochen und Waschen gebraucht wird. *Waiora* ist das Wasser bestimmter, nur Auserwählten bekannter Quellen, ist der Nebel, der Regen, der Tau. *Waiora* ist das Medium von Geburt und Tod, verbunden mit den Tränen von Freude, Schmerz und Abschied. Nur dieses Wasser wird als spirituell heilsam erachtet und eignet sich für Geburts- und Begräbniszeremonien.

In der finnischen Überlieferung ist der vom glühenden Saunaofen aufsteigende Wasserdampf, *löyly*, Heilmittel für Leib und Seele zugleich. Traditionell war das Anheizen der Sauna ein solitärer Ritus und wurde von einer einzelnen Person vollzogen, deren Abgeschiedenheit und meditatives Schweigen nicht gestört werden durfte. Der aus ins Feuer gegossenem Wasser geborene *löyly*, heisst es, baue eine Brücke zwischen Erde und Himmel, zwischen Körper und Geist, zwischen Diesseits und Jenseits.

Dass eine innige, gar spirituelle Beziehung zum Wasser auch in einer modernen Industriegesellschaft lebendig sein kann, zeigt sich in Japan. Die japanische Landschaft ist reich an heiligen Orten, *sei-chi* genannt:

Höhlen, Flüsse, heisse Quellen, Berge, Hügel oder Wasserfälle. Nach der japanischen Urreligion Schintoismus wohnen jedem dieser heiligen Orte lokale göttliche Geistwesen, *kami*, inne, denen zierliche Schreine und Tempel gewidmet sind. Wasser spielt im Schintoismus eine zentrale Rolle, wobei die Wasserfälle zu den schönsten und ergreifendsten Kraftorten gehören. Ort und lokale Gottheit werden mit zeremoniellen Ritualen und Jahresfesten geehrt, als stete Erinnerung daran, dass Natur, Geist und Bewusstsein eine (untrennbare) Einheit bilden. Der Eindruck von Verzauberung an den heiligen Orten *sei-chi* wird verstärkt durch die Gewissheit darüber, dass sie den Menschen jahrhundertelang zu göttlicher Kontemplation dienten.

Überall auf der Welt gilt Wasser als reinigendes, verwandelndes, erneuerndes Element. Das ewige Fliessen von Quellen und Flüssen ist Sinnbild des Lebens und der Hoffnung – auf Heilung, Läuterung und Abwendung von Unglück. Bereits in den sehr frühen Naturreligionen half Wasser, böse Geister und krank machende Dämonen aus Körper und Seele zu vertreiben. Das Eintauchen in Wasser, das von Sünden befreit und Vergebung gewährt, ist bis heute nicht nur im christlichen Taufritus erhalten geblieben. Kultische und rituelle Waschungen und Bäder finden sich in allen Religionen. Zum Beispiel sind im jüdisch-orthodoxen Leben rituelle Waschungen in so genannten Mikwen üblich. Ist eine Person unrein, *tame*, geworden – etwa durch Berührung eines Toten –, kann sie nur durch vollständiges Untertauchen wieder rein, *tahore* werden. Neues Geschirr wird in gläubigen Haushalten vor dem ersten Gebrauch symbolisch gereinigt.

Wenngleich bei kultischen Waschungen der hygienische Nebeneffekt erwünscht ist, steht im Vordergrund meist der spirituelle Aspekt. Bei der christlichen Urtaufe durch Johannes den Täufer im Jordan sollte eine geistige und spirituelle Wandlung erreicht werden, eine Umkehr, die Hinwendung zu Gott. Auf diese Weise symbolisiert die Taufe bis in unsere Tage die Aufnahme eines Menschen in die Religionsgemeinschaft der Christen. Je nach Glaubensrichtung reicht der Kontakt mit dem Wasser von einem symbolischen Benetzen der Stirn bis zum völligen Untertauchen in einem Fluss.

Im Islam geht die Verwendung von fliessendem Wasser jedem Betreten der Moschee, jedem Gebet und jeder Koranlektüre voran. Die meisten Moscheen verfügen über einen eigenen Brunnen, mit dessen Wasser die täglichen fünf Gebete spirituell über den Alltag herausgehoben werden: Bei der «kleinen Waschung» müssen Hände und Unterarme, Gesicht und Füsse gewaschen und ein Viertel des Kopfes benetzt werden. Die «grosse Waschung» ist nur in einem islamischen Badehaus, *hamam*, möglich. Nicht der «kleinste Fleck» am Körper darf trocken bleiben.

Die Flüsse stehen im Mittelpunkt des religiösen Erlebens in Indien. Dort hat sich bis heute eine Vielfalt von Wasserritualen erhalten: Gläubige und nach Erleuchtung Suchende pilgern zu den heiligen Fluten des Narmada oder Ganges, um Erlösung und Heilung zu finden. Allein die Nähe, die Gegenwart des Flusses spendet den Gläubigen Trost und Erleichterung.

In hinduistischen Distanzritualen nach dem Tod eines Menschen unterziehen sich die Familienmitglieder in der ersten Trauerzeit an ungeraden Tagen einem Bad, idealerweise in einem Fluss oder Tempelteich. Die Bäder sollen die Ablösung des Verstorbenen von den Hinterbliebenen erleichtern und die durch den Tod gestörte innere Ordnung der Trauernden wieder herstellen. Zuletzt wird die Asche der Verstorbenen dem heiligen Fluss übergeben.

Das Wasser von Quellen und Flüssen wurde von den Menschen seit Urzeiten hoch geachtet, war Mittelpunkt des religiösen und kultischen Lebens. Wasser verändert, Wasser reinigt, Wasser inspiriert, im Wasser werden Übergänge und Metamorphosen möglich. Wasserfälle und Quellen sind Kraftorte, Bäche, Flüsse und Ströme tragen die Wünsche der Menschen in die Welt. Ihr Fliessen ist stete Erinnerung an Wandel und Vergänglichkeit.

Die Achtung vor dem Wasser dürfte jedoch nicht nur einem religiösen Gefühl entsprungen sein, sondern ebenso sehr der Erfahrung: Quellen konnten versiegen, Regen ausbleiben, Flüsse konnten Täler verwüsten und ganze Ortschaften auslöschen. Wasser war Segen und Gefahr, Lebensspender und tödliche Gewalt zugleich. Der Macht des Wassers konnte sich niemand entziehen.

DIE ENTZAUBERUNG DER WELT

Ein seltener Besucher der Erde wäre erstaunt, dass im Alltag moderner Industriegesellschaften das mächtige Wasser kaum noch eine Rolle spielt. Die gängige Wahrnehmung des Wassers ist heute ein dreissig Zentimeter langer Wasserstrahl, der aus dem Hahn strömt und Sekunden später wieder im Abfluss verschwindet. Wasser ist herkunftslos, kaum jemand ist sich noch bewusst, aus welchem Fluss, aus welchem Brunnen es entnommen wurde, auf welchen Boden dieses Wasser einst als Regen fiel. Das Wasser ist den Menschen fremd geworden, ein anonymes, ein technisches Produkt wie viele andere.

So segensreich eine zentrale Wasserversorgung und Kanalisation für die Lebensqualität und Bequemlichkeit in Städten auch ist, so ist doch von entscheidendem Nachteil, dass das Wasser in den Leitungsrohren unsichtbar bleibt. Die Folgen des Wasserentzugs aus der Natur bleiben ebenso unspürbar fern wie das Schicksal des verschmutzten Wassers, nachdem es im häuslichen Abfluss aus dem Blick verschwunden ist. Da das städtische Wasser auch ausserhalb der Häuser «domestiziert» ist, Stadtbäche unterirdisch verrohrt, Flüsse begradigt und eingedeicht sind, geht das Gefühl der Verbundenheit mit dem Wasser mehr und mehr verloren. Wo Stadtparkteiche und Pfützen das Wasserbild prägen, wo Wasser umfassend beherrscht und verfügbar ist, muss der Eindruck entstehen, der Mensch der Moderne sei vom Wasser nicht mehr abhängig.

DIE ANZIEHUNGSKRAFT DES WASSERS

Auf den ersten Blick hat die moderne Welt ihre Wahrnehmung des Wassers von allen religiösen und spirituellen Aspekten gesäubert. Der Umgang mit Wasser ist nüchtern praktisch, ganz auf die Nutzbarkeit konzentriert. Nur wer genauer hinsieht, kann wahrnehmen, dass wir mit dem Wasser auch heute noch weit mehr erleben als wir uns im Alltag bewusst machen. Dem Wasser in der Natur ist in besonderer Weise die Kraft zueigen, uns Menschen in Stimmungen zu versetzen, Gefühle zu wecken, Ideen hervorzurufen, uns mit unserem Innersten in Kontakt zu bringen.

Welche Eindrücke das Wasser bei uns auslöst, ist individuell verschieden, hängt von Alter und Herkunft, von der augenblicklichen Stimmung ab. Prägend dabei ist die Einbettung des Gewässers in die jeweilige Landschaft: Die leise glucksende, aus moosigem Boden aufwallende Quelle ist friedlich, jung, rein und frisch, der daraus entspringende Bach gurgelt einladend wie ein Frühlingsmorgen durch sein Wiesentälchen. Ganz anders der reissende, über Steinblöcke stürzende Wildbach im Hochgebirge, an dessen Ufer man sich nur laut rufend verständigen kann: er weckt Achtung und Respekt, wühlt das Innerste auf, kann Mut und Leidenschaft hervorrufen.

Im Oktober 1779 wanderte Johann Wolfgang von Goethe zum Staubbachfall in den Schweizer Alpen. Was er dort im Lauterbrunnental erlebte, lässt sich auch heute noch nachvollziehen:

Der Staubbach ergiesst sich mit kräftigem Schwall über die felsige Westflanke des Tals und fällt dann beinahe 300 Meter frei durch die Luft, zerstiebt und zerstäubt dabei. Im unteren Drittel trifft er auf einen Felsvorsprung, setzt dort nur leicht auf, wird nur wenig abgelenkt, um dann weiter gen Tal zu strömen. Wir wissen aus Goethes Briefen, dass er sich einen sonnigen Tag für diese Wanderung ausgesucht hatte («…wir haben den Staubbach bei gutem Wetter zum ersten Mal gesehen und der blaue Himmel schien durch.»), dass es später Vormittag war, als er am Staubbach eintraf, die Stunde, zu der die Gischt des frei fallenden Gletscherwassers stetig wechselnde Regenbogenschleier bildet. Feinste Tröpfchen werden dabei von aufsteigenden Winden nach oben gewirbelt, so dass der Wasserfall sich in einen luftig auf- und absteigenden Wasserwirbel aufzulösen scheint.

Dieser Anblick muss Goethe tief berührt haben, nicht in erster Linie wegen des spektakulären Naturschauspiels, sondern wegen des Eindrucks, der Stimmung, der Assoziationen, die der Staubbach bei ihm auslöste. In den Tagen danach verdichten sich seine Eindrücke zu Worten, die nur vordergründig eine Beschreibung des Wasserfalls, in Wahrheit jedoch eine Metapher für das menschliche Leben sind. Goethe nennt das so entstandene Gedicht «Gesang der Geister über den Wassern». Seine Metapher für Vergänglichkeit und Wandlung, für das menschliche Schicksal, wird als Sinnbild für einen Kreislauf von Tod und Wiedergeburt interpretiert, als eine der ersten Bekundungen des Reinkarnationsgedankens in der westlichen Philosophie.

Auch andere Dichter wurden von der eigenartigen Wirkung des Wassers ergriffen und inspiriert.

«Für meine Person bekenne ich gern,» notierte Thomas Mann 1925, «dass die Anschauung des Wassers in jederlei Erscheinungsform und Gestalt mir die weitaus unmittelbarste und eindringlichste Art des Naturgenusses bedeutet, ja dass wahre Versunkenheit, wahres Selbstvergessen, die rechte Hinlösung des eigenen beschränkten Seins in das Allgemeine mir nur in dieser Anschauung gewährt ist.» (*Herr und Hund*, 1925).

Hermann Hesse entwickelt im Roman *Siddharta* eine ganze Philosophie aus seinem Erleben des Wassers: «Es ist doch dieses was du meinst: dass der Fluss überall zugleich ist, am Ursprung und an der Mündung, am Wasserfall, an der Fähre, an der Stromschnelle, im Meer, im Gebirge, überall zugleich, und dass es für ihn nur Gegenwart gibt, nicht den Schatten Vergangenheit, nicht den Schatten Zukunft?»

Nicht anders ergeht es Wissenschaftlern, wenn sie den Eigenschaften der Flüssigkeit Wasser nachforschen: Gewissheiten sind schwer zu erlangen, nichts lässt sich festhalten, alles ist in steter Veränderung begriffen. Es habe keinen Zweck, sich dieser Grundeigenschaft flüssigen Wassers zu widersetzen, meint Theodor Schwenk, der Begründer des Instituts für Strömungsforschung in Herrischried im Schwarzwald. «Die Welt des Wassers ist die der Bewegung, des Werdens und Vergehens, die der Prozesse.»

Vielleicht ist es gerade das, was die Menschen seit jeher am Wasser fasziniert hat, dass es Vergänglichkeit unmittelbar erlebbar macht: «Du steigst nie zweimal in den gleichen Fluss,» sagte schon Heraklit. Nota bene: Du selbst, Badender, hast Dich auch verändert.

Die beseelende, meditative Wirkung von Wasser ist den Menschen von Anbeginn bekannt gewesen. Gefühle werden geweckt, Gedanken kommen in Bewegung, Zusammenhänge werden deutlich: Es ist eine wesentliche Qualität von Wasser, dass es uns öffnet für den Kontakt mit geistig-spirituellen Bereichen der Existenz. Nicht anders als unsere natur-gläubigen Vorfahren vor Jahrtausenden werden auch wir Heutigen von den Wassern innerlich ergriffen und bewegt. Jedoch nimmt die heutige Hinwendung zum Wasser andere Formen an, zeigt sich zum Beispiel in einer Art «Wasser-Renaissance»: Die Bäderarchitektur der letzten Jahre zelebriert das Element in hochästhetischen Bauten, feiert seinen Klang, seine Bewegung, seine Farben, schafft moderne Wasser-Kathedralen, in denen sich Andacht mit Wohlgefühl verbindet.

Die Menschen nähern sich dem Wasser wieder, um sich Gutes zu tun, ihre Kraftreserven zu erneuern. Folglich expandiert der Wellness-Markt. Wasser, eisig oder warm, plätschernd oder rauschend, schiessend, wallend oder dampfend, ist *das* zentrale Medium dieser modernen Gesundheitsbewegung.

Immer mehr Menschen fühlen sich aber auch auf geistiger Ebene vom Wasser angezogen. Sie suchen innigeren Kontakt, betrachten es unabhängig von der Religion als Inspirations- und Heilquelle, mitunter gar als Lebewesen mit eigenen Emotionen. Das Wasser in der Landschaft, in Bächen, Seen und Quellen, bringen sie mit elementaren Wesen in Verbindung, die das Wasser schützen und ihm besondere Qualität verleihen. Wie in den Märchen werden sie Nixen, Seejungfrauen oder Meeresgöttinnen genannt.

VOM WASSER LERNEN

Im Bewusstsein vieler Menschen hat das Wasser bis heute grosse Bedeutung als Element der Reinheit, der Verwandlung, des Übergangs, der Neuorientierung. Entscheidend ist die Erkenntnis, dass sich diese Bedeutung im menschlichen Handeln niederschlagen muss. Es gibt einige Indizien dafür, dass sich die Menschheit in einem Wandlungsprozess in ihrer Einstellung zur Erde und deren zentralem Organ, dem Wasser, befindet. Noch sind Wirtschaft und Politik in erster Linie geprägt von rein wirtschaftlichen Kriterien und rationaler Erkenntnis, doch eine andere Grundhaltung setzt sich immer öfter durch: die intuitive Ablehnung bestimmter Technologien, das Gespür dafür, dass Wasser kein beliebiges Handelsgut ist, die Überzeugung, dass Flüsse und Seen auch dann unverschmutzt bleiben müssen, wenn sie nicht als Trinkwasserreservoir benötigt werden, das Gefühl, dass nicht jeder Fluss hinter Staumauern gebändigt werden muss, bloss weil er ein hohes Potenzial für Wasserkraft hat.

Aus der Verbundenheit mit dem Element Wasser entsteht Verantwortung: so wie in Japan bestimmte Wasserfälle, bei den Maori Tau und Regen, im Hinduismus bestimmte Flüsse heilig sind, beginnt Wasser auch in westlich orientierten Gesellschaften wieder einen Wert jenseits von Nützlichkeit und kommerzieller Verwertung zu erlangen. Es hat den Anschein, dass die Menschheit nach einem Jahrhundert technisch optimierter Ausbeutung aufschrickt und erkennt, wie viele einst wunderbare, lebendige Flüsse schwer geschädigt sind, wie sehr das selbstverständliche, immer währende Wasser in seiner Existenz gefährdet ist – und damit das Überleben der Menschheit.

Wasser ist Heiligtum, ist Ideenquelle und Orakel: Zur Erkenntnis aus Büchern, Labors und Computersimulationen gesellen sich Naturerfahrungen und Inspiration, wie sie die Menschen in Gegenwart des Wassers verspüren. Wir können lernen, die Sprache des Wassers wieder zu verstehen, das Murmeln der Bäche, das Tosen von Wasserfällen, das Prasseln des Regens, das Rauschen der Brandung, aber auch, die Botschaft des Wassers beim Gurgeln, beim Putzen, beim Kochen, beim Trinken oder Schwimmen wahrzunehmen. Und zu beherzigen, was uns bei all dem mitgeteilt werden soll: dass wir aus dem Wasser stammen, dass wir in der Welt Teil eines Ganzen sind.

Am Anfang war und ist immer das Wasser.

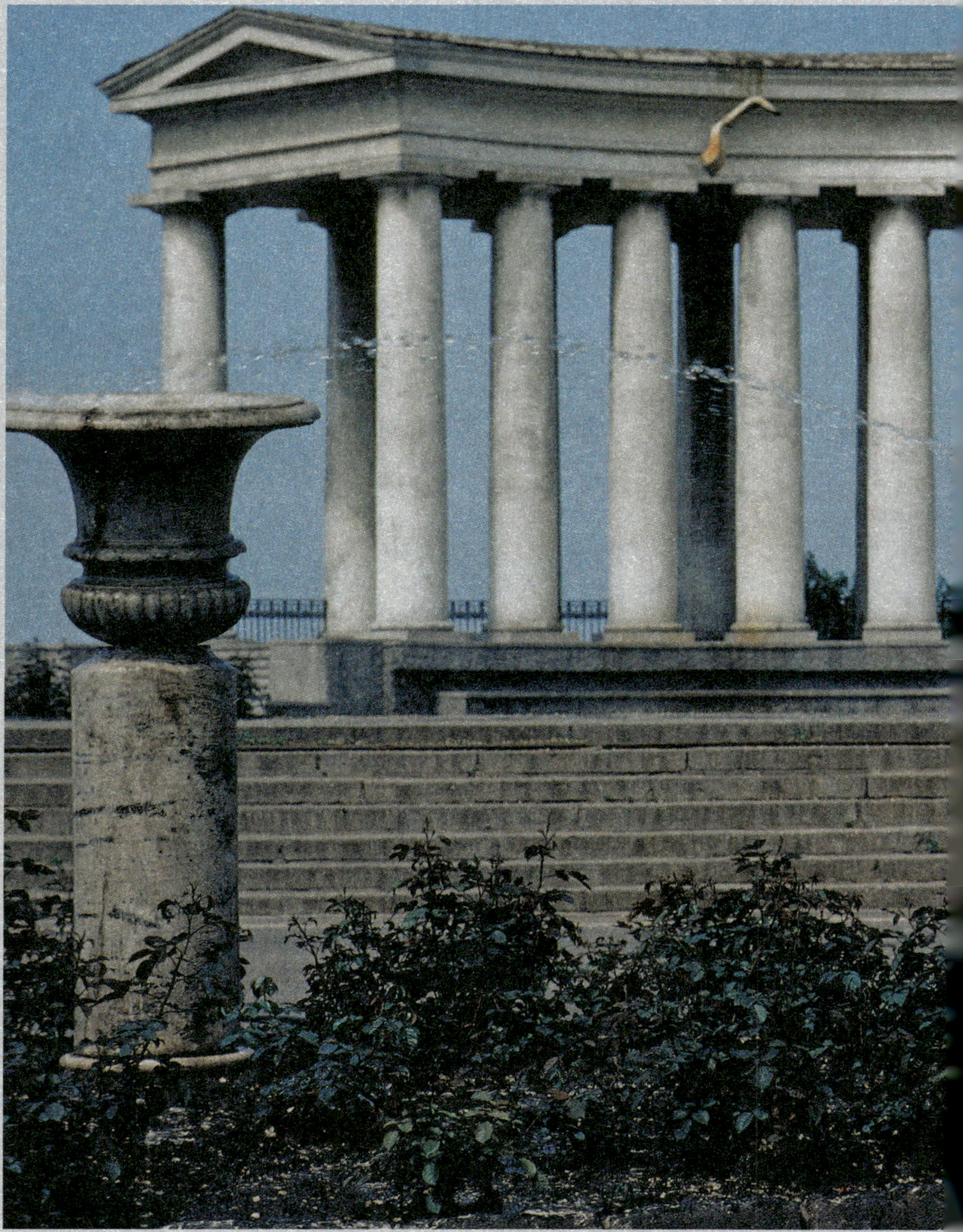

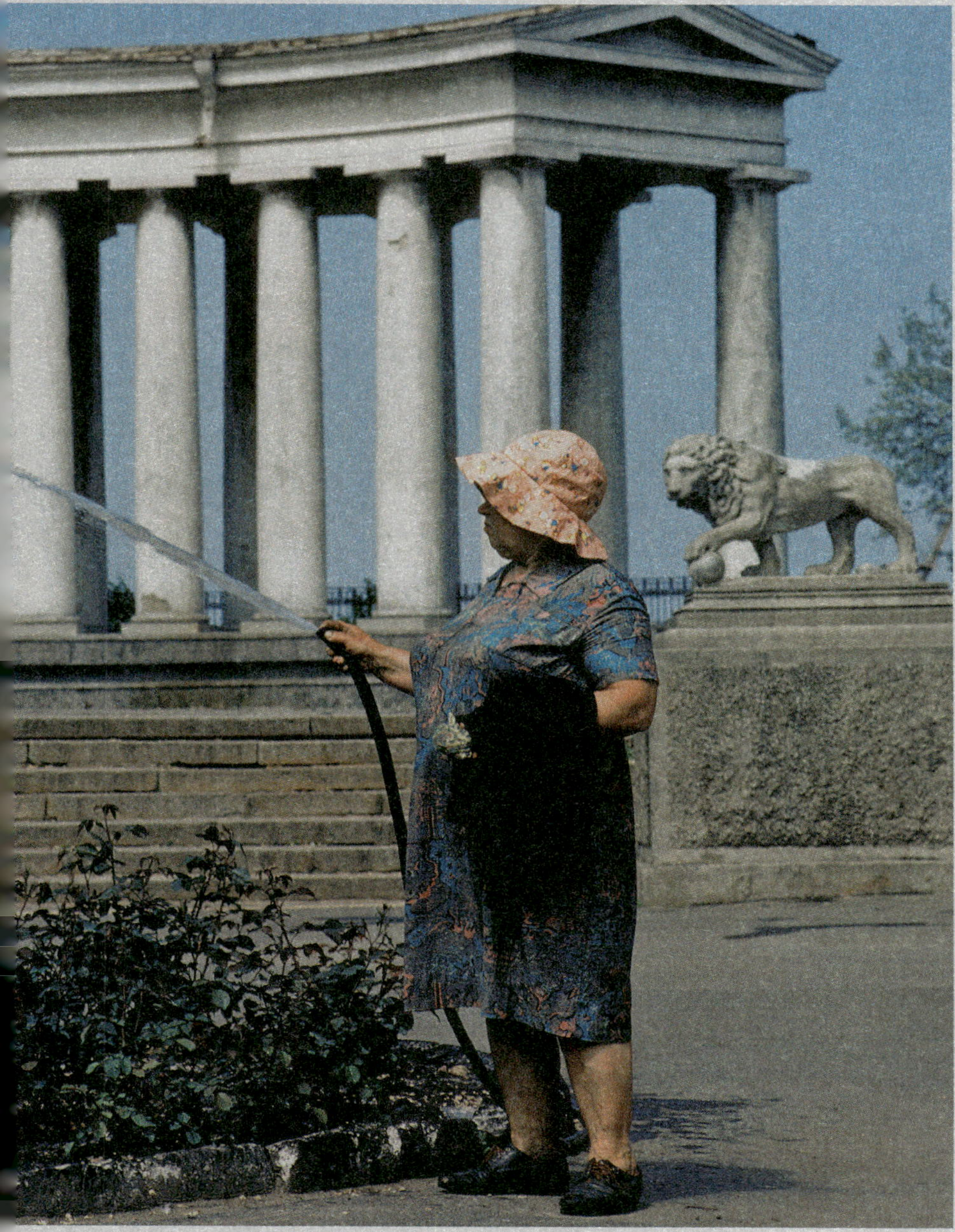

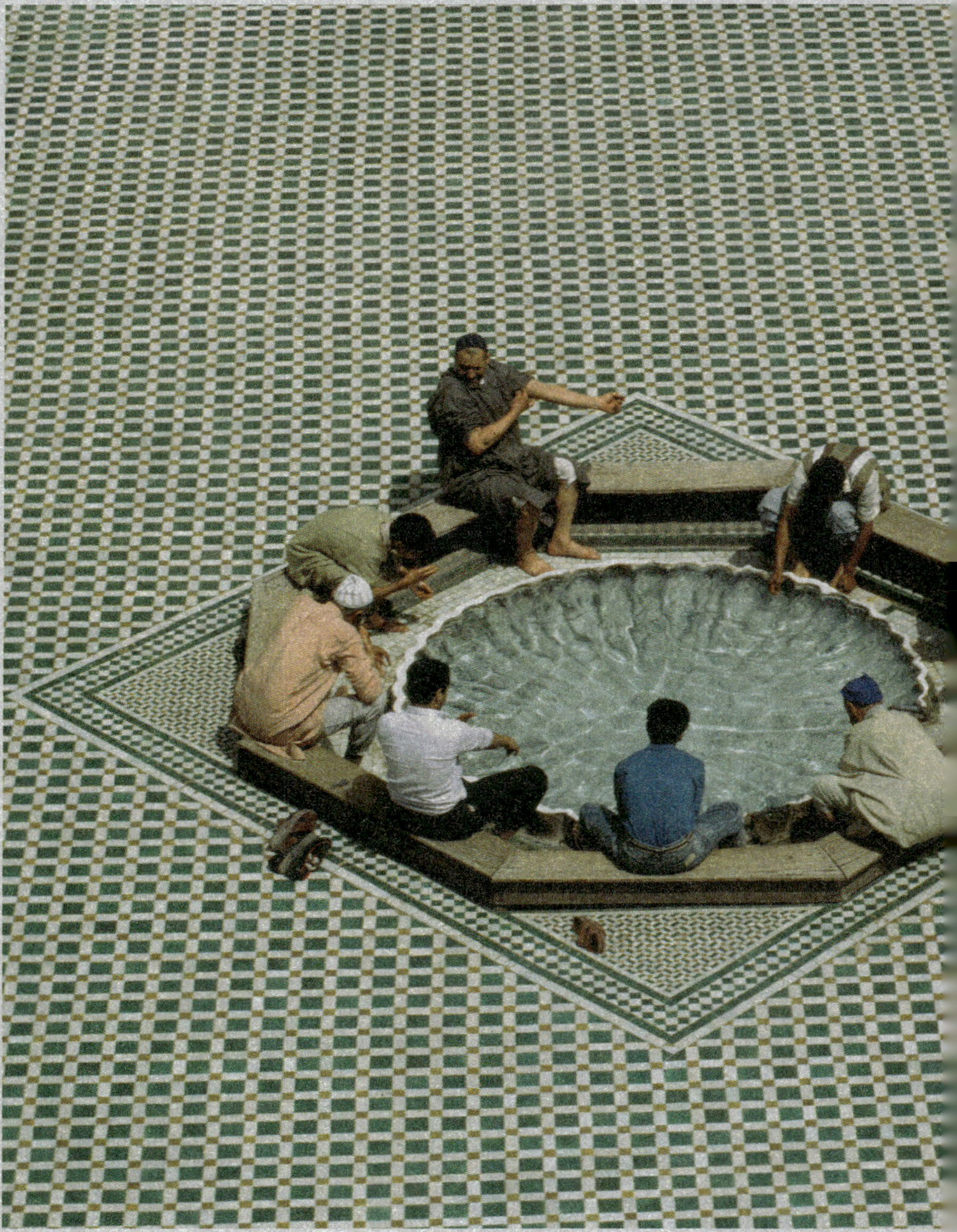

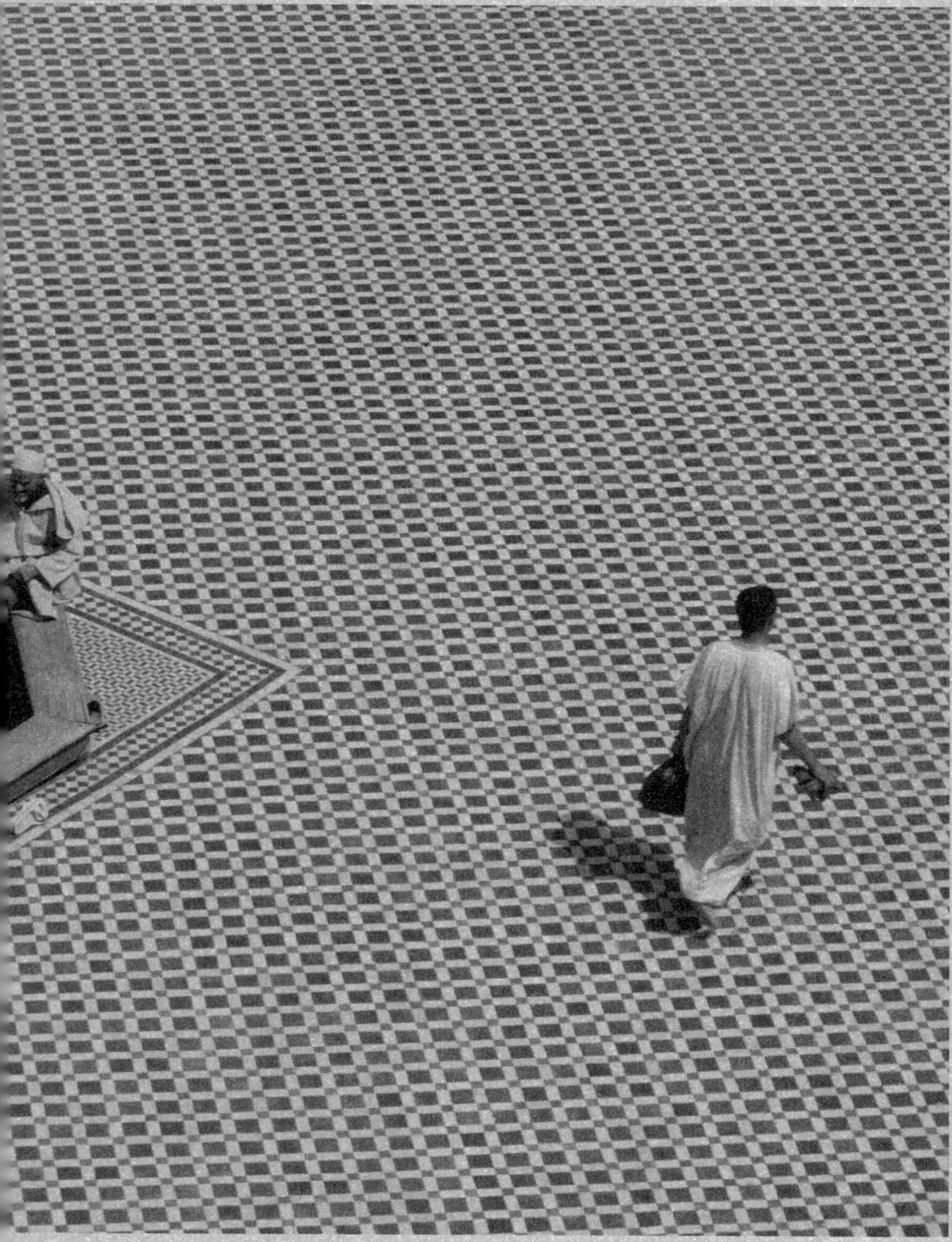

S. 409 Abbas/Magnum Photos

S. 410 Thomas Kern, USA, LA

S. 412 Claude Monet: Seerosen.
Museum of Modern Art, New York City, 2005.
Thomas Hoepker/Magnum Photos

S. 420 Ukraine. Odessa.
Ian Berry/Magnum Photos

S. 422 Mausoleum des Sidi Abdelaziz, Tabaa, Marrakesch, Marrokko.
Bruno Barbey/Magnum Photos

WASSER UND MACHT

Das Geschäft mit dem Wasser

Wasser ist billig, der Bau und Unterhalt von Leitungsnetzen und die Entsorgung von verschmutzten Abwässern aber gehören zu den kostspieligsten Aufgaben von Städten, Kommunen und Ländern.

Darunter leiden vor allem die Schwellen- und Entwicklungsländer, die erst jetzt beginnen, ihre Wasserversorgung und -entsorgung allen ihren Bewohnern zugänglich zu machen. Sie sind angesichts der rasanten Bevölkerungsentwicklung gar nicht in der Lage, eine Infrastruktur aufzubauen, wie sie in westlichen Ländern Standard ist. Sie müssen schon zufrieden sein, wenn sie die in der Millenniumserklärung vom September 2000 formulierten Ziele erreichen: bis im Jahr 2015 den Anteil der Menschen zu halbieren, die keinen Zugang zu sicherem Trinkwasser und zu bescheidensten hygienischen Einrichtungen haben.

Das Rezept, das westliche Ökonomen und Politiker den Entwicklungs- und Schwellenländern vorschlagen, ist einfach: Um die öffentlichen Institutionen zu entlasten, sollen die Wasserunternehmen teilweise oder vollständig privatisiert werden. Seit den 80er Jahren knüpfen Institutionen wie die Weltbank und der Internationale Währungsfonds ihre Kreditzusagen an solche Auflagen. Sie forcieren damit in vielen Ländern der Dritten Welt die Liberalisierung und Privatisierung des Wassersektors.

Die Erfahrungen mit diesen Konzepten haben die Erwartungen bisher allerdings bei weitem nicht erfüllt: Die Finanzierungsprobleme sind in vielen Entwicklungs- und Schwellenländern dadurch nicht kleiner geworden. Viele Privatisierungsvorhaben scheiterten oder mussten auf Druck der Bevölkerung wieder rückgängig gemacht werden, da sie nur zu einem sehr selektiven Ausbau der Wasserversorgung geführt haben. An vielen Orten kann die Mehrheit der Bevölkerung die Wasserpreise gar nicht bezahlen, die von den privat geführten Wasserunternehmen verlangt werden.

Seit einigen Jahren propagieren die Privatisierungsbefürworter unter dem Stichwort «Public-Private-Partnership» (PPP) neue Modelle der Zusammenarbeit zwischen der Privatwirtschaft, den öffentlichen Institutionen und der Zivilgesellschaft. Erfolgreich scheinen solche Kooperationen vor allem dort zu sein, wo sich in kleineren und überschaubaren lokalen Projekten staatliche Institutionen, engagierte Initiativen der betroffenen Bevölkerung und einheimische Privatunternehmen zusammen tun, um gemeinsam Lösungen zu finden, die den lokalen Gegebenheiten angepasst sind.

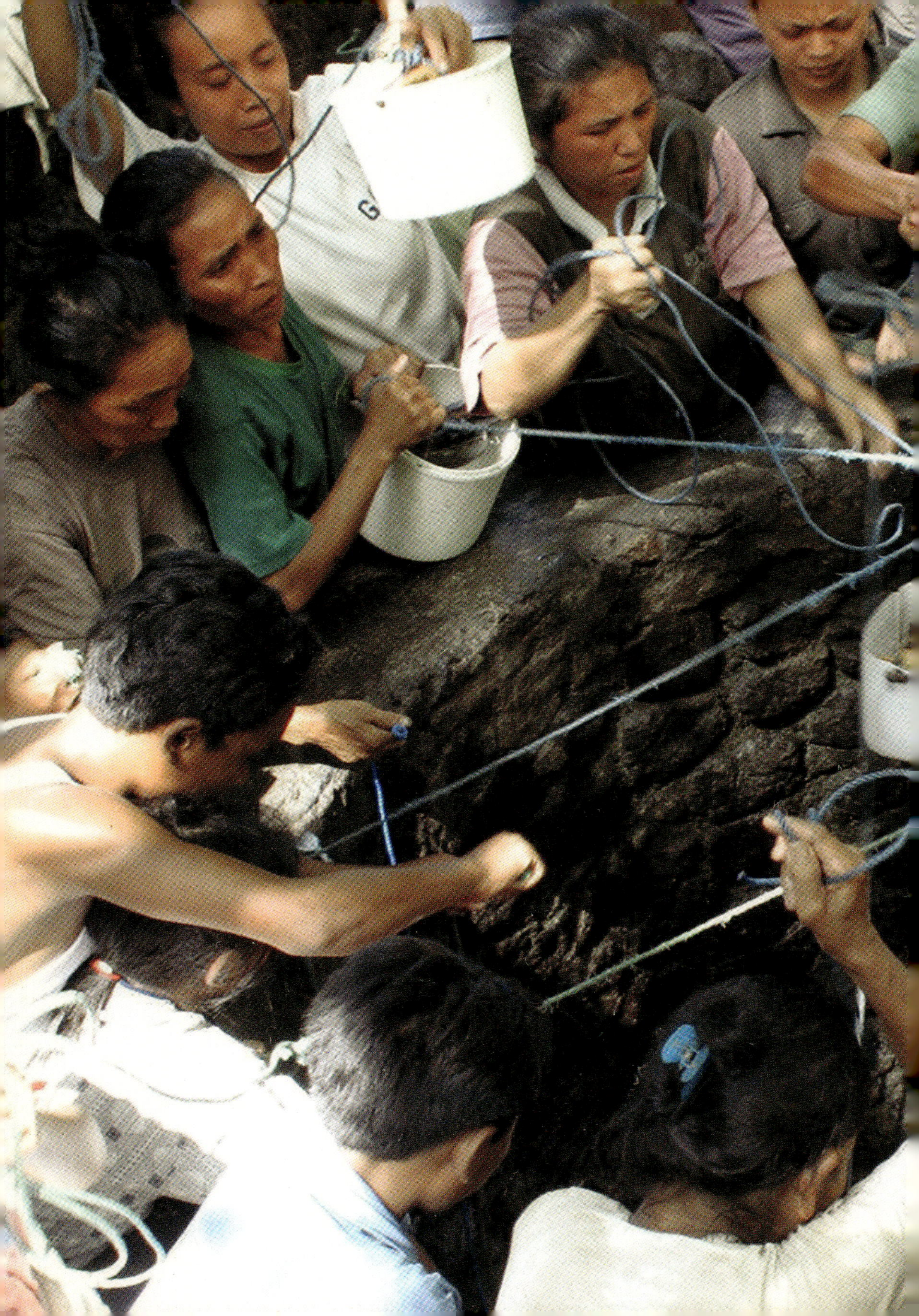

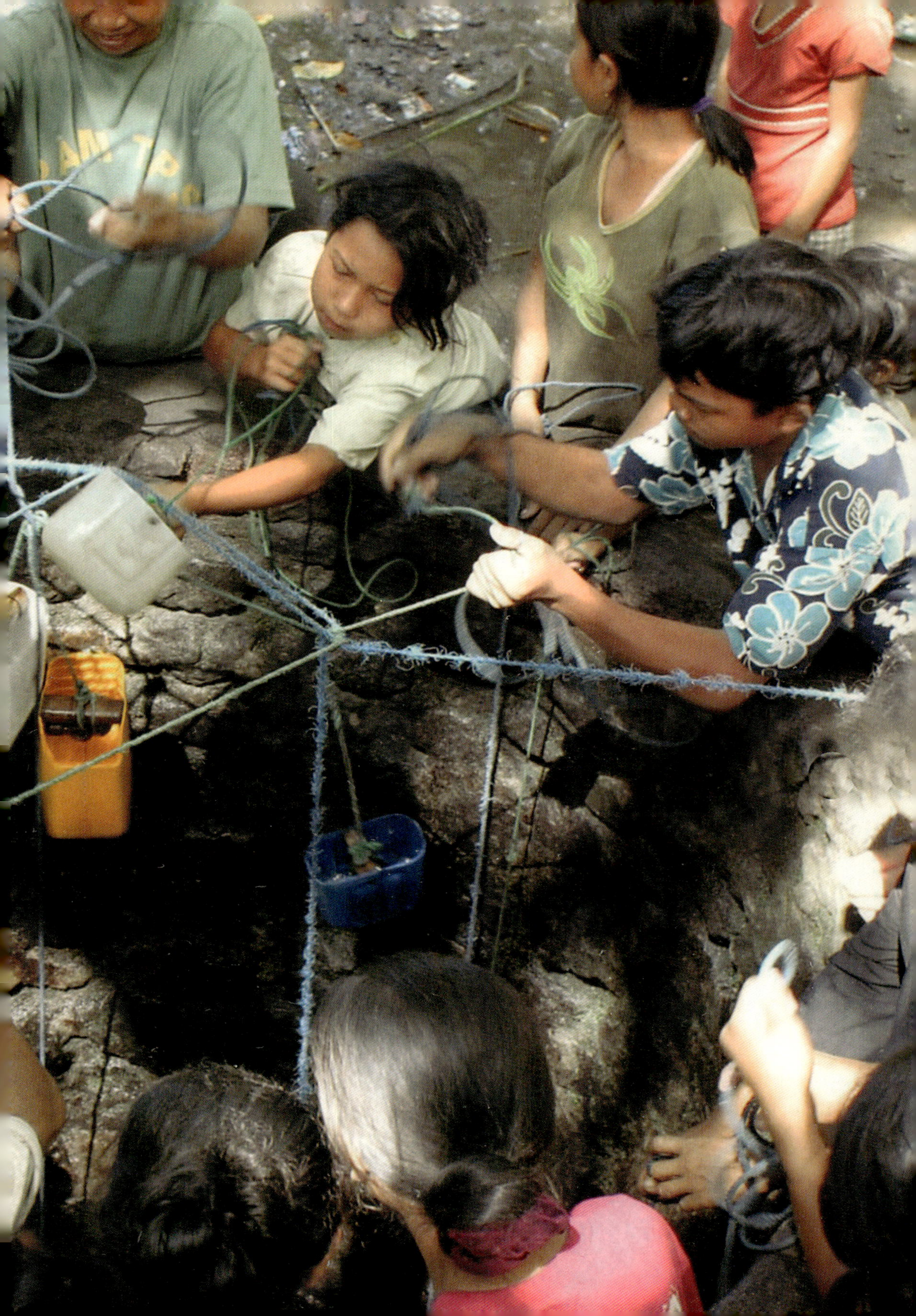

Privatisierung – enttäuschte Hoffnungen

Kaum eine grosse Stadt in einem Entwicklungs- oder Schwellenland kann ihre Trinkwasserversorgung und Abwasserbeseitigung so schnell ausbauen, wie die Bevölkerung in ihren Armenvierteln wächst. Sie wäre masslos überfordert, selbst dann, wenn sie sich bloss an jenen bescheidenen Standards orientieren würde, welche internationale Entwicklungs-, Gesundheits- und Wassergremien als absolutes Minimum für ein menschenwürdiges Leben betrachten: eine Trinkwasserquelle im Umkreis von einem Kilometer, 20 Liter Wasser pro Person und Tag.

Bis 1990, hiess es noch im Aktionsplan der UN-Wasserkonferenz von 1977 in Mar del Plata, sollten alle Menschen einen Zugang zu sicherem Trinkwasser und zu adäquaten sanitären Einrichtungen haben. 1990 wurde der Zeitpunkt, um dieses Ziel zu erreichen, auf das Jahr 2000 verschoben. Im September 2000 einigten sich die Regierungen beim so genannten Millenniumsgipfel darauf, dass der Anteil der Menschen, die «keinen nachhaltigen Zugang zu sauberem Trinkwasser» haben, bis im Jahr 2015 wenigstens halbiert werden soll. Beim Weltgipfel für nachhaltige Entwicklung in Johannesburg 2002 wurde diese Forderung auch auf den Zugang zu sanitären Einrichtungen ausgeweitet. Experten befürchten, dass auch diese bescheidenen Ziele nicht erreicht werden können.

Für diese pessimistische Sicht gibt es viele Gründe. Die «Wasserkrise» gehört zu den grössten und komplexesten Problemen, mit denen die Menschheit je konfrontiert war. Sie ist global, betrifft in unterschiedlichem Mass alle Länder und Kontinente, aber sie manifestiert sich in Millionen von lokalen und regionalen Einzelfällen, die je völlig verschieden sind und spezifisch auf sie zugeschnittene Lösungen erfordern. Darüber hinaus ist die «Wasserkrise» eng verflochten mit drei weiteren globalen Problemen der Gegenwart, mit Hunger, Armut und Krankheit. Sie können nur zusammen oder überhaupt nicht gelöst werden.

Am Geld allein liegt es jedenfalls nicht, dass das Ziel so schwer zu erreichen ist; Experten rechnen für die kommenden zehn Jahre mit einen Finanzbedarf von 100 bis 130 Milliarden Dollar, wenn die Millenniumsziele erreicht werden sollen; das ist weniger als ein Zehntel der jährlichen Militärausgaben. Wie die Arbeitsgruppe «Water And Sanitation» des UN-Millennium-Projekts zu Recht feststellt hat, fehlt es vor allem auch am politischen Willen, den grossen Worten auch grosse Taten folgen zu lassen. Die Regierungen nicht nur der reichen Industrienationen, sondern auch der am meisten betroffenen Entwicklungsländer haben vielfach andere Prioritäten. Die am schlimmsten betroffenen Städte aber sind nicht in der Lage, ihre Probleme allein zu meistern: Sie sind nicht in der Lage, die enormen Investitionen für den Bau eines Wassernetzes über Steuereinnahmen und Wassergebühren zu finanzieren.

Wie aber – darüber streiten Politiker, Wissenschaftler, Experten und die betroffene Bevölkerungen mit völlig kontroversen Argumenten – lassen sich diese finanziellen Probleme lösen, wenn die reichen Länder nicht gewillt sind, ihre Entwicklungshilfe erheblich aufzustocken? Wie lässt sich die Privatwirtschaft dazu bewegen, sich an diesen Projekten zu beteiligen, wenn sie wenig Aussicht hat, ihre Gewinnerwartungen zu realisieren? Welche institutionellen politischen und ökonomischen Strukturen wären notwendig, um diese Hindernisse zu überwinden?

Die internationalen Institutionen, die sich mit der wirtschaftlichen Entwicklung und der Armutsbekämpfung in den ärmeren Ländern beschäftigen, haben in den vergangenen drei Jahrzehnten auf diese Fragen mit immer wieder anderen Rezepten reagiert. Dem dominierenden entwicklungspolitischen Denkansatz der 70er Jahre entsprechend, wie er etwa von der sogenannten Nord-Süd- oder Brandt-Kommission vertreten wurde, setzten sie zunächst ganz auf den Bau von Grossstaudämmen und Bewässerungssystemen. Produktionssteigerungen in der Landwirtschaft und eine forcierte Industrialisierung galten als sicherer Ausweg aus der Armutsfalle. Der wachsende Wohlstand sollte die Entwicklungsländer allmählich in die Lage versetzen, ihre Gesundheits-, Sozial- und Bildungssysteme wie auch die öffentlichen Infrastrukturen für Wasser, Energie, Verkehr und Kommunikation aus eigener Kraft aufzubauen.

Dieses «Modell» entsprach durchaus auch den Interessen der wichtigsten Geberländer. Es verhalf den Technologie- und Baukonzernen der Industrienationen zu lukrativen Grossaufträgen; und es sollte überdies dafür sorgen, dass ein Grossteil der Entwicklungsgelder letztlich wieder in die Geberländer zurückfliesst.

In Wirklichkeit aber stürzten diese Grosskredite viele Entwicklungsländer in schwere Schuldenkrisen, während die erwarteten Wohlstandseffekte zumindest für den grösseren Teil der Bevölkerung ausblieben; vielerorts reichten die öffentlichen Mittel nicht einmal mehr aus, um die neuen Einrichtungen, geschweige denn die bereits bestehenden, zu warten und zu pflegen. Auch andere Erwartungen erwiesen sich als wirklichkeitsfremd. So etwa die Vorstellung, dass sich Konzepte, die für die wohlhabenden Industrieländer entwickelt worden sind, mehr oder weniger unbesehen auf Entwicklungsländer mit völlig anderen Kulturen übertragen lassen.

Das Scheitern dieses Ansatzes und die zunehmende Not in den bevölkerungsreichsten armen Ländern führten in den 80er Jahren dazu, dass die massgeblichen entwicklungspolitischen Institutionen wie Weltbank und Währungsfonds ihre Strategie änderten. In Übereinstimmung mit den Industrienationen, die als grosse Geberländer auch ihre eigenen Interessen vertraten, setzten sie auf die weltweite Liberalisierung und Deregulierung der Märkte. Dadurch sollten ausländische Unternehmen und Kapitalgeber animiert werden, sich an den bisherigen Staatsmonopolen und öffentlichen Versorgungsunternehmen zu beteiligen. Die globale Konkurrenz zwischen privaten Anbietern sollte dafür sorgen, dass die kostengünstigsten und effizientesten Lösungen realisiert, die fortschrittlichsten und betriebswirtschaftlich rationellsten Technologien eingesetzt und Pfründewirtschaft, Korruption und Machtkämpfe der inländischen Bürokratien und Eliten vermindert werden. Marktgerechte Preise sollen nicht nur den investierenden Privatunternehmen die erwarteten Gewinne einbringen, sondern die Konsumenten auch dazu anregen, sparsam mit dem knappen Gut Wasser umzugehen.

Natürlich sind diese Privatisierungs- und Liberalisierungskonzepte nicht im Hinblick auf die Entwicklungsländer entwickelt worden, im Gegenteil: Sie entstanden – aber durchaus mit globalem Geltungsanspruch – in den Denkfabriken der entwickelten Industrieländer und wurden dort auch erstmals praktisch erprobt, am radikalsten in Grossbritannien. Die konservative Regierung unter Margaret Thatcher privatisierte in den 80er Jahren nicht nur Eisenbahn und Energiewirtschaft, sondern unter anderem auch alle öffentlichen Wasserversorgungsgesellschaften des Landes.

Nach dem Zusammenbruch der sozialistischen Regime in Osteuropa entwickelte sich die neoliberale Ökonomie schnell zur weltweit dominierenden Doktrin. In zahlreichen Ländern wurden wichtige Teile der bisherigen Staatsunternehmen und der kommunalen Infrastrukturen wie Verkehr, Kommunikation, Energie- und Wasserversorgung, Müllabfuhr und andere öffentliche Dienste privatisiert, um die öffentlichen Finanzhaushalte zu entlasten.

Seither verknüpften Weltbank, der Internationale Währungsfonds und die regionalen Entwicklungsbanken die Vergabe von Krediten an Entwicklungs- und Schwellenländer häufig mit der Auflage, den heimischen Wassermarkt zu privatisieren und dem internationalen Wettbewerb zu öffnen. Auch diese Strategie war nicht ganz uneigennützig; sie versprach den multinationalen Unternehmen der wichtigen Geberländer einen ungehinderten Zugang zu riesigen neuen, bisher verschlossenen Märkten.

Zu den Vorzeigeobjekten dieser Strategie gehörte bis vor kurzem die Wasserversorgung der philippinischen Hauptstadt Manila. Noch Mitte der 90er Jahre hatte ein Drittel der 12 Millionen Einwohner keinen Wasseranschluss, das bestehende Versorgungsnetz war überaltert und an vielen Stellen leck. Eine Abwasserentsorgung existierte praktisch nicht. Und das öffentliche Wasserversorgungsunternehmen MWSS (Metropolitan Waterworks and Sewerage System) war durch Kredite hoffnungslos überschuldet.

Auf Betreiben der Weltbanktochter IFC wurde deshalb die Trinkwasserversorgung Manilas in zwei Sektoren aufgeteilt. Den Ostteil der Stadt erhielt die Manila Water Company, eine Gesellschaft, an der neben einer einheimischen Investorengruppe um die Familien-Dynastie Ayala der amerikanische Baukonzern Bechtel, seine Tochtergesellschaft United Utilities und der japanische Mitshubishi-Konzern beteiligt sind. Den Westteil übernahm Maynilad Water Services, eine Gesellschaft, bei der mit Suez/Ondeo der zweitgrösste Wasserkonzern der Welt das Sagen hat.

Auch hier ist mit der Benpres Holdings Corporation ein mächtiger einheimischer Familienclan beteiligt. Die ehemalige Wasserbehörde wurde vom Eigner zur Kontrollinstanz.

Die Konzessionen mit einer Laufzeit von je 25 Jahren erhielten die beiden Gesellschaften vor allem aufgrund ihrer grosszügigen Offerten. Innerhalb von zehn Jahren, so das Versprechen, wollten sie alle Bewohner Manilas mit fliessendem Wasser versorgen, den Wasserpreis um 44 Prozent senken und die Wasserverluste mindestens halbieren. Mit Gesamtinvestitionen von 7,5 Milliarden Dollar sollte bis 2021 auch eine umfassende Abwasserentsorgung gebaut werden. Schliesslich verpflichtete sich Maynilad, mit den Konzessionsgeldern 90 Prozent der Schulden der staatlichen Wasserbehörde abzutragen. Im Gegenzug verpflichtete sich die Wasserbehörde, den beiden Konzernen jederzeit kostenlos genügend Wasser zur Verfügung zu stellen.

Bereits fünf Jahre später entwickelte sich das Experiment für alle Beteiligten zu einem Fiasko. Ein Etappenziel hatten zwar beide Gesellschaften fast erreicht, nämlich bis zum Jahr 2002 neue Wasseranschlüsse für rund zwei Millionen Bewohner bereitzustellen – wobei Maynilad die Zahlen eher grosszügig interpretierte: Für jeden Anschluss rechnete die Firma mit einer Haushaltgrösse von neun Personen. Ungelöst und weitgehend undiskutiert blieb jedoch die Frage, wie jene mehrere hunderttausend Einwohner mit sauberem Wasser versorgt werden sollen, die sich die Anschlussgebühren nicht leisten können.

Das andere wichtige Etappenziel aber hatte Maynilad bei weitem verfehlt: Die Wasserverluste wurden nicht halbiert, sondern nahmen sogar noch zu. Mit einschneidenden Konsequenzen sowohl für die Wasserbezieher als auch für die Steuerzahler: Maynilad belastete die steigenden Wasserverluste den Konsumenten, ohne die versprochene Sanierung der lecken Leitungen in Angriff zu nehmen. Die Wasserbehörden wiederum mussten auf immer kostspieligere Weise zusätzliche Wasserressourcen erschliessen. Gegen alle Versprechungen, die Wassertarife während mindestens zehn Jahren nicht zu erhöhen, waren sie bereits nach sechs Jahren deutlich höher als vor der Übernahme durch Maynilad – und vier Mal höher als vereinbart.

Als die Regulierungsbehörde Anfang 2001 die Forderung nach einer weiteren Tariferhöhung nur teilweise bewilligte, verweigerte Maynilad im März 2001 die Zahlung der vereinbarten Konzessionsgebühren zur Schuldentilgung der MWSS. Mitte 2004 beliefen sich die Aussenstände bereits auf 180 Millionen Dollar. Im Dezember 2002 kündigte die Gesellschaft den Konzessionsvertrag. Neben der nicht bewilligten Gebührenerhöhung führte Maynilad «erdrückende finanzielle, regulatorische und natürliche Ursachen» an, die Asienkrise, die zweimalige Abwertung der philippinischen Währung und die Folgen von El Niño. Vor allem aber habe die Regulierungsbehörde ihrerseits mehrere Verpflichtungen nicht eingehalten. Maynilad verlangte dafür Kompensationszahlungen in Höhe von über 300 Millionen Dollar.

"

1. Erwägungsgrund
der EU-Wasser-Rahmen-
richtlinie, 2000

Wasser ist keine
ware, sondern e
das geschützt, v
entsprechend be
muss.

Peter Brabeck-Letmathe,
Konzernchef von Nestlé,
Vevey, Schweiz,
aus «We feed the World»,
Erwin Wagenhofer,
Max Annas

Wasser ist ein L
wie jedes ander
sollte das einen

übliche Handels-
n ererbtes Gut,
rteidigt und
handelt werden

bensmittel, so
 Lebensmittel
Marktwert haben.

Wie auch immer dieser Fall durch Verhandlungen oder ein Gerichtsverfahren entschieden wird – die Steuerzahler und Wasserbezieher werden letztlich für das finanzielle Fiasko aufkommen müssen, während Maynilad sich aus Manila zurückziehen wird. Einer zukunftsträchtigen Lösung für ihre Wasserversorgung ist Manila mit diesem Experiment Maynilad nicht näher gekommen.

In der bolivianischen Provinzhauptstadt Cochabamba machte die Weltbank 1998 einen Kredit von 25 Millionen Dollar abhängig vom Verkauf der städtischen Wasserwerke an ein privates Konsortium. Sie verlangte überdies, dass die gesamten Investitions- und Betriebskosten in vollem Umfang auf die Wassertarife überwälzt würden. Keinesfalls dürfe der Kredit dafür «missbraucht» werden, um die Wasserversorgung für die arme Bevölkerung zu subventionieren. Als die Wasserpreise kurz nach der Übernahme durch das Konsortium um 35 Prozent in die Höhe schnellten, gingen Zehntausende auf die Strasse. Die Bürgerinitiative Coordinadora de Defensa del Agua y de la Vida wies nach, dass ein Grossteil der Bewohner in den Armenvierteln von Cochabamba mehr Geld für Wasser ausgab als für jedes andere Nahrungsmittel. In einer Umfrage sprachen sich über 90 Prozent der Bevölkerung dafür aus, die Privatisierung der Wasserwerke wieder rückgängig zu machen.

Nach gewaltsamen Demonstrationen und einem Generalstreik erklärte sich die bolivianische Regierung bereit, einen Teil der Wasserversorgung wieder zu kommunalisieren. Für die Unternehmensbereiche, die weiterhin in privater Hand bleiben sollten, wurden neue Verträge ausgehandelt. Seitdem geht der Ausbau der Wasserversorgung in Cochabamba zügig voran. Die Lage hat sich entspannt, was auch daran liegt, dass die Bevölkerung sowohl bei den Entscheidungen als auch beim Bau und Unterhalt einbezogen wird.

Negative Erfahrungen mit der Privatisierung ihrer Wasserversorgung haben in den vergangenen Jahren auch zahlreiche andere Städte gemacht, in reichen genau so wie in armen Ländern, von der indonesischen Hauptstadt Jakarta bis Atlanta, der Hauptstadt des amerikanischen Bundesstaates Georgia, von der französischen Touristenstadt Grenoble über das kanadische Halifax bis Cartagena in Kolumbien, von der argentinischen Hauptstadt Buenos Aires bis zu den acht grössten Städten in Mosambik.

In Mosambik wurde 1999 auf Druck des Internationalen Währungsfonds und der Europäischen Union die Wasserversorgung einem Konsortium unter der Leitung des privaten französischen Wasserkonzerns Saur übertragen. Als Saur sich 2002 ohne Angabe von Gründen aus dem Vertrag zurückzog, sprang der staatliche portugiesische Wasserversorger Aguas de Portugal ein, der auch in anderen ehemaligen Kolonien Portugals tätig ist.

In Berlin verkaufte der Senat 1999 einen Anteil von 49,9 Prozent an den städtischen Wasserwerken für 1,58 Milliarden Euro an ein privates Konsortium der beiden internationalen Wasserversorger RWE und Veolia. Auch die administrative und finanzielle Geschäftsführung wurde auf die neue Gesellschaft Berlinwasser Holdings übertragen. Im Gegenzug garantierte die Stadt dem Konsortium in einem der Öffentlichkeit über Jahre unbekannten Geheimvertrag für die ganze Laufzeit von 28 Jahren eine jährliche Rendite von rund acht Prozent auf das «betriebsnotwendige Kapital». Da dieses aufgrund der Investitionen jährlich um rund 200 Millionen Euro anwächst, steigt die garantierte Rendite jedes Jahr um rund 16 Millionen Euro. Bis 2004 wurde diese Rendite durch den sukzessiven Verzicht der Stadt auf ihren Anteil am Gewinn und damit indirekt aus Haushaltsmitteln finanziert; seitdem wurden die Wasserpreise mehrfach erhöht. Berechnungen unabhängiger Experten ergaben, dass die Wasserpreise ohne die Teilprivatisierung selbst bei gleichen Leistungen deutlich tiefer sein könnten.

Dass in vielen Fällen die Beteiligung von privaten Versorgungskonzernen an der Wasserwirtschaft spektakulär scheiterte oder zumindest nicht die Erwartungen erfüllte, ist vor allem einem Umstand zuzuschreiben: Private Unternehmen sind im Gegensatz zu staatlichen Betrieben nicht dem Gemeinwohl, sondern in erster Linie einem mehr oder weniger kleinen Kreis von Investoren und Aktionären verpflichtet. Kein privates Unternehmen investiert in ein Projekt, das mit grosser Wahrscheinlichkeit nicht den erwarteten Gewinn abwirft. Nicht von ungefähr fliessen nur 0,2 Prozent der weltweiten privaten Wasserinvestitionen in die armen Länder südlich der Sahara. Wo ein Grossteil der Bevölkerung nicht in der Lage ist, Kosten deckende Gebühren für einen Wasseranschluss zu entrichten, kommt es zwangsläufig zu Konflikten zwischen den privaten Wasserversorgern und der Öffentlichkeit.

Seit den 60er Jahren steht die Wasserversorgung mit im Zentrum der erbittert geführten Debatte um die Vor- und Nachteile der Globalisierung, der Liberalisierung und Privatisierung. Die unterschiedlichen Interessen und Positionen der reichen Industrienationen und ihrer grossen Konzerne, der Entwicklungsländer und der zivilgesellschaftlichen Organisationen, welche die betroffenen Bevölkerungen vertreten, lassen sich kaum unter einen Hut bringen. Immerhin hat die scharfe Kritik dafür gesorgt, dass die Ursachen, die zum Scheitern solcher Privatisierungsprojekte führen, sorgfältiger analysiert werden. Während die ideologischen Auseinandersetzungen unvermindert weitergehen, arbeiten die «Konfliktparteien» in der Praxis vielerorts längst pragmatisch zusammen. Unter dem Etikett «Public-Private-Partnership (PPP)» werden derzeit eine Reihe unterschiedlicher Kooperationsformen zwischen Öffentlichkeit und Privatwirtschaft erprobt.

Ob sich durch diese Ansätze die bisherigen Probleme und Schwierigkeiten besser lösen lassen, ist noch ungewiss. Entscheidend dürfte unter anderem sein, inwieweit die bisherigen Entscheidungsträger bereit sind, den Organisationen der Zivilgesellschaft eine wirkliche Mitentscheidung einzuräumen.

S. 438 Bürgerproteste wegen schlechter Wasserversorgung und hohen Preisen gegen privaten Wasserversorger Suez Lyonnaise des Eaux, El Alto, Bolivien, 2005. Martin Alipaz/Keystone

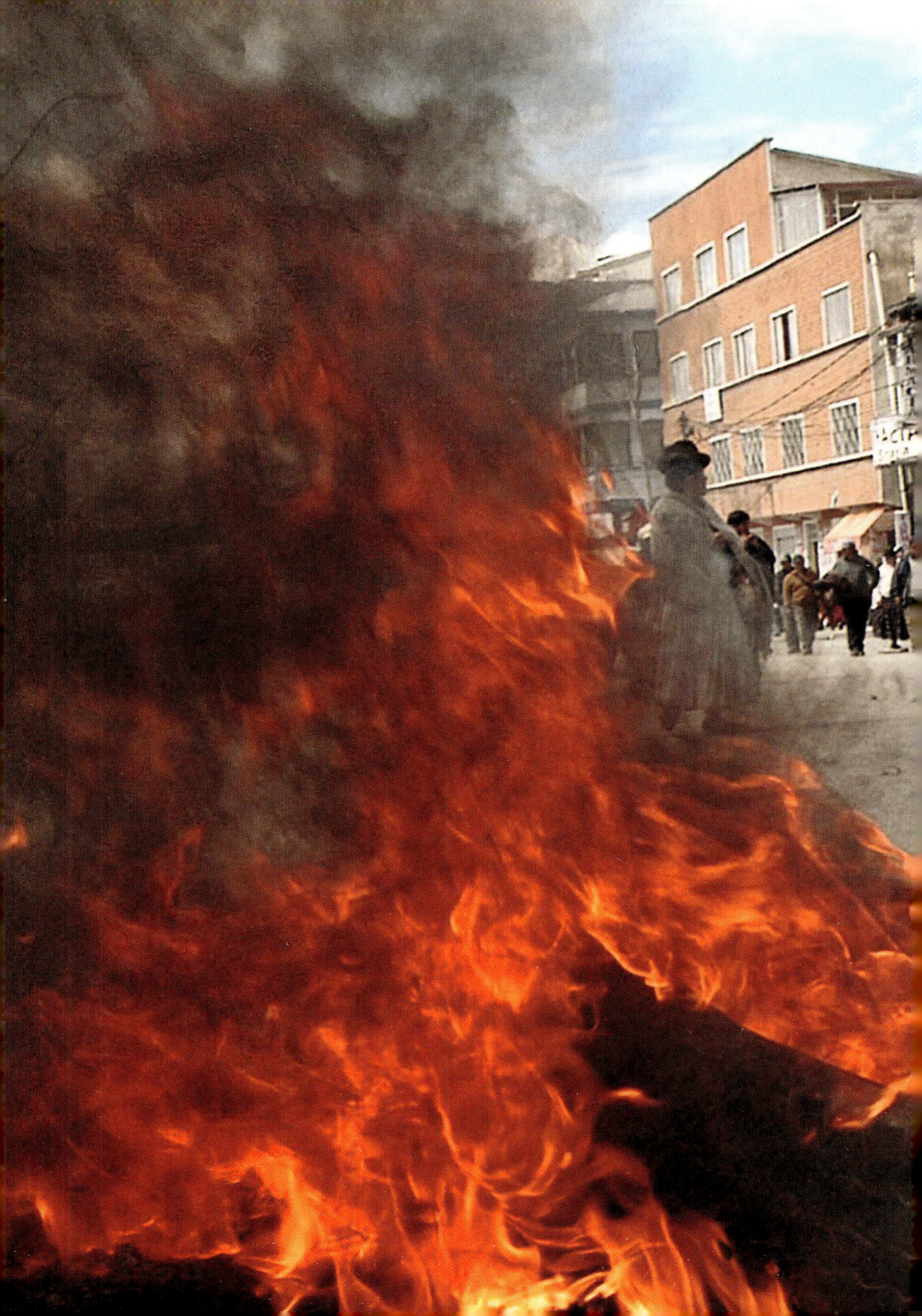

Englishlands
SOA
FUNDADO EN 1872
BNB
CO NAC
INTERN
PTICA
IDEAL

Der Kampf um den Wassermarkt

Die Begeisterung der Finanzanalysten in aller Welt ist immer noch gross, auch wenn es inzwischen einige vorsichtigere Stimmen gibt. Das Geschäft mit dem Wasser, prophezeien sie, wird in den kommenden Jahrzehnten eine sichere und höchst profitable Kapitalanlage bleiben. 2004 betrug das Geschäftsvolumen der privaten Wasserversorger weltweit über 400 Milliarden Dollar. Bereits 1998 hatte die Weltbank für die nahe Zukunft eine Verdoppelung dieser Umsätze prognostiziert und diese Prognose 2001 auf über 1000 Milliarden Dollar erhöht. Das Argument: Bislang sind weltweit erst fünf Prozent der individuellen Wasseranschlüsse in privater Hand. In den nächsten Jahren, vermuten die Finanzexperten, dürften zahlreiche Städte, Metropolen und Megacitys ihre Wasserversorgung privaten Unternehmen überlassen, um ihre überforderten Haushaltbudgets zu entlasten. Der IWF und die regionalen Entwicklungsbanken unterstützen diesen Trend, indem sie ihre Kredite an entsprechende Auflagen zur Liberalisierung und Privatisierung des Wassermarktes knüpfen.

Erstaunlicherweise sind es weniger als ein Dutzend transnationaler Konzerne, die fast den ganzen privaten Wassermarkt unter sich aufgeteilt haben. An der Spitze stehen die beiden französischen Branchenriesen Suez/Ondeo und Veolia Water, die zusammen mehr als zwei Drittel des privaten Weltmarktes beherrschen. Das ist kein Zufall: Frankreich hat als einziges Land der Welt bereits im 19. Jahrhundert seine Wasserversorgung weitgehend privatisiert. Als hundert Jahre später, nach dem Zusammenbruch der sozialistischen Regime, die Liberalisierung der Märkte, die Privatisierung von Gemeinschaftsaufgaben wie Post, Eisenbahn, Strom- und Wasserversorgung zur weltweiten Doktrin der Ökonomen wurde, hatten die französischen Wasserversorger bereits einen fast uneinholbaren Vorsprung.

Obwohl seit den späten 80er Jahren zahlreiche Städte überall auf der Welt ihre Wasserversorgung privatisierten, erweiterte sich der Kreis der grossen Wasseranbieter auf dem Weltmarkt kaum. Selbst die grossen nordamerikanischen Multi-Utility-Konzerne, die für diese Aufgabe prädestiniert wären, investierten nur in bescheidenem Masse in die Wasserversorgung.

Das Wasserunternehmen Suez/Ondeo, das heute in rund 130 Ländern der Welt präsent ist und etwa 115 Millionen Menschen mit Wasser versorgt, entstand 1997 aus der Fusion der beiden über hundertjährigen Unternehmen Lyonnaise des Eaux und Compagnie de Suez. Beide Firmen waren bereits vor ihrer Fusion international aktiv. Der Finanz- und Industriekonzern Suez kaufte schon 1994 wesentliche Anteile, später den ganzen Rest der amerikanischen Gesellschaft United Water Resources. Von den 30 grössten Städten, die zwischen 1995 und 2000 ihre Wasserwerke privatisierten, übernahm Suez-Lyonnaise oder eine ihrer Vorgängerinnen 20. 2002 fasste der neue Konzern, der auch in anderen Bereichen wie Energie und Abfallentsorgung tätig ist, alle Aktivitäten im Wasserbereich unter dem Namen Ondeo zusammen. Mit einer aggressiven Expansionsstrategie, vor allem durch zahlreiche Firmenkäufe in aller Welt, baute Suez/Ondeo seine weltweite Stellung kräftig aus.

Die Wachstumsraten von jährlich rund 25 Prozent erkaufte sich der Konzern allerdings mit einer immensen Verschuldung, die im Jahr 2001 auf insgesamt 29 Milliarden Dollar anstieg. Sie zwang Suez/Ondeo zur Konzentration auf den Kernbereich Versorgung. Andere Sparten wie Transport oder Telekommunikation wurden abgestossen. Dafür verstärkte Suez/Ondeo seine Präsenz in Europa und den USA, namentlich durch den Kauf von US-Water, einer Tochtergesellschaft des Industriekonzerns Bechtel, die in den USA rund 40 Millionen Menschen mit Wasser versorgt.

Ernste Probleme in mehreren Schwellenländern veranlassten Suez/Ondeo in den letzten Jahren, sich aus Megacitys wie Manila, Buenos Aires und La Paz zurückzuziehen. In einem Aktionsplan beschloss der Konzern im Jahr 2003, seine Aktivitäten in den «unsicheren» Entwicklungs- und Schwellenländern um rund ein Drittel zu reduzieren und die Sachinvestitionen in den kommenden Jahren auf das Nötigste zu beschränken. Wo immer möglich, will Suez/Ondeo seine Aktivitäten auf profitable Private-Public-Partnership-Projekte wie Logistik und Verwaltung konzentrieren.

Eine ähnliche Strategie verfolgt auch die Nummer Zwei auf dem privaten Wassermarkt, Veolia Water, die Wassersparte des französischen Umweltdienstleisters Veolia Environnement, der bis 2003 zum skandalgeschüttelten Mischkonzern Vivendi gehörte. Die ebenfalls über hundert Jahre alte Compagnie Générale des Eaux hatte schon vor der Umbenennung in Vivendi im Jahr 1997 in zahlreiche andere Geschäftsbereiche expandiert. Zu den rund 3000 Firmen der Unternehmensgruppe gehörten Energie-, Wasser- und Abfallentsorgungsgesellschaften, eine Warenhauskette, Immobilien-, Bau- und Transportfirmen, Medien- und Kommunikationsunternehmen.

Unter der Leitung von Jean-Marie Messier konzentrierte sich Vivendi ab 1997 auf jene zwei Bereiche, die am profitabelsten erschienen, nämlich Medien und Umweltdienstleistungen. Ein Grossteil der übrigen Geschäftsbereiche wurde verkauft. Dafür erwarb Vivendi Fernsehsender, Film- und Musikkonzerne wie Seagram mit den Universal Studios, den deutschen Filmstudios in Babelsberg und der Universal Music Group, dem weltweit grössten Musikmulti, dazu Buch- und Zeitschriftenverlage, Telekommunikationsunternehmen wie AOL und einige der grössten Firmen der interaktiven Unterhaltungselektronik.

Die Umweltaktivitäten Energie, Wasser und Verkehr bündelte Messier im Tochterunternehmen Universal Environnement, das er zu einem Drittel an die Börse brachte. Da dieser Unternehmenszweig über immense Sachwerte verfügte, belehnte Messier diese mit hohen Krediten, die wiederum im Medien- und Telekommunikationsbereich investiert wurden. Diese riskanten Finanztransaktionen, deren Folgen vor allem die Wasser- und Stromkunden zu spüren bekamen, bescherten Vivendi zuletzt einen Schuldenberg von 35 Milliarden Euro. Das und mehrere Bestechungs- und Korruptionsskandale zwangen Konzernchef Messier zum Rücktritt. Ein Bankenkonsortium rettete das Unternehmen vor dem Konkurs. Um sich zu konsolidieren, wurden grosse Unternehmensanteile verkauft, darunter im Jahr 2003 auch die Mehrheit an der Gesellschaft Vivendi Environnement, die seither unter dem neuen Namen Veolia Environnement firmiert, um das schlechte Image der ehemaligen Muttergesellschaft vergessen zu machen.

Die vier Unternehmenseinheiten von Veolia Environnement, die Veolia Water, Onyx (Abfallentsorgung), Connex (Transport) und Dalkia (Energie) sind mit zahlreichen Tochtergesellschaften auch weiterhin weltweit aktiv. Veolia Water versorgt derzeit rund 80 Millionen Menschen in mehreren Dutzend Ländern. Wie bei Suez/Ondeo entfällt der grösste Teil auf Europa und die USA. Lediglich 6,5 Prozent des Umsatzes werden in den übrigen Kontinenten erwirtschaftet. Jedoch musste Veolia zur eigenen Sanierung einige wertvolle Tochtergesellschaften in den USA verkaufen, darunter mit US Filter die Marktführerin bei der Wasseraufbereitungstechnik. Künftig will sich Veolia auf sichere, finanziell stabile Märkte konzentrieren und aus einigen Entwicklungsländern zurückziehen.

Das einzige Unternehmen, das zumindest derzeit auf den internationalen Märkten mit den beiden französischen Grosskonzernen mithalten kann, ist der deutsche Energie- und Wasserversorger RWE (Rheinisch-Westfälische Elektrizitätswerke) mit seiner britischen Tochtergesellschaft Thames Water. RWE, ursprünglich ein Zusammenschluss mehrerer kommunaler Energieversorgungsunternehmen und erst seit 1998 mehrheitlich in privaten Händen, ist in den 80er Jahren als Mischkonzern mit weit über 100 Tochtergesellschaften in den Sparten Kohle, Gas, Erdöl, Atomkraft und Abfall gross geworden. Zum Unternehmen gehörten oder gehören noch auch ein Tankstellennetz, Druckmaschinen- und Chemiefabriken, Bauunternehmen, Telekommunikationsfirmen und anderes mehr.

Zu einem bedeutenden «Global Player» im Wassergeschäft wurde RWE im Jahr 2000 durch den Kauf von Thames Water, dem grössten Wasserversorger in Grossbritannien, der seinerseits eine ganze Reihe von Tochtergesellschaften in Asien, Australien und Afrika besitzt. 2003 kaufte RWE Thames Water als wichtigste Zukunftsinvestition das amerikanische Wasserunternehmen American Water Works, dessen 55 Tochtergesellschaften in den USA über 15 Millionen Menschen mit Wasser versorgen, das aber auch in Lateinamerika in grösserem Umfang tätig ist. Ausserdem gelang es RWE Thames Water im Jahr 2002, die Hälfte der China Water Company zu erwerben und sich so eine gute Ausgangsposition in einem der grössten Zukunftsmärkte zu verschaffen.

Ende 2005 verkündete RWE jedoch überraschend seinen Rückzug aus dem internationalen Wassergeschäft. Bis Ende 2007 sollen sowohl

"Gott hat das Wa[sser geschaffen,] nicht die Rohre.

Gérard Mestrallet, Chef des internationalen Wasserkonzerns Suez-Ondéo

Fünfzig Prozent [der Haushalte] dieser Stadt wer[den] mit Wasser vers[orgt. Die Was-]sorgung privatis[ieren, sodass] alle zahlen müss[en, auch] der Slumbewoh[ner, werden] wir nicht zulasse[n."]

Subrata Mukherjee, Bürgermeister von Kolkatta (Kalkutta), Indien, Reaktion auf einen Brief der Zentralregierung, in dem die Regierung des Staates Westbengalen aufgefordert worden sein soll, die Privatisierung der Wasserversorgung in städtischen Gebieten voranzutreiben.
Quelle: Times of India, 6. Januar 2003

sser geliefert, aber

der Menschen in
den kostenlos
orgt. Wenn die Ver-
ert wird, werden
en, einschliesslich
er. Das dürfen
n.

Thames Water als auch American Water Works verkauft werden. Der Kauf der beiden Unternehmen für insgesamt 16 Milliarden Euro habe sich in keiner Weise gelohnt, gab RWE bekannt. Allein in London müssten in den kommenden Jahren mehrere Milliarden Euro investiert werden, um das marode Wasser- und Ableitungsnetz von insgesamt 96 000 Kilometern zu sanieren, Geld, das beim hoch verschuldeten Mutterkonzern nicht vorhanden ist. Von den 3,5 Milliarden Euro, die RWE im Durchschnitt der letzten Jahre investiert hat, gingen 43 Prozent an die beiden Wassertöchter, obwohl diese mit 4,1 Milliarden Euro Umsatz nicht einmal 10 Prozent zum Konzernumsatz beitrugen.

Neben diesen drei Grossen sind höchstens noch fünf oder sechs weitere Konzerne im internationalen Wassergeschäft von Bedeutung, etwa die französische SAUR Group, eine Tochtergesellschaft des französischen Baukonzerns Bouygues, mit Filialen vor allem in afrikanischen Ländern, aber auch in Argentinien, Polen und Vietnam. Mit immerhin einigen Millionen Wasserkunden gehören die britischen Konzerne Anglian Water, die Kelda Group, United Utilities, Severn Trent und der amerikanische Konzern Bechtel/Edison bereits zu den kleineren Unternehmen in der Wasserbranche.

In Deutschland versuchte E.on, eines der grössten Energieunternehmen, im Jahr 2000 durch den Kauf der vor allem in Deutschland gut platzierten Gelsenwasser AG im internationalen Wassergeschäft Fuss zu fassen. Drei Jahre später musste der Konzern bei der Fusion mit der Ruhrgas AG seine Tochter Gelsenwasser auf Anweisung der Wettbewerbsbehörde wieder verkaufen. Eher überraschend erhielten nicht private Interessenten den Zuschlag, sondern die beiden Städte Bochum und Dortmund, die den auch in Osteuropa tätigen Wasserkonzern nach kommerziellen, privatwirtschaftlichen Kriterien führen wollen.

In der Praxis erweist sich das private Wassergeschäft als überaus hektischer, hart umkämpfter Markt, in dem riesige Gewinne und ebenso grosse Verluste oft nur ein Börsenvierteljahr auseinander liegen. Gerade die grössten Konzerne sind innerhalb kurzer Zeit von seriösen Technologieunternehmen mit langfristigen Perspektiven zu Spielbällen von schnell und sprunghaft agierenden Finanzspekulanten geworden. Sie sind in den letzten zehn Jahren mehrfach umgebaut und neu strukturiert worden, haben mit abrupten Strategiewechseln, mit Zukäufen und Verkäufen versucht, ausbleibende Gewinne zu kompensieren oder unerwartet hohe Schuldenlasten einzudämmen. Riesige Weltkonzerne, von denen Millionen von Wasserkunden abhängig sind, gerieten wie Vivendi überraschend in finanzielle Nöte oder verschwanden gänzlich von der Bildfläche. Prominentestes Beispiel ist der amerikanische Enron-Konzern, der 1998 über sein Tochterunternehmen Azurix aggressiv ins internationale Wassergeschäft ein- und bereits drei Jahre später wieder ausstieg, um noch im gleichen Jahr mit einem Schuldenberg von 13 Milliarden Dollar Konkurs anzumelden.

In vielen Städten stiegen nach der Privatisierung die Wasserpreise, während die vertraglich vereinbarten Investitionen ausblieben oder nur in reduziertem Umfang getätigt wurden. Blieb der Gewinn hinter den

Erwartungen der Unternehmen zurück, versuchten sie die ursprünglichen Konzessionsbedingungen im Nachhinein zu ihren Gunsten zu verändern. Vielfach verklagten sie Kommunen oder Regulierungsbehörden oder zogen sich vorzeitig von den Verträgen zurück.

Immer wieder gerieten die privaten Wasserversorger in die Kritik oder wurden von den Betroffenen heftig attackiert, weil sie ihre Versprechen gegenüber den Kommunen oder deren Bewohnern nicht einhalten konnten oder wollten. In Städten wie Manila, Johannesburg oder Buenos Aires, in Staaten wie Puerto Rico oder Mosambik warfen die Behörden den privaten Konzessionären vor, die versprochenen Investitionen zum Ausbau der Netze und zur Sanierung der lecken Wasserleitungen nicht getätigt zu haben. In Cochabamba, Jakarta, Atlanta, Halifax, Vancouver, aber auch in zahlreichen europäischen Städten kam es zu heftigen Protesten, wurden die Verträge von den Kommunen nicht mehr erneuert oder vorzeitig gekündigt. Am radikalsten reagierten die Niederlande: Sie setzten 2004 ein Gesetz in Kraft, das Privatunternehmen verbietet, Anteile an Wasserwerken zu halten.

Inzwischen ist die Euphorie der Finanzanalysten etwas verflogen. Für Investoren hat sich das Wassergeschäft als risikoreich erwiesen. Umgekehrt muss die Frage erlaubt sein, ob die Wasserversorgung, immerhin eine der grössten Aufgaben der Menschheit, das geeignete Objekt für kurzlebige, risikoreiche Finanzspekulationen sein soll.
Die grossen Wasserversorger haben in den vergangenen paar Jahren jedenfalls mehr Schlagzeilen mit überraschenden Strategiewechseln, Mutationen, Umstrukturierungen, Krisen und Katastrophen gemacht als mit soliden Erfolgen im Kampf gegen die Wasserkrise in den Problemstädten der Welt. Die Kommunen aber brauchen für eine ihrer wichtigsten und heikelsten Aufgaben verlässliche Partner, die für hohe Wasserqualität und günstige Wasserpreise sorgen, langfristige Sicherheit und Integrität garantieren und sich auch durch soziale Verantwortung gegenüber benachteiligten Gruppen der Gesellschaft auszeichnen.

S. 448 Gordon Brown, Finanzminister Grossbritanniens, Paul Wolfowitz, Präsident der Weltbank, Ngozi Okonjo-Iweala, Finanzministerin Nigerias, 2006. Manuel Balce Ceneta/Keystone

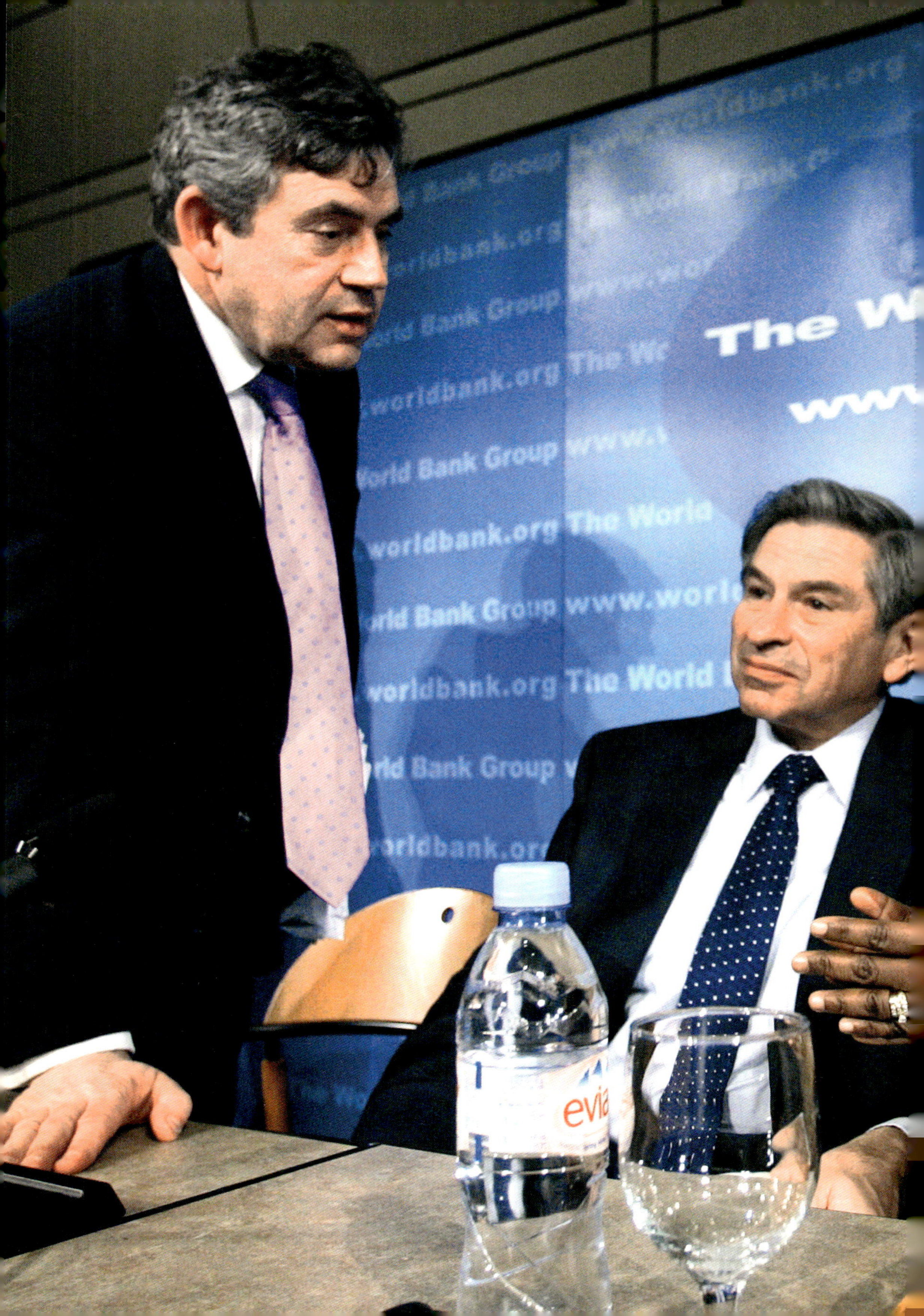
World Bank Group
worldbank.org
The World

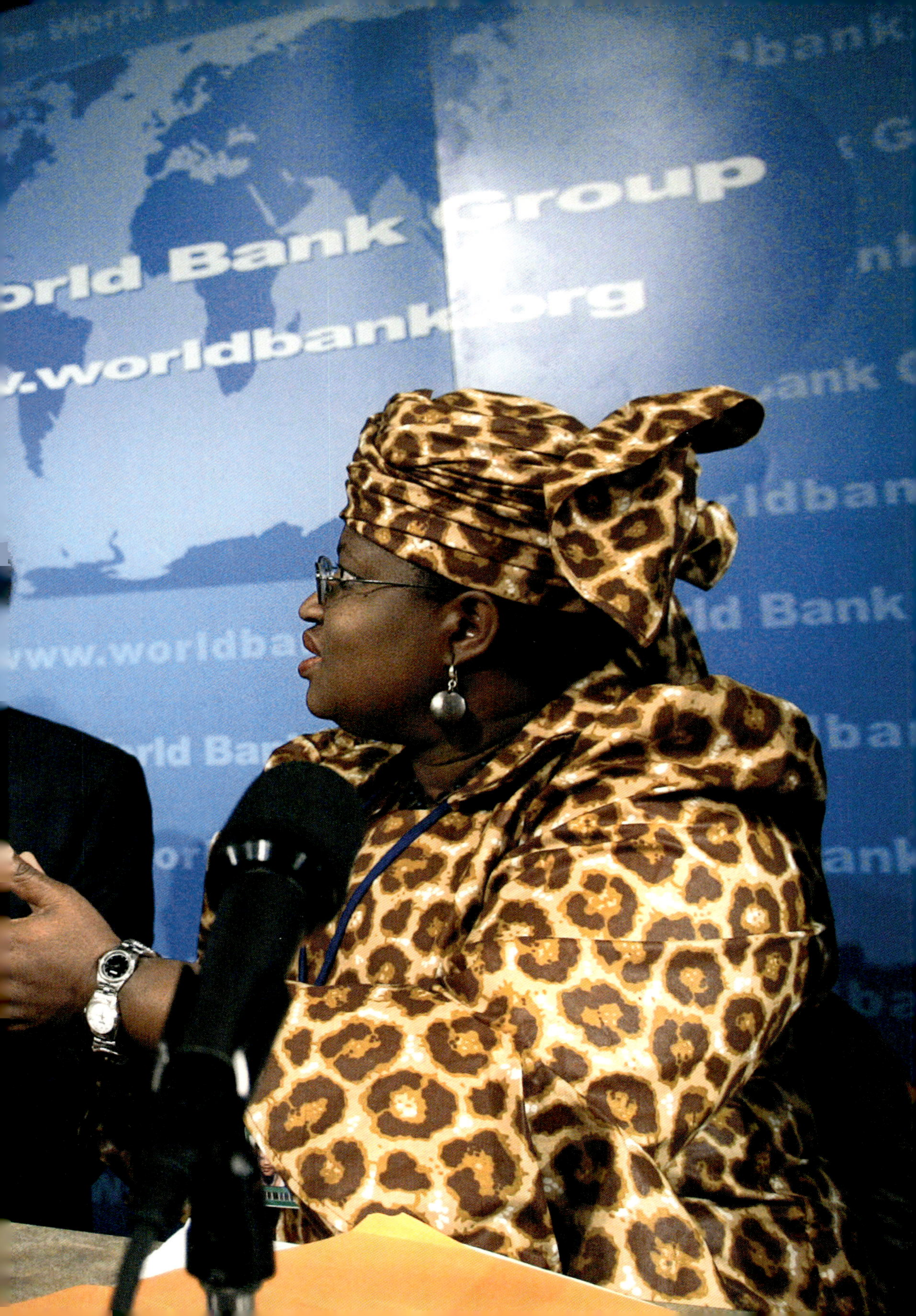
orld Bank Group
w.worldbank.org
rld Bank

Teures Wasser aus der Flasche

Kein anderer Sektor der Nahrungsmittelindustrie wächst so schnell und scheinbar unaufhaltsam wie die Produktion von Flaschenwasser. Rund 150 Milliarden Liter Mineralwasser wurden 2004 verkauft, und wenn die Prognosen richtig sind, werden die Verkäufe jedes Jahr um 10 Prozent zunehmen. Für das Jahr 2010 rechnen die Wasserverkäufer mit einem Umsatz von 265 Milliarden Litern.

Zurzeit wird rund die Hälfte des Flaschenwassers in Westeuropa abgesetzt – jährlich über 100 Liter pro Kopf. Spitzenreiter sind die Italiener mit 190 Litern vor den Franzosen mit 150 und den Deutschen mit 110 Litern. Während in diesen Ländern die Nachfrage nahezu gesättigt ist, versprechen sich die Wasserverkäufer auf anderen Märkten noch für viele Jahre höchste Zuwachsraten. In den USA, dem weltweit grössten Absatzmarkt für Flaschenwasser, ist die Grenze mit derzeit 70 Litern pro Kopf offensichtlich noch längst nicht erreicht. In Osteuropa hat sich der Verbrauch seit 1996 zwar praktisch verdoppelt, liegt aber mit 20 Litern pro Kopf immer noch weit hinter den Erwartungen zurück. Dies gilt erst recht für die grossen Märkte in Asien, Lateinamerika und Afrika, wo der durchschnittliche Pro-Kopf-Verbrauch bei wenigen Litern liegt.

Wie die Nahrungsmittelindustrie das Wachstumspotenzial für abgefülltes Wasser einschätzt, zeigen die hektischen Bemühungen einiger internationaler Grosskonzerne, durch Zukäufe ihre Marktanteile auf dem Weltmarkt zu vergrössern. Bis in die 80er Jahre hinein galt das Mineralwassergeschäft als eher unspektakulär und wurde fast ausschliesslich von kleineren lokalen Unternehmen betrieben. Das lag vor allem daran, dass der Rohstoff Wasser in den westeuropäischen Ländern und den USA reichlich vorhanden war und kaum etwas kostete. Mineralwasser, ein Produkt, dessen Transport weit teurer ist als die eigentliche «Produktion» und Abfüllung, schien sich nicht zu eignen für überregionale Märkte.

Inzwischen teilen vier weltweit tätige Konzerne, darunter der Schweizer Nahrungsmittel-Multi Nestlé und sein französischer Konkurrent Danone, bereits 40 Prozent des Weltmarktes unter sich auf. Und der Expansions- und Konzentrationsprozess läuft weiterhin auf hohen Touren.

Zwar tätigten die beiden Marktführer Nestlé und der Danone-Vorläufer BSN bereits 1969 erste Zukäufe – Nestlé kaufte sich mit 30 Prozent bei der französischen Société Generale des Eaux Minérales de Vittel ein, BSN übernahm den Mineralwasserhersteller Evian/Volvic. Aber es dauerte bis Mitte der 80er Jahre, bis die beiden Nahrungsmittelriesen das Wassergeschäft zu einem ihrer Investitionsschwerpunkte machten. Zwischen

„

Maneka Gandhi, Abgeordnete der Bharatiya Janata-Partei (BJP) im indischen Parlament, 21.11.2005

Diese Firmen ne
Grundwasser, s
einer Essenz hin
den Vereinigten
haben, und dann
uns unser Wass
12 Rupies (0,22

men unser
hütten eine Prise
ein, die sie aus
staaten importiert
verkaufen sie
zum Preis von
uro) pro Flasche.

1992 und 1998 kaufte Nestlé neben zahlreichen kleineren Unternehmen mit Perrier und San Pellegrino die Marktführer von Frankreich und Italien. Danone investierte vor allem in Asien, Osteuropa und Lateinamerika, wo der Konzern zahlreiche lokale und regionale Unternehmen aufkaufte. Heute gehört der grösste Flaschenwasserproduzent Indonesiens ebenso zum Danone-Konzern wie zwei grosse überregionale Wasserhersteller in China.

Mittlerweile sind neben dem Lebensmittelkonzern Unilever auch Coca-Cola und PepsiCo, die beiden grössten amerikanischen Softdrinkproduzenten, mit den eigenen Marken Dasani und Aquafina in den Mineralwassermarkt eingestiegen. Alle drei Unternehmen können mit besten Erfolgschancen rechnen, da sie bereits über ein weltweit gut ausgebautes Vertriebsnetz verfügen. Weit schwerer tun sich die beiden Späteinsteiger Vivendi und Suez/Ondeo. Sie gehören zwar zu den weltgrössten Trinkwasserversorgern ihnen fehlt jedoch bislang ein leistungsfähiges Vertriebsnetz zur Belieferung des Einzelhandels.

Wie andere junge, Erfolg versprechende Märkte auch ist das Mineralwassergeschäft heftig in Bewegung. Dazu trägt bei, dass die vier führenden Unternehmen in benachbarten Branchen wie dem Lebensmittel-, Softdrink- und «Wellness»-Markt in wechselnden Koalitionen aggressiv miteinander konkurrieren. So haben Nestlé und Coca-Cola die gemeinsame Vertriebsfirma Beverage Worldwide Partner (BWP) gegründet, die weltweit Kioske und Automaten mit kalten Tee- und Kaffeegetränken von Nestlé und Softdrinks von Coca-Cola beliefert. Gleichzeitig bekämpfen sich die beiden Konzerne auf dem Mineralwassermarkt. In Nordamerika arbeitet Coca-Cola wiederum mit dem Nestlé-Konkurrenten Danone zusammen, um seinen Konkurrenten PepsiCo zu schlagen.

Um ihre Anteile in diesem umkämpften Markt besser abzusichern und mit einer zusätzlichen Dienstleistung zu ergänzen, haben die Trinkwasserverkäufer seit Beginn der 90er Jahre begonnen, das bisher fast nur auf die USA beschränkte Geschäft mit Wasserspendern für Unternehmen und Privathaushalte («home and office delivery», HOD) weltweit auszubauen. Inzwischen werden vor allem in den Schwellenländern rund die Hälfte der Umsätze über HOD erzielt. In den westeuropäischen Ländern liegt der Anteil dagegen erst bei knapp drei Prozent.

Im Luxus- und Lifestylesegment, wo einzelne Prestigemarken wie Perrier, San Pellegrino, Evian, Valser oder exotische Namen wie das Highland Springwater aus Schottland zu immer exorbitanteren Preisen Absatz finden, können die Mineralwasserhändler mit längerfristigen Zuwachsraten rechnen. Sehr unsicher sind demgegenüber die Aussichten im Bereich des billigen «purified water», das vor allem auf Bewohner von städtischen Randgebieten und Slums in Entwicklungsländern abzielt, die keinen Zugang zu sauberem Leitungswasser haben. Hier leisten vor allem lokale Frauen- und Bürgergruppen heftigen Widerstand; sie befürchten, dass ihre Forderung nach einer ordentlichen Wasserversorgung unterlaufen wird, wenn sich in ihren Slums das Geschäft mit Flaschenwasser etablieren sollte. Denn auch billiges Flaschenwasser ist immer noch wesentlich teurer als Leitungswasser. Erst recht löst das Flaschenwasser nicht das

Problem, wie das zum Putzen, Waschen und zur Körperpflege verwendete Schmutzwasser sauber entsorgt werden kann.

Zwar ist abgefülltes Wasser in einigen von besonderer Wasserknappheit betroffenen Gebieten tatsächlich eine notwendige Ergänzung zur unzureichenden oder fehlenden Versorgung mit Leitungswasser. An anderen Orten aber ist das Flaschenwasser geradezu die Ursache für die zunehmende Wasserknappheit. In Plachimada im indischen Bundesstaat Kerala, wo eine Coca-Cola-Abfüllstation täglich 1,5 Millionen Liter Wasser aus dem Boden pumpt, ist der Grundwasserspiegel in der Umgebung um 100 Meter gesunken, seit die Fabrik den Betrieb aufgenommen hat. Zahlreiche Trinkwasserbrunnen, an denen die Frauen ihr Wasser geholt haben, sind inzwischen versiegt. «Die Frauen müssen heute fünf Kilometer zu Fuss gehen, um Trinkwasser heranzuschaffen», berichtete die Tageszeitung «Mathrubhumi» am 10. März 2003. «In den Stunden, die sie dazu benötigen, rollen mit Softdrinks vollbeladene Lastwagen aus dem Werktor von Coca-Cola an ihnen vorbei.» (→ S. 391f.)

Zu Recht wehren sich die mittellosen Einwohner in den Slums der Megacitys gegen den Zwang, statt des versprochenen Trinkwassers aus der Leitung teures Flaschenwasser kaufen zu müssen, während in den wohlhabenderen Vierteln das billige Leitungswasser unbeschränkt aus den Hähnen sprudelt.

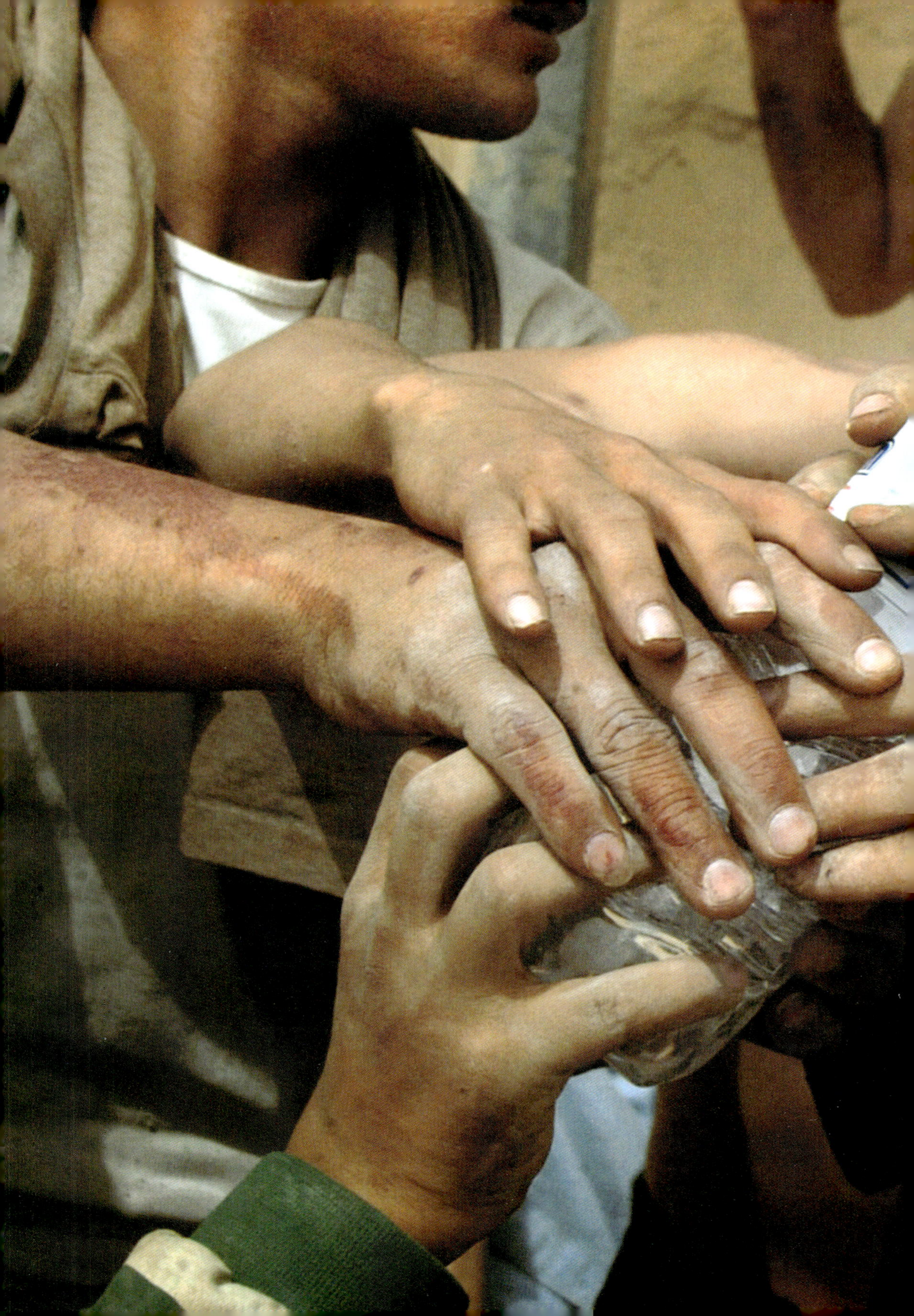

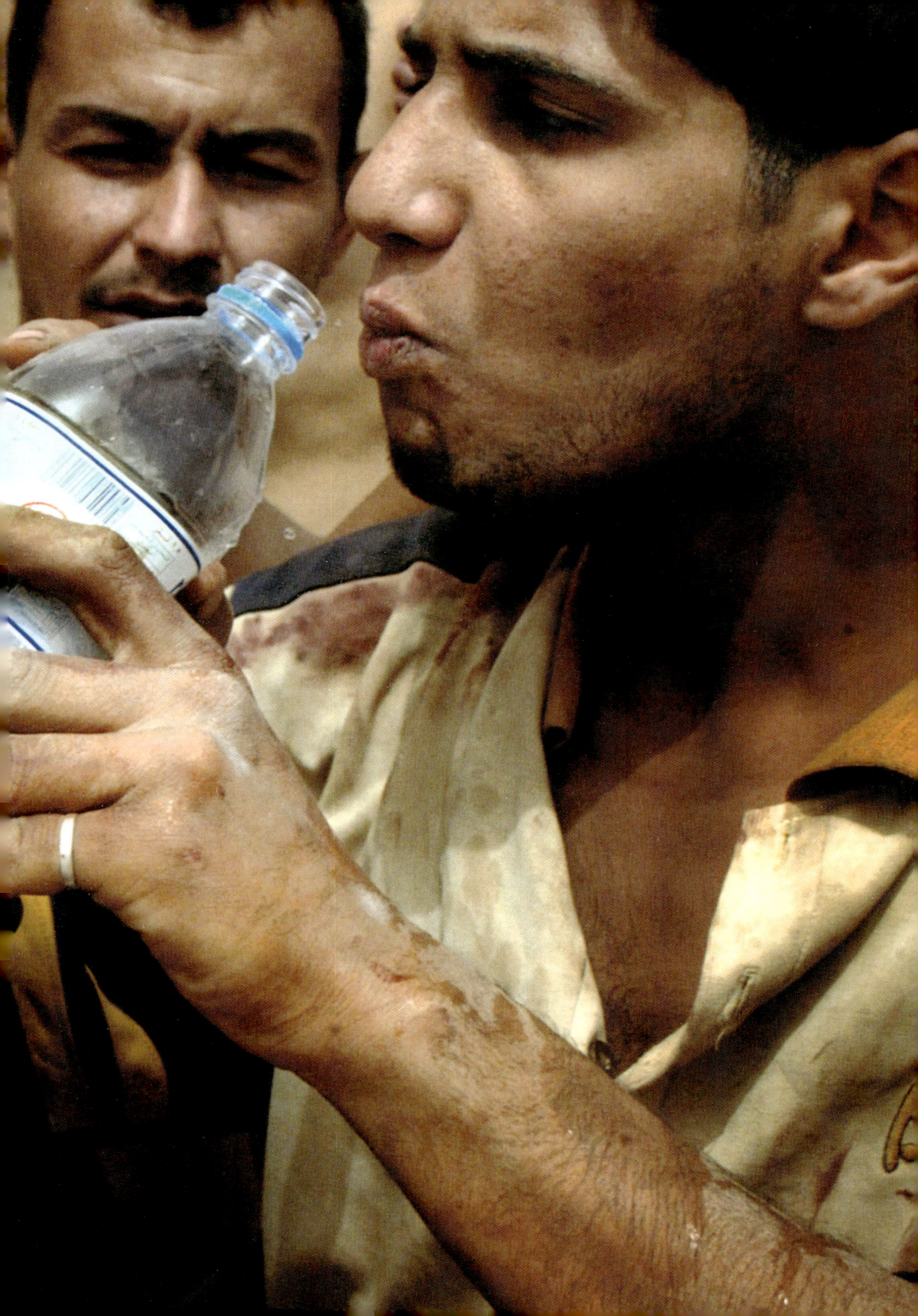

Auf dem Weg zu neuen Partnerschaften

«Unter den gegenwärtigen Bedingungen wird der private Sektor nur eine marginale Rolle bei der Finanzierung der Infrastruktur spielen», heisst es in einem Diskussionspapier zur Strategie der Weltbank im Wassersektor vom März 2002. Die skeptische Beurteilung steht im klaren Widerspruch zu der bis dahin gültigen Weltbankdoktrin. Seit Anfang der 90er Jahre hatte diese ihre Kreditzusagen für Entwicklungsländer meist mit der Auflage verbunden, die Wasserwirtschaft zu privatisieren. Nur der private Sektor sei in der Lage, begründet die Weltbank ihre rigide Politik, die nötigen grossen Investitionen bereitzustellen.

In der Tat geht das Engagement der internationalen Wasserkonzerne in den Entwicklungs- und einigen grossen Schwellenländern Jahr für Jahr zurück. Der Wasserkonzern Suez/Ondeo will seine Investitionen in der Dritten Welt um ein Drittel reduzieren, Veolia sich aus einigen dieser Länder sogar gänzlich zurückziehen. (→ S. 441ff.)

Die Gewinnerwartungen der Wasserkonzerne haben sich nicht erfüllt. In immer mehr Städten weigerten sich die Regulierungsbehörden, die von den Wasserversorgern geforderten Tariferhöhungen zu bewilligen. Und wo die Behörden dem Druck der Konzerne nachgaben, war es nicht selten die Bevölkerung, die eine Zurücknahme der Tariferhöhungen und in einigen Fällen auch die vorzeitige Kündigung der Konzessionsverträge erzwang.

Bereits 1996 kritisierte ein Bericht der Weltbank über die Erfahrungen, die man in sechs Ländern Europas, Lateinamerikas und Afrikas mit der Privatisierung gemacht hat, die Politik der privaten Wasserversorger als unangemessen und rücksichtslos. Auf dem 3. Weltwasserforum in Kyoto im März 2003 bestätigten sowohl die Vertreter der Weltbank als auch der Wasserkonzerne, dass sie die Situation falsch eingeschätzt hatten. «Wir waren zu optimistisch, was die Bereitschaft anbelangt, in diesen Ländern zu investieren.», räumte die Weltbank-Direktorin Nemat Safik ein, «trotz weitreichender Reformen finden viele Länder keine Investoren.» Für Olivio Dutra, in der brasilianischen Regierung zuständig für Stadtentwicklung, hat «die Privatisierung die Wasserprobleme für die Mehrheit der Bevölkerung nicht gelöst». Und Richard Aylar, Direktor der Thames Water, mokierte sich: «Irgend jemand übertreibt die Idee der Wasserprivatisierung als Beitrag zur Armutsminderung.»

Die Hoffnung, dass sich alle Probleme der Wasserversorgung durch Privatunternehmen lösen lassen, hat sich als Irrtum erwiesen. Die oft unrealistischen Gewinnerwartungen der Konzerne und die mangelnde Vertrautheit mit den lokalen Verhältnissen waren daran ebenso schuld wie der naive Glaube der Politiker, die Privatisierung von öffentlichen

Aufgaben löse die Finanzprobleme der kommunalen oder nationalen Haushalte. So versprachen sich beide Seiten oft mehr, als sie später einhalten konnten.

Seit einigen Jahren versuchen Wasserkonzerne deshalb, ihre Kooperation mit den Kommunen auf überschaubarere und weniger risikoreiche Projekte zu beschränken. Dabei reicht das Spektrum von der Abtretung von Management-, Logistik- und Kontrollaufgaben bis zum Verkauf einzelner Teilbereiche der Wasserwerke, von genau definierten Bau- und Betriebsaufträgen bis zu Pachtverträgen und Betriebskonzessionen mit klaren Gewinngarantien und Cost-Sharing-Abmachungen, welche die Kommunen verpflichten, für unvorhersehbare Risiken bis hin zu Wechselkursverlusten aufzukommen.

Eine bessere Zusammenarbeit zwischen Staat und Privatwirtschaft verspricht ein Konzept, das unter dem Namen «Public-Private-Partnership» (PPP) derzeit viel diskutiert wird, ohne dass Inhalt und Umfang solcher Partnerschaften bereits klar umrissen sind. Geprägt wurde der Begriff wohl eher als Abwehrreaktion auf die weltweiten Proteste gegen die neoliberale Privatisierungs- und Liberalisierungs-Doktrin. Aus Gegnern, so die versöhnliche Botschaft, sollen Partner werden. Was bei internationalen Konferenzen zunächst lediglich als rhetorische Beschwichtigungsformel diente, hat in der Praxis – zumal auf lokaler Ebene – zu einer ganzen Reihe zukunftsträchtiger und Erfolg versprechender Projekte geführt.

Neu an diesem Ansatz ist vor allem, dass erstmals auch zivilgesellschaftliche Organisationen als dritter Partner neben Staat und Privatwirtschaft eine gewisse Anerkennung fanden. Die Betroffenen, lokale Initiativen, Frauengruppen, bäuerliche Genossenschaften oder informelle Stadtteilgruppen, Umwelt- und Naturschützer, kirchliche und karitative Institutionen wie auch internationale Hilfsorganisationen sollen angehört, ernst genommen und in die Entscheidungsprozesse einbezogen werden. Das ermöglicht tatsächlich eine Vielzahl unterschiedlicher, neuer und mitunter unkonventioneller Lösungen, die weit mehr auf lokale und regionale Verhältnisse eingehen können als bisher. Die spezifischen Bedürfnisse der Betroffenen, ihre sozialen und kulturellen Eigenheiten, werden mitberücksichtigt. Ökologische Anliegen erhalten eine Stimme. Plötzlich kann mit billigen Materialien gebaut werden, die vor Ort vorhanden sind, und mit traditionellen Bautechniken, die den einheimischen Arbeitern vertraut sind. Das lokale Handwerk und Gewerbe kann seine Erfahrungen und Fertigkeiten einbringen. Die Betroffenen – Frauen, Ungelernte und Arbeitslose – werden einbezogen, finden vorübergehend oder sogar dauerhaft Arbeit und Einkommen. So können nicht nur Kosten gespart werden. Die erfolgreiche Zusammenarbeit und die aktive Einbeziehung der Bevölkerung tragen dazu bei, dass diese später auch die Verantwortung für den Unterhalt «ihrer» Einrichtungen übernimmt.

Noch ist nicht absehbar, ob dieser partnerschaftliche Ansatz sich tatsächlich durchsetzt. Und ob er auch jenseits der Notstandsgebiete der Dritten Welt, wo andere Rezepte bisher meist versagt haben, auf Zustimmung stösst. Das hängt auch davon ab, ob die bisher alleinigen Entscheidungsträger, die Vertreter von Staat und die Privatwirtschaft,

"

Evo Morales, Präsident von Bolivien, über seine Entscheidung, den in El Alto ansässigen Wasserkonzern Aguas del Illimani (Aisa) aus dem Land zu weisen.

Ich bin davon üb
Trinkwasser – W
mein – kein priva
sein darf, sonde
Dienstleistung s

erzeugt, dass
asser ganz allge-
tes Geschäft
n eine öffentliche
ein muss.

tatsächlich bereit sind, den zivilgesellschaftlichen Organisationen wirkliche Mitbestimmung zu gewähren. Und wer bei Interessenkonflikten zwischen den Bedürfnissen der Betroffenen und den kommerziellen Erwartungen der beteiligten Unternehmen letztlich das Sagen hat.

Noch verstehen offensichtlich nicht alle «Partner» unter Partnerschaft das Gleiche. So warnt eine neu gegründete «Assoziation der privaten Wasserunternehmen Aquafed» vehement davor, der Zivilgesellschaft zu viel Einfluss einzuräumen. Die privaten Wasserversorger befürchten, so ihr Sprecher Jack Moss, dass «kleine unrepräsentative Minderheiten die demokratischen Entscheidungsprozesse behindern oder blockieren» und die «legitimen Entscheidungsbefugnisse der gewählten Politiker einschränken» könnten.

Das Misstrauen gegenüber den zivilgesellschaftlichen Organisationen, das sich in solchen Abwehrreaktionen manifestiert, erschwert zwar die pragmatische Zusammenarbeit in konkreten Projekten, über die Zukunft der Wasserversorgung und die Rolle der Privatwirtschaft entscheiden jedoch vor allem jene internationalen Abkommen, über die derzeit im Rahmen der WTO verhandelt wird. Sie dürften die politischen Rahmenbedingungen für die Liberalisierung des Wassermarktes grundsätzlich verändern. Von besonderer Bedeutung ist dabei in erster Linie das Dienstleistungsabkommen GATS (General Agreement on Trade in Services), das mit der Gründung der WTO 1995 in Kraft trat und zurzeit neu ausgehandelt wird. Es verpflichtet seine 148 Mitgliedsländer, ihre Dienstleistungsmärkte auch für ausländische Anbieter zu öffnen und «Handelshemmnisse» abzubauen. Dabei dürfen ausländische Investoren gegenüber einheimischen Unternehmen nicht benachteiligt werden. Was ein WTO-Mitglied einem Land gewährt, muss es auch allen anderen WTO-Mitgliedern zugestehen. Ausgenommen von diesen Liberalisierungsvorschriften sind einige regionale Freihandelszonen wie der europäische Binnenmarkt oder der nordamerikanische NAFTA-Raum – ausgerechnet die Märkte der reichsten Industrienationen und eifrigsten Liberalisierungsbefürworter.

Kritiker sehen im GATS-Abkommen eine «Einbahnstrasse» zur vollständigen Privatisierung des Dienstleistungssektors, vor allem auch jener Bereiche, die bislang als «Service public», als Staatsaufgaben gelten. Eine Kontrolle dieses Sektors durch Privatunternehmen, so befürchten sie, könne selbst dann nicht mehr rückgängig gemacht werden, wenn sie sich als Fehlschlag erweise. Der bisherige Handlungsspielraum der einzelnen Staaten werde massiv eingeschränkt: Die WTO kann sämtliche nationalen Gesetze und Verordnungen, alle Privatisierungseinschränkungen, Umweltauflagen oder Qualitätsstandards beanstanden oder verbieten, wenn sie den freien Handel «mehr als notwendig» einschränken oder ausländische Unternehmen benachteiligen. Unklar bleibt, was «mehr als notwendig» ist. Nicht nur Kritiker vermuten, dass diese vage Formulierung ein weites Feld für gerichtliche Auseinandersetzungen eröffnet.

Da das GATS-Abkommen auch «Investitionen im Ausland» einschliesst, kann die WTO sogar die Subventionierung besonders dringlicher öffentlicher Aufgaben wie einer Trinkwasserversorgung in Armenvierteln verbieten, wenn sich ausländische Investoren dadurch benachteiligt fühlen. Die GATS-Kritiker befürchten, dass das Abkommen Entwicklungsländer zwingt, auch gegen ihren Willen alle Dienstleistungsmärkte dem Wettbewerb zu öffnen. Um Wettbewerbsgleichheit herzustellen, können Länder und Kommunen sogar gezwungen werden, ihre Umwelt- und Gesundheitsstandards zu senken.

Im November 2001 beschloss die Ministerkonferenz der WTO in Doha, das GATS neu auszuhandeln und die «fortschreitende Liberalisierung» (GATS, Artikel XIX) des Dienstleistungssektors konsequenter als bisher auf staatliche Basisdienstleistungen wie Gesundheit, Bildung, aber auch auf die Wasserversorgung und Abwasserentsorgung auszudehnen. Bis Dezember 2003 hätten die Vorverhandlungen abgeschlossen werden sollen, damit das neue GATS-Abkommen im Jahr 2005 hätte in Kraft treten können. Mit dem Scheitern der WTO-Ministerkonferenz im September 2003, bei der das GATS-Abkommen nur eine Nebenrolle spielte, hat sich der gesamte Verhandlungsprozess allerdings verzögert.

Jetzt soll das neue GATS-Abkommen in einem überaus komplizierten Verfahren hinter verschlossenen Türen ausgehandelt werden. In einer ersten Phase sollen die einzelnen Länder bilateral Forderungen stellen und Angebote zur Marktöffnung unterbreiten. Diese werden dann in weiteren Verhandlungen gegeneinander "aufgerechnet": Wo immer zwei Länder sich darauf geeinigt haben, ihre Märkte gegenseitig zu öffnen, soll dies nach dem Prinzip der Gleichbehandlung auch für alle anderen WTO-Mitglieder gelten.

Kritiker halten dieses Verfahren für eine Art Kuhhandel, der die Entwicklungsländer benachteiligt, da sie oft gar keine andere Möglichkeit haben, als den Forderungen der Industrieländer nachzugeben. So wurde zum Beispiel durch Indiskretionen bekannt, dass die EU im Interesse ihrer Wasserkonzerne von 72 Ländern die Liberalisierung ihrer Wassermärkte fordert, umgekehrt aber nicht dazu bereit ist, ihren eigenen Wassermarkt uneingeschränkt zu öffnen. Die EU argumentiert, sie sei den Entwicklungsländern im Bereich der Agrarreformen bereits genügend entgegengekommen.

Gefährdet wären durch das neue GATS-Abkommen auch zahlreiche Vorhaben von Entwicklungs- und Schwellenländern, die ihre Probleme ohne Hilfe von privaten Unternehmen lösen wollen, so etwa Honduras oder Tunesien, deren staatliche Wasserversorgungspolitik sogar von der Weltbank gute Noten erhalten. Oder Bolivien, wo die von der Regierung gegründete, gemeinnützige Genossenschaft SAGUAPC die Wasserwerke der Grossstadt Santa Cruz mit Erfolg betreibt. Oder Nicaragua, wo die Basisorganisation MCN (Movimiento Comunal Nicaragüense) vor allem in ländlichen Gegenden eine ganze Reihe von gut funktionierenden lokalen Wasserwerken betreibt. Oder Puerto Rico, Argentinien, die Philippinen oder Südafrika, wo Städte nach missglückten Privatisierungsexperimenten ihre Wasserversorgung wieder verstaatlicht haben. Mit Hilfe des GATS-Abkommens könnten Kommunen zu risikoreichen und unwägbaren Privatisierungsschritten gezwungen werden, selbst dann, wenn die öffentlichen Betriebe zur Zufriedenheit der Bevölkerung arbeiten.

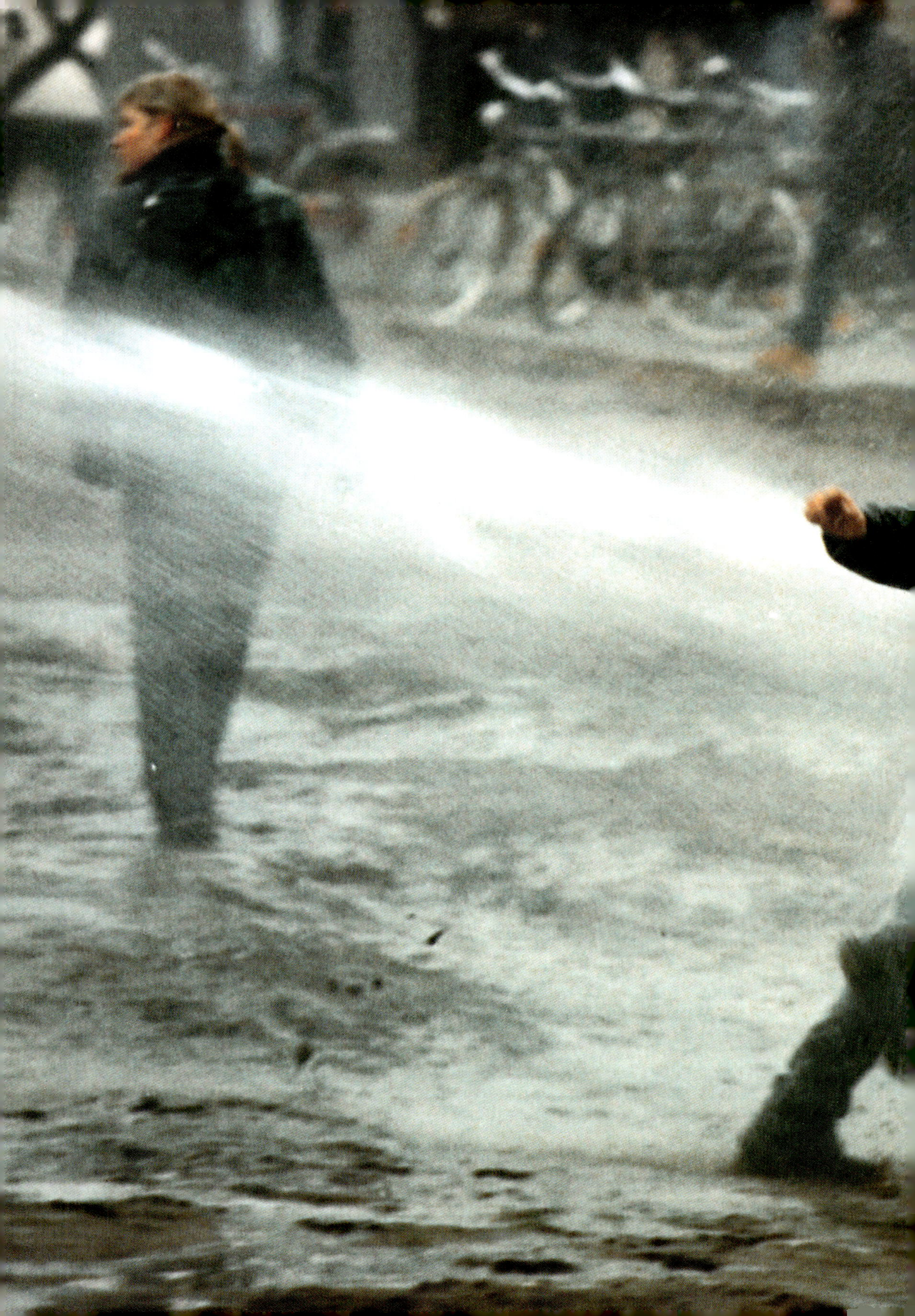

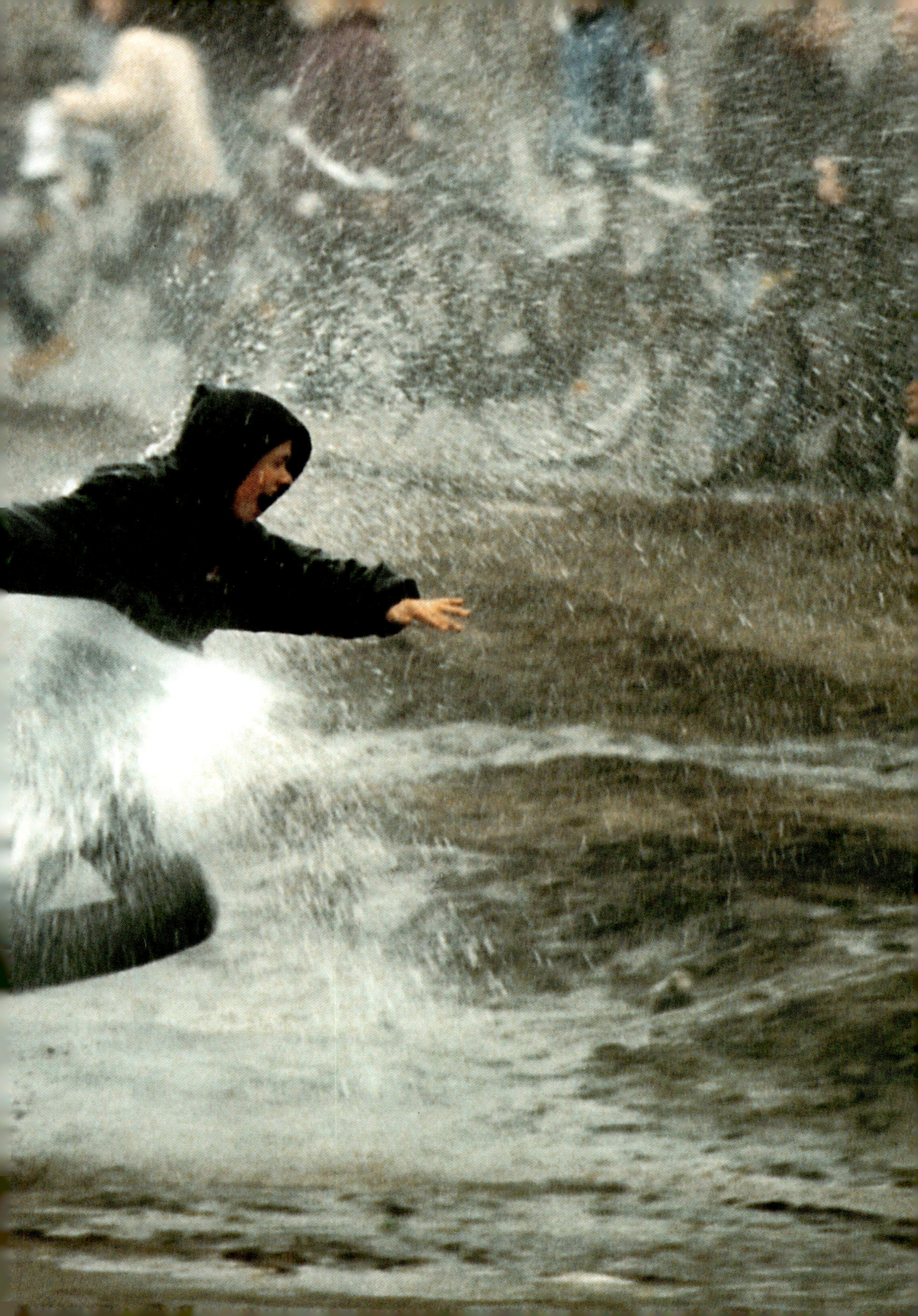

Wasser – ein brisantes Politikum

Wasser kennt keine Grenzen. Darin steckt ein grosses Konfliktpotenzial. Überall, wo mehrere Länder sich Seen, Flüsse oder ganze Flusssysteme teilen, müssen sie sich einigen, wie sie gemeinsam mit dem Wasser umgehen wollen.

145 der insgesamt 202 Staaten der Welt teilen einen oder mehrere ihrer Flüsse mit anderen Staaten. Grenzüberschreitende Flüsse führen 60 Prozent allen Flusswassers auf der Welt. 40 Prozent der Weltbevölkerung leben im Einzugsgebiet von internationalen Flüssen. 12 Länder sind fast vollständig von Flusswasser abhängig, dessen Quellen im Ausland liegen. 261 Flüsse fliessen durch mehrere Länder. 19 Flüsse haben mehr als fünf Anrainerstaaten, die Donau sogar 17.

Das Konfliktpotenzial wächst mit der Knappheit des Wassers und mit der Abhängigkeit der Länder von diesen knappen Wasserressourcen. Kooperative Lösungen sind umso schwieriger zu erreichen, je mehr die Wasserprobleme von politischen, sozialen oder ethnischen Konflikte überlagert werden, Länder sich auf historische Rechte berufen oder ihre wirtschaftliche und militärische Macht ausspielen.

Von 1831 Wasserkonflikten zwischen 1949 und 1998 wurden lediglich 37 mit grösserer Waffengewalt ausgetragen, aber 93 Konflikte waren von mehr oder weniger unmissverständlicher Androhung militärischer, wirtschaftlicher oder diplomatischer Sanktionen begleitet.

«Die Kriege des nächsten Jahrhunderts werden nicht um Öl, sondern um Wasser geführt werden.» Diese Prognose, mit der Ismail Serageldin, der ehemalige Vizepräsidenten der Weltbank 1995 etliches Aufsehen erregte, mag überspitzt sein. Sicher aber ist, dass Wasserkonflikte in den kommenden Jahrzehnten zunehmen werden. Denn Süsswasser ist knapp und wird noch knapper werden. Vor allem in wasserarmen Regionen mit schnell wachsenden Bevölkerungen hängt viel davon ab, über welche Wasserressourcen die Staaten verfügen können. Ein Land, das nicht genug Wasser hat, kann seine Bevölkerung nicht ernähren. Es hat wenig Chancen, sich wirtschaftlich zu entwickeln und ist, wie das künftige Palästina, in seiner Existenz gefährdet.

Seit den 50er Jahren mehren sich Konflikte, deren Ursache nicht Wassermangel sondern Wasserverschmutzung ist. Bereits 1987 stellte der Bericht der UN-Weltkommission für Umwelt und Entwicklung, der so genannte Brundtland-Report, fest, dass Umweltkrisen zu einer wichtigen Quelle politischer Unruhen und internationaler Spannungen geworden sind. Doch bis heute fehlt ein internationales Wasserrecht, das die Beziehungen zwischen den Staaten und ihre gegenseitigen Rechte und Pflichten regelt.

S. 468 Jiamusi, Heilongjian, Nordchina, 2005. Ng Han Guan/AP Photo
S. 470 Xiaolangdi Staudamm am Gelben Fluss, China, 2005. Zhang xiaoli/Keystone

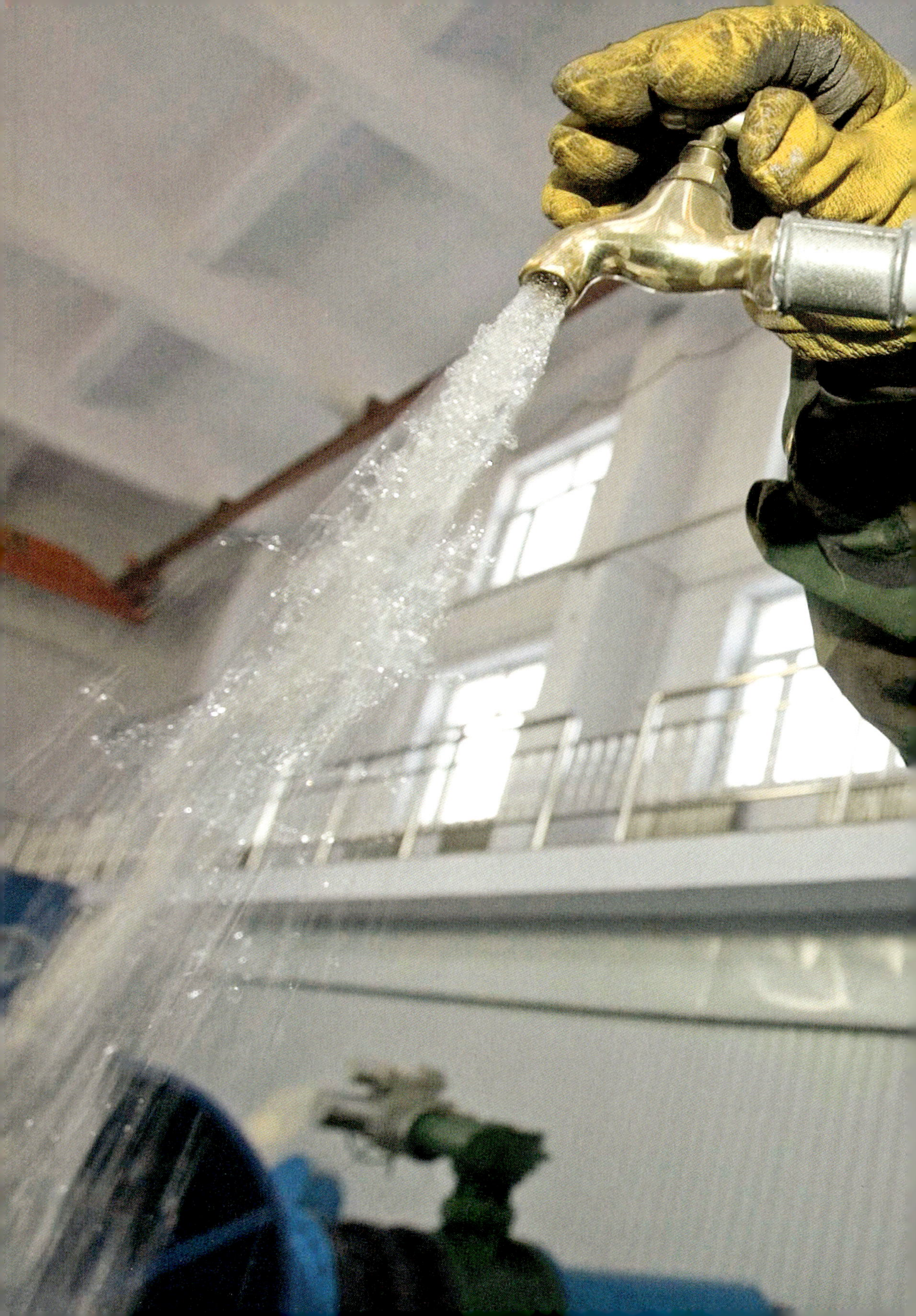

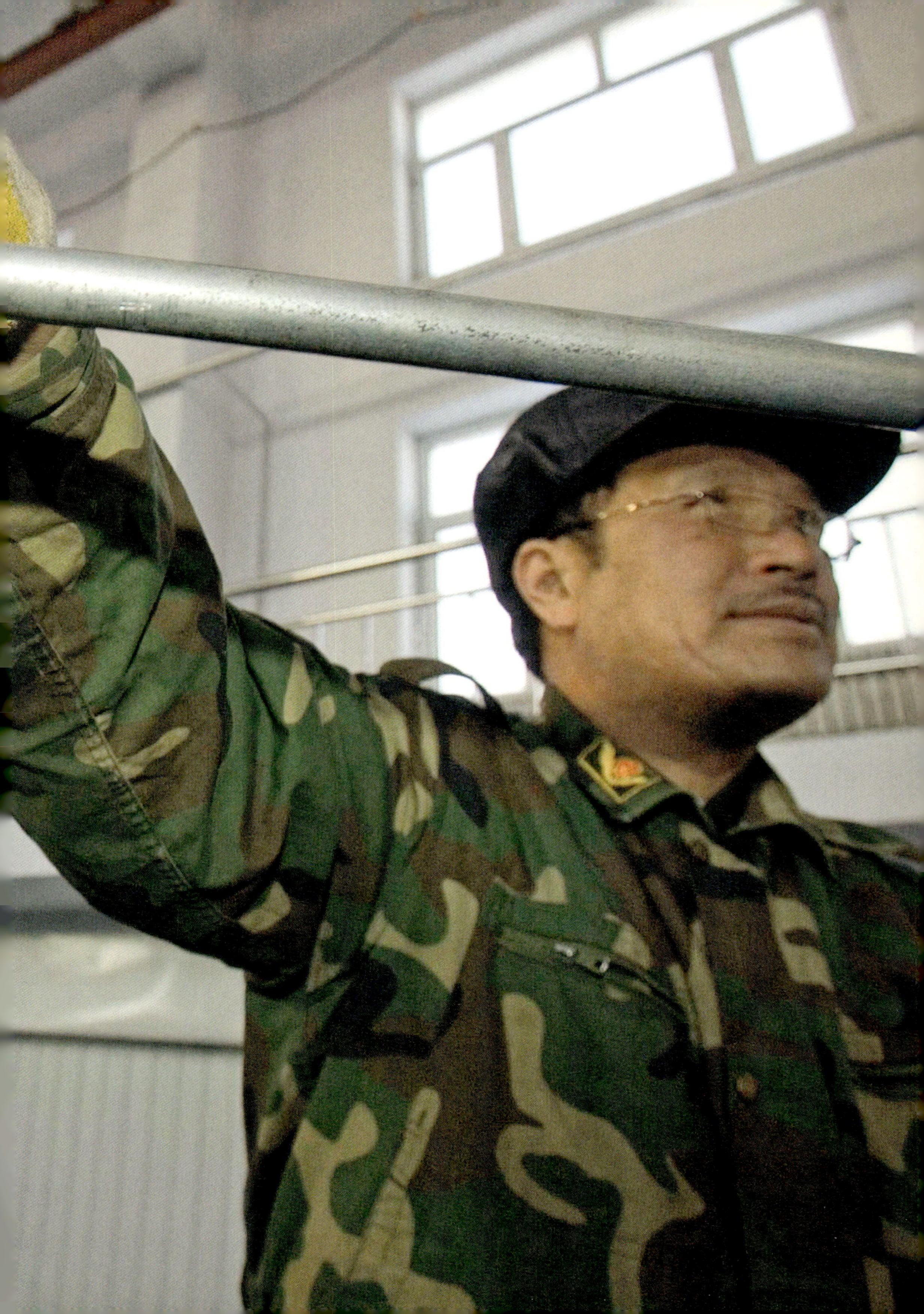

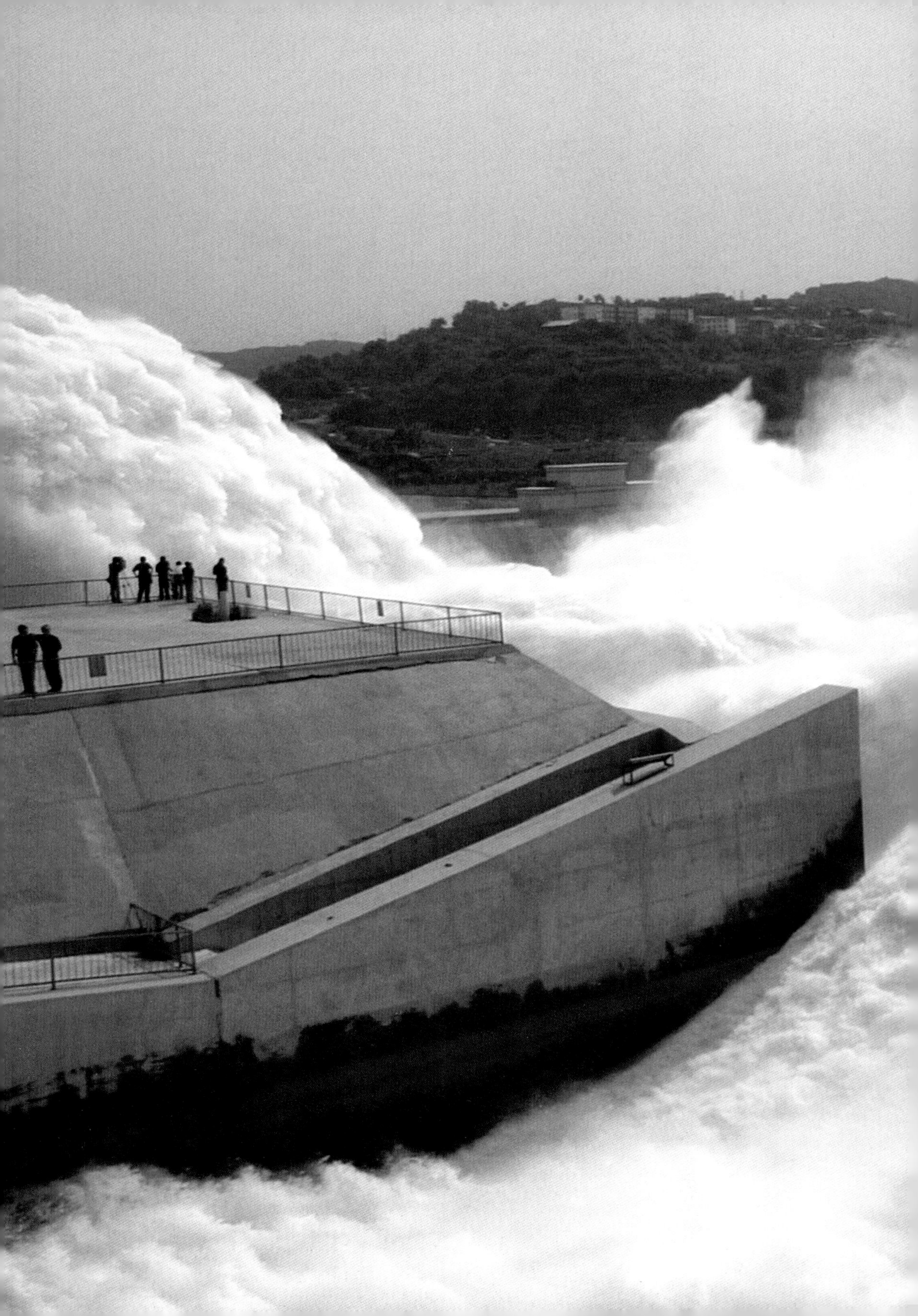

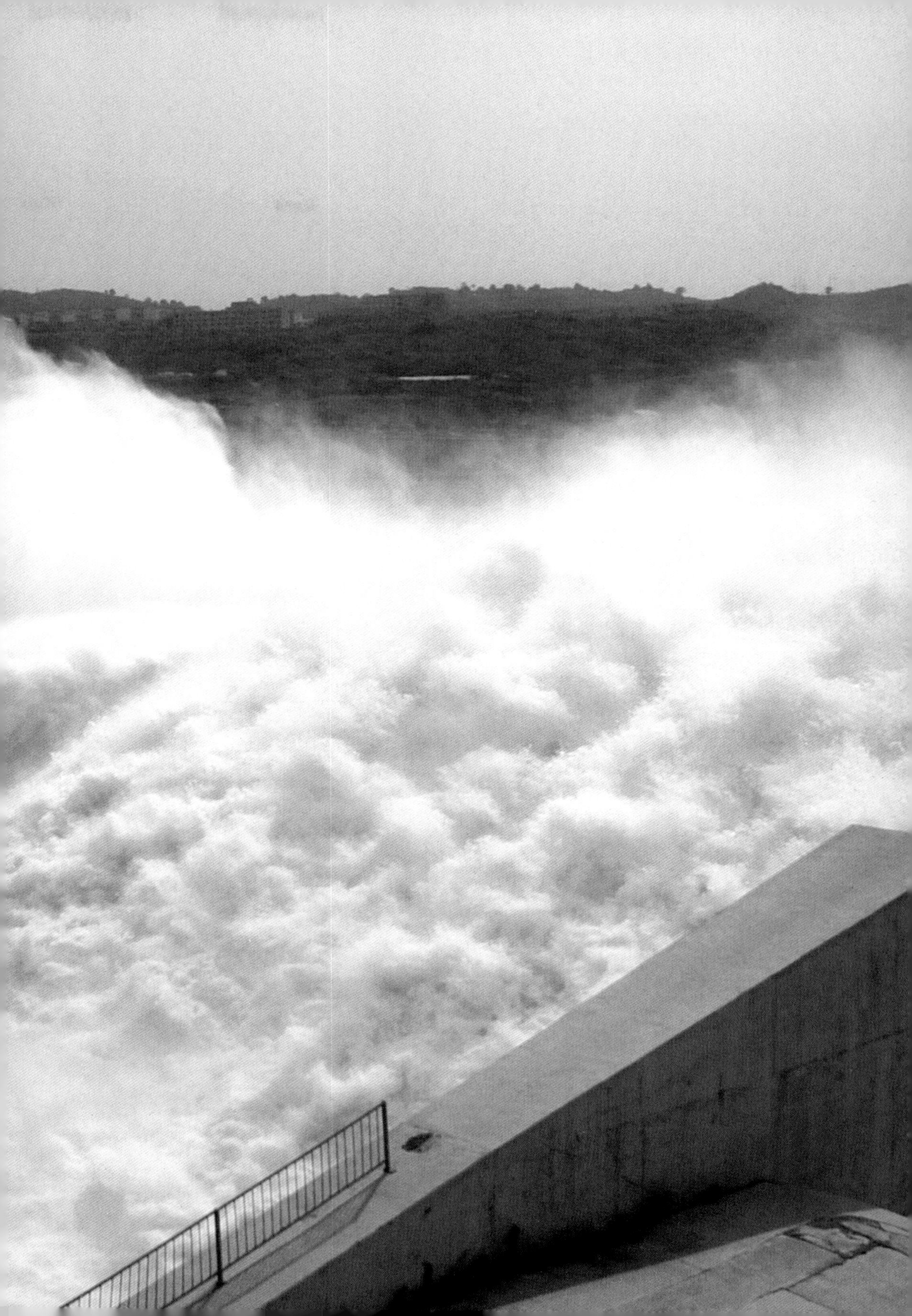

Wasser ist ein Machtfaktor

Knapper hat vermutlich noch nie ein Feldherr das Ziel eines Wasserkriegs umschrieben: «Denn schon in sieben Tagen», teilte Gott seinem Getreuen Noah mit, «lasse ich es vierzig Tage und vierzig Nächte auf die Erde regnen und vertilge alle Wesen, die ich geschaffen habe, vom Erdboden.» Laut Genesis soll tatsächlich fast die ganze damalige Weltbevölkerung umgekommen sein. Einen ähnlichen Wasserkrieg hat, heisst es im Gilgamesch-Epos, auch der babylonische Gott Ea gegen die Menschheit geführt.

Gegen solche Götterstrafen wirken die Wasserkriege der Menschen wie kleine Scharmützel. Doch Wasser spielt als effiziente und vielseitig verwendbare Waffe in der Kriegsführung bis heute eine bedeutende Rolle. Vor der Erfindung von Giftgas und Atombombe war Wasser die einzige Waffe, mit der sich auf einen Schlag Abertausende Menschen vernichten liessen. Allein die Drohung, die Trinkwasserversorgung grosser Städte oder die Bewässerungsanlagen eines Landes zu zerstören, genügte mitunter, um den Gegner in die Knie zu zwingen.

Kein Zufall, dass die ersten historisch verbürgten Wasserkriege in wasserarmen Regionen stattfanden, etwa im Tiefland zwischen Euphrat und Tigris. Weil die hoch entwickelten und zentral organisierten Bewässerungssysteme die eigentliche Existenzgrundlage der sumerischen und assyrischen Hochkulturen waren, stellten sie «sicherheitspolitisch» ein grosses Risiko dar. Wer die Wasserversorgung beherrschte, hatte die Lebensader eines ganzen Reiches im Griff.

Doch auch in Gegenden, wo ausreichend Regen fällt, wurde Wasser häufig als Waffe eingesetzt. Zu den schon durchaus «modernen» Varianten gehörte 1503 der Plan des florentinischen Strategen Machiavelli im Krieg gegen die Stadt Pisa. Unter der fantasievollen Mithilfe von Leonardo da Vinci erwog Machiavelli, den Fluss Arno um Pisa herumzuleiten, um so die Pisaner auszutrocknen und zur Aufgabe zu zwingen.

Die Tradition, mit dem grösstmöglichen «Kollateralschaden» unter der Zivilbevölkerung zu drohen, zieht sich bis in die aktuelle Gegenwart. Im Zweiten Weltkrieg, im Vietnamkrieg, im Krieg gegen Serbien, im Iran-Irak-Krieg, in Afghanistan, Tschetschenien und in den beiden Golfkriegen wurden immer wieder gezielt die Wasserversorgungen von Städten angegriffen und zerstört oder Dämme und Kanäle bombardiert, um den Gegner zu demoralisieren, zu schädigen und zur Kapitulation zu zwingen. Dass dabei regelmässig das humanitäre Völkerrecht verletzt wurde, schien dabei keine Kriegsmacht ernsthaft zu kümmern, obwohl das IV. Genfer Abkommen über den Schutz der Zivilbevölkerung in Kriegszeiten vom 12. August 1949 die Unterzeichnerstaaten verpflichtet, die Zivilbevölkerung «unter allen Umständen» zu schützen. Wasserkriege aber sind immer Kriege gegen die Zivilbevölkerung.

So verheerend die Wirkung der Waffe Wasser in einzelnen Fällen auch sein mag, so bleiben die Zerstörungen doch lokal und zeitlich begrenzt. Jeder noch so grosse Wasserschaden lässt sich innerhalb einiger Jahre wieder beheben. Demgegenüber erreichen Kriege, die nicht *mit*, sondern *um* Wasser geführt werden, oft eine sehr viel grössere Dimension. Sie zerstören mehr als eine städtische Wasserversorgung, einen Staudamm oder Bewässerungskanäle; sie bedrohen vielmehr die Lebensbedingungen der Menschen in einer ganzen Region, die Entwicklungschancen oder gar die Existenzgrundlage ganzer Nationen oder Völker. Erobert ein Staat einen grösseren Anteil an den gemeinsam genutzten Wasservorräten, kontrolliert er die wichtigste Lebensader eines anderen Staates.

Tausende von Jahren nach den babylonischen Kriegen wird im Tiefland von Euphrat und Tigris immer noch hartnäckig um das Wasser gestritten. Sowohl Syrien als auch der Irak, beides Länder mit schnell wachsenden Bevölkerungen und ehrgeizigen Entwicklungszielen, sind weitgehend abhängig vom Wasser der zwei grössten Ströme der Region. Syrien bezieht rund 90 Prozent seines gesamten Oberflächenwassers aus dem Euphrat, der Irak ist zu 60 Prozent auf das Wasser von Euphrat und Tigris angewiesen. Die Quellen beider Flüsse liegen jedoch in der Türkei.

Seit Mitte der 60er Jahre hat die Türkei selbst grosse Pläne mit dem Wasser von Euphrat und Tigris. Das so genannte Südostanatolienprojekt (Güneydogu Anadolu Projesi/GAP) sieht vor, auf türkischem Boden entlang den beiden Flüssen insgesamt 22 Staudämme und 19 grosse Wasserkraftwerke zu bauen. Sie werden mit über 26 Milliarden Kilowattstunden nicht nur die derzeitige Stromproduktion der Türkei um mehr als ein Viertel steigern, sondern darüber hinaus 1,6 Millionen Hektar karges Ackerland nutzbar machen – das entspricht 80 Prozent der gesamten Agrarfläche im Irak. Mehrere grosse Touristikzentren sollen grosszügig mit Wasser versorgt und eine Million neue Arbeitsplätze geschaffen werden. Das Projekt ist allerdings auch in der Türkei selbst umstritten. Weit über 100 000 Menschen, fast durchweg Kurden, müssten umgesiedelt werden. Der geplante Ilisu-Stausee würde die antike Kleinstadt Hasankeyf, eine der ältesten archäologischen Fundstätten der Menschheit, unter Wasser setzen (→ S. 507).

Obwohl erst Teile des ganzen Projekts realisiert wurden, bekommen Syrien und der Irak die Folgen bereits heute zu spüren: Das Wasser des Euphrat fliesst vor allem in wasserarmen Jahren sehr viel spärlicher. Der syrische Assad-Stausee kann zuweilen nur noch zu zwei Dritteln gefüllt werden. Mehrere für die syrische und irakische Stromversorgung wichtige Wasserkraftwerke mussten ihre Leistung deutlich reduzieren. Sollte das Projekt fertig gestellt werden, dürfte sich die Wassermenge, die für Syrien und den Irak übrig bleibt, um bis zu 60 Prozent verringern.

Die ökologischen Folgen sind heute schon teilweise irreparabel. 97 Prozent der fruchtbaren Mündungsgebiete am Persischen Golf haben sich in

> **Es sind unsere F[lüsse, unser]
> Wasser, und wir [machen, was]
> wir wollen.**

Kamran Inan, türkischer
Parlamentarier,
im Oktober 2003
im NZZ-Interview.

**Jeder Anrainers[taat hat innerhalb]
seines Territoriu[ms Anspruch auf]
eine gerechte u[nd angemessene Nutzung]
des Wassers ei[nes internationalen]
Einzugsgebiets.**

Helsinki-Regeln zur Nutzung von Wasser aus internationalen Flüssen, verabschiedet von der International Law Association auf ihrer zweiundfünfzigsten Konferenz, abgehalten in Helsinki im August 1966. Report of the Committee on the Uses of the Waters of International Rivers (London, International Law Association, 1967) Article IV

lüsse, es ist unser
machen damit, was

aat hat innerhalb
ms ein Anrecht auf
d billige Nutzung
es internationalen

eine karge, salzverkrustete Wüste verwandelt. Das UN-Umweltprogramm UNEP spricht von einem ökologischen Desaster, das sich mit der Naturkatastrophe am Aralsee vergleichen lasse. Selbst dort, wo noch Wasser fliesst, ist es durch landwirtschaftliche Pestizide, Industrie- und Haushaltabwässer derart verschmutzt, dass es weder als Trinkwasser noch zur Bewässerung verwendet werden kann.

Spannungen zwischen den drei Ländern gab es seit Mitte der 70er Jahre. Damals eskalierte ein Konflikt zwischen Syrien und dem Irak fast in einen Krieg, als Syrien seinen Al-Thawra-Staudamm (später: Assad-Staudamm) einweihte. Er verringerte den Zufluss von Euphratwasser in den Irak so gewaltig, dass viele irakische Bauern buchstäblich auf dem Trockenen sassen. Erst nach massiven militärischen Drohungen erklärte sich Syrien bereit, die Quote wieder zu erhöhen. Schon im folgenden, überdurchschnittlich wasserarmen Jahr verschärften sich die Spannungen erneut, als Syrien die vereinbarte Wassermenge um drei Viertel reduzierte, um seine eigenen Stauseen füllen zu können.

1990 eskalierte der Dauerkonflikt ein weiteres Mal, als die Türkei einen Monat lang mehr als die Hälfte des Euphratwassers zurückhielt, um den neuen Atatürk-Stausee, das Kernstück des Südostanatolienprojekts, zu füllen. Dabei hatte die Türkei drei Jahre zuvor in einem provisorischen bilateralen Abkommen Syrien eine weitaus grössere Mindestwassermenge garantiert. Mit der zeitweiligen Drosselung des Euphratwassers und ihren unverhohlenen Drohungen machte die türkische Regierung klar, wie Syrien dieses Abkommen zu interpretieren habe: seine Einhaltung ist das Pfand für politisches Wohlverhalten Syriens in der Kurdenfrage.

Die grundsätzliche Verhandlungsposition der Türkei skizzierte der damalige Ministerpräsident Süleiman Demirel anlässlich der offiziellen Einweihung des Atatürk-Staudammes mit den Worten: «Wir haben das Recht, mit unserem Wasser zu tun oder zu lassen, was uns beliebt. Der Schnee, der auf unsere Berge fällt, gehört nicht den Arabern. Dieses Wasser ist unser Wasser.» Und: «Wer an der Quelle sitzt, hat ein Recht darauf, das ihm niemand streitig machen kann.»

Durch das türkische Südostanatolienprojekt und die syrischen Staudamm- und Bewässerungsprojekte gerät der Irak sogar in eine doppelte Abhängigkeit. Zwar verfügt das Land über grössere eigene Wasservorkommen, sie decken jedoch nur 40 Prozent des gesamten Wasserbedarfs. Zur Bewässerung der rund zwei Millionen Hektar Agrarland ist der Irak auf sichere und gleich bleibende Wasserzufuhr sowohl vom Euphrat und wie vom Tigris angewiesen.

Die exakte Festlegung einer bestimmten Mindestmenge Wasser für den Irak wird durch das Abkommen zwischen Syrien und der Türkei aus dem Jahr 1990 aber nicht gewährleistet. Zwar erklärt sich Syrien bereit, durchschnittlich 52 Prozent seines Euphratwassers in den Irak weiterzuleiten: diese Wassermenge ist aber davon abhängig, wie viel Wasser die Türkei Syrien zugesteht: Drosselt die Türkei in wasserarmen Jahren oder aus politischen Gründen den Zufluss von Euphratwasser nach Syrien, deckt Syrien seinerseits zuerst seinen eigenen Bedarf, bevor es das

Restwasser in den Irak fliessen lässt. Opfer sind, wie immer in solchen Konflikten, die untersten Anrainer, die Kleinbauern und landwirtschaftlichen Genossenschaften im Irak.

Gleichzeitig beeinflusst die zeitweise Drosselung des Euphratwassers auch die Wasserversorgung aus dem Tigris. Weil das Tigriswasser aus natürlichen Gründen erheblich salzhaltiger ist als das Euphratwasser, verdünnt der Irak sein Tigriswasser mit Wasser aus dem Euphrat, um es für die Bewässerung brauchbar zu machen. Bereits heute sind über 50 Prozent der gesamten landwirtschaftlichen Anbauflächen im Irak stark versalzt.

Baut die die Türkei im Rahmen des Südostanatolien-Projekts wie geplant seinen Ilisu-Staudamm am Tigris, könnte der Konflikt noch weiter eskalieren. Die Wasserressourcen des Iraks würden nochmals um mindestens 10 Prozent zurückgehen, das schon in der Türkei landwirtschaftlich genutzte Tigriswasser würde noch schmutziger und salziger werden, die politische Abhängigkeit des Iraks von Syrien und der Türkei würde sich noch mehr vergrössern.

Wasserkriege sind selten Konflikte, in denen es ausschliesslich um Wasser geht. Häufig werden die Auseinandersetzungen um die Verteilung oder Qualität des Wassers von politischen Motiven überlagert.

Nur wenige Wasserkonflikte werden mit militärischer Gewalt ausgetragen. Eine für die UN durchgeführte Studie, welche die Wasserkonflikte zwischen 1948 und 1998 untersucht, zeigt, dass von insgesamt 1831 zwischenstaatlichen Konflikten um Wasser nur 37 von militärischen Aktionen begleitet wurden. In 93 Konflikten aber wurde mit ernsten militärischen, diplomatischen und wirtschaftlichen Sanktionen gedroht.

Einige Politologen haben aus diesem Befund den Schluss gezogen, man könne nicht ernstlich von häufigen Wasserkriegen reden. Tatsache bleibt aber, dass Konflikte um Wasser zunehmend aggressiver und mit radikaleren Mitteln geführt werden. Ob dabei militärische Mittel eingesetzt werden oder der Gegner mit politischen, wirtschaftlichen oder diplomatischen Drohungen und Sanktionen zum Nachgeben gezwungen wird, macht letztlich nur einen geringen Unterschied.

S. 478 Nach Massenprotesten gegen Wasserknappheit verteilt die Armee Trinkwasser. Sanir Akhra, Dhaka, Bangladesch, 2006. Rafiqur Rahman/Reuters

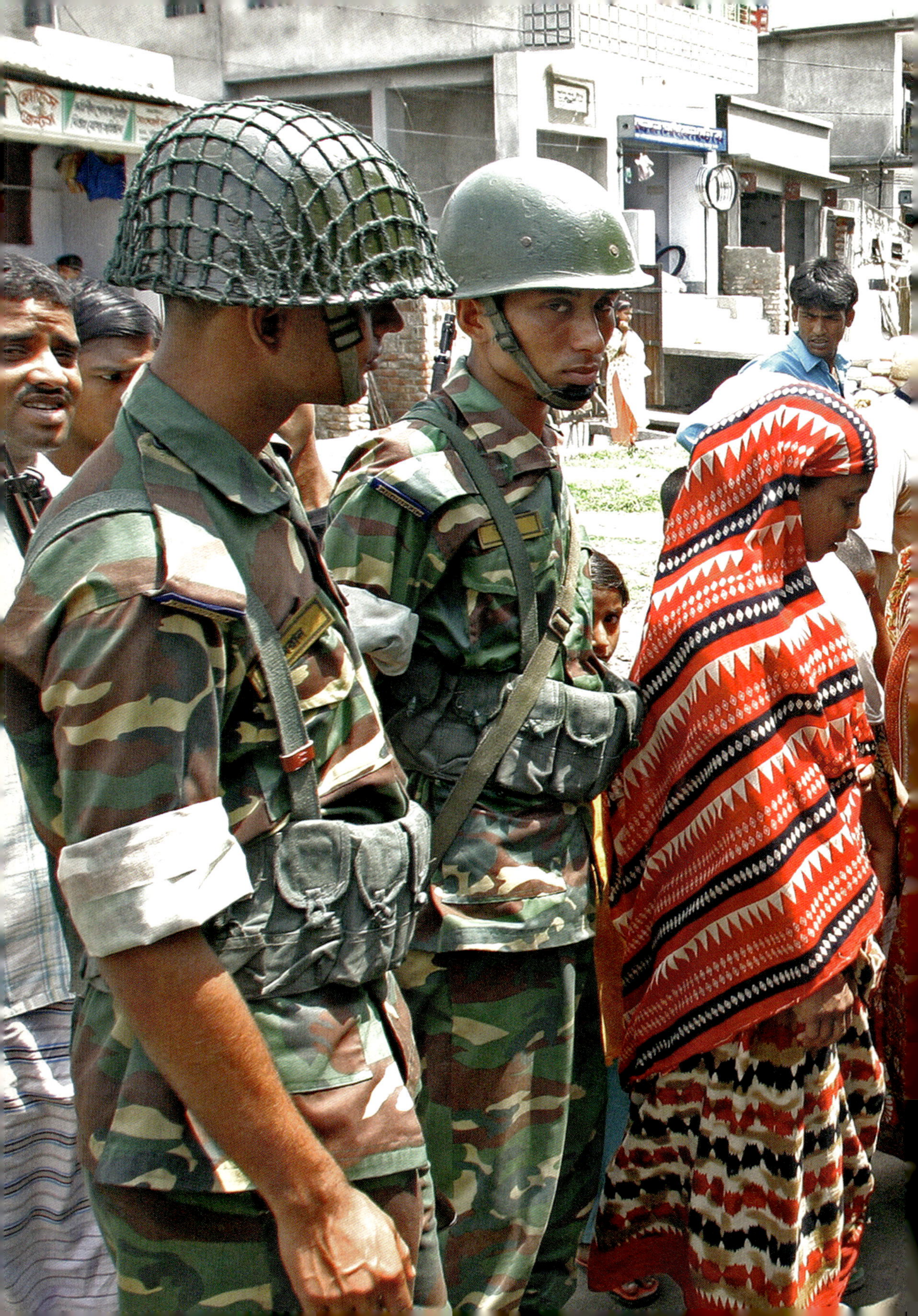

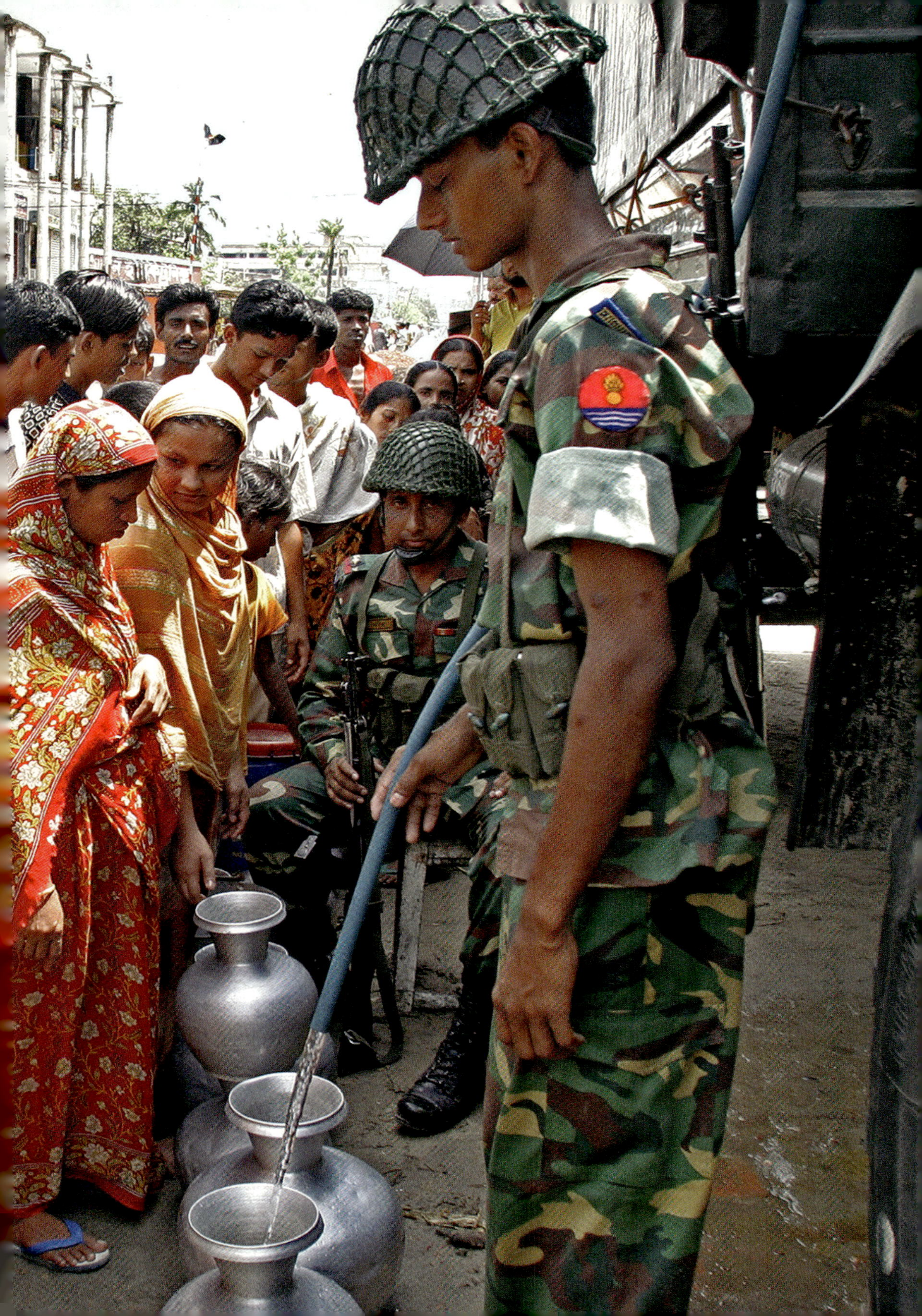

Der Nahostkonflikt ist auch ein Wasserkrieg

Nirgendwo sonst auf der Welt zeigt sich die Komplexität von Wasserkriegen so drastisch wie im so genannten Nahostkonflikt, bei dem politische, ideologische, strategische, aber auch finanzielle und technische Probleme untrennbar miteinander verknüpft sind. Hier ist das Wasserproblem alles zugleich, Ursache und Folge, Zweck und Mittel, Ziel und Waffe, Forderung und Druckmittel. Dieser mittlerweile über 50 Jahre dauernde Krieg wird von der Weltöffentlichkeit überwiegend als politischer Konflikt wahrgenommen, in dem es vor allem um die Existenzberechtigung Israels, um einen palästinensischen Staat, um das Rückkehrrecht von zwei Millionen vertriebenen Palästinensern und um die strategisch-militärische Vorherrschaft in einer der explosivsten Zonen zwischen Ost und West geht. Ebenso sehr ist der Nahostkonflikt aber auch ein Krieg ums Wasser.

Das schwer lösbare Kernproblem ist einfach zu beschreiben: Israel, Jordanien und die Autonomiebehörde eines künftigen palästinensischen Staates streiten um Wasservorräte, die nicht ausreichen, um die Bedürfnisse der schnell wachsenden Bevölkerungen dieser Region zu decken. Ein erbitterter Kampf – wer über das Wasser des Jordans und der drei grösseren Grundwasservorkommen (Aquifere) im Westjordanland verfügt, beherrscht fast die gesamten erneuerbaren Süsswasserressourcen der Region. Das Wasserproblem ist für Israel ebenso existenziell wie für die Bevölkerung des zukünftigen palästinensischen Staates. Das Wasser, das Israel verbraucht, stammt aber zur Hälfte aus Quellen, die ausserhalb seiner Grenzen, sozusagen in «Feindesland», liegen. Die palästinensische Bevölkerung in den besetzten Gebieten hingegen kann seit bald vierzig Jahren nicht autonom über ihre eigenen Wasservorräte verfügen. Betroffen sind aber auch Syrien und Jordanien, die 1967 einen Teil ihrer Wasservorräte an Israel verloren haben (→ S. 506).

Israels wichtigste Wasserquelle ist der Jordan. Der 320 Kilometer lange Fluss wird im Oberlauf gespeist durch den Hasbani-Fluss aus dem Libanon, dem Banias aus Syrien und dem kleineren Dan, der als einziger in Israel selbst entspringt. Im unteren Teil des Flusses kommen der Yarmuk aus den Golanhöhen, der Zarga und einige kleinere Flüsse dazu, deren Quellen alle in Jordanien liegen.

Bereits 1951 kam es zu bewaffneten Grenzkonflikten zwischen der Arabischen Liga und Israel. Anlass war unter anderem der Plan Israels, eine grosse nationale Wasserpipeline zu bauen, die fast die Hälfte des Jordanwassers abzweigen und über israelisches Territorium bis in die Wüste Negev führen sollte. Als Gegenmassnahme begann Jordanien, das zu den zehn wasserärmsten Ländern der Welt gehört, 1958 mit dem Bau des East Ghor-Kanals (heute: King-Abdullah-Kanal), der das Wasser des Jordan-Zubringers Yarmuk auf einer Länge von inzwischen rund 90 Kilometern parallel zum Grenzfluss Jordan über ausschliesslich jordanisches Territorium führt. Jordanien versuchte damit zu verhindern, dass Israel dem Jordan auch unterhalb des Tiberiassees Wasser für seine Bewässerungsprojekte entnimmt.

Pläne von Syrien und dem Libanon, auch die Jordanquellflüsse Banias und Hasbani direkt in den Yarmuk umzuleiten, führten neun Jahre später zu einer Eskalation des Krieges. Im Sechstagekrieg von 1967 besetzte Israel unter anderem die syrischen Golanhöhen. Damit schuf sich Israel nicht nur eine Sicherheitszone gegen Syrien, sondern brachte zugleich alle wichtigen Jordanzuflüsse oberhalb des Tiberiassees unter seine Kontrolle.

Seit Israel jährlich zwischen 400 und 500 Millionen Kubikmeter Wasser über den 1964 fertig gestellten National Water Carrier abführt, ist der Jordan südlich des Tiberiassees ein kleines, völlig verschmutztes Flüsschen geworden, dessen Wasser nicht einmal mehr für die Landwirtschaft genutzt werden kann. Opfer des National Water Carriers sind in erster Linie die Bewohner des Westjordanlandes.

Verheerend sind aber auch die ökologischen Folgen, vor allem für das Tote Meer. Sein Wasserspiegel ist in den vergangenen 30 Jahren um über 17 Meter gesunken, ein Drittel der ursprünglichen Fläche ist inzwischen verlandet. Wasserexperten rechnen damit, dass der 1000 Quadratkilometer grosse Binnensee in wenigen Jahrzehnten nur noch eine trockene Salzwüste sein wird, wenn keine wirksamen Gegenmassnahmen ergriffen werden, etwa der Bau einer Wasserzuleitung aus dem Mittelmeer oder dem Roten Meer.

Im Sechstagekrieg besetzte Israel auch das ganze Westjordanland und sicherte sich damit neben dem Jordan auch alle Grundwasserquellen des künftigen palästinensischen Staates, jährlich über 300 Millionen Kubikmeter Wasser. Sie wurden umgehend, gegen die Regeln der Genfer Konvention und ungeachtet aller möglichen Friedensabkommen, zu unveräusserlichem israelischen Staatseigentum erklärt. Mit zahlreichen Schutzzonen und einer restriktiven Bewilligungspraxis sorgten die Militärverwaltung und die staatliche Wassergesellschaft Mekorot dafür, dass die über zwei Millionen in der Westbank lebenden Palästinenser schon 1998 nur noch ein Fünftel ihres eigenen Grundwassers nutzen konnten. Drei Viertel des Westbank-Grundwassers werden direkt nach Israel abgeleitet. Den 140 000 israelischen Siedlern der Westbank stellt Mekorot weitere fünf Prozent zur Verfügung. Die illegalen Siedlungen erhalten damit vier Mal mehr Wasser pro Kopf als die ansässige palästinensische Bevölkerung.

Inzwischen hat sich das Ungleichgewicht noch weiter verschoben. An vielen Orten ist der Grundwasserspiegel wegen der Übernutzung der Aquifere so stark gesunken, dass viele ältere und kleinere Brunnen ausgetrocknet sind. Über 200 palästinensische Dörfer um Hebron, Nablus und Jenin sind gar nicht ans Wassernetz angeschlossen und müssen sich aus Regenwasserzisternen und Wassertankwagen versorgen.

Aus dieser Perspektive erweist sich die Sicherheitsmauer, die offiziell dem Schutz der israelischen Siedlungen vor palästinensischen Angriffen dienen soll, zugleich als «Wassermauer». Der Verlauf der Mauer, die an manchen Stellen tief ins Territorium des künftigen palästinensischen Staatsgebiets hineinragt, folgt über weite Strecken den Grenzen, die israelische Hydrologen bereits Mitte der 90er Jahre in den «Maps of Water Interests» zu strategischen Interessenzonen Israels bestimmt haben.

Noch prekärer als im Westjordanland ist die Lage im Gazastreifen, dessen Wasserversorgung praktisch vollständig vom Grundwasser abhängig ist. Während die palästinensische Bevölkerung seit 1948 um das 26-fache zugenommen hat, ist die zur Verfügung stehende Wassermenge natürlich gleich geblieben.

Auch hier verschärft sich die Situation von Jahr zu Jahr. Ein Grossteil der Wasserversorgung ist inzwischen zerstört, die noch bestehenden Leitungen sind an vielen Stellen leck. Weil die Aquifere stark übernutzt wurden, ist der Grundwasserspiegel drastisch gesunken. Die Wasservorkommen in Meeresnähe sind durch das nachfliessende Meerwasser vielerorts so versalzt, dass sie als Trinkwasser unbrauchbar geworden sind. Andere Grundwasserreserven des Gazastreifens, die von landwirtschaftlich genutzten israelischen Nachbarregionen gespeist werden, sind durch Pestizide so verseucht, dass die schlechte Wasserqualität zu chronischen Gesundheitsschäden der Bevölkerung im Gazastreifen geführt hat. UN-Experten befürchten, dass die Trinkwasserversorgung im Gazastreifen in den nächsten 10 bis 15 Jahren vollends ganz zusammenbrechen könnte.

Bereits Mitte der 50er Jahre liess die amerikanische Regierung einen nach dem Vermittler Eric Johnston benannten Plan für eine «angemessene Verteilung» der Wasservorkommen im ganzen Jordanbecken ausarbeiten. Der Johnston-Plan wurde von Israel und der Arabischen Liga bis zum Sechstagekrieg zwar stillschweigend als Verhandlungsbasis akzeptiert, aus politischen Gründen von beiden Konfliktparteien aber nie ratifiziert.

Alle weiteren Versuche, die Wasserfrage in der Region zu lösen, scheiterten an der Weigerung der Konfliktparteien, die komplexe Problematik multilateral, unter Einbeziehung aller betroffenen Parteien, zu verhandeln und zu regeln. Mit Syrien und dem Libanon wurde bislang gar nicht verhandelt, mit Jordanien hat sich Israel im Friedensvertrag vom 26. Oktober 1994 auf bilateraler Ebene geeinigt. Die Regelung entspricht weitgehend dem damaligen Status Quo.

Demgegenüber weigerten sich bis heute alle israelischen Regierungen, mit den Palästinensern eine verbindliche Lösung auszuhandeln. Zwar gehörte die Wasserfrage zu den umstrittensten Kernpunkten aller bisherigen Verhandlungen; verbindliche Zusagen aber machte Israel weder in der Prinzipienerklärung des Oslo-I-Abkommens vom 13. September 1993, im Gaza-Jericho-Abkommen vom 4. Mai 1994 noch im Oslo-II-Abkommen vom 28. September 1995. Zwar anerkannte Israel im Oslo-II-Abkommen zwar generell die palästinensischen Wasserrechte im Westjordanland, über die genaue Verteilung und deren technische

Umsetzung soll hingegen erst in den Verhandlungen über den endgültigen Status Palästinas geredet werden.

Gegen alle internationalen Rechtsgrundsätze nutzt Israel seine Macht als Besetzer, um schon heute wichtige Vorentscheidungen zu seinen Gunsten durchzusetzen; so etwa mit der Deklaration einer so genannten Sicherheitszone entlang des Jordans, über die Israel auch in künftigen Friedensverhandlungen nicht mehr diskutieren will. Damit wären die Palästinenser auch in Zukunft gänzlich von der Mitbestimmung über das Jordanwasser ausgeschlossen, obwohl der Jordan über weite Strecken nicht ein israelisch-jordanischer, sondern ein palästinensisch-jordanischer Grenzfluss sein wird. Überdies setzten israelische Verhandlungsdelegationen durch, dass die Grundwasservorräte des künftigen palästinensischen Staates in den Abkommen jeweils als «gemeinsame Ressourcen» definiert werden, über deren Verwendung ein Wasser-Komitee nach Abschluss eines Friedensvertrags entscheiden soll. Mit dieser Definition sichert sich Israel bereits jetzt ein künftiges Vetorecht für alle Entscheidungen darüber, wie die Wasservorkommen in Palästina später einmal genutzt werden. Das gleiche Recht hat Israel den Palästinensern im Gazastreifen verweigert. Dort soll die israelische Wassergesellschaft Mekorot auch fürderhin allein für die Wasserversorgung zuständig bleiben.

Noch folgenreicher für die Lösung des Wasserproblems im Westjordanland dürfte aber eine im Oslo-II-Abkommen festgeschriebene Verfahrensfrage sein, nach der über die «existierenden» und die «neuen, zusätzlichen» Wasserressourcen getrennt verhandelt werden soll. Mit neuen, zusätzlichen Ressourcen sind in erster Linie Meerwasser-Entsalzungsanlagen gemeint. Wasserfachleute halten diese Aufteilung für völlig absurd: über die beiden Wasserressourcen könne in sinnvoller Weise nur gemeinsam verhandelt werden, da sie zwei sich ergänzende Elemente einer einzigen integralen Wasserversorgung seien. Würde ein grösserer Anteil des «existierenden» Wassers aus dem Jordan und dem Westjordanland Israel zukommen, müsste im Gegenzug eine entsprechende Menge entsalzten Meerwassers aus den israelischen Küstenregionen ins Westjordanland gepumpt werden, um das entstehende Wasserdefizit im künftigen Palästina auszugleichen.

Das wäre technisch zwar möglich, aber mit völlig überflüssigen Mehrkosten verbunden. Weitaus problematischer aber ist die politische Dimension einer solchen Zweiteilung: Weil die Entsalzungsanlagen nur an der Küste, also auf israelischem Territorium, gebaut werden können, und weil die Wasserpipelines ebenfalls durch Israel führen müssten, wäre das zukünftige Palästina bei der Erschliessung neuer, zusätzlicher Wasserressourcen vollkommen vom Wohlwollen Israels abhängig. Israel hätte damit die absolute Kontrolle über die Wasserressourcen Palästinas.

Ein schwer zu durchbrechender Teufelskreis: Israel ist erst nach einer Friedensvereinbarung bereit, die Wasserprobleme mit Palästina zu lösen. Palästina wiederum kann einer Friedensvereinbarung nicht zustimmen, solange seine Wasserprobleme nicht geklärt sind.

S. 484 Protest von Mazahua-Frauen gegen geplante Staudämme auf ihrem Land, die der Versorgung von Mexiko City diesen sollen. Mexiko City, 2005. Daniel Aguilar/Reuters

"

Anwar-al Sadat, ägyptischer Präsident, 1979.

1979: Das Einzig[e, weswegen wir] noch einmal Krie[g führen werden,] ist Wasser.

Boutros Boutros-Ghali, ägyptischer Aussenminister (später UN-Generalsekretär)

1987: Der nächs[te Krieg in der] Region wird weg[en Wasser] geführt werden.

Der ägyptische Wasserminister, als Kenia die Nilwasserzuteilung an Ägypten in Frage stellte.

2003: Dies ist ei[n...]

wofür Ägypten
führen würde,

Krieg in unserer
des Nilwassers

Akt des Krieges.

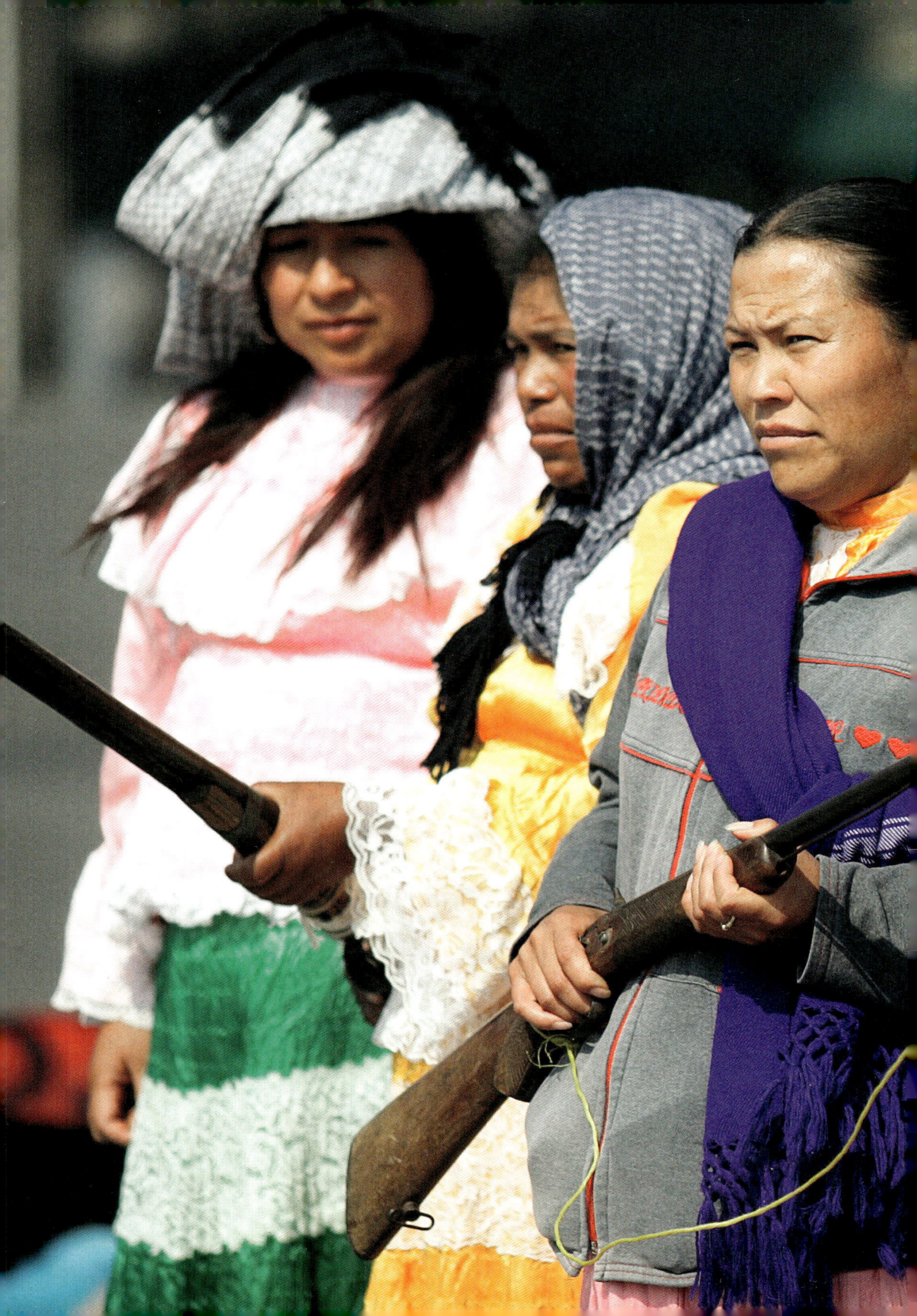

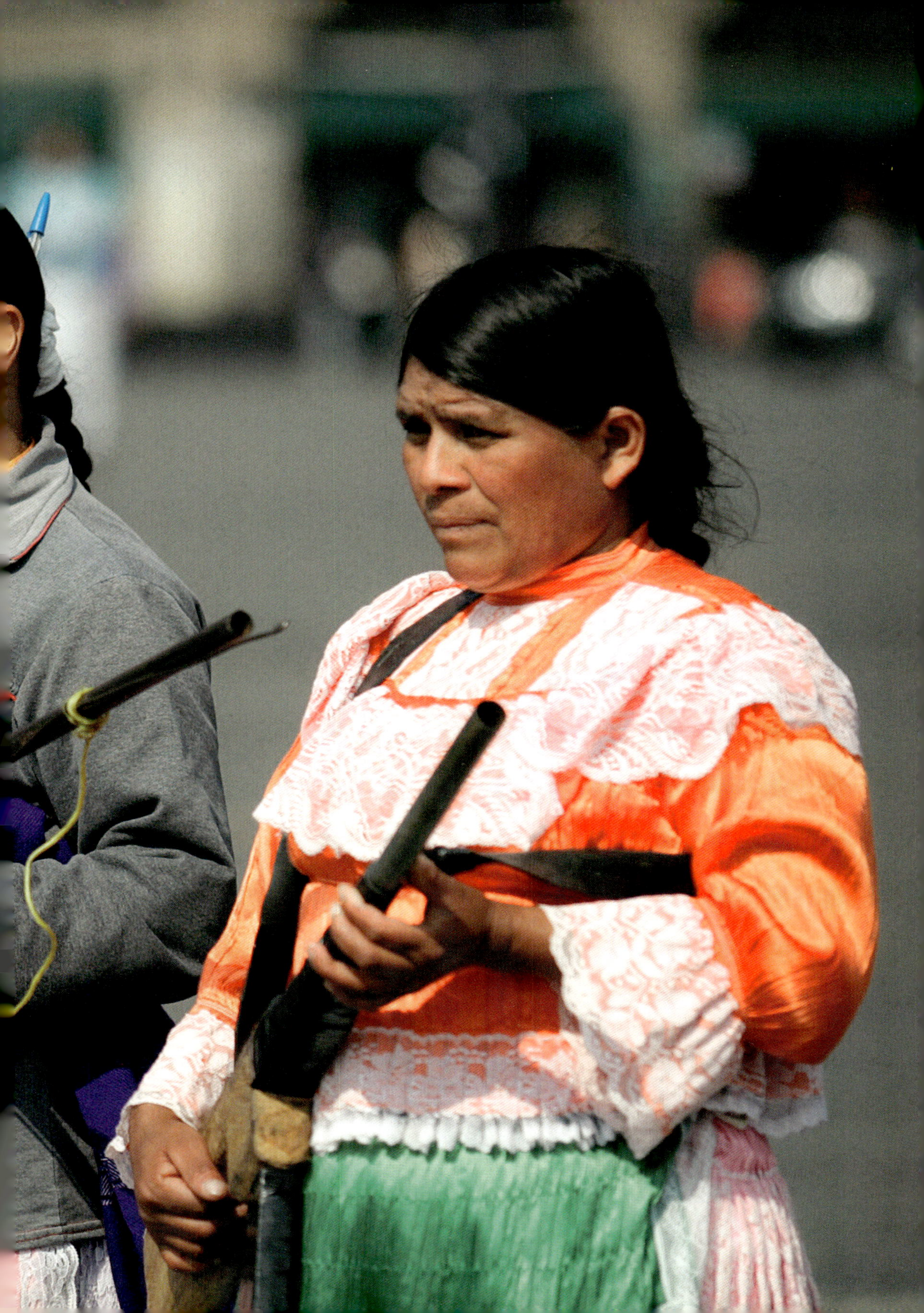

Noch fehlt ein internationales Wasserrecht

Wasser hält sich nicht ans Völkerrecht. Der Grundsatz, nach dem alle natürlichen Ressourcen eines Staates diesem allein gehören, lässt sich nur schlecht auf Gewässer und Grundwasservorkommen anwenden. Der Wasserkreislauf kümmert sich nicht um politische Grenzen. Das provoziert Konflikte. Oder zwingt Nachbarn zur Kooperation, zu Verhandlungen, wie sie mit ihrem Wasser gemeinsam umgehen wollen.

Noch gibt es dafür kaum verbindliche internationale Regeln und erst recht keinen völkerrechtlichen Konsens, ein internationales Wasserrecht, das die Grundsätze und Normen zur Benutzung und Verteilung internationaler Gewässer sowie die Rechte und Pflichten der Anrainer festlegt. Eine paradoxe Situation: Weil Rechtsgrundsätze fehlen oder so vage formuliert sind, dass sie unterschiedlichste Interpretationen erlauben, werden die Mittel, mit denen Wasserkonflikte entschieden werden sollen, selber zum Gegenstand der Auseinandersetzungen. Die Verhandlungs- oder Konfliktparteien versuchen, die Rechtsetzung, die Verhandlungs-«Spielregeln», so zu beeinflussen, dass diese nur zur erwünschten Lösung des Konflikts führen können.

Dabei sind die Verhandlungspositionen zwischen den Parteien in der Regel asymmetrisch. Die Oberanrainer von Flüssen sitzen naturgemäss meist am längeren Hebel. Dies ist jedoch nicht immer so. Ebenso können wirtschaftliche und militärische Macht, Sicherheitsinteressen oder so genannte historische Rechte den Ausschlag geben. Die ungleiche Machtverteilung prägt den Ausgang von Verhandlungen häufig mehr als Sachargumente und pragmatische Lösungsansätze.

Im Streit um die Nutzung des Rio Grande etwa vertrat 1895 der damalige amerikanische Justizminister Judson Harmon gegenüber Mexiko die Auffassung, dass jedes Land das ausschliessliche Verfügungsrecht über alle Gewässer seines Territoriums besitze. Die so genannte Harmon-Doktrin verletzte aber jedes moralische Rechtsempfinden so offensichtlich, dass die USA selbst ihrem Nachbarn elf Jahre später einen in ihren Augen adäquaten Anteil am Wasser des Rio Grande zugestanden.

Weit weniger entgegenkommend reagierten die USA ein halbes Jahrhundert später, als Mexiko sein Recht auf sauberes Flusswasser aus den USA einforderte. Bereits 1962 hatte Mexiko gegen die katastrophale Wasserqualität des Colorado River protestiert. Der aus natürlichen Gründen überdurchschnittlich hohe Salzgehalt war aufgrund der intensiven amerikanischen Bewässerungswirtschaft bis zu Beginn der 60er Jahre auf das Dreifache gestiegen. Die Ernteerträge der bewässerten Felder im Mexicali Valley fielen Jahr für Jahr spärlicher aus. Als Trinkwasser war das durch zahlreiche Chemikalien zusätzlich verschmutzte Wasser ohnehin nicht mehr zu gebrauchen.

Die USA liessen sich ziemlich viel Zeit: Erst 1974, anderthalb Jahrzehnte später, erklärten sie sich in einem Vertrag grundsätzlich bereit, eine gewisse Verantwortung für die Wasserqualität des Colorado River zu übernehmen. Es dauerte weitere 18 Jahre, bis in Yuma, unmittelbar vor der mexikanischen Grenze, eine Anlage zur Entsalzung des Flusswassers in Betrieb genommen wurde. Sie hätte die Wasserqualität erheblich verbessert, wäre sie nicht bereits ein Jahr später wegen andauernder Pannen und unerwartet hoher Kosten wieder abgeschaltet worden. Seither wird mit geringer Intensität darüber verhandelt, ob die Entsalzungsanlage in Yuma renoviert, oder ob nach anderen, weniger kostspieligen Lösungen gesucht werden soll.

Erschwert werden die Verhandlungen durch den Umstand, dass in den USA selbst zwischen den Bundesstaaten Nevada, Arizona und Kalifornien heftig um die Nutzung und Reinhaltung des Colorado River gestritten wird. Eine Lösung des Konflikts zwischen den USA und Mexiko ist auch nach Jahrzehnte langen Verhandlungen nicht in Sicht. Mexiko bleibt kaum eine Möglichkeit, wirksamen Druck auf die amerikanische Verhandlungsführung auszuüben.

Zum gängigen Repertoire besonders von mächtigen Unteranrainern gehört die Androhung wirtschaftlicher Sanktionen oder militärischer Gewalt. «Falls Äthiopien etwas unternehmen sollte, um unsere Rechte am Nilwasser einzuschränken», drohte 1979 der damalige ägyptische Präsident Anwar Sadat, «wird es für uns keine andere Alternative geben als die Anwendung von Gewalt.» Ägypten, dessen Bewässerungswirtschaft zu 97 Prozent auf den Nil angewiesen ist, hatte 1929 und 1959 mit dem Sudan Verträge ausgehandelt, die aufgrund des grossen militärischen Drucks und mit Hilfe einiger Bombardements sehr vorteilhaft für Ägypten ausfielen. Der Sudan garantierte den Ägyptern nicht nur mehr als zwei Drittel des gesamten Nilwassers – in den Sommermonaten sogar einen noch höheren Anteil –, Ägypten sicherte sich darüber hinaus auch ein Vetorecht in allen Fragen der künftigen Verteilung des Nilwassers.

«Vergessen» wurde bei diesen bilateralen Verhandlungen zwischen Ägypten und dem Sudan, dass vier Fünftel des Nilwassers gar nicht aus dem Sudan, sondern aus den äthiopischen Bergen, und fast der ganze Rest aus Uganda und Burundi stammen. Die drei eigentlichen Quellländer des Nils waren für die beiden Unteranrainer offensichtlich zu unbedeutend, als dass deren Bedürfnisse hätten berücksichtigt werden müssen.

Als Äthiopien Ende der 70er Jahre vage und Anfang der 90 Jahre konkretere Bedürfnisse anmeldete, das Wasser des Blauen Nils auch für die eigene Landwirtschaft zu nutzen, zeigte Ägypten nicht die geringste

„

Soghran Bibi, ein Bewohner mittleren Alters des Lyari-Viertels von Karachi, Pakistan. Dies war eines der Viertel, in denen Unruhen ausbrachen, als die Bewohner gegen die akute Wasserknappheit protestierten.
Gulf News,
30. Juni 2003

In den Wohnvier
bewässern die
und waschen ihr
in meinem Haus
Tagen kein Wass
Sollte ich jetzt e
verbrennen und

eln der Reichen
eute ihren Rasen
e Autos. Aber
habe ich seit vier
er bekommen.
wa keine Reifen
Steine werfen?

Verhandlungsbereitschaft, sondern reagierte mit Kriegsdrohungen. Und das, obwohl amerikanische Hydrologen ausgerechnet hatten, dass die äthiopischen Pläne bei guter Kooperation allen Nilanrainern Vorteile gebracht hätten. Äthiopien hätte seine Bewässerungsflächen von knapp 190 000 Hektar um fast das 20-fache auf 3,7 Millionen Hektar vergrössern können. Der Sudan wiederum hätte seine landwirtschaftliche Produktion ebenfalls steigern können, da der Pegel des Blauen Nils wegen den äthiopischen Staudämmen so hätte reguliert werden können, dass auch während der Sommermonate genügend Wasser zur Bewässerung vorhanden gewesen wäre. Aber auch Ägypten hätte nicht mit weniger Wasser auskommen müssen: Durch die Nivellierung des Nilpegels in Äthiopien wäre der Assuan-Stausee weitgehend überflüssig geworden. Was früher über dem Assuan-Stausee verdunstete, hätte, so die Berechnungen der Hydrologen, ziemlich genau jener Wassermenge entsprochen, die Äthiopien für seine Bewässerungsprojekte zurückbehalten hätte – eine Win-Win-Situation für alle drei Länder.

Obwohl in der Sache unbeugsam, ergriff Ägypten immer wieder die Initiative zu Verhandlungen und Kooperationskonferenzen, die bis vor wenigen Jahren jedoch kaum zu Ergebnissen führten. Erst in der Nile Basin Initiative (NBI) von 1999 einigten sich die erstmals gleichberechtigt behandelten Nilanrainer auf den Grundsatz, durch eine faire und gerechte Verteilung des Nilwassers allen beteiligten Staaten eine nachhaltige Entwicklung zu ermöglichen. In einem strategischen Aktionsprogramm sollen jetzt die Voraussetzungen für ein integriertes Wassermanagement im ganzen Einzugsgebiet des Nils geschaffen werden.

Im südostasiatischen Mekongbecken versuchen die vier Anrainerstaaten Laos, Thailand, Kambodscha und Vietnam seit bald 50 Jahren, trotz Krieg und politischer Konflikte das Mekongwasser gemeinsam auf friedlicher Basis zu nutzen (→ S. 507). Der Härtetest steht der Mekong River Commission (MRC) allerdings erst noch bevor. Denn in den Verhandlungen ging es bis vor kurzem um eher bescheidene Fragen. Zur Diskussion stand nicht die gerechte Verteilung von knappen Wasserressourcen, sondern die optimale Nutzung des im Überfluss vorhandenen Wassers durch die vier Länder. Die 1957 auf Initiative der USA gegründete und von zahlreichen westeuropäischen Ländern finanzierte Kommission beschäftigte sich vor allem mit Gutachten, Analysen und allgemeinen Plänen für den Bau von Staudämmen und Wasserkraftwerken. Die Entwicklung leistungsfähiger, westlich orientierter Volkswirtschaften sollte, so das Kalkül der Amerikaner, die vier Länder zu einem Bollwerk gegen das kommunistische China machen. Deshalb wurden China und Myanmar, das frühere Burma, gar nicht erst zur Mitarbeit in der Mekong River Commission eingeladen.

Paradoxerweise haben gerade der Vietnamkrieg, die Bürgerkriege und die politische Isolation der kambodschanischen und burmesischen Regime den Mekong vor einer allzu intensiven Nutzung bewahrt. Die Kriegs- und Bürgerkriegswirren sorgten dafür, dass Vietnam, Kambodscha und Burma nie aus der grössten Armut herauskamen und gar keine landwirtschaftlichen oder industriellen Ambitionen entwickeln konnten. Rund 80 Prozent der Mekong-Anrainer leben seit Jahrhunderten von einer mittelalterlich anmutenden Landwirtschaft und vom Fischfang. Während der Regenzeit überflutet und düngt der Mekong weite Teile der Anbauflächen sowohl an den steilen Hängen der Berggebiete in Laos und Kambodscha als auch im flachen Mündungsdelta Vietnams. Zwischen den Regenzeiten wächst Reis, Getreide und Gemüse für rund 300 Millionen Menschen. Ebenso beträchtlich ist der Fischfang mit jährlich zwei bis drei Millionen Tonnen. Allein am Tonle Sap, einem Nebenarm des Mekong, der während der Monsunzeit sein Volumen verfünffacht und dann zum grössten See Südostasiens wird, leben 1,2 Millionen Familien, also zwei bis drei Millionen Menschen, fast ausschliesslich vom Fischfang.

Das dürfte sich in den nächsten Jahren drastisch ändern, wenn China seine Pläne wahr macht und den oberen Mekong intensiv zur Energiegewinnung nutzt. (→ S. 365ff.) Zwei grosse Wasserkraft-Staudämme sind bereits in Betrieb, zwei weitere im Bau, acht sollen es insgesamt werden. Im Weiteren plant China, den Mekong zwischen den Städten Simao in der Provinz Yunnan und Luang Brabang in Thailand auf einer Strecke von über 880 Kilometern ganzjährig für grössere Flussschiffe befahrbar zu machen. Werden alle diese Pläne realisiert, wird der Wasserhaushalt in den unteren Flussabschnitten dauerhaft durcheinander gebracht: Die für den Reisanbau wichtigen Überflutungen werden ausbleiben, der regulierte Mekong wird nicht mehr einmal pro Jahr gründlich durchgespült, wichtige Feuchtgebiete werden vernichtet und die riesigen Fischbestände beträchtlich dezimiert.

Seit den 90er Jahren haben auch Thailand, Laos und Vietnam mit dem Bau von grösseren Staudämmen und Bewässerungsanlagen begonnen. Zwei der laotischen Wasserkraft-Staudämme an den Mekong-Zuflüssen Nam Theun und Se Kong sind bereits in Betrieb, an vier weiteren wird noch gebaut. In Vietnam wurde 1998 am Sesan-Fluss, dem grössten Nebenfluss des Mekongs, ein grosser Staudamm fertig gestellt. Drei weitere Dämme sind geplant. Bereits heute spüren die Anwohner die Folgen dieser Mekong-Regulierung: die Fischbestände unterhalb der Staubecken gehen zurück, die Ernten von 50 000 kambodschanischen Bauern werden Jahr für Jahr magerer.

Im April 2002 unterzeichneten die vier Mitglieder der Mekong River Commission erstmals ein technisches Abkommen mit China und Myanmar. Dabei ging es vorerst um wenig brisante Themen. Der Informationsaustausch zur Flutwasservorhersage sollte verbessert werden. Im August 2004 einigte sich die MRC mit China und Myanmar darauf, die Kommunikation durch regelmässige Konsultationen zu verbessern. Dabei sollen die Pläne der sechs Länder zur Nutzung des Mekongs diskutiert und in Zukunft vielleicht sogar koordiniert werden. Zur Diskussion stehen auch ein gemeinsames Flutmanagement und ein integrales Umweltprogramm.

Diese Verhandlungen, hofft man am Sitz der Kommission, könnten ein erster Schritt hin zu einem Abkommen über ein gemeinsames Flussmanagement sein. Skeptische Diplomaten befürchten allerdings, dass die Wirtschaftsmacht Chinas, von der alle Staaten der Region mehr oder weniger abhängig sind, die unmittelbaren Nachbarn zu taktischen

Koalitionen und Zweckbündnisse verleiten könnte, an denen die bisherige Kooperationsbereitschaft unter den MRC-Staaten zerbricht. Bislang war es vor allem der gemeinsame Widerstand gegen die chinesischen Staudammprojekte, der die vier Länder einte.

Es ist kein Zufall, dass die bislang positivsten Ansätze zur Kooperation in Westeuropa entwickelt wurden. Hier ging es selten um so brisante, überlebenswichtige Fragen wie die Verteilung knapper Wasserressourcen. Zur Diskussion stand vor allem die Reinhaltung der Gewässer. Entscheidend dürfte aber vor allem sein, dass es sich bei den europäischen Verhandlungspartnern um demokratische Staaten mit ähnlichen kulturellen, politischen und sozialen Grundwerten handelt, zwischen denen kein allzu grosses wirtschaftliches und militärisches Machtgefälle besteht. Auch spielen im wohlhabenden Europa mit seinen gut ausgestatteten Wasserinfrastrukturen die Kosten für Sanierungsmassnahmen eine weit geringere Rolle als in Entwicklungsländern.

So konnten sich die Anrainerstaaten des Rheins bereits Mitte der 50er Jahre, diejenigen der Donau aber erst Mitte der 80er Jahre auf ein Schutzabkommen einigen: Der Kalte Krieg zwischen den kapitalistischen und sozialistischen Donauanrainern verunmöglichte bis zum Zusammenbruch der sozialistischen Regime eine kooperative Zusammenarbeit zwischen Ost und West.

Die fünf Anliegerstaaten des Rheins, die Schweiz, Frankreich, Deutschland, Luxemburg und die Niederlande schufen jedoch bereits 1950 eine Internationale Kommission zum Schutz des Rheins gegen Verunreinigung (IKSR). Der drittlängste Fluss Europas, der durch eine der industriellen Kernzonen der Welt führt, gehört seit Beginn der Industrialisierung zu den schmutzigsten Gewässern Europas, was ihm schon früh den Ruf der «Kloake Europas» einbrachte.

1963 unterzeichneten die fünf Anrainerstaaten, zu denen 1976 die Europäische Wirtschaftsgemeinschaft, die spätere EU, hinzukam, das so genannte Berner Übereinkommen, eine völkerrechtlich verbindliche Grundlage für konkrete Massnahmen. Die Kommission verabschiedete in kurzer Folge mehrere Teilabkommen nach der Sandoz-Katastrophe (→ S. 302ff.), ein Aktionsprogramm Rhein (APR), das erstmals eine Reihe grundsätzlicher Ziele festlegte. Bis zum Jahr 2000 sollten ausgestorbene Tierarten wieder im Rhein wieder ansässig werden, das Rheinwasser sollte wieder trinkwassertauglich, die Flusssedimente deutlich schadstoffärmer werden.

2000 stellte die IKSR in ihrer Bilanz fest, dass viele der indizierten Schadstoffe um 70 bis 100 Prozent gesunken, 95 Prozent der Industriebetriebe und Kommunen an Kläranlagen angeschlossen, und fast alle früheren Fischarten wieder im Rhein heimisch geworden waren.

Das neue «Abkommen zum Schutz des Rheins», das 2003 in Kraft trat, umfasst erstmals den umfassenden Schutz des ganzen Ökosystems Rhein. Das zielt auf weit mehr als auf technisches Flussmanagement. Zum Ökosystem Rhein gehört gemäss dem Abkommen alles, was mit dem Fluss in Wechselwirkung steht: das umliegende Land, die Auen, die renaturiert werden sollen, und das Grundwasser. Erstmals misst ein Rheinabkommen dem Schutz von Mensch und Natur die gleiche Bedeutung zu wie den wirtschaftlichen Erfordernissen. So könnte das Abkommen zu einem richtungweisenden Modell für ein zukünftiges internationales Wasserrecht werden.

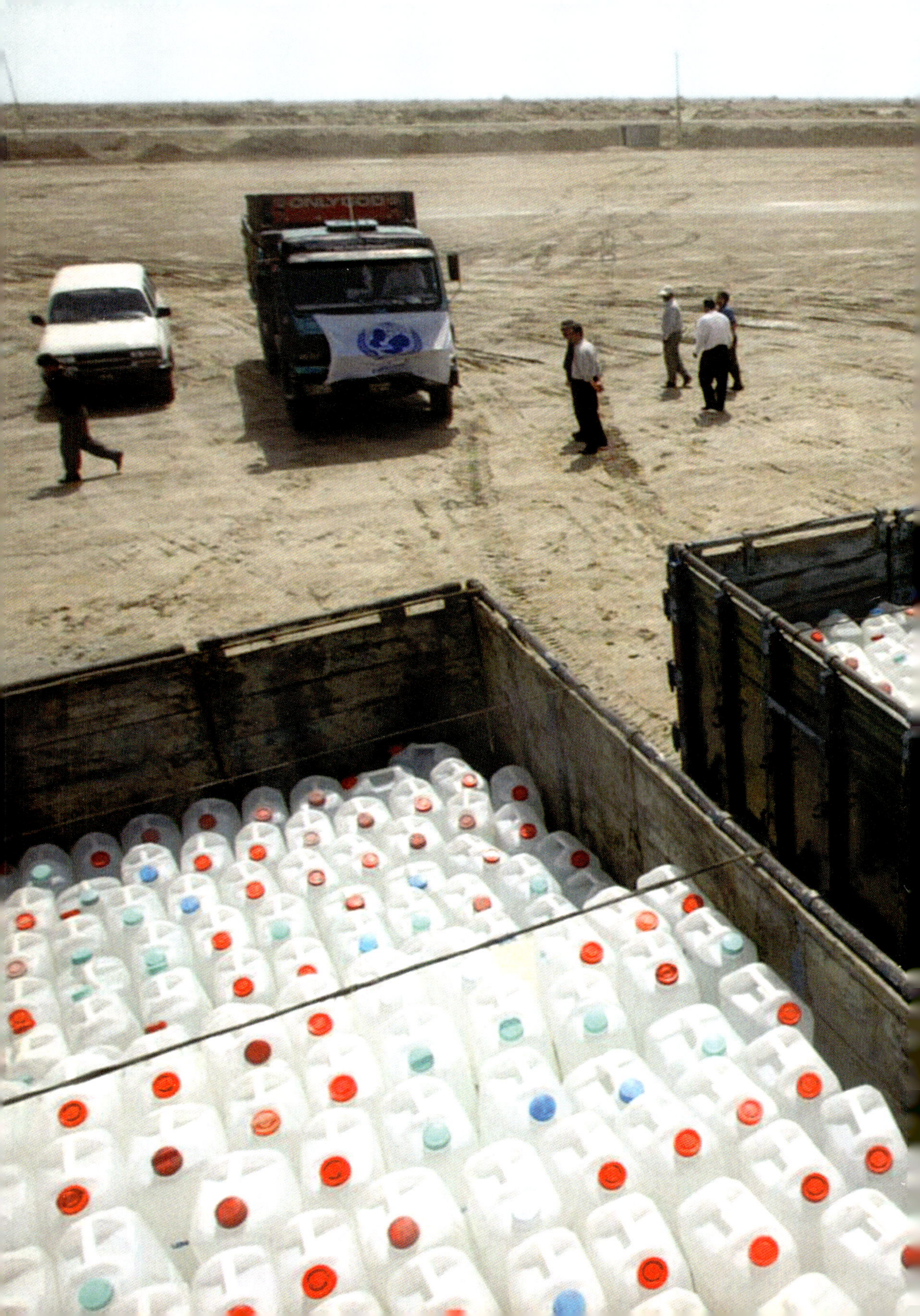

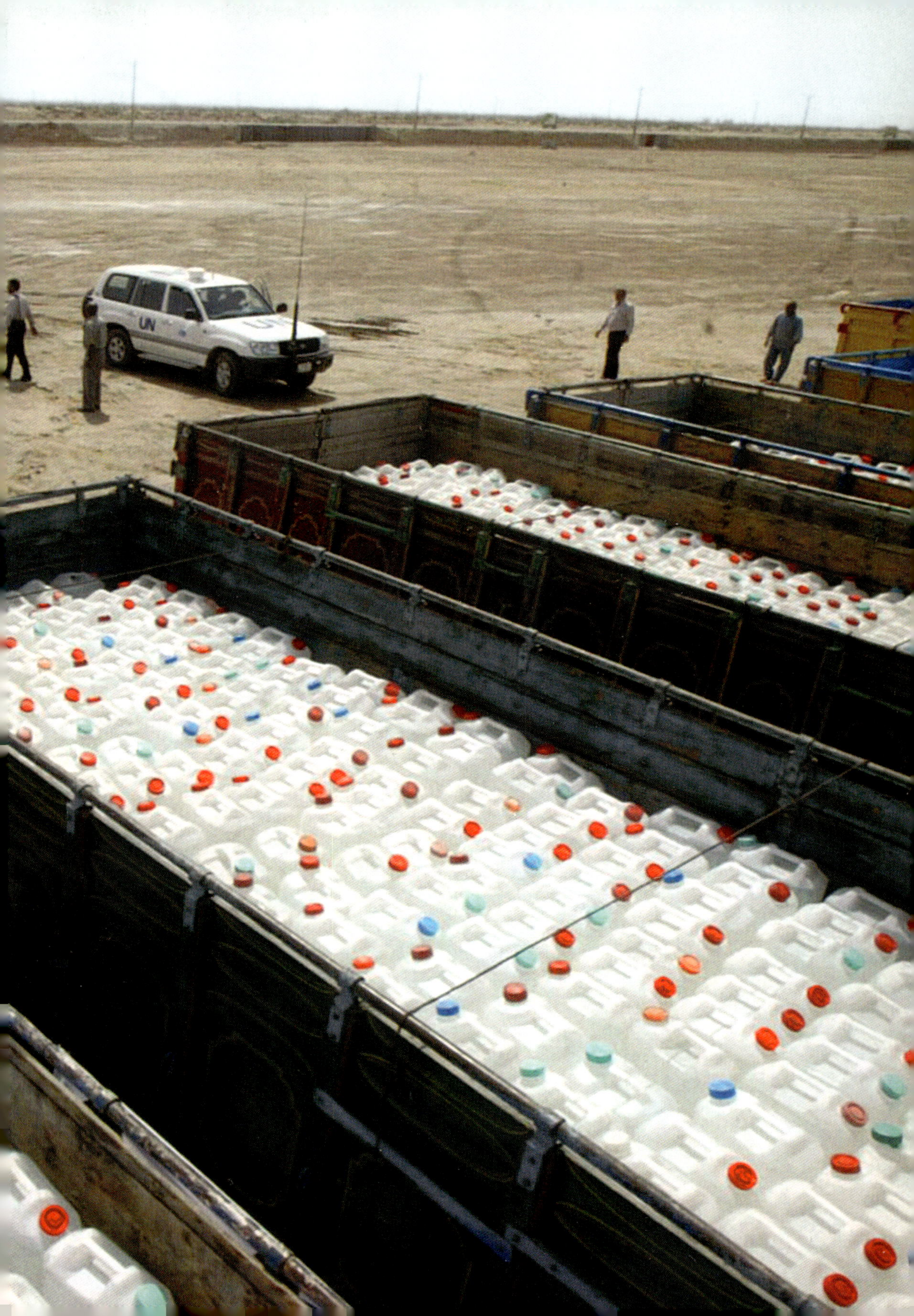
UN

Das kommerzialisierte Menschenrecht

Ist der Zugang zu Wasser «Human Right» oder «Human Need», ein Menschenrecht oder bloss ein menschliches Bedürfnis? Über diese Frage, so kurios und nebulös sie dem Laien auch erscheinen mag, wird seit über zwei Jahrzehnten auf Expertentreffen und internationalen Fachtagungen ebenso ergebnislos gestritten wie auf UN-Konferenzen und Weltgipfeln.

Tatsächlich handelt es sich bei diesem Streit um mehr als eine sprachliche Raffinesse. Zur Debatte steht die Grundsatzfrage, mit welcher Strategie sich die weltweite Wasserkrise am wirkungsvollsten bekämpfen lässt. Ist der Zugang zu Wasser ein Menschenrecht, wären die Staaten und die Weltgemeinschaft im Rahmen ihrer Möglichkeiten verpflichtet, allen Menschen Zugang zu sicherem Trinkwasser ungeachtet ihrer Herkunft, ihres Wohnorts und ihrer finanziellen Möglichkeiten zu garantieren. Ist der Zugang zu Wasser dagegen bloss ein menschliches Bedürfnis, würden für Wasser ähnliche Bedingungen gelten wie für jedes beliebige andere Wirtschaftsgut.

Obwohl von immenser Tragweite, war diese Frage bis in die 70er Jahre kaum ein richtiger Streitpunkt. Noch auf der UN-Wasserkonferenz von Mar del Plata 1977, als die Regierungen sich versprachen, bis zum Jahr 2000 allen Menschen einen sicheren Zugang zu sauberem Trinkwasser und zu adäquaten sanitären Einrichtungen zu gewährleisten, stellte kaum jemand das Recht auf Wasser selbst in Frage. Es wurde stillschweigend als Konsens vorausgesetzt.

Der Beschluss von Mar del Plata löste eine Reihe von Entwicklungsprojekten und Gemeinschaftsinitiativen aus, erreicht wurde das optimistische Ziel jedoch bei weitem nicht. Das Scheitern war vorprogrammiert, denn das anvisierte Ziel basierte nicht auf Analysen über die Wassersituation in den verschiedenen Ländern, sondern war eher Ausdruck von Wunschvorstellungen und diplomatischer Rhetorik. Statt kostengünstige, den Möglichkeiten der Entwicklungsländer angemessene Konzepte zu entwickeln, setzten die Geberländer und die beiden wichtigsten internationalen Kreditgeber, die Weltbank und der IWF, auf teure Grossprojekte, zentrale Lösungen und aufwendige westliche Technologie. Dieses Vorgehen war dafür mitverantwortlich, dass zahlreiche Empfängerländer finanziell überfordert wurden und in schwerwiegende Schuldenkrisen gerieten.

Als das Scheitern offenkundig wurde, änderten Weltbank und IWF nicht ihre unrealistischen technischen Zielsetzungen, sondern verschärften in erster Linie die Bedingungen für die Kreditvergabe. Um die überschuldeten Staatshaushalte der Entwicklungsländer zu entlasten, sollten Investitionsanreize für die grossen internationalen Bau- und Versorgungsunternehmen geschaffen werden. Um dies zu erreichen, verbanden die Finanzinstitute die Erteilung von neuen Krediten mit einer Reihe von Auflagen: Die staatlichen und kommunalen Wasserversorgung sollten privatisiert und für die Beteiligung ausländischer Unternehmen geöffnet werden, wettbewerbsverzerrende Subventionen sollten abgebaut und die Wassertarife so gestaltet werden, dass sie die effektiven Kosten decken und attraktive Gewinne für die Unternehmen abwerfen.

Mit dieser Kommerzialisierungsstrategie kündigten die Finanzinstitute de facto den stillschweigenden Konsens auf, dass der Zugang zum Wasser ein Menschenrecht sei. Ohne dass die Frage explizit geklärt worden war, machten sie Wasser zu einem wirtschaftlichen Gut und beschränkten den Zugang zu Wasser damit faktisch auf diejenigen, die es sich leisten können, den vom Markt geforderten Preis zu bezahlen.

Anfänglich noch etwas verschämt, hinterliess die neue Praxis schon bald erste Spuren in den Diskussionspapieren der internationalen Konferenzen. In der Erklärung «Wasser und nachhaltige Entwicklung» der Dublin-Konferenz von 1992, die später auch die so genannte Agenda 21 mit prägte, einigten sich Wasserexperten von 100 nationalen und internationalen Regierungs- und Nichtregierungsorganisationen auf die widersprüchliche Formulierung, dass «Wasser als wirtschaftliches Gut betrachtet werden soll, ohne das Recht auf Zugang zu Wasser zu beeinträchtigen». Nur wenn das knappe Gut Wasser einen Preis habe, so die Argumentation, werde damit auch sparsam und sorgfältig umgegangen. Die Diskussion darüber, wie die sich ausschliessenden Formulierungen unter einen Hut gebracht werden könnten, verlief wenig konstruktiv.

Im Lauf der 90er Jahre zeigte sich, dass die Privatisierungsauflagen der Weltbank und verschiedener bilateraler Entwicklungsinstitutionen nicht den erwarteten Erfolg zeitigten – weder für die betroffenen Entwicklungsländer, deren Versorgungssituation sich kaum verbesserte, noch für die internationalen Wasserkonzerne, deren Gewinnerwartungen sich auch nicht erfüllten und die ihre versprochenen Leistungen deshalb oft nur noch selektiv erbrachten. Vielerorts haben sich die grossen internationalen Wasserversorger denn auch aus ihren Verträgen zurückgezogen und ihr Engagement in den Entwicklungsländern um mehr als die Hälfte reduziert. (→ S. 458ff.)

Selbst bei der Weltbank wurden kritischen Stimmen laut. Dies führte jedoch nicht dazu, dass die Strategie grundsätzlich überdacht wurde. Vielmehr wurden die Kriterien zur Kreditvergabe weiter verschärft. Die Investitionsanreize für den Privatsektor sollten noch einmal verstärkt werden. Die internationalen Finanzinstitute verlangten von den Kreditnehmern, dass sie die Handlungsspielräume für private Investoren erweiterten und deren Verantwortlichkeiten gegenüber der Öffentlichkeit beschränkten. Auch sollten die finanziellen Risiken der Unternehmen begrenzt und ihre Gewinnerwartungen besser abgesichert werden.

Zunehmend befassten sich auch andere internationale Organisationen mit Wasserproblemen. Längst waren sich die Experten einig, dass die Wasserfrage nur ein Aspekt einer weit komplexeren Problematik ist, dass Hunger, Armut, Gesundheit, Umwelt und Klima so aufeinander einwirken, dass sie nicht voneinander getrennt behandelt werden können.

Im Lauf der Jahre wurde auf den verschiedensten internationalen Konferenzen und Foren über die Wasserfrage diskutiert, unter unterschiedlichsten Gesichtspunkten und oft mit entgegengesetzten Ergebnissen. Wo Umwelt-, Ernährungs- oder Gesundheitsfragen als globale Menschheitsprobleme diskutiert wurden, ging man auf Distanz zu den einseitig ökonomisch begründeten Deregulierungs- und Privatisierungskonzepten. UN-Unterorganisationen wie die FAO, die WHO, die UNESCO, das Umweltprogramm UNEP oder das Entwicklungsprogramm UNDP hielten in ihren Grundsatzerklärungen, Resolutionen und Empfehlungen weitgehend daran fest, dass der Zugang zu Wasser ähnlich wie der Anspruch auf eine gesunde Umwelt ein Menschenrecht und deshalb Aufgabe der Öffentlichkeit, der Regierungen und der Weltgemeinschaft sei.

Wo es hingegen um die Wasserwirtschaft als Industrie, um die Einrichtung und den Betrieb von Wasserversorgungen ging, setzte sich fast einhellig die Position durch, dass Wasser ein Wirtschaftsgut sei, dessen Nutzung am besten der «unsichtbaren Hand des Marktes» überlassen werden sollte. Eine Position, die auch der Weltwasserrat (World Water Council) und die als aktionsorientiertes Netzwerk gegründete Global Water Partnership vertraten, zwei 1996 gegründete supranationale Institutionen, die von der Weltbank initiiert und massgeblich beeinflusst wurden. Diese beiden Institutionen beeinflussten denn auch weit erfolgreicher als diverse UN-Konferenzen die Diskussionen um eine künftige Weltwasserpolitik. Erst recht gestärkt wurde diese Position in den Verhandlungen der Welthandelsorganisation WTO zum Abkommen über den Handel mit Dienstleistungen GATS, in dem Wasser mit einigen Ausnahmen ebenfalls als kommerzielles Wirtschaftsgut eingestuft werden soll.

Auf der Internationalen Süsswasserkonferenz in Bonn im Dezember 2001, die der Vorbereitung des UN-Weltgipfels zur Nachhaltigen Entwicklung in Johannesburg diente, prallten die gegensätzlichen Strategien erneut heftig aufeinander. Scharfe Kritik an der Privatisierungsstrategie übten vor allem zahlreiche Nichtregierungsorganisationen und Gewerkschaften sowie einige Regierungsvertreter aus Entwicklungsländern. Sie dokumentierten das Scheitern der Privatisierungsstrategie anhand zahlreicher Beispiele und belegten das offensichtliche Desinteresse der Wasserkonzerne überall dort, wo es um unprofitable Aufgaben wie die Versorgung der ärmsten Bevölkerungsgruppen geht. Auch kritisierten sie die ungenügende Kontrolle und Regulierung durch die Regierungen und Kommunen.

Zwar blieben die privatisierungskritischen Gruppen mit ihrer Forderung, Wasser zu einem Menschenrecht zu deklarieren, letztlich erfolglos; sie erreichten aber immerhin, dass eine Kompromissformel ins Schlussdokument aufgenommen wurde, nach der «die Hauptverantwortung für eine nachhaltige und gerechte Verteilung der Wasserressourcen weiterhin bei den Regierungen» liegen müsse. Ebenfalls aufgenommen wurden die Forderung nach einer unabhängigen Prüfung der bisherigen Erfahrungen und der Appell an die bilateralen Geldgeber und die Weltbank, die Privatisierung nicht mehr zur Vorbedingung für Kredite zu machen.

Auf dem UN-Weltgipfel für Nachhaltige Entwicklung in Johannesburg 2002 fanden diese Forderungen allerdings nur wenig Gehör. Im Mittelpunkt stand neben einer politischen Grundsatzerklärung, der «Johannesburg Declaration», die Verabschiedung eines Aktionsprogramms, mit dem unter anderem die so genannten Millenniumsziele durchgesetzt werden sollen. Statt wie ursprünglich geplant die Fortschritte seit dem Rio-Gipfel zu überprüfen und etwaige Massnahmen mit klaren Zeitvorgaben zu beschliessen, beschränkten sich die Konferenzteilnehmer in Johannesburg darauf, unverbindliche Partnerschaftsinitiativen anzukündigen, zum Beispiel eine Initiative «Water for Life» der EU, die in enger Zusammenarbeit mit den europäischen Wasserkonzernen die Wasserversorgung in Osteuropa, Zentralasien und Afrika verbessern soll. Oder eine ähnliche Initiative der amerikanischen Entwicklungsorganisation US AID für Westafrika, oder das Programm «Managing Water for African Cities», das von den beiden UN-Unterorganisationen Habitat und UNEP in Zusammenarbeit mit nationalen Regierungen, dem Privatsektor und Organisationen der Zivilgesellschaft durchgeführt werden soll. Verbindliche Geldzusagen für diese Projekte gab es weder von der Privatwirtschaft noch von den Geberländern.

Obwohl die Frage nach Menschenrecht oder Handelsgut in Johannesburg nicht explizit auf der Traktandenliste stand, hat die Konferenz doch unmissverständlich Stellung für Letzteres bezogenen. Auf keinem Gipfel zuvor wurden Öffentlich-private Partnerschaften (PPPs) so nachdrücklich propagiert wie in Johannesburg. Über 100 Mal wird in den Schlussdokumenten darauf hingewiesen, dass die Aktionsprogramme und Projekte keinesfalls die Ergebnisse der laufenden WTO-Verhandlungen vorweg nehmen dürfen. Damit überliessen die Delegierten die Klärung der Menschenrechtsfrage einer Institution, deren Hauptaufgabe gerade die Liberalisierung und Deregulierung des Welthandels ist und die eine möglichst weit reichende Privatisierung auch der öffentlichen Dienstleistungen anstrebt.

Auch bei der Frage der Finanzierung von Entwicklungsprojekten setzten sich die von den USA und der EU angeführten Befürworter kommerziell gesteuerter Lösungen durch: Entwicklungsfinanzierung soll sich, heisst es in den Schlussdokumenten, an den Richtlinien des «Monterey Consensus» orientieren. Diese Abmachung wurde 2003 auf einer UN-Konferenz für Entwicklungsfinanzierung (Financing for Development) beschlossen. Sie ist eine leicht modifizierte Version des so genannten «Washington Consensus» aus dem Jahr 1989, dem wichtigsten Theoriepapier der neoliberalen Globalisierung. Auch der Monterey Consenus betont die zentrale Rolle des privaten Kapitals bei der Finanzierung von Entwicklungsprojekten. Und er fordert von den Entwicklungsländern, die Rahmenbedingungen zur Förderung und zum Schutz ausländischer Direktinvestitionen weiter zu verbessern.

Wohl zu Recht warfen die Kritiker den Geberländern vor, bei der Konferenz vor allem die Interessen ihrer Bau- und Dienstleistungskonzerne durchgesetzt zu haben. Mit der Aufwertung des privaten Sektors werde, so die Kritiker, der Gestaltungsspielraum der öffentlichen Hand über Gebühr eingeschränkt. Aufgrund der einklagbaren WTO-Handelsregeln könnten private Wasserversorger entscheidenden Einfluss nehmen auf die Rahmenbedingungen von Projekten. In vielen Schwellen- und Entwicklungsländern seien die entsprechenden gesetzlichen Grundlagen erst rudimentär vorhanden; auch fehlten wirksame Verwaltungs- und Kontrollinstanzen.

Kritiker befürchten, dass dadurch vor allem jene wichtigen Vorhaben erschwert oder verunmöglicht würden, die über Einzelprojekte hinausgehen und nach generellen Regelungen verlangen: grundsätzliche Verbesserungen beim Luft- und Gewässerschutz, Initiativen zur Erhaltung von Feuchtgebieten, zum Artenschutz, aber auch Vorhaben, die nur indirekt mit ökologischen Fragen zu tun haben, Vorschriften für die Landwirtschaft, Konsumentenschutz, Landschaftsschutz oder eine koordinierte Raumplanung. Da diese Vorhaben meist nur Kosten verursachen, würden sie von den Industrie- und Wirtschaftsverbänden zu Fall gebracht, der Öffentlichkeit überantwortet oder schlicht ignoriert.

Selbstverständlich arbeiten an vielen Orten kommunale Behörden, Vertreter der Privatwirtschaft, der Hilfswerke und der lokalen NGOs trotz aller Differenzen längst erfolgreich zusammen. Auch bei den grossen internationalen Konferenzen wird nicht nur über allgemeine Ziele und Grundsatzfragen gestritten, sondern diskutieren jeweils viele Arbeitsgruppen über pragmatische Lösungsansätze, über Probleme der lokalen Behörden und über konkrete Projekte. Bereits auf dem Johannesburg-Gipfel hatte der Internationale Rat für Kommunale Umweltinitiativen (ICLEI) (International Council for Local Environmental Initiatives), ein Zusammenschluss von fast 500 Städten und Gemeinden aus 43 Ländern, mit zahlreichen Aktivitäten auf die spezifischen Anliegen der lokalen Verwaltungen aufmerksam gemacht, und zusammen mit den UN-Organisationen UNEP, UN-HABITAT und der WHO die Initiative «Local Action 21» gegründet. Auch der Weltwasserrat stellte seine letzte Konferenz, das 4. Weltwasserforum im März 2006 in Mexico City, unter das Motto «Local Action for a Global Challenge».

Zwar bleibt das «Recht auf Wasser» auch weiterhin ein heftig umstrittenes Thema. Doch die bislang starren Fronten sind allmählich doch etwas in Bewegung geraten – auch eine Folge davon, dass zivilgesellschaftliche Gruppierungen, Umweltverbände, entwicklungspolitische Organisationen, Hilfswerke, Kirchen und lokale Initiativen einen zumindest teilweisen Zugang zu vielen Konferenzen erhalten haben.

Ausschlaggebend aber dürfte sein, dass bei allen Beteiligten die Einsicht wächst, dass mit den bisherigen Strategien und Mitteln die Millenniumsziele nicht erreicht werden können. Das belegt auch der 2. Weltwasser-Entwicklungsbericht der UN, der auf dem Weltwasserforum 2006 in Mexiko vorgestellt wurde. Sowohl die Privatisierung der Wasserversorgung und -entsorgung als auch die Zentralisierung der

Entscheidungsstrukturen, heisst es in dem Bericht, hätten die in sie gesetzten Hoffnungen nicht erfüllt. Grosse Mängel im Umgang mit dem Wasser diagnostiziert der Bericht auf der Ebene der lokalen Behörden. Und er zeigt, dass nicht nur die Privatinvestitionen in den armen Entwicklungsländern klar hinter den Erwartungen zurückgeblieben sind, sondern dass auch die Entwicklungsdarlehen der internationalen Institutionen wie der Weltbank seit Jahren deutlich stagnieren.

Auch beim Weltwasserforum wurde ein «Recht auf Wasser» von der Ministertagung mit grosser Mehrheit abgelehnt. Die Minister beschränkten sich darauf, die «zentrale Bedeutung des Wassers für alle Aspekte der nachhaltigen Entwicklung, einschliesslich der Beendigung von Armut und Hunger» hervorzuheben. «Wasser ist die Lebensgarantie für alle Völker der Welt», lautete dieses Mal die Kompromissformel. Delegierte berichteten aus den Verhandlungen, dass das «Recht auf Wasser» von den meisten Regierungen nicht grundsätzlich bestritten worden sei. Ihre Ablehnung hätten die Minister vor allem damit begründet, dass sich ein solches Recht nur schwer umsetzen lasse und möglicherweise zu rechtlichen Komplikationen auf nationaler und internationaler Ebene führe.

Wenige Tage nach dem Ende des Weltwasserforums 2006 signalisierte die Weltbank, die bisher zu den konsequentesten Verfechtern einer möglichst weit reichenden Privatisierung der Wasserversorgung zählte, einen möglichen Strategiewechsel. «Das Engagement der Weltbank für den Privatsektor in den 90er Jahren war ideologischer Natur», sagte die Weltbank-Vizedirektorin Katherine Sierra in einem Gespräch mit der deutschen Tageszeitung «Frankfurter Rundschau». Ab jetzt werde die Weltbank mit Vertretern des gesamten Spektrums möglicher politischer Optionen zusammenarbeiten. Die Kommunen vor Ort müssten selbst entscheiden, ob sie öffentliche oder private Betreiber und Versorger bevorzugten.

Wichtige internationale Wasserkonferenzen 1972 bis 2006

1972	UN-Umweltkonferenz (UN Conference on the Human Environment)	Stockholm	Gründung des UN-Umweltprogramms (UN Environment Program UNEP)
1977	UN Weltwasserkonferenz (UN Conference on Water)	Mar Del Plata	Beurteilung der Wasserressourcen, von Wasserverbrauch und Nutzungseffizienz. Mar del Plata Action Plan.
1981–1991	UN Trinkwasserdekade (UN Drinking Water and Sanitation Decade)		Die Trinkwasserdekade von 1981–1990 ist ein Beschluss der UN Weltwasserkonferenz 1977 gewesen. In diesem Jahrzehnt sollte allen Menschen auf der Erde Zugang zu gutem Trinkwasser verschafft werden.
1990	UNDP Weltkonferenz: Wasser und Sanitation für die 90er Jahre (Global Consultation on Safe Water and Sanitation for the 90s)	New Delhi	«Some for all rather than more for some». Das Statement von Neu Delhi Statement ist ein Appell an die Staatengemeinschaft, zwei grundsätzliche menschliche Bedürfnisse zu decken: sicheres Trinkwasser und umweltgerechte Beseitigung von Abwasser und Fäkalien.
1990	UNICEF Weltkindergipfel (UNICEF World Summit for Children)	New York	Erklärung zum Überleben, zum Schutz und zur Entwicklung von Kindern
1992	UN Konferenz über Wasser und Umwelt (UN Conference on Water and the Environment)	Dublin	Dubliner Erklärung zu Wasser und nachhaltiger Entwicklung
1992	UN Konferenz über Umwelt und Entwicklung (UN Conference on Environment and Development, UNCED World Summit).	Rio de Janeiro	Rio-Erklärung über Umwelt und Entwicklung, Klimarahmenkonvention (freiwillige Umsetzung 1994–2000). Ziel: CO_2 bis 2000 auf die Menge von 1990 zurückzuführen / Agenda 21
1994	Ministerkonferenz zu Trinkwasser und Abwasserentsorgung	Noordwijk	Aktionsprogramm zur Umsetzung von Kapitel 18 der Agenda 21
1994	UN Konferenz über Bevölkerung und Entwicklung (UN Conference on Population and Development)	Kairo	Aktionsprogramm
1995	UN Sozialgipfel (World Summit for Social Development)	Kopenhagen	Kopenhagener Erklärung über soziale Entwicklung
1995	UN Fourth World Conference on Women	Peking	Peking Deklaration und Aktionsplattform
1996	UN Conference on Human Settlements (Habitat II)	Instanbul	Habitat-Agenda
1996	UN Welt-Ernährungsgipfel (UN World Food Summit)	Rom	Rom-Deklaration zur Ernährungssicherheit
1997	1. Weltwasserforum (World Water Forum)	Marrakesch (World Water Council)	Die Marrakesh Deklaration empfiehlt, Wasser und Sanitation als menschliche Grundbedürfnisse anzuerkennen, einen wirksamen Mechanismus zur Nutzung geteilter Wasserressourcen zu schaffen, Ökosysteme zu schützen und zu erhalten, effiziente Wassernutzung zu befördern; Frauenrechte bei der Wassernutzung zu respektieren und Partnerschaften zwischen Regierungen und Zivilgesellschaft zu fördern.
1998	UNESCO Konferenz über Wasser und nachhaltige Entwicklung (UNESCO Conference on Water and Sustainable Development)	Paris	Pariser Erklärung
2000	2. Weltwasserforum (World Water Forum)	Den Haag (World Water Council)	World Water Vision: Wasser geht alle an.

2000	Ministerkonferenz über Wassersicherheit im 21. Jahrhundert (Ministerial Conference on Water Security in the 21th Century)	Den Haag	Sieben Herausforderungen: Grundbedürfnisse stillen, Nahrungsmittel sichern, Ökosysteme schützen, Wasserressourcen teilen, Risiken mindern, Wasser wertschätzen, Wasser weise nutzen.
2000	Millenium Gipfel (55. UN-Generalversammlung)	UN	UN Milleniumserklärung
2001	3rd International Conference on Groundwater Quality	Sheffield	
2001	Sondersitzung der UN Generalversammlung zur Habitat Agenda (Overall Review and Appraisal of the Implementation of the Habitat Agenda, Istanbul+5)	New York	
2001	IWA World Water Congress	Berlin (International Water Association)	
2001	UN Süsswasser-Konferenz (UN Conference on Freshwater)	Bonn	Ministererklärung, Handlungsempfehlungen
2002	3rd IWA World Water Congress	Melbourne	
2002	Internationale Weltbank-Konferenz über Wasser und Hygienedienstleistungen (Water and Sanitation Service in Small Towns und Multi-Village Schemes)	Addis Abeba	
2002	World Social Forum	Porto Alegre	Wasser ist ein Gemeingut, das nicht gehandelt werden soll.
2002	Umwelt-Gipfel Rio+10 (World Summit on Sustainable Development Rio+10)	Johannesburg	Die Anzahl der Menschen ohne Zugang zu sicherem Trinkwasser und sanitären Anlange soll bis 2015 halbiert werden.
2003	International Year of Freshwater	UNDESA/ UNESCO	
2003	Water Safety: Risk Management Strategies for Drinking Water	Berlin (WHO/IWA)	
2003	3. Weltwasserforum	Kyoto	Bis 2025 sollen alle Menschen über die Bedeutung der Hygiene Bescheid wissen; alle Menschen sollen über einen angemessenen Zugang zu sicherem Trinkwasser und sanitären Einrichtungen verfügen.
2004	Drittes Forum über globale Entwicklungspolitik: Ist Wasser ein Menschenrecht oder eine Ware?	Berlin (Heinrich Böll-Stiftung)	
2004	UNEP/GPA Global H_2O Partnership Conference	Cairns	
2004	4th IWA World Water Congress	Marrakesch	
2006	4. Weltwasserforum	Mexiko (World Water Council)	Siehe Kapitel Politik, Die Kommerzialisierung eines Menschenrechts (S. 498)

Israel/Palästina

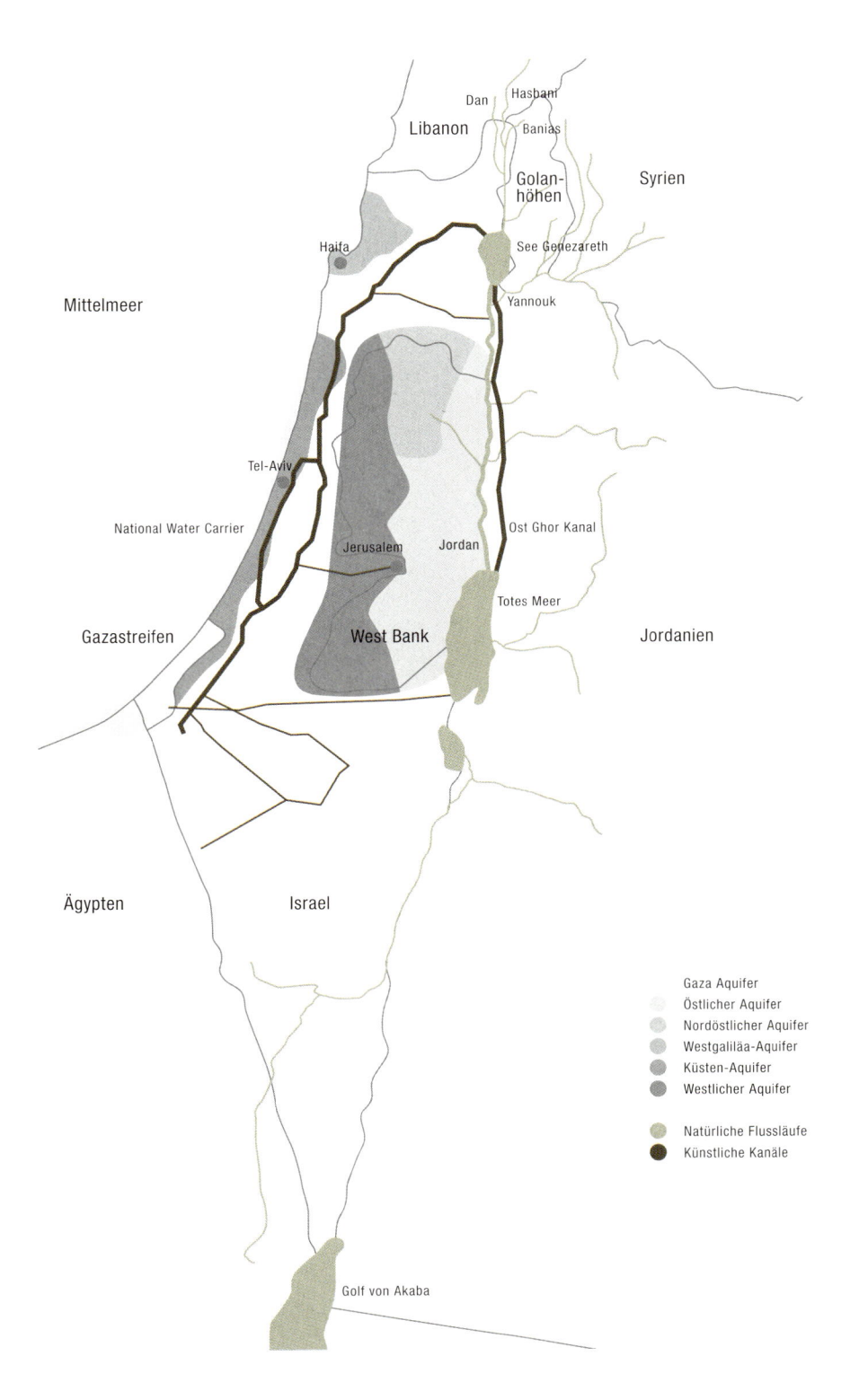

Libanon — Dan, Hasbani, Banias
Golanhöhen
Syrien
Haifa
See Genezareth
Mittelmeer
Yarmouk
Tel-Aviv
National Water Carrier
Jerusalem
Jordan
Ost Ghor Kanal
Totes Meer
Gazastreifen
West Bank
Jordanien
Ägypten
Israel
Golf von Akaba

Gaza Aquifer
Östlicher Aquifer
Nordöstlicher Aquifer
Westgaliläa-Aquifer
Küsten-Aquifer
Westlicher Aquifer

Natürliche Flussläufe
Künstliche Kanäle

Staudämme am Mekong und Salwin

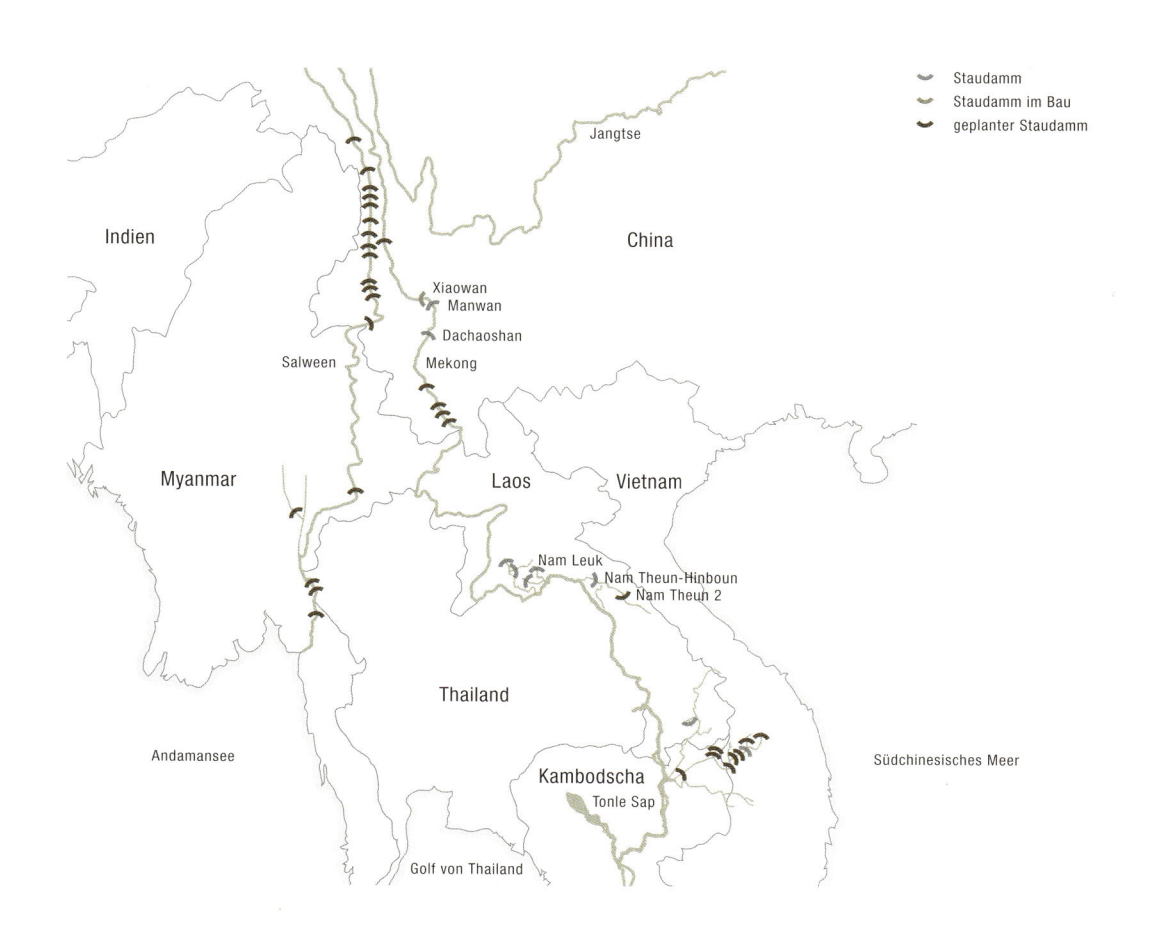

Südostanatolien-Projekt

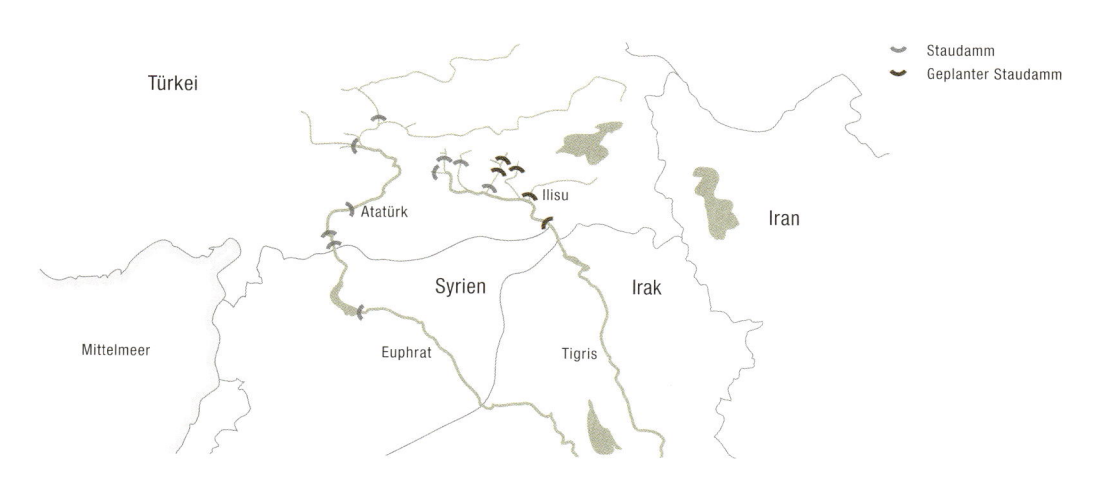

DAS WASSER GEHÖRT ALLEN.

Das Wasser gehört allen – ein Plädoyer

Die Situation ist paradox: Seit Jahrzehnten streiten Politiker, Juristen und Ökonomen an zahlreichen internationalen Konferenzen über eine Frage, die selbst für sie längst keine wirkliche Streitfrage mehr sein kann. Dass Wasser niemandem gehört und damit allen, darüber sind sich alle einig. Gegen diese Sicht der Dinge spricht nur eines: die Realität.

Der Widerspruch zwischen Theorie und Praxis ist uralt. Als es noch kein formuliertes Recht gab, haben die Völker die Bedeutung des Wasser mit dem stärksten Argument belegt, das ihnen zur Verfügung stand: sie sprachen es heilig. Was den Göttern gehört, kann nicht einzelnen Menschen gehören. Zugleich aber haben Herrscher, Fürsten und Könige ihr Wasser immer schon eigennützig gegen andere verteidigt, notfalls selbst gegen ihre eigene Bevölkerung.

Die Aufklärung hat der Heiligsprechung des Wassers ein Ende gesetzt. Aufklärung zielt nicht auf Metaphysik, nicht auf Sinn, sondern auf Nutzen; sie ist pragmatisch. «Der Verstand, der den Aberglauben besiegt, soll über die entzauberte Natur gebieten», heisst es bei Adorno/Horkheimer, den beiden schärfsten Analytikern der «Dialektik der Aufklärung», und: «Was die Menschen von der Natur lernen wollen, ist, sie anzuwenden, um sie und die Menschen vollends zu beherrschen.» Als H_2O, als pure Materie, verliert das Wasser alle seine ihm zugeschriebenen geheimnisvollen Kräfte. Es wird zum Gebrauchswert, zur Ware.

Die Moderne hat das Wasser entmystifiziert, Chemiker, Physiker und Biologen haben herausgefunden, wie das Wasser «funktioniert», Hydrologen, Meeres- und Klimaforscher sind der komplexen «Mechanik» der Wasserkreisläufe auf die Schliche gekommen. Heiliges haben die Wissenschaftler erwartungsgemäss in den Molekülen, den Atomkernen und ihren Elektronenwolken nicht gefunden, aber immerhin Eigenschaften, die dem Wasser eine einzigartige Stellung unter allen Stoffen einräumen: Ohne Wasser bewegt sich nichts. Wasser hält alles in Gang, von den grössten globalen Prozessen, welche die Beschaffenheit und das Klima der Erde prägen, bis zu den kleinsten chemischen und biologischen Vorgängen, ohne die es weder Leben noch Veränderung gäbe.

Die Entzauberung der Natur hat auch mit einem zweiten Mythos aufgeräumt: Wer die Natur missbraucht, so die einstige Drohung, wird von den Göttern bestraft. Wer aber soll wen wofür bestrafen, wenn es keine strafenden Götter gibt, und Wasser nichts ist als ein profanes Gebrauchsgut? Erst allmählich entziffern die modernen Naturwissenschaften den wahren Kern, der in der mythischen Drohgebärde steckt: Wer dem Wasser nicht Sorge trägt, bestraft sich selbst. Das Wasser wird ungeniess- und unbrauchbar, wenn wir es bedenkenlos als beliebiges Gebrauchsgut behandeln.

In der säkularisierten Welt hat nichts ausser den Menschenrechten eine ähnlich autoritative Kraft wie die religiösen Mythen der Vorzeit. Die Menschenrechte stecken jenen Bereich ab, der als unabdingbare Voraussetzung für ein menschenwürdiges Leben gilt, der allen Menschen zusteht. Alles spricht dafür und nichts dagegen, dass auch der Zugang zu Wasser als eines dieser Menschenrechte zu gelten hat. Denn ohne Wasser ist menschliches Leben nicht möglich. Ohne Wasser gibt es weder Nahrung noch Kleidung, weder Natur noch Kultur.

So einleuchtend diese These auch ist: In der Realität ist der Zugang zu Wasser kaum ein praktiziertes Menschenrecht. Immer noch hat ein Sechstel der Menschheit keinen sicheren Zugang zu ausreichendem und sauberem Trinkwasser. Und jeder dritte Mensch kann nicht einmal seine minimalsten hygienischen Grundbedürfnisse befriedigen. Auf den zwei grössten Kontinenten der Erde, in Asien und Afrika, lebt die Hälfte der Bevölkerung unter menschenunwürdigen Bedingungen und prekären Wasserverhältnissen. Und wenn die Prognosen der Wissenschaft zutreffen, werden es bald noch viel mehr sein: in dreissig, vierzig Jahren, schätzen Wissenschaftler, lebt weltweit die Hälfte der Menschen in einem Armutsviertel einer überbevölkerten Megacity. Also dort, wo die Wassernot am grössten ist.

Leider scheinen jene Polemiker Recht zu behalten, die spotten, mit Menschenrechten könne man sich nicht einmal die Hände waschen. Für den Zugang zu Wasser braucht es eine Infrastruktur, deren Kosten zumal in der industrialisierten und urbanisierten Welt in der Regel alle Möglichkeiten einzelner Personen oder Unternehmen bei weitem übersteigt. Das inzwischen geflügelte Wort von Gérard Mestrallet, dem Chef des internationalen Wasserkonzerns Suez/Ondeo, «Gott hat das Wasser geliefert, aber nicht die Rohre», trifft bei allem Zynismus genau die Kernfrage der Wasserversorgung: Wer bezahlt die immensen Investitionen, ohne die es im industriellen Zeitalter keine Wasserversorgung gibt? Wer sorgt dafür, dass das Wasser dorthin gelangt, wo es gebraucht wird? Wer trägt die Verantwortung und wer bezahlt die Reinigung des verschmutzten Wassers, damit dieses weder die natürliche Umwelt noch die Menschen gefährdet? Wer löst diese Infrastrukturaufgaben am effizientesten und kostengünstigsten?

Bis vor wenigen Jahrzehnten galt als kaum bestrittener Konsens, dass die Versorgung mit Wasser eine res publica, eine Aufgabe der Allgemeinheit, einer Kommune oder des Staates sein muss. Nur staatliche Institutionen sind dem Gemeinwohl verpflichtet. Nur sie haben die Legitimation und Autorität, diese Verpflichtung gegenüber all ihren Mitgliedern durchzusetzen. Und nur sie können über Steuern und Abgaben eine gerechte Verteilung garantieren, den solidarischen Ausgleich zwischen Arm und Reich, zwischen begünstigten und benachteiligten Regionen.

In den 80er Jahren haben marktliberale Theoretiker dieser Auffassung eine radikale Alternative gegenübergestellt. Nicht der Staat, dessen Verwaltung bürokratisch, träge, ineffizient und in vielen Teilen der Welt korrupt sei, sondern die «unsichtbare Hand des Marktes» (Adam Smith), so ihre These, sei am besten in der Lage, die materiellen Probleme der Menschheit zu lösen. Nur wenn Wasser als wirtschaftliches Gut behandelt werde, dessen Preis auf dem unbestechlichen Marktplatz von Angebot und Nachfrage ausgehandelt werde, sei gewährleistet, dass das knappe Gut Wasser auf die sorgsamste und kostengünstigste Weise den dringendsten Bedürfnissen entsprechend verteilt werde.

Das effizienteste Mittel, die Marktkräfte ungehindert spielen zu lassen, sei der weltweite, von allen Restriktionen befreite Wettbewerb zwischen privaten Anbietern. Als grösstes Hindernis dieses freien Wettbewerbs haben die Verfechter einer globalisierten, deregulierten und liberalisierten Weltwirtschaft den Staat ausgemacht, dessen partikuläres Schutzinteresse nach innen und Machtinteresse gegen aussen die Regeln des Spiels verzerren. Nicht zufällig verbindet die neoliberale Theorie ihr Plädoyer für «mehr Freiheit» mit der Forderung nach «weniger Staat».

Dabei geht diese Theorie von einer Prämisse aus, die angesichts der wirklichen Lage eher weltfremd erscheint: Sie postuliert einen «homo oeconomicus», der selbstredend Geld hat. Dass Millionen von Menschen aber kein Geld haben und dennoch leben wollen, ist in dieser ökonomischen Theorie irgendwie nicht vorgesehen.

Stichhaltige Belege, dass die Rezeptur aus Deregulierung, Liberalisierung und Privatisierung für die Entwicklungsländer tatsächlich funktioniert, gibt es bisher nicht. Renommierte Ökonomen wie Amartya Sen, Paul Krugman, Joseph Stieglitz, ja inzwischen selbst Paul Samuelson, der Doyen der modernen Volkswirtschaftslehre, alles keine Gegner der Marktwirtschaft, – sie alle bezweifeln, dass Globalisierung, Privatisierung und Freihandel wirklich der Wohlstandsmotor für die armen Länder sein können. Jedenfalls so lange nicht, wie deren «selbstzerstörerische Kräfte» (Stieglitz) und die extreme Ungleichheit von Macht und Reichtum nicht eingedämmt und korrigiert werden können.

Denn mittlerweile hat die Globalisierung – und insbesondere die Deregulierung der Finanzmärkte – zu einem unübersehbaren Verlust an politischen Gestaltungsmöglichkeiten geführt. Immer mehr verzichten Regierungen auf das, was in demokratischen Staaten ihre eigentliche Aufgabe wäre, nämlich aufs Regieren, auf die eigenständige, unabhängige Gestaltung der gesellschaftlichen Verhältnisse auf der Basis demokratischer Willensbildung und Entscheidung. Stattdessen überlassen sie es den internationalen Finanzorganisationen und den grossen multinationalen Unternehmen, in zentralen Fragen der gesellschaftlichen Entwicklung die wichtigen Weichen zu stellen.

Die schwindende Durchsetzungskraft der Politik wird noch prekärer, wo nicht einzelne Staaten zuständig sind, sondern die Probleme nur noch im multinationalen Verbund oder gar im Rahmen der internationalen Staatengemeinschaft gelöst werden können. Oft sind hier die Interessengegensätze so gross, die Machtverhältnisse zwischen den Industrienationen und den ärmsten Ländern so ungleich, dass wirkungsvolle Entscheidungen sich wie beim Klimaschutz kaum verbindlich durchsetzen lassen.

Immerhin ist klar: Die Globalisierung ist nicht ein Schicksal oder Naturgesetz, dem die Regierungen ohnmächtig ausgeliefert sind. Sie ist im Gegenteil von den Regierungen der wichtigsten Industriestaaten ausdrücklich gewollt. Und das, wie man ahnt, nicht aus uneigennützigen Gründen, sondern durchaus im nationalen Interesse der eigenen Grossindustrie, der Agrarkonzerne und der transnationalen Dienstleister. Nur plausibel, dass die Globalisierungsverlierer, über deren Köpfe die Globalisierung ungefragt hereingebrochen ist, sich gegen das Diktat der Ökonomie wehren. Sie bestehen darauf, dass wenigstens die wichtigsten Gemeinschaftsgüter vor der Kommerzialisierung geschützt werden. Dies gilt insbesondere für den Zugang zu Wasser, denn: Im Gegensatz zu anderen Gütern gibt es zum Wasser keine Alternative, auf die der Konsument im Bedarfsfall ausweichen könnte. Und es gibt auch keinen wirklichen Wettbewerb zwischen den Anbietern: Wer über die Wasserrohre verfügt, besitzt das Monopol.

Dennoch ist die Forderung, den Zugang zu Wasser zu einem Menschenrecht zu erheben, nicht ganz ohne Tücken. Ein gefüllter Swimmingpool kann nicht im Ernst ein Menschenrecht sein. Auch lässt sich die Bewässerung von Exportfrüchten, von Tabak, Blumen, Kaffee oder Wein, von Futtergetreide für Rinderfarmen und hundert anderen luxurierenden Produkten nicht zum Menschenrecht erklären. Und für welche Industrieprodukte soll der Staat Wasser zu so günstigen Preisen garantieren wie für die Grundversorgung seiner Bevölkerung mit Trinkwasser?

Es gibt offensichtlich verschiedene Arten von Wasser, von denen die einen als Produktionsmittel verbraucht werden, während andere ein existentielles Grundbedürfnis abdecken. So wird denn je nach Blickwinkel über zwei verschiedene Dinge gestritten. Wo es in erster Linie um existentielle Grundbedürfnisse geht, so auf den Konferenzen für Menschenrechte, für globale Entwicklungsziele und Nachhaltigkeit, gegen Hunger und für Gesundheit, gegen die Zerstörung des ökologischen Gleichgewichts und für die Erhaltung der Artenvielfalt, wird der Zugang zu Wasser weitgehend unbestritten als Menschenrecht verstanden. Wo es dagegen um Wasser als Ware, als kommerzielles Gebrauchsgut geht wie auf den wirtschafts- und handelspolitischen Konferenzen der Welthandelsorganisation, der Weltbank, beim Weltwährungsfonds oder bei den Verhandlungen um ein Abkommen über den internationalen Handel mit Dienstleistungen (GATS), sind Menschenrechte nicht viel mehr als ein Störfaktor, der das freie Spiel der Marktkräfte verzerrt. Aber während die Verhandlungen um die Menschenrechte Normen setzen, schaffen die Handels- und Wirtschaftskonferenzen Fakten. So lange die beiden Aspekte nicht miteinander verknüpft werden, bleibt die Zukunft der Wasserfrage in der Schwebe.

Zu Recht fordern die Verfechter eines Menschenrechts auf Wasser verbindliche Regelungen, etwa eine internationale «Wasserkonvention». Eine solche Konvention soll, so das Ziel, Wasser als öffentliches Gut schützen und diesem Menschenrecht den Vorrang gegenüber dem internationalen Handelsrecht verschaffen. Garant für ein Menschenrecht auf Wasser aber können nur staatliche Institutionen sein: Menschenrechte lassen sich nicht privatisieren; sie sind keine Handelsware, über deren Gebrauch der Markt entscheiden könnte. Würde eine solche Konvention in Kraft gesetzt und von den wichtigen Industrienationen ratifiziert, wäre das ein wichtiger Sieg einer grossen Idee über die Realität.

Andererseits: Die Diskussionen um den Klimawandel und andere dringliche Menschheitsfragen zeigen, dass der Tanker der Staatengemeinschaft einen langen Bremsweg hat. Und dass es für viele Regierungen der Welt derzeit offensichtlich wichtigere Fragen gibt als die Menschenrechte. So lange aber, bis eine Wasserkonvention in zwanzig, dreissig Jahren vielleicht wirksam werden könnte, kann jenes Sechstel der Menschheit nicht warten, das heute keinen Zugang zu Trinkwasser und zu hygienischen Einrichtungen hat.

Dennoch stehen die Chancen nicht schlecht, dass in den kommenden Jahren beträchtliche Fortschritte möglich sind. Zum einen deshalb, weil das von den mächtigen internationalen Wirtschaft- und Finanzinstitutionen mit Druck favorisierte «Patentrezept» offensichtlich nicht die erwarteten Erfolge gezeigt hat. Viele Privatisierungen haben weder die Erwartungen der involvierten Kommunen und Staaten noch diejenigen der Wasserwirtschaft und Investoren erfüllt. Die internationalen Wasserkonzerne haben, vor allem in den Entwicklungsländern, ihre aggressiven Engagements massiv reduziert. Damit werden neue, vielleicht sehr viel bescheidenere, aber den jeweiligen Situationen besser angepasste, Lösungen möglich.

Und zum zweiten: Mit der Millenniumserklärung haben sich alle 191 Mitgliedstaaten der Vereinten Nationen auf Ziele verpflichtet, welche den Zugang zu Wasser zu einer der vordringlichsten Staatsaufgaben machen. Auch eine ganze Reihe weiterer internationaler Abkommen über Menschenrechte, über Gesundheit, zur Armuts- und Hungerbekämpfung, über Klimaschutz und Nachhaltigkeit betreffen direkt oder indirekt die Wasserfrage.

Zu einem der wichtigsten Abkommen gehört der von 149 Staaten und insbesondere von allen grossen Industrienationen der Welt ratifizierte und völkerrechtlich verbindliche Internationale Pakt über wirtschaftliche, soziale und kulturelle Rechte aus dem Jahr 1966. Mit einem so genannten

«General Comment» hat der UN-Ausschuss für wirtschaftliche, soziale und kulturelle Rechte begonnen, die unklaren Formulierungen dieses Paktes zu präzisieren und damit die interpretatorischen Schlupflöcher zu schliessen. Auch für den Zugang zum Wasser werden so in den kommenden Jahren schrittweise verbindliche und für die Bürger einklagbare Normen festgelegt.

Dazu muss eine Hierarchie der Wassernutzungen festgelegt werden, welche eine Unterscheidung ermöglicht zwischen den menschenrechtlich zwingend zu schützenden Nutzungen wie Trink- und Hygienewasser, dem landwirtschaftlichen und industriellen Gebrauch und anderem, nicht im engen Sinn notwendigen Wassergebrauch etwa zur Rasenbewässerung, für private Schwimmbäder oder für Wasserspiele zur Verschönerung von Bauten und Plätzen.

Und es braucht objektive Kriterien, die festlegen, in welchem Umfang die Staaten verpflichtet sind, die existenznotwendigen Nutzungen von Wasser als «Service public» zu garantieren. Sie lassen sich auf vier Kernpunkte reduzieren:

– Availability (Verfügbarkeit), kurz: Sind die notwendigen Wasserressourcen überhaupt verfügbar oder lassen sie sich aus eigener Anstrengung oder mit Hilfe der internationalen Gemeinschaft verfügbar machen?

– Accessibility (Zugänglichkeit), kurz: Garantieren diese Massnahmen, dass alle Betroffenen ungeachtet ihrer finanziellen Lage, ihrer Rasse oder ihres Geschlechts tatsächlich Zugang zu Wasser erhalten und niemand, auch nicht Kinder, Kranke oder ältere Menschen, diskriminiert werden?

– Adaptability (Anwendbarkeit), kurz: Entsprechen diese Massnahmen den spezifischen lokalen Gegebenheiten, den wirtschaftlichen, sozialen und kulturellen Möglichkeiten und Eigenheiten, haben sie einen direkten Bezug?

– Acceptability (Akzeptanz), kurz: Berücksichtigen die Massnahmen die in den jeweiligen Gesellschaften vorherrschenden kulturellen, sozialen und religiösen Gepflogenheiten und Tabus?

Das ist ein sehr pragmatischer Ansatz. Er verzichtet nicht auf das ferne Ziel, aber darauf, den letzten Schritt vor dem ersten zu tun. Denn der Anspruch, Wasser generell zu einem Menschenrecht zu erklären, lässt sich in der Praxis nicht ohne eine unübersehbare Anzahl an politischen, finanziellen, wirtschaftlichen und juristischen Komplikationen realisieren. Und: Der Kampf um die Menschenrechte steht bei den meisten Regierungen der Welt nicht zuoberst auf der politischen Agenda.

Aber trotz seiner pragmatischen Bescheidenheit formuliert ein solcher Ansatz Forderungen, über die weder die Politik noch die Ökonomie hinweggehen können, ohne sich vor den Not leidenden Menschen zu korrumpieren. So legt er etwa Bedingungen fest, unter denen Wasser als kommerzielles Gut verwendet werden kann, und welche Mindeststandards für die Versorgung der Bevölkerung mit Wasser eingehalten werden müssen. Zugleich verpflichtet er die Regierungen innerhalb der völkerrechtlich verbindlichen Normen zum konkreten Handeln. Er gibt der Politik die notwendigen Mittel und Instrumente an die Hand, ohne festzulegen, auf welche Weise sie diese Ziele umsetzen muss.

Eine solche Strategie kann auch lokale und regionale Unterschiede, kulturelle Traditionen und das Wohlstandsgefälle zwischen den Nationen berücksichtigen. Sie setzt aber verbindliche Rechtsnormen für Wasserkonflikte zwischen den Staaten. Und sie verknüpft schliesslich die Menschenrechtspolitik mit der Wirtschafts- und Handelspolitik. Sie schafft nicht bloss neue Papiere und Erklärungen, sondern neue Fakten, die jedem Menschen auf der Welt jene paar Liter Wasser garantieren, die er zu einem menschenwürdigen Leben braucht.

Neben der Menschenrechtsfrage «Zugang zu Wasser» gibt es aber eine ganze Reihe weiterer ökologischer Probleme, welche die Regierungen zum Handeln zwingen. Vielerorts sind die angerichteten Schäden bereits so unübersehbar, dass sie sich nicht mehr verharmlosen lassen durch Zweifel an wissenschaftlichen Befunden und Gegenexpertisen.

So sind viele grosse Flüsse und Ströme vor allem in der Dritten Welt, an denen Abermillionen Menschen leben, dermassen verschmutzt, dass ihr Wasser sich zu gar nichts mehr verwenden lässt. Vier Fünftel aller Flüsse Chinas, darunter der Yangtse und der Gelbe Fluss, aber auch die grössten Flüsse Indiens, der Brahmaputra, der Ganges, der Yamuna, der Godavari und der Narmada, sind in ihren Unterläufen braune, stinkende und schäumende Kloaken. In den Vereinigten Staaten sind vier von zehn Flüssen so vergiftet, dass die Gesundheitsbehörden davor warnen, in diesen Flüssen zu baden, geschweige denn von ihrem Wasser zu trinken.

Die fossilen Grundwasserreserven, in vielen regenarmen Regionen so etwas wie der letzte «Notvorrat», sind weit unergiebiger als erwartet. Viele kleinere Aquifere, aber auch einige der weltweit grössten wie das amerikanische Ogallala-Aquifer, gehen bereits nach wenigen Jahrzehnten intensiver Nutzung zur Neige, mit unabsehbaren Folgen für die Land wirtschaftsbetriebe und Rinderfarmen. An vielen Orten in Indien, im Nahen Osten, in einigen Ländern Nordafrikas und Zentralamerikas sinkt der Grundwasserspiegel jedes Jahr Meter um Meter. Tausende von Brunnen, welche für die kleinen Dorfgemeinschaften überlebenswichtig sind, versiegen.

Die Verschmutzung der Meere durch Schwermetalle, nicht abbaubare Chemikalien, Ölrückstände, Pestizide, Düngemittel und ungeklärte Abwässer schreitet weiter fort. Noch sind die grossen Weltmeere, der Atlantik oder der pazifische Ozean, dank ihrer immensen Wassermengen nicht akut gefährdet. Aber die Anzahl der toten Meereszonen nimmt zu, in der Nord- und Ostsee, im Mittelmeer und im Golf von Mexiko ebenso wie im Persischen Golf oder im Südchinesischen Meer. Ernsthaft bedroht sind vor allem zahlreiche küstennahe Gewässer, wo Millionen von Menschen vom Fischfang leben.

Dank künstlicher Bewässerung, dem Einsatz von chemischen Düngemitteln und moderner Landwirtschaftstechnik hat sich die Lebenssituation von mehreren hundert Millionen Menschen in der Dritten Welt verbessert. Jetzt zeigen sich aber auch die Schattenseiten der so genannten «Grünen Revolution»: Versalzung und Überdüngung bewirken, dass die Erträge vieler neu geschaffener Agrarflächen nach wenigen Jahrzehnten intensiver Nutzung wieder abnehmen. Jährlich wird mehr als eine Million Hektar Agrarland durch Versalzung unwiederbringlich zerstört. Fast ein Drittel aller bewässerten Ackerflächen ist durch Salz bereits mehr oder weniger geschädigt. Ohne durchgreifende Massnahmen wird sich dieser Trend unweigerlich fortsetzen.

Diese Befunde sind so erdrückend und alarmierend, dass keine Regierung und erst recht keine internationale Organisation, die mit diesen Fragen direkt oder indirekt befasst ist, darüber hinwegsehen kann. Das Versagen der bisher verfolgten Strategien zwingt die Politik, ob sie will oder nicht, zu harten Eingriffen, notfalls auch gegen den Widerstand mächtiger Wirtschaftslobbys. Wo Wasser als wirtschaftliches Gut gehandelt wird, müssen die ökologischen und gesellschaftlichen «Reparatur»- und Folgekosten mit eingerechnet werden. Wo immer Unternehmen Wasser verbrauchen, müssen sie dazu verpflichtet werden, das Wasser in dem Zustand wieder in die Wasserkreisläufe zurück zu geben, in dem sie es entnommen haben. Wo dies nicht möglich ist, müssen strenge Umweltvorschriften dafür sorgen, dass die Schäden auf das technisch machbare Minimum beschränkt werden. Dazu braucht es wirksamere Abkommen zum Schutz der Flüsse, Seen und Meere, zum Schutz der Menschen, der Tiere und der Natur. Wo technische Möglichkeiten und Umweltvorschriften nicht ausreichen, wird die Politik letztlich nicht darum herum kommen, den Wasserverbrauch für nicht notwendige Zwecke einzuschränken oder zu rationalisieren.

Was offensichtlich weder Götter noch Menschenrechtserklärungen schafften, erzwingen jetzt die realen Fakten: die Einsicht, dass Wasser mehr ist als eine Ware, mit der man nach Belieben umspringen kann. Die Einsicht, dass Wasser als unersetzlicher Grundstoff des Lebens niemandem gehört, und wir alle gemeinsam dafür verantwortlich sind. Dem Wasser ist es egal, wem es gehört, ob es verschmutzt, verseucht, gestaut, umgeleitet, verkauft und verschwendet wird. Der Menschheit, den Menschen, uns aber kann das nicht egal sein.

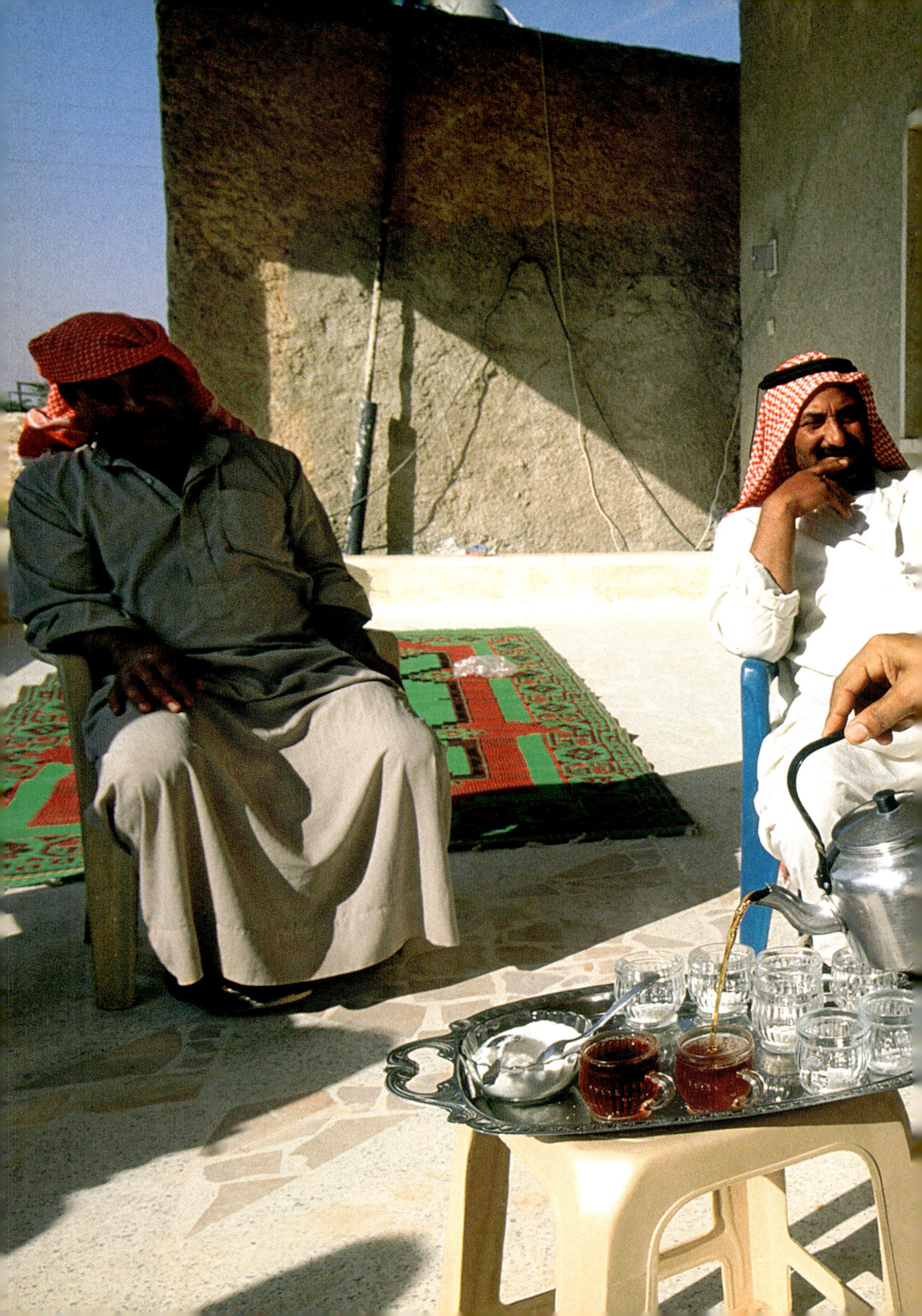

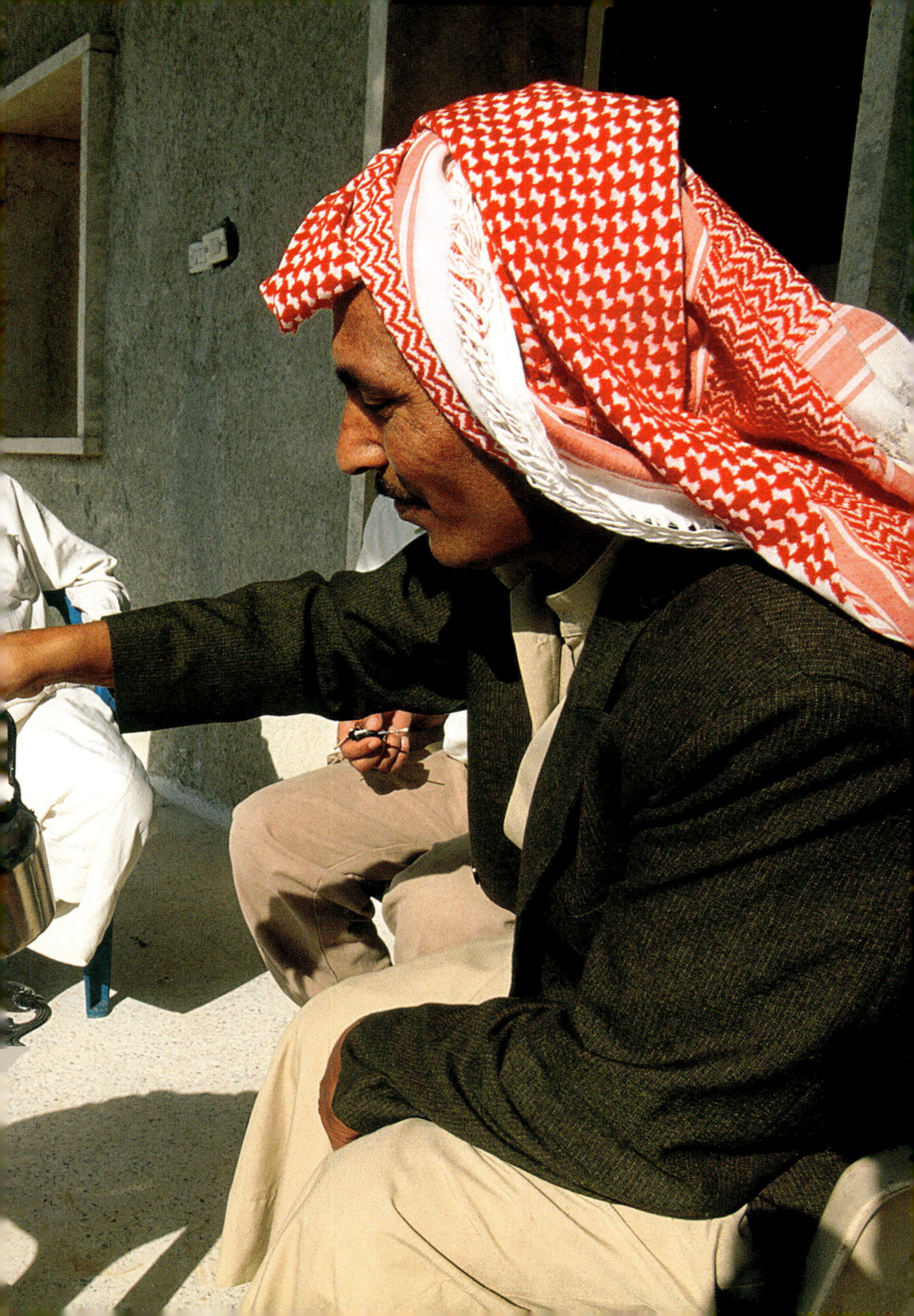

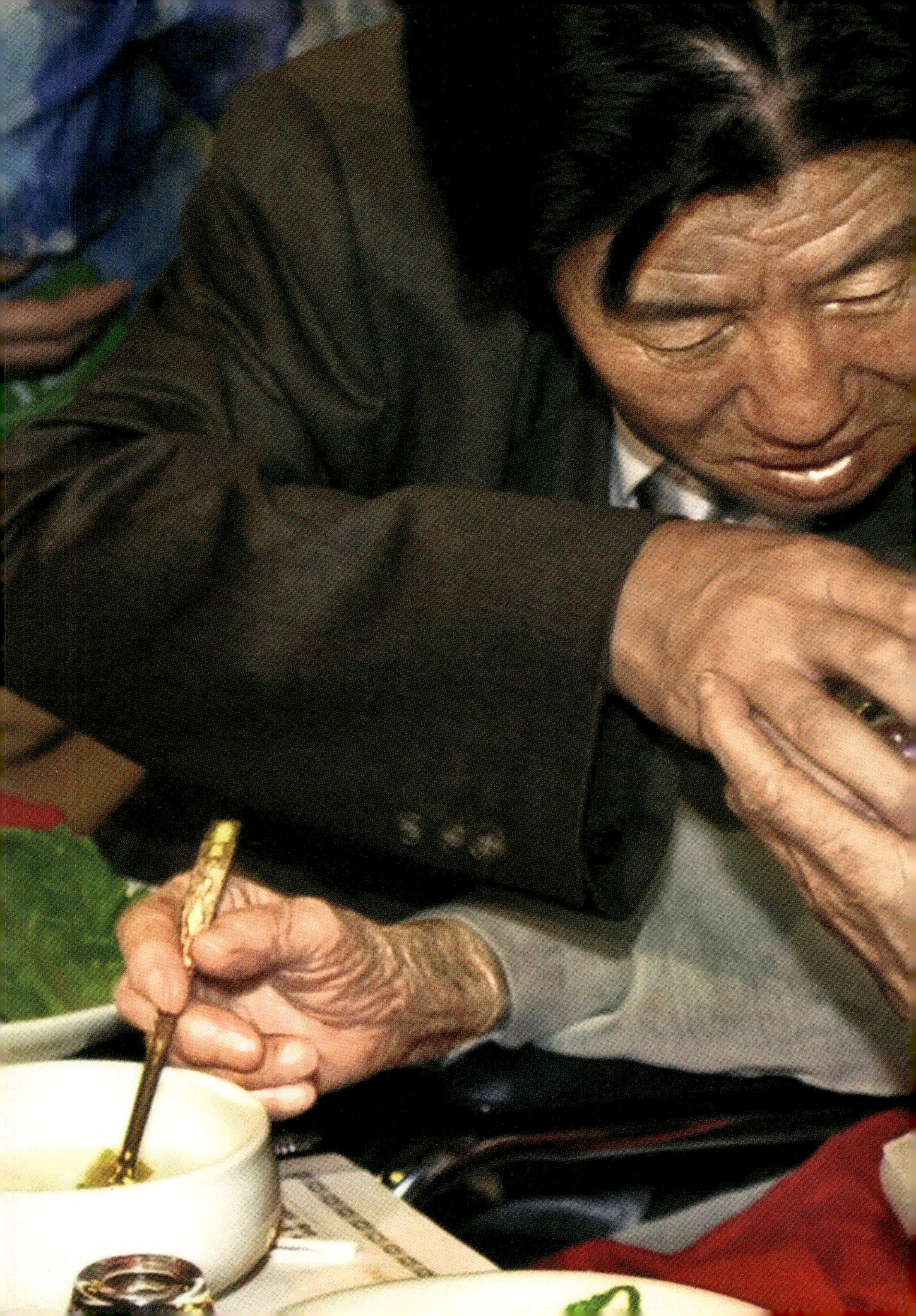

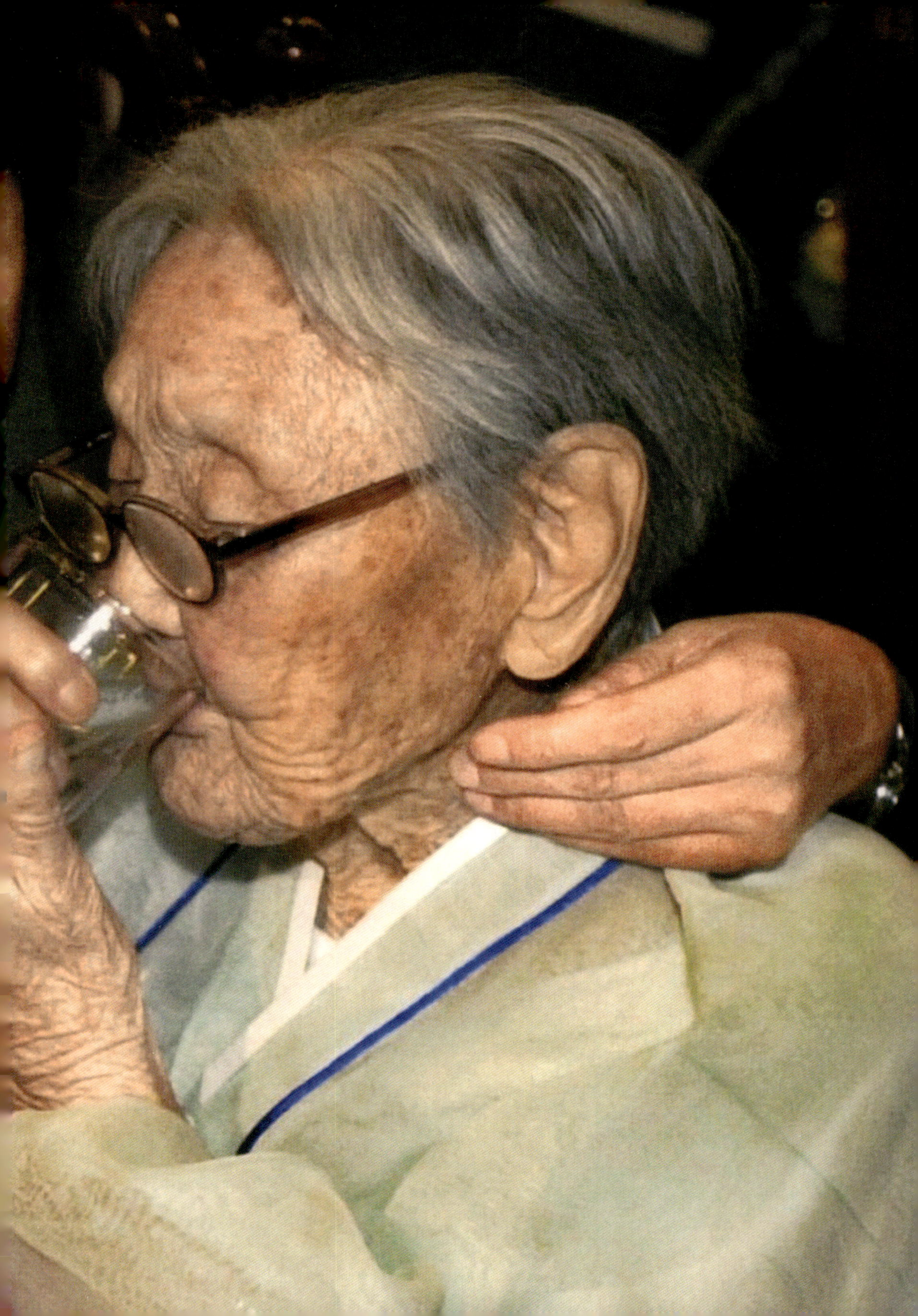

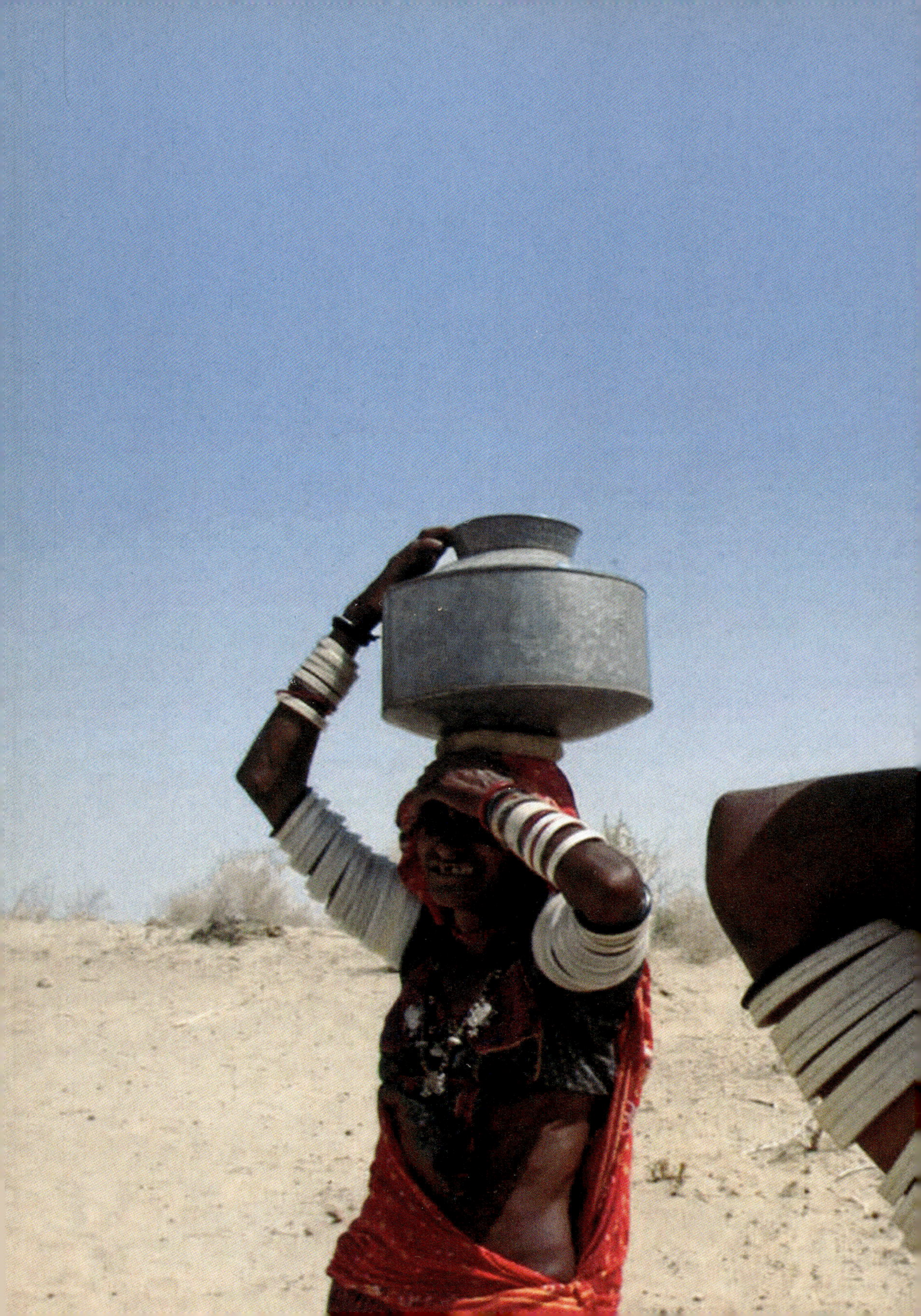

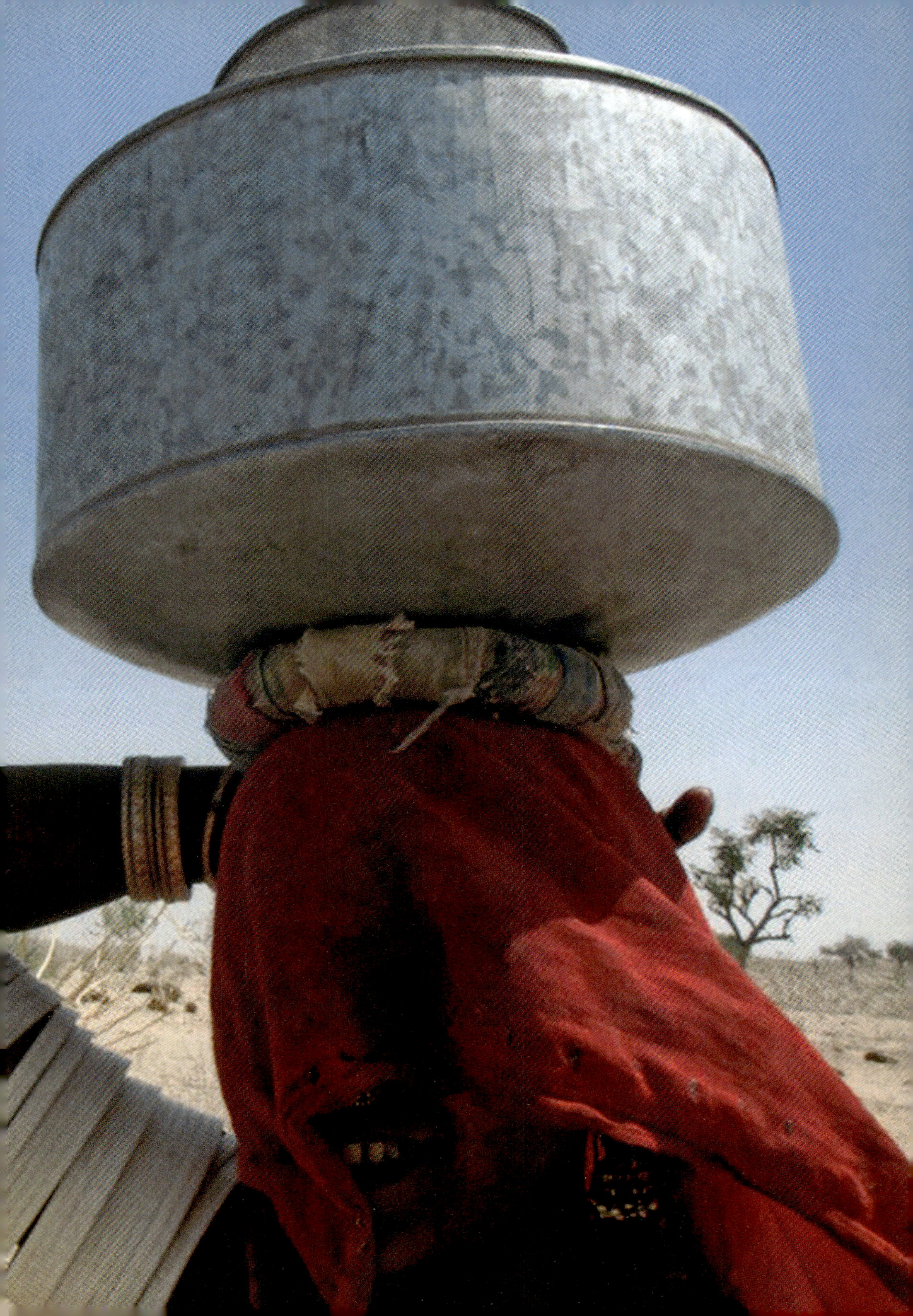

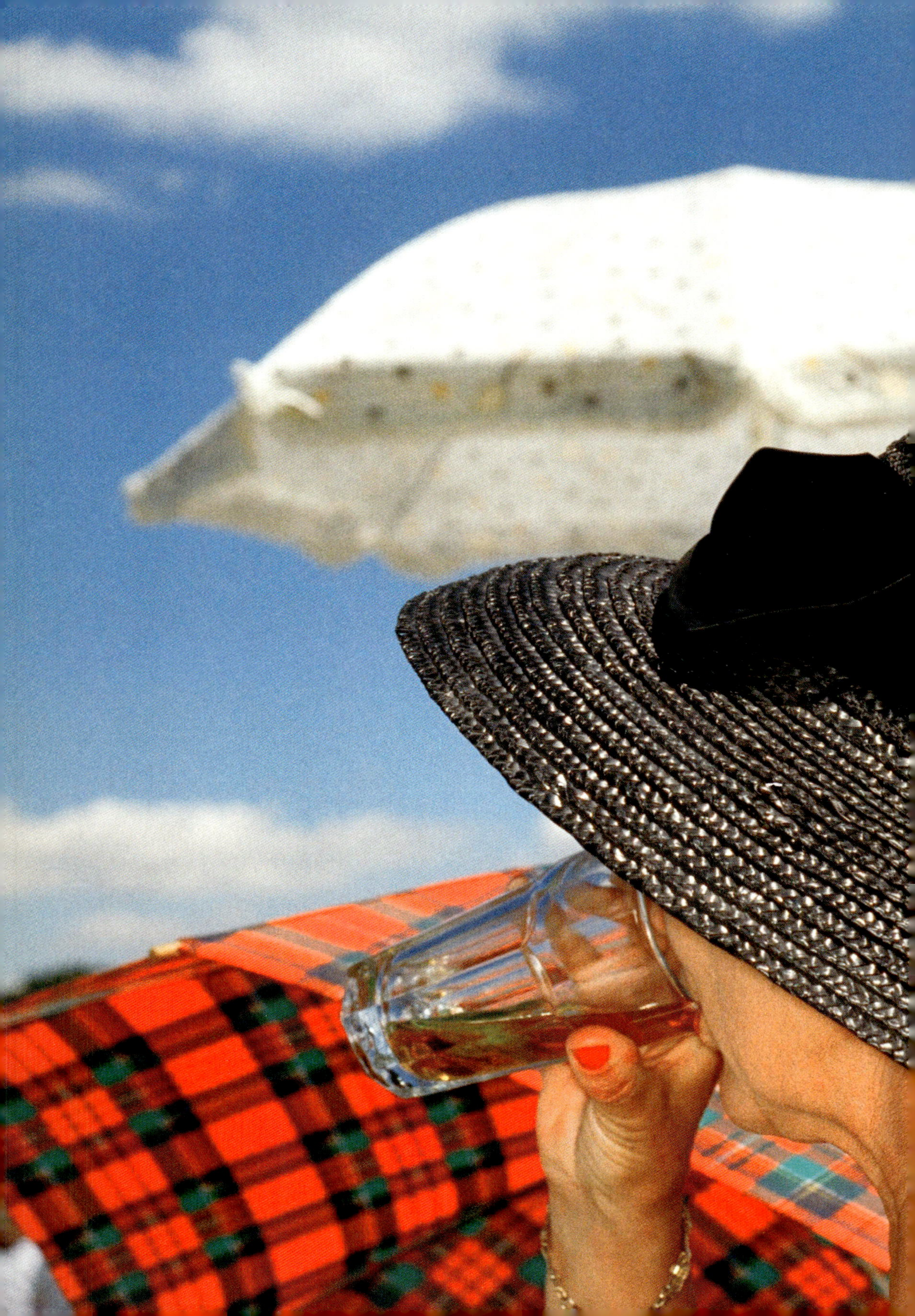

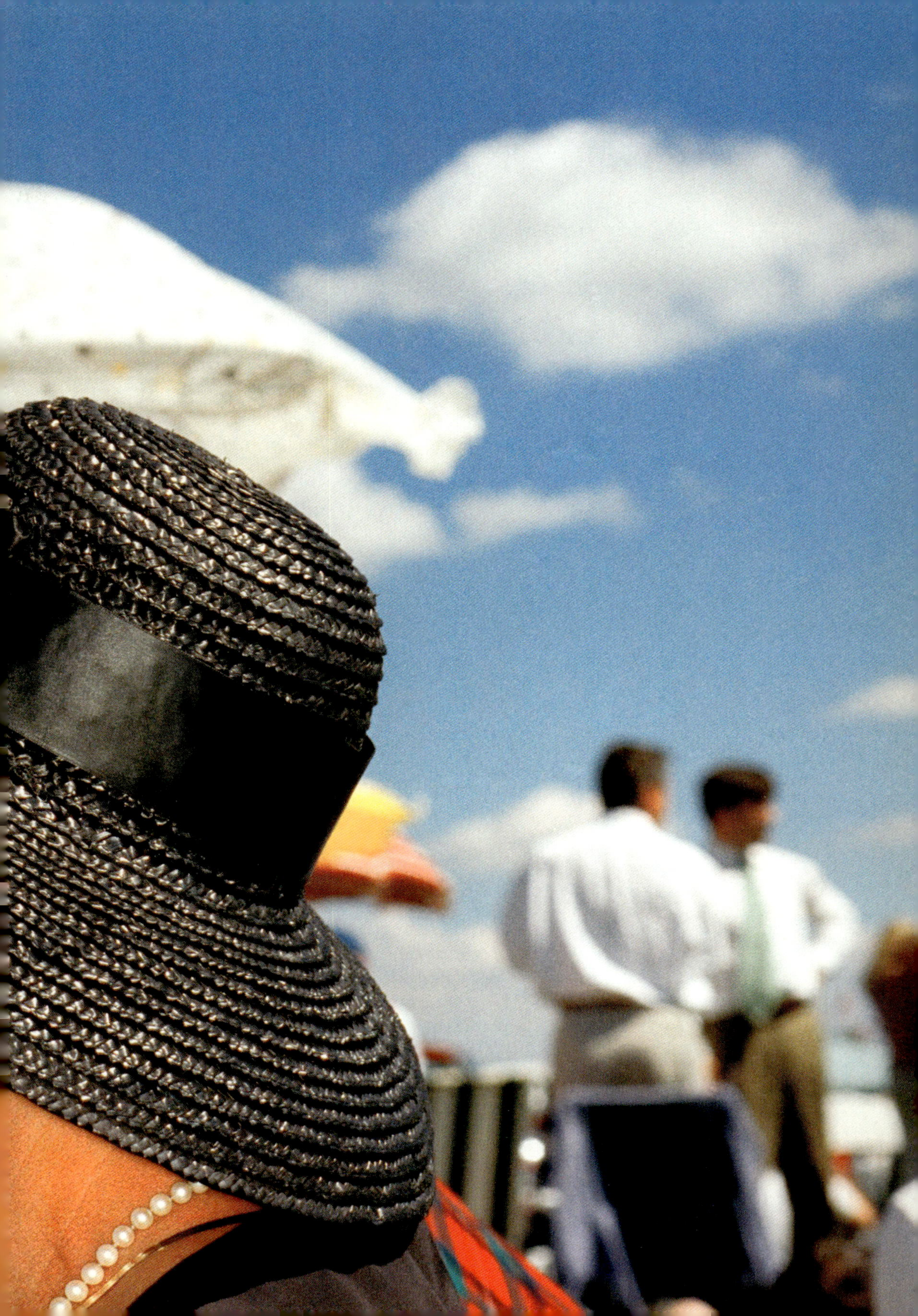

洛阳
LUOYANG

快 上 海
SHANGHAI
1660/1657
1658/1659

S. 1 Central Park, New York City, 1992. Thomas Hoepker/Magnum Photos
S. 2 Doug Hoke, Keystone
S. 4 Palm Beach, Florida. Eve Arnold/Magnum Photos
S. 6 Bangkok, 2005. Precha Keatchaithet/AP Photo
S. 8 Wolfgang Müller/Ostkreuz
S. 10 Martin Parr/Magnum Photos

S. 98 Frankreich. Harry Gruyaert/Magnum Photos
S. 100 Schweiz. Alessandro della Valle/Keystone
S. 102 Rotlachs (Oncorhynchus nerka), Alaska. Stuart Westmorland/Keystone
S. 104 Yellowstone Nationalpark, Wyoming. Fritz Pölking/WWF
S. 106 Brasilien. Bruno Barbey/Magnum Photos
S. 108 Keystone/Science Photo Library/Ian Gowland
S. 110 Canyonlands Nationalpark, Utah. Stuart Franklin/Magnum Photos

S. 518 Syrien. Sylvain Grandadam/Keystone
S. 520 Seoul, Südkorea, 2000. Yun Jai-hyoung/AP Photo
S. 522 Doonda, Barmer, India, 2000. Saurabh Das/AP Photo
S. 524 Windsor, Grossbritannien. Martin Parr/Magnum Photos
S. 526 Nanjing, China, 2006. Stringer/Reuters
S. 529 Doylestown, Pennsylvania, 2004. Rick Kintzel/Keystone

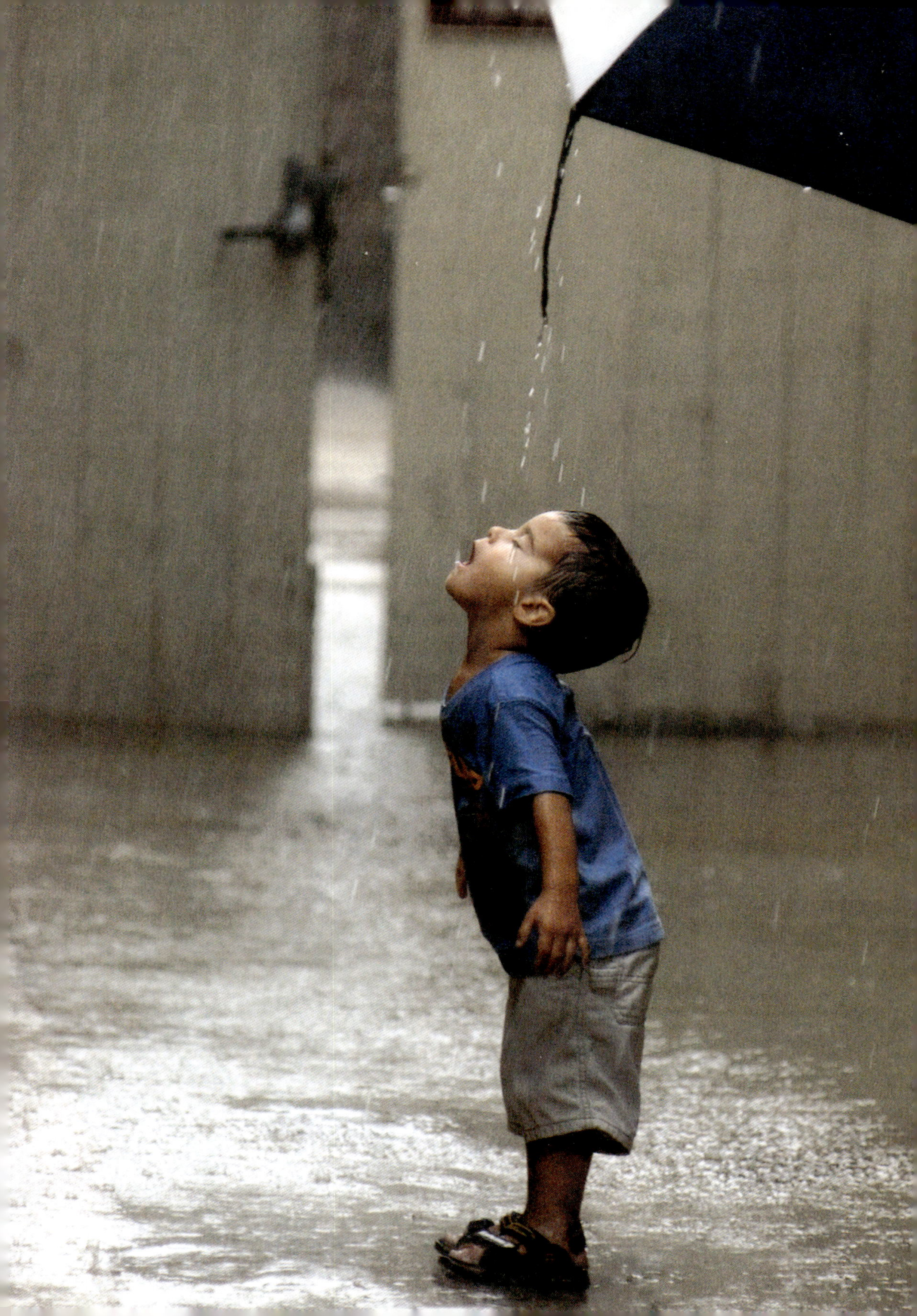

Verzeichnis der Länder und Gewässer
Bilder sind kursiv gesetzt

Afghanistan *156*, 472
Ägypten *124*, 134, *144*, *146*, 171, 484, 489, 492
Alaska *298*, *299*
Algerien *124*, 134, 171
Amu-Darja 190
Äquatorial-Guinea *233*
Aralsee 190, *192*, *194–195*, *196*
Argentinien *220*, 248, 401–402, 430, 436, 442, 446, 447, 463, 498
Armenien 336
Arno 472
Äthiopien 489, 492
Atlantik 516
Australien 371, 384, 386

Baghirati *360*
Bahrain 206
Balchaschsee 191, *197*
Bangladesch 226, 228, 247, 248, 252, 377, 399, 400, 404, *478*
Banias 480–481
Barbados 170
Belgien 249
Benin 383
Bolivien 271, 378–379, 436, 438, 442, 447, 460, 463
Brahmaputra 135, 150, 247, 516
Brasilien *216*, 226, *235*, 248, *309*, 314, 320, 336, 338, 356, 395, 401, 458, 501
Burkina Faso 383
Burma → Myanmar
Burundi 489

Calumet River 248
Carmel River 375
Chicago River 248
Chile *202*, 248, 372, 401–402
China 149, 153, *159*, *160*, 170–172, 191, 248, *280*, *284*, *287*, 288–289, 294, *296*, 300, *309*, 320, *322*, *324*, *326*, 336, 338–341, 355–356, 365–368, 381, 443, 454, *468*, *470*, 492–494, *526*
Colorado River 153, *161*, 189, 303, 488, 489

Dan 480
Dänemark 170
Deutschland *242*, *244*, 247, 249, 268, *286*, *292*, 302, 304, *319*, 368–369, 393, *394*, 398, 404, 436, 443, 446, 451, *464*, 494, 500
Donau 302–303, 466, 494

Ebro 151
Elwha River 375–376
Euphrat 128, 472, 473, 476, 477, *507*

Finnland 474
Frankreich *138*, *139*, 227, 248, *298*, *299*, 302, 436, 441–443, 446, 451, 454, 494

Ganges 135, 150, 152, 247, *360*, 516
Gazastreifen 482
Gelber Fluss 150, 152, *470*, 516
Ghana 248, 382–383
Godavari 516
Grossbritannien *240*, 248, *264*, *283*, *310*, *318*, *319*, 386, 387, 388, *397*, 432, 443, 446, 448, *524*
Guatemala 364
Guinea 383

Haiti *126*, *225*, *232*
Han 150
Hasbani 480, 481
Honduras 463

Ili 191, *197*
Illinois River 248
Indien 149, 150, 153, *159*, *160*, 170, 171, 173, 206, *214*, 226, *231*, 246, 248, *262*, *266*, 269, 270, 288, 320, 336, 356, *360*, 366, 376, 377, 378, *389*, 391, 392, 395, 444, 452, 454, 516, *522*
Indonesien *234*, 390–391, *428*, 436, 447, 454
Indus 128, 135

Irak *186*, *232*, *456*, 472–477, *496*
Iran 472
Irland 393–394, 499
Israel 134, 171, 173, 480, 482, 483, *506*
Italien *116*, *139*, 249, 451, 454, 472

Jamaika *208*
Japan 151, 227, 290, 458
Jemen 172
Jordan 480–483
Jordanien *200*, 480–483

Kambodscha *224*, *235*, *330*, *331*, 339, 340, 365–367, 492, 493
Kanada 289, 338, 372, 436, 447
Karakum-Kanal 190
Kasachstan 190
Katar 206, 463
Kaveri 171
Kenia 228, *230*, *246*, 268, 314
Kolumbien 436
Kongo 226
Kuba *265*, *344*
Kuwait 206

Lake Havasu 303
Lake Pontchartrain 404, 407
Lanzarote *202*
Laos *334*, 339, 340, 365, 367, 492, 493
Libanon *157*, 480–483
Libyen 134, *164*, *166*, 171, 172, 206
Luxemburg 302, 494

Malaysia *225*, 356
Mali *118*, 228
Marokko 134, *210*
Mauritius *264*
Mekong 135, *330*, *331*, *332*, 339–342, 365–368, 492–493, 507
Mexiko 172, 226, 303, 336, 398, *484*, 488, 489, 502
Michigansee 248
Mississippi 248, 403
Mittelmeer 481, 516
Mosambik 436, 447
Myanmar *282*, 339–341, 366-367, 492–493

Narmada 150, 152, 516
Nepal *127*, *352*, 355
Nicaragua 463
Niederlande 170, 302, 313, 404, 446, 494
Niger *127*, *136*, *156*
Nigeria *222*, *226*, *254*, 320, *448*
Nil 128, 135, 146, 152, 340, 489, 492
Nordsee 516
Norwegen 337

Oman 370–371
Österreich *125*, *276*, 302, 393
Ostsee 516

Pakistan 171, 228, 246–248, 320, 350, 356, 490
Palästina 203, 480–483, *506*
Paraguay 336, 338
Paraná 338
Pazifik 516
Peru *234*, *353*, *356*, 379
Philippinen 131, 172, *224*, 432–433, 436, 442, 447, 463
Polen 289, 446
Puerto Rico 447, 463

Rhein 302, 369, 397, 494, 495
Rio Grande 152, 488
Río Santa Cruz 402
Rotes Meer 481
Rumänien 303
Russland 249, 336

Sacramento River 374
Salwin 341, 342, 366, 507
Saudi-Arabien *120*, 134, 206, 206
Schottland 454
Schweden 314, 393
Schweiz 227, *272*, 302, *316*, *346*, 355, *358*, 397, 434, 451, 494
Senegal *251*
Serbien 472
Simbabwe 336
Slowakei 303
Songhua 294
Spanien 114, *138*, 151, 173, *202*, *299*, 369, 371
Spree 249
Sri Lanka 395
St. Lorenzstrom 289
Südafrika 314, 315, *377*, 447, 463, 501–502
Sudan 168, 489, 492
Südchinesisches Meer 516
Südkorea 336, *520*
Syr-Darja 190
Syrien *125*, 473, 476, 480, 481, 482, *518*

Tadschikistan *157*
Tapi 150
Thailand 172, 339, 340, 341, 342, 365, 367, 492, 493
Theiss 303
Themse 248
Tiberiassee 481
Tibet 365, 366
Tigris 128, 472, 473, 476, 477, 507
Tonle Sap *330*, 367
Totes Meer 481
Tschetschenien 472
Tunesien 134, 336, 463
Türkei 336, 338, 473–477
Turkmenistan 189, 190

Uganda 356, 489
Ungarn 303
USA 114, 151, *154*, 162, 171, 172, 173, *174*, *176*, *180*, *181*, *184*, *206*, 227, 247–249, 258, 260, 268, 269, 283, 284, 289, 298, 299, 303, 308, 336–338, 371, 373–376, 397, 402–407, 436, 441–443, 446, 447, 451, 454, 482, 488, 489, 492, 501, 516, *529*
Usbekistan 190, *192*

Venezuela 338
Ventura River 375
Vereinigte Arabische Emirate *203*, 206
Vietnam 248, *331*, 339, 340, 355, 365, 367, 446, 472, 492, 493

Xier 367

Yamuna 150, 246, 247, 516
Yangtse 128, 135, 149–150, 152, 289, *326*, 516
Yarmuk 480–481
Yukatan 395

Zarga 480

Weiterführende Literatur

Ball, Philip: H2O. Biografie des Wassers. München 2001

Barlow, Maude & Clarke, Tony: Blaues Gold: Das globale Geschäft mit dem Wasser. München 2003

Beach, Heather L. et al.: Transboundary Freshwater Dispute Resolution. Theory, Practice, And Annotated References. Tokyo, New York, Paris 2000

Clarke, Robin & King, Jannet: The Atlas of Water. Mapping the World's Most Critical Resource. Brighton 2004

Deckwirth, Christina: Sprudelnde Gewinne? Transnationale Konzerne im Wassersektor und die Rolle des GATS (Weed Arbeitspapier). Bonn 2004

FAO: World Agriculture: Towards 2015/2030. Rom 2002

FAO: Review of World Water Resources by Country. Water Report No 23. Rom 2003

McNeill, John R.: Blue Planet. Die Geschichte der Umwelt im 20. Jahrhundert. Frankfurt/M. 2003

Lanz, Klaus: Das Greenpeace-Buch vom Wasser. Augsburg 1995

OECD: Environmental Outlook. Paris 2001

Shiva, Vandana: Der Kampf um das blaue Gold. Ursachen und Folgen der Wasserverknappung. Zürich 2003

Shiklomanov, I.H./Rodda, J.C.: World Water Resources at the Beginning of the 21st Century. Cambridge 2003

Stadler, Lisa & Hoering, Uwe: Das Wassermonopoly. Von einem Allgemeingut und seiner Privatisierung. Zürich 2003

UN/UNDP (Millennium Project): Health, Dignity, And Development: What Will It Take? London 2005

UN/WWAP (United Nations/World Water Assessment Programme): UN World Water Development Report: Water for People, Water for Life. Paris, New York, Oxford 2003

WHO/UNICEF: Global Water Supply and Sanitation Assessment 2000 Report. Genf 2000
www.who.int/docstore/water_sanitation_health/Globassessment/global2.1.htm

WHO: World Health Report 2002. Genf 2002

World Commission on Dams (Hg.):
Dams And Development: A New Framework For Decision-Making. London 2000

Weiterführende Links

Centre for Environment and Development for the Arab Regions und Europe (CEDARE):
www.isu2.cedare.org.eg

U.S. Environmental Protection Agency (EPA):
www.epa.gov

Weltgesundheitsorganisation:
www.who.int/docstore/water_sanitation_health

Brot für die Welt: www.menschen-recht-wasser.de (Hintergrundbericht zu int. Wasserkonzernen; Mineralwasser-Multis etc.)

Public Citizen. Water for All Programm (Hintergrundinformationen zur Privatisierung; Firmenporträts der internationalen Wasserkonzerne etc.):
www.citizen.org/cmep/water

Frischwasser, Wasserressourcen, Politik: www.worldwater.org/index.html

Politik, Konferenzen etc.:
www.gdrc.org/uem/water/decade_05-15;
www.unescvo.org/water;

International River Network (NGOs, Kampagnen, Informationen über Flüsse): www.irn.org

Geschichte der Abwasserreinigung: www.wasser-wissen.de/uebersichten/abwassergeschichte.htm

Herausgeber

Klaus Lanz
Klaus Lanz, geboren 1956, Publizist und Wasserforscher, Studium der Chemie und Promotion in Giessen, Umwelt- und Wasserforschung am Gray Freshwater Biological Institute der Universität Minnesota und der EAWAG in Kastanienbaum, Schweiz, Leiter der Wasserkampagne von Greenpeace-Deutschland 1988 bis 1992, Autor des «Greenpeace Buch vom Wasser» (1995). Gründer des unabhängigen Instituts «International Water Affairs» in Hamburg, 1995. Schwerpunkt seiner Arbeit ist die fächerübergreifende Durchdringung und Kommunikation des Themas Wasser, insbesondere an der Grenzfläche von Politik und Wissenschaft. Zusammenarbeit mit Hochschulen und Forschungseinrichtungen, umwelt- und entwicklungspolitischen NGOs und Behörden. Unter anderem Partner im EU-Forschungsprojekt Watertime (2002–2005) über eine Verbesserung urbanen Wassermanagements.

Lars Müller
Lars Müller, geboren 1955 in Oslo, lebt seit 1963 in der Schweiz. Nach einer Berufslehre als Grafiker und Lehr- und Wanderjahren in den USA und Holland eröffnete er 1982 sein Atelier in Baden. 1983 begann Lars Müller seine Arbeit als Verleger von Büchern zu Typografie, Design, Kunst, Fotografie und Architektur.

Christian Rentsch
Christian Rentsch, geboren 1945 in Zürich, studierte in Zürich und Berlin Germanistik, Soziologie und Musikwissenschaft. Arbeitete während über 30 Jahren als freier Journalist, Redakteur und Ressortleiter für die Kultur- und Medienredaktion des Zürcher Tages-Anzeigers. Lebt als freier Publizist in Erlenbach bei Zürich.

René Schwarzenbach
René Schwarzenbach, geboren 1945, ordentlicher Professor für Umweltchemie im Departement Umweltwissenschaften der ETH Zürich. Gegenwärtig Vorsteher des Departements Umweltwissenschaften und des Schulbereichs «Erde, Umwelt und Natürliche Ressourcen» an der ETH Zürich. Vizepräsident der Abteilung IV des Schweizerischen Nationalfonds und Mitglied des Advisory Boards der Zeitschrift «Environmental Science and Technology». Er Studierte und promovierte an der Abteilung Chemie der ETH Zürich. Anschliessend zwei Jahre als Postdoktorand am Ozeanographischen Institut in Woods Hole, USA. 1977 trat er eine Stelle an der EAWAG an, wo er während mehrerer Jahre die Abteilung für multidisziplinäre limnologische Forschung leitete und bis April 2005 auch Mitglied der Direktion war. 1992 wurde er zusammen mit vier KollegInnen aus Deutschland, Frankreich und der Schweiz mit dem Körber-Preis ausgezeichnet und 2006 als erster Nicht-Amerikaner den Award for «Creative Advances in Environmental Science and Technology» der Amerikanischen Chemischen Gesellschaft. Sein mit zwei Kollegen verfasstes Lehrbuch «Environmental Organic Chemistry», 1994, hat sich als das Standardwerk der organischen Umweltchemie etabliert.

Dank

Meine Initiative zu diesem Projekt geht auf zwei Erlebnisse im Jahr 2001 zurück. Während einer Indienreise bin ich Frauen begegnet, die täglich einen kilometerlangen Weg auf sich nehmen, um das Trinkwasser für ihre Familien zu besorgen. Im gleichen Jahr habe ich zu meiner Erfrischung und zu einem horrenden Preis in San Francisco ein italienisches Mineralwasser konsumiert. Der Widerspruch war offensichtlich. Insbesondere der absurde Transportaufwand und die mafiösen Gewinnmargen im internationalen Mineralwasserhandel weckten mein Interesse an der Frage, wer sich da mit welchem Recht am Wasser bereichert und schliesslich, wem das Wasser denn gehören soll?

Am Anfang des Projektes fand eine Gruppe von Fachleuten zusammen und erörterte die Frage aus interdisziplinärer Sicht: Gernot Böhme, Darmstadt, Paul Burger, Basel, Christian Hofer, Zürich, Balz Theus, Küssnacht, Corinne Wacker, Neuenburg, Florian Wettstein, St. Gallen, trugen Gedanken in einer Fülle zusammen, die den Rahmen eines Buches bei weitem sprengten. Nach einer Phase der Besinnung fand das Team zusammen, welches für die Herausgabe dieses Buches verantwortlich zeichnet. René Schwarzenbach und die Spezialisten der EAWAG, Rolf Kipfer, Roland Schertenleib und Urs Von Gunten stellten das Projekt auf ein solides inhaltliches Fundament. Mit Christian Rentsch war ein ebenso leidenschaftlicher wie kenntnisreicher Autor gefunden und mit Klaus Lanz ein erfahrener Publizist in Fragen um die Problematik des Wassers.

Im Sommer 2005 wurde das Projekt um Monate zurückgeworfen. Ein Hochwasser zerstörte die Räumlichkeiten von Verlag und Atelier und führte eindrücklich vor Augen, dass es dem Wasser egal ist, ob wir da sind.

Von Anfang an konnte das Projekt auf Partner zählen, die mit uns die Dringlichkeit der Fragestellung «Wem gehört das Wasser?» erkannt haben und mit ihrer grosszügigen Unterstützung die umfangreichen Recherchearbeiten ermöglichten:

Volkart Stiftung, Winterthur
Avina Stiftung, Zürich
Hamasil Stiftung, Zürich

Dank Beiträgen von Stiftungen, Firmen und Persönlichkeiten kann dieses Buch und sein wichtiger Inhalt einem breiten Publikum zu einem erschwinglichen Preis zugänglich gemacht werden:

G + B Schwyzer-Stiftung, Zürich
Karin und Peter Schindler

Rothpletz, Lienhard & Co. AG, Aarau
Max Alioth
Christa de Carouge
Franz-Anton Glaser
Willi Gläser
Christa und Adrian Meyer
Wolfgang Weingart
Heinz Wetter

Ihnen allen danke ich von Herzen.

Lars Müller

Durch alle Phasen seiner langen Entwicklung hat dieses Buchprojekt die engagierte Unterstützung und Mitarbeit von vielen Menschen erfahren. Ihnen allen danken wir herzlich für Engagement und Ausdauer: Fränzi Biedermann, Susanne Burri, Claudio Gmür, Claudia Klein, Simone Koller, Gisèle Schindler, Esther Schütz, Hendrik Schwantes, Anna Voswinkel von Integral Lars Müller; Kathrin Fenner, Olivier Leupin, Martin Strauss, Yvonne Uhlig, Martin Wegelin, EAWAG, sowie die EAWAG-Direktoren Alexander Zehnder und Ueli Bundi; Mark Welzel, Anja Bühlmann, Katharina Kulke, Daniel Morgenthaler, Marion Plassmann von Lars Müller Publishers. Für Rat und Tat und gute Dienste danken wir Ruedi Bechtler, Peter Beez (Deza), Sibylle Feltrin, Yvonne Forster, Andreas Reinhart, Daniel Schwartz, Michael O'Shea, Ernst Zürcher. Personen, die ihren Namen in dieser Aufstellung vermissen, bitten wir um Nachsicht. Der Prozess war lang und reich an Hindernissen.

Die Herausgeber

WEM GEHÖRT DAS WASSER?

Herausgegeben von Klaus Lanz, Lars Müller,
Christian Rentsch, René Schwarzenbach

mit Unterstützung der EAWAG, dem
Wasserforschungs-Institut des ETH-Bereichs

Initiative: Lars Müller
Konzept: Die Herausgeber
Text: Christian Rentsch et al.
Lektorat: Monika Birkenhauer
Bildauswahl und Gestaltung:
Lars Müller und Jacqueline Kübler
Grafiken: Claude Huber
Typografische Bearbeitung: Integral Lars Müller/
Esther Schütz
Druck und Bindung: Konkordia GmbH, Bühl

Printed in Germany

ISBN 13: 978-3-03778-015-2
ISBN 10: 3-03778-015-0

ISBN 13: 978-3-03778-018-3 (english edition)
ISBN 10: 3-03778-018-5

Lars Müller Publishers
5400 Baden, Schweiz
www.lars-muller-publishers.com

©2006 Lars Müller Publishers
©der Abbildungen bei den aufgeführten Quellen

No part of this book may be used or reproduced in
any manner whatsoever without written permission
except in the case of brief quotations embodied in
critical articles and reviews.

«Ein faszinierendes Foto-Lesebuch,
das an die Nieren geht – aber
auch in bewegenden Bildern zeigt,
was ein friedliches, gerechtes Miteinander
ausmacht.»
Greenpeace Magazin

DAS BILD DER MENSCHENRECHTE
Herausgegeben von Walter Kälin, Lars Müller,
Judith Wyttenbach
ISBN 3-03778-035-5